Wissenschaft und Kultur, Band 32

István Szabó

Geschichte
der mechanischen Prinzipien

und ihrer wichtigsten Anwendungen

Birkhäuser Verlag, Basel und Stuttgart

CIP-Kurztitelaufnahme
der Deutschen Bibliothek

Szabó, István
Geschichte der mechanischen Prinzipien und
ihrer wichtigsten Anwendungen. – 1. Aufl. –
Basel, Stuttgart: Birkhäuser, 1977.
(Wissenschaft und Kultur; Bd. 32)
ISBN 3-7643-0864-8

Gedruckt mit Unterstützung
der Stiftung Volkswagenwerk Hannover
© Birkhäuser Verlag Basel 1977

Buchgestaltung: Albert Gomm swb/asg, Basel
Reproduktionen: Marcel Jenni, Basel

Printed in Switzerland

Für meine Frau Ursula

Vorwort

Dieses Buch will keine Geschichte der Mechanik im üblichen Sinne sein. Infolgedessen wird hier nicht all das aufgezählt, was von ARISTOTELES über JORDANUS DE NEMORE und von FRANCIS BACON bis BENEDETTI und BORELLI an Falschem und Richtigem oder aber kaum Förderlichem geschrieben wurde: ich bin der Ansicht, daß *die Mechanik als Wissenschaft* mit GALILEI beginnt. Trotzdem glaube ich, in diesen ausgewählten Kapiteln alles abgehandelt zu haben, was in der Entwicklung der klassischen Mechanik wirklich «Geschichte» gemacht hat.

Die Geschichte der Mechanik wäre vielleicht zu trocken, wenn man nicht darauf hinweisen würde, daß sie an manchen Stellen und zu bestimmten Zeiten in Bereiche des kulturellen Lebens und der wissenschaftlichen und auch der philosophischen Bestrebungen hineingespielt hat [1]: Ich hielt es zur Abrundung des wissenschaftlichen und kulturellen Gesamtbildes für richtig, auf einige solcher Fälle hinzuweisen bzw. sie etwas ausführlicher darzustellen. So sind zum Beispiel die Schilderungen von TARTAGLIAS Leben und Wirken, eine Chronologie des Streites an der Berliner Akademie FRIEDRICHS des Großen und einige Bemerkungen zu BRECHTS Galilei-Stück entstanden.

Der Stoff wurde nach Sachgebieten geordnet. Die zeitliche Folge ist innerhalb der einzelnen Sachgebiete eingehalten. Diese Einteilung brachte es mit sich, daß z. B. auch die zeitlich ersten und epochemachenden Leistungen GALILEIS nicht gleich am Anfang des Buches, sondern später (an drei verschiedenen Stellen) gewürdigt werden. Das sehr detaillierte Namens- und Sachregister ermöglicht es dem Leser, den ihn interessierenden Gelehrten oder ein spezielles Sachgebiet aufzufinden.

Dieses Buch wurde nicht für aktive Gelehrte der Wissenschaftsgeschichte geschrieben. Schon seine Entstehungsgeschichte schließt das aus. Bereits als junger Dozent begann ich – aus zweiter Hand! –, für «historische Bemerkungen» in meinen Vorlesungen Notizen zu sammeln. Sie wurden von meinen Hörern mit besonderem Interesse aufgenommen. Freilich wiederholte ich auf dieser Basis der «Quellen» manchen Irrtum und manches «Märchen» aus den üblichen «historischen Bemerkungen» der Lehrbücher der Physik und Mechanik. Langsam wurde mir aber klar: man muß die «Meister» lesen, also ihre Originalarbeiten studieren, um die geschichtliche Wahrheit nicht verfälscht weiterzugeben. In diesem Bestreben entstanden im Laufe der letzten zwanzig Jahre Arbeiten, die in den Zeitschriften *Humanismus und Technik*, *VDI-Technikgeschichte* und der *Bautechnik* publiziert wurden. Diese Veröffentlichungen

---

[1] Eine solche Ansicht ist nicht ungewöhnlich oder gar neu. Das beweist das folgende Zitat aus einem Preisausschreiben vom Jahre 1869 der Philosophischen Fakultät der Universität Göttingen für eine *Kritische Geschichte der allgemeinen Principien der Mechanik*: «Die Fakultät erwartet, daß im geschichtlichen Teil nicht ausschließlich die Arbeiten der Mathematiker und Physiker, sondern auch der nützliche und schädliche Einfluß der innerhalb des zu schildernden Zeitraumes aufgetretenen philosophischen Theorien berücksichtigt werde.»

bilden den Grundstein des vorliegenden Buches; sie wurden verbessert, erweitert und mit neuen Beiträgen zu einem einheitlichen Ganzen verschmolzen.

Ich glaube, daß das Buch manchem Leser auch einige Überraschungen bereiten wird. So wird u. a. dokumentiert, daß – im Gegensatz zu den üblichen historischen Bemerkungen – NEWTON das überall nach ihm benannte Gesetz «Kraft gleich Masse mal Beschleunigung» nirgends und niemals, nicht in Worten und erst recht nicht in mathematischer Formulierung niedergeschrieben hat. Es wird auch dargelegt, daß D'ALEMBERT weder den Streit um «das wahre Kraftmaß» entschieden noch das nach ihm benannte «Paradoxon» nachgewiesen hat. Auch sein kinetisches Prinzip hatte gewichtige Vorbilder und geht – insbesondere in der heutigen Form – auf LAGRANGE zurück. Ebenso ist die Benennung der stationären Stromfadengleichung nach DANIEL BERNOULLI nicht zutreffend: sein Vater JOHANN hatte sie sogar für den instationären Fall auf die heute übliche Form gebracht. Die Navier-Stokesschen Bewegungsgleichungen müßten nach NAVIER und DE SAINT-VENANT benannt werden. Es dürfte auch kaum bekannt sein, daß schon bei DANIEL BERNOULLI eine Art von «Rayleigh-Quotient» vorkommt.

Die Zielsetzung hinsichtlich des anzusprechenden Leserkreises ist im wesentlichen durch die geschilderte Entstehungsgeschichte festgelegt: in erster Linie soll es also ein Buch für Studenten sein; aber ich glaube auch für Dozenten und Lehrer der Mechanik bzw. der Physik findet sich darin mancher «vorlesungsbelebende» Gedankengang. Ich wage sogar zu vermuten, daß einige Feststellungen und Gesichtspunkte auch für aktiv auf dem Gebiet der Wissenschaftsgeschichte Tätige anregend sein könnten. In diesem Sinne weise ich insbesondere auf die Geschichte der Stoßtheorie, auf die Geschichte der Theorie der zähen Fluide und der Gasdynamik hin.

Zur Belebung der Darstellung dient die reiche Illustration durch Portraits und Originaltexte. Ich hielt es auch – vor allem für Studenten – für notwendig, einige, oft mißgedeutete Sätze bzw. Prinzipien (wie etwa das d'Alembertsche) mit einem Beispiel dem Verständnis näherzubringen.

Das Bestreben, die einzelnen Abschnitte auch für sich lesbar bzw. verständlich zu machen, bedingten im Text manche Wiederholung von Zitaten und kritischen Bemerkungen.

Es widerstrebt mir, über Zweck und Nutzen meines Vorhabens viele Worte zu verlieren[2]. Mir scheint zu genügen, hier zwei der einem jeden Abschnitt des Buches vorangestellten Motti zu wiederholen:

«Die Geschichte der Wissenschaft ist die Wissenschaft selbst»

und «Ich habe die vorderste Linie rasch erreicht, weil ich die Meister und nicht ihre Schüler studiert habe.»

Die Idee zur Abfassung dieses Buches aus Altem und Neuem kam von meinem damaligen Assistenten und jetzigen Kollegen, Herrn Professor Dr.-Ing. PETER ZIMMERMANN (Hochschule der Bundeswehr München). Er unterstützte mich aber auch im

---

[2] Ich möchte aber doch auf die ungemein belehrende Abhandlung von C. A. TRUESDELL *Rückwirkungen der Geschichte der Mechanik auf die moderne Forschung,* Humanismus und Technik, Bd. 13 (1969), Heft 1, hinweisen.

weiteren in mannigfaltiger und wirksamer Weise: er las das Manuskript, machte Änderungs- und Verbesserungsvorschläge und brachte das ganze schließlich in die für die Maschinenschrift fertige und endgültige Form. Die daktylographierte Fassung wurde von Herrn Dr. E. A. FELLMANN (Basel) einer kritischen Durchsicht unterzogen; zahlreiche Verbesserungen, Beseitigung von Versehen und Irrtümern waren die Früchte dieser Unterstützung. Ich möchte auch an dieser Stelle den beiden, mir in Freundschaft verbundenen Herren meinen allerherzlichsten Dank aussprechen.

Ich glaube, ein hervorstechendes Merkmal dieses Buches ist die Ausstattung mit vorzüglichem Bildmaterial: dies ist das Verdienst von Herrn MARCEL JENNI, dem Leiter der Reproduktionsabteilung der Universitätsbibliothek Basel. Er hat das Material für die von mir gewünschten Reproduktionen von Portraits und alten Texten bereitgestellt, mich bei der Auswahl beraten und schließlich mit besonderer Gewissenhaftigkeit und künstlerischem Einfühlungsvermögen die Vorlagen ausgewählt, Reproduktionen angefertigt und mir beim Druck der Bilder mit Rat und Tat zur Seite gestanden. Auch ihm spreche ich an dieser Stelle meinen freundschaftlichen Dank aus.

Dank gebührt ebenso meinen früheren Assistenten, den Herren Diplomingenieuren REINHOLD JESORSKY und RAINER MEHLHOSE: sie lasen erst das maschinengeschriebene Exemplar und dann den Umbruch. Herr JESORSKY trug auch die Formeln ein und erstellte Vorlagen für die Reinzeichnungen und das Register.

Herrn Dr. rer. nat. BERNT OBKIRCHER (Hochschule der Bundeswehr München) danke ich herzlich für das Korrekturlesen der Fahnen.

Meine frühere Sekretärin, Fräulein ERIKA BURKHARDT, fertigte das maschinengeschriebene Exemplar mit allseits gelobtem Geschick und Schönheitsgefühl an; dafür, wie auch für ihre Mitarbeit beim Korrekturlesen und bei der Zusammenstellung des Registers gilt ihr mein herzlichster Dank.

Schließlich und nicht zuletzt habe ich der STIFTUNG VOLKSWAGENWERK für die materielle Unterstützung zu danken. Diese ermöglichte sowohl die Beschäftigung von Hilfskräften bei der Herstellung des Manuskriptes, wie auch Reisen zur Quellenforschung und schließlich – durch einen Druckkostenzuschuß – den günstigen Verkaufspreis des Werkes.

Dem Birkhäuser Verlag, insbesondere Herrn Direktor C. EINSELE, danke ich für das verständnisvolle Eingehen auf alle meine Wünsche und Herrn A. GOMM für die drucktechnisch und bildmäßig vorzügliche Ausstattung des Werkes.

Maggia/TI, im Herbst 1976   ISTVÁN SZABÓ

Inhaltsverzeichnis

Goethes Anforderungen an die Wissenschaft

...so müssen wir uns die Wissenschaft notwendig als Kunst denken, wenn wir von ihr irgendeine Art von Ganzheit erwarten.

Um aber einer solchen Forderung sich zu nähern, so müsste man keine der menschlichen Kräfte bei wissenschaftlicher Tätigkeit ausschliessen.

Die Abgründe der Ahnung,
ein sicheres Anschauen der Gegenwart,
mathematische Tiefe,
physische Genauigkeit,
Höhe der Vernunft,
Schärfe des Verstandes,
bewegliche sehnsuchtsvolle Phantasie,
liebevolle Freude am Sinnlichen, nichts kann
entbehrt werden zum lebhaften, fruchtbaren Ergreifen
des Augenblicks, wodurch ganz allein ein Kunstwerk,
von welchem Gehalt es auch sei, entstehen kann.
   J. W. GOETHE, *Materialien zur Geschichte der Farbenlehre.*

Erste Abteilung, Griechen und Römer, Betrachtungen über Farbenlehre und Farbenbetrachtung der Alten.

Kapitel I
Die erste Fundierung der klassischen (Starrkörper-) Mechanik durch NEWTON, EULER und D'ALEMBERT

A Die Starrkörpermechanik in Newtons *Principia*

> Nicht minder voller Wunder wie die
> himmlischen Vorgänge selbst, erscheinen mir ja die
> Umstände, unter denen die Menschen zu ihrer
> Erkenntnis gelangten.
> JOHANNES KEPLER

1 Einleitende Bemerkungen

Die erste Ausgabe von ISAAC NEWTONS (1643–1727) *Philosophiae naturalis principia mathematica* trägt das Imprimatur vom 5. Juli 1686 und erschien im Jahre 1687 in London (Bild 1). Das Werk ist ein wissenschaftliches Monument und zugleich ein Dokument menschlicher Geistesgröße. Es ist nach GALILEIS (1564–1642) *Discorsi* (1638) der endgültige Durchbruch zur stetigen Weiterentwicklung der Mechanik. Der Titel der *Principia* wird auch heute immer wieder niedergeschrieben; das Werk wird – meistens ungelesen – nicht nur gelobt, sondern auch «zitiert». Wir werden noch auf diesen weitverbreiteten und schlechten Gebrauch zurückkommen.

Bei der Abfassung der *Principia* war es das erste Ziel von NEWTON (Bild 2), eine Mechanik der Himmelskörper zu schaffen; das ist auch der Inhalt des ersten Buches. NEWTON hatte bei diesem Vorhaben Vorgänger, deren Entdeckungen oder falsche Ansichten weiterentwickelt bzw. widerlegt werden sollten. Hierzu einige Andeutungen.

Die drei Planetengesetze waren von JOHANNES KEPLER (1571–1630) in den Jahren 1609 und 1615 verkündet worden und warteten darauf, in einem einzigen mathematischen Gesetz zusammengefaßt zu werden.

ROBERT HOOKE (1635–1703), der uns noch im Kapitel IV als ein wesentlicher Förderer der Elastizitätslehre begegnen wird, schreibt im Jahre 1674[1]:

«Ich werde ein Weltsystem entwickeln, das in jeder Beziehung mit den bekannten Regeln der Mechanik übereinstimmt. Dieses System beruht auf drei Annahmen: 1. Alle Himmelskörper besitzen eine gegen ihren Mittelpunkt gerichtete Anziehung, ... 2. alle Körper, die in eine geradlinige und gleichförmige Bewegung versetzt werden, bewegen sich so lange in gerader Linie, bis sie durch irgendwelche Kraft abgelenkt und in eine krummlinige Bahn gezwungen werden; 3. die anziehenden Kräfte sind um so stärker, je näher ihnen der Körper ist, auf den sie wirken. Welches die verschiedenen Grade der Anziehung sind, habe ich durch Versuche noch nicht feststellen können. Aber es ist ein Gedanke, der die Astronomen instand setzen muß, alle Bewegungen der Himmelskörper nach einem einzigen Gesetz zu bestimmen...»

Bei diesen Ausführungen muß festgehalten werden, daß HOOKE die mechanischen Grundgesetze als des Rätsels Lösung zum Begreifen der Planetenbewegungen ansah. HOOKE war also mit seinen Ansichten und Vermutungen weit vorgedrungen, aber es fehlte ihm noch das Erkennen der gegenseitigen, also universellen Anziehung der Massen, das heißt die Einsicht, daß Erdschwere und Attraktion der Himmelskörper ein und desselben Ursprunges sind; und noch etwas recht Schwieriges blieb ihm verschlossen: die Anziehung innerhalb einer kontinuierlich verteilten Masse; denn

---

[1] *An attempt to prove the motion of the earth*, London 1674, S. 27–28.

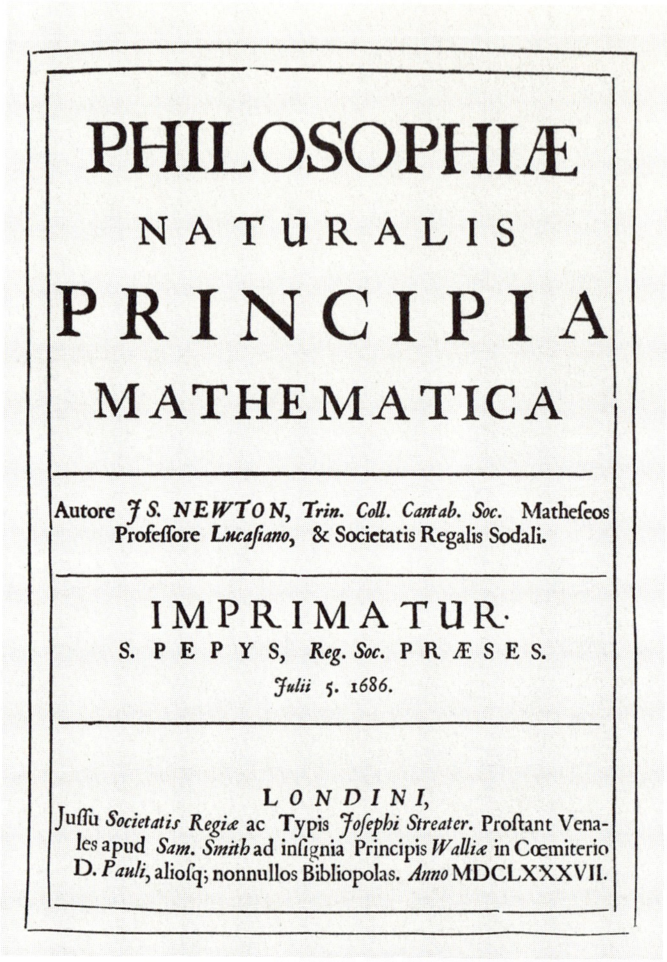

PHILOSOPHIÆ
NATURALIS
PRINCIPIA
MATHEMATICA

Autore *J S. NEWTON*, *Trin. Coll. Cantab. Soc.* Matheseos Professore *Lucasiano*, & Societatis Regalis Sodali.

IMPRIMATUR.
S. PEPYS, *Reg. Soc.* PRÆSES.
Julii 5. 1686.

LONDINI,
Jussu *Societatis Regiæ* ac Typis *Josephi Streater*. Prostant Venales apud *Sam. Smith* ad insignia Principis *Walliæ* in Cœmiterio D. *Pauli*, aliosq; nonnullos Bibliopolas. *Anno* MDCLXXXVII.

Bild 1
Titelblatt der ersten Ausgabe von Newtons *Principia*.

erst damit wird zum Beispiel die Einwirkung der kugelförmigen Erde auf den ebenfalls kugelförmigen Mond – und umgekehrt – berechenbar.

Galilei zeigte als erster die wahre Methode des Erforschens mechanischer und insbesondere kinetischer Gesetze. So speziell auch seine Entdeckung der Fallgesetze und damit auch der Wurfbewegung erscheinen mag, so richtungsweisend waren sie doch für Newton; dieser schreibt[2]:

«Daß durch die Zentralkräfte die Planeten in ihren Bahnen gehalten werden können, ersieht man aus der Bewegung der Wurfgeschosse. Ein (horizontal) geworfener Stein wird, da auf ihn die Schwere wirkt, vom geraden Wege abgelenkt und fällt, indem er eine krumme Linie beschreibt, zuletzt zur Erde. Wird er mit größerer Geschwindigkeit geworfen, so fliegt er weiter fort, und so könnte es geschehen, daß er zuletzt über die Grenzen der Erde hinausflöge und nicht mehr zurückfiele. So würden die von einer Bergspitze mit

[2] *Principia,* Wolferssche Übersetzung, S. 515.

Bild 2
ISAAC NEWTON (1643–1727).

steigender Geschwindigkeit fortgeworfenen Steine immer weitere Parabelbögen beschreiben und zum Schluß – bei einer bestimmten Geschwindigkeit – zur Bergspitze zurückkehren und auf diese Weise sich um die Erde bewegen.»

Eine durch Anschauung und Logik überwältigende Begründung!

CHRISTIAAN HUYGENS (1629–1695) leistete mit seiner Untersuchung der Kreisbewegung und insbesondere der Zentripetalbeschleunigung wesentliche Dienste[3]. Für die letztere fand er, daß sie proportional zum Geschwindigkeitsquadrat und umgekehrt proportional zum Kreisradius ist. Die Übernahme dieser Formel mit der Modifikation, daß an Stelle des (konstanten) Radius der Kreisbahn der Krümmungsradius der krummlinigen Bewegung zu treten habe, öffnete NEWTON den Weg zur Berechnung der vom Planeten P zur Sonne S weisenden Radialbeschleunigung b_r (Bild 3). Mit den so gewonnenen Formeln für die Beschleunigungskomponenten b_φ und b_r ergaben sich aus den beiden ersten Keplerschen Gesetzen, daß $b_\varphi \equiv 0$ und b_r umgekehrt proportional zum Quadrat des Abstandes r ist, und das ist schon der Kern des allgemeinen Gravitationsgesetzes[4].

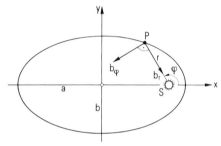

Bild 3
Planetenbewegung um die Sonne.

Aus diesen Bemerkungen ist zu ersehen, daß NEWTON nicht etwa aus dem Nichts das Monument seiner *Principia* schuf, aber es bedurfte seiner gewaltigen geistigen Größe und kühner Gedanken, um all das, was KEPLER, HOOKE, GALILEI und HUYGENS auf astronomischem, physikalischem und mathematischem Gebiet geschaffen hatten, in einem Brennpunkt zusammenzuziehen und insbesondere zu verkünden, daß die Kraft, die die Planeten in ihren Bahnen um die Sonne kreisen läßt, identisch ist mit der, die die Körper auf der Erde zum Boden treibt[5].

Soviel über die Zielsetzung des ersten Buches der *Principia*. Über das zweite Buch sei an dieser Stelle nur bemerkt, daß es hydro- und aerodynamische Untersuchungen und widerstandsbehaftete Bewegungen in Fluiden enthält. Hier war die Zielsetzung, die Wirbeltheorie von DESCARTES (1596–1650) ad absurdum zu führen; im Kapitel II kommen wir auf diese Theorie von DESCARTES zurück.

[3] *Horologium oscillatorium* (1673), deutsch in Ostwalds Klassiker Nr. 192.
[4] I. SZABÓ: *Einführung in die Technische Mechanik*, 8. Auflage (1975), S. 267ff.
[5] Zu dieser Erkenntnis benötigte die Menschheit anderthalb Jahrtausende, wenn man in Betracht zieht, daß in der *Moralia* (*De facie quae in orbe lunae apparet*) von PLUTARCH (∼ 45–120) festgestellt wird, daß der Mond durch den Schwung seiner Drehung genauso daran gehindert wird, auf die Erde zu fallen, wie ein Körper, der in einer Schleuder «herumgewirbelt» wird; es bedurfte des Genies von NEWTON, um zu erkennen, was die «Schleuder» bei den Planeten ist!

Nach diesen einleitenden Bemerkungen wenden wir uns unserem eigentlichen Gegenstand zu, nämlich der Untersuchung dessen, was die Newtonsche Mechanik und insbesondere deren Bewegungsgesetze wirklich enthalten.

2 Die Newtonschen Bewegungsgesetze

NEWTON hat seinen drei Bewegungsgesetzen acht Definitionen vorangestellt. Sie definieren der Reihe nach die Masse (*quantitas materiae*), die Bewegungsgröße (*quantitas motus*), die Trägheitskraft (*vis insita*), die eingeprägte Kraft (*vis impressa*); die weiteren Definitionen beschäftigen sich in verwirrender Vielfalt mit der Zentripetalkraft (*vis centripeta*). Anschließend folgen in einem einzigen *Scholium* zusammengefaßte Auslegungen über die (absolute und relative) Zeit, über den (absoluten und relativen) Raum, über den (absoluten und relativen) Ort und schließlich über die (absolute und relative) Bewegung. Danach folgen die Axiome oder Bewegungsgesetze (*Axiomata sive leges motus*; Bild 4): *Lex* I, das Beharrungs- oder Trägheitsgesetz sagt aus, daß ohne Krafteinwirkung keine Änderung des Bewegungs- bzw. Ruhezustandes

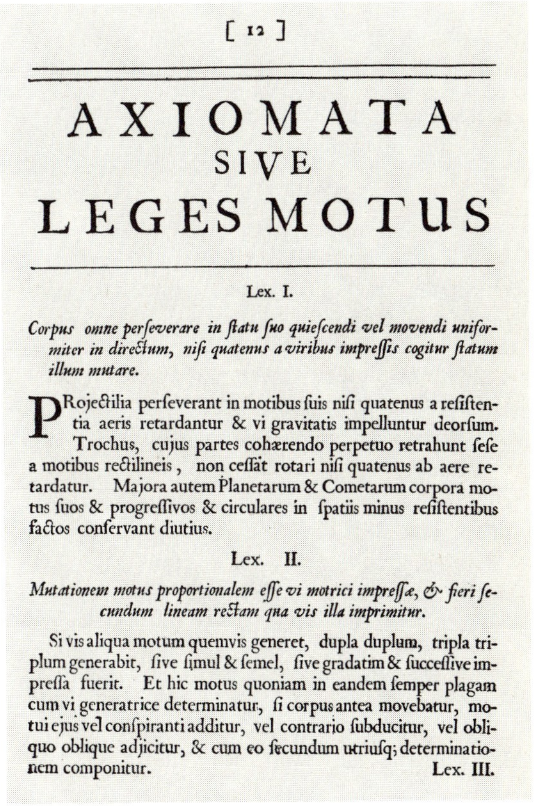

Bild 4
Die Newtonschen Bewegungsgesetze
(*Principia*, S. 12).

[12]

AXIOMATA
SIVE
LEGES MOTUS

Lex. I.

Corpus omne perseverare in statu suo quiescendi vel movendi uniformiter in directum, nisi quatenus a viribus impressis cogitur statum illum mutare.

Projectilia perseverant in motibus suis nisi quatenus a resistentia aeris retardantur & vi gravitatis impelluntur deorsum. Trochus, cujus partes cohaerendo perpetuo retrahunt sese a motibus rectilineis, non cessat rotari nisi quatenus ab aere retardatur. Majora autem Planetarum & Cometarum corpora motus suos & progressivos & circulares in spatiis minus resistentibus factos conservant diutius.

Lex. II.

Mutationem motus proportionalem esse vi motrici impressae, & fieri secundum lineam rectam qua vis illa imprimitur.

Si vis aliqua motum quemvis generet, dupla duplum, tripla triplum generabit, sive simul & semel, sive gradatim & successive impressa fuerit. Et hic motus quoniam in eandem semper plagam cum vi generatrice determinatur, si corpus antea movebatur, motui ejus vel conspiranti additur, vel contrario subducitur, vel obliquo oblique adjicitur, & cum eo secundum utriusq; determinationem componitur.

Lex. III.

eintritt; *Lex* II postuliert die (vektorische) Gleichheit der Änderung der Bewegungsgröße (wofür NEWTON hier einfach *motus* schreibt) mit der bewegenden Kraft (*vis
motrix*); und schließlich spricht *Lex* III das Gegenwirkungs- oder Reaktionsprinzip
aus, daß also eine Kräfteeinwirkung stets mit einer gleichgroßen, aber entgegengerich-
teten Gegenwirkung verbunden ist.

Während das Beharrungsprinzip, das im übrigen schon in der vorangehenden Definition IV enthalten ist, bereits von GALILEI klar ausgesprochen wurde, bedeuten das
zweite und dritte Gesetz etwas völlig Neues.

Nach einigen Zusätzen (*Corollaria*) über die Zusammensetzung von Kräften und
Bewegungsgrößen und über die Unveränderlichkeit der Lage des Schwerpunktes eines
Körpersystems infolge innerer Kräfte weist NEWTON nach, wie man mit seinen
Bewegungsgesetzen die Galileischen Fall- und Wurfgesetze (III A 2) und die Resul-
tate der Stoßtheorie von WREN, WALLIS und HUYGENS (Kapitel V) bestätigen kann.

3 Die geometrische Methodik NEWTONS

Nach diesen Vorbereitungen bzw. Fundamentierungen beginnt NEWTON mit dem
ersten Buch (*liber primus*), das den Titel *Von der Bewegung der Körper* (*De motu
corporum*) trägt. Gleich zu Anfang (*sectio* I) steht als mathematische Vorbereitung die
«Methode der ersten und letzten Verhältnisse, mit deren Hilfe das Folgende bewiesen
wird.» Hierbei handelt es sich quasi um die Geometrisierung des Grenzwertes; sie ist
bei NEWTON charakteristisch für seine mathematischen Hilfsmittel bzw. für die Art des
mathematischen Erfassens mechanischer Begriffe und Vorgänge. Dieser erste Abschnitt[6] ist die mathematische Vorbereitung und umfaßt 11 Hilfssätze (*Lemmata*) und
eine Anmerkung (*Scholium*). Zur Illustration führen wir das *Lemma* I an:

«Größen, wie auch Verhältnisse von Größen, welche in einer gegebenen Zeit sich beständig der Gleichheit
nähern und einander vor dem Ende jener Zeit näher kommen können als jede gegebene Größe, werden zum
Schluß einander gleich.»

Zum Beweis führt NEWTON an:

«Bestreitet man dieses, so sei ihr letzter Unterschied *D*. Sie könnten sich daher der Gleichheit nicht weiter
nähern als bis auf diesen Unterschied, was aber der Voraussetzung widerspricht.»

Mit Hilfe von *Lemma* I wird anschließend das *Lemma* II bewiesen, daß nämlich bei
immer feiner werdender Einteilung äußerer und innerer Rechtecke *CcnD* und *CMdD*
der Flächeninhalt unter der Kurve *abcdE* bestimmt wird (Bild 5). In *Lemma* VII wird
die bekannte Beziehung $(\sin x)/x < 1 < (\tan x)/x$ mit Hilfe einer Figur in Worten
ausgesprochen und daraus mit der Methode der ersten und letzten Verhältnisse

$$\lim_{x \to o} \frac{\sin x}{x} = 1 = \lim_{x \to o} \frac{\tan x}{x} \quad \text{gefolgert.}$$

---

[6] S. 26–36 in der ersten Ausgabe (1687) der *Principia*; von diesem Werk gibt es auch eine (leider nicht
immer fehlerfreie) deutsche Übersetzung von PH. WOLFERS unter dem Titel *Sir Isaac Newtons Mathematische Principien der Naturlehre* (Berlin 1872); Photomechanischer Nachdruck, Darmstadt 1963.

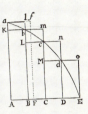

Lemma II.

Si in figura quavis AacE *rectis* Aa, AE, *& curva* AcE *comprehensa, inscribantur parallelogramma quotcunq;* Ab, Bc, Cd, &c. *sub basibus* AB, BC, CD, &c. *æqualibus, & lateribus* Bb, Cc, Dd, &c. *figuræ lateri* Aa *parallelis contenta; & compleantur parallelogramma* aKbl, bLcm, cMdn, &c, *Dein horum parallelogrammorum latitudo minuatur, & numerus augeatur in infinitum: dico quod ultimæ rationes, quas habent ad se invicem figura inscripta* AKbLcMdD, *circumscripta* AalbmcndoE, *& curvilinea* AabcdE, *sunt rationes æqualitatis.*

Nam figuræ inscriptæ & circumscriptæ differentia est summa parallelogrammorum $Kl + Lm + Mn + Do$, hoc est (ob æquales omnium bases) rectangulum sub unius basi Kb & altitudinum summa Aa, id est rectangulum $ABla$. Sed hoc rectangulum, eo quod latitudo ejus AB in infinitum minuitur, fit minus quovis dato. Ergo, per Lemma I, figura inscripta & circumscripta & multo magis figura curvilinea intermedia fiunt ultimo æquales. *Q. E. D.*

Bild 5.
Flächeninhaltsbestimmung nach
NEWTON (*Principia*, 1. Auflage S. 27).

Diese geometrische Betrachtungsweise erschwert das Studium des Werkes ungemein; dem heutigen und mehr durch Neugierde als durch Wißbegierde interessierten Leser erschließt es sich schwer.

NEWTON muß schon für die damalige Zeit ähnliche Befürchtungen gehegt haben: das die *Sectio* I abschließende *Scholium* (*op. cit.*, S. 34–36) spricht dafür. Er schreibt u. a.:

«Ich habe diese Lehrsätze vorausgeschickt, um künftig der weitläufigen Beweisführung mittels des Widerspruchs, nach der Art der alten Geometer, enthoben zu sein. Die Beweise werden nämlich kürzer durch die Methode der unteilbaren Größen[7]. Da aber diese Methode etwas umständlich ist und daher für weniger geometrisch gehalten wird, so zog ich es vor, die Beweise der nun folgenden Sätze auf die letzten Summen und Verhältnisse verschwindender und auf die ersten werdender Größen zu begründen, und deshalb habe ich die Beweise jener Grenzwertbildungen mit möglichster Kürze vorausgeschickt.»

NEWTON scheint der Überzeugungskraft seiner Begriffsbildung und Argumentation nicht ganz sicher zu sein, denn er schreibt weiter:

«Man kann den Einwand machen, daß es kein letztes Verhältnis verschwindender Größen gebe, indem dasselbe vor dem Verschwinden nicht das letzte sei, nach dem Verschwinden aber überhaupt kein Verhältnis mehr bestehe. Aus demselben Grunde könnte man aber auch behaupten, daß ein nach einem bestimmten Orte strebender Körper keine letzte Geschwindigkeit habe; diese sei, bevor er den bestimmten Ort erreicht

---

[7] Die Methode der Unteilbaren oder Indivisibeln war quasi ein Vorbote der Infinitesimalrechnung bzw. eine Umgehung derselben: durch die Bewegung des unteilbaren Punktes erzeugte man eine Gerade, und durch die Bewegung einer Geraden eine Ebene. Diese Fiktion entstand in den Fußstapfen der Scholastiker, für die es keine kleinste Strecke gab, da jeder ihrer Teile wieder die Eigenschaft einer Strecke hat; damit konnte ein Punkt nicht Teil einer Strecke sein, weil er unteilbar ist. Der Spruch lautete:
«Das Kontinuum kann sich nicht aus Indivisibeln zusammensetzen.» Der italienische Mathematiker BONAVENTURA CAVALIERI (1598?–1647) handhabte die Methode der Indivisibeln mit besonderem Erfolg.

habe, nicht die letzte, nachdem er ihn erreicht hat, existiere sie gar nicht mehr. Die Antwort ist leicht. Unter der letzten Geschwindigkeit versteht man diejenige, mit welcher der Körper sich weder bewegt, ehe er den letzten Ort erreicht und die Bewegung aufhört, noch die nachher stattfindende, sondern in dem Augenblick, wo er den Ort erreicht, ist es die letzte Geschwindigkeit selbst, mit welcher der Körper den Ort berührt und mit welcher die Bewegung endigt. Auf gleiche Weise hat man unter dem letzten Verhältnis verschwindender Größen dasjenige zu verstehen, mit welchem sie verschwinden, nicht aber nach dem vor oder nach dem Verschwinden bestehende. Ebenso ist das erste Verhältnis entstehender Größen dasjenige, mit welchem sie entstehen; die erste und letzte Summe diejenige, mit welcher sie anfangen oder aufhören zu sein (entweder größer oder kleiner zu werden). Es existiert eine Grenze, welche die Geschwindigkeit am Ende der Bewegung erreichen, nicht aber überschreiten kann; dies ist die letzte Geschwindigkeit. Dasselbe gilt von der Grenze aller anfangenden und aufhörenden Größen und Proportionen. Da diese Grenze fest und bestimmt ist, so ist es eine wahrhaft mathematische Aufgabe, sie aufzusuchen.»

Am Ende bemerkt NEWTON:

«Jene letzten Verhältnisse, mit denen die Größen verschwinden, sind in Wirklichkeit nicht die Verhältnisse der letzten Größen, sondern die Grenzen, denen die Verhältnisse fortwährend abnehmender Größen sich beständig nähern, und denen sie näher kommen, als jeder angebbare Unterschied beträgt, welche sie jedoch niemals überschreiten und nicht früher erreichen können, als bis die Größen ins Unendliche verkleinert sind. Deutlicher ist die Sache bei unendlich großen Größen einzusehen. Werden zwei Größen, deren Unterschied gegeben ist, ins Unendliche vermehrt, so ist ihr letztes Verhältnis gegeben, nämlich das der Gleichheit; jedoch werden damit nicht die letzten oder allergrößten Größen, deren Verhältnis jenes ist, gegeben. Wenn ich daher in der Folge, um eine leichte Darstellung der Dinge zu benutzen, von sehr kleinen, verschwindenden oder letzten Größen sprechen sollte, so verstehe man darunter nicht Größen, welche ihrer Größe nach bestimmt sind, sondern solche, die unbegrenzt verkleinert werden müssen.»

Diese Ausführungen sind umständlich und genau so schwerfällig wie die darauf basierenden geometrischen Handhabungen mechanischer Probleme. Liest man dagegen diesbezügliche erste Arbeiten[8] von LEIBNIZ (1646–1716), seinem großen Kontrahenten, dann spürt man wirklich die Kraft des neuen Kalküls und man kann der Ansicht, daß «LEIBNIZ einer der größten Erfinder mathematischer Symbole war»[9], nur zustimmen.

Und weil wir beim Verhältnis von NEWTON zu LEIBNIZ sind: wer denkt dabei nicht an den berühmten Prioritätsstreit über die Erfindung der Differentialrechnung? Hierzu findet sich (*op.cit.*, S. 253), nachdem NEWTON vorangehend (zweites Buch *Lemma* II) seine Fluxionsmethode[10] erläutert hat, das folgende *Scholium*:

«In Briefen, welche ich vor etwa zehn Jahren mit dem sehr gelehrten Mathematiker G.W. LEIBNIZ gewechselt habe, zeigte ich demselben an, daß ich mich im Besitze einer Methode befände, nach welcher man Maxima und Minima bestimmen, Tangenten legen und ähnliche Aufgaben lösen könne. Durch Versetzen der Buchstaben meiner Lösung (wie man nämlich die Fluxion einer gegebenen Gleichung mit beliebig vielen Veränderlichen findet und umgekehrt) verbarg ich dieselbe. Der sehr berühmte Mann antwortete mir darauf, er sei auf eine Methode derselben Art gekommen und teilte mir die seinige mit, welche von meiner kaum weiter abwich als in der Form der Worte und Zeichen. Die Grundlage beider Methoden ist im vorhergehenden Lemma enthalten.»

[8] LEIBNIZ: *Über die Analysis des Unendlichen*, Ostwalds Klassiker Nr. 162.

[9] D.J. STRUIK: *Abriß der Geschichte der Mathematik* (1965), S. 125.

[10] Fluxion nennt NEWTON die Geschwindigkeit der Veränderung einer stetig veränderlichen Größe; das ist der erste Differentialquotient. Einen ausgezeichneten Überblick über die Fluxionsrechnung NEWTONS und den Kalkül von LEIBNIZ findet man in H. SUTERS *Geschichte der mathematischen Wissenschaften*, 2. Teil (1875), S. 48–108.

Diese Ausführungen bestätigen die Selbständigkeit von LEIBNIZ in der Schaffung des Kalküls. Der später gegen LEIBNIZ aufgehetzte NEWTON hatte in der dritten Auflage seiner *Principia* diese Stelle gestrichen und durch einen anderen Text ersetzt (siehe S. 598 der Wolfersschen Übersetzung).

Zum Abschluß über die mathematische Methodik NEWTONS[11] sei noch ein Beispiel angedeutet. Im zweiten Abschnitt des zweiten Buches steht (*op. cit.*, S. 38) das *Theorem* II:

«Jeder Körper, der sich auf irgendeiner Kurve bewegt, deren Radien nach einem entweder ruhenden oder gleichförmig und geradlinig bewegten Punkte gerichtet sind und um diesen Punkt *S* der Zeit proportionale Flächen bestreichen, wird durch eine, nach jenem Punkt gerichtete Zentripetalkraft[12] angetrieben.»

Diesen, an das zweite Keplersche Gesetz erinnernden Satz beweist NEWTON folgendermaßen (Bild 6):

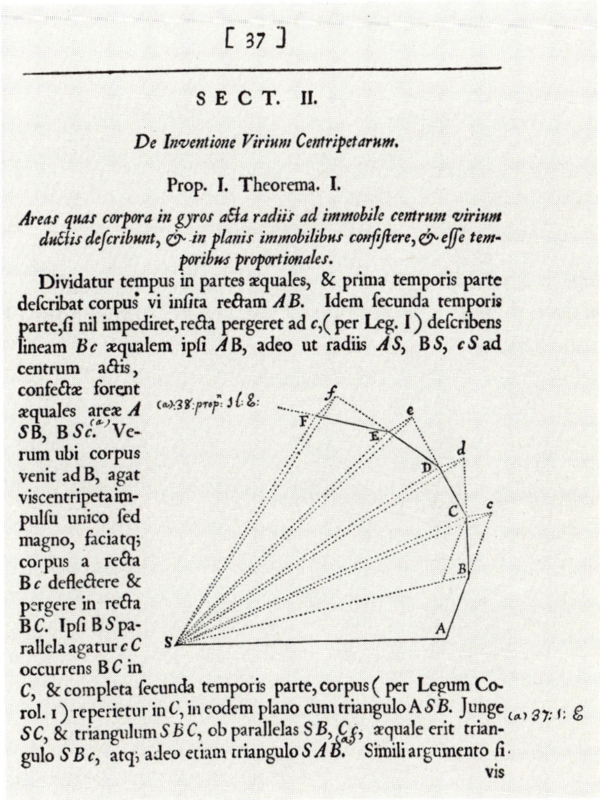

[37]

SECT. II.

De Inventione Virium Centripetarum.

Prop. I. Theorema. I.

Areas quas corpora in gyros acta radiis ad immobile centrum virium ductis describunt, & in planis immobilibus consistere, & esse temporibus proportionales.

Dividatur tempus in partes æquales, & prima temporis parte describat corpus vi insita rectam *AB*. Idem secunda temporis parte, si nil impediret, recta pergeret ad *c*, (per Leg. I) describens lineam *Bc* æqualem ipsi *AB*, adeo ut radiis *AS*, *BS*, *cS* ad centrum actis, confectæ forent æquales areæ *ASB*, *BSc*. Verum ubi corpus venit ad B, agat vis centripeta impulsu unico sed magno, faciatq; corpus a recta *Bc* deflectere & pergere in recta *BC*. Ipsi *BS* parallela agatur *cC* occurrens *BC* in *C*, & completa secunda temporis parte, corpus (per Legum Corol. 1) reperietur in *C*, in eodem plano cum triangulo *ASB*. Junge *SC*, & triangulum *SBC*, ob parallelas *SB*, *Cc*, æquale erit triangulo *SBc*, atq; adeo etiam triangulo *SAB*. Simili argumento si vis

Bild 6
Der Flächensatz bei NEWTON (*Principia*, S. 37).

11 Hierüber ausführlich in D. T. WHITESIDE: *The mathematical principles underlying* NEWTON'S *Principia mathematica* (Glasgow 1970).

12 In der heutigen Terminologie schreibt man Radialkraft. NEWTON nannte alle, auf einen festen (also auf den Krümmungsmittel-)Punkt gerichteten Vektoren zentripetal.

«Jeder Körper, der sich auf einer gekrümmten Bahn bewegt, wird nach dem ersten Bewegungsgesetz durch irgendeine auf ihn einwirkende Kraft vom geradlinigen Wege abgelenkt. Jene Kraft aber, durch die dies geschieht und durch die der Körper gezwungen wird, die sehr kleinen und in gleichen Zeiten gleichen Dreiecke *SAB, SBC, SCD* usw. um den unbeweglichen Punkt *S* zu beschreiben, wirkt im Punkte *B* [nach EUKLIDS *Elementen,* Buch I, Satz 40, und nach dem zweiten Bewegungsgesetz] längs einer *cC* parallelen Linie *BS*; im Punkte *C* längs einer *dD* parallelen Linie *CS* usw. Sie wirkt also längs solcher Linien, welche nach jenem unbeweglichen Punkt *S* gerichtet sind.»

Auf das vorangehende *Theorem* I (*op.cit.,* S.37) hinweisend, wird der Satz auch für ein gleichförmig und geradlinig bewegtes Zentrum *S* bewiesen.

4 Deutungen und Mißdeutungen des zweiten Newtonschen Bewegungsgesetzes

Nimmt man den Originaldruck der *Principia* von 1687 zur Hand und schlägt die *Lex* II (Bild 4) auf, so stellt man fest, daß dieses Gesetz dort aus den folgenden zwei Zeilen besteht: *Mutationem motus proportionalem esse vi motrici impressae, et fieri secundum lineam rectam qua vis illa imprimitur.* Oder zu deutsch, wenn man *motus* mit *quantitas motus* gleichsetzt: «Die Änderung der Bewegungsgröße ist der Einwirkung der bewegenden Kraft proportional und erfolgt in der Richtung, in der diese Kraft wirkt.»

Was wird nun aus diesem kurzen und nur in Worten postulierten Gesetz herausgelesen? Alle Deutungen gipfeln in der folgenden Formulierung:
«Das Newtonsche Grundgesetz lautet: Kraft ist gleich Masse mal Beschleunigung», und man schreibt dies auch gleich als

$$K = m\boldsymbol{b} = m\,\frac{\mathrm{d}\boldsymbol{v}}{\mathrm{d}t} = m\,\frac{\mathrm{d}^2\boldsymbol{r}}{\mathrm{d}t^2}. \tag{1}$$

Dieser Deutung bzw. der nachfolgenden mathematischen Fassung können folgende Einwände entgegengehalten werden:
1. In der *Lex* II kommen weder die Worte Masse noch Beschleunigung vor; 2. von welchem Punkte der Masse *m* ist die Beschleunigung überhaupt gemeint, da sie doch für einen Punkt definiert ist; 3. welche Kraft *K* soll es sein, wirken doch auf die Masse eines Körpers im allgemeinen mehrere Kräfte (so zum Beispiel die Gewichtskraft, von Fluidanströmungen herrührende Oberflächenkräfte, elastische Federkräfte usw.) ein; 4. NEWTONS *Principia* enthalten nirgends eine Spur des in der Formel (1) verwendeten Leibnizschen Kalküls, und überhaupt: die Einführung des Radiusvektors *r*, also der Koordinatenschreibweise, erfolgte erst etwa ein halbes Jahrhundert später durch LEONHARD EULER (1707–1783).

Gegen solche Vorhaltungen versucht man sich mit dem Zauberwort Massenpunkt herauszureden. Man gibt dafür Erklärungen, aber keine eindeutigen Definitionen. Die übliche Erläuterung ist das Märchen von der kleinen massebehafteten Kugel:

«Man stelle sich eine kleine Kugel mit bestimmter Masse *m* vor, deren Radius *r* immer kleiner wird. Im Grenzfall *r* →0 ist die Kugel auf einen Punkt zusammengeschrumpft, besitzt also kein Volumen mehr, und man spricht von einem mit Masse belegten Punkt oder Massenpunkt. Die Frage, wann ein Körper als

Massenpunkt behandelt werden kann, ist nicht allgemein zu beantworten, es hängt von den näheren Umständen ab und muß von Fall zu Fall geprüft werden.»[13]

Danach wird nach Herzenslust (auf etwa 200 Seiten!) Punktmechanik getrieben, ohne ein Wort darüber zu verlieren, nach welchen Gesichtspunkten diese Prüfung der Zulässigkeit des Massenpunktes zu erfolgen habe. Dabei umfassen die behandelten Körper sowohl Kügelchen als auch Planeten. Gelehrter ist folgende Erklärung:

«Da Körper im allgemeinen räumlich ausgedehnt sind, ist die Annahme der eindeutigen Lokalisierung nicht ganz selbstverständlich. In der Tat läßt sich die geforderte Eindeutigkeit der Lage auf verschiedene Arten erreichen. Die einfachste besteht darin, daß man nur hinreichend kleine Körper betrachtet; gemeint ist – da das Wort klein keine Eigenschaft eines Körpers, sondern eine Relation des Körpers zu anderen Objekten ausdrückt –, daß man entweder nur Körper in die Untersuchung einbezieht, deren Lineardimensionen klein sind gegen die betrachteten Änderungen von Abständen bzw. gegen die Genauigkeit, mit der Abstandsbestimmungen vorgenommen werden oder werden können, oder – was dasselbe ist – daß man nur Abstände betrachtet, die sehr groß sind gegen die Lineardimensionen aller zugelassenen Körper. Kurzum, man nennt einen Körper klein oder punktartig, wenn seine Lineardimensionen klein sind gegen die Genauigkeit, mit der Längenmessungen vorgenommen werden. Eine andere Möglichkeit, Ortskoordinaten von Körpern eindeutig zu definieren, bestünde zum Beispiel darin, nur Körper bestimmter geometrischer Gestalt, zum Beispiel nur kugelförmige Körper, zuzulassen und jeweils den Mittelpunkt eines solchen Körpers als seine Ortskoordinaten zu erklären. Bei diesem Verfahren spielte die geometrische Größe der Körper keine Rolle.»[14]

Zu diesen langen und von Wiederholungen nicht freien Ausführungen, die man in mehr oder weniger abgewandelter Form fast in allen Büchern über Theoretische Physik findet, hat der kritische Leser manche Fragen und Einwände; sie zu ordnen kostet allein schon Mühe.

Vielleicht sei zunächst festgehalten, daß die angeführten Sätze am Anfang des Abschnittes Kinematik im ersten Paragraphen mit der Überschrift «Ort, Geschwindigkeit, Beschleunigung eines Körpers» stehen. Nun ist die Kinematik – im Gegensatz zur Kinetik – eine rein geometrische Wissenschaft; noch krasser gesagt: ein Teil der Differentialgeometrie der Raumkurven. Denn man will die Ortsveränderung eines Körpers beschreiben, und dazu benötigt man die Lageänderung seiner Punkte längs der zugeordneten Raumkurven. Dem Ablauf dieser Lageänderung der Körperpunkte ordnet man vor allem wegen der anschließenden Kinetik nach bekannter Vorschrift die Geschwindigkeit und Beschleunigung zu. Hier ist es also noch völlig überflüssig, von «kleinen Körpern, Massenpunkten» und «materiellen Punkten» zu reden, denn weder die Größe noch die Masse des Körpers tritt in Erscheinung. Noch bedenklicher und geradezu unverständlich ist es, «zum Beispiel nur kugelförmige Körper zuzulassen und jeweils den Mittelpunkt eines solchen Körpers als seine Ortskoordinate zu erklären. Bei diesem Verfahren spielt die geometrische Größe der Körper keine Rolle». Denn wie kann man die Koordinate des Kugelmittelpunktes «als seine Ortskoordinate ... erklären», wenn man verschweigt, daß es sich um reine Translation handelt? Wäre es hier nicht kürzer und klarer gewesen zu sagen: Wir betrachten reine Translationsbewegungen von Körpern beliebiger Gestalt und Ausdehnung. Unter

---

[13] MAX PÄSLER: *Mechanik (Punktmechanik, Mechanik der Punktsysteme und des starren Körpers)* (Berlin 1965), S. 2.

[14] G. FALK: *Theoretische Physik*, Band I (Punktmechanik) (Berlin 1966), S. 1.

welcher Einwirkung von Kräftesystemen eine solche Bewegung eintritt, bei der also sämtliche Körperpunkte kongruente Raumkurven beschreiben, wird in der anschließenden Kinetik untersucht. Dann ist es nämlich gänzlich gleichgültig, welchen Körperpunkt man zur Beschreibung der Bewegung des Körpers heranzieht und für welchen man dann die sogenannte Punktmechanik oder Mechanik des materiellen Punktes treibt.

Da meine Ausführungen auch junge Studenten belehren sollen, zitiere ich eine weitere Mißdeutung der *Lex* II:

«Die Mechanik gelangte durch Abstraktion zum Begriff des materiellen Punktes, der mit einer Masse m ausgestattet ist, und zum Begriff der Kraft K, die auf materielle Punkte wirkt. Für diese Wirkung postulierte NEWTON das fundamentale Bewegungsgesetz

$$K = m \frac{\mathrm{d}^2\, r}{\mathrm{d}\, t^2}, \tag{2}$$

wobei r den Fahrstrahl zum Ort bezeichnet, den der materielle Punkt im Augenblick t einnimmt.»

Und noch verblüffender lautet die Fortsetzung:

«Es sei gleich eine mathematische Umformung vorgenommen. Sie fußt auf der Unveränderlichkeit der Masse und lautet

$$K = \frac{\mathrm{d}}{\mathrm{d}\, t}(m\, \mathfrak{r}). \tag{3}$$

In der Klammer steht der Impuls, das Produkt von Masse und Geschwindigkeit $\mathrm{d}\, r / \mathrm{d}\, t$.»[15]

Denn üblicherweise legt man die *Lex* II gemäß (3) aus und leitet dann daraus durch Differentiation (2) her. Dagegen ist aber wiederum folgendes einzuwenden: Dabei wird NEWTONS *mutatio* im Sinne der zeitlichen Änderung der Geschwindigkeit als Differentialquotient ausgelegt, aber dieser Auffassung widerspricht einerseits, daß NEWTON an dieser Stelle nicht einmal seine Fluxionsrechnung heranzieht, geschweige LEIBNIZENS Kalkül anwendet, und andererseits, daß er ausdrücklich von *mutatio motus* (*quantitas*) also (gemäß *Definitio* II) von der Änderung des Produktes $m\mathfrak{r}$ spricht, so daß die Deutung mit auf die Zeiteinheit bezogener Geschwindigkeitsänderung schon dimensionsmäßig unmöglich ist.

Nach diesen mannigfaltigen Mißdeutungen sprechen wir klar aus:

1. Weder das in Worte gefaßte Gesetz Kraft gleich Masse mal Beschleunigung noch die Formel (2) oder (3) sind im zweiten Bewegungsgesetz (*Lex* II) und ebensowenig an anderer Stelle in NEWTONS *Principia* anzutreffen.

2. Die Formel (2) beschreibt zum Beispiel die Bewegung eines starren Körpers beliebiger Gestalt und beliebiger Größe, wenn K, nämlich die Resultierende aller äußeren am Körper angreifenden Kräfte, durch dessen Schwerpunkt geht und infolgedessen der Körper eine reine Translationsbewegung ausführt, wenn also alle Körperpunkte auf kongruenten Bahnen in jedem Zeitpunkte gleiche Geschwindigkeiten und gleiche Beschleunigungen haben. Das ist zum Beispiel der Fall für einen auf der schiefen Ebene ohne Drehung hinuntergleitenden Ziegelstein, für die Körbe eines Riesenrades oder für eine Kreide, die man auf der Tafelebene ohne Drehung hin und

---

[15] FRANZ VON KRBEK: *Grundzüge der Mechanik* (Leipzig 1961), S. 2.

her oder hinauf- und herunterschiebt. Näherungsweise trifft das auch zu, wenn man ein kleines Bleikügelchen (von beispielsweise 0,5 cm Durchmesser) an einem dünnen (etwa 100 cm langen und 0,5 mm starken) Nylonfaden im Schwerefeld als Pendel schwingen läßt. Dieses Beispiel und ähnliche Fälle dürften für die Geburt der Idee des Massenpunktes maßgebend gewesen sein.

3. Geht die Resultierende aller äußeren Kräfte nicht durch den Schwerpunkt, so beschreibt (2) bzw. (3) für Körpersysteme mit zeitlich unveränderlichen Teilmassen die Bewegung des Schwerpunktes. Dann führt der Körper neben der Translation auch eine Drehung aus. Zur Erfassung der letzteren benötigt man aber – wie wir im folgenden Abschnitt B sehen werden – ein neues und von (2) unabhängiges Gesetz, nämlich den Drehmomenten- oder Drallsatz.

Was kann man also aus der *Lex* II wirklich entnehmen? In wortgetreuer Auslegung läßt die *Lex* II nur folgende mathematische Formulierung zu[16]: Wird ein Körper der Masse m von einer konstanten (resultierenden) Kraft K von der Ruhe heraus in reine Translationsbewegung versetzt und besitzt er nach der Zeit t die Geschwindigkeit v, so zieht die der *Lex* II genügende Annahme

$$Kt = mv,$$

also Impulsänderung proportional zur Kraft K, auch

$$K = m \frac{v}{t} = \text{Masse mal Beschleunigung} = mb$$

nach sich, was zum Beispiel für den mathematisch möglichen Fall $K = mc = $ konstant und $v = ct^n$ ($n \neq 1$) nicht zuträfe, obwohl wegen $Kt^n = mv$ die *Lex* II nicht verletzt wird! Das ist eben eine Schwäche dieses Gesetzes, nicht klar auszusagen, daß konstante Kräfte konstante Beschleunigungen verursachen. Man behalf sich hier mit der vorangehenden und Zentripetalkräfte betreffenden *Definitio VIII* bzw. mit den dazu gegebenen Erläuterungen, in denen unter anderem steht: «Denn so wie die Bewegungsgröße gleich dem Produkt aus Masse und Geschwindigkeit ist, so ist die bewegende Zentripetalkraft gleich dem Produkt aus Masse und Beschleunigung.» Hierzu ist folgendes zu sagen: Es ist eine sehr unbefriedigende, wenn nicht sogar zweifelhafte Auslegung, für das allgemeine Kraft-Beschleunigungsgesetz – weil eben nichts anderes da ist – den Spezialfall der Zentripetalkraft zu erklären, wodurch das Prinzip von der Beschleunigung als Maß der Kräfte in seiner universellen Bedeutung verlorengeht. Eine solche Auslegung findet man zum Beispiel in dem Buch von R. LAEMMEL über ISAAC NEWTON (Zürich 1957, S. 168); hier ist dann im Anschluß an die Formel Kraft gleich Masse mal Beschleunigung folgendes zu lesen:

«Diese Formel wird vom Physiker und Techniker heute täglich verwendet. Aber was stellt diese Newtonsche Formel erkenntnistheoretisch dar? Der Satz wird meist als Lehrsatz betrachtet. Man denkt sich, daß in unserer Welt Kräfte existieren, deren Größe merkwürdigerweise berechnet werden kann, indem man die Größe der Masse mit der Größe der Beschleunigung multipliziert. Das ist aber ein Denkfehler, dem auch MACH in seiner glänzenden Kritik nicht die nötige Aufmerksamkeit geschenkt hat. Diese Formel ist nämlich

---

[16] E.J. DIJKSTERHUIS: *Die Mechanisierung des Weltbildes* (Berlin 1956), S. 527–528.

nichts anderes als eine willkürliche und allerdings sehr zweckmäßig erfundene Definition; sie enthält gar keine Erkenntnis, sondern nur eine Konvention, daß wir das Produkt aus einer Masse M mal ihrer Beschleunigung a gemäß dem Vorschlage NEWTONS mit dem Namen Kraft F bezeichnen wollen.»

Eine solche Behauptung, nach deren Quintessenz die Kraft weiter nichts ist als ein neues Wort für das Produkt aus Masse und Beschleunigung, muß mit aller Entschiedenheit abgelehnt werden: «Wäre sie wahr, so wäre die Mechanik keine Naturwissenschaft mehr, sondern eine Tautologie!», wie G. HAMEL (*Theoretische Mechanik*, Berlin 1967, S. 7) KIRCHHOFFS gleiche Ansicht kommentierte. Diese Herabwürdigung eines bestfundierten Naturprinzips zu einer reinen Definition ist um so ungerechtfertigter, als NEWTON es gewesen ist, der durch Einführung einer Kraft ohne nähere Angabe der Ursachen (wie Druck, Stoß, Erdanziehung) mit einer Tradition bricht, die nur durch andere Körper verursachte Bewegungsänderungen gekannt hat.

Nach den bisherigen Ausführungen dieser Ziffer drängt sich die Frage auf, warum NEWTON die Proportionalität zwischen Kraft und Beschleunigung nicht *expressis verbis* ausgesprochen hat. Eine einfache und wahrscheinlich zutreffende Antwort dürfte sein: Weil er sie als selbstverständlich empfand! Der viel Geduldsarbeit erfordernde logische Aufbau nach axiomatischen Gesichtspunkten war eben nicht NEWTONS, des schöpferischen Genies, Stärke. Seine diesbezügliche Unvollkommenheit besteht – neben dem Gebrauch von einzelnen Worten wie zum Beispiel *motus* und *vis* für verschiedene Begriffe – vor allem darin, daß seine *Definitiones* teilweise schon die *Leges* (also die Axiome) vorwegnehmen oder diese voraussetzen. So sagt zum Beispiel *Definitio* III:

«Die der Materie innewohnende Kraft (*vis insita*) ist ihre Fähigkeit, Widerstand zu leisten. Infolge dieser Kraft beharrt ein Körper in seinem Zustande, sei es der Ruhe oder der geradlinigen gleichförmigen Bewegung.»

Demgegenüber lautet die *Lex* I:

«Ein jeder Körper beharrt im Zustande der Ruhe oder geradlinigen gleichförmigen Bewegung, so lange er nicht durch einwirkende Kräfte (*a viribus impressis*) gezwungen wird, seinen Zustand zu ändern.»

Dieser Mangel an axiomatischer Ordnung erklärt auch, daß man Feststellungen grundsätzlicher Art an einer versteckten Stelle findet. Dafür ist ein wirklich klassisches Beispiel im ersten Buch – weit hinter den Definitionen und Axiomen – das *Lemma* X:

Spatia quae corpus urgente quacumque vi finita describit, sive vis illa determinata et immutabilis sit, sive eadem continuo augeatur vel continuo diminiatur, sunt ipso motus initio in duplicata ratione temporum.

Oder zu deutsch:

«Die Wege, welche der Körper infolge der Einwirkung irgendeiner endlichen Kraft beschreibt, mag diese bestimmt und unveränderlich sein oder mag sie beständig zu- oder abnehmen, stehen beim Anfang der Bewegung proportional dem Quadrat der Zeiten.»

Kurz besagt dieses *Lemma*, daß eine Kraft, auch wenn sie nicht konstant ist, am Anfang der Bewegung zum Quadrat der Zeit proportionale Wege zur Folge hat; es ist viel mehr als ein Lehrsatz und hätte am Anfang der *Principia* einen Ehrenplatz verdient. Für konstante Kräfte ist darin das enthalten, was wir in *Lex* II und in den Definitionen vermißt haben: konstante Kräfte verursachen konstante Beschleunigungen. Diese Wirkung der konstanten Kraft stand freilich schon seit GALILEIS Fallversuchen fest, aber es fehlte noch die Erfassung der Wirkungsform für veränderliche Kräfte, und das leistet das im allgemeinen wenig beachtete *Lemma* X von NEWTON, wonach die von GALILEI gefundene Wirkung konstanter Kräfte «für den Anfang» auch für veränderliche Kräfte gültig ist. In unserer heutigen Denk- und Schreibweise läßt sich *Lemma* X folgendermaßen formulieren: Die mit der Zeit t veränderliche Kraft $K = K(t)$ habe zu Anfang t_0 den Wert $K(t_0) = K_0$. Die auch schon NEWTON bekannte Approximation der Kraft $K(t)$ durch ein Polynom, verbunden mit dem Kraft-Beschleunigungsgesetz (1), liefert mit den Konstanten $K_1, \ldots K_n$

$$K(t) = K_0 + K_1(t - t_0) + \ldots + K_n(t - t_0)^n = m\frac{d^2 s}{dt^2},$$

woraus nach zweimaliger «Quadratur», wie NEWTON die Integration nannte, und mit der Forderung verschwindender Anfangsgeschwindigkeit, das heißt mit $(ds/dt)_{t_0} = 0$,

$$s(t) = \frac{K_0}{2m}(t - t_0)^2 + \ldots + \frac{K_n}{2m(n+1)(n+2)}(t - t_0)^{n+2}$$

folgt. Nun ist «am Anfang» $t - t_0$ klein, so daß näherungsweise

$$s(t) = \frac{K_0}{2m}(t - t_0)^2$$

gesetzt werden kann, und das ist der Inhalt von *Lemma* X des ersten Buches. Ähnliche – wenn auch nicht vorgeführte – infinitesimale Gedankengänge vermuten wir hier genauso wie auch an anderen Stellen der *Principia*. Deswegen ist es nicht abwegiger als die sonstigen «Auslegungen», zu sagen: Läßt man – im Gegensatz zum Wortlaut – in *Lex* II variable Kräfte zu, was NEWTON in der Himmelsmechanik auch ausschließlich tut, und macht man von der Differentialrechnung Gebrauch (was NEWTON vermeidet), so läßt die *Lex* II für das Zeitelement dt die mathematische Formulierung

$$K dt = m dv$$

zu, die einerseits die geforderte Proportionalität zwischen Impulsänderung $m dv$ und Kraft K beinhaltet und andererseits auch die entscheidende Folgerung

$$K = \text{Kraft} = m\frac{dv}{dt} = mb = \text{Masse mal Beschleunigung}$$

nach sich zieht.

Wir wollen diese Ausführungen über NEWTONS Bewegungsgesetze mit folgenden geist- und kenntnisreichen Worten schließen (siehe Fußnote 16):

«Man hat bisher allgemein aus den Definitionen VII und VIII und dem Axiom II die Beziehung $K = mb$ herausgelesen. Es steht aber damit wie mit den Kleidern des Kaisers im Märchen[17]: Jeder sah sie, da er

---

[17] Von H.C. ANDERSEN (1806–1875): *Des Kaisers neue Kleider*.

überzeugt war, daß sie da seien, bis ein Kind feststellte, daß der Kaiser nichts an hatte. Wenn man aber die von NEWTON gegebene Grundlegung mit kindlicher Unbefangenheit, also unter Ausschalten von allem, was man schon weiß und daher zu finden erwartet, durcharbeitet, so zeigt es sich, daß sie die wichtigste Grundlage für die klassische Mechanik keineswegs enthält.»

Vielleicht ist an dieser Stelle des Abschiedes von der Newtonschen Mechanik an den berühmten und oft zitierten Spruch *hypotheses non fingo* (*Principia,* 3. Auflage 1726, S. 530) zu erinnern. Wie NEWTON dieses sein Bekenntnis verstanden wissen wollte, zeigen seine begleitenden Worte:

«Ich habe bisher die Erscheinungen der Himmelskörper und die Bewegungen des Meeres durch die Schwerkraft erklärt, aber ich habe nirgends die Ursache der letzteren angegeben. Diese Kraft rührt von irgendeiner Ursache her ... Ich habe noch nicht dahin gelangen können, aus den Erscheinungen den Grund dieser Eigenschaften der Schwere abzuleiten, und Hypothesen erdenke ich nicht ... Es genügt, daß diese Schwere existiere, daß sie nach den von uns dargelegten Gesetzen wirke und daß sie alle Bewegungen der Himmelskörper und des Meeres zu erklären imstande sei.»

Das sind Worte des alternden Genies an der Grenze der letzten Weisheiten. Wem diese Ansicht vielleicht übertrieben – oder gar fast biblisch – erscheint, der möge NEWTONS vorangehende Ausführungen nachlesen (S. 507 ff. der in Fußnote 6 angeführten Wolfersschen Übersetzung der *Principia*).

B Der Impuls- und Momentensatz von LEONHARD EULER

> Was mich betrifft, so war, solange ich
> versucht habe, Forschung zu treiben, die alleinige
> methodische Schulung das Studium, das Studium
> und nochmalige Studium der Meister.
> CLIFFORD A. TRUESDELL

1 Einleitende Bemerkungen

ERNST MACH (1838–1916), bedeutender Experimentalphysiker und Philosoph, dessen Werk *Die Mechanik in ihrer Entwicklung* (1. Auflage 1888) sehr geschätzt und viel gelesen wurde, schreibt (*op. cit.*, 7. Auflage, S. 272).

«Die Newtonschen Prinzipien sind genügend, um ohne Hinzuziehung eines neuen Prinzips jeden praktisch vorkommenden mechanischen Fall, ob derselbe nun der Statik oder der Dynamik angehört, zu durchschauen. Wenn sich hierbei Schwierigkeiten ergeben, so sind dieselben immer nur mathematischer (formeller) und keineswegs mehr prinzipieller Natur.»

Diese Ansicht MACHS fiel bei den Physikern auf fruchtbaren Boden, waren sie doch schon vor MACH – so weit sie sich überhaupt darüber Gedanken gemacht haben – derselben Meinung[18]. Mögen auch MACHS sonstige Leistungen noch so bedeutend sein (sie werden hier auch nicht angezweifelt!), mit seiner eben zitierten Ansicht befindet er sich (mit vielen anderen) im Irrtum. Und überhaupt ist MACHS Werk, von C. A. TRUESDELL *Mister Tompkins wandert durch die Jahrhunderte* genannt, viel zu eng angelegt und ein Rückschritt gegenüber EUGEN DÜHRINGS (1833–1921) *Kritische Geschichte der allgemeinen Prinzipien der Mechanik* aus dem Jahre 1873.

NEWTON selbst fühlte und wußte, daß seine Prinzipien keinesfalls ausreichen, um anstehende mechanische Probleme, insbesondere die der wirklichen Körper in allgemeiner (also in translativer und rotierender) Bewegung zu lösen. Er schreibt gleich im Vorwort: «Wenn es doch gelingen würde, auch die anderen Naturphänomene durch Überlegungen gleicher Art aus mechanischen Prinzipien herzuleiten[19].»

NEWTON ist sich also bewußt, daß seine Prinzipien zur Lösung mechanischer Pro-

---

[18] Es überrascht nicht, daß ein Sammelsurium von Unsinn, ja schon eine Art von Scharlatanerie entsteht, wenn die Beantwortung solcher Fragen in eine weltanschauliche Zwangsjacke gesteckt werden muß. So liest man im Sammelband *Die Wissenschaft im Lichte des Marxismus* (Zürich, Prag 1937 sowie Rotdruck 1971), Herausgeber HENRI WALLON, von der Feder eines Herrn HENRI MINEUR (S. 64, 65, 87): «...am Ende des XVII. Jahrhunderts sind die Wissenschaften imstande, die ihnen von der Technik gestellten Aufgaben zu lösen. Die Statik ist fertig, ebenso die Dynamik der Geschosse; die Probleme der Hydraulik und der Trägheit sind gelöst... Die dynamischen Gesetze NEWTONS erlauben von nun an alle Probleme der Erd- und Himmelsmechanik zu behandeln... Nur die Mechanik der Kontinua bedarf einer besonderen Erwähnung. Sie wurde zu Beginn des XVII. Jahrhunderts geschaffen...»

[19] *Utinam caetera Naturae phaenomena ex principiis Mechanicis eodem argumentandi genere derivare liceret.*

bleme ausgedehnter Körper im allgemeinen Bewegungszustand nicht ausreichend sind. Wir kennen auch kein diesbezügliches und von NEWTON gelöstes Problem; selbst dann nicht, wenn man sich allein auf starre Körper beschränkt, etwa auf das Rollen eines Rades oder die Schwingung eines ausgedehnten Pendelkörpers.

2   Der Impulssatz von EULER

Das Streben nach allgemeinen mechanischen Grundprinzipien für die Behandlung von Problemen der Verbund- und Kontinuumsmechanik trat bald nach GALILEI und schon vor NEWTON in den Vordergrund. Für die Verbundmechanik starrer Körper trat die Notwendigkeit eines neuen Prinzips zum ersten Male 1646 bei der Frage nach dem Schwingungsmittelpunkt eines aus mehreren Massenpunkten zusammengesetzten Pendels (siehe Abschnitt C, Ziffer 1, dieses Kapitels) auf, während in der Hydromechanik in JOHANN BERNOULLIS (1667–1748) *Hydraulica* (1742) ein neues Prinzip, wenn auch noch versteckt, praktiziert wurde. Dieses Werk JOHANN BERNOULLIS, auf das wir noch ausführlich in Kapitel III, Abschnitt B, Ziffer 2, zurückkommen werden, hat den Titel *Hydraulica, nunc primum detecta ac demonstrata directe ex fundamentis pure mechanicis, Anno 1732* [20]. Hier wird also betont und schon im Titel hervorgehoben, daß die Hydraulik zum erstenmal allein aus den Fundamenten der reinen Mechanik entwickelt wird.

Auf EULERS Bitte schickte ihm JOHANN BERNOULLI 1739 den grundsätzlichen Teil der *Hydraulica* zu. Wohl mit Recht vermutet TRUESDELL, und EULERS (Bild 7) lobende Worte bestätigen nur diese Ansicht, daß JOHANN BERNOULLIS Strudeltheorie der Flüssigkeitselemente für EULER ein Fingerzeig gewesen ist zur Schaffung seiner Theorie der starren und elastischen Körper sowie der Fluide.

Jeder Student der Ingenieurwissenschaften kennt und praktiziert schon im ersten Semester das Schnittprinzip: das Freischneiden eines (starren oder elastischen) Körpers an den starren Stützstellen, um die dort wirkenden Reaktionskräfte quasi zum Vorschein kommen zu lassen; oder das Herausschneiden eines Körperelementes aus dem Verband mit den am Element angreifenden Kräften. Fast nirgendwo wird erwähnt, daß dieses eben so einfache wie geniale Prinzip auf EULER zurückgeht. Mit der Phantasie des großen Künstlers lehrte er uns, in Gedanken in die Materie hineinzuschauen, wohin weder Auge noch Experiment eindringen können, und hatte damit den Grundstein zur einzig wahren, nämlich der Kontinuumsmechanik gelegt.

Für ein solches herausgeschnittenes Massenelement d m, an dem die aus Oberflächen- und Massenkräften resultierende Kraft d K angreift, postulierte er über die Beschleunigung b das neue Gesetz:

$$\mathrm{d}\,K = \mathrm{d}\,m\,\,b = \mathrm{d}\,m\left\{\frac{\mathrm{d}^2 x}{\mathrm{d}\,t^2};\ \ \frac{\mathrm{d}^2 y}{\mathrm{d}\,t^2};\ \ \frac{\mathrm{d}^2 z}{\mathrm{d}\,t^2}\right\}. \tag{4}$$

---

[20] JOHANN BERNOULLI, *Opera Omnia* (Genf 1742), Tom. IV, S. 387 ff.

Bild 7
LEONHARD EULER (1707–1783).

Es wurde schon zur Genüge betont und illustriert, daß nicht einmal ein Gesetz der Form $K = m\,b$, geschweige der Gestalt (4) in NEWTONS *Principia* enthalten ist; dennoch wird ihm dies allgemein zugeschrieben.

EULERS Ringen um die allgemeinen Prinzipien der Kinetik [21] begann schon in seiner Basler Studentenzeit: Er versuchte Einzelprobleme der Kontinuumsmechanik – wie Schallausbreitung und Schwingungen von Kreisringen – zu lösen. Die erste diesbezügliche Publikation allgemeiner Art, die mit dem Jahre 1750 datiert ist, hat den Titel *Découverte d'un nouveau principe de la mécanique* [22]. Darin spricht EULER zwar schon von «un corps infiniment petit», also von einem unendlich kleinen Körper, aber die weiteren Ausführungen und insbesondere die Behandlung der Drehung eines starren Körpers um eine feste Achse entsprechen noch der Mechanik des Punkthaufens. Dementsprechend sind die Komponentengleichungen des (4) entsprechenden Impulsgesetzes (*op.cit.*, § 20) [23]:

$$M\,\mathrm{d}^2 x = P\,\mathrm{d}t^2; \quad M\,\mathrm{d}^2 y = Q\,\mathrm{d}t^2; \quad M\,\mathrm{d}^2 z = R\,\mathrm{d}t^2.$$

EULER schreibt: «Und diese allein ist diejenige Formel, welche alle Prinzipien der Mechanik enthält.»

Zu der endgültigen Erkenntnis, daß zu diesem Prinzip noch ein weiteres, davon unabhängiges Prinzip gehört, nämlich der Drehmomenten- oder Drallsatz, gelangte EULER erst ein Vierteljahrhundert später, nämlich im Jahre 1775.

Eine Bemerkung zur Namensgebung dieses zweiten Prinzips: Sie ist nicht einheitlich. Man schreibt Momentensatz, Drallsatz, Drehimpulssatz, auch Momenten- oder Drallsatz. Sachlich am zutreffendsten dürfte Momenten- und Drallsatz sein.

3   Der Drehmomenten- oder Drallsatz

Es war ein langer Weg bis zu der eben erwähnten Erkenntnis zweier, voneinander unabhängiger mechanischer Prinzipien [24]. Trotzdem scheint diese Tatsache, insbesondere im Kreise der Physiker, heute noch nicht Allgemeingut geworden zu sein. Man glaubt weiterhin, den Drallsatz aus dem sogenannten Newtonschen Grundgesetz herleiten zu können. Dieses ist ein merkwürdiges Unterfangen und entspricht dem Versuch, aus dem Axiom der Gleichgewichtsbedingung der (Einzel-)Kräfte $\sum\limits_{j=1}^{n} K_j = 0$

---

[21] Üblicherweise sagt man – im Gegensatz zur Statik – Dynamik, als ob in der Statik keine Kräfte (δύναμις) vorkämen!

[22] *Mémoires de l'Académie des Sciences de Berlin,* Bd.6 (für das Jahr 1750, gedruckt 1752), S.185–217. Auch L.EULERI *Opera Omnia,* ser. sec. Bd.5, S.81–108 bzw. in der heute üblichen Kurzschreibweise, die bei Zitaten EULERS im folgenden immer verwendet wird: {EO II 5, S.81–108}.

[23] Bei EULER erscheint auf der linken Seite der Faktor 2, da er damals über das Gewicht M die Erdbeschleunigung mit $g = \frac{1}{2}$ eingeführt hatte.

[24] Einen tiefschürfenden Überblick hierüber gab C.A.TRUESDELL: *Die Entwicklung des Drallsatzes,* ZAMM, Bd.44 (1964), Heft 4/5, S.149–158. Hingewiesen sei auch auf seine *Essays in the History of Mechanics* (Springer, 1968). Berlin-Heidelberg-New York.

dasjenige der Momente $\sum\limits_{j=1}^{n} r_j \times K_j = 0$ zu folgern[25]. Das tut man nicht. Was läge dann aber näher, als zu fragen: wenn $\sum\limits_{j=1}^{n} K_j = K \neq 0$ und $\sum\limits_{j=1}^{n} r_j \times K_j = M \neq 0$ ist, in welcher Gesetzmäßigkeit bestimmen K und M zum Beispiel die Bewegung eines starren Körpers? Leider wird aber diese auch didaktisch einleuchtende Frage nicht gestellt. Gewöhnlich geht man von dem sogenannten Newtonschen Grundgesetz

$$K_j = m_j b_j = m_j \frac{d v_j}{d t} = m_j \frac{d^2 r_j}{d t^2} = \frac{d^2}{d t^2}(m_j r_j) \tag{5}$$

für den Massenpunkt m_j aus (Bild 8). Zunächst leitet man durch Summation über den Punkthaufen und unter Berücksichtigung des Reaktionsprinzips zwischen zwei beliebigen Massenpunkten den Schwerpunktsatz ab:

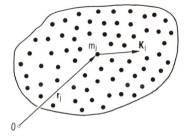

Bild 8
Zur Mechanik des Punkthaufens.

$$\sum\limits_{j=1}^{n} K_j = \text{Summe aller äußeren Kräfte} = K = \frac{d^2}{d t^2}\sum\limits_{j=1}^{n} m_j r_j = \frac{d^2}{d t^2}(m r_s)$$

$$= m b_s = \text{Gesamtmasse mal Schwerpunktbeschleunigung.} \tag{6}$$

Dann wird (5) vektorisch mit r_j multipliziert und wiederum summiert.
Unter der Annahme von Zentralkräften und unter Verwendung des Reaktionsprinzips zwischen den Massenpunkten heben sich die inneren Momentenbeiträge auf, so daß man

$$\sum\limits_{j=1}^{n} r_j \times K_j = \text{Summe der Momente aller äußeren Kräfte} = M =$$

$$= \frac{d}{d t}\sum\limits_{j=1}^{n} m_j r_j \times v_j = \text{zeitliche Änderung des Dralles} = \frac{d D}{d t} \tag{7}$$

erhält.

---

[25] Unter $r_j \times K_j$ wird das sogenannte Vektorprodukt zweier Vektoren verstanden (siehe Bild 8).

Gegen diese Herleitung ist unter den getroffenen Annahmen (insbesondere der von Zentralkräften) nichts einzuwenden. Nun überträgt man aber den Satz (7) mit nicht zutreffenden Begründungen auf das Kontinuum, anstatt zu sagen, daß diese Übertragung einem Axiom gleichkommt, also weder selbstverständlich noch gar bewiesen ist[26]. Auf diesem Weg geht auch der zentrale Begriff der Kontinuumsmechanik – nämlich der Spannungsbegriff – verloren, denn die Punktmechanik vermag weder die flächenhaft noch die räumlich verteilten – also die einzig realen – Kräfte zu erfassen. Der große Lehrmeister der Mechanik, GEORG HAMEL (1877–1954), nannte die Punktmechanik «*eine intellektuelle Unsauberkeit*» und schrieb[27]:
«Ich verzichte im folgenden auf die Punktmechanik; was man unter Punktmechanik versteht, ist nichts anderes als der Schwerpunktsatz.»
Verlassen wir damit die punktmechanischen Verirrungen und kehren wir zu EULERS Impulsgesetz (4) zurück. Aus diesem glaubt man gewöhnlich auch zum Schwerpunkt- und Drallsatz kommen zu können. Zunächst summiert (integriert) man über einen Körper oder ein Körpersystem. Bei der Summation der Kräfte dK heben sich nach dem Reaktionsprinzip[28] die inneren Kräfte auf, so daß nur die Resultierende $K^{(a)}$ der äußeren Kräfte (das sind die an den Begrenzungsflächen des Systems von außen einwirkenden Kräfte und Massenkräfte, in erster Linie die Schwerkraft) übrigbleibt. Bei der Summation der Beiträge d$m$$b$ beachtet man, daß die Beschleunigung b die zweite Ableitung des zum «Konvergenzpunkt» (einem beliebigen inneren Punkt des Elementes) führenden Radiusvektors r ist, so daß man wegen der zeitlichen Unveränderlichkeit der Masse und der Definition des Schwerpunktes (mit m = Gesamtmasse, r_s = Radiusvektor zum Systemschwerpunkt)

$$K^{(a)} = S\, \mathrm{d}m\, b = S\, \mathrm{d}m\, \frac{\mathrm{d}^2 r}{\mathrm{d}t^2} = \frac{\mathrm{d}^2}{\mathrm{d}t^2}\, S\, \mathrm{d}m\, r = \frac{\mathrm{d}^2}{\mathrm{d}t^2}(m\, r_s) = m\, \frac{\mathrm{d}^2 r_s}{\mathrm{d}t^2} =$$
$$= m\, b_s \tag{8}$$

als Schwerpunktsatz erhält. Sind also die äußeren Kräfte gegeben, so ist die Bewegung des Schwerpunktes grundsätzlich bestimmt. Es ist nun einleuchtend, daß – ab-

---

[26] So liest man zum Beispiel in A. SOMMERFELD, *Mechanik* (7. Auflage, S. 61) zum Impuls- und Drehimpulssatz: «Wir leiten diese Sätze hier für ein System diskreter Massenpunkte ab, das als ganzes im Raum verschoben und verdreht werden kann. Sie übertragen sich aber durch Grenzübergang auf einen frei beweglichen starren Körper oder auf ein beliebiges mechanisches System, dessen Beweglichkeit nicht durch äußere Bindungen beschränkt ist.» Hier möchte man gerne fragen, 1. welcher Art jener Grenzübergang ist und 2. warum die freie Beweglichkeit für Schwerpunkt- und Drehimpulssatz eine Voraussetzung ist? Ähnliches liest man in M. PÄSLERS *Mechanik* (Berlin 1965), wo auf S. 31 der Flächensatz für einen «Massenpunkt» gleich auf einen «Körper» übertragen, auf S. 67 und 68 für Punktsysteme bewiesen und auf S. 189 ohne jede Bemerkung für ein starres Kontinuum verwendet wird.

[27] Über die Grundlagen der Mechanik, *Math. Annalen*, Bd. 66 (1909), S. 350 ff.

[28] Das bekanntlich bei NEWTON ein Axiom (*lex tertia*) ist; es läßt sich aber aus den beiden ersten Axiomen herleiten [s. G. HAMEL, *Elementare Mechanik* (Leipzig 1912), S. 318–320].

gesehen von der schon geschilderten reinen Translation – die Kenntnis der Bewegung des Schwerpunktes zum Beispiel zur Beschreibung einer im allgemeinen mit Drehung verbundenen Bewegung eines starren Körpers nicht ausreicht. Man kann sogar noch weitergehen: Schon in ganz einfachen Fällen kann es vorkommen, daß bei Vorgabe der üblichen geometrischen Abmessungen und physikalischer Eigenschaften eines Körpers mit dem Schwerpunktsatz nicht einmal die Schwerpunktsbewegung angegeben werden kann. Als Beispiel dafür diene ein auf der schiefen Ebene abrollender (also nicht gleitender) Kreiszylinder (Bild 9). Auf den von der schiefen Ebene frei geschnittenen Zylinder wirken das Gewicht mg, die Normalkraft N und die das Rollen

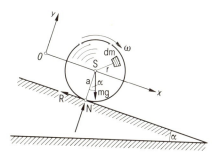

Bild 9
Rollender Körper auf der schiefen Ebene.

erst ermöglichende Reibungskraft R. Der in x- und y-Richtung aufgespaltene Schwerpunktsatz verlangt

$$mg \sin \alpha - R = m\, b_{Sx} = m\, \frac{\mathrm{d}^2 x_s}{\mathrm{d} t^2},$$

$$N - mg \cos \alpha = m\, b_{Sy} = m\, \frac{\mathrm{d}^2 y_s}{\mathrm{d} t^2} = 0.$$

Hieraus kann auf triviale Weise die Normalkraft N errechnet werden, nicht aber die Schwerpunktsbeschleunigung b_{Sx}, da ja R unbekannt ist. Es fehlt also noch ein zum Eulerschen Impulssatz analoges zweites Prinzip. Und dieses glaubt man in den meisten Fällen aus (4) erschließen zu können. Das geschieht gewöhnlich so: Man multipliziere die Gleichung (4) vektoriell mit dem zu $\mathrm{d}m$ führenden Radiusvektor r und summiere (integriere) über den Gesamtkörper; mit dem Geschwindigkeitsvektor v hat man dann (wegen $\mathrm{d}r/\mathrm{d}t = v$ und $v \times v = 0$)

$$\underset{S}{\int} r \times \mathrm{d}K = \underset{S}{\int} r \times \mathrm{d}m\, b = \underset{S}{\int} r \times \mathrm{d}m\, \frac{\mathrm{d}v}{\mathrm{d}t} = \frac{\mathrm{d}}{\mathrm{d}t} \underset{S}{\int} \mathrm{d}m\,(r \times v). \tag{9}$$

Und nun geht es gewöhnlich folgendermaßen weiter. Von den links stehenden Drehmomentenbeiträgen $\mathrm{d}M = r \times \mathrm{d}K$ heben sich nach dem Reaktionsprinzip diejenigen der inneren Kräfte auf, so daß nur die der äußeren Kräfte übrigbleiben. Bezeichnet man diese mit $M^{(a)}$ und führt

$$S \, \mathrm{d}m\,(r \times v) = D = \text{Drehimpuls (Drall)} \tag{10}$$

ein, so erhält man den Drehimpuls- oder Momentensatz in der vektorischen Form

$$M^{(a)} = \frac{\mathrm{d}D}{\mathrm{d}t}. \tag{11}$$

Der Satz, den EULER in etwas anderer Schreibweise postuliert hatte, ist richtig, aber seine Herleitung ist falsch. Der Fehler liegt in der Behauptung, daß sich die Momentenbeiträge der inneren Kräfte nach dem Reaktionsprinzip aufheben. Zu diesem eigentlich sehr elementaren Trugschluß führt einerseits die falsche Interpretation dessen, was das Drehmoment einer Kraft ist, und andererseits die Verletzung des Prinzips der Kräfteäquivalenz[29]. Dazu ist zu bemerken: 1. Das Drehmoment einer Kraft wird auf einen bestimmten (meist raumfesten) Punkt bezogen und für einen bestimmten Kraftangriffspunkt definiert. 2. Die in (4) erscheinende Kraft $\mathrm{d}K$ setzt sich aus den an der Oberfläche des Elementes angreifenden Normal- und Schubspannungen und aus Massenkräften (zum Beispiel dem Gewicht) zusammen. 3. Zur Bildung des Momentes müssen die den Schubspannungen entsprechenden Kräfte in denjenigen Punkt des Elementes parallel verschoben werden, für den wir das Drehmoment berechnen wollen. 4. Bei dieser Versetzung der Kräfte müssen zur Wahrung der Kräfteäquivalenz entsprechende «Versetzungsmomente» hinzugefügt werden, was man aus Bild 10 sofort ablesen kann: soll die Kraft K von P in O parallel verschoben wer-

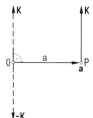

Bild 10
Das Versetzungsmoment.

den, so bringe man in O die Kräfte K und $-K$ an, so daß man als äquivalentes Kräftesystem K in O und ein aus $-K$ in O und K in P gebildetes Kräftepaar hat, dessen Moment $a \times K$ die Größe (den Betrag)

$$aK = \text{Verschiebungsabstand mal Kraft} \tag{12}$$

hat. Alle diese Gesichtspunkte werden in der angedeuteten «Herleitung» verletzt. Zur

---

[29] Solche «Beweise» (die keine sind) findet man zum Beispiel in R.R. LONG, *Kontinuumsmechanik* (Stuttgart 1964), S.50–51; W. WEIZEL, *Lehrbuch der theoretischen Physik*, Bd.1, 2. Auflage (Berlin 1955), S.146–148.

Illustration dieses Sachverhaltes betrachten wir der Einfachheit halber ein ebenes rechtwinkliges Kontinuumselement der Dicke $\mathrm{d}z = 1$ (Bild 11). Bezeichnen wir mit σ_x, σ_y die Normalspannungen und mit τ_{yx}, τ_{xy} die Schubspannungen im Schwerpunkt S des Elementes, so sind sie an den Oberflächen des Elementes, wo sie beim Freischneiden des Elementes angreifen, im Sinne des Taylorschen Satzes durch entsprechende Zuwächse zu ergänzen. So ist zum Beispiel $\mathrm{d}\sigma_x = \dfrac{\partial\sigma_x}{\partial x}\dfrac{\mathrm{d}x}{2}$ (Anstieg mal «Schrittweite») bzw. $\mathrm{d}\tau_{yx} = \dfrac{\partial\tau_{yx}}{\partial y}\dfrac{\mathrm{d}y}{2}$, und die ihnen entsprechenden Kräfte sind $\mathrm{d}\sigma_x \cdot \mathrm{d}y \cdot 1$ (Spannung mal Fläche) bzw. $\mathrm{d}\tau_{yx} \cdot \mathrm{d}x \cdot 1$. Von Bild 11 ersieht man sofort, daß die Normalspannungen bzw. die ihnen entsprechenden Kräfte durch den

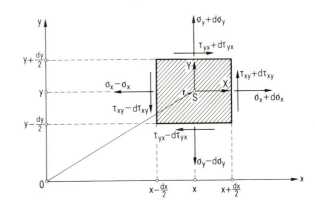

Bild 11
Herleitung des Momentensatzes.

Schwerpunkt S verlaufen; dasselbe gilt von den auf die Volumeneinheit bezogenen Massenkräften X und Y. Anders verhält es sich aber mit den Schubspannungen τ_{yx} und τ_{xy} bzw. mit den ihnen entsprechenden Kräften $\tau_{yx} \cdot \mathrm{d}x \cdot 1$ und $\tau_{xy} \cdot \mathrm{d}y \cdot 1$: Verschieben wir sie in S, so haben wir im Sinne von (12) die um die z-Achse drehenden und mit Vorzeichen behafteten Momente $-\tau_{yx} \cdot \mathrm{d}x \cdot 1 \cdot \mathrm{d}y$ und $\tau_{xy} \cdot \mathrm{d}y \cdot 1 \cdot \mathrm{d}x$, also insgesamt $(\tau_{xy} - \tau_{yx})\,\mathrm{d}x\,\mathrm{d}y$ zum Kräftesystem und insbesondere zu dem nunmehr von allen durch S gehenden Kräften gebildeten Moment hinzuzufügen. Die Momentenbeiträge der durch S gehenden inneren (den Spannungen entsprechenden) Kräfte heben sich in der Tat auf, was man in Bild 11 durch Hinzudenken der vier Nachbarelemente leicht sieht, so daß nach Summation neben dem Gesamtmoment der äußeren (Oberflächen- und Massen-)Kräfte noch der Beitrag zum äußeren Moment $\int (\tau_{xy} - \tau_{yx})\,\mathrm{d}x\,\mathrm{d}y$ übrigbliebe, und dieser verschwindet nur dann, wenn man als Axiom $\tau_{xy} = \tau_{yx}$ oder in räumlicher Verallgemeinerung

$$\tau_{xy} = \tau_{yx}, \quad \tau_{xz} = \tau_{zx}, \quad \tau_{yz} = \tau_{zy},$$

also den Satz von der Gleichheit der zugeordneten Schubspannungen, fordert. In der Statik gewinnt man bekanntlich diesen Satz aus der Gleichgewichtsbedingung der

Momente (Bild 11); in der Kinetik ist er als Axiom zu fordern, worauf wohl in aller Schärfe zuerst LUDWIG BOLTZMANN (1844–1906) hingewiesen hat.

Diese Ausführungen, denen jeder Abiturient und jüngere Student folgen können dürfte, zeigen, daß der Momenten- oder Drehimpulssatz allein aus dem Reaktionsprinzip und dem Impulssatz für das Massenelement nicht abgeleitet werden kann! Man benötigt vielmehr dazu ein neues Axiom, nämlich den Satz von der Gleichheit der zugeordneten Schubspannungen oder, etwas gelehrter ausgedrückt, die Symmetrie des Spannungstensors ($\tau_{jk} = \tau_{kj}$)

$$S = \begin{pmatrix} \sigma_x & \tau_{xy} & \tau_{xz} \\ \tau_{yx} & \sigma_y & \tau_{yz} \\ \tau_{zx} & \tau_{zy} & \sigma_z \end{pmatrix}.$$

Im Sinne der Mathematik bedeutet das: Der Momentensatz ist neben dem Eulerschen Impulssatz ein fundamentales und unabhängiges Gesetz der Mechanik. Postuliert man umgekehrt (als Axiom) die Gültigkeit des Momentensatzes, so folgt daraus die Symmetrie des Spannungstensors.

Zum Schluß sei hier noch eine äußerst geistreiche und kurze Begründung der Notwendigkeit des Boltzmannschen Axioms bei der Herleitung des Momentensatzes gegeben: Die Resultierende aller am Element (Bild 11) angreifenden Kräfte muß durch den Schwerpunkt des Elementes gehen, und dann benötigt man nur noch das Reaktionsprinzip. Die Massenkräfte und die den Normalspannungen entsprechenden Kräfte erfüllen diese Bedingung, die Resultierende der Schubspannungskräfte τ_{yx} und τ_{xy} nur dann, wenn $\tau_{yx} dx : \tau_{xy} dy = dx : dy$, also $\tau_{yx} = \tau_{xy}$ ist (Bild 11).

In der einfachsten Form der ebenen Drehung eines starren Körpers um eine feste Achse wird der Drallsatz schon in der Schule gelehrt: Drehmoment der äußeren Kräfte $M^{(a)}$ um einen raumfesten oder um den Schwerpunkt ist gleich der zeitlichen Änderung des Drehimpulses oder Dralles $\Theta \omega$:

$$M^{(a)} = \Theta \frac{d\omega}{dt}.$$

Gemäß Bild 9 sind dabei Θ = Massenträgheitsmoment = $\int r^2 dm$, ω = Winkelgeschwindigkeit. Dieser Satz ermöglicht schon die Lösung des in Bild 9 dargestellten Beispieles: $M^{(a)} = aR$, $\Theta = ma^2/2$ und schließlich als Bedingung des reinen Rollens $v_{Sx} = a\omega$ bzw. $b_{Sx} = a\, d\omega/dt$.

Es wurde bereits erwähnt, daß EULER seinen beiden mechanischen Prinzipien und insbesondere dem Momenten- und Drehimpulssatz erst 1775 die endgültige Gestalt in dem Sinne gab, daß die Prinzipien (4) bzw. (8) und (11) voneinander unabhängig sind. Auf den schon erwähnten Aufsatz *Découverte d'un nouveau principe de mécanique* folgte acht Jahre später (nämlich 1758) die Publikation des Titels *Du mouvement de rotation des corps solides autour d'un axe variable*; in dieser Arbeit wurden die berühmten Eulerschen Kreiselgleichungen veröffentlicht[30]. Siebzehn Jahre später folgte die

---

[30] In {EO II 8}.

Krönung von EULERs diesbezüglichen Bemühungen: die *Nova methodus motum corporum rigidorum determinandi*[31], also die *Neue Methode, um die Bewegung starrer Körper zu bestimmen.*
Dieses Problem versuchte auch J. L. LAGRANGE (1736–1813) zu lösen. Es lohnt sich hier, C. A. TRUESDELL zu zitieren (siehe Fußnote 24):

«Das allgemeine Problem ist von LAGRANGE betrachtet worden. Seine neue Lösung von 1773 beginnt: ‚Ich betrachte den gegebenen Körper als eine Ansammlung von Korpuskeln oder Massenpunkten, die miteinander auf solche Weise verbunden sind, daß sie immer ihre gegenseitigen Entfernungen beibehalten... Ich erhalte nach den Prinzipien der Mechanik, da das System als um einen Punkt frei beweglich, aber keiner weiteren äußeren Kraft unterworfen angenommen ist – ich erhalte, sage ich, sofort, diese ... Gleichungen‘, worauf LAGRANGE die Integrale des Drehimpulses und der kinetischen Energie für ein freies Massenpunktsystem niederschreibt. Er sagt, sie ergeben sich aus einem ‚bekannten Prinzip‘, das für ‚jedes System irgendwie aufeinanderwirkender Körper‘ zutrifft. Der angebliche Beweis ist nur eine Wiederholung. Diese typische Verschwommenheit und die nachfolgende Wolke von Rechnungen bewegte EULER zur Antwort: ‚...aber als ich mit der größten Gewissenhaftigkeit versuchte, seinen höchst tiefsinnigen Gedanken in allen Einzelheiten zu folgen, bin ich wahrhaft nicht fähig gewesen, mich durch alle seine Rechnungen hindurch zu zwingen. Sogar das erste Lemma schrak mich so ab, daß ich meiner Blindheit wegen nicht hoffen konnte, sämtliche von ihm angewandten Kunstgriffe der Analysis durchzuprüfen.‘ In dieser neuen, im Jahre 1775 geschriebenen Abhandlung legte der alte EULER als fundamentale, allgemeine und voneinander unabhängige Gesetze der Mechanik für jede Bewegung von Körpern jeder Art die Prinzipe von dem linearen Impuls und dem Drehimpuls für jedes Körperelement zugrunde. Zur Rechtfertigung schrieb er nur, ‚... Nach den Prinzipien ist es notwendig, daß...‘. Die beiden Prinzipien, die sich in den folgenden Integralformen schreiben lassen:

$$F = \dot{P}, \quad M = \dot{L}$$

dürfen mit Recht die Eulerschen Gesetze der Mechanik benannt werden.»

Geistreicher und zutreffender kann man den Unterschied zwischen Lagrangescher und Eulerscher Mechanik nicht herausstellen.
Insbesondere behauptet TRUESDELL mit Recht, daß in LAGRANGES *Mécanique Analytique* der Momenten- bzw. Drallsatz als unabhängiges Gesetz nicht zu finden ist[32].
Die grundsätzlichen Ausführungen EULERs befinden sich im Abschnitt *Formulae gene-*

---

[31] *Novi Commentarii Academiae Scientiarum Petropolitanae,* Bd. 20 (1775, gedruckt 1776), S. 208–238 = {EO II 9, S. 99–125}.
[32] Hingegen schreibt MAHIR SAYIR in der Besprechung (ZAMP, Bd. 22, 1971, S. 998) der in Fußnote 24 angeführten *Essays* von TRUESDELL, daß «der Drallsatz in der Lagrangeschen Auffassung» auf S. 202–203 der *Mécanique Analytique* hergeleitet ist. Zu dieser Behauptung möchte ich folgende Bemerkungen machen:
1. Demnach kann man den Drallsatz verschieden «auffassen», der Referent sagt aber nicht, welche die «Lagrangesche Auffassung» ist! 2. An der angegebenen Stelle kann man den Drallsatz lediglich für den Fall finden, in dem die Momentenbeiträge (etwa von Zentralkräften) infolge des Reaktionsprinzips verschwinden. Aber darüber sagt LAGRANGE – wie TRUESDELL mit Recht bemängelt – nichts!
3. TRUESDELL sagt genau, worum es ihm geht (S. 243, unter A und B), nämlich um die Ursprünge der folgenden beiden Sätze: A. Das resultierende Drehmoment eines Systems von Wechselwirkungskräften verschwindet, und B. Die Gleichung $M = \dot{L}$ ist ein fundamentales Gesetz der Mechanik. Und er schreibt (*Datum 3*), daß der Satz B bei LAGRANGE überhaupt nicht zu finden ist und daß der Satz A von LAGRANGE nicht «wahrgenommen» wurde!

rales promotu corporum rigidorum a viribus quibuscunque sollicitatorum (insbesondere in den §§ 27–29).

Bis auf einen unwesentlichen, Masse und Gewicht verbindenden Faktor, erscheinen EULERS Fundamentalformeln in folgender Gestalt:

$$P = S \, \mathrm{d}M \frac{\mathrm{d}^2 x}{\mathrm{d}t^2}; \quad Q = S \, \mathrm{d}M \frac{\mathrm{d}^2 y}{\mathrm{d}t^2}; \quad R = S \, \mathrm{d}M \frac{\mathrm{d}^2 z}{\mathrm{d}t^2}, \tag{13}$$

$$S = S \left(z \frac{\mathrm{d}^2 y}{\mathrm{d}t^2} - y \frac{\mathrm{d}^2 z}{\mathrm{d}t^2} \right) \mathrm{d}M; \quad T = S \left(x \frac{\mathrm{d}^2 z}{\mathrm{d}t^2} - y \frac{\mathrm{d}^2 x}{\mathrm{d}t^2} \right) \mathrm{d}M;$$

$$U = S \left(y \frac{\mathrm{d}^2 x}{\mathrm{d}t^2} - x \frac{\mathrm{d}^2 y}{\mathrm{d}t^2} \right) \mathrm{d}M. \tag{14}$$

Es ist nicht schwer, in diesen Formeln die Komponenten des Schwerpunkt- und Momentensatzes zu entdecken[33].

EULER spricht zwar von starren Körpern, meint aber, daß die Formeln (13) und (14) für die Beschreibung der Bewegung starrer Körper auch ausreichen; sie sind für alle Materialien gültig, aber beispielsweise benötigt man bei elastischen Körpern noch zusätzlich irgendwelche, zum Beispiel die Hookeschen Materialgesetze (Kapitel V).

---

[33] Der Vergleich mit den Formeln (8) und (9) bis (11) zeigt, daß $\{P; Q; R\} = K^{(a)}$ und $\{S; T; U\} = M^{(a)}$ ist.

C Das Prinzip von D'ALEMBERT

> Nicht derjenige führt die mathematischen
> Teile zum Ganzen, der die Erfindungen anderer
> abschreiben, im Gedächtnis bewahren oder sie bei
> gegebener Gelegenheit zitieren kann, sondern
> derjenige, der die Sätze von anderen, mit Hilfe der
> göttlichen Algebra, selbst zu finden und aufzuspü-
> ren gelernt hat. Dies ist die große Kunst des
> Erfindens – *magna ars inveniendi* –, wodurch sich
> zeigt, wer ein Mathematiker ist.
>
> JAKOB BERNOULLI, *Opera* I, S.293

1 JAKOB BERNOULLIS Lösung des Problems der Bestimmung des Schwingungsmittelpunktes

GALILEIS Erkenntnis der Isochronie eines Faden- bzw. Punktpendels für kleine Amplituden[34], daß also die Schwingungszeit eines solchen Pendels unabhängig vom Maximalausschlag ist und proportional zur Quadratwurzel der Fadenlänge, brachte die Frage nach dem sogenannten Schwingungsmittelpunkt in den Vordergrund. Dieser Punkt definiert die sogenannte reduzierte Pendellänge l eines Körperpendels so, daß seine Schwingungszeit zu $\sqrt{l}$ proportional ist. Mit anderen Worten: denkt man sich die Gesamtmasse im Schwingungsmittelpunkt konzentriert, so schwingt sie wie ein Punktpendel gleicher Schwingungszeit. In dieser Form wurde die Frage zuerst von dem Minoritermönch MARIN MERSENNE (1588–1648) im Jahre 1646 gestellt, also bald nach GALILEIS *Discorsi* (1638), aber noch vor NEWTONS *Principia* (1687).

Um dieses Problem lösen zu können, brauchte man ein Prinzip, das – wenigstens in diesem speziellen Falle – den Momentensatz ersetzt. Einen solchen Ersatz fand zuerst CHRISTIAAN HUYGENS im Erhaltungssatz der kinetischen und potentiellen Energie für das Schwerefeld[35]. Dagegen hatte JAKOB BERNOULLI (1655–1705) einen weit genia-leren Einfall, der den Kern des d'Alembertschen Prinzips in seiner ganzen Tragweite enthält.

JAKOB BERNOULLI hat sich in mehreren Publikationen mit dem Schwingungsmittel-punkt beschäftigt[36]. In seiner ersten Arbeit (siehe Fußnote 36) betrachtet er einen starren und masselosen geraden Stab, an dem die («punktförmigen») schweren

---

[34] Man spricht auch vom mathematischen Pendel, das ist annähernd zum Beispiel eine kleine Bleikugel (etwa 5 mm Durchmesser), an einem dünnen Nylonfaden (etwa 0,5 mm Durchmesser und 100 cm Länge), die man maximal bis 5° aus der Vertikalen auslenkt und sich selbst überläßt.

[35] Siehe Fußnote 3 und I.SZABÓ: *Höhere Technische Mechanik*, 5.Auflage (1972), S.53–54.

[36] *Acta Eruditorum* (1686), S.356; (1691), S.317; *Histoire de l'Acad. Royale des Sci. de Paris* (1703), S.78. Abgedruckt auch in den *Opera* (Genf 1744), Bd.1, S.277ff. und S.460ff., Bd.2, S.930ff.

Massen m_1 und m_2 in den (vom Drehpunkt 0 gemessenen) Entfernungen r_1 und
$r_2 > r_1$ befestigt sind (Bild 12a). Beide Massen m_1 und m_2 sind ohne die kinematische
Bindung aufgrund der Erdbeschleunigung bestrebt, gleich schnell zu fallen. Diese Bewegung ist jedoch wegen der starren Verbindung untereinander nicht möglich. Vielmehr erfährt in diesem Falle die Masse m_1 einen Verlust und die Masse m_2 einen
Gewinn an Antrieb (Bild 12b). Der entsprechende Austausch findet offenbar an dem
starren Stab in dem Sinne statt, daß Gewinn und Verlust bzw. die dazugehörigen
Geschwindigkeiten sich am einarmigen Hebel ($0\,r_1\,r_2$) «ausbalancieren», das heißt
im Gleichgewicht sind. Diese, einem Axiom gleichkommende Überlegung ist genial,
hatte aber im Detail noch einen Fehler: JAKOB BERNOULLI zog die, infolge der starren Verbindung verlorene (bzw. gewonnene) endliche, also in einer gewissen Zeit erlangte Geschwindigkeit in Betracht, und das war falsch, denn nur eine elementare,
in dem Zeitelement $\mathrm{d}t$ erlangte Geschwindigkeit $\mathrm{d}v$ ist gemäß $\mathrm{d}v = b\,\mathrm{d}t$ mit der

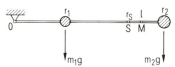

Bild 12 a, b
Die verlorenen Kräfte am Pendel.

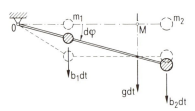

Beschleunigung b und damit (über b = Kraft : Masse) mit der zur Gleichgewichtsbedingung notwendigen Kraft koppelbar. Diesen von l'HOSPITAL bemerkten Fehler
korrigierte JAKOB BERNOULLI 1691 (siehe Fußnote 36) und gab im Jahre 1703 seinen
diesbezüglichen Bemühungen die endgültige Gestalt. Schon in der Titelgebung der
Arbeit aus dem Jahre 1691 hebt er hervor, daß der Schwingungsmittelpunkt *ex natura
vectis*, also «aus dem Wesen des Hebels» bestimmt wird. In heutiger Schreib- und
Redeweise können wir JAKOB BERNOULLIS Überlegungen wie folgt wiedergeben
(Bild 12b).
In der gezeichneten Lage ist im Schwingungsmittelpunkt die volle Erdbeschleunigung
g wirksam, während m_1 und m_2 die Beschleunigungen

$$b_1 = \frac{r_1}{l}g; \quad b_2 = \frac{r_2}{l}g \qquad (15)$$

erfahren. In dem Zeitelement $\mathrm{d}t$ würde die Masse m_1 allein einen Geschwindigkeitszuwachs $g\,\mathrm{d}t$ erfahren. Im Verbund mit m_2 kommt sie aber nur auf $b_1\mathrm{d}t$, so daß ein Geschwindigkeitsverlust von $(g-b_1)\mathrm{d}t$ eintritt. Diesem entspricht ein Impulsverlust $m_1(g-b_1)\mathrm{d}t$, womit eine «verlorene Kraft» $m_1(g-b_1)$ verbunden ist. Ebenso gewinnt die Masse m_2 an beschleunigender Kraft $m_2(g-b_2)$. Dieser Austausch an Verlust und Gewinn findet am einarmigen Hebel gemäß der Gleichgewichtsbedingung

$$m_1(g-b_1)\,r_1 + m_2(g-b_2)\,r_2 = 0 \tag{16}$$

statt. Mit den Beziehungen (15) folgt aus (16)

$$l = \frac{m_1\,r_1^2 + m_2\,r_2^2}{m_1\,r_1 + m_2\,r_2}$$

oder verallgemeinert:

$$l = \frac{\sum m_j\,r_j^2}{\sum m_j\,r_j} = \frac{\Theta}{m\,r_s}. \tag{17}$$

Hierbei ist Θ das auf den Drehpunkt 0 bezogene Massenträgheitsmoment, $m = \sum m_j$ die Gesamtmasse und r_s der Abstand des Massenmittelpunktes von 0 (Bild 12a). In seiner Arbeit aus dem Jahre 1703 (siehe Fußnote 36) verallgemeinert JAKOB BERNOULLI das Problem auch für den Fall, in dem die Massen m_j nicht auf einer Geraden liegen.

2 DANIEL BERNOULLIS Prinzip zur Lösung der Schwingungen einer vertikal herabhängenden Kette

Auf dieses Prinzip, als ein weiteres Vorbild des d'Alembertschen, machte wohl zum ersten Male H. BURKHARDT (1861–1914) aufmerksam[37]. Die diesbezügliche Arbeit DANIEL BERNOULLIS (1700–1782) erschien in den Petersburger Akademieberichten[38] für die Jahre 1734 und 1735. Darin geht es um die (isochronen) Schwingungen von diskreten (punktförmigen) Körpern, welche durch einen vollkommen biegsamen und masselosen Faden (Kette) miteinander verbunden sind. Seine Methode will er «um so lieber öffentlich mitteilen, als man mit ihr wohl die Lösung vieler anderer ähnlicher

---

[37] *Jahresbericht der Deutschen Mathematiker-Vereinigung*, Bd. 10 (1908), Heft 2.
[38] *Commentarii Academiae Sci. Imp. Petropolitanae*, Tom. VII, S. 162 ff. Der Titel lautet: *Demonstrationes theorematum de oscillationibus corporum filo flexili connexorum et catenae verticaliter suspensae.* Die Anregung dazu gab die Beobachtung einer am Ende aufgehängten, im Winde hin und her schwankenden Kette.

Probleme erhalten kann, zumal derjenigen, in denen die Bewegungen der Teile nicht untereinander parallel sind [39]. Unter derartigen Problemen ist das einfachste und von vielen bereits gelöste die Ermittlung des Schwingungsmittelpunktes.»
DANIEL BERNOULLI [40] beschreibt sein Prinzip mit folgenden Worten:

«Man nehme an, in einem System würden in einem gewissen Zeitpunkt die einzelnen Körper voneinander gelöst, ohne Rücksicht auf die bereits erlangte Bewegung, weil hier nur die Beschleunigung bzw. die elementare Änderung der Geschwindigkeit in Betracht gezogen wird. Während danach jeder Teilkörper seine Lage verändert, hat das System eine andere Gestalt angenommen, als das nicht auseinander getrennte hätte haben müssen. Nun denke man sich irgendeine mechanische Ursache, die das System in die wirkliche Gestalt überführt, und untersuche die Änderung der Lage, die durch diese Überführung bei jedem Teilkörper eingetreten ist. Und aus jeder der beiden Änderungen wird man die Änderung der Lage im nichtauseinandergetrennten System erkennen und hieraus die wirkliche Beschleunigung oder Verzögerung eines beliebigen, zum System gehörigen Körpers erhalten.»

Anschließend schreibt DANIEL BERNOULLI:

«Wie diese Regel auf unsere gegenwärtige Aufgabe anzuwenden ist, die Schwingungen von Körpern zu bestimmen, die durch einen elastischen Faden verbunden sind, oder der senkrecht aufgehängten Kette, werde ich hier darlegen und vielleicht bei anderer Gelegenheit dasselbe bei anderen Problemen zeigen, die teils von meinem Vater behandelt wurden, teils neu sind.»

Er folgert also aus seinem «Prinzip» keine allgemeine (axiomatische) Aussage. Daß er diese greifbar nahe hatte, wird ersichtlich, wenn wir seine Ausführungen in die kombinierte Sprache der Mathematik und Mechanik umsetzen. Dies kann folgendermaßen geschehen:
In dem auseinandergetrennten System erfährt das nun freie Massenelement dm unter der Einwirkung der eingeprägten Kraft $d\boldsymbol{K}^{(e)} = dm\ \boldsymbol{b}^{(e)}$ im Zeitelement dt die Verschiebung

$$d^2\,\boldsymbol{r}^{(e)} = d\,\boldsymbol{v}^{(e)}\,dt = \boldsymbol{b}^{(e)}\,dt^2.$$

Dann wird dm durch eine, wie DANIEL BERNOULLI sagt, «mechanische Ursache» (*causa mechanica*) in die wirkliche Lage zurückgeführt. In unserer heutigen mechanischen Anschauung könnte diese mechanische Ursache nur eine eingeprägte Kraft $d\,\boldsymbol{K}_0^{(e)} = dm\ \boldsymbol{b}_0^{(e)}$ sein, die im Zeitelement dt die Verschiebung $d^2\boldsymbol{r}_0 = \boldsymbol{b}_0^{(e)}\,dt^2$ zur Folge hat. Bedeutet $\boldsymbol{b}$ die wirkliche Beschleunigung, so ist die wirklich eingetretene Verschiebung

$$d^2\,\boldsymbol{r} = \boldsymbol{b}\,dt^2 = d^2\,\boldsymbol{r}^{(e)} + d^2\,\boldsymbol{r}_0^{(e)} = \left[\boldsymbol{b}^{(e)} + \boldsymbol{b}_0^{(e)}\right]dt^2.$$

Nach den vorangehend eingeführten Beziehungen folgt aus dieser Gleichung

$$d\,\boldsymbol{K}^{(e)} + d\,\boldsymbol{K}_0^{(e)} = dm\,\boldsymbol{b},$$

und demnach ist

$$d\,\boldsymbol{K}^{(e)} - dm\,\boldsymbol{b} = -\,d\,\boldsymbol{K}_0^{(e)}. \tag{18}$$

---

[39] In denen also der Schwerpunktsatz allein nicht ausreicht!
[40] Portraits von ihm sind im Kap. III (Bild 70), im Kap. IV (Bild 142) und im Kap. V (Bild 198) enthalten.

Nun ist der linksstehende Ausdruck offenbar derjenige Anteil (Rest) von der ein-geprägten Kraft $dK^{(e)}$, welcher infolge der Bindungen zwischen Massenelementen nicht zur Beschleunigungserzeugung kam, also quasi «verlorengegangen» ist. Die in-folge der Bindungen eingetretenen Bewegungsbehinderungen sind aber in der heuti-gen Terminologie (als Folge einer präzisen Kräfteklassifizierung) auf «Reaktions-kräfte» $dK^{(r)}$ zurückzuführen. Demnach erscheint (18) in der Form [41]

$$dK^{(e)} - dm\,b = -dK^{(r)} = dV. \tag{19}$$

Das ist aber, wie wir noch sehen werden, schon der Ausgangspunkt des d'Alembert-schen Prinzips: Ist $dK^{(e)}$ die auf das Element dm einwirkende (eingeprägte) Kraft, so ist die in (19) rechts stehende (negative) Reaktionskraft, infolge der Bindun-gen für die Beschleunigung nicht wirksam gewordene, sogenannte «verlorene Kraft» dV. Hier fehlte DANIEL BERNOULLI noch die prinzipielle Verallgemeinerung, daß nämlich – wie wir heute sagen – die Gesamtheit der verlorenen Kräfte am System im Gleichgewicht ist.

3 Das d'Alembertsche Prinzip in seiner ursprünglichen Fassung

Der *Traité de Dynamique* von D'ALEMBERT (1717–1783) erschien im Jahre 1743. Von dieser ersten Auflage, mit den wesentlichen Änderungen der zweiten Auflage (1758) gibt es eine gute deutsche Übersetzung [42] von ARTHUR KORN (1870–1945). Die Darle-gung seines Prinzips gibt D'ALEMBERT (Bild 13) im zweiten Teil (S. 57–58). Zunächst wird (in Ziff. 50) das allgemeine Problem gestellt:

«Es sei ein System von Körpern gegeben, die miteinander irgendwie verbunden sind; wir nehmen an, daß jedem der Körper eine bestimmte Bewegung eingeprägt wird, der er infolge der Bindungen mit den anderen Körpern nicht folgen kann: Man sucht die Bewegung, die jeder Körper annehmen muß.»

Hierzu ist zunächst ergänzend zu bemerken, daß 1. D'ALEMBERT unter «Bewegung» (wie er vorangehend betont) den Geschwindigkeitsvektor versteht, und 2., daß die «eingeprägte Bewegung» (nach den Ausführungen in Ziff. 1) der im Zeitelement erzeugte Geschwindigkeitszuwachs ist.

Die «Auflösung» bzw. deren – wie D'ALEMBERT glaubt – «Beweis» lautet:

«Seien A, B, C etc. die das System zusammensetzenden Körper, und nehmen wir an, daß man denselben die Bewegungen a, b, c etc. eingeprägt habe, die sie infolge ihrer Wechselwirkung in die Bewegungen a, b, c etc. zu verändern gezwungen sind. Es ist klar, daß man die dem Körper A eingeprägte Bewegung a zusammen-gesetzt denken kann aus der Bewegung a, welche er angenommen hat, und einer anderen Bewegung α; daß man in gleicher Weise die Bewegungen b, c etc. zusammengesetzt denken kann aus Bewegungen

---

[41] Die, wenn wir die äußere Kraft $dK^{(a)}$ einführen, eine Folge des wohlbekannten Eulerschen Im-pulssatzes

$$dK^{(a)} = dK^{(e)} + dK^{(r)} = dm\,b$$

ist.

[42] Ostwalds Klassiker Nr. 106. Die nun folgenden Hinweise beziehen sich auf dieses Buch.

b, β; c, γ etc.; woraus folgt, daß die Bewegung der Körper A, B, C etc. dieselbe gewesen wäre, wenn man ihnen anstelle der Antriebe a, b, c etc. die doppelten Antriebe a, α; b, β; c, γ etc. gleichzeitig erteilt hätte. Nun haben nach Voraussetzung die Körper A, B, C etc. von selbst die Bewegungen a, b, c etc. angenommen. Die Bewegungen α, β, γ etc. müssen daher derart sein, daß sie nichts in den Bewegungen a, b, c etc. verändern, das heißt falls die Körper nur die Bewegungen α, β, γ etc. erhalten hätten, so müßten sich diese Bewegungen gegenseitig aufheben und das System in Ruhe bleiben.
Daraus ergibt sich das folgende Prinzip zur Auffindung der Bewegung mehrerer Körper mit gegenseitiger Wechselwirkung. Man zerlege die jedem Körper eingeprägten Bewegungen a, b, c etc. in je zwei andere a, α; b, β; c, γ etc. derart, daß die Körper, wenn man denselben nur die Bewegungen a, b, c etc. eingeprägt hätte, diese Bewegungen, ohne sich gegenseitig zu hindern, hätten bewahren können; und daß, wenn man denselben nur die Bewegungen α, β, γ etc. eingeprägt hätte, das System in Ruhe geblieben wäre; dann ist klar, daß a, b, c etc. die Bewegungen sein werden, welche diese Körper infolge ihrer Wechselwirkung annehmen werden. Das ist die Lösung der Aufgabe.»

Der «Beweis» von D'ALEMBERT läuft darauf hinaus, daß er sich vorstellt, er mache (wie wir es auch bei DANIEL BERNOULLI gesehen haben!) aus den Reaktionskräften $dK^{(e)}$ neue eingeprägte Kräfte $dK^{(e)}_0$. Unter Heranziehung von (18) hieße das

$$dK^{(e)} + dK^{(e)}_0 = dm\,b. \tag{20}$$

Andererseits wird aber die Bewegung allein durch die $dK^{(e)}$ erzeugt; so sind also – schließt D'ALEMBERT – die $dK^{(e)}_0$ äquivalent Null. Dies ist aber kein Beweis im Sinne der Mathematik, denn hier wird «möglich» (nämlich die Umwandlung der Reaktionskräfte in eingeprägte) mit «wirklich» verwechselt bzw. gleichgesetzt. Denn es ist nur sicher, daß (20) möglich ist, nicht aber, daß sie wirklich ist. In dem d'Alembertschen Beweis liegt das sogenannte «Prinzip von der Passivität der Reaktionskräfte» versteckt: Wenn die Reaktionskräfte es nicht nötig haben zu handeln, dann tun sie es auch nicht[43].

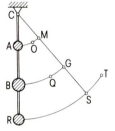

Bild 14
D'ALEMBERTS erstes Beispiel zur Illustration seines Prinzips.

Im anschließenden 3. Kapitel (S. 71 ff.) bringt D'ALEMBERT «Probleme, an denen man den Nutzen des vorangehenden Prinzipes zeigt». Das «Problem I» lautet folgendermaßen:

«Man sucht die Geschwindigkeit eines in C festen Stabes CR (Bild 14), welcher mit beliebig vielen Körpern A, B, R belastet ist, unter der Voraussetzung, daß die Körper, wenn der Stab sie nicht hinderte, in gleichen Zeiten die unendlich kleinen Strecken AO, BQ, RT senkrecht zu dem Stabe beschreiben würden.»

[43] G. HAMEL: *Theoretische Mechanik*, S. 221.

Bild 13
JEAN LE ROND D'ALEMBERT (1717–1783).

D'Alembert fährt fort:

«Die ganze Schwierigkeit reduziert sich darauf, die Strecke RS zu finden, die von einem der Körper R in derselben Zeit zurückgelegt wird, in der er (ohne Behinderung) RT durchlaufen hätte; denn dann werden die Geschwindigkeiten BG, AM aller anderen Körper bekannt sein. Denken wir uns nun die eingeprägten Geschwindigkeiten RT, BQ, AO zusammengesetzt aus den Geschwindigkeiten RS, ST; BG, $(-GQ)$; AM, $(-MO)$, so würde nach unserem Prinzip der Hebel CAR in Ruhe bleiben, wenn die Körper nur die Bewegungen ST, $(-GQ)$, $(-MO)$ erhielten. Es ist somit:

$$A \cdot MO \cdot AC + B \cdot GQ \cdot BC = R \cdot ST \cdot CR,$$

d.h. wenn man AO mit a, BQ mit b, RT mit c, CA mit r, CB mit r, CR mit ϱ und RS mit x bezeichnet und A, B und R die Massen bedeuten:

$$R(c-x) \cdot \varrho = A \cdot r \left(\frac{x\,r}{\varrho} - a \right) + B \cdot \mathrm{r} \left(\frac{x\,\mathrm{r}}{\varrho} - b \right);$$

folglich:

$$x = \frac{A \cdot a \cdot r \cdot \varrho + B \cdot b \cdot \mathrm{r} \cdot \varrho + R \cdot c \cdot \varrho \cdot \varrho}{A \cdot r^2 + B \cdot \mathrm{r}^2 + R \cdot \varrho^2} \cdot$$

Seien F, f, φ die bewegenden Kräfte der Körper A, B, R, so wird man für die beschleunigende Kraft[44] des Körpers R finden:

$$\frac{F\,r + f\,\mathrm{r} + \varphi\,\varrho}{A\,r^2 + B\,\mathrm{r}^2 + R\,\varrho^2} \times \varrho,$$

indem man für a, b, c ihre Werte F/A, f/B, φ/R setzt. Nimmt man daher ds als das Element des von dem Radius CR beschriebenen Bogens und u als die Geschwindigkeit des Körpers R an, so wird allgemein:

$$\frac{F\,r + f\,\mathrm{r} + \varphi\,\varrho}{A\,r^2 + B\,\mathrm{r}^2 + R\,\varrho^2} \cdot \varrho\,\mathrm{d}s = u\,\mathrm{d}u$$

sein, welche auch die Kräfte F, f, φ sein mögen. Es ist leicht, auf diese Weise das Problem der Schwingungsmittelpunkte bei einer beliebigen Voraussetzung zu lösen.»

Im weiteren behandelt D'Alembert eine große Fülle kinetischer Probleme, darunter auch den Stoß. Er läßt sich über die Erhaltung der lebendigen Kräfte aus, berührt auch die Hydromechanik und bringt am Ende eine «Voranzeige», daß er mit seinem Prinzip, in einem gesonderten Werk, auch die Mechanik der Flüssigkeiten behandeln wird[45].

Im Laufe seiner Darlegungen weist D'Alembert öfter auf Abhandlungen von Jakob und Daniel Bernoulli wie auch von Jakob Hermann (1678–1733) und Leonhard Euler hin (S. 73, 74, 86, 101, 112, 119, 126). Diese Hinweise enthalten aber nur die Feststellungen, daß deren und seine Ergebnisse übereinstimmen: D'Alembert schreibt aber nichts über die Methoden der anderen, mit denen sie zu ihren Resultaten gelangten. Wir haben aber feststellen können, daß der grundlegende Gedanke zum

[44] Darunter («force accélératrice») versteht D'Alembert – in heutiger Terminologie – Beschleunigung.
[45] Auf seine diesbezüglichen Werke kommen wir im Kapitel III, D 3, zurück.

d'Alembertschen Prinzip sowohl bei JAKOB wie auch bei DANIEL BERNOULLI zu finden ist. Auch die Methoden von JAKOB HERMANN [46] und LEONHARD EULER [47] entspringen verwandten Überlegungen. C. A. TRUESDELL schreibt [48]:

«Zusammenfassend: D'ALEMBERTS Prinzip enthält keine Ideen, die in den früheren Werken von JAKOB und DANIEL BERNOULLI nicht zu finden sind; sein Verdienst ist vielmehr die Erkenntnis, daß seine Ideen allgemeingültig sind und zur Aufstellung der Differentialgleichungen für eine große Klasse dynamischer Systeme benutzt werden können.»

4   Die Lagrangesche Fassung des d'Alembertschen Prinzips

In dem geschichtlichen Teil seiner *Mécanique Analytique* [49] schreibt LAGRANGE über das Prinzip von D'ALEMBERT:

«Dieses Prinzip liefert zwar nicht unmittelbar die zur Lösung der dynamischen Probleme nötigen Gleichungen, aber es zeigt, wie man diese aus den Gleichgewichtsbedingungen herleiten kann. Kombiniert man also dieses Prinzip mit denjenigen des Gleichgewichtes am Hebel, oder mit dem von der Zusammensetzung von Kräften, so kann man stets die Gleichungen jedes Problems finden; aber die Schwierigkeit, die Kräfte, welche im Gleichgewicht sein müssen [50], ebenso wie die Gesetze des Gleichgewichts zwischen diesen Kräften zu bestimmen, macht die Anwendung dieses Prinzips mühsam und heikel; die Lösungen, welche daraus folgen, sind fast immer komplizierter, als die aus den einfachen und direkten Prinzipien hergeleiteten. Die Lösungen werden noch dadurch besonders verwickelt, daß der Verfasser – wie er das selbst hervorhebt – vermeiden will, die Zeitelemente dt wie Konstanten zu behandeln.»

Darum schlägt LAGRANGE – im Gegensatz zu D'ALEMBERT – vor, dem Prinzip nicht die verlorenen Kräfte, sondern die um die Massenbeschleunigungen verminderten eingeprägten Kräfte zugrunde zu legen. Demnach ist – gemäß (19) – zu fordern, daß sich die Gesamtheit der Kräfte $d\mathbf{K}^{(e)} - dm\,\mathbf{b}$ am System das Gleichgewicht hält [51]. Wir können also dem von LAGRANGE modifizierten Prinzip folgende Formulierung geben: Bei der Bewegung halten sich die verlorenen Kräfte $d\mathbf{K}^{(e)} - dm\,\mathbf{b}$ am mechanischen System das Gleichgewicht; sie kommen zu rein statischer Verspannung.
Nun liegt nach dem Prinzip der virtuellen Arbeiten [52] Gleichgewicht eines eingeprägten Kräftesystems vor, wenn die Summe der bei den virtuellen Verschiebungen $\delta\,\mathbf{r}$

---

[46] In seiner *Phoronomia* (1716), S. 100 ff.

[47] { EO II 10, S. 16 ff. und S. 35 ff.}.
In der Titelgebung betont EULER, daß es sich um «eine neue und leichte Methode» (*methodus nova et facilis*) handelt.

[48] { EO II 11, S. 191}.

[49] Paris 1811, deutsch *Analytische Mechanik* (1887), von H. SERVUS. Die oben zitierte Stelle befindet sich auf S. 197 der deutschen Ausgabe.

[50] Das sind die gemäß (19) eingeführten verlorenen Kräfte.

[51] Zu dieser Formulierung bemerkt LAGRANGE: «Diese Art, die Gesetze der Dynamik auf diejenigen der Statik zurückzuführen, ist in Wahrheit weniger direkt als diejenige, welche aus dem Prinzip von D'ALEMBERT folgt, aber sie ist in den Anwendungen einfacher; sie kommt auf die Methode von HERMANN und von EULER zurück, und man findet sie in einigen mechanischen Werken unter dem Namen des d'Alembertschen Prinzips.»

[52] I. SZABÓ: *Einführung in die Technische Mechanik*, 8. Auflage (1975), S. 458.

geleisteten Arbeiten verschwindet, so daß das d'Alembertsche Prinzip in der Lagrangeschen Fassung als

$$S \, (\mathrm{d} \, \boldsymbol{K}^{(e)} - \mathrm{d} \, m \, \boldsymbol{b}) \, \delta \boldsymbol{r} = 0 \tag{21}$$

erscheint. In dieser Gestalt wird das Prinzip besonders effektvoll auf starre Körper und auf Systeme von starren Körpern angewandt; selbstverständlich ist es jedoch allgemeingültig.

5   Kritische Bemerkungen zu dem d'Alembertschen Prinzip

In der Literatur findet man manche Ungereimtheiten über dieses Prinzip. Auf die markantesten wollen wir hinweisen.

Üblicherweise wird vornehmlich in Physikbüchern (auch in denen über Theoretische Physik) der Eindruck erweckt, oft auch direkt behauptet, das Prinzip sei beweisbar. Das geht so vor sich (ich zitiere aus einer akademischen Vorlesung):

«Schreibt man die Grundgleichung

$$m \, \frac{\mathrm{d}^2 \, r}{\mathrm{d} \, t^2} = \boldsymbol{K} \tag{22}$$

formal in

$$\boldsymbol{K} - m \, \frac{\mathrm{d}^2 \, r}{\mathrm{d} \, t^2} = \boldsymbol{K}' = 0 \tag{23}$$

um, so hat dies, physikalisch gedeutet, eine weitreichende Konsequenz. Die Kraft $-m \mathrm{d}^2 \, r / \mathrm{d} \, t^2$ heißt die Trägheitskraft, und die Gleichung läßt sich so deuten: Eingeprägte Kraft $\boldsymbol{K}$ und Trägheitskraft halten sich das Gleichgewicht, d.h. ihre Resultierende $\boldsymbol{K}'$ verschwindet. Damit ist aber das dynamische Problem auf ein statisches zurückgeführt.»

Man weiß hier wirklich kaum, in welcher Reihenfolge man seiner Verblüffung Ausdruck geben soll. Versuchen wir es dennoch: 1. Die geistige Tat eines bedeutenden Mannes wird zu einer Gleichungsumstellung degradiert[53]. Zu einer solchen Aussage oder ähnlichen, immer wieder anzutreffenden Sätzen sagte G. HAMEL: «Das ist eine ungeheure Unterstellung und geradezu eine Beleidigung D'ALEMBERTS!» 2. Die aus (22) hervorgehende Gleichung (23) ist, wenn in (23) $\boldsymbol{K}$ die eingeprägte Kraft bedeutet, was auch reichlich spät verraten wird, eine Trivialität, denn dann handelt es sich um die freie Bewegung des sogenannten Massenpunktes.

Dann wird das Prinzip der virtuellen Verschiebungen herangezogen, als

$$(\, \boldsymbol{K} - m \mathrm{d}^2 \, r / \mathrm{d} \, t^2) \, \delta \boldsymbol{r} = 0$$

geschrieben und schließlich behauptet: «Diese Erweiterung heißt das d'Alembertsche

---

[53] Mit derselben Berechtigung könnte man sagen:
$\sin \alpha / \sin \beta = a/b$ ist in der Form $\sin \alpha / \sin \beta - a/b = 0$ ein neuer trigonometrischer Satz!

Prinzip», wozu wiederum zu bemerken ist, daß diese Form des Prinzips bei D'ALEM-BERT nirgends zu finden ist: Sie geht – wie schon gesagt – auf LAGRANGE zurück.

Nach GEORG HAMEL trifft man in der Literatur bezüglich des Prinzips von D'ALEMBERT hauptsächlich fünf «Mißverständnisse» an, deren hier nachfolgendes Dementi sich leider immer noch nicht erübrigt[54]:

1. Das d'Alembertsche Prinzip ist nicht auf das freie Massenpunktsystem beschränkt: für dieses ist es eine Trivialität.

2. Es fußt nicht auf dem Prinzip der virtuellen Arbeiten: dies letztere wird nur als ein mögliches Gleichgewichtsprinzip herangezogen.

3. Das d'Alembertsche Prinzip ist nicht mit der Anwendung auf den einzelnen starren Körper erschöpft, oder anders ausgedrückt, die Gleichgewichtsbedingungen heißen nicht immer: Summe der Kräfte und Summe der Momente der eingeprägten Kräfte gleich Null.

4. Aus dem d'Alembertschen Prinzip folgt das Boltzmannsche Axiom über die Symmetrie des Spannungstensors[55] nur für das Innere starrer Körper, nicht aber allgemein. Deswegen ist auch die Behauptung falsch, daß der Impuls- und Momentensatz zusammen dem d'Alembertschen Prinzip gleichwertig sind, denn der Momentensatz beinhaltet auch die Symmetrie des Spannungstensors, und diese enthält das d'Alembertsche Prinzip nur für den starren Körper, weil in diesem Falle die verlorenen Kräfte gerade die inneren Spannungen sind und deren Gleichgewichtsbedingungen den Satz von den zugeordneten Schubspannungen und somit die Symmetrie des Spannungstensors ergeben.

5. Oft wird das Prinzip auch zu weit ausgelegt, indem man behauptet, daß jede statische Gleichgewichtsbedingung durch Hinzunahme der negativen Massenbeschleunigungen auch für die Bewegung richtig wird. Am folgenden Beispiel wird u.a. dieses Mißverständnis illustriert.

6   Ein Beispiel zum d'Alembertschen Prinzip

Eine Walze ist mit einer konzentrischen Scheibe fest verbunden. Auf Walze und Scheibe (WS) vom Gewicht G sind Seile I und II aufgewickelt. Das Seil II trägt ein Gewicht Q, während das System am Seil I aufgehängt ist (Bild 15). Mit Hilfe des d'Alembertschen Prinzips in der Lagrangeschen Fassung bestimme man die Beschleunigungen des Gewichtes Q, des Mittelpunktes O der Walze und ferner die Seilkräfte I und II. Die Seile sind als gewichtslos anzusehen.

Lösung.
Eine virtuelle Drehung $\delta\varphi$ von (WS) entspricht den virtuellen Verrückungen

$$\delta s = -r\,\delta\varphi, \quad \delta(q-s) = R\,\delta\varphi. \tag{24}$$

---

[54] GEIGER – SCHEEL: *Handbuch der Physik,* Bd. 5, S. 23.
[55] Siehe Abschnitt B 3.

Ist $\ddot\varphi$ die Winkelbeschleunigung von (WS), so haben wir analog

$$\ddot s = -r\ddot\varphi, \quad \ddot q - \ddot s = R\ddot\varphi. \tag{25}$$

Gleichung (21) verlangt in unserem Falle (g = Erdbeschleunigung)

$$\left(Q - \ddot q\,\frac{Q}{g}\right)\delta q + \left(G - \ddot s\,\frac{G}{g}\right)\delta s - \underset{(WS)}{\mathcal{S}}\,\mathrm{d}m\varrho\,\ddot\varphi\varrho\,\delta\varphi = 0. \tag{26}$$

Hier wurde im letzten Glied von (26) berücksichtigt, daß von der Massenbeschleunigung des rotierenden Elementes $\mathrm{d}m$ nur die tangentiale Komponente Arbeit leistet. Mit (24), (25) und mit dem Massenträgheitsmoment $\underset{(WS)}{\mathcal{S}}\varrho^2\mathrm{d}m = \Theta$ folgt aus (26)

$$\left\{\left[Q - \frac{Q}{g}(R-r)\,\ddot\varphi\right](R-r) - \left(G + \frac{G}{g}r\ddot\varphi\right)r - \Theta\ddot\varphi\right\}\delta\varphi = 0.$$

Da $\delta\varphi$ willkürlich ist, muß die geschweifte Klammer verschwinden, und wir erhalten

$$\ddot\varphi = g\,\frac{Q(R-r) - Gr}{Q(R-r)^2 + Gr^2 + g\,\Theta}, \quad \ddot s = -r\ddot\varphi, \quad \ddot q = (R-r)\,\ddot\varphi.$$

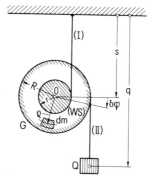

Bild 15
Zum d'Alembertschen Prinzip: Die Bewegung einer
von einem Seil umschlungenen Walze.

Wendet man das d'Alembertsche Prinzip auf das freigeschnittene Gewicht Q und auf das freigeschnittene Stück (WS) an (Bild 16), so erhält man

$$\left(Q - S_2 - \ddot q\,\frac{Q}{g}\right)\delta q = 0, \quad (S_2 R - S_1 r - \Theta\ddot\varphi)\,\delta\varphi = 0.$$

Daraus ergibt sich

$$S_1 = \frac{R}{r}Q - \ddot\varphi\left(\frac{R^2 - Rr}{rg}Q + \frac{\Theta}{r}\right), \quad S_2 = Q\left(1 - \frac{R-r}{g}\ddot\varphi\right).$$

Hätte man hier das d'Alembertsche Prinzip in dem nach dem 5. Mißverständnis zu weit gefaßten Sinne verwendet, und hätte man in der statischen Gleichgewichtsbedingung $Q \, \delta q + G \, \delta s = 0$ die eingeprägten Kräfte Q und G durch die negativen Massen-beschleunigungen ergänzt, so wäre in (26) der letzte Term fortgefallen und ein falsches Ergebnis entstanden.

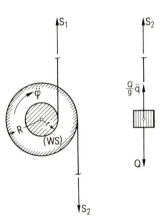

Bild 16
Zum d'Alembertschen Prinzip:
Walze und Gewicht freigeschnitten.

Kapitel II
Streitfragen und die Weiterentwicklung der mechanischen Prinzipien vom 17. bis ins 19. Jahrhundert

A Der philosophische Streit um «das wahre Kraftmaß» im 17. und 18. Jahrhundert

> «... in der Philosophie aber erlebten wir das Schauspiel (das auf Menschen wissenschaftlicher Gesinnung niederdrückend wirken muß), daß nacheinander und nebeneinander eine Vielzahl philosophischer Systeme errichtet wurde, die miteinander unvereinbar sind.»
> RUDOLF CARNAP

1 Einleitende Bemerkungen

Der Anstoß zu diesen Ausführungen geht auf eine Vortragsveranstaltung über *Probleme der Mechanik* zurück, an der ich vor einiger Zeit teilgenommen habe. In der anschließenden Diskussion wurde von einem Teilnehmer die für mich als Naturwissenschaftler erstaunliche Ansicht vertreten, daß es «die Aufgabe der *Philosophen* sei, zu definieren, was Masse, Kraft, Impuls usw. ist». Dabei fielen mir die Worte des Physikers und Arztes JULIUS ROBERT MAYER (1814–1878) ein, der in einem Vortrag *Über veränderliche Größen* am 10. November 1873 – vor dem Kaufmännischen Verein in Heilbronn! – sagte: «Die Sucht, alles definieren zu wollen, ist meines Wissens insbesondere von unserem deutschen Landsmanne und Naturphilosophen HEGEL auf die Spitze getrieben worden; was aber wurde durch solche linguistische Turnübungen für die ernste Wissenschaft gewonnen?» Aber auch die Ansicht des französischen Mathematikers und Physikers JULES HENRI POINCARÉS (1854–1912) kam mir in den Sinn, nach der «was die Wissenschaft erfassen kann, nicht die Dinge selbst, sondern die Beziehungen zwischen den Dingen sind». In diesem Sinne begründete DAVID HILBERT (1862–1943) die Geometrie und axiomatisierte GEORG HAMEL die Mechanik.
Innerlich herausgefordert, begann ich, über das Thema *Philosophen als Naturwissenschaftler* nachzudenken. Einen Teil des dabei Niedergeschriebenen enthalten die folgenden Ausführungen. Es sei dem Naturwissenschaftler nicht verargt, wenn er dabei – vielleicht etwas pointiert – *seinen* Standpunkt vertritt.

2 Die Anfänge der Mechanik; GALILEIS *Discorsi*

Die Anfänge der Mechanik und überhaupt der exakten Naturwissenschaften gehen auf GALILEO GALILEI zurück. Es ist eine oft behauptete und niedergeschriebene Wahrheit, daß der Beginn des mathematischen Abschnittes der heutigen Naturwissenschaft mit der Überwindung der antiken und von der Kirche sanktionierten Naturphilosophie des ARISTOTELES (384–322 v. Chr.) zusammenfällt.
Der Ablauf der dabei und insbesondere wegen des heliozentrischen Systems heraufbeschworenen Kontroverse zwischen GALILEI und der Kirche war interessant genug, um

die Geister jahrhundertelang und bis auf unsere Tage zu beschäftigen und Wissenschaftler, Philosophen und Literaten zum Schreiben anzuregen. Daß die diesbezügliche Literatur den Umfang einer kleinen Bibliothek hat, zeigt die scheinbare Eignung dieses Themas zur Viel- und Fehldeutung. Das geschah oft genug und geschieht heute noch mit selten anzutreffender Objektivität, also mehr unter religiösen und politischen als wissenschaftlichen Gesichtspunkten[1].

Da die bis zu GALILEIS Zeiten vorherrschende Naturphilosophie, neben der als isolierte und davon völlig unabhängige naturwissenschaftliche Erkenntnisse nur die statischen Gesetze von ARCHIMEDES (287–212 v.Chr.) bekannt waren, eine Schöpfung der Philosophen war, ist es einleuchtend, daß die Entstehung der «Neuen Wissenschaft» (der «Nuova scienza» GALILEIS) das Ende philosophischer Meditationen in der Naturbeschreibung bedeutete. Daß dies nicht ohne eine etwa ein Jahrhundert währende «Übergangszeit» vor sich ging, während der sich also Philosophen als Naturwissenschaftler zu betätigen suchten, dafür sind RENÉ DESCARTES (1596–1650) und IMMANUEL KANT (1724–1804) die markantesten und interessantesten Beispiele; sie werden uns noch ausführlich beschäftigen.

Was war nun das Neue an dieser Entwicklung, deren erste zentrale Figur GALILEI gewesen ist? Die erste entscheidende Erkenntnis war das Bestehenkönnen verschiedener Wissenszweige nebeneinander, die trotz des allgemeinen Erwachens zur künstlerischen und geistigen Tätigkeit in der Renaissance fehlte.

Das Haupthindernis war also die Isolierung der verschiedenen Disziplinen und insbesondere für die Naturwissenschaft die fehlende Verbindung zwischen Mathematik, Beobachtung und Messung. In der Mathematik ergötzte man sich an den alten geometrischen und algebraischen Sätzen von EUKLID (um 300 v.Chr.), ARCHIMEDES, APOLLONIUS (um 200 v.Chr.) und DIOPHANTOS (um 250 n.Chr.). In der Mechanik kannte man nur das Hebelgesetz und die hydrostatischen und Schwerpunktsuntersuchungen von ARCHIMEDES; in der Bewegungslehre gab es nichts an richtigen quantitativen Erkenntnissen. LEONARDO DA VINCI (1452–1519) erkannte überhaupt erst die Kraft und Wahrheit mathematischer Aussagen in den Wissenschaften und schreibt:

---

[1] Meistens geht es hierbei gegen die Autoritätsanmaßung des Papsttums an naturwissenschaftlichen Dingen und um die damit verbundene «Fortschrittfeindlichkeit der römischen Kirche»; man vergißt dabei, daß der Begründer der neuen Kirche, MARTIN LUTHER (1483–1546), auch nicht gerade «fortschrittfreundlich» war, bemerkt er doch über KOPERNIKUS (1473–1543): «Der Narr sagt, die Erde dreht sich um die Sonne, aber in der Heiligen Schrift steht, Josua gebot der Sonne still zu stehen und nicht der Erde.» Auch LUTHERS geistig gewichtigster Anhänger PHILIPP MELANCHTON (1497–1560) hat die neue Lehre von KOPERNIKUS abgelehnt und schreibt zum Beispiel in einem Brief vom 16. Oktober 1541 (*Corpus Reformatorum*, ed. C.G. BRETSCHNEIDER, Bd. IV, Sp. 679, Nr. 2391): «Manche halten es für etwas Großartiges, eine so absurde Sache als glänzende Tat zu verherrlichen, wie es jener sarmatische Astronom tut, der die Erde bewegen, die Sonne aber anhalten will.» («Astronomus sarmaticus» wird von polnischer Seite auch als ein Argument für die polnische Abstammung von KOPERNIKUS angesehen!) Im folgenden Satz fordert MELANCHTON die einsichtigen Machthaber (*sapientes gubernatores*) auf, gegen eine solche Frechheit (*petulantia*) vorzugehen!
Aber noch im Jahre 1773 (am 13. Januar) schreibt JOHANN GEORG HAMANN (1730–1788), «der Magus aus Norden», an JOHANN GOTTFRIED HERDER (1744–1803): «Ich bin immer der Meinung gewesen, daß das ganze kanonische System von Thorn auf optischen Illusionen beruhe und denke, noch eine Revolution zu erleben.»

«Wer die höchste Gewißheit der mathematischen Wissenschaften nicht anerkennt, nährt sich von Verwirrung und wird niemals Schweigen auferlegen den Widersinnigkeiten der sophistischen Wissenschaften, durch die man nur ewiges Gezänk erlernt.» Aber dem genialen Manne mangelte es an mathematischer Perfektion, um seinen zahllosen Beobachtungen und Ideen in diesem Sinne Ausdruck zu geben.

Der erste, der die zentrale Rolle der Mathematik in den Naturwissenschaften und in der Technik nicht nur erkannte, sondern die Mathematik auch anwandte, war der Italiener NICOLÒ TARTAGLIA (1500?–1557). Er schlägt sich, meistens von Not geplagt, durch das Leben als Rechenmeister für Kaufleute und Bankiers sowie als Berater für Artilleristen in ballistischen Problemen und Treffsicherheitsfragen. Sein italienisch geschriebenes und 1537 in Venedig erschienenes Werk *Nuova scienza, cioè Invenzione nouvemente trovata utile per ciascuno speculativo mathematico bombardiero...* ist der erste Versuch, Altes und Neues über die Bewegung in neuen Formulierungen und mit neuen Resultaten mitzuteilen. So erkennt TARTAGLIA die Bahn eines Geschosses als eine gekrümmte Kurve und stellt den Satz auf, daß die maximale Schußweite sich bei einem Abschußwinkel von 45° einstellt [2]. Erwähnenswert ist auch noch bei TARTAGLIA die Behandlung der Bewegung eines Körpers in einem durch den Erdmittelpunkt gebohrten Kanal [3]. Er meint mit Recht, daß der Körper im Zentrum der Erdkugel nicht zur Ruhe kommt, wie manche behaupten, sondern zum Gegenpunkt der Erdoberfläche hochsteigt und dann wieder umkehrt usw. Ähnliche Überlegungen für einen anders konstruierten Fall stellte auch schon LEONARDO DA VINCI an, so daß bei beiden ein gewisses Erfühlen des Trägheitsgesetzes festzustellen ist. Noch klarer ist dies bei GIOVANNI BENEDETTI (1530–1590) der Fall, wenn er feststellt, daß der vom Zwang befreite Körper seine ursprüngliche Kreisbewegung in der Tangentenrichtung fortsetzt. In seinem 1585 in Turin gedruckten Werk *Diversarum speculationum mathematicarum et physicarum liber* verkündet er auch die Unabhängigkeit der Fallgeschwindigkeit von der Masse und verallgemeinert das Hebelgesetz für nicht senkrecht angreifende Kräfte. Unter diesen Gesichtspunkten kann man LEONARDO DA VINCI, TARTAGLIA und BENEDETTI als die Vorgänger GALILEIS ansehen, welch letzterem dann der revolutionierende Durchbruch zu neuen Bahnen der naturwissenschaftlichen Forschung gelang.

GALILEI (Bild 17) begann mit neuen Ideen, Erkenntnissen und Erfindungen auf allen Teilgebieten der damaligen Physik einschließlich der Astronomie. Überall schuf er etwas Neues oder gab Anregungen, und selbst wenn er sich bisweilen irrte, so ist doch zu bewundern, daß er überhaupt den Mut hatte, sich das betreffende Problem, z.B. das der Balkenbiegung, zu stellen und es anzugreifen. Er erkannte mit aller Konsequenz, daß das Experiment die gegen die möglichen Irrtümer gesicherte Erfahrung ist [4] und

---

[2] Diesen Satz begründet er allerdings nur so: Für 0° und 90° ist die Schußweite Null, also liegt in der Mitte das Maximum. Ausführliches über TARTAGLIAS Leben und Wirken findet man in *Anfänge der äußeren Ballistik*, Kapitel III, Abschnitt C, sowie in A. FAVARO, Isis I, 1913.

[3] Näheres über dieses interessante Problem in I. SZABÓ: *Einführung in die Technische Mechanik*, 8. Auflage (1975), S. 320.

[4] Freilich ist hier das zur Erlangung eines quantitativen Gesetzes notwendige und systematische Experimentieren gemeint – hierin ist GALILEI wirklich bahnbrechend gewesen – und nicht jenes eher

die Mathematik dasjenige Mittel, welches diese experimentell fundierte Erfahrung zu einer exakten Erkenntnis emporhebt. Er sieht auch die «Existenzmöglichkeit isolierter Erkenntnisse» und schreibt: «Eine selbst bescheidene Wahrheit zu finden ist bedeutungsvoller, als über die erhabensten Dinge weitschweifig zu diskutieren, ohne jemals zu einer Wahrheit zu gelangen.»

Darum ist es für ihn wichtiger, die Bewegungsgesetze – insbesondere im Schwerefeld – zu finden, als über das Wesen von Ortsveränderung in Philosophenmanier zu debattieren. Gerade die Art, wie er diese Gesetze auffindet, beleuchtet schlagartig die neue und richtungsweisende Forschungsmethode GALILEIS. Man findet sie in dem erstmals 1638 gedruckten Werk *Discorsi e dimostrationi matematiche intorno a due nuove scienze attenenti alla meccanica e ai movimenti locali*[5]. Zu Beginn des «Dritten Tages» heißt es dort:

«Über einen sehr alten Gegenstand bringen wir eine ganz neue Wissenschaft. Nichts ist älter in der Natur als die Bewegung, und über diese gibt es weder wenig noch geringe Schriften der Philosophen. Einige leichte Sätze hört man nennen wie zum Beispiel, daß die natürliche Bewegung fallender schwerer Körper eine stetig beschleunigte sei. In welchem Maße aber diese Beschleunigung stattfinde, ist bisher nicht ausgesprochen worden. Man hat betrachtet, daß Wurfgeschosse eine gewisse Kurve beschreiben; daß letztere aber eine Parabel sei, hat niemand gelehrt. Daß aber dieses sich so verhält und noch vieles andere, nicht minder Wissenswerte, soll von mir bewiesen werden, und was noch zu tun übrigbleibt, zu dem wird die Bahn geebnet, zur Errichtung einer sehr weiten, außerordentlich wichtigen Wissenschaft, deren Anfangsgründe diese vorliegende Arbeit bringen soll, in deren tiefere Geheimnisse einzudringen Geistern vorbehalten bleibt, die mir überlegen sind.»

In diesen Zeilen steht einerseits das stolze Bewußtsein einer epochemachenden Tat, andererseits die Ehrfurcht vor der Erhabenheit der Natur und vor dem ewig währenden Suchen nach der Lösung ihrer Geheimnisse.

In etwas – hinsichtlich Reihenfolge und Schreibweise – abgeänderter und verkürzter Form kommt GALILEI auf folgendem für seine Forschungsweise charakteristischen Wege zum quadratischen Zeitgesetz des freien Fallweges.

Zuerst erklärt er die geradlinige Bewegung mit der konstanten Geschwindigkeit $v = c = AG$ (Bild 18). Der in der Zeit $t = AB$ zurückgelegte Weg ist einerseits $s = ct$, andererseits, indem das graphische Bild (also der Funktionsbegriff!) herangezogen wird, gleich dem Flächeninhalt des Rechteckes der Höhe $c = AG$ und der Basislänge $t = AB$ oder, wie GALILEI sagt, «die Summe seiner Höhen»[6]. Für den freien Fall

---

qualitative Probieren als Experimentieren, das COHEN und DRABKIN in *A Source Book in Greek Science* von JOHANNES DEM GRAMMATIKER anführen! Auch die von SIMON STEVIN in seinem *Wisconstige Gedachtenissen* (1608) beschriebenen Fallversuche mit verschieden schweren Eisenkugeln gehören in die «Klasse des qualitativen Probierens». Und wenn schon – wie angeführt – BENEDETTI die Unabhängigkeit der Fallgeschwindigkeit von der Masse verkündet, so muß dieser Behauptung auch eine einfache Beobachtung zu Grunde gelegen haben, woraus er zur Widerlegung der Ansicht des ARISTOTELES das bestechende «Gedankenexperiment» mit den zwei gleichgroßen Körpern gleichen Materials konstruierte: Getrennt und verbunden fallen sie gleich schnell, obwohl im letzteren Fall die Masse doppelt so groß ist!

[5] Deutsch von A. VON OETTINGEN in Ostwalds Klassiker als Nr. 11, 24 und 25.

[6] Damit spricht GALILEI das aus, was wir heute integrieren nennen, indem wir den Flächeninhalt als die «Summe schmaler Rechteckstreifen» erklären.

Te malecerta quidem ratio Gallilæe fefellit
    Dum penetras quò non posse venire datum est,
Dúmq nouas Phoebo leges describis, et udam
    Credis humum gyris ire, redire suis.
Vt tamen ingenti comes est quoq gloria coepto
    Fortunam quamuis fata maligna negent:
Sic stupet ad facinus quis quis tua scripta volutat,
    Mirati ingenio tanta licere tuo.

Bild 17
GALILEO GALILEI (1564–1642).

braucht er nach dieser genialen Interpretation nur noch ein Gesetz für die Geschwindigkeit. Nach dem erfolglosen Versuch mit $v = \text{konst} \cdot s$, also der Annahme, daß die Geschwindigkeit proportional zur Fallstrecke s ist[7], setzt er (mit der Konstanten g) $v = BE = g\,t$ an. Dieser Annahme entspricht die gerade Linie AE (Bild 18); jetzt ist die «Summe der Höhen», also der Weg, der Flächeninhalt des Dreiecks AEB, das heißt $s = (1/2)\,AB \cdot BE = (1/2)\,t \cdot g\,t = (1/2)\,g\,t^2$. Nun fehlte noch die experimentelle Bestätigung dieses quadratischen Zeitgesetzes. Zur Beobachtung ist der senkrechte freie Fall wegen der schnell anwachsenden Geschwindigkeiten ungeeignet. Wiederum hat GALILEI eine schöpferische Idee: Er verlegt das Experiment auf die schiefe Ebene.

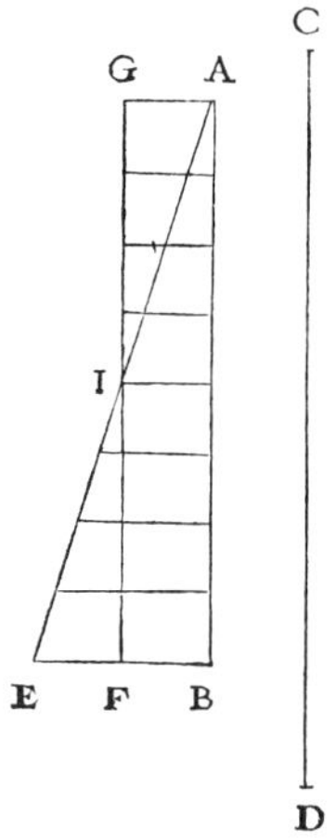

Bild 18
Zum freien Fall nach GALILEI aus den *Discorsi*, 1638.

Allerdings vermuten manche darin lediglich ein Gedankenexperiment, denn GALILEIS Beschreibung desselben erfolgte mit anderen Worten. Auf dieser schiefen Ebene sind kleine Kerben in den Abständen $1:4:9:16:25$ usw. eingeritzt. Er stellt fest, daß sie von einer kleinen rollenden Kugel in hörbar gleichen Abständen, also gemäß dem quadratischen Gesetz $s = (1/2) \cdot g\,t^2 \sin \alpha$ (α Neigungswinkel der schiefen Ebene), passiert werden. Aber noch ist die Beweiskette nicht geschlossen. Es muß noch gezeigt werden, daß die Endgeschwindigkeiten auf verschieden geneigten Ebenen gleicher Höhe gleich sind. Auch für diesen experimentellen Nachweis hat GALILEI einen glänzenden Einfall: Die an einem in A befestigten Faden hängende Bleikugel B gelangt, ohne Anfangsgeschwindigkeit in C losgelassen, zum gleich hoch liegenden Punkt D (Bild 19). Schlägt man bei E einen Nagel ein und läßt die Kugel in C wieder los, so gelangt sie zum gleich hoch gelegenen Punkt G. Da durch die Wahl von E jeder beliebige Punkt auf der die gleich hoch gelegenen Punkte verbindenden Geraden CD erreicht werden kann, ist offenbar, daß die Geschwindigkeiten im tiefsten Punkte B gleich sind und nur von der Höhendifferenz zwischen B und C, also von der sogenannten Fallhöhe abhängen.

---

[7] Dies ist aber unmöglich, denn eine Bewegung aus der Ruhelage ($v = 0$) heraus läßt sich damit nicht beschreiben.

Damit war das Fallgesetz bewiesen. Mit dieser neuen Arbeitsweise eines «Physiko-Mathematikers» begann die abendländische Physik. In treffender Weise schreibt der Mathematiker O. TOEPLITZ (1881–1940):

«Nie wird ein Mensch etwas entdecken, der sich vor einen Apparat setzt, beobachtet und ein Gesetz sucht, so wenig wie der, der nur nachdenkt, wie es sein könnte, ohne je die Natur zu befragen. Was GALILEI die Physiker gelehrt hat, ist dieses Ineinandergreifen von Idee und Experiment, auf dessen Raffinement die ganze Physik beruht.»

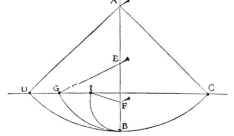

Bild 19
Zur Abhängigkeit der Endgeschwindigkeit von der Fallhöhe nach GALILEI aus den *Discorsi*, 1638.

Der ansonsten mit Recht umstrittene, aber in der Erkenntnis bahnbrechender Leistungen in der Mechanik sicherlich kompetente EUGEN DÜHRING (1833–1921) schreibt über GALILEI:

«GALILEI hat durch den Entwurf und die Feststellung der Fallgesetze den Grund zu der Lehre von den Bewegungswirkungen der Kräfte gelegt. Er hat, wie man dies in der Kunstsprache nennt, eine Dynamik geschaffen, während man bis dahin nur etwas von der Statik und auch dies nur bezüglich des Hebels und ähnlicher Werkzeuge nach der Archimedischen Überlieferung kannte. Das gegenseitige Aufwiegen von Gewichten und Spannkräften zum Ruhezustand war einigermaassen untersucht; aber man war keiner einzigen Naturkraft in ihrem freien Spiel auf den Grund gekommen. Die Fallgesetze sind seine eigenste und größte Leistung. GALILEI hat diese seine originalste Leistung in erster Linie nicht dem Versuch, sondern dem Nachdenken abgewonnen. Nur durch den Entwurf der Notwendigkeiten einer Kraftwirkung gelangte GALILEI zu dem Gedankenbild von der Kraftentwicklung, welches mit dem Naturwalten übereinstimmt und nachher den Schlüssel zu allen Bewegungswirkungen jeglicher Kräfte geliefert hat.»

Aber schon früher schrieb kein geringerer als J. L. LAGRANGE über den «Dritten und Vierten Tag», das Kernstück der *Discorsi*: «Es gehört ein außerordentliches Genie dazu, sie zu verfassen, man wird dieselben nie genug bewundern können.»
Solche Worte der Bewunderung und Anerkennung aus berufenem Munde findet man bis in unsere Tage, auch mit zutreffenden Deutungen über GALILEIS Haltung in dem kirchlichen Streit. Es seien hier angeführt die Nobelpreisträger WERNER HEISENBERG (*Wandlungen in den Grundlagen der Naturwissenschaften* [1943]), MAX VON LAUE (*Geschichte der Physik* [1948]), ALBERT EINSTEIN (*Die Evolution der Physik* [1956]), MAX BORN (*Von der Verantwortung des Naturwissenschaftlers* [1965]) und der Physiker und Philosoph CARL FRIEDRICH VON WEIZSÄCKER (*Die Tragweite der Wissenschaft* [1964]). Aber auch Dichter wie GOETHE (siehe Fußnote 15), Schriftsteller wie REINHOLD SCHNEIDER (*Die Monde des Jupiter* [Herder Bücherei 91]) und die Dichterin GERTRUD LE FORT (*Am Tor des Himmels* [1954]) trugen in ihrem Bereich zur Abrun-

dung eines Galilei-Bildes bei. Der ungarische Dramatiker, Arzt und Gymnasiallehrer für Mathematik und Physik, László Németh schrieb in unseren Tagen (1953) ein Drama *Galilei* (deutsch 1965), in dem der Dramatiker wie der Sachkenner in gelungener Mischung zu Worte kommt.

Dagegen maßt sich ein «Stückeschreiber» (wie er sich selbst nennt) unserer Tage an, Galilei zu einem «Lumpen und sozialen Verbrecher» zu stempeln, mit der Schlußfolgerung, daß er auch für die zu Hiroshima führende «Korruption der bürgerlichen Wissenschaft» verantwortlich ist. Gemeint ist hier Bertolt Brecht und sein *Leben des Galilei*[8]. In diesem Stück – insbesondere in der unter der Mitwirkung des Schauspielers Charles Laughton entstandenen Fassung – und in der Literatur, die dieses Stück im Brechtschen Sinne behandelt (darunter erklimmt E. Schumachers *Bertolt Brechts Leben des Galilei* mit 530 Seiten einen gigantomanischen Gipfel), wird quasi als These vertreten, daß Galilei eine «revolutionäre Theorie geliefert» und deren «Praxis für das Volk» verhindert hätte: Das wäre sein «fataler Sündenfall». Dazu möchte ich als Naturwissenschaftler folgende Bemerkungen machen:
1. Galilei tat «für das Volk» das, was er konnte: Er schrieb in dessen Sprache (nämlich italienisch), aber es lag außerhalb seiner Macht, dem Volk das Schreiben bzw. das Lesen und noch dazu etwa die Theorie der Kegelschnitte (ohne die seine *Discorsi* nicht zu verstehen sind) beizubringen.
2. Galileis epochemachende Bedeutung beruht mehr auf seiner Methode als auf seinen Resultaten. Die letzteren sind zwar für die «Praxis» richtungsweisend (wie etwa die Bruchtheorie des Balkens oder die Wurfparabel), aber mit ihnen konnte man zunächst weder besser bauen noch weiter und zielsicherer schießen, geschweige in den Weltraum fliegen. So viel zu den historischen Tatbeständen – auf die es Brecht wohl weniger ankam als auf die ideologisierende Darstellung eines Prototyps. Es gehört schon das Unbeschwertsein von mathematisch-naturwissenschaftlichem Wissen und Wissenwollen dazu, den «Fall Galilei» in dieser Form zu einem Fall einfältigen Marxismus' zu machen!

Die *Discorsi,* in denen sich unter anderem auch Überlegungen zum Balkenbiegebruch (siehe Kap. V, A 2) und Stoß (siehe Kap. IV, B 1) befinden, waren die Krönung des naturwissenschaftlichen Wirkens von Galilei. Die Ursprünge dieses Werkes gehen auf die letzten Jahre des 16. und auf die ersten des 17. Jahrhunderts zurück, also auf Zeiten, während derer Galilei die Professur an der Universität in Padua bekleidete (1593–1609). Es ist anzunehmen, daß durch seine Vorlesungen und den Privatunterricht die wesentlichen Erkenntnisse und Sätze aus den *Discorsi* den Interessierten schon vor 1638 bekannt wurden; so auch seinem jüngeren Zeitgenossen, dem Philosophen René Descartes (Bild 20).
Dieser unternahm noch einmal den Versuch, für die irdischen und himmlischen – insbesondere mechanischen – Vorgänge eine nach Galileis und Keplers Entdeckungen überholte und nur Verwirrung stiftende Naturphilosophie zu schaffen. Das philosophische Ansehen, in dem er bei manchen seiner Zeitgenossen stand, verschaffte ihm eine Anhängerschaft auch über den Tod hinaus. Diese war bereit, ihm auf Abwegen zu folgen; sie stritt für seine «Lehrsätze» und legte dabei manchen seiner Worte eine Deutung bei, wie er sie kaum gemeint haben konnte. So entstand auch jene Kontroverse, die von 1686 an mehr als ein halbes Jahrhundert die vorzüglichsten Geister in zwei Lager teilte: der Streit um «das wahre Kraftmaß». Bevor wir zu einer Schilderung desselben übergehen, ist es interessant und notwendig, «Descartes als Naturwissenschaftler», insbesondere in bezug auf die Mechanik, kennenzulernen.

---

[8] Eine glänzende Analyse Brechts als Mensch und Dramatiker gab Gerhard Szczesny in seinem *Leben des Galilei und der Fall Bertolt Brecht* (Ullstein Bücher, Berlin 1966).

Bild 20
RENÉ DESCARTES (1596–1650).

3   Mechanische Vorstellungen und Prinzipien von DESCARTES

Das unvergängliche Verdienst von DESCARTES ist die Algebraisierung der Geometrie nach dem Prinzip, daß jeder algebraischen Operation (zum Beispiel x^3) eine Strecke zugeordnet werden kann; so ist er – zusammen mit FERMAT (1601–1665) – der Schöpfer der «Achsengeometrie», die auch für die Mechanik ein förderliches Hilfsmittel wurde. In erster Linie ist aber DESCARTES ein Philosoph, und dementsprechend sind auch seine naturwissenschaftlichen Bestrebungen: Errichtung eines in seiner Totalität an ARISTOTELES – trotz seiner ausdrücklichen Gegnerschaft zu diesem – erinnernden Wissenschaftssystems. In einem solchen Vorhaben, soll es in einem Menschenleben vollendet sein, muß notwendigerweise das rein spekulative Element die Oberhand gewinnen. Das ist auch bei DESCARTES der Fall, so daß er im Prinzipiellen in die Fußstapfen der Alten getreten ist. Noch fast zweihundert Jahre später sagte der französische Astronom DELAMBRE (1749–1822): «DESCARTES hat die Methode der alten Griechen erneuert, die ins Blaue hineinredeten, ohne jemals zu beobachten oder zu rechnen; aber Irrtum gegen Irrtum, Roman gegen Roman gehalten, sind mir die soliden Sphären des ARISTOTELES noch lieber als die Wirbel des DESCARTES.»

Diese «Wirbel» spielen in DESCARTES' Vorstellungen eine zentrale Rolle. Nach DESCARTES ist das Universum mit einer feinen, flüssigkeitsartigen Materie ausgefüllt, und die darin vorhandenen «Wirbel» führen die Planeten und ihre Trabanten um die Sonne herum[9]. So wie der Wirbelwind den Staub fortreißt, so tragen die Wirbel des DESCARTES die Planeten auf ihren Bahnen fort[10]. Für die Entstehung der Wirbel und überhaupt des Universums stellt DESCARTES phantastische Theorien auf. Seine Schöpfungsgeschichte lautet: Am Anfang der Zeiten bestand das Universum aus einem riesigen Klumpen. Durch einen Schlag Gottes zerfiel dieser Haufen des Urstoffes, und die Teile setzten sich in Bewegung. Durch Abschleifen entstanden große, eckige Stücke, kleine Kugeln und eine ganz feine Materie. Aus diesen drei Elementen besteht das Universum, wobei die groben Stücke die Erde und die Planeten, die feine Materie die Sonne und die Fixsterne bilden, während die Kügelchen den dazwischen liegenden Raum in Form der «Wirbel» ausfüllen. Der geniale holländische Naturwissenschaftler und Mathematiker CHRISTIAAN HUYGENS schreibt: «Die kosmische Abhandlung bei CARTESIUS ist ganz und gar aus so leichtfertigen Gründen gewebt, daß es mich oft wundert, wie er auf das Zusammenbringen solcher Erdichtungen soviel Mühe habe verwenden können.»

DESCARTES' Wirbeltheorie enthält keine mathematische Realisierung; er ist auch hierin der Philosoph, der aus seiner Definition der den gesamten Raum erfüllenden Materie alle körperlichen Erscheinungen deduzieren zu können glaubt. Trotzdem fanden die Ansichten von DESCARTES in der damaligen Zeit bei den Philosophen

---

[9] Niedergelegt sind diese Dinge in seinem 1644 erschienenen Werk *Die Prinzipien der Philosophie* (deutsch von A. BUCHENAU i.d. *Phil. Bibl.* Nr. 28, insbesondere S. 31–248).
Siehe auch E. J. AITON, *The Vortex Theory of Planetary Motions* (London 1972), S. 30–89.

[10] LEIBNIZ hat 1682 darauf hingewiesen, daß die Idee der Wirbel schon bei GIORDANO BRUNO (um 1560–1600) anzutreffen ist.

Anerkennung und Verbreitung. Sie waren in ihrer jeder quantitativen Erfassung aus dem Wege gehenden Konzeption einfacher zu rekapitulieren und zu erfassen als die neue und geniale, sich überall an die Tatsachen lehnende Forschungsart GALILEIS. Nachdem wir diese an dem besonders charakteristischen Problem des freien Falles angedeutet haben, muß es von höchstem Interesse sein, zu erfahren, was DESCARTES von GALILEIS – wie wir heute wissen – unvergänglichen Leistungen hielt. Hierbei muß vorausgeschickt werden, daß DESCARTES mit der schriftstellerischen Tätigkeit begann, als GALILEI die seine schon beendet hatte, so daß ihm alles, was GALILEI schuf, bekannt sein mußte. Aus diesem Grunde können wir zum Beispiel DESCARTES das Beharrungsprinzip nicht zuschreiben, obwohl er selbst und andere[11] dies tun.

Nun aber zu DESCARTES' Äußerungen über GALILEI. Sie sind enthalten in dem 91. Brief[12] vom 11. Oktober 1638 an Pater MERSENNE. Die für DESCARTES charakteristischen Stellen lauten etwas umgeordnet:

«Was GALILEI anbetrifft, so will ich Ihnen sagen, daß ich ihn niemals gesehen und auch keinen Verkehr mit ihm gehabt habe und daß ich folglich von ihm nichts entlehnt haben kann und auch in seinen Büchern nichts sehe, was ich beneidete und fast nichts, was ich als das Meinige ansehen möchte.»

«GALILEI hat ohne die ersten Ursachen der Natur zu betrachten, nur die Gründe einiger besonderer Wirkungen gesucht und somit ohne Fundament gebaut.»

«Alles was er von der Geschwindigkeit der Körper sagt, welche im leeren Raum fallen, ist ohne Fundament aufgebaut. Er hätte zuerst bestimmen müssen, was die Schwere ist, und wenn er davon das Richtige wüßte, so würde er wissen, daß sie im leeren Raum gar nicht vorhanden ist.»[13]

«Er setzt voraus, daß die Geschwindigkeit der herabsteigenden Gewichte sich gleichmäßig vermehrt[14], was ich einst auch geglaubt habe; aber jetzt glaube ich bewiesen zu haben, daß es nicht wahr ist. Es ist offenbar, daß ein Stein nicht auf gleiche Weise geneigt ist, eine neue Bewegung oder eine Vermehrung seiner Geschwindigkeit anzunehmen, wenn er sich bereits sehr schnell oder wenn er sich langsam bewegt. Auch nimmt er an, daß die Geschwindigkeiten desselben Körpers auf verschiedenen Ebenen gleicher Höhe gleich sind, was er gar nicht beweist und was auch nicht wahr ist; und da alles Folgende nur von diesen Voraussetzungen abhängt, so kann man sagen, daß es gänzlich in die Luft gebaut ist.»

«Er fügt zu den vorigen noch eine andere falsche Annahme hinzu, nämlich, daß die in die Luft geworfenen Körper sich in Richtung des Horizontes gleich schnell bewegen, daß sich aber im Fallen ihre Geschwindigkeiten im doppelten Verhältnis des Weges vermehren. Nun ist aber unter dieser Voraussetzung sehr leicht zu schließen, daß die Bewegung der Körper eine Parabel beschreiben müßte; aber da seine Voraussetzungen falsch sind, so ist auch sein Schluß von der Wahrheit weit entfernt.»

Dieser selbst aus der Entfernung von mehr als drei Jahrhunderten erstaunlichen und für einen Nichtphilosophen an Überheblichkeit und Hochmut kaum mehr zu überbietenden Anmaßung[15] tritt man am überzeugendsten entgegen, indem man einer-

---

[11] So versucht zum Beispiel B. E. WOHLWILL in seiner Arbeit *Die Entdeckung des Beharrungsgesetzes* (Ztschr. f. Völkerpsych. u. Sprachw. *XV*, S. 364 ff.) noch etwas Ruhm für DESCARTES zu retten.

[12] DESCARTES: *Lettres*, Bd. 2 (Paris 1659), S. 391–404 oder *Correspondance*, Bd. II (Paris 1669), S. 379 ff.

[13] Nach DESCARTES gibt es keinen Raum ohne Materie. Die Wände eines leeren Gefäßes würden zusammenstürzen!

[14] Daß also die Beschleunigung konstant ist.

[15] Wie anders wird das naturwissenschaftliche Genie GALILEIS von dem dichterischen GOETHES (1749–1832) erfaßt, wenn er in dem historischen Teil seiner Farbenlehre über GALILEI schreibt: «Wir nennen diesen mehr, um unsere Blätter damit zu zieren, als weil sich der vorzügliche Mann mit unserem Fach beschäftigt. Er führt die Naturlehre wieder in den Menschen zurück und zeigte schon in früher Jugend, daß dem Genie ein Fall für tausende gelten, indem er sich aus schwingenden

seits einige von Descartes' mechanisch-naturwissenschaftlichen Theorien einer Prüfung auf Wahrheit unterzieht und andererseits aus seinen eben zitierten Äußerungen Schlüsse zieht. Man kommt zu folgenden Feststellungen:

1. Zu Descartes' Wirbeltheorie. Nachdem Isaac Newton sein allgemeines Massenanziehungsgesetz in allen himmlischen und irdischen Bereichen aufs Wundervollste bestätigt sah, war er quasi gezwungen, sich mit der Wirbeltheorie von Descartes zu beschäftigen. Dazu war es notwendig, die Bewegung von festen Körpern in Flüssigkeiten und in der Luft zu untersuchen, und diesem Gegenstand ist das Buch II seiner *Philosophiae Naturalis Principia Mathematica* (1687) gewidmet[16]; es füllt etwa ein Drittel des Gesamtwerkes aus. In unwiderlegbarer Weise zeigt Newton, daß *a)* die Konsequenzen der Wirbeltheorie des Descartes den Keplerschen Planetengesetzen widersprechen und *b)*, daß die von Descartes postulierte feine himmlische Materie, in der er seine Wirbel kreisen und durch diese die Planeten auf ihren Bahnen forttragen läßt, nicht existieren kann, da sie unweigerlich zur Dämpfung und am Ende zum Stillstand seines ganzen Himmelsmechanismus führen würde! Newton schreibt zum Schluß (Buch II, Abschnitt IX, § 78):

«Demnach widerspricht die Hypothese der Wirbel gänzlich den astronomischen Erscheinungen und dient nicht so sehr der Erklärung der himmlischen Bewegungen als zu ihrer Verwirrung.»

2. Zur Erdschwere. In dem philosophischen System von Descartes sind keine verborgenen Kräfte wirksam, das Rätsel der Schwere existiert nicht. Nach einer phantastischen Konstruktion des Erdkörpers aus stofflich verschiedenen Schichten stellt er eine Theorie der Schwere auf, der zufolge die Schwere und somit der freie Fall kein der Materie eigentümliches Streben zum Erdmittelpunkt ist, sondern der «Rückstoß», den die von diesem Zentrum sich entfernenden Himmelskügelchen (Bestandteile der Erde an Stoffen himmlischen Ursprungs!) auf den irdischen Stoff ausüben. Freilich hat Descartes auf dieser Basis nie versucht, den freien Fall quantitativ zu erfassen.

3. Zur Ebbe und Flut. Da für Descartes eine Massenanziehung nicht existiert, muß er zur Erklärung der Ebbe und Flut[17] wieder in seinen Wirbeln und in seiner feinen Weltraummaterie Zuflucht suchen. Seine Theorie lautet: An der Stelle, wo der Mond

---

Kirchenlampen die Lehre des Pendels und des Falles des Körpers entwickelte. Alles kommt in der Wissenschaft auf ein Gewahrwerden dessen an, was eigentlich den Erscheinungen zu Grunde liegt. Er kam wie ein tüchtiger Schnitter zur reichlichen Ernte und säumte nicht bei seinem Tagewerk. Viele neue Eigenschaften der Naturwesen, die uns mehr oder weniger sichtbar und greiflich umgeben, wurden entdeckt, und nach allen Seiten konnte der heitere mächtige Geist Eroberungen machen. Und so ist der größte Teil seines Lebens eine Reihe von herrlichen glänzenden Wirkungen.»

[16] Es dürfte immerhin interessant sein zu bemerken, daß Newton ursprünglich seinem monumentalen Werk den Titel *De motu corporum libri duo* geben wollte, da, wie er sagt, «die Philosophie eine so unbescheidene und streitsüchtige Dame ist, daß sich mit ihr einzulassen ebenso viel heißt wie sich in Prozesse zu verwickeln». «Andererseits», setzt er fort, «wird wohl der Titel *Philosphiae Naturalis* den Absatz des Werkes vermehren, und da dasselbe Eigentum der *Königlichen Gesellschaft* sei, so dürfte man jenen nicht schmälern.» Er willigte ein, und fügte noch auf Bitten des Astronomen Halley (1656–1742) das Buch III *De mundi systemate* bei. Seit dieser Titelgebung bedeutet im englischen Sprachgebrauch «Natural philosophy» soviel wie «Theoretische Physik».

[17] Die schon vor ihm Kepler und Stevin auf die Mondanziehung zurückgeführt hatten.

steht, wird der Erdwirbel zusammengeschnürt, und die quasi durchgepreßte Weltraummaterie drückt an dieser Stelle das Meerwasser zurück, und so entsteht Ebbe. NEWTON hat nachgewiesen, daß in dieser Konstellation genau das Entgegengesetzte, nämlich Flut, eintritt!

4. Zur Stoßtheorie. Diese spielte für DESCARTES eine besondere Rolle, da es in seinem System keinen leeren Raum gibt, so daß keine Bewegung ohne Stöße denkbar ist. Stößt ein bewegter Körper auf einen anderen, so hängt die Wirkung, wie DESCARTES meint[18], von der «Größe des Widerstandes» des gestoßenen Körpers ab. Es ist überflüssig, die von DESCARTES angeführten sieben Fälle – in denen keine Unterscheidung zwischen elastischen und unelastischen Körpern gemacht wird! – anzuführen; es genügt, den eklatantesten der hierbei begangenen Irrtümer aufzuzeigen. Dieser «Satz» (Fall vier) lautet: «Wenn der Körper C ruht und etwas größer als der Körper B ist, so würde B, mit welcher Geschwindigkeit er sich auch gegen C bewegte, denselben doch niemals in Bewegung setzen, sondern er würde von ihm in entgegengesetzter Richtung zurückgestoßen werden[19]. Denn ein ruhender Körper widersteht einer schnellen Bewegung mehr als einer langsamen, und zwar im Verhältnis des Größenunterschiedes; deshalb ist die Kraft von C zum Widerstehen größer als die in B zum Forttreiben.» Und damit sind wir hinsichtlich der Argumentation und Diktion wieder bei ARISTOTELES angelangt!

Nun bleibt noch übrig, zu den zitierten Briefstellen von DESCARTES etwas zu sagen. Man braucht nur Abiturientenkenntnisse in dem auf GALILEI zurückgehenden Teil der Mechanik zu haben, um die Schwere der Descartesschen Irrtümer in der Theorie des freien Falles zu ermessen. Das an zweiter Stelle angeführte Zitat zeigt mit aller Deutlichkeit, daß DESCARTES' Gedanken und insbesondere seine grundsätzlichen Bestrebungen – nach der vermeintlichen Enträtselung der letzten Ursachen – noch stark an die Naturphilosophie der Antike mit ihren metaphysischen Spekulationen erinnern[20]. Dasselbe gilt für das dritte Zitat. Im vierten wird die konstante Erdbeschleunigung verworfen. (Wie schon erwähnt, hielt DESCARTES die von GALILEI als unmöglich nachgewiesene Proportionalität zwischen Geschwindigkeit und Weg aufrecht!) Was er GALILEI im Zusammenhang mit der Wurfparabel vorwirft, zeigt, daß er nicht einmal das Parallelogramm der Bewegungen bei GALILEI erfaßt hatte.

GOETHE, der sich in der Einleitung und in dem historischen Teil seiner Farbenlehre wie nirgends anders so stark von der polemisierenden Seite zeigt, schreibt über DESCARTES:

«Das Leben dieses vorzüglichen Mannes wie auch seine Lehre wird kaum begreiflich, wenn man sich ihn nicht immer zugleich als französischen Edelmann denkt. Die Vorteile seiner Geburt kommen ihm von Jugend auf zustatten, selbst in den Schulen, wo er den ersten guten Unterricht im Lateinischen, Griechischen und in der Mathematik erhält. Wie er ins Leben tritt, zeigt sich die Fazilität in mathematischen Kombinatio-

---

[18] *Prinzipien der Philosophie*, II. Teil, Ziffer 43–52.

[19] Diesen Unsinn, den man mit einem primitiven Experiment hätte widerlegen können, wollte nicht einmal DESCARTES' Schüler und Herausgeber seiner Briefe CLERSELIER (1614–1686) akzeptieren!

[20] Es ist schlechthin unverständlich, wenn der Mathematiker ANDREAS SPEISER in seinem vorzüglichen Werk *Klassische Stücke der Mathematik* schreibt, daß mit DESCARTES die Naturwissenschaften beginnen. Wo bleiben dann KOPERNIKUS, KEPLER, STEVIN und GALILEI? Wirkten sie doch alle schon vor DESCARTES und kamen zu heute noch gültigen Erkenntnissen.

nen bei ihm theoretisch und wissenschaftlich, wie sie sich bei anderen im Spielgeist äußert. Als Hof-, Welt-
und Kriegsmann bildet er seinen geselligen, sittlichen Charakter aufs Höchste aus. Reizbar und voll
Ehrgefühl entweicht er allen Gelegenheiten, sich zu kompromittieren; er verharrt im hergebrachten
Schicklichen und weiß zugleich reine Eigentümlichkeit auszubilden, zu erhalten und durchzuführen. Daher
seine Ergebenheit unter die Ansprüche der Kirche, sein Zaudern, als Schriftsteller hervorzutreten, seine
Ängstlichkeit bei den Schicksalen GALILEIS[21], sein Suchen der Einsamkeit und zugleich seine ununterbro-
chene Geselligkeit durch Briefe.
Er scheint nicht ruhig und liebevoll an den Gegenständen zu verweilen, um ihnen etwas abzugewinnen; er
greift sie als auflösbare Probleme mit einiger Hast an und kommt meistenteils von der Seite des kompliziert-
testen Phänomens in die Sache. Dann scheint es ihm auch an Einbildungskraft und an Erhebung zu fehlen.
Er findet keine geistigen lebendigen Symbole, um sich anderen schwer auszusprechenden Erscheinungen
anzunähern. Er bedient sich, um das Unfaßliche, ja das Unbegreifliche zu erklären, der krudesten sinnlichen
Gleichnisse. So sind seine verschiedenen Materien, seine Wirbel, seine Schrauben, Haken und Zacken
niederziehend für den Geist, und wenn dergleichen Vorstellungsarten mit Beifall aufgenommen wurden, so
zeigt sich daraus, daß eben das Roheste, Ungeschickteste der Menge das Gemäßeste bleibt.»

Die vorangehenden Ausführungen zeigen, daß die von dem Philosophen DESCARTES
angestrebte Verbindung der Naturwissenschaft mit der Philosophie sich für die erste
kaum förderlich erwies. Die zum Durchbruch der Naturwissenschaften verhelfende
Methode GALILEIS stand im scharfen Gegensatz zu den Spekulationen DESCARTES'.
Das Fördernde der Naturphilosophen von ARISTOTELES und DESCARTES für die
Naturwissenschaft, insbesondere für die Mechanik, kann man höchstens darin erblik-
ken, daß sie GALILEI und NEWTON zur Widerlegung ihrer Irrtümer angespornt haben!
Die *Nuova Scienza* GALILEIS sah sich gleich zu Beginn der feindlichen «Neuen
Philosophie» DESCARTES' gegenüber, die sich die Lösung jedes naturwissenschaft-
lichen Problems anmaßte. Hierauf spielte HUYGENS in einem Brief an LEIBNIZ an: «Es
scheint, daß DESCARTES über alle Gegenstände der Physik entscheiden will, unbeküm-
mert darum, ob er die Wahrheit spricht oder nicht.»

4   «Bewegungsgröße» und «Kraft» bei DESCARTES

In dem zweiten Teil, Ziff. 36 seiner *Prinzipien der Philosophie* schreibt DESCARTES:

«Die allgemeine Ursache der Bewegung kann offenbar keine andere als Gott sein, welcher die Materie
zugleich mit der Bewegung und Ruhe im Anfang erschaffen hat, und der durch seinen Beistand so viel
Bewegung und Ruhe im ganzen erhält, als er damals geschaffen hat. Denn wenn auch diese Bewegung nur
ein Zustand an der bewegten Materie ist, so hat sie doch eine feste und bestimmte Quantität, die sehr wohl in
der ganzen Welt zusammen die gleiche bleiben kann, wenn sie sich auch bei den einzelnen Teilen verändert,
nämlich in der Art, daß man bei der doppelt so schnellen Bewegung eines Teiles gegen einen anderen, und
der doppelten Größe dieses gegenüber dem ersten annimmt, daß in dem kleinen so viel Bewegung wie in dem
großen ist, und daß, um soviel als die Bewegung eines Teiles langsamer wird, ebensoviel die Bewegung eines
anderen ebenso großen Teiles schneller werden muß.»

In unserer heutigen Terminologie beinhalten diese Ausführungen die Erhaltung der
Bewegungsgröße, also die Unveränderlichkeit der Summe der Produkte aus Masse *m*

---

[21] Als er von dessen Verurteilung hört, schreibt er an MERSENNE: «Diese hat mich in ein so gewaltiges
   Erstaunen versetzt, daß ich fast entschlossen bin, alle meine Papiere zu verbrennen oder sie
   wenigstens niemand sehen zu lassen.»

Bild 21
GOTTFRIED WILHELM VON LEIBNIZ (1646–1716).

und Geschwindigkeit *v*. In dieser Form, insbesondere durch die Art der Begründung bleibt die Aussage eine metaphysische, und die damit verbundene naturwissenschaftliche Verdunkelung wird noch dadurch erhöht, daß DESCARTES in Ziffer 43 von der «Kraft des Körpers bei seiner Einwirkung auf einen anderen» zu meditieren beginnt. Er kommt zu folgendem Schluß:

«Diese Kraft wird teils von der Größe des Körpers, in dem sie ist, und von der Größe seiner Oberfläche, durch die er von anderen Körpern getrennt ist, bestimmt, teils nach der Geschwindigkeit der Bewegung und nach der Natur und nach dem Gegensatz in der Art, wie die Körper einander begegnen.»

Damit wird die einem Körper innewohnende «Kraft» durch das Produkt aus Masse und Geschwindigkeit gemessen. Durch diese Definition des «Kräftemaßes» begann fünfzig Jahre später der Streit um «das wahre Kraftmaß». Zunächst blieb nämlich dieses Prinzip des DESCARTES von den Philosophen anerkannt und von den Naturwissenschaftlern unbeachtet. Denn für die letzteren mußte ein solches kinetisches Prinzip so lange nutzlos bleiben, bis das Agens der Bewegung, also die «vom Körper losgelöste treibende Kraft», enträtselt wurde; und das geschah erst durch NEWTONS *Principia* (1687). Ein Jahr vor Erscheinen dieses Werkes publizierte G. W. LEIBNIZ (Bild 21) im Märzheft der Acta Eruditorum in lateinischer Sprache die Arbeit: *Brevis demonstratio erroris memorabilis Cartesii et aliorum circa legem naturae, secundum quam a Deo eandem semper quantitatem motus conservari; qua et in re mechanica abutuntur.*» Zu Deutsch: «Kurze Darlegung eines bemerkenswerten Irrtums des CARTESIUS und anderer um ein Naturgesetz, demgemäß sie behaupten, daß von Gott immer dieselbe Bewegungsmenge bewahrt wird; und wie sie es in der Mechanik mißbrauchen.»

5   Das Kräftemaß von LEIBNIZ; seine «lebendige und tote Kraft»; der Streit um «das wahre Kraftmaß»

Mit der eben angeführten Schrift von LEIBNIZ beginnt nun jene Kontroverse, die die Gelehrten der damaligen Zeit etwa ein halbes Jahrhundert in zwei Lager gespalten hat. Wir beginnen mit der Wiedergabe der wesentlichen Argumentationen der Leibnizschen Publikation. Sie lauten:

«Viele Mathematiker schätzen jetzt, nachdem sie einsehen, daß sich in den fünf gewöhnlichen Maschinen [22] Last und Geschwindigkeit kompensieren [23], auch die bewegende Kraft generell mit der Menge der Bewegung, also mit dem Produkt aus Masse und Geschwindigkeit ab. Daher kommt es, daß CARTESIUS, der die bewegende Kraft und die Quantität der Bewegung für äquivalent hält, geäußert hat, daß dieselbe Bewegungsmenge von Gott in der Welt bewahrt wird.
Um zu zeigen, wie groß der Unterschied zwischen beiden ist, nehme ich 1. an, daß ein Körper, der aus einer bestimmten Höhe fällt, Kraft [24] gewinnt, auch eben bis dahin in umgekehrter Richtung aufzusteigen, wenn

---

[22] Hebel, Rad (auf der Achse), Keil, Flaschenzug und Schnecke.
[23] Nach dem Prinzip der virtuellen Geschwindigkeiten.
[24] Mit der hier – wie auch bei DESCARTES – schon zu Tage tretenden vieldeutigen Verwendung des Wortes «Kraft» («vis») beginnt das Mißverständnis der Kontrahenten. Was LEIBNIZ hier mit «Kraft» bezeichnet, nennen wir heute – bis auf den Faktor $\frac{1}{2}$ – kinetische Energie.

ihn daran etwas Äußeres nicht hindert [25], wie zum Beispiel ein Pendel genau zu der Höhe zurückkehrt, in der es losgelassen wurde. Ich nehme 2. an, daß ein Körper A (Bild 22) von einem Pfund Gewicht mit so großer Kraft zu einer Höhe CD von vier Ellen emporgehoben werden muß, wie sie nötig ist, um einen Körper B von vier Pfund Gewicht zu einer Höhe EF von einer Elle zu heben. Alles dies wird sowohl von den Cartesianern wie auch von den übrigen Philosophen und Mathematikern anerkannt. Hieraus folgt, daß ein Körper A, nachdem er aus der Höhe CD gefallen ist, genau soviel Kraft gewonnen hat, wie ein Körper B, der von der Höhe EF gefallen ist. Denn der Körper (A) hat, nachdem er im Fall aus C nach D gelangt ist, dort die Kraft, bis C aufzusteigen auf Grund der Annahme 1, das heißt, die Kraft, einen Körper vom Gewicht eines Pfundes bis zu einer Höhe von vier Ellen zu heben. Und ähnlich hat der Körper (B), nachdem er im Fall von E nach F gelangt ist, dort die Kraft, wieder nach E aufzusteigen, also einen Körper von vier Pfund zu einer Höhe von einer Elle zu heben. Also sind entsprechend Annahme 2 die Kraft eines Körpers (A) in D und die Kraft eines Körpers (B) in F gleich.

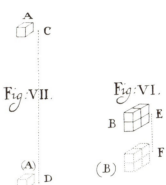

Bild 22
Zum «Kräftemaß» von Leibniz aus *Brevis demonstratio,* Acta Eruditorum 1686.

Wir wollen nun sehen, ob die Menge der Bewegung in beiden Punkten die gleiche ist. Wider Erwarten ist ein entscheidender Unterschied festzustellen. Dies zeige ich folgendermaßen. Von Galilei ist bewiesen worden, daß die Geschwindigkeit, die auf der Fallstrecke CD erlangt wird, das Doppelte der auf der Fallstrecke EF erlangten ist [26]. Demnach ist die Menge der Bewegung des Körpers A also das Produkt aus Gewicht und Geschwindigkeit 2, die des Körpers B dagegen 4. Also ist die Bewegungsmenge des Körpers (A) in D die Hälfte der des Körpers (B) in F, obwohl wir vorher die Kräfte für gleich befunden haben. Deshalb besteht ein großer Unterschied zwischen bewegender Kraft und Bewegungsmenge, so daß die eine nicht durch die andere veranschlagt werden kann. Aus unserem Beweis geht hervor, auf welche Weise eine Kraft von der Menge der Wirkung her, die sie hervorbringen kann, eingeschätzt werden kann, nämlich durch die Höhe [27], bis zu der sie einen schweren Körper erheben kann, nicht aber nach der Geschwindigkeit, die sie dem Körper geben kann. Niemand soll sich wundern, daß bei den gewöhnlichen Maschinen – Hebel, Rad auf der Welle, Flaschenzug, Keil und Schnecke – und ähnlichen Geräten Gleichgewicht herrscht, weil die Größe des einen Körpers durch die Geschwindigkeit des anderen kompensiert wird, also die Körpergewichte in umgekehrtem Verhältnis zu den Geschwindigkeiten stehen. Deshalb kann dort zufällig die Kraft durch die Menge der Bewegung veranschlagt werden. Es gibt aber andere Fälle, die wir oben angeführt haben, wo das nicht zutrifft.
Im übrigen, da nichts einfacher ist als unser Beweis, ist es erstaunlich, daß er Cartesius oder den Cartesianern, hochgelehrten Männern, nicht eingefallen ist. Aber jenen hat all zu großes Vertrauen auf

[25] Diese Annahme ist das «Huygenssche Prinzip» von der Erhaltung der Energie im Schwerefeld; wir kommen hierauf noch zurück.
[26] Da die Geschwindigkeiten sich wie die Wurzeln der Fallhöhen verhalten.
[27] Also durch das Quadrat der Geschwindigkeit v, so daß das «Kräftemaß» mv^2, also das Produkt aus Masse (Gewicht) und Geschwindigkeitsquadrat wäre.

seinen Verstand in die Irre geführt, diese das blinde Vertrauen in den fremden. Denn CARTESIUS ist, obwohl das bei großen Männern ein üblicher Fehler ist, ein wenig zu selbstbewußt geworden. Nicht wenige Cartesianer aber, fürchte ich, fangen allmählich an, die von ihnen sonst verspotteten Peripatetiker nachzuahmen, d. h. daß sie anstelle des richtigen Verstandes und der Natur der Dinge sich daran gewöhnen, in den Büchern des Meisters Rat zu suchen.»

In diesen barockhaften Ausführungen gibt also auch LEIBNIZ zu, daß für die Statik mv das «Kräftemaß» ist, während in der Kinetik die kraftbestimmende Größe mv^2 sei. Diese «philosophische Dualität» eines – allerdings nicht eindeutig benannten – naturwissenschaftlichen Begriffes mußte natürlich zu weiteren Disputen mit immer verkrampfteren Argumentationen führen. Bevor wir hierauf etwas näher eingehen, noch einige Bemerkungen zu Leibnizens Darlegungen.

Die Heranziehung der Hub- bzw. Fallhöhe zur Kräftemessung entspricht der statischen Gleichgewichtsbedingung am Hebel, die von GALILEI mit Hilfe des Prinzips der virtuellen Geschwindigkeiten formuliert wurde und vorangehend auch von LEIBNIZ benutzt wird. Der Kern dieses Prinzips liegt im folgenden Axiom von GALILEI: «Gleiche und mit gleicher Geschwindigkeit bewegte Gewichte haben in ihrem Wirken gleiche Kräfte und gleiche Momente.» Hieran schließt sich als nächstes Postulat an, daß bei ungleichen Geschwindigkeiten diese das Verhältnis der Kräfte bestimmen. Der ungleicharmige Hebel ist hierfür das nächstliegende Beispiel (Bild 23):

$$G_1 : G_2 = v_2 : v_1 = \frac{h_2 \, d\varphi}{d t} : \frac{h_1 \, d\varphi}{d t} = h_2 : h_1. \tag{1}$$

In dieser Relation ist aber das Zeitelement dt das gleiche, und die Außerachtlassung dieser grundsätzlichen Voraussetzung macht das «Kräftemaß» von LEIBNIZ dubios, denn, um bei seinem Zahlenbeispiel zu bleiben, ein Körper von einem Pfund Gewicht[28] benötigt für vier Ellen Fallstrecke doppelt soviel Zeit wie ein Körper von vier Pfund Gewicht für die Fallstrecke von einer Elle.

Bild 23
Ungleiche Geschwindigkeiten bestimmen nach
LEIBNIZ das Verhältnis der Kräfte.

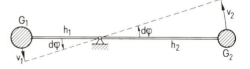

Dieses Gedankenspiel mit Pfunden und Ellen ist schon im selben Sinne bei DESCARTES anzutreffen, und hierauf beruft sich LEIBNIZ, wenn er – wie vorangehend zitiert – schreibt: «Alles wird sowohl von den Cartesianern wie auch von den übrigen Philosophen und Mathematikern anerkannt.» In einem Brief vom 5. Oktober 1637 an CONSTANTIN HUYGENS (1596–1687), den Vater von CHRISTIAAN HUYGENS, heißt es[29]:

---

[28] Wobei freilich die Gewichtsangabe überflüssig ist.
[29] R. DESCARTES: *Correspondance*, Bd. I, ed. CH. ADAM und P. TANNERY (Paris 1897), S. 435.

«Die Erfindung aller dieser» schon erwähnten fünf einfachen «Maschinen ist in einem einzigen Satze fundiert, daß nämlich die gleiche Kraft, die ein Gewicht zum Beispiel von hundert Pfund zwei Fuß hoch zu erheben vermag, auch ein solches von zweihundert Pfund auf die Höhe von einem Fuß oder von vierhundert Pfund auf eine Höhe von einem halben Fuß hochzutragen imstande ist.»
Ähnlich (wenn auch mit anderen Zahlen) äußert sich DESCARTES in einem Brief vom 15. November 1638 an MERSENNE und fährt dann fort[30]:

«Ich betrachte nicht die Stärke (,puissance‘), die man als Kraft (,force‘) eines Menschen bezeichnet, sondern allein die Aktion, wie man jene Kraft nennt, durch welche ein Gewicht gehoben werden kann, mag diese Aktion von einem Menschen, oder von einer Feder, oder von einem anderen Gewicht etc. herrühren. Denn es gibt, so wie es mir scheint, keine andere Möglichkeit, die Quantität dieses Effektes im voraus (a priori) anzugeben, das heißt um wieviel ein Gewicht durch irgendwelche Maschinen gehoben werden kann, als die Quantität der Aktion zu messen, die die Ursache dieses Effektes ist, das heißt die Kraft, die man zu diesem Zweck benötigt.»

Diese Synonymie von vermeintlichen Begriffen wie «Stärke», «Kraft», «Aktion» und «Effekt» mußte zu Mißdeutungen und Mißverständnissen führen, wenn man aus ihr über das rein Statische hinaus auch Kinetisches herauszulesen suchte. Denn die von DESCARTES und auch von LEIBNIZ angeführten Hubhöhenproportionen sind keine bei einem (kinetischen) Bewegungsablauf auftretenden Wege, sondern quasi die Hebelarmverhältnisse der statischen Umsetzung der – wie wir heute sagen – eingeprägten Kräfte in den einfachen mechanischen «Maschinen»: Die angedeuteten Produkte aus Gewicht und Höhe sind die Momente des Gleichgewichtes. Es handelt sich also um eine rein statische Aussage, die ohne Betonung dieser Voraussetzung geradezu unsinnig ist. Um dies einzusehen, denke man sich das aus Rolle, gewichtslosem Idealseil, aus Hubgewicht H und Last L bestehende System (Bild 24). Für

Bild 24
Zur statischen Gleichgewichtsaussage von LEIBNIZ, deren kinetische Erweiterung unzulässig ist.

$H = L$ herrscht Ruhe oder eine (durch eine zeitlich begrenzte Störung wie etwa δH eingeleitete) Trägheitsbewegung mit beliebiger Hubhöhe. Für $H > L$ hat man eine gleichmäßig beschleunigte Bewegung mit ebenfalls beliebiger Hubhöhe, so daß deren und des Hubgewichtes H Angabe die Hublast L noch nicht festlegt: Dazu ist auch

[30] DESCARTES: Correspondance, Bd. II, S. 342.

noch die Zeitangabe notwendig[31]. Wir ersehen hieraus und insbesondere aus den in der Fußnote 31 angeführten Formeln, daß eine unmittelbar an die Geschwindigkeit anknüpfende Messung notwendigerweise zur metaphysischen Streiterei führen muß. Und hierzu wollen wir wieder zurückkehren.

Descartes konnte freilich zu Leibnizens *Brevis demonstratio* nicht mehr Stellung nehmen; damals (1686) war er schon fast vierzig Jahre tot. Um so eifriger nahmen sich aber seine Anhänger der Angelegenheit an. Es ist nun merkwürdig, daß die Kontroverse zwischen «Cartesianern» und «Leibnizianern» in voller Stärke nach dem Erscheinen von Newtons *Principia* (1687) entbrannte, wurde doch in diesem epochemachenden Werk die Loslösung der «Kraft» vom Körper, der *vis impressa,* auch quantitativ vollzogen. Man war also nicht mehr daran gebunden, «die Ursache der Bewegung» eines Körpers in der Bewegung eines anderen zu suchen. Jetzt war die «eingeprägte Kraft» als dasjenige Agens erkannt und erfaßt, in dem man die Ursache der Geschwindigkeitserzeugung suchen mußte. Diese Vorstellung ist unumgänglich, wenn irgendeine Wirkung einer Kraft – deren Urbild, nämlich die Schwere, schon von Galilei klar erkannt wurde – quantitativ erfaßt werden soll. Ersetzt man die in irgendeiner Zeit erzeugte Geschwindigkeit von vornherein durch den in dieser Zeit durchlaufenen Weg, so setzt man an die Stelle des Einfachen das Kompliziertere und büßt manches an rechnerischer Eleganz und an der Einfachheit der Vorstellung ein.

Der erste, der Leibnizens Angriff auf seinen Landsmann Descartes zu parieren suchte, war «M. l'Abbé D.C.»; das ist der Abbé de Catelan[32]. Im Septemberheft 1686 der von Pierre Bayle (1647–1706) herausgegebenen *Nouvelles de la république des lettres* weist er auf den wunden Punkt in der Argumentation von Leibniz hin: auf die Außerachtlassung der Zeit, und «so ist es», schreibt er, «kein Wunder, daß er die Bewegungsmaße ungleich findet». Im einzelnen führt er aus:

«... Ich staune, daß Herr Leibniz das Unlogische in seinem Beweis nicht bemerkt hat; denn wo ist der in der Mechanik ein wenig erfahrene Mann, der nicht einsieht, daß das Prinzip der Cartesianer über die fünf gewöhnlichen Maschinen nur die isochronen Kräfte betrachtet, d.h. die Bewegungsabläufe in gleichen Zeiten ...». Leibnizens Entgegnung erschien in derselben Zeitschrift im Februarheft 1687. Zunächst schreibt er etwas dialektisch: «Die Cartesianer fordern im besonderen, daß die Summe der Kräfte unveränderlich bleibe, und messen diese durch die Bewegungsgröße; sie kümmern sich aber dabei (mit Ausnahme des Herrn Abbé) nicht im geringsten darum, ob sie in kurzer oder langer Zeit erlangt wurden.» Leibniz führt weiter aus, daß ein Körper eine bestimmte Geschwindigkeit durch einen kurzen Stoß oder durch eine länger anhaltende Einwirkung erreichen könne. «Wird man dann behaupten können, die beiden Kräfte seien verschieden? Das wäre, als ob man behaupten würde, ein Mann sei reicher, nur weil er längere Zeit gebraucht hat, um sein Geld zu verdienen ...».

---

[31] Bei Vernachlässigung der Rollenmasse lauten die Formeln für die Hubhöhe h und die Geschwindigkeit v

$$h = \frac{1}{2} g \frac{H - L}{H + L} t^2, \quad v = g \frac{H - L}{H + L} t,$$

wobei g die Erdbeschleunigung und t die Zeit bedeuten.

[32] François de Catelan, dessen nähere Lebensdaten nicht festzustellen sind, war ein eifriger Cartesianer, der 1681 die Theorie des Schwingungsmittelpunktes von Huygens vergebens widerlegen wollte und 1692 Leibnizens Tangentenmethode ebenso erfolglos angriff. In diesem Streit hat er ohne Zweifel mit mehr Glück opponiert.

Nicht mit Unrecht antwortete CATELAN im Juniheft 1687, daß LEIBNIZ zwei völlig verschiedene Dinge durcheinanderbringe. Darum widersprechen sich die aus ihnen gezogenen Konsequenzen; deswegen brauchen aber die beiden Prinzipien nicht falsch zu sein. Der ganze Widerspruch, den LEIBNIZ konstruiert, rührt davon her, daß er sich begnügt, die Kräfte nach ihren Effekten zu messen, das heißt die Bewegungen nach den durchlaufenen Wegen zu beurteilen, ohne Berücksichtigung der zum Bewegungsablauf nötigen Zeiten.

CATELAN scheint hier ganz richtig ausdrücken zu wollen, daß es sich um zwei verschiedene Prinzipien handelt. LEIBNIZ antwortete noch einmal im Septemberheft 1687, ohne prinzipiell Neues zu bringen, und er gab auch zu, daß man unter Umständen die Kraft auch durch die Zeit messen könne, und fügt – mit unverkennbarer Unsicherheit! – hinzu: «dieses aber nur mit Vorsicht (avec précaution)».

Bild 25
Abbildung aus LEIBNIZ' Erwiderung
De causa gravitatis, Acta Eruditorum
1690, Tafel I, auf PAPINS Einwände.

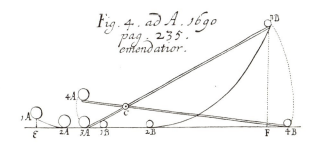

Der nächste, der Leibnizens Ansicht vom Kräftemaß widersprach, war DENIS PAPIN (1647–1714). Im Jahre 1689 publizierte er im Aprilheft der Acta Eruditorum eine Arbeit unter dem Titel *De gravitatis causa et proprietatibus observationes.* Ganz in den Vorstellungen von DESCARTES über die Schwere hält er LEIBNIZ entgegen, daß die Geschwindigkeit der «feinen Materie»[33], mit der diese auf den schweren Körper einwirkt, stets einerlei sei und somit auch ihre Wirkung. Somit erhielten die Körper weder stärkere noch mehrere Stöße, wenn sie in gleicher Zeit geschwind oder langsam in die Höhe stiegen. Da sich die Zeiten des Aufsteigens wie die bewegenden Kräfte, aber auch wie die Quadratwurzeln der Steighöhen[34] verhielten, so müssen die bewegenden Kräfte in denselben Proportionen stehen. Damit wäre – nach PAPIN – das cartesische Kräftemaß bestätigt.

Schon ein Jahr darauf antwortete LEIBNIZ in den Acta Eruditorum (Maiheft 1690) auf PAPINS Einwände unter dem Titel *De causa gravitatis, et defensio sententiae suae de veris naturae legibus contra Cartesianos.* Das Wesentliche dieser Arbeit besteht darin, daß LEIBNIZ nachzuweisen sucht, daß die cartesische «Kräftemessung» zu einem «Perpetuum mobile» führen kann. Er argumentiert folgendermaßen:

Eine Kugel *A* von 4 Pfund Gewicht falle aus der Höhe 1*AE* längs der Fläche 1*A*2*A* und setze ihre Bewegung mit der der Fallhöhe entsprechenden Geschwindigkeit 1 auf der horizontalen Fläche *EF* fort (Bild 25).

[33] S.2 in Ziffer 3.
[34] Und damit wie die Geschwindigkeiten.

Auf diesem Wege übertrage sie ihre ganze «Kraft» auf die Kugel B von 1 Pfund Gewicht und bleibe dann im Punkt $3A$ liegen. Nach dem cartesianischen Kräftemaß besitzt die Kugel B die Geschwindigkeit 4 und kann nach dem Huygensschen Prinzip[35] längs der Fläche $2B3B$ die Höhe $3BF = 16$ ersteigen[36]. Weiterhin sei $3A3B$ eine schiefe Schnellwaage mit dem Drehpunkt C. Ist $C3B$ etwas mehr als viermal so lang wie $C3A$, so ist das Gleichgewicht gestört, und die Kugel B sinkt aus $3B$ in $4B$ und hebt die Kugel A von $3A$ nach $4A$, also auf die vierfache Höhe der ursprünglichen, *quod est absurdum,* schreibt LEIBNIZ! Er spinnt dieses Spiel weiter: Durch eine einfache mechanische Vorrichtung ist es möglich, die Kugel A aus $4A$ in $1A$ fallen zu lassen, und sie wäre dann imstande, vermöge ihrer durch den Fall erlangten «Kraft» mechanische Wirkungen, wie beispielsweise das Spannen von Federn, zu verrichten. In $1A$ angelangt, könnte sie von neuem das anfängliche Spiel beginnen, und das wäre ein «Perpetuum mobile».

PAPIN fiel zur Erwiderung nichts Besseres ein[37] als die Behauptung, daß eine vollständige Übertragung der Kraft eines Körpers auf einen anderen nicht möglich ist, worauf ihm LEIBNIZ nachwies[38], daß diese Voraussetzung keine notwendige Annahme seiner «Beweisführung» ist. Damit war PAPIN am Ende seiner Kräfte: Der erfolgreiche Konstrukteur der ersten Dampfmaschine, Erfinder des nach ihm benannten Topfes, verschiedener Maschinen für Wasserkünste, Mühlen und Bergwerke, mußte auf diesem eher metaphysischen als naturwissenschaftlichen Gebiet scheitern. LEIBNIZ aber versuchte, in einer neuen Publikation *Specimen dynamicum* (Acta Eruditorum 1695) seine Ansichten durch Schaffung von zwei neuen Begriffen zu erläutern: Er teilt die Kräfte in tote und lebendige ein. Er nennt eine «tote Kraft»[39] diejenige, welche keine Bewegung verursacht, sondern nur das Bestreben hat, eine Bewegung hervorzurufen: *in qua nondum existit motus, sed tantum sollicitatio ad motum.* Dagegen ist die «lebendige Kraft» mit einer wirklichen Bewegung verbunden. Die Alten, schreibt er, hatten bloß die tote Kraft in Betracht gezogen, und darum war ihre Mechanik nur Statik, in der das Maß der toten Kräfte die Bewegungsgröße, also das Produkt aus Masse und Geschwindigkeit (mv), ist. Dies liegt darin begründet, daß beim Beginn der Bewegung bzw. bei dem bloßen Bestreben danach die Wege sich wie die Geschwindigkeiten verhalten[40]. Nimmt aber die Bewegung über das Statische hinaus ihren Fortgang, so verhalten sich die Wege nicht mehr wie die Geschwindigkeiten, sondern wie die Geschwindigkeitsquadrate, und somit ist das Maß der so entstandenen lebendigen Kräfte mv^2. Die lebendige Kraft entsteht nach LEIBNIZ aus unendlich vielen Einwirkungen der toten Kraft: *Vis est viva ex infinitis vis mortuae impressionibus nata.* Aber

---

[35] Diese befindet sich in dem mathematisch und mechanisch so entdeckungsreichen Werk *Horologium oscillatorium* (1673) von HUYGENS. Es ist die Hypothese I des vierten Teiles («Über den Schwingungsmittelpunkt») und lautet: «Wenn sich beliebig viele schwere Körper vermöge der Schwere in Bewegung setzen», zum Beispiel die Teilchen eines Pendels, «so kann der gemeinsame Schwerpunkt dieser Körper nicht höher emporsteigen, als er sich zu Anfang der Bewegung befand». Erklärend fügt HUYGENS dazu, daß diese Hypothese nichts anderes enthält, als daß sich schwere Körper nicht nach oben bewegen können. Infolge der Verbindung der Geschwindigkeitsquadrate mit den Fallhöhen gewann HUYGENS diejenige Beziehung, die wir heute den Erhaltungssatz der Energie im Schwerefeld nennen.

[36] Damals war es üblich, das Geschwindigkeitsquadrat der Fallhöhe gleichzusetzen.

[37] Acta Eruditorum *1691,* S. 9.

[38] Acta Eruditorum *1691,* S. 439.

[39] Die schon bei GALILEI als «peso morte» vorkommt.

[40] Diese Ansicht entspringt – wie schon auf Bild 23 angedeutet – dem Prinzip der virtuellen Geschwindigkeiten.

diese Vorstellung ist in der Mechanik genau so ungereimt wie in der Geometrie der Versuch, eine Kurve als eine Anhäufung von ausdehnungslosen Punkten zu begreifen! LEIBNIZ übersah eben die entscheidende Tatsache, daß das Element $2mv\,dv$ seiner lebendigen Kraft mv^2 eine an das Zeitelement gebundene und somit auch im unendlich Kleinen veränderliche Größe ist, die nicht aus unendlich vielen Wiederholungen einer statischen Aktion, nämlich seiner toten Kraft mv, hervorgehen kann. Der analytische Ausdruck mv^2 für die «lebendige Kraft» ist eine jeder mechanisch-realen Deutungsmöglichkeit entkleidete Wort- oder metaphysische Begriffsschöpfung von LEIBNIZ: Die in diesem Dimensionsbereich (nämlich dem der Arbeit und Energie) in GALILEIS Sinne durch stetige Summation [41] der elementaren Effekte passende Größe ist $(1/2)\,mv^2$, also, wie wir heute sagen, die kinetische Energie.

In der Tat haben Leibnizens Erläuterungen und insbesondere seine Einteilung der Kräfte in tote und lebendige nur noch mehr Verwirrung in den Streit hineingetragen [42]. Die «Cartesianer» gaben zu, daß die lebendigen Kräfte MV^2 und mv^2 der Massen M und m sich wie die Produkte MH und mh verhalten, wenn H und h die in gleichen Zeiten erlangten Steighöhen sind; dann besteht also die Beziehung («Kraft» von M) : («Kraft» von m) $= MH : mh = MV^2 : mv^2$.

Wenn aber T und t die Zeiten sind, in denen die Massen auf die Höhen H und h steigen, so sind die «Kräfte» zu den Zeiten umgekehrt proportional, und das Verhältnis der «Kräfte» ist

$$\frac{MH}{T} : \frac{mh}{t} = \frac{MV^2}{T} : \frac{mv^2}{t} \; , \tag{2}$$

woraus wegen $V : v = H : h$ für das Verhältnis der Kräfte $MV : mv$ folgt. Demnach hat in dem von LEIBNIZ angeführten Zahlenbeispiel (op.cit., S. 31) A doppelt soviel «Kraft» wie B, weil ja A nur die Hälfte der Zeit von B braucht, um seine Höhe zu ersteigen. Zur Untermauerung dieser Argumentation führte man zum Beispiel an: Wenn ein Knabe an einem Tage soviel verrichtet wie ein erwachsener Mann in einer Stunde, so haben doch wohl nicht beide dasselbe geleistet. Hierauf antworteten die «Leibnizianer»: Man müsse den erwachsenen Mann und den Knaben mit frischen Kräften anfangen und jeden die Arbeit so lange fortsetzen lassen, bis er völlig ermüdet, also seine «Kraft» ganz erschöpft sei: Was nun beide verrichtet haben, verhalte sich wie ihre «Kräfte», da dann der erwachsene Mann mehr als der Knabe geleistet habe. Nach dieser Überlegung braucht man natürlich die – für die «Leibnizianer» so leidige! – Zeit nicht in Betracht zu ziehen.

Der schlagendste Beweis, wie sehr sich dieser Streit über die «Kräftemessung» in den Bereichen außerhalb der Naturwissenschaften abspielte, ist, daß es die beiden Heroen der neuen Wissenschaft, HUYGENS und NEWTON, nicht der Mühe Wert hielten, die

---

[41] Eine solche wurde erst von DANIEL BERNOULLI 1726 vorgenommen, und dann war auch dem Streit die Basis entzogen; wir kommen hierauf noch (in Ziff. 6) zurück.

[42] Deswegen ist es etwas überraschend, wenn man in unseren Tagen die Behauptung liest: «Es ist das große Verdienst von LEIBNIZ, hier Klarheit geschaffen zu haben.» (H. SCHIMANK: *Geschichte des Energieprinzips, Technikgeschichte*, Bd. 20, S. 31 ff.)

Vorstellungen und die Terminologien der «Cartesianer» und «Leibnizianer» einer Kritik zu unterziehen, sie schritten über das Gezänk hinweg! Seine Entstehung sei noch einmal kurz zusammengefaßt.

Durch eine Mißdeutung des statischen Prinzips der virtuellen Geschwindigkeiten kam DESCARTES auf den vagen, aber richtigen Gedanken, daß die Wirkung der Schwerkraft durch das Produkt aus Gewicht und Hubhöhe veranschlagt werden könne. Diese Idee von DESCARTES griff nun LEIBNIZ auf und verband sie mit dem Galileischen Fallgesetz: Wenn es dasselbe ist, das einfache Gewicht zur vierfachen Höhe oder das vierfache Gewicht zur einfachen Höhe zu heben, so ist es auch dasselbe, das einfache Gewicht mit der doppelten und das vierfache Gewicht mit der einfachen Geschwindigkeit hochsteigen zu lassen. Somit verhalten sich die Kräftewirkungen wie die Quadrate der Geschwindigkeiten. In welchem Sinne aber, und insbesondere in welcher allgemeinen mathematischen Form das Produkt aus Kraft und Weg, also – wie wir heute sagen – die Arbeit für die «Kräftemessung» maßgebend ist, wußte LEIBNIZ genauso wenig aufzuhellen wie DESCARTES. Dafür spricht bei LEIBNIZ der in seiner lebendigen Kraft mv^2 fehlende Faktor $1/2$. Man pflegt über diese Tatsache leicht hinwegzusehen, oder man zaubert ihn als etwas Selbstverständliches hinein und schreibt:

«LEIBNIZ gewinnt sekundär die Kraft durch Derivation der Energie. Die Gleichung

$$d\left(\frac{m}{2}v^2\right) = mv\,dv = m\frac{dv}{dt}\,ds = F\,ds \tag{3}$$

bedeutet, daß die ‚Kontinuation der toten Kräfte' $\int F\,ds$ wiederum $\frac{m}{2}v^2$, die ‚lebendige Kraft', ergibt, die also aus der Totalität der ‚Kraftmonaden' F besteht.»[43]

Wenn aber LEIBNIZ die Beziehung $mv\,dv =$ Kraft mal Wegelement $= F\,ds$ wirklich erschlossen hätte[44], dann hätte er genau so die andere, für den Streit entscheidende Beziehung

$$m\,dv = F\,dt \tag{4}$$

finden und erkennen müssen, daß es also zwei «Aktionsmengen» der Kräfte gibt, nämlich die aufsummierten Elemente von (3) und (4):

$$\int_{s_0}^{s} F\,ds = \frac{m}{2}v^2 - \frac{m}{2}v_0^2 \quad \text{und} \quad \int_{t_0}^{t} F\,dt = mv - mv_0. \tag{5}$$

---

[43] J. O. FLECKENSTEIN in L. Euleri Opera Omnia, II 5, S. XXXII. Man liest auf S. XIV: «LEIBNIZ hatte schon 1686 in den Acta Eruditorum die Cartesische Lehre, daß die Kräfte proportional den Geschwindigkeiten zu setzen seien, mit dem klassischen Hinweis widerlegt, daß beim freien Fall die Fallhöhen dem Geschwindigkeitsquadrat proportional sind, so daß die Arbeiten als Kraft mal Weg äquivalent mv^2 angesehen werden müssen.» Auch dieser Ansicht und Auslegung kann man sich kaum anschließen. Sonst gibt FLECKENSTEIN einen ausgezeichneten Überblick über diesen Streit.

[44] Mir gelang es nicht, in seinen Schriften etwas Gleiches zu finden.

Mit dieser Erkenntnis hört aber jedes Gerede um das metaphysisch-scholastische «Kräftemaß» auf. Diesen Hinweis verdanken wir DANIEL BERNOULLI.

6   DANIEL BERNOULLIS *Examen principiorum mechanicae* und D'ALEMBERTS *Traité de dynamique*

Die Arbeit von D. BERNOULLI erschien 1726 (Bild 26) in den Comment. Acad. Petrop. I, S. 126 ff. DANIEL BERNOULLI geht zwar in seinen Ausführungen sehr behutsam mit den Kräftemaßphilosophen um, aber aus ihnen ist doch zu entnehmen, daß er den Streit für eine «Logomachie», oder wie wir heute sagen würden, für eine Haarspalterei hält.

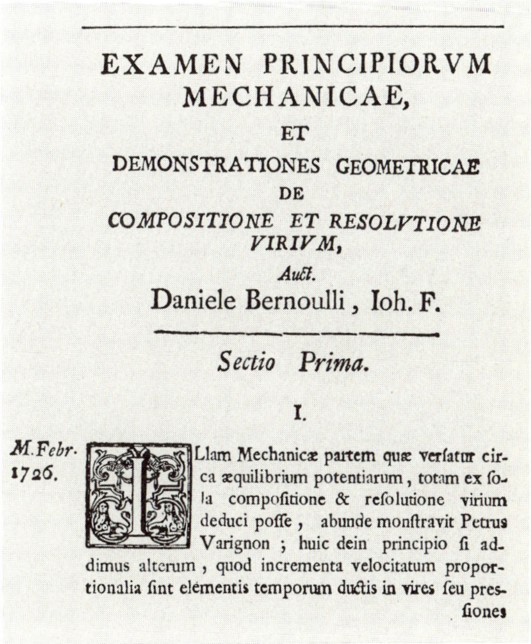

Bild 26
Titel von D. BERNOULLIS *Examen principiorum mechanicae,* Comment. Acad. Petrop. 1726, S. 126.

EXAMEN PRINCIPIORVM
MECHANICAE,
ET
DEMONSTRATIONES GEOMETRICAE
DE
COMPOSITIONE ET RESOLVTIONE
VIRIVM,
Auct.
Daniele Bernoulli, Ioh. F.

Sectio Prima.

I.

M.Febr.
1726.

Llam Mechanicæ partem quæ verfatur circa æquilibrium potentiarum, totam ex fola compofitione & refolutione virium deduci poffe, abunde monftravit Petrus Varignon; huic dein principio fi addimus alterum, quod incrementa velocitatum proportionalia fint elementis temporum ductis in vires feu presfiones

Das Wesentliche seiner diesbezüglichen Darlegungen läßt sich sehr einfach zusammenfassen. Er nennt die auf die Masseneinheit bezogene Kraft den Druck («pressio») und bezeichnet ihn mit p. Dann verwendet er das Prinzip, «das von GALILEIS Zeiten an von den Geometern aller Nationen akzeptiert worden ist»,

$$\mathrm{d}v = p\,\mathrm{d}t, \tag{6}$$

daß also der Geschwindigkeitszuwachs zum Druck p und zum Zeitelement $\mathrm{d}t$ proportional ist[45]. Er betont mit Recht, daß aus diesem Prinzip auch das Gesetz für die lebendigen Kräfte gefolgert werden kann. Aus (6) gewinnt er zunächst

$$v = \int p \, dt \tag{7}$$

und dann mit $dt = dx/v \, (x = \text{Weg})$

$$\frac{v^2}{2} = p \, dx^{46}. \tag{8}$$

Aus (7) ist sofort zu ersehen, daß der doppelten Kraft in derselben Zeit die doppelte Geschwindigkeit entspricht, während gemäß (8) erst die vierfache Kraft auf demselben Wege die Verdoppelung der Geschwindigkeit zur Folge hat. Damit ist der Streit um «das wahre Kraftmaß» wirklich zu einer «Logomachie» geworden.
Vielleicht ist die respektvolle Argumentation DANIEL BERNOULLIS der Grund dafür, daß man das Verdienst, den Streit beendet zu haben, D'ALEMBERT zuschreibt. In seinem 1743 erschienenen *Traité de dynamique* nimmt er zu der Kontroverse mit folgenden Worten Stellung:

«Wenn man von der Kraft eines in Bewegung befindlichen Körpers spricht, so verbindet man entweder keine klare Idee mit der Hersage dieses Wortes, oder man kann darunter nur allgemein die Eigenschaft des sich bewegenden Körpers verstehen, die ihm begegnenden oder widerstrebenden Hindernisse zu überwinden. Nichtsdestoweniger meine ich, da wir nur dann eine genaue und deutliche Idee mit dem Wort Kraft verbinden, wenn wir uns mit diesem Ausdruck auf die Bezeichnung einer Wirkung beschränken, daß man es jedem überlassen sollte, hierüber nach seinem Gutdünken zu entscheiden; und die ganze Frage kann nur in einer sehr unwesentlichen metaphysischen Diskussion bestehen, oder in einem Wortstreit, der vollends nicht wert ist, Philosophen zu beschäftigen. So würden ihr auch zweifellos nicht so viele Bände ihr Dasein verdanken, wenn man sich bemüht hätte, zu unterscheiden, was an ihr klar und was dunkel ist! Von solchem Standpunkte aus hätte es nur weniger Zeilen bedurft, um die Frage zu entscheiden. Ist das vielleicht, was die meisten Bearbeiter dieses Gegenstandes zu vermeiden gesucht haben?»

Nun, DANIEL BERNOULLI hat diese «wenigen Zeilen» geliefert, aber auf D'ALEMBERTS Frage kann man für manche «Philosophen» mit JA antworten; jedoch gab es noch etwas, das manche und insbesondere die «Leibnizianer» mit JOHANN BERNOULLI an ihrer Spitze veranlaßte, an ihrem Kräftemaß zäh festzuhalten.

7   Das Prinzip der Erhaltung der lebendigen Kräfte

LEIBNIZ, der auch in seinen mechanischen Untersuchungen gerne kosmologische Ansichten vertrat, ging es in seiner *Brevis demonstratio* nicht nur allein um ein neues «Kräftemaß». Er und seine Anhänger wollten auch den cartesianischen Erhaltungssatz der Bewegungsgröße verdrängen und an seine Stelle das Prinzip der Erhaltung der lebendigen Kräfte setzen. In seiner *Dynamica* schreibt LEIBNIZ: *Eadem semper potentia est in universo,* und es ist anzunehmen, daß er unter *potentia* etwas Energiemäßiges

---

[45] Freilich ist das auch «das Newtonsche Grundgesetz».
[46] Die gleiche Formel findet sich (1742) in JOHANN BERNOULLIS *Hydraulica (Op. Omnia,* Tom. IV, p. 395), und er kommentiert sie mit *id quod notissimum est,* daß sie also sehr bekannt ist.

verstanden hat. Sein Anhänger CHRISTIAN WOLFF (1679–1754) spricht in seiner *Cosmologia naturalis* (1735) dieses Prinzip klarer aus: *In toto universo semper conservatur eadem virium vivarum quantitas*. Im Universum bleibt also die Menge der lebendigen Kräfte erhalten. Dieses Prinzip für verlustfreie Bewegungen im Schwerefeld sprach schon HUYGENS aus (siehe Fußnote 35) und fand es auch in seiner Theorie des Stoßes elastischer Körper (1669) bestätigt [47]. Aber gerade die Theorie des Stoßes zeigte die Beschränktheit des Prinzips, denn für den Stoß unelastischer Körper galt es schon nicht mehr, vielmehr blieb in diesem Fall die Summe der Bewegungsgrößen *mv* erhalten. Auch JOHANN BERNOULLI (1667–1748), der wortgewaltige «Leibnizianer», mußte diese Sachlage anerkennen und sagt [48], daß ein Teil der lebendigen Kraft bei weichen und unelastischen Körpern für bleibende Zusammendrückung verbraucht wird. Damit ist aber die Allgemeingültigkeit des Leibnizschen Prinzips der lebendigen Kräfte hinfällig. Es ist eben so, daß die Gültigkeit des Prinzips der lebendigen Kräfte und des Satzes von der Bewegungsgröße in gewissen und damals allein zur Debatte stehenden Fällen allein aus dem Newtonschen Bewegungsgesetz gefolgert werden kann und nicht aus so verworrenen und schwankenden Ansichten und Begriffen, wie es die «Leibnizianer» und die «Cartesianer» taten.

Gibt man der Wahrheit den Vorzug und versagt hier DESCARTES und LEIBNIZ den ihnen auf anderen Gebieten gebührenden Respekt, so kann man abschließend behaupten: DESCARTES verstand nicht das grundsätzlich Neue in GALILEIS *Discorsi*, und LEIBNIZ blieb noch die in NEWTONS drei Axiomen enthaltene «physiko-mathematische» Substanz verborgen.

Diesen Sachverhalt charakterisiert E. A. FELLMANN (Jber. Dtsch. Math.-Verein 77, Heft 3, S. 121 [1975]) mit folgenden Worten:

«Zwischen dem speziellen Kraftbegriff in Leibnizens Dynamik im Sinne einer derivativen Kraft, eingebettet in das Begriffsfundament der ersten Entelechie, und dem klaren analytischen Kraftbegriff NEWTONS $P = ma$ liegt nicht eine Nuance, sondern eine Welt.»

In einer seiner Reden – am 7. Juli 1870 – beschäftigt sich EMIL DU BOIS-REYMOND (1817–1896) mit der Frage *Leibnizsche Gedanken in der neueren Naturwissenschaft* und schreibt: «Prüft man vom heutigen Standpunkt aus die Frucht der Verbindung der Philosophie mit Mathematik und Physik, so kann man sich bei LEIBNIZ wie bei DESCARTES häufig eines Gefühles von Staunen und Enttäuschung nicht erwehren. Seine [Leibnizens] Schriften sind reich an glücklichen Blicken in die ferne Zukunft der Wissenschaft; aber in solcher Divination zeigt sich mehr sein natürliches Genie, als daß sich die Stärke seiner Denkmethoden daran bewährte.»

Für die auf diesem Gebiete der Mechanik tätigen Mathematiker war der Streit zu Ende, aber noch einige Jahre danach sieht sich LEONHARD EULER veranlaßt, in einer Arbeit über den Stoß [49] auf die Nutzlosigkeit des Streites hinzuweisen, wobei er mit Seitenhieben auf die «Philosophen» nicht spart. Aber es geschah noch etwas: Im Jahre

---

[47] Ostwalds Klassiker Nr. 138.
[48] *Opera Omnia*, Tom. III, p. 242.
[49] «De la force de percussion et de sa véritable mesure» (Mémoires de l'Académie Royale des sciences de Berlin 1745, p. 21 ff.).

1749 erschien [50] IMMANUEL KANTS Erstlingswerk *Gedanken von der wahren Schätzung der lebendigen Kräfte und Beurteilung der Beweise, derer sich Herr von LEIBNIZ und andere Mechaniker in dieser Streitsache bedienet haben, nebst einigen vorhergehenden Betrachtungen, welche die Kraft der Körper überhaupt betreffen.*

Man muß sich die Situation auf diesem Gebiet vergegenwärtigen, um die im folgenden Abschnitt behandelte Streitschrift KANTS (mit naturwissenschaftlicher Respektlosigkeit) zu beurteilen.

[50] Die Jahreszahl 1746 auf dem Titelblatt bedeutet den Druckbeginn des Werkes.

Bild 27
IMMANUEL KANT
(1724–1804).

8   IMMANUEL KANTS Streitschrift
Von der wahren Schätzung der lebendigen Kräfte

KANT (Bild 27) lebte von 1724 bis 1804. Er begann mit seinem Studium an der Königsberger Universität im Jahre 1740. Um diese Zeit war schon der große Durchbruch zu den exakten Naturwissenschaften vollzogen. GALILEI war fast seit einem Jahrhundert tot, LEIBNIZ und NEWTON waren vor nicht langer Zeit gestorben. Des großen JOHANN BERNOULLIS *Opera omnia* waren vor kurzem erschienen; sein Sohn DANIEL stand im Zenit seines Schaffens, und LEONHARD EULER hatte schon den Lehrer JOHANN und den Freund DANIEL überflügelt. EULERS *Methodus inveniendi*, die «Variationsrechnung», aus dem Jahre 1744 und D'ALEMBERTS *Traité de dynamique* (1743) hatten die Mechanik in den Prinzipien zu einem vorläufigen Abschluß gebracht. Um diese Zeit trat also der junge KANT mit seiner Erstlingsschrift an die Öffentlichkeit. Der Streit, in dem sich der zweiundzwanzigjährige zum Richter aufspielen wollte, war – wie wir sahen – schon seit Jahren entschieden. KANT nahm davon keine Kenntnis, oder, was noch wahrscheinlicher ist, er war nicht imstande, die Problematik zu verstehen, geschweige sie zu lösen. Dazu fehlten ihm neben den mechanischen die unerläßlichen mathematischen Kenntnisse. Denn die Schwelle der Analysis hat er nie überschritten, das heißt die Beherrschung des einfachsten infinitesimalen Kalküls blieb ihm versagt[51]. Diese Tatsache will nicht besagen, daß KANT die Mathematik nicht hochschätzte. Er bewunderte sie sogar «mit einer Art von Mystizismus» und erkannte ihre dominierende Rolle in den Naturwissenschaften. In der Schrift *Metaphysische Anfangsgründe der Naturwissenschaft* (1786) bestätigt er:

«Ich behaupte sogar, daß in jeder besonderen Naturlehre nur so viel eigentliche Wissenschaft angetroffen werden könne, als darin Mathematik anzutreffen ist.»

Über das Thema «KANT als Naturwissenschaftler» sind vielerlei Meinungen geäußert worden; das hierüber Gedruckte ist sehr umfangreich, aber keineswegs einheitlich. Durch die einzigartige Stellung, die KANT am deutschen philosophischen Firmament einnimmt, überwiegen die unfundierten Lobeshymnen. Es gibt aber auch wohlbegründete objektive Kritiken. Zu den letzteren gehört das zweibändige Werk *Kant als Naturforscher* von ERICH ADICKES (1866–1928) aus dem Jahre 1924. Die Existenz dieses vorzüglichen und bester deutscher Gelehrtentradition entsprechenden Werkes gibt dem Verfasser dieser Publikation die Ermutigung, bei der Niederschrift seiner Ausführungen «das Geschrei der Böoter» nicht zu fürchten! Wie ein kühner Traum vom kommenden Triumph hören sich schon die Sätze der Vorrede der Kantschen Schrift (Bild 28) an:

---

[51] E. FINK: *Kant als Mathematiker*, 1889. Schon die elementare Mathematik bereitete ihm Schwierigkeiten. Aus seinen unveröffentlichten Papieren wissen wir zum Beispiel, daß er – zur Illustration der Exhaustionsmethode für den Kreis – an der Berechnung der Seite des dem Kreis umgeschriebenen Achtecks scheiterte!

«Nunmehro kann man es kühnlich wagen[52], das Ansehen derer NEWTONS und LEIBNITZE vor nichts zu achten, wenn es sich der Entdeckung der Wahrheit entgegensetzen sollte, und keinen anderen Überredungen als dem Zuge des Verstandes zu gehorchen.
Die Wahrheit, um die sich die größten Meister der menschlichen Erkenntnis vergeblich beworben haben, hat sich meinem Verstande zuerst dargestellet.»

Wenn man diese von der Überzeugung des eigenen Genies eingegebenen Worte liest, ist man voller Erwartung, was der Verfasser an wirklichen, neuen und bleibenden Erkenntnissen vorzuweisen hat.
Das Studium der Schrift bringt den unwiderlegbaren Beweis, daß «KANT als Naturwissenschaftler» nicht nur kein Genie, sondern für diese Disziplin – soweit sie Mathematik erfordert! – geradezu unbegabt war. Die Feststellung ist vielleicht für manche schockierend, aber nach dem angeführten Werk von ADICKES nichts Neues.

Bild 28
Vorrede zu KANTS *Gedanken von der wahren Schätzung der lebendigen Kräfte* (1749).

Jedem Zweifler sei die Lektüre dieses Buches empfohlen. Allein die Ausführungen von ADICKES über die hier allein zur Debatte stehende *Wahre Schätzung der lebendigen Kräfte* umfassen mehr als siebzig Seiten. Hier soll nur auf den wohl gravierendsten der vielen Fehler und Fehlschlüsse hingewiesen werden.

---

[52] Nachdem die Zeit der Autoritäten vorbei ist, würde man heute sagen.

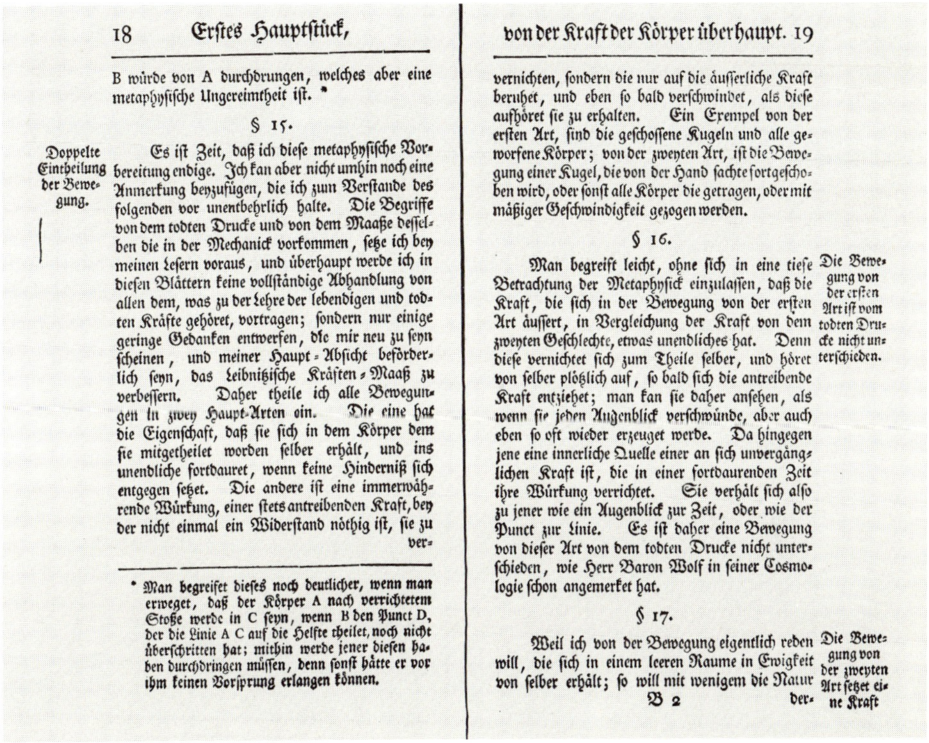

18 Erstes Hauptstück,	von der Kraft der Körper überhaupt. 19

[linke Seite 18]

B würde von A durchdrungen, welches aber eine metaphysische Ungereimtheit ist. *

Doppelte Eintheilung der Bewegung.

§ 15.

Es ist Zeit, daß ich diese metaphysische Vorbereitung endige. Ich kan aber nicht umhin noch eine Anmerkung beyzufügen, die ich zum Verstande des folgenden vor unentbehrlich halte. Die Begriffe von dem todten Drucke und von dem Maaße desselben die in der Mechanick vorkommen, setze ich bey meinen Lesern voraus, und überhaupt werde ich in diesen Blättern keine vollständige Abhandlung von allem, was zu der Lehre der lebendigen und todten Kräfte gehöret, vortragen; sondern nur einige geringe Gedanken entwerfen, die mir neu zu seyn scheinen, und meiner Haupt-Absicht beförderlich seyn, das Leibnitzische Kräften-Maaß zu verbessern. Daher theile ich alle Bewegungen in zwey Haupt-Arten ein. Die eine hat die Eigenschaft, daß sie sich in dem Körper dem sie mitgetheilet worden selber erhält, und ins unendliche fortdauret, wenn keine Hinderniß sich entgegen setzet. Die andere ist eine immerwährende Würkung, einer stets antreibenden Kraft, bey der nicht einmal ein Widerstand nöthig ist, sie zu ver-

* Man begreift dieses noch deutlicher, wenn man erweget, daß der Körper A nach verrichtetem Stoße werde in C seyn, wenn B den Punct D, der die Linie A C auf die Helfte theilet, noch nicht überschritten hat; mithin werde jener diesen haben durchdringen müssen, denn sonst hätte er vor ihm keinen Vorsprung erlangen können.

[rechte Seite 19]

vernichten, sondern sie nur auf die äusserliche Kraft beruhet, und eben so bald verschwindet, als diese aufhöret sie zu erhalten. Ein Exempel von der ersten Art, sind die geschossene Kugeln und alle geworfene Körper; von der zweyten Art, ist die Bewegung einer Kugel, die von der Hand sachte fortgeschoben wird, oder sonst alle Körper die getragen, oder mit mäßiger Geschwindigkeit gezogen werden.

§ 16.

Die Bewegung von der ersten Art ist vom todten Drucke unterschieden.

Man begreift leicht, ohne sich in eine tiefe Betrachtung der Metaphysick einzulassen, daß die Kraft, die sich in der Bewegung von der ersten Art äussert, in Vergleichung der Kraft von dem zweyten Geschlechte, etwas unendliches hat. Denn diese vernichtet sich zum Theile selber, und höret von selber plötzlich auf, so bald sich die antreibende Kraft entziehet; man kan sie daher ansehen, als wenn sie jeden Augenblick verschwünde, aber auch eben so oft wieder erzeuget werde. Da hingegen jene eine innerliche Quelle einer an sich unvergänglichen Kraft ist, die in einer fortdaurenden Zeit ihre Würkung verrichtet. Sie verhält sich also zu jener ein in Augenblick zu jener, oder wie der Punct zur Linie. Es ist daher eine Bewegung von dieser Art von dem todten Drucke nicht unterschieden, wie Herr Baron Wolf in seiner Cosmologie schon angemerket hat.

§ 17.

Die Bewegung von der zweyten Art setzet eine Kraft

Weil ich von der Bewegung eigentlich reden will, die sich in einem leeren Raume in Ewigkeit von selber erhält; so will mit wenigem die Natur

B 2   der-

Bild 29
Aus KANTS *Gedanken von der wahren Schätzung der lebendigen Kräfte* (1749).

Nach metaphysischen und polemischen Abschweifungen kommt KANT im § 15 des «Ersten Hauptstückes» zum eigentlichen Gegenstand. In diesem Abschnitt «von der Kraft der Körper überhaupt» will er sich die Grundlagen zu seinen Untersuchungen schaffen und teilt die Kräfte in «zwei Haupt-Arten» (Bild 29) ein.

Nach dem Lesen der nach dem Original abgebildeten §§ 15 und 16 überkommt den Leser ein fassungsloses Staunen: IMMANUEL KANT ist offenbar außerstande zu erkennen, daß er mit seiner «Haupt-Ansicht» dem Trägheitsgesetz[53] ins Gesicht schlägt! In einen ähnlichen – für den Leser erstaunlichen und für ihn kompromittierenden Konflikt – gerät er später mit dem Reaktionsprinzip. Das alles 60 Jahre nach NEWTONS *Principia*! Ohne eine einzige mathematische Formel hinzuschreiben, stellt KANT die Behauptung auf, «daß die Mathematik niemals einige Beweise zum Vorteil der lebendigen Kräfte darbieten könne», vielmehr ist es so, «daß die Gründe der Mathe-

53 Wie ADICKES schreibt, «der Magna Charta» der Mechanik.

matik, anstatt den lebendigen Kräften günstig zu seyn, vielmehr Cartesens Gesetze immer bestätigen werden»[54].

Es seien hier noch zwei weitere Beispiele von KANTS metaphysischen Ungereimtheiten angeführt.

Im § 123 wird ein Zwischenzustand zwischen toter und lebendiger Kraft eines Körpers angenommen, in dem die Kraft nicht mehr ganz «tot», aber auch noch nicht ganz «lebendig» ist! KANT nennt das «die Lebendigwerdung oder Vivification». Im § 130 glaubt er, die experimentelle Bestätigung dieser «sukzessiven Lebendigwerdung» gefunden zu haben: «Ich habe selber befunden: daß bei vollkommen gleicher Ladung einer Flinte und bei genauer Übereinstimmung der andern Umstände ihre Kugel viel tiefer in ein Holz drang, wenn ich dieselbige einige Schritte vom Ziel abbrannte, als wenn ich sie nur einige Zolle davon in ein Holz schoß ... lehrt doch also die Erfahrung, daß die Intension eines Körpers, der sich gleichförmig und frei bewegt, in ihm wachse und nur nach einer gewissen Zeit ihre rechte Größe habe ...»

Mit solchen Grundlagen will nun KANT die Theorie der «Wahren Schätzung der lebendigen Kräfte» entwickeln. ADICKES schreibt hierüber (*op.cit.*, S.102):

«Diese Theorie ist eine gewaltsame Konstruktion, ohne jeden Zusammenhang mit der Erfahrung und steht im schärfsten Gegensatz zu den Grundgesetzen der Naturwissenschaft. Es ist reine Phantasie, daß ein Körper, um seine Bewegung frei und gleichförmig erhalten zu können, noch eine besondere innere Naturkraft (Bestrebung, Intension) besitzen müsse, die nicht jedem Körper und auch ihrem Besitzer nicht in jedem Augenblick eigen sei.»

Entsprechend war auch die zeitgenössische Reaktion:

Von den damals lebenden und aktiven Naturforschern nahmen die Größten, nämlich DANIEL BERNOULLI und D'ALEMBERT überhaupt keine Notiz von KANTS Ansichten. Von EULER wissen wir in diesem Zusammenhang folgendes: Der Genfer Mathematiker GABRIEL CRAMER (1704–1752) bittet in einem Brief vom 30. August 1746 EULER um seine Meinung über den Streit mit den lebendigen Kräften. EULER antwortete ihm am 24. September 1746 aus Berlin, daß er sich in diesen Streit nicht einmischen will, da seiner Ansicht nach in diesem Disput nicht einmal die Frage klargestellt ist und bisher alles ein Wortstreit und keine wissenschaftliche Diskussion ist. Wir wissen auch, daß KANT in einem Brief vom 23. August 1749 EULER bittet, sein Werk über *Gedanken der wahren Schätzung der lebendigen Kräfte* durchzusehen, und fügt noch hinzu: «Ich habe noch eine Fortsetzung dieser Gedanken in Bereitschaft, die nebst einer ferneren Bestätigung derselben, andere eben dahin abzielende Betrachtungen in sich greifen.»

---

[54] Ein Beispiel, wie fremd und hilflos Philosophen einem naturwissenschaftlichen Problem gegenüberstehen können, gibt A.G. KÄSTNER (1719–1800) in seinem Werk *Anfangsgründe der höheren Mechanik* (1793, S.53): MERSENNE ließ eine Kanonenkugel senkrecht aufwärts schießen, und man war erstaunt, daß sie nicht wieder an der gleichen Stelle zur Erde zurückkehrte. Die Philosophen stellten zur Erklärung dieses Effektes die seltsamsten Hypothesen auf, und keiner kam auf den naheliegenden Gedanken, daß das Geschoß nicht genau vertikal in die Höhe geschossen wurde! Neben dieser wohl unvermeidlichen Ungenauigkeit spielte die – damals noch unbekannte – Coriolisbeschleunigung eine untergeordnete Rolle.

Ein anderes Beispiel hierfür liefert ADICKES (S. 7–8): KANT entwarf einen Elastizitätsmesser für Luft, der aber nie funktionieren konnte, da sein Prinzip dem der kommunizierenden Röhren widersprach!

Der sonst so schreibfreudige EULER hat auf diesen Brief nie geantwortet. Nur der Dichter G. E. LESSING (1729–1781) greift zur Feder und schreibt:

«KANT unternimmt ein schwer Geschäfte,
Der Welt zum Unterricht;
Er schätzet die lebendgen Kräfte,
Nur seine schätzt er nicht.»

Es ist bezeichnend, daß KANT seine völlig mißlungenen Untersuchungen auch später nicht widerrief, wozu er zum Beispiel 1786 bei der Publikation seiner *Metaphysischen Anfangsgründe der Naturwissenschaft* Gelegenheit gehabt hätte.

Nach diesen Ausführungen ist es wirklich unverständlich, wenn EMIL DU BOIS-REYMOND in seiner Rede über *Leibnizische Gedanken in der neuen Naturwissenschaft* (1870) sagt: «Mit KANT endet die Reihe der Philosophen, die im Vollbesitz der naturwissenschaftlichen Kenntnisse ihrer Zeit sich selber an der Arbeit der Naturforscher beteiligten.» Zu diesen Ausführungen schreibt ADICKES: «Damit will er offenbar KANT in eine Reihe mit Männern wie DESCARTES und LEIBNIZ stellen. Aber sehr mit Unrecht! Diese beiden Philosophen waren ihrer ganzen Geistesart nach zugleich wirkliche Naturwissenschaftler[55] bzw. Mathematiker. Nicht so KANT. Er hat sich nie der beiden wichtigsten Hilfsmittel zu bedienen gewußt, durch welche die moderne Naturwissenschaft groß geworden ist: des Experiments und der Mathematik.» An anderer Stelle (S. 29) schreibt ADICKES:

«Aber diesen Vorzug der mathematischen Naturwissenschaft verschmäht KANT gerade, fast möchte man sagen: prinzipiell. Er fühlt sich offenbar wohler bei seinen vieldeutigen abstrakten Begriffen als bei den scharf bestimmten mathematischen Symbolen. Und darum sind seine Aufzeichnungen so außerordentlich schwer zu verstehen: es ist oft ein richtiges Rätselraten, bis man heraus hat, welche Faktoren, welche anschaulichen Wirklichkeiten er bei seinen vagen Ausdrücken eigentlich im Sinn hat. Und weil er nicht in klaren Formeln denkt, ihnen auch nicht zustrebt, irrlichterieren seine Gedanken so oft hin und her, vermengen ganz verschiedene Dinge, ohne sich dieser Verschiedenheit bewußt zu sein. So tritt an die Stelle der eindeutigen Bestimmtheit der echten Naturwissenschaft, bei der man ohne weiteres weiß, was gemeint ist, die unklare Verschwommenheit.»

Dieser Feststellung des Philosophen ADICKES über den Philosophen «KANT als Naturwissenschaftler» kann man nur zustimmen, ohne dem Königsberger auf seinem ureigensten Gebiet der Philosphie die Bewunderung versagen zu müssen.

9   Ein Nachtrag

Nach Fertigstellung des Manuskriptes dieses Abschnittes des Kapitels II[56] sind mir drei das behandelte Thema betreffende Arbeiten bekannt geworden, die interessant und charakteristisch genug sind, noch angeführt und kritisiert zu werden.

Im Jahre 1885 erschien in München aus der Feder von Dr. MAX ZWERGER (1857–1932) ein 290 Seiten umfassendes Werk unter dem Titel *Die lebendige Kraft und ihr Maß. Ein Beitrag zur Geschichte der Physik.* Das Werk zeichnet sich durch eine sehr reiche –

---

[55] Dieser Ansicht des Philosophen ADICKES kann man sich allerdings schwerlich anschließen.
[56] Abgedruckt in Humanismus und Technik *15*, 2. Heft, S. 17–53 (1971).

wahrscheinlich sogar vollständige – Anführung aller Quellen [57] aus. Die Zitate und sinngemäßen Wiedergaben sind sehr ausführlich und füllen den überwiegenden Teil des Buches aus. «Kritische Bemerkungen wurden da beigefügt», schreibt der Verfasser, «wo dies nötig und zulässig erschien; zuweilen war dies überflüssig, nämlich dann, wenn die Arbeit eines Autors selbst eine Kritik der eines anderen enthielt; doch versuchte ich in diesem Falle, die Gründe anzugeben, welche Anlaß bieten, eher der einen als der anderen Meinung beizustimmen.» Diese Art der Darstellung macht das Lesen wenig belehrend und die Heranziehung aller Kontrahenten (mit langen Zitaten) ermüdend. Am Ende des Werkes (S. 250 und 256) stehen dann die folgenden verblüffenden Feststellungen:

«Unter all den bisher erwähnten Abhandlungen [58] ist nicht eine, welche einen zwingenden Beweis für das eine oder andere Maß geliefert hätte, nicht eine, welche nicht widerlegt oder mindestens bezweifelt worden wäre. Die definitive Lösung der Frage war zwei bedeutenden Männern vorbehalten: D'ALEMBERT und KANT. D'ALEMBERTS Lösung ist kurz, nur in Strichen gezeichnet, hat aber durch ihre rasche Verbreitung in der ganzen Welt vielleicht mehr zur Beendigung des Streites beigetragen als die KANTS, welche gründlich, eingehend, aber durch ihr spätes Bekanntwerden weniger wirksam war als jene. KANT hat aber nicht bloß eine Lösung des Problems gegeben, sondern auch gezeigt, worin die bisher gegebenen Lösungen fehlerhaft waren. Seine Arbeit ist deshalb für die Geschichte des Streites von weit höherem Werte als jene D'ALEMBERTS... Mag auch D'ALEMBERTS Lösung dem Mathematiker und Physiker genügen, den Philosophen wird sie nicht befriedigen; KANTS Lösung [59] aber wird in der Geschichte des Denkens eine unvergeßliche Stellung einnehmen.»

Die zweite der erwähnten Arbeiten erschien im 2. Band des von H. LEY und R. LÖTHER herausgegebenen Werkes *Mikrokosmos – Makrokosmos* (Akademie-Verlag, Berlin 1967), unter dem Titel *Mechanik und Dialektik untersucht am Streit der Cartesianer und Leibnizianer über das wahre Kraftmaß der bewegenden Kraft*. Der Verfasser ist PETER RUBEN. Zunächst wäre – mit Rücksicht auf die heutige Terminologie – etwas zum Titel zu sagen: Wenn es wirklich um «das wahre Maß der bewegenden Kraft» gegangen wäre, wenn also die «bewegende Kraft» als ein vom Körper losgelöstes Agens der Bewegung erkannt worden wäre, dann hätte es keinen Streit geben dürfen; auch für die Philosophen nicht, wäre doch dann das Wort «Kraftmaß» begrifflich leer oder zumindest mehrdeutig geworden.
Dann noch eine historische und eine sachliche Bemerkung: Auf S. 48, *op. cit.*, heißt es dort: «Das mechanische Grundgesetz wurde von NEWTON angegeben in der Form

$$F = \frac{\mathrm{d}}{\mathrm{d}t}(mv).\text{»}$$

Es dürfte dem Verfasser schwerfallen, anzugeben, wo diese – ohnehin unvollständige! – «Form» des Newtonschen Grundgesetzes in NEWTONS Schriften steht [60].

[57] Die Quellenangaben enthalten auch die von uns herangezogenen *Nouvelles de la république des lettres.* Hierbei passiert aber ZWERGER das Mißgeschick, daß er aus der Abkürzung «l'Abbé D.C.» ABBÉ DE CONTI macht. Dieser Abbé ANTONIO DE CONTI lebte jedoch von 1677 bis 1749, so daß er sich mit 9 Jahren – und dazu noch als Abbé! – schwerlich an einer so diffizilen Kontroverse beteiligen konnte!

[58] Darunter auch DANIEL BERNOULLIS *Examen principiorum mechanicae*!

[59] Die eben keine ist!

[60] Siehe Kap. I Abschnitt A, Ziffer 4.

Auf S. 49 liest man dann:

«Berücksichtigt man die inneren Bindungen des Systems in der Form der sogenannten Zwangskräfte Z und die äußere Kraft K, so läßt sich das mechanische Grundgesetz angeben zu

$$K + Z = \frac{\mathrm{d}}{\mathrm{d}\,t}(m v).»$$

Nun ist diese wiederum sehr unvollständige Form[61] nur für die gebundene Bewegung eines «Massenpunktes» gültig. Was soll also hier das Wort «System» bedeuten? Was sind weiterhin «die inneren Bindungen» eines Massenpunktes, und was ist «die äußere Kraft»? Wie hier die – heute feststehenden – Begriffe durcheinandergebracht werden, wird deutlich, wenn man die translatorische und reibungsfreie Bewegung eines starren Körpers der Masse m längs einer starren Bahn (B) unter der Wirkung der (konstanten) Schwere untersucht (Bild 30): Hierbei sind sowohl die eingeprägte Schwerkraft G wie auch die zur Bahn senkrechte Zwangskraft Z für den Körper (vektorische) «äußere Kräfte».

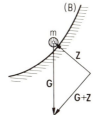

Bild 30
Zur translatorischen, reibungsfreien, geführten (Zwangs-)Bewegung eines starren Körpers im Schwerefeld.

Nun ist die Zielsetzung dieser Arbeit weniger die Darstellung in einer in mechanischen Begriffen einwandfreien Diktion, vielmehr (siehe S. 16) «die Untersuchung der tatsächlichen philosophischen Intentionen der klassischen Mechanik ... Damit kann zugleich ein Beitrag für die Klärung der theoretischen Basis des Bündnisses zwischen Naturwissenschaft und marxistischer Philosophie geleistet werden.»
Eine mit dieser Zielsetzung verbundene geistige und politische Einstellung läßt natürlicherweise wenig anderes neben sich bestehen. Dafür einige Beispiele:
ERNST MACHS Ansicht, daß ein Ansatz für die Geschwindigkeit v in der Form $v^2 \sim s$ (statt $v \sim t$) (S. 18–19) wahrscheinlich den Streit verhindert hätte, wird mit folgenden Worten kommentiert (S. 18): «Aber MACH irrt, wenn er den Kern des streitigen Problems in der zufälligen Reihenfolge der Begriffsbildung und der damit tradierten Autoritätsstufung erblickt.»
Dieser Ansicht könnte man sogar zustimmen, aber die Begründung dafür ist doch etwas bedenklich: «Seine philosophische Konzeption läßt die Geschichte der Mecha-

---

[61] Sie ist von skalarer Gestalt, und da nach der vorangehenden Bezeichnungsweise (*op.cit.,* S. 18) v den Betrag der Geschwindigkeit bedeutet, erfaßt sie die Bewegung nur in tangentialer Richtung, in der doch keine «Zwangskräfte» auftreten.

nik nur als quantitative Begriffsentfaltung zu[62]. Daher ist MACH nicht in der Lage[63], zum eigentlichen Kern der Auseinandersetzung vorzudringen.»
Einige Zitate sollen zeigen, was alles um diesen «eigentlichen Kern» herum zu entdecken ist und was daraus gefolgert werden kann:
Auf S. 34 findet man interessante Bemerkungen über «Leibnizens Kampf gegen die Materialisten», und dann wird fortgesetzt:

«Es ist vielleicht die Bemerkung nötig, daß der Kampf Leibnizens gegen die Materialisten nicht etwa mit seiner sozialen Haltung zusammenfällt, die man als reaktionär bezeichnen könnte. Weder sind geschicht-lich die Materialisten stets als Bannerträger des sozialen Fortschritts aufgetreten, noch waren sie ihre Anti-poden immer Ideologen der reaktionären Klasse. LEIBNIZ jedenfalls war im besten Sinne politisch pro-gressiv und ein bedeutender Verfechter der nationalen Einheit Deutschlands... Um zur Dialektik[64] zu kommen, mußte LEIBNIZ zugleich gegen den Materialismus Front machen. Dialektischer Materialismus ist nur als Philosophie der Arbeiterklasse möglich und wirklich.»

Während seine andersartige Einstellung in der Philosophie MACH von RUBEN die Wertung «fragwürdig» einbringt (S. 45), wird KANT das Nichtbegreifen des Trägheits-gesetzes nicht weiter verübelt und ihm (ähnlich wie von ZWERGER) quasi eine zweite (von Mathematik und mechanischen Prinzipien losgetrennte) «Lösung» zugebilligt! So muß der exakte, also die Mathematik benutzende Naturwissenschaftler mit Stau-nen feststellen: Aus der Verwirrung und dem Durcheinanderbringen der Begriffe wird ideologisches Kapital geschlagen!
Auf S. 45 ist schließlich noch von «ahistorischer Betrachtungsweise» die Rede. Eine solche liegt vor, «wenn man sozusagen mit Verwunderung die Frage stellt, warum denn HEGEL nicht CAUCHY, ENGELS nicht WEIERSTRASS berücksichtigt hätten». Hier möchte der verblüffte Leser eher fragen: Wie sollten denn HEGEL (1770–1831) und ENGELS (1820–1895), die nichts von Mathematik verstanden, CAUCHY (1789–1857) und WEIERSTRASS (1815–1897) «berücksichtigen»? Ist es denn nicht eine noch mehr gestei-gerte «ahistorische Betrachtungsweise», LEIBNIZ mit Worten wie «reaktionär» und «progressiv» in Verbindung zu bringen? Trotz dieser (und anderer!) Stellen, die den exakten Naturwissenschaftler sonderbar berühren, ist RUBENS Arbeit dennoch ein interessantes Zeitdokument.
In der Annahme, daß die eben geäußerte Ansicht über die mangelhaften mathemati-schen Kenntnisse von HEGEL und ENGELS manchen ihrer Jünger überrascht (wenn nicht gar empört), seien hier zur Bekräftigung noch einige Bemerkungen erlaubt.
In seinem *Anti-Dühring* (Neuauflage 1970, S. 12) stellt ENGELS die groteske mathemati-sche Behauptung auf, «daß das Newtonsche Gravitationsgesetz bereits in allen drei Keplerschen Gesetzen, in dem dritten sogar ausdrücklich enthalten ist». Wahr ist dagegen, daß man zur Herleitung des allgemeinen, das heißt für alle Massen gültigen Newtonschen Gravitationsgesetzes alle drei Keplerschen Gesetze benötigt[65]. Dann schreibt ENGELS weiter:

[62] Für den exakten Naturwissenschaftler ist sie es ja auch!
[63] Auf S. 45 wird MACH als «bedeutender Physiker und fragwürdiger Philosoph» eingestuft!
[64] Diese ist hier natürlich nicht im Sinne KANTS zu nehmen.
[65] Siehe zum Beispiel I. SZABÓ: *Einführung in die Technische Mechanik*, 8. Auflage (1975), S. 267–269. Demnach kann man aus den beiden ersten Keplerschen Gesetzen (also keinesfalls aus einem der

«Was HEGEL in seiner *Naturphilosophie,* § 270 und Zusätze, mit ein paar einfachen Gleichungen nachweist, findet sich als Resultat der neuesten mathematischen Mechanik wieder bei GUSTAV KIRCHHOFF, *Vorlesungen über mathematische Physik,* 2. Auflage, Leipzig 1877, S. 10, und in wesentlich derselben von HEGEL zuerst entwickelten, einfachen, mathematischen Form.»

Hierzu ist festzustellen: Wenn wir es als wahr unterstellen, daß ENGELS die von ihm zitierte Stelle gesehen hat, dann müssen wir bezweifeln, daß er den Text auch wirklich gelesen hat, denn dann hätte er feststellen müssen, daß KIRCHHOFF bei seiner Herleitung (der Reihe nach!) alle drei Keplerschen Gesetze heranzieht! Oder hat ihn (was wahrscheinlich ist) das Unverständnis des Gelesenen zu seiner Behauptung geführt?

Und überhaupt: Die bezüglich der Theoretischen Mechanik quasi vergleichende Nennung von HEGEL und KIRCHHOFF ist geradezu grotesk und beweist schlagartig die mit Ahnungslosigkeit gepaarte Anmaßung von ENGELS.

Nun ist man neugierig auf die «paar einfachen Gleichungen», mit denen HEGEL das Newtonsche Massenanziehungsgesetz herbeizaubert. Man liest (HEGEL: *Sämtliche Werke,* Bd. 9, 2, Stuttgart 1958, S. 123 ff.):

«... Es wird von den Mathematikern selber zugestanden, daß die Newtonschen Formeln sich aus den Keplerschen Gesetzen ableiten lassen. Die ganz unmittelbare Ableitung ist aber einfach diese: Im dritten Keplerschen Gesetz ist $A^3 : T^2$ das Constante. Dies als $A \cdot A^2 : T^2$ gesetzt und mit NEWTON $A : T^2$ die allgemeine Schwere genannt, so ist dessen Ausdruck von der Wirkung dieser sogenannten Schwere im umgekehrten Verhältnisse des Quadrates der Entfernungen vorhanden.»

Hier möchte der verblüffte Leser erst einmal fragen, wo NEWTON $A : T^2$ (A große Ellipsenhalbachse, T Umlaufzeit) «die allgemeine Schwere» nennt[66]? Dann: Wie kann man den konstanten Ellipsenhalbmesser A mit der variablen Entfernung in dem Newtonschen Anziehungsgesetz identifizieren? Diese völlig abwegigen Ansichten und Behauptungen zeigen in eklatanter Weise, daß HEGEL weder den physikalischen Sinn noch den mathematischen Inhalt der Keplerschen Gesetze verstand. Wie wenig er aber auch – infolge fehlender mathematischer Kenntnisse – einen Zugang zu NEWTONS Gedanken (*Principia,* lib. I, Sect. II und III) hatte, dafür zeugen seine weiteren Ausführungen (S. 140–141):

«Im geometrischen Beweise gebraucht NEWTON das unendlich Kleine; dieser Beweis ist nicht streng, weshalb ihn die jetzige Analysis auch fallen läßt... Die Vorstellung vom unendlich Kleinen imponiert hier in diesem Beweise, der darauf beruht, daß NEWTON im unendlich Kleinen alle Dreiecke gleich setzt. Aber Sinus und Cosinus sind ungleich; sagt man nun, Beide, als unendlich kleine Quanten gesetzt, sind einander gleich, so kann man mit einem solchen Satz Alles machen. Bei Nacht sind alle Kühe schwarz... Auf solchem Satze beruht nun der Newtonsche Beweis; und deshalb ist er vollkommen schlecht.»

beiden!) lediglich erschließen, daß die allein auftretende Radialbeschleunigung umgekehrt proportional zum Quadrate des Abstandes zwischen dem Planeten und der im Ellipsenbrennpunkt lokalisierten Sonne ist. Die dabei auftretende (für einen Planeten charakteristische) Konstante wird erst mit dem dritten Keplerschen Gesetz (und mit dem Gegenwirkungsprinzip) eine für unser Planetensystem universelle Konstante. Dann wird die Allgemeingültigkeit des Massenanziehungsgesetzes für alle Massen postuliert: man sieht also, wie unhaltbar die Behauptung von ENGELS ist!

[66] Man kann hier nur vermuten, daß HEGEL (in totaler Konfusion!) an die Zentripetalbeschleunigung denkt, die bei der mit konstanter Geschwindigkeit durchlaufenen Kreisbahn (Radius A) auftritt: diese wäre $4\pi^2 A : T^2$ und dann mit dem 3. Keplerschen Gesetz zu $1 : A^2$ proportional.

Anschließend bringt HEGEL einen neuen Beweis des Newtonschen Massenanziehungsgesetzes: Die Lektüre ist einerseits belustigend, aber andererseits fällt einem SCHOPEN-
HAUER (1788–1860) ein, der HEGELS Philosophie mit Worten wie «ein Wischiwaschi,
das ans Tollhaus erinnert», oder «Abrakadabra» (Gedankenwust) traktiert.

Über HEGELS Naturphilosophie (in der es nur sieben Planeten geben kann und «Die
Fixsterne ein Hitzausschlag des Himmelsgewölbes sind»!) schreibt EUGEN DÜHRING
(*Geschichte der Philosophie,* 3. Auflage [1878], S. 451):

«Im Grunde waren seine Naturanschauungen denjenigen ähnlich, die in den ersten Jahrhunderten von
gewissen Kirchenvätern vertreten wurden. Zwar verschwimmt bei ihm Alles in der neuerfundenen, hal-
tungslosen Mitte zwischen Ja und Nein, und seine Imaginationen sind aus instinktiver Furcht so gestalt-
los ausgefallen, daß man in einzelnen Richtungen gar keinen bestimmten Sinn angeben kann. Indessen
hat er sich alles Geschlängels ungeachtet dennoch greifbar genug bloßgestellt.»

Für das letztere sind seine – bloßgestellte – *Himmelsmechanik* und der Angriff auf
NEWTON eklatante Beispiele.

Aus den vorangehenden Zitaten und Bemerkungen dürfte zu erkennen sein, daß
sowohl HEGEL als auch ENGELS nichts von der zeitgenössischen Analysis verstanden.
Es ist nur merkwürdig, daß in den Neuauflagen der betreffenden Werke auf die
offensichtlichen Irrtümer dieser «Naturphilosophen» kein Hinweis zu finden ist. Oder
sollten etwa auch die heutigen «Naturphilosophen» keine «Naturwissenschaftler»
sein, und die «Naturwissenschaftler» keine «Naturphilosophen» lesen?

An dritter Stelle ist schließlich CAROLYN ILTIS zu nennen. Sie hat drei (mir bekannte)
Arbeiten diesem Thema gewidmet:

1. *The Vis Viva Controversy: Leibniz to d'Alembert,* eine 400 Seiten umfassende
Dissertation an der Universität Wisconsin, 1967 = I;

2. *D'Alembert and the Vis Viva Controversy,* Studies in History and Philosophy of
Science 1970, 115–124 = II;

3. *Leibniz and the Vis Viva Controversy,* ISIS 62, 21–35 (1971) = III.

Da in der letzten Publikation alle wesentlichen Gesichtspunkte und die gezogenen
Schlüsse der Verfasserin enthalten sind, beziehe ich mich in den folgenden Bemerkungen auf diese Arbeit (III).

Auf S. 22 liest man, quasi als Grundsatz der Iltisschen Auffassung zu dem Descartesschen Prinzip:

«Aus DESCARTES' Anwendung des Prinzips» – daß nämlich im Universum die gleiche
Bewegungsmenge erhalten bleibt – «in seinen Regeln, die den Zusammenstoß von
Körpern beherrschen, ist klar zu erkennen, daß diese Menge *mv* allein die Größe
der Bewegungsmenge nicht seine Richtung bewahrt, das heißt die Geschwindigkeit
wird stets als eine positive Größe behandelt, $|v|$, statt als eine vektorielle Größe,
deren Richtung veränderlich ist.»

Ich muß eingestehen, daß ich diese Erkenntnis weder aus den Stoßregeln DESCARTES'
(siehe Kap. V, A4), noch aus seinen sonstigen Schriften (z. B. aus seiner «Optik») ge-
winnen konte. Ich behaupte sogar, daß diese eindeutige Betonung von $m|v|$ – statt
mv – bei DESCARTES nicht vorhanden ist: auch in dieser Hinsicht herrscht bei ihm
ein «Durcheinander»!

Zur Begründung führe ich an:

1. Nimmt man – im Gegensatz zu DESCARTES' *corpora perfecte dura* – an, daß in der ersten Stoßregel (siehe Kap. V, A 4) die stoßenden Körper vollkommen elastisch, in der fünften vollkommen unelastisch sind, dann wären diese Regeln von DESCARTES gemäß $\sum mv = $ konst richtig und nach $\sum m|v| = $ konst falsch! (In seinem ausgezeichneten Werk *Geschichte der physikalischen Begriffe* billigt FR. HUND DESCARTES sogar drei, im Sinne von $\sum mv = $ konst richtige Stoßregeln zu!) Es wäre auch verwunderlich, daß DESCARTES, der nicht nur von der Größe, sondern auch von der Richtung der Geschwindigkeit spricht, den letzteren Gesichtspunkt permanent außer acht ließe.

2. Im Gegensatz zu seiner vermeintlichen, von ILTIS vertretenen Weltanschauung (mit $m|v| = $ konst) leitet DESCARTES das Brechungsgesetz der Optik unter Heranziehung von $\sum mv = $ konst her (siehe S. 144 des oben angeführten Werkes von FR. HUND).

3. Ich verstehe auch nicht, warum DESCARTES' *quantitas motus* (welche DESCARTES nach LEIBNIZ mit der *vis motrix* äquivalent hielt) mit $m|v|$ identifiziert wird. Niemandem würde wohl einfallen, NEWTONS *quantitas motus* als nicht gerichtete Größe anzusehen!

Ich lese weiter bei ILTIS (III, S. 2):

«1686 begann LEIBNIZ eine Reihe von Aufsätzen zu schreiben, die einwandten, daß die Größe, welche absolut und unzerstörbar in der Natur bleibt, nicht die Bewegungsmenge $m|v|$ sei, sondern die *Vis Viva* oder die lebendige Kraft mv^2.»

Ich vermag auch diese Auffassung nicht zu teilen, denn *a)* ich finde sie *expressis verbis* nicht bei LEIBNIZ und *b)* seit NEWTONS *Principia* (1687) bedeutete *quantitas motus* mv; warum sollte also LEIBNIZ (auch nach 1687) – quasi speziell für bzw. gegen die Cartesianer! – darunter $m|v|$ verstanden haben?

Noch krasser finde ich die Behauptung (III, S. 22):

«Seine (Leibnizens) Argumente gegen DESCARTES waren dazu bestimmt, die Überlegenheit von mv^2 über $m|v|$ zu begründen, also nicht über mv.»

Gegen diese Ansicht, daß also LEIBNIZ $m|v|$ nicht aber mv ablehnt, möchte ich an den geschilderten Streit mit CATELAN (Kap. II, A 5) erinnern: In diesem gibt LEIBNIZ zu, daß «unter Umständen – wenn auch mit Vorsicht –» die Kraft (K) auch über die Zeit (t) gemessen werden könne, also durch mv (für $K = $ konst gemäß $Kt = mv + $ konst). Dies bedeutet, daß LEIBNIZ mv – und nicht $m|v|$ – mit Zulassung von Ausnahmen ablehnt.

In scheinbarer Unkenntnis von DANIEL BERNOULLIS (in Ziffer 6 behandeltem) *Examen principiorum mechanicae* (jedenfalls wird diese Arbeit in dem sehr umfangreichen Literaturverzeichnis nicht angeführt) schreibt auch ILTIS (wie allgemein üblich) den Ruhm der Beendigung des Kraftmaßstreites D'ALEMBERT zu.

B Der Prioritätsstreit um das Prinzip der kleinsten Aktion an der Berliner Akademie im 18. Jahrhundert

> Eine selbst bescheidene Wahrheit zu
> finden ist bedeutungsvoller, als über die erhaben-
> sten Dinge weitschweifig zu diskutieren, ohne
> jemals zu einer Wahrheit zu gelangen.
> GALILEO GALILEI

1 Einleitende Bemerkungen

Um die Mitte des 18. Jahrhunderts, kaum einige Jahrzehnte nach der Kontroverse zwischen LEIBNIZ und NEWTON über die Schaffung der Infinitesimalrechnung, wurde die gerade im vollen Aufblühen befindliche Berliner Akademie von einem Ereignis erschüttert, das seinen Anfang mit einem Prioritätsstreit auf dem Gebiete der sich stürmisch entwickelnden Mechanik nahm, in einer Bezichtigung der Dokumentenfälschung seine Fortsetzung fand und schließlich mit einem höfischen Skandal, ja mit dem gesundheitlichen Ruin des Präsidenten endete. Schon in den etwa vier Jahren, in denen dieser Vorfall die wissenschaftlich und literarisch interessierte Welt beschäftigte, entstand hierüber eine so umfangreiche Literatur von Streitschriften, daß diese 1753 in einem Sammelband zusammengefaßt erschienen; nach dem Namen des Hauptakteurs, des Akademiepräsidenten MAUPERTUIS (1698–1759), erhielt der Band den Namen *Maupertuisiana* (Bild 31). Aber auch danach, etwa bis zu Beginn des 20. Jahrhunderts, zog dieser «Gelehrten- oder Akademiestreit» die Geister an, insbesondere die der Mathematiker und theoretischen Physiker. Die Beschäftigung mit diesem Ereignis, insbesondere aber das Studium der hierüber entstandenen Literatur, ist äußerst interessant und lehrreich, und da diese oft divergierende Ansichten enthält, dürfte es einen gewissen Reiz haben, über sie einen kritischen Überblick zu geben.

2 Die Gründung der Académie Royale des Sciences et Belles Lettres durch Friedrich den Großen

Die von dem ersten preußischen König FRIEDRICH I. (1657–1713) auf die Anregung und unter Mitwirkung von LEIBNIZ im Jahre 1700 gegründete, aber erst 1711 eröffnete «Societät» hatte insbesondere unter der siebenundzwanzigjährigen Regierung FRIED-RICH WILHELMS I. (1688–1740), des «Soldatenkönigs» ein Schattendasein geführt. Nichts charakterisiert ihre damalige Lage besser als die Tatsache, daß ihre Ausgaben unter dem Haushaltstitel «Vor die sämtlichen Königlichen Narren» geführt wurden! Gleich nach seinem Thronantritt (1740) ging FRIEDRICH II. (1712–1786) an die Schaffung einer «Akademie» heran, wie sie damals schon in Paris, London und Petersburg bestanden und durch materielle Honorierung ihrer Mitglieder sowie Preisausschreiben für die Lösung von wissenschaftlichen Problemen den geradezu explosionsartigen

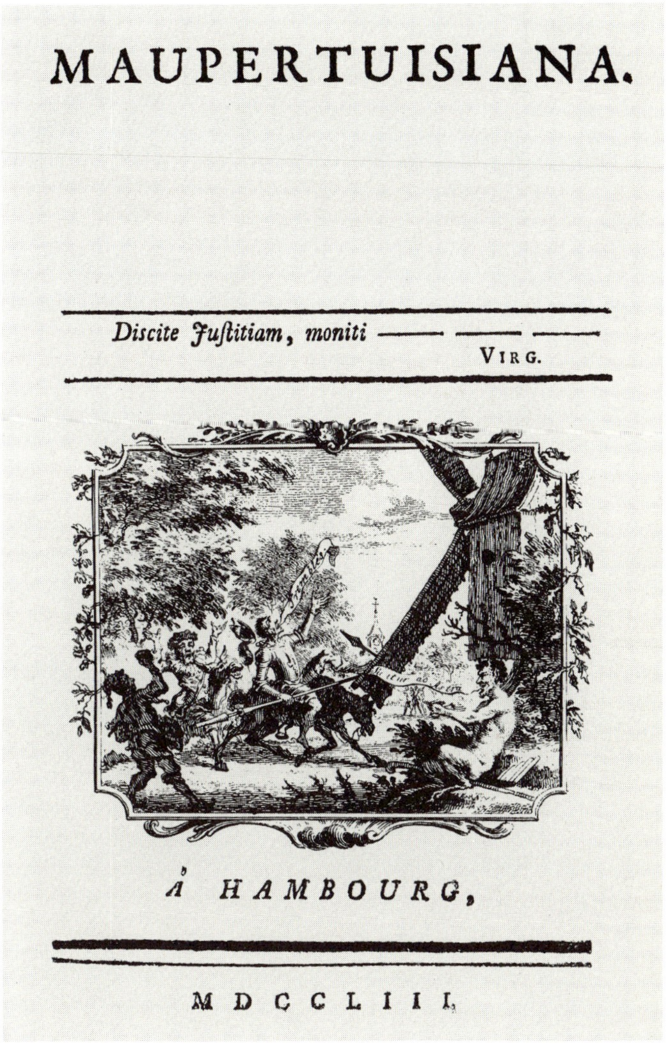

MAUPERTUISIANA.

Discite Justitiam, moniti — — —

VIRG.

À HAMBOURG,

MDCCLIII.

Bild 31
Titelblatt der *Maupertuisiana* (Hamburg 1753).

Aufschwung der Mathematik und exakten Naturwissenschaften erst ermöglicht haben. So entstand durch Reorganisation der alten «Societät» und ihre Vereinigung mit der Nouvelle Société Littéraire die Académie Royale des Sciences et Belles Lettres, die später (bis 1918) den Namen Königlich Preußische Akademie der Wissenschaften führte.

FRIEDRICH DER GROSSE (im Bild 33 in der linken oberen Ecke) plante schon als Kronprinz die Gründung einer neuen Akademie und machte sich Gedanken, welche Gelehrten er für diese gewinnen könnte. Entsprechend seinen mehr philosophischen und schöngeistigen Interessen dachte er, insbesondere für die Organisation und Lei-

Bild 32
CHRISTIAN WOLFF (1679–1754).

tung der Neugründung, an den philosophierenden Schriftsteller und Dichter VOL-
TAIRE (1694–1778) und an die «Polyhistoren» CHRISTIAN WOLFF (1679–1754) und
MAUPERTUIS. An VOLTAIRE schrieb er vier Wochen vor seinem Thronantritt einen
Brief, in dem er ihm durch in Prosa und Gedichtform gefaßte Schmeicheleien den
Präsidentenposten in Aussicht stellte, obwohl er wußte (oder vielleicht gerade deswe-
gen), daß VOLTAIRE seine Freundin, die MARQUISE DU CHÂTELET (1706–1749) nicht

einmal wegen eines Präsidentenstuhles verlassen würde! Trotzdem ist es nicht un-
wahrscheinlich, daß VOLTAIRE diese «königlichen Avancen» nicht vergaß und deswegen später den ersten Präsidenten MAUPERTUIS mit Haß verfolgte. Nach dem vernunft-
bedingten Abklingen seines kronprinzlichen Überschwanges schwebte dem jungen
König das friedlich nebeneinander regierende Zweigespann WOLFF-MAUPERTUIS vor;
zu diesen sollte sich der (wie er selbst schreibt) «grand algébriste» EULER gesellen.
FRIEDRICHS gedachte Auswahl muß unter den gegebenen Umständen als gut bezeich-
net werden: der in Leibnizens Spuren philosophierende, in Marburg als Professor
tätige WOLFF (Bild 32) galt damals in Deutschland – und auch für sich selbst – als der
Fürst der Philosophen; der Newtonianer MAUPERTUIS, Mitglied der Pariser und
Londoner Akademie, wie auch der Berliner «Societät», war als Organisator einer
Reise von Gelehrten «an den Pol» (präziser: nach Lappland) zum Nachweis der
Abplattung der Erde zu der Zeit in aller Munde; und schließlich der Mathematiker
EULER, dessen Ruhm den seiner Lehrmeister, der BERNOULLIS, bereits überstrahlte.
Aber der Rationalist WOLFF war auch im normalen Leben ein vorsichtiger Mann: des
Königs Vorstellungen von einer Akademie, die nicht nur «zur Parade», sondern auch
«zur Instruction» Preußens adliger Jugend durch die größten Geister dienen sollte,
erschien ihm zu verschwommen; ein gedeihliches Zusammenarbeiten mit dem (oder
sogar, wie er mit Recht vermutet, unter dem) Newtonianer MAUPERTUIS, der kein
Philosoph, sondern nur ein Mathematiker und obendrein ein französischer «Aufklä-
rer» war, erschien ihm unmöglich; schließlich erblickte er in der «Information von
Kadetten» eine Degradierung seines Standes. Darum bat er den König, von seiner
Berufung nach Berlin abzusehen und ihn wieder an seinen alten Lehrstuhl in Halle,
von dem ihn die Pietisten vertrieben hatten, zu versetzen; seine Bitte wurde erfüllt.
FRIEDRICHS Bemühungen über den sächsischen Gesandten SUHM um den damals an
der Petersburger Akademie tätigen EULER wurden dagegen von Erfolg gekrönt:
Dieser kam im Sommer 1741 nach Berlin und blieb hier bis 1766.

3   MAUPERTUIS als Organisator und erster Präsident der Berliner Akademie

Nun hieß es, MAUPERTUIS (Bild 33) für die Organisation und Leitung der Akademie zu
gewinnen. Im September des Jahres 1740 lud der König MAUPERTUIS und VOLTAIRE
nach Schloß Moyland bei Kleve ein. Nach vorangehendem brieflichen Gedankenaus-
tausch erfreute sich nun FRIEDRICH bei der ersten persönlichen Begegnung an dem
geist- und witzsprühenden mündlichen Verkehr mit den beiden Franzosen, die sich
schon von ihrem gemeinsamen Aufenthalt auf dem Schloß Cirey der MARQUISE DU
CHÂTELET her kannten. Der König scheint nicht mehr an seinen für VOLTAIRE so
verheißungsvollen Brief vor einem halben Jahr gedacht zu haben, denn er lud MAU-
PERTUIS zur Organisation und Leitung der neuen Akademie in Berlin ein. Diese
eingebildeter Eitelkeit und Selbstüberschätzung entspringende Kränkung scheint
VOLTAIRE nicht vergessen zu haben; auch scheint er MAUPERTUIS nicht verziehen zu
haben, daß dieser, entgegen seinem Rat und gegen seinen Willen, dem königlichen Ruf

folgte: dreizehn Jahre später schlug für den hinterhältigen Philosophen die Stunde der Rache.

FRIEDRICH nahm also MAUPERTUIS mit sich nach Berlin, während VOLTAIRE zu seiner Marquise zurückkehrte; und hier in Berlin, wie anschließend in Rheinsberg, wurden die Pläne zur Einrichtung der Akademie besprochen. In MAUPERTUIS glaubte der König den am besten geeigneten Mann für diese Aufgabe gefunden zu haben. Auch seine adlige Abstammung, sein Werdegang und nicht zuletzt die wissenschaftlichen und organisatorischen Leistungen schienen die Garantie zur Bewältigung des gestellten Auftrages zu bieten.

Bild 33
PIERRE LOUIS MOREAU DE
MAUPERTUIS (1698–1759).

PIERRE LOUIS MOREAU DE MAUPERTUIS, am 17. Juli 1698 in St. Malo geboren, entstammte einer alteingesessenen, adligen Familie. Nach einer vorzüglichen häuslichen Erziehung kam er 1716 nach Paris, wo er an der Cartesianischen Philosophie und Naturwissenschaft genauso wenig Gefallen fand wie an dem 1718 anschließenden Offiziersleben. Er nahm seinen Abschied, fing an, mathematisch und naturwissenschaftlich zu arbeiten, wurde 1723 in Paris Akademiemitglied und verfaßte mehrere Arbeiten auf dem Gebiete der Geometrie und Mechanik. Die damals übliche «Bildungsreise junger Kavaliere» führte ihn 1728 nach London, wo er Akademiemitglied und ein überzeugter Anhänger der Theorien NEWTONS wurde, und 1729 nach Basel, wo er bei JOHANN BERNOULLI in Vorlesungen und Privatkolleg seine mathematischen Kenntnisse vertiefte und mit dessen Sohn JOHANN II (1710–1790) eine bis zum Tode während Freundschaft schloß. Nach Paris zurückgekehrt, stürzte er sich mit Feuereifer in den zwischen Cartesianern und Newtonianern entbrannten Kampf um die Gestalt der Erde, die an den Polen nach den Cartesianern eine Zuspitzung, nach den Newtonianern eine Abplattung aufweisen muß[67]. Zur meßtechnischen Entscheidung über diese Streitfrage waren zwei Messungen notwendig: eine äquatornahe und eine polnahe; zur Organisation und Durchführung der letzteren Expedition erhielt 1736 MAUPERTUIS den Auftrag. Er löste die ihm übertragene Aufgabe in Lappland und kehrte 1737 (mit zwei jungen Lappinnen!) nach einem glücklich überstandenen Schiffbruch im Bottnischen Meerbusen als ruhmbedeckter Triumphator der Newtonschen Theorie nach Paris zurück. In den darauffolgenden Jahren genoß MAUPERTUIS seinen Ruhm, machte die Bekanntschaft VOLTAIRES und des Schweizer Mathematikers SAMUEL KOENIG (1712–1757); beide sollten später in seinem Leben eine verhängnisvolle Rolle spielen.

Nun aber wieder zurück zum Jahre 1740 in Berlin. Die zwischen dem König und MAUPERTUIS geschmiedeten Akademiepläne blieben vorläufig Pläne: der erste schlesische Krieg stand vor der Tür. Anfang Dezember 1740 zog FRIEDRICH ins Feld, und MAUPERTUIS, der einstige Kavallerieoffizier, ließ es sich nicht nehmen, seinem König auch in den Krieg zu folgen. Auf diesem Gebiet hatte er sich allerdings mit wenig Ruhm bedeckt: in der Schlacht bei Mollwitz ging ihm sein Pferd durch und jagte mit ihm in die feindlichen Linien. MARIA THERESIAS (1717–1780) ungarische Husaren nahmen ihn gefangen und plünderten ihn – nach auch noch heute gültigem «Kriegsrecht» – aus, wobei ihn am meisten der Verlust seiner von dem berühmten Uhrmacher GRAHAM (1674–1751) angefertigten Sekundenuhr schmerzte. Den Offizieren, denen ihn die Husaren vorführten, war sein Name bekannt. Er wurde nach Wien begleitet und von MARIA THERESIA huldvoll empfangen[68]. Seine von den Husaren geraubte Uhr konnte man zwar nicht mehr herbeischaffen, dafür schenkte ihm der Großherzog von Toscana[69] seine eigene mit Diamanten verzierte Uhr aus der Werkstatt desselben

---

[67] Typisch für seine Vorliebe zu theologischen Spekulationen ist, daß er sich bei diesem Problem den Kopf darüber zerbricht, welche Gründe Gott bewogen haben, das Kraftgesetz des umgekehrten Quadrates allen anderen möglichen vorzuziehen.

[68] Auf die Frage der Herrscherin, ob es wahr sei, daß die Schwester FRIEDRICHS, ULRIKE, die schönste Prinzessin der Welt sei, soll der galante Franzose geantwortet haben: «Ich glaubte es bis heute».

[69] FRANZ STEPHAN VON LOTHRINGEN (1708–1765), MARIA THERESIAS Mann.

Meisters. Freigelassen, ging MAUPERTUIS nach Paris und blieb dort bis zur Beendigung des zweiten schlesischen Krieges (1745). Sein Entschluß, Frankreich zu verlassen, wurde ihm – neben den günstigen materiellen und positionsmäßigen Angeboten des preußischen Königs – durch die Eheschließung mit der Freiin ELEONORE VON BORCK erleichtert.

Zu Beginn des Jahres 1746 konnte MAUPERTUIS endlich mit der Ausarbeitung der Statuten der Akademie beginnen. Mitten in diesen Arbeiten wurde er am 1. Februar zum ersten, nur dem König verantwortlichen und über allen Akademiemitgliedern stehenden Präsidenten ernannt. Am 10. Mai wurde die Vorlage vom König gebilligt, und mit diesem Datum beginnt die Geschichte der Preußischen Akademie. Sie umfaßte vier Klassen: die experimentell-philosophische, die mathematische, die spekulativ-philosophische und die geschichtlich-sprachwissenschaftliche Klasse. Da FRIEDRICH DER GROSSE schlecht und ungern Deutsch sprach, in dieser Sprache mehr phonetisch als orthographisch richtig mit französischen Brocken schrieb, Präsident MAUPERTUIS wiederum überhaupt kein Deutsch verstand, ist es fast überflüssig zu bemerken, daß die Sitzungs- und Publikationssprache der Akademie Französisch war; das Lateinische wurde zwar zugelassen, aber davon wurde kaum Gebrauch gemacht[70]. Hierzu schreibt CHRISTIAN WOLFF in einem Brief aus dem Jahre 1748: «Es ist ein Unglück, daß der Herr Präsident ein Frantzose ist, der weder deutsch kann, noch den Zustand der Gelehrten in Deutschland kennt.»

Vier Jahre lang konnte sich MAUPERTUIS seiner Herrschaft über die Akademie, der königlichen Gunst und der «Tafelrunde in Sanssouci» erfreuen; dann begann der Himmel sich über ihm zu verdüstern. Den Auftakt bildete 1750 VOLTAIRES Erscheinen in Potsdam. Nach dem Tode der MARQUISE DU CHÂTELET und der Aussichtslosigkeit, an der Pariser Akademie eine führende Stellung zu erlangen, hielt ihn nichts mehr in Frankreich. Nun war MAUPERTUIS nicht mehr die zentrale Figur an des Königs Tisch; aber das große Unglück traf ihn im akademischen Leben.

4   MAUPERTUIS' Prinzip der kleinsten Aktion («Principe de la moindre action»)

Neben den eben erwähnten Tätigkeiten war MAUPERTUIS auch weiterhin, insbesondere im Anschluß an einige frühe Arbeiten, wissenschaftlich aktiv. Schon 1740 publizierte er in den Memoiren der Pariser Akademie unter dem Titel *Loi du repos des corps* eine Arbeit, in der er zeigt, daß ein unter der Einwirkung von Zentralkräften stehendes materielles Körpersystem sich in Ruhe befindet, wenn die Summe gewisser Produkte, die für jeden Teilkörper zu bilden sind, ein Maximum oder Minimum ist[71].

---

[70] Diese deutsche Krankheit hielt bis Mitte des 19. Jahrhunderts an; so schrieb zum Beispiel der größte deutsche Mathematiker, C. FR. GAUSS (1777–1855), seine wertvollsten Arbeiten lateinisch zu einer Zeit, als die deutsche Sprache in GOETHE ihre Vollendung fand! Man bedenke: Zweihundert Jahre vor GAUSS schrieb GALILEI italienisch! Die Franzosen PASCAL (1623–1662), MARIOTTE (1620–1684), um nur die ältesten zu nennen, schrieben französisch.

[71] Im wesentlichen läuft die ganze Abhandlung auf ein Jonglieren mit dem Prinzip der virtuellen Verschiebungen hinaus.

Hierdurch ermuntert, sucht er nach einem auch für die Bewegung geltenden Extremal-
kriterium. Vier Jahre später – ebenfalls in den Memoiren der Pariser Akademie –
glaubt er auch, für den Spezialfall der Lichtausbreitung den Stein der Weisen gefunden
zu haben: Er behauptet, daß bei dieser Bewegung die verwendete «Aktionsmenge»
(«la quantité d'action»[72]), worunter er das Produkt aus Geschwindigkeit und Weg
versteht, die kleinste, also ein Minimum, sei. Zum vermeintlichen Beweise seines
«Sparsamkeitsprinzips» wählt er – mit wenig glücklicher Hand – die Reflexion und die
Brechung des Lichtstrahles an einer ebenen Fläche. Weitere zwei Jahre danach (1746)
verkündet er in den Memoiren der Berliner Akademie ein universelles für Bewegung
und Ruhe gültiges Prinzip («Principe général»): «Tritt in der Natur irgendeine
Änderung ein, so ist die für diese Änderung notwendige Aktionsmenge die kleinstmögliche.»
Hierbei versteht MAUPERTUIS nach Leibnizens Vorbild unter Aktion das Produkt aus
der Masse der Körper, aus ihrer Geschwindigkeit und aus der durchlaufenen Strecke.
Das ist nun das «Prinzip der kleinsten Aktion» von MAUPERTUIS, das große «Sparge-
setz der Natur», dessen wundervolle Weisheit klarer und erhabener als der Bau der
Pflanzen und Tiere oder der Lauf der Planeten Gottes Existenz beweisen sollte.
Zum Beweise der Wirksamkeit dieses universellen Prinzips behandelt er drei «Probleme»: 1. Den geraden und zentralen Stoß zweier unelastischer Körper (Kugeln);
2. den geraden und zentralen Stoß zweier elastischer Körper und 3. das Gleichgewicht
am Hebel. Zur Illustration der Methode und des wissenschaftlichen Niveaus sei hier
die von MAUPERTUIS selbst gegebene Lösung des Problems Nr. 1 skizziert:

«Zwei unelastische Körper der Massen A und B mögen sich mit den Geschwindigkeiten a und b bewegen,
aber A schneller als B, so daß B von A eingeholt und angestoßen wird. Die gemeinsame Geschwindigkeit
dieser beiden Körper nach dem Stoß sei x, mit $x < a$ und $x > b$. Die im Universum eingetretene Änderung ist
nun die, daß der Körper A, der sich mit der Geschwindigkeit a bewegte und in einer bestimmten Zeit einen
Weg, der gleich a ist, durchlief, sich nur noch mit der Geschwindigkeit x bewegt und nur noch eine Strecke x
durchläuft; der Körper B, der sich nur mit der Geschwindigkeit b bewegte und nur eine Strecke b durchlief,
bewegt sich nun mit der Geschwindigkeit x und durchläuft eine Strecke x.»

Mit ähnlicher Weitschweifigkeit wird dann dargelegt, daß nach dem Stoß die Ge-
schwindigkeitsänderungen $a - x$ und $x - b$ eingetreten sind und «die naturgegebenen
Produkte» $A(a - x)^2$ und $B(x - b)^2$ sind, und deren Summe muß die kleinstmögliche
sein.
Man hat also

$$A a a - 2 A a x + A x x + B x x - 2 B b x + B b b = \text{Minimum}$$

oder

$$-2 A a\, \mathrm{d}x + 2 A x\, \mathrm{d}x + 2 B x\, \mathrm{d}x - 2 B b\, \mathrm{d}x = 0,$$

woraus man für die Geschwindigkeit

$$x = \frac{A a + B b}{A + B}$$

erhält.

[72] Wobei er zugibt, daß er diese Namensgebung LEIBNIZ entnahm.

MAUPERTUIS' Arbeiten, insbesondere die aus den Jahren 1744 und 1746, wurden von der wissenschaftlichen Welt nicht überall unwidersprochen hingenommen. Insbesondere war es der CHEVALIER D'ARCY (1725–1779), der in den Memoiren der Pariser Akademie von 1749 und 1752 schwerwiegende Einwendungen gegen die Formulierung und insbesondere gegen die angeführten Anwendungen des Prinzips erhob. Da aber die Memoiren des Jahres 1749 erst 1753 erschienen, scheint MAUPERTUIS von D'ARCYS Angriffen – wenigstens «offiziell» – nichts erfahren zu haben.

D'ARCYS Einwendungen sind sehr geistreich und schonungslos. Mit einer Figur zeigt er zum Beispiel, daß bei der Lichtreflexion bei geringen Krümmungen der reflektierenden Fläche anstatt ein Minimum, was MAUPERTUIS so sehr betont, ein Maximum eintritt und somit «die Natur, die große Sparerin, die unerhörteste Verschwendung begeht!» Auch die weiteren angeführten und gelösten «Probleme» findet D'ARCY wenig überzeugend und bemerkt mit Recht, daß MAUPERTUIS mit dem Begriff der «zur Veränderung nötigen Aktionsmenge» willkürlich herumjongliert, um zu den bekannten Resultaten zu gelangen: bei der Lichtbewegung wird beispielsweise die Summe der Aktionen vor und nach der Reflexion oder Brechung zu einem Minimum gemacht, beim Stoß dagegen wird die durch den Stoß verlorene kinetische Energie und nicht die Summe der «Aktionen» vor und nach dem Stoß minimiert!

Diese Kritik hat MAUPERTUIS später (1753) auch zur Kenntnis genommen, und er versuchte ihr (mit wenig Erfolg) zu begegnen. Aber schon früher traf ihn ein schwerer Schlag, der nicht nur sein Prinzip (in dieser Form), sondern auch die Priorität seines Grundgedankens in Zweifel zog: Im Märzheft des Jahres 1751 erschien in den Nova Acta Eruditorum eine Arbeit, in der neben sachlichen Einwänden die Behauptung stand, daß das von MAUPERTUIS verkündete und beanspruchte Prinzip schon bei LEIBNIZ zu finden sei. Der Verfasser dieser Arbeit war der Schweizer Mathematiker und Jurist JOHANN SAMUEL KOENIG; seiner Person und seiner Arbeit müssen wir jetzt unsere Aufmerksamkeit widmen, denn er und MAUPERTUIS sind die Hauptakteure einer Auseinandersetzung, die immer weitere Kreise des wissenschaftlichen und höfischen Lebens erfaßte und schließlich mit einem Skandal endete.

5   JOHANN SAMUEL KOENIG **und seine Kontroverse mit** MAUPERTUIS

JOHANN SAMUEL KOENIG (Bild 34)[73] wurde 1712 in Büdingen (Hessen) geboren, wo damals sein Vater, aus seiner Heimatstadt Bern vertrieben, als Hofprediger des Grafen von ISENBURG-BÜDINGEN lebte. Nach kurzen Zwischenstudien in Bern und Lausanne bezog er 1730 die Basler Universität, an der damals JOHANN I BERNOULLI, seit 1733 dessen Sohn DANIEL und seit 1731 JAKOB HERMANN (1678–1733) Vorlesungen in

---

[73] Das hier gedruckte Bildnis (Bild 34) ist eine Aufnahme des Herrn MARCEL JENNI (Universitätsbibliothek Basel) von einem Ölgemälde des ROBERT GARDELLE aus dem Jahre 1742, im Besitze des Herrn Dr.jur. EMIL KOENIG (Reinach bei Basel). Ich möchte auch an dieser Stelle Herrn Dr.jur. E.KOENIG sowohl für die Ermöglichung der Aufnahme wie auch für die seinen frühen Verwandten SAMUEL KOENIG betreffenden Hinweise danken.

Bild 34
JOHANN SAMUEL KOENIG (1712–1757).

Mathematik, Physik und Philosophie hielten. Etwas über vier Jahre blieb KOENIG an der damals für Mathematik und ihre Anwendungen wohl berühmtesten Universität Europas. Hier lernte er auch seinen späteren Kontrahenten MAUPERTUIS kennen. DANIEL BERNOULLI schreibt am 4. Juni 1735 über ihn an LEONHARD EULER[74]:

[74] Die Mehrzahl der Briefe von DANIEL BERNOULLI an LEONHARD EULER sind abgedruckt in den von P.-H. FUSS herausgegebenen *Correspondance mathématique et physique* (St. Pétersbourg, 2 Bde., 1843, Reprint 1968).

«Es wären noch einige Fremde und sonderlich ein gewisser KOENIG aus Bern, so bei meinem Vater und mir gar lang Collegia gehalten und in Mathematicis sehr weit gekommen ist.»

JAKOB HERMANN führte KOENIG in die Philosophie von LEIBNIZ ein, und um seine diesbezüglichen Kenntnisse zu vertiefen und sich auch in der Juristerei einführen zu lassen, ging er 1735 zu dem schon mehrmals erwähnten CHRISTIAN WOLFF nach Marburg. Von dieser Zeit an begann er mit der eigenen wissenschaftlichen Tätigkeit und publizierte seine vornehmlich die Mathematik und Mechanik betreffenden Arbeiten in den traditionsreichen Nova Acta Eruditorum. Nachdem seine Bemühungen, in Lausanne einen Lehrstuhl zu erhalten, fehlschlugen, geht er 1738 nach Paris, wo er seinen Studiengenossen MAUPERTUIS wiedertrifft und durch dessen Vermittlung die Bekanntschaft der MARQUISE DU CHÂTELET macht. Zu dem Kreise, in dem KOENIG verkehrt, gehören auch der Mathematiker CLAIRAUT (1713–1765), VOLTAIRE und der Physiker RÉAUMUR (1683–1757). Anläßlich eines Besuches bei RÉAUMUR in Charenton zeigte dieser KOENIG seine über den Bau der Bienenzellen angestellten Versuche und regte ihn an, mathematisch zu untersuchen, ob die Bienen ihre Zellen auf die «geometrisch vollkommene Weise» erstellen, das heißt, ob sie mit dem geringsten Materialverbrauch das größte Fassungsvermögen erzielen. KOENIG gelang es, diesen Beweis zu erbringen; die Arbeit wurde von RÉAUMUR in der Pariser Akademie vorgelesen, worauf KOENIG deren Mitglied wurde.

Von März bis September 1739 ist KOENIG Hauslehrer der MARQUISE DU CHÂTELET auf ihrem Schloß Cirey an der lothringischen Grenze: Die Marquise übersetzte NEWTONS *Principia* ins Französische, und hierbei wird ihr KOENIG mathematische Hilfe geleistet haben. Nach Zwischenstationen in Paris und Bern erhält er 1744 den Lehrstuhl für Mathematik und Philosophie an der friesischen Universität Franeker in Holland; 1749 wechselte er an die Ritterakademie in Haag, und im selben Jahre wurde er auf Vorschlag von MAUPERTUIS Mitglied der Berliner Akademie.

Im Winter 1750 kam KOENIG nach Berlin, um sich einerseits bei MAUPERTUIS zu bedanken, andererseits um ihm «mit helvetischem Freimut» zu eröffnen, daß er sich mit seinem Prinzip der kleinsten Aktion nach Form und Inhalt nicht einverstanden erklären könne, und überreichte ihm ein Manuskript (das er schon einmal an die Nova Acta Eruditorum einsandte, dann aber, scheinbar mit Rücksicht auf MAUPERTUIS, zurückzog) mit der Bitte, es zu lesen und nach Belieben in den Memoiren der Akademie drucken zu lassen oder es zu unterdrücken. MAUPERTUIS war äußerst erbost über dieses Auftreten eines Mannes, den er vor kurzem zum Akademiemitglied machte[75], den er gönnerhaft «meinen armen Freund» zu nennen pflegte und der ihm schon in einer vorangehenden Unterhaltung, in der er LEIBNIZ in dem Prioritätsstreit mit NEWTON des Plagiats und der Datumsfälschung bezichtigte, zu widersprechen wagte. Er war nicht geneigt, mit KOENIG in eine sachliche, von diesem offenbar gewünschte Diskussion einzutreten, und gab ihm das Manuskript ungelesen mit der Bemerkung zurück, er möge es drucken lassen. So erschien im Märzheft 1751 der Nova Acta Eruditorum die Abhandlung *De universali principio aequilibrii et motus in vi viva*

---

[75] Ohne seinen Vorschlag oder seine Zustimmung konnte niemand Akademiemitglied werden.

reporto, de que nexu inter vim vivam et actionem, utriusque minimo dissertatio, autore
Sam. Koenigio Profess. Franequer.

Das nun folgende Zitat der einleitenden grundehrlichen und respektvollen Sätze zeigt
mit aller Deutlichkeit, daß es KOENIG fernlag, einen Streit mit MAUPERTUIS zu
provozieren:

«Neulich erfuhr ich hier in Aachen, wohin ich aus Gesundheitsgründen gekommen war, von einem Freund
(in unserem Friesland hört man von solchen Dingen entweder zu spät oder überhaupt nicht), daß in
Deutschland viel über die kleinste Aktion gearbeitet wird, gleichsam als das allgemeinste Prinzip der
Mechanik. Sehr interessiert ließ ich mich über die bisherigen Untersuchungen unterrichten und war sehr
erfreut über die vorzüglichen Versuche in einem Gebiet der Naturwissenschaft, dessen Vernachlässigung,
zum größten Schaden der edelsten Wissenschaft, aufgrund einer Abneigung gegen die lebendigen Kräfte, die
in Fragen dieser Art den ersten Platz einnehmen müssen, ich schon längst bedauert habe.
Da ich auch viel Arbeit und Zeit auf diese Dinge verwendet habe und einiges, wenn ich mich nicht täusche,
zur Klarheit gebracht habe, glaubte ich, nicht zögern zu dürfen, zur Ehre des berühmten Mannes, der, wie
ich höre, über diese Dinge am meisten gearbeitet hat, zu diesem Thema zu schreiben; auch zum Lobe dieses
wahrheitssuchenden Mannes, dessen leuchtendes Ingenium diese Fragen klären kann. Ich bin überzeugt,
daß ich bei der Lauterkeit des Mannes, der mir in Freundschaft verbunden ist, und dessen ernstes Bemühen
um die Wahrheit mir bekannt ist, seine Gunst erwerben werde. Mir liegt sehr viel an seinem Lob und ich
nehme die Mühe des Schreibens auf mich, die ich immer am liebsten meide, um der Freundschaft zu geben,
was ich dem Lorbeerkranz verweigert habe.»

Im wesentlichen läuft KOENIGS Abhandlung auf die Untersuchung der Rolle der
kinetischen Energie für Statik (Minimum) und Kinetik (Maximum oder Minimum)
hinaus. Hierauf und auf seine Kritik des Maupertuisschen Prinzips näher einzugehen, ist nicht erforderlich, denn in dem nun beginnenden «Gelehrtenstreit» ging es
nicht mehr um KOENIGS oder D'ARCYS Kritiken, sondern um die Priorität des
Prinzips: Am Ende der Publikation von KOENIG stand nämlich, aus einem Brief vom
16. Oktober 1708 von LEIBNIZ an JAKOB HERMANN, folgendes Zitat:

«Die Aktion ist nicht das, was Sie denken, die Berücksichtigung der Zeit ist hier unumgänglich; sie ist wie
das Produkt aus Masse, Strecke und Geschwindigkeit oder aus Zeit und lebendiger Kraft. Ich habe bemerkt,
daß sie in den Bewegungsänderungen ständig zum Maximum oder zum Minimum wird. Man kann daraus
mehrere Verhältnisse von großer Bedeutung ableiten; sie könnte dazu dienen, die Kurven zu bestimmen, die
Körper beschreiben, die zu einem oder mehreren Zentren hingezogen werden. Ich wollte diese Dinge unter
anderen im zweiten Teil meiner Dynamik behandeln, den ich unterdrückt habe; denn die schlechte
Aufnahme, die eine vorgefaßte Meinung dem ersten Teil zuteil werden ließ, hat mir die Lust verdorben.»

Es ist klar, daß diese Formulierung nicht nur eine präzisere Formulierung des Prinzips, sondern auch den entscheidenden Zusatz «Maximum oder Minimum» enthält.
Es muß hier gleich betont werden: Nichts lag KOENIG ferner, als MAUPERTUIS des
Plagiats zu beschuldigen (dies um so weniger, da damals noch Briefe und wissenschaftliche Schriften von LEIBNIZ zum großen Teil nicht publiziert waren); es lag nicht
einmal in seiner Absicht, wie er des öfteren betonte, das Verdienst und die Leistung von
MAUPERTUIS herabzusetzen; trotzdem reagierte MAUPERTUIS in der Manier des Be-
schuldigten und des tödlich Verletzten: Daß LEIBNIZ nun, quasi aus dem Grabe
heraus, durch diesen undankbaren Schweizer, auch ihn – wie NEWTON – um den Ruhm
seiner universellen Entdeckung bringen will, versetzte ihn in maßlosen und blinden
Zorn. Er verlangte von KOENIG die Einsichtnahme in das Original jenes Briefes,
worauf ihm KOENIG antworten mußte, daß er nur eine Kopie desselben gesehen habe.

Alle von KOENIG, der Akademie, den preußischen Gesandtschaften, sogar von FRIED-
RICH DEM GROSSEN angestellten Nachforschungen nach dem Original blieben erfolglos[76], worauf die Akademie auf Betreiben ihres allmächtigen Präsidenten am 13. April
1752 den Brief von LEIBNIZ an HERMANN – in Abwesenheit der Hälfte der Mitglieder –
«einstimmig» für eine Fälschung erklärte.

Bild 35
LEONHARD EULER (1707–1783).

Wenn auch in diesem Beschluß von einer moralischen Verurteilung KOENIGS nichts
steht[77], so reagierte dieser untadelige Mann in der einzig richtigen Weise: Er schickte
der Akademie die Ernennungsurkunde zurück und setzte sich mit einem tempera-
mentvollen, aber doch maßvollen «Appell an das Publikum» zur Wehr. Der Widerhall
in der Öffentlichkeit war groß, und alle Welt stand auf KOENIGS Seite. Nur der große
LEONHARD EULER (Bild 35), der in der Akademie allein die ganze mathematische
Schwäche des Maupertuisschen Prinzips hätte beurteilen können, stand auf MAUPER-

---

[76] Erst 1913 wurde durch den Fund von WILLY KABITZ in Gotha die Existenz des fraglichen Originals
sehr wahrscheinlich gemacht.
[77] Am Ende stand sogar: «Nur dank der besonderen Milde des Präsidenten soll gegen SAMUEL KOENIG
nicht vorgegangen werden, obwohl man dazu das Recht hätte.»

TUIS' Seite und versuchte, mit einem einer besseren Sache würdigen Scharfsinn des Präsidenten Prinzip zu retten; wir kommen hierauf noch zurück. Einen für die Öffentlichkeit viel gewaltigeren Streiter seines Kampfes bekam KOENIG in VOLTAIRE. Wie schon erwähnt, erschien dieser nach dem Tode seiner Freundin wieder in Potsdam, und nun schlug für ihn durch diese Affäre die Stunde der Rache an MAUPERTUIS und König FRIEDRICH, der unerschütterlich zu seinem Präsidenten hielt. Den Zündstoff zu seiner viel belachten, von Witz und Spott sprühenden Schrift *Doktor Akakia* lieferten ihm MAUPERTUIS' – wie man heute sagen würde – «populärwissenschaftliche Publikationen», die in Briefform 1752 erschienen. In diesen beschäftigte sich MAUPERTUIS mit allen möglichen Fragen philosophischen, literarischen, naturwissenschaftlichen, medizinischen und sonstigen Inhalts wie: Spezialisierung der Ärzte; zu Tode Verurteilte nach Vivisektion am Leben zu lassen; ein Loch bis zum Erdmittelpunkt zu bohren; eine Stadt zu gründen, in der nur Lateinisch gesprochen wird; durch Sprengung ins Innere der Pyramiden zu schauen; mit der japanischen Nadelstichmethode Kranke zu kurieren und dergleichen mehr. Diese Themen mögen an der Tafelrunde des Königs oder zur Lektüre interessant gewesen sein, aus ihnen wußte aber VOLTAIRES zu Spott und Haß neigender Geist das Phantastische und Naive herauszukehren und zu verhöhnen[78]. Als VOLTAIRE das Manuskript FRIEDRICH DEM GROSSEN vorlas, konnte dieser sich des Lachens nicht enthalten, befahl aber danach, das Schriftstück ins Feuer zu werfen. Man kann des Königs Empörung verstehen, als er erfuhr, daß VOLTAIRE die Abschrift des Manuskriptes durch eine für eine andere Schrift erteilte Publikationserlaubnis in Potsdam drucken ließ: Er befahl, die noch im Handel befindlichen Exemplare öffentlich zu verbrennen. Trotzdem fand die Spottschrift weitere Verbreitung. Damit war aus dem akademischen Gelehrtenstreit auch ein höfischer Skandal entstanden.

VOLTAIRE ging nach Dresden und schrieb dort eine Fortsetzung seines *Doktor Akakia*, in der zwischen SAMUEL KOENIG und MAUPERTUIS Friede geschlossen wird und in dessen Vertrag MAUPERTUIS unter anderem verkündet:

«Künftig geloben Wir, die Deutschen nicht mehr herabzusetzen und gestehen, daß KOPERNIKUS, KEPLER, LEIBNIZ, WOLFF, HALLER und GOTTSCHED auch etwas sind, daß Wir bei den BERNOULLIS studiert haben und noch heute studieren, und daß endlich Herr Professor EULER, Unser Lieutenant, ein sehr großer Geometer ist, der Unser Prinzip durch Formeln gestützt hat, die Wir zwar nicht verstehen, die aber nach dem Urteil derer, die dieselben verstehen, voller Genialität sind, wie alle Werke des Professors, Unseres Lieutenants.»

Damit war der Streit im wesentlichen abgeschlossen, und bevor wir zu dessen Durchleuchtung und insbesondere zur Entstehungsgeschichte des Prinzips selbst übergehen, seien noch die menschlichen Schicksale der beiden Hauptkontrahenten angeführt:

MAUPERTUIS war seit 1753 krank und verbrachte ein Jahr in Paris und St. Malo. Da sein Gesundheitszustand sich wieder verschlechterte, verließ er 1756 auf des Königs Geheiß Berlin, um seine Gesundheit in seiner Heimat herzustellen. Er verbrachte ein Jahr wieder in St. Malo, wollte dann nach Italien, kam aber nach einigen Zwischenstationen nur bis Basel. Dort wurde er im Hause seines Freundes JOHANN II BER-

---

[78] So zum Beispiel, daß die Öffnung des Erdenkanals mindestens Deutschlands Größe haben müßte.

NOULLI aufgenommen und starb dort am 27. Juli 1759. Er wurde in der katholischen Kirche des Dorfes Dornach (Kanton Solothurn) beigesetzt; seine Grabtafel ist dort heute noch zu sehen, aber seine Gebeine wurden 1826 nach Frankreich überführt. So ging das Leben eines von der Natur mit außergewöhnlichen Gaben ausgestatteten Mannes zu Ende, der, vom Schicksal und von seinen Mitmenschen verwöhnt und bewundert, in höchster akademischer Position erfolgreich wirkend, zum Schluß aber auch auf einem Gebiet der Erste sein wollte, wo ihm die Genialität und nicht zuletzt das mathematische Rüstzeug fehlten. Sein Übermut wurde schwer bestraft.

SAMUEL KOENIG ist schon zwei Jahre vor seinem Kontrahenten gestorben: Er erlag am 21. August 1757 auf dem Landgut Zuilenstein Beitmerongen in Holland einem Hirnschlag. In seiner mehrere tausend Bände umfassenden Bibliothek befand sich auch die Originalausgabe der *Astronomia nova* von JOHANNES KEPLER, in die er am 20. Oktober 1746 folgendes schrieb[79]:

«Da hast Du, geneigter Leser, ein ehrwürdiges Denkmal des hohen Geistes, J. KEPLERS, welches bis dahin noch nicht gebührend gepriesen worden ist. Er hat als der Erste der Sterblichen die geheimsten Mysterien des Himmels mit wunderbarem Scharfsinn und mehr als herculischer Mühe den Menschen eröffnet. Er hat ja entdeckt, daß die Planeten sich um die Sonne nicht in kreisförmigen Bahnen bewegen, wie alle Astronomen vor ihm gewähnt hatten, sondern in vollkommen elliptischen ovalen Bahnen, in denen die Sonne den einen Brennpunkt einnimmt; und diese seine Theorie hat er zuerst an dem Sterne Mars versucht, dessen Bewegungen zu erforschen, sich LONGOMONTANUS, der eine der Genossen des TYCHO, wie ich glaube, gerade zu der Zeit aufs Eifrigste abmühte, als KEPLER nach Prag kam. Es ist ein eitles Geschwätz des Dichters VOLTAIRE, wenn er in seinen Briefen schreibt, daß eine zufällig vom Baum fallende Birne den NEWTON, während er im Garten spazierte, zur Betrachtung der eine Birne zum Fall bewegenden Schwerkraft veranlaßt habe. Das sind Hirngespinste und Ungeheuerlichkeiten eines Menschen, der schreibt, was ihm gerade einfällt und die Geschichte der Erfindungen gar nicht kennt. Nie hätte NEWTON seine Prinzipien der Naturphilosophie geschrieben, wenn er nicht die großartigen Versuche KEPLERS bei den ausgezeichnetsten Stellen seines Buches in Erwägung gezogen hätte. Denn Niemand, der etwas davon versteht, wird in Abrede stellen, daß gerade von diesem Werke Alles geleistet worden ist, was nur in Anbetracht des Zustandes seiner Zeit Großes und Herrliches erdacht werden konnte.

Dieses wunderbare Denkmal menschlichen Scharfsinnes mögen daher alle hinnehmen, welche bei gesunden Sinnen von sorgsamer Liebe zu den himmlischen Wahrheiten beseelt wurden und welche der Zufall künftiger Zeiten zu den Besitzern dieses Exemplares machen wird, mögen sie, darum bitte ich, dieses schon durch sein Alter sehr seltene Werk mit den Schriften des großen NEWTON der Nachwelt hinterlassen. Denn wieviel der menschliche Geist, durch Beobachtungen und die Geometrie erstarkt, vermag, das werden keine Proben glänzender, als die vereinigten Schriften dieser Männer den künftigen Jahrhunderten dartun.»

Wer in dieser von tiefster Sachkenntnis und neidlosem Urteilsvermögen eingegebenen und bewunderungswürdigen Ehrfurcht sein Haupt vor den Titanen menschlicher Geistesgröße neigt, muß selbst ein großer und aufrechter Mann gewesen sein.

6   Das Suchen nach allgemeinen mechanischen Prinzipien im 17. und 18. Jahrhundert

Es wurde schon darauf hingewiesen, daß die Reaktion von MAUPERTUIS weniger wegen der von KOENIG und D'ARCY beanstandeten Unzulänglichkeiten seines (vermeintlich) allumfassenden Prinzips so blindwütig ausfiel, sondern wegen der von

---

[79] J. H. GRAF, *Der Mathematiker Johann Samuel Koenig und das Prinzip der kleinsten Aktion,* Bern 1889.

KOENIG in Frage gestellten Priorität. Nun ist es mit der «Entdeckung» grundlegend neuer Gesetze gewöhnlich so, daß diese quasi in der Luft liegen, weil vorangehende Beobachtungen oder die Behandlung von Teilproblemen nach umfassenderen Erkenntnissen drängen und durch Genie und Fleiß auch erlangt werden. So ermöglichten es KEPLERS Beobachtungen, wie KOENIG so wundervoll zum Ausdruck bringt, NEWTON, zum allgemeinen Massenanziehungsgesetz zu gelangen. Auch bei dem nicht minder berühmten, wenn nicht gar berüchtigten Prioritätsstreit zwischen LEIBNIZ und NEWTON um die «Entdeckung der Differentialrechnung» darf man nicht vergessen, daß schon die *Abhandlungen über Maxima und Minima* (1629) von PIERRE DE FERMAT [80] den Kern des Differentialkalküls in sich trugen. Es ist nun höchst interessant, daß eben dieser FERMAT auch derjenige gewesen ist, der – wohl zum ersten Male – einer Bewegung ein allgemeineres Prinzip als zum Beispiel das Galileische des freien Falles zugrunde legte: In der *Synthese der Brechungserscheinungen* schreibt er:

«Unser Beweis[81] stützt sich auf die einzige Forderung, daß die Natur stets auf dem Wege des geringsten Widerstandes vorgeht. Dies ist nach unserem Dafürhalten die richtige Formulierung, nicht aber, wie die meisten annehmen, daß die Natur stets den kürzesten Weg wähle.
Ebenso wie GALILEI bei seinen Untersuchungen über die natürliche Bewegung unter dem Einfluß der Schwerkraft als Maßstab für die Bewegung nicht etwa den Weg, sondern die Zeit wählt, so ist auch für uns in gleicher Weise nicht der Gesichtspunkt maßgebend, daß möglichst kurze Strecken zurückgelegt werden, sondern daß diese vielmehr bei geringerem Widerstande[82] und in kürzester Zeit durchlaufen werden.»

Hier schimmert also schon ganz deutlich in einer Extremalforderung die «Kombination» von Weg und Zeit durch. Natürlich waren damals (um 1636) weder das Kraft und Massenbeschleunigung verbindende Gesetz von NEWTON noch der notwendige Differentialkalkül vorhanden, um solchen Gedanken auch eine quantitative Formulierung zu geben. In dieser Richtung setzte sich die Entwicklung in den Schriften von LEIBNIZ (Bild 36) fort, dessen diesbezügliche – teilweise in Zweifel gezogene – Bemerkungen und Ausführungen in dem vorangehend geschilderten Streit eine so bedeutende Rolle spielten. Die hierüber insbesondere im Zusammenhange mit der Geschichte des Prinzips der kleinsten Aktion entstandene Literatur ist bedeutend und umfangreich, aber in den Absichten und Deutungen – wie schon einleitend betont – durchaus nicht einheitlich[83]. Die universale, in Mathematik, Naturwissenschaften, Philosophie und Theologie tätige Genialität von LEIBNIZ strebte nach einer harmoni-

---

[80] Ostwalds Klassiker der exakten Wissenschaften Nr. 208.
[81] Des Brechungsgesetzes der Lichtbewegung.
[82] Selbstverständlich ist hier dieses Wort nicht im heutigen Sinne einer reinen Dämpfung aufzufassen.
[83] In der zeitlichen Reihenfolge seien angeführt:
A. MAYER: *Geschichte des Prinzips der kleinsten Action* (Leipzig 1877); H. VON HELMHOLTZ: *Zur Geschichte des Prinzips der kleinsten Aktion*, Sitzungsber. d. Berliner Akad. *1887*; M. PLANCK: Das Prinzip der kleinsten Wirkung, *Physik*, herausg. von E. LECHER (Berlin 1925); A. KNESER: *Das Prinzip der kleinsten Wirkung von Leibniz bis zur Gegenwart* (Leipzig 1928); J. O. FLECKENSTEIN: Vorwort zu *Leonhardi Euleri Opera Omnia*, II 5 (Zürich 1957); A. HARNACK: *Geschichte der Königlich Preußischen Akademie der Wissenschaften zu Berlin*, 2 Bde. (Berlin 1900); E. KOENIG: *Johann Samuel Koenig, Mathematiker und Jurist*. Berner Zeitschrift f. Gesch. und Heimatkunde *1967*, Heft 4. Die späteren, unter Namensnennung erfolgten Zitate stammen aus diesen Werken und Publikationen.

schen, sich im Sinne der Teleologie äußernden Weltbetrachtung, die in der Maxime gipfelt, daß «die Welt, so wie sie existiert, die bestmögliche ist»[84]. Schon diesem philosophischen Universalprinzip kann man eine mathematische Deutung im Sinne einer Extremalforderung geben[85], und noch konkreter ist dies der Fall in den Teilprobleme der Physik und insbesondere der Mechanik betreffenden Äußerungen von LEIBNIZ.

So lesen wir in der Abhandlung *De rerum originatione radicali*:

> «Immer gibt es in den Dingen ein Prinzip der Bestimmung, welches vom Maximum oder Minimum hergenommen ist, daß nämlich die größte Wirkung hervorgebracht werde mit dem kleinsten Aufwand so zu sagen. Und hier muß Zeit, Ort, um es mit einem Worte zu sagen, die Empfänglichkeit oder Aufnahmefähigkeit für den Aufwand gehalten werden. Hieraus ist schon wundervoll zu ersehen, wie im Ursprung der Dinge eine gewisse göttliche Mathematik und ein metaphysischer Mechanismus wird und eine Bestimmung des Maximums stattfindet.»[86]

Was LEIBNIZ unter «Actio» (Wirkung) verstanden hat, ist aus verschiedenen seiner Schriften klar zu ersehen; so schreibt er im März 1696 an JOHANN BERNOULLI:

> «Die bewegenden Aktionen des bewegten Massenpunktes sind im zusammengesetzten Verhältnis der unmittelbaren Wirkungen, nämlich der durchlaufenen Strecken und der Geschwindigkeiten. Also sind die Wirkungen in einem Verhältnis, das zusammengesetzt ist aus dem einfachen Verhältnis der Zeiten und dem quadratischen der Geschwindigkeiten. Deshalb sind in gleichen Zeiten oder Zeitelementen die bewegenden Aktionen des Körpers im doppelten Verhältnis der Geschwindigkeiten, oder wenn verschiedene bewegte Körper vorliegen, in einem Verhältnis, das aus dem einfachen Verhältnis der bewegten Massen und dem doppelten der Geschwindigkeiten zusammengesetzt ist.»

Bedeuten also m die Masse, v die Geschwindigkeit, ds und dt die Elemente des Weges und der Zeit, so ist (wegen $ds = v\,dt$) die Aktion $m\,v\,ds = m\,v^2\,dt$ bzw. das Aktionselement; daß aber für LEIBNIZ wirklich das Integral

$$\int m\,v\,ds = \int m\,v^2\,dt = A \qquad (9)$$

derjenige Ausdruck[87] für die Aktion ist, der nach seinem teleologischen Prinzip einen Extremwert haben sollte, geht nur aus seinem von KOENIG zitierten Brief klar hervor. Daß er den größten Wert auf den Begriff der bewegenden Aktion (*actiones motrices*) legte, zeigen die weiteren mit Beispielen illustrierten Ausführungen in seinem erwähnten Brief an JOHANN BERNOULLI. Daß LEIBNIZ mathematisch imstande gewesen wäre, ein aus (9) hervorgehendes «Variationsproblem»

$$A = \int v\,ds = \text{Extremum} \qquad (10)$$

---

[84] Aus der umfangreichen Leibnizliteratur sei besonders hingewiesen auf J. O. FLECKENSTEIN: *Gottfried Wilhelm Leibniz* (Thun und München 1958).

[85] Aus dem unendlichen «Vorrat an Funktionen» diejenigen auszuwählen, die der verkündeten Optimalforderung genügen.

[86] «Man darf wohl sagen», schreibt A. KNESER, «daß hier das Prinzip der kleinsten Wirkung, natürlich in unbestimmter Form, mindestens so gut ausgesprochen wird wie bei MAUPERTUIS, der ja nie zu einer exakten Formulierung und nie zu einer einzigen korrekten Anwendung seines Prinzips gelangt ist.»

[87] Der in der zweiten Form (bis auf den unwesentlichen Faktor 1/2) das Zeitintegral über die kinetische Energie ist und für die kräftefreie ebene Bewegung ($v = $ konst) auf $\int dt = t = $ Extremum (Minimum) führt, was die geradlinige (Trägheits-)Bewegung beinhaltet.

Bild 36
GOTTFRIED WILHELM LEIBNIZ (1646–1716).

für gewisse Fälle, zum Beispiel für den Wurf im Schwerefeld (mit $v = \sqrt{2gy}$), zu lösen (also zur Wurfparabel zu gelangen), das hat er mit der Lösung des Problems der Kurve kürzester Fallzeit[88] bewiesen, wobei das schwierigere Integral

$$\int \frac{ds}{\sqrt{y}} = \int \sqrt{\frac{1 + (dy/dx)^2}{y}}\, dx$$

zu minimieren war.

Warum LEIBNIZ diesen Problemkreis nicht konkreter aufgriff, ist mit Bestimmtheit nicht mehr zu beantworten. Vielleicht sollte das, wie er an HERMANN schreibt, in seiner unvollendeten *Dynamik* geschehen, in deren Torso die gleichen Ansichten vertreten und dieselben Begriffsbestimmungen geprägt werden. HELMHOLTZ (1821–1894) spricht die Vermutung aus, daß die in dem von KOENIG zitierten Brief geäußerte Ansicht, die Aktion sei «gewöhnlich ein Maximum oder Minimum», eine gewisse Unsicherheit verbirgt, die LEIBNIZ mit der Publikation eines fertigen Prinzips zögern ließen. Denkbar ist auch, daß ihm seine anderweitigen Arbeiten nicht genügend Zeit zur Klärung und Ausschöpfung seiner Gedanken ließen; aber die Anregung war da, auch für diejenigen, die den Ideenreichtum dieser Gedanken von LEIBNIZ ungern oder überhaupt nicht zugaben. Aber die durch JOHANN BERNOULLIS Brachistochronenproblem angeregte neue mathematische Disziplin, die «Variationsrechnung»[88], eröffnete gerade für die Leibnizschen Gedanken neue Möglichkeiten.

DANIEL BERNOULLI, der Sohn JOHANN I BERNOULLIS, war wohl der erste, der die Anwendungsmöglichkeiten der – wie man es damals noch nannte – «isoperimetrischen Methode» ahnte, und so schrieb er am 28. Januar 1741 an LEONHARD EULER (Bild 35), der damals in dem neuen Kalkül unbestritten der führende Mann war und sein Werk *Methodus inveniendi*[88] in Bearbeitung hatte:

«Von Euer Wohledelgeboren möchte vernehmen, ob Sie nicht meinen, daß man die *orbitas circa centra vivium* könne *methodo isoperimetrica* herausbringen.»

In einem Brief vom 12. Dezember 1742 heißt es (in einem Musterbeispiel für das damalige wissenschaftliche Deutsch):

«Man kann die *principia maximorum et minimorum* nicht genugsam ausforschen. Meiner Meinung nach ist dieses *Argumentum inter omnia pure analytica utilissimum* und dieses ein wahres Exempel, daß *vel sola propositio problematis*, wenn auch die Solution nicht hätte, *saepe maxima laude digna* sey.»

DANIEL BERNOULLI will also von EULER die Bahnbestimmung für die unter der Einwirkung von Zentralkräften stehenden Körper (zum Beispiel Projektile und Planeten) mit den Methoden der Variationsrechnung gelöst sehen. Aber neben dieser Aufgabe der Kinetik schlägt er ihm in einem späteren Brief vom 20. Oktober 1742 vor, ein elastostatisches Problem, nämlich die von seinem Onkel JAKOB BERNOULLI geschaffene Balkentheorie[89] mit derselben Methode zu behandeln:

«Da niemand die isoperimetrische Methode so vollkommen beherrscht wie Sie, werden Sie dieses Problem, bei dem gefordert wird, daß $\int ds/R^2$ ein Minimum werde, gar leicht solvieren.»

---

[88] Siehe Abschnitt C dieses Kapitels.
[89] Siehe Kapitel IV, Abschnitt A.

EULER löst die beiden an ihn herangetragenen Probleme in gewohnt glänzender
Manier und publiziert sie in der 1744 erschienenen *Methodus inveniendi*: als Additamentum I (das Balkenproblem)[90] und Additamentum II (das kinetische Problem).
Für uns ist hier nur das Additamentum II mit dem Titel: *De motu projectorum in medio
non resistente, per Methodum maximorum ac minimorum determinando* von Belang.
EULER muß schon im Frühjahr 1743 im Besitze der Lösung gewesen sein, denn
D. BERNOULLI beglückwünscht ihn in seinem Brief vom 23. April 1743; dieses Datum
muß wegen der Publikationszeit von MAUPERTUIS festgehalten werden. Die Abhandlung leitet EULER mit folgenden Worten ein:

«Da ja alle Wirkungen in der Natur irgendeinem Gesetz des Maximums oder Minimums folgen, so besteht
kein Zweifel, daß in den Bahnen geworfener Körper, die von irgendwelchen Kräften angetrieben werden,
irgendeine Eigenschaft des Maximums oder Minimums lokalisiert sein muß. Welches aber diese Eigenschaft
sei, ist aus metaphysischen Prinzipien nicht so leicht zu ersehen, weil aber diese Kurven selbst auch nach der
direkten Methode ermittelt werden können, wird man bei gebührender Aufmerksamkeit das erschließen
können, was in ihnen Maximum oder Minimum ist. Vornehmlich zu betrachten ist der durch die wirkenden
Kräfte entstehende Effekt, der in der Bewegung des Körpers besteht, so daß es der Wahrheit angemessen
erscheint, daß diese Bewegung selbst ein Minimum sein müsse. Wenn auch dieser Schluß nicht hinreichend
gesichert erscheint, so wird er doch, wenn ich seine mit der schon a priori anerkannten Wahrheit
nachgewiesen habe, solches Gewicht bekommen, daß alle Zweifel, die entstehen könnten, verschwinden.
Und wahrhaftig, wenn die Richtigkeit dieses Schlusses nachgewiesen wird, so wird es leichter sein, die
inneren Gesetze der Natur und die Endursachen zu erforschen und diese Behauptung mit den zuverlässig-
sten Begründungen zu bekräftigen.»

Führen wir hier noch aus der Einleitung des Additamentum I an: «Da der Plan des
gesamten Universums der vollkommenste ist und vom weisesten Schöpfer festgelegt,
so geschieht nichts auf der Welt, dem nicht irgendein Verhältnis des Maximums oder
Minimums zugrunde liegt»[91], so kann der Behauptung kaum widersprochen werden,
daß EULER sich hier unbewußt im Gedankenkreise der Leibnizschen Teleologie
bewegt, wenn er, der glühende Anhänger NEWTONS, sonst sich von fast allem distan-
ziert, was von LEIBNIZ kommt! Auch das Nebeneinanderstehen von Maximum und
Minimum ist «Leibnizisch» und steht im Widerspruch zu dem metaphysischen
Ökonomieprinzip des reinen Minimums von MAUPERTUIS; neu ist natürlich die
anschließende mathematische Formulierung mit dem Aktionselement $m\,v\,ds$, die dann
in Analogie zu (10) mit $v \sim \sqrt{y}$ (y = Fallhöhe) auf das Variationsproblem

$$\int \sqrt{y}\,ds = \text{Extremum} \tag{10a}$$

mit der Parabel als Lösung führt.
In den weiteren Ausführungen behandelt EULER auf dieser Basis noch mehrere
Probleme der «Punktmechanik», darunter auch die Planetenbewegung.

[90] Siehe Abschnitt C dieses Kapitels.
[91] Zu solchen a priori Ansichten äußert sich allerdings D. BERNOULLI (am 25. Dez. 1743): «Ich zweifle,
   ob man jemals *a priori* werde zeigen können, daß die *elastica* müsse *maximum solidum* generieren; ich
   betrachte solches als eine Proprietät, die der *calculus* ausweist und die kein Mensch *ex principiis
   novis* würde haben vorhersehen können, ebenso wenig wie die *identitatem isochronae et brachysto-
   chronae*. Dergleichen *proprietates* sind *ratione nostri* gleichsam *accidental* und auf diesen Fuß
   betrachte auch die *observatam proprietatem orbitorum*.»

Was nach diesen von LEIBNIZ und EULER vorliegenden, teils begrifflichen und prinzipiellen Äußerungen, teils konkret formulierten und gelösten Problemen für MAUPER-
TUIS' Prioritätsansprüche übrigbleibt, ist recht bescheiden; eigentlich gar nichts. Auch
der Ansicht von PLANCK (1858–1947), daß das eigentliche Verdienst von MAUPERTUIS
darin bestand, daß er überhaupt nach einem Minimumprinzip suchte, kann man kaum
beipflichten: Das taten schon FERMAT und, wie wir sahen, LEIBNIZ, D. BERNOULLI und
EULER vor MAUPERTUIS und in viel klarerer Form. Um so mehr muß es überraschen,
daß MAUPERTUIS in der Einleitung seiner hier schon kritisierten Abhandlung von 1746
EULERS Additamenta als «schöne Anwendungen» seines Prinzips nennt! Man hat viel
herumgerätselt, warum EULER diese Anmaßung seines Präsidenten wenn auch nicht
scharf zurückgewiesen, so doch wenigstens mit Totschweigen gestraft habe. Im Gegenteil: In mehreren Abhandlungen der Berliner Akademie von 1751, die allerdings erst
1753 auf dem Höhepunkt des Streites KOENIG – MAUPERTUIS erschienen, ist er voll
des Lobes für das Maupertuissche Prinzip und wird immer schärfer in seinen Angriffen gegen SAMUEL KOENIG; seine eigene «Entdeckung» degradiert er zu einem ganz
speziellen Fall des Prinzips von MAUPERTUIS, denn er schreibt:

«Ich muß aber betonen, daß meine Entdeckung, da sie erst publiziert ist, nachdem Herr de MAUPERTUIS sein
Prinzip dargelegt habe, ihm die Priorität nicht streitig machen kann. Außerdem habe ich diesen interessanten
Zusammenhang nicht *a priori* entdeckt, sondern *a posteriori*, indem ich nach mehreren Versuchen endlich
den Ausdruck für die Größe fand, die bei diesen Bewegungen ein Minimum wird. Da ich ihr keine weitere
Gültigkeit zuzuschreiben wagte, als für den von mir untersuchten Fall, glaube ich nicht, daß ich ein
allgemeines Prinzip gefunden hätte.»

Diese Hochachtung vor dem *a priori* und seine Vorliebe für teleologisch-theologische
Spekulationen [92] wird der Hauptgrund für seine Parteinahme gewesen sein. Sein
Landsmann, der Basler Mathematiker O. SPIESS, schreibt hierzu:

«Das Prinzip der kleinsten Aktion mit seiner teleologisch-theologischen Spitze, die ihm MAUPERTUIS
gegeben, rührte an die religöse Saite in seiner Brust. Nur daß der liebe Gott an der Sache interessiert war,
erklärt, warum EULER beide Augen zumachte gegenüber den offensichtlichen Schwächen des Standpunktes,
den er verteidigte. Und zudem ging es ja gegen LEIBNIZ und den Wolffianer KOENIG! Wo immer EULER gegen
diese verhaßte Philosophie stößt, kommt in sein Gebaren ein Zug von Theologeneifer. Seine Antipathie
verhinderte ihn, in diesem Falle anzuerkennen, daß das, was MAUPERTUIS wollte, schon längst von LEIBNIZ,
und zwar in besserer Form, ausgesprochen war.»

EULER gesteht, daß ihn sein metaphysischer Ausgangspunkt nicht vollauf befriedigt,
und vielleicht ist hier einer der Gründe zu suchen, weshalb er diesen Weg nicht weiter
verfolgt hat. Aber noch triftiger scheint es zu sein, daß sich nach seiner eigenen
Feststellung «die Bahnkurven aus den gewöhnlichen mechanischen Prinzipien mit
weniger Kalkül gewinnen lassen». Auch das Versagen des von MAUPERTUIS als
«universal» gelobten Prinzips bei Bewegungswiderständen scheint ihm die Freude an
der weiteren Ausschöpfung seiner Gedanken genommen zu haben. Nicht ohne Widerspruch kann man allerdings HELMHOLTZ' Behauptung lesen:

---

[92] Im Jahre 1747 veröffentlichte er (anonym) die apologetische Streitschrift *Rettung der göttlichen
Offenbarung gegen die Einwürfe der Freygeister!* («Ein Glück für EULER», schrieb O. SPIESS, «daß der
regierende Spötter und Freigeist in seinen Staaten jedem gestattete, nach seiner Fasson selig zu
werden!»).

«EULERS Bemühungen, einen allgemeinen Beweis des Prinzips zu finden, sind daran gescheitert, daß er ebensowenig wie MAUPERTUIS die allgemeine Bedingung gefunden hatte, welche bei dem Vergleiche der wirklichen mit den abgeänderten Bahnen für die Bewegung in den letzteren eingehalten werden muß. Diese Bewegungen müssen nämlich alle von der Art gewesen sein, daß die Größe der Gesamtenergie nicht geändert wird. Ohne den Zusatz dieser Bedingung ist das allgemeine Prinzip noch nicht vollständig ausgesprochen, ist nicht allgemein gültig und kann daher auch nicht bewiesen werden.»

Schon die Ansicht, daß ein Prinzip «bewiesen werden» soll, ist merkwürdig, und geradezu unverständlich ist die Ansicht, daß EULER nicht gewußt habe, daß «bei dem Vergleich der wirklichen mit den abgeänderten Bahnen die Gesamtenergie nicht geändert wird»: verwendet er doch in dem Aktionsintegral

$$\int v \, ds = \text{Extremum} \tag{11}$$

für die Geschwindigkeit den schon CHRISTIAAN HUYGENS und LEIBNIZ bekannten Energiesatz

$$E + U = mv^2/2 + m g y = h = \text{konst,} \tag{12}$$

wenn er v proportional zu $\sqrt{y}$ setzt und somit zu der Formel (10a) gelangt. Außerdem betont er schon in der Überschrift des Additamentum II, daß die Bewegung im Medium ohne Widerstand, also ohne Energieverlust erfolgen soll. So ist es offenbar, daß EULER der – bis auf einen unwesentlichen Faktor – aus (11) und (12) hervorgehende und später nach C.G.J.JACOBI (1804–1851) genannte Zusammenhang

$$\int \sqrt{h - U} \, ds = \text{Extremum} \tag{13}$$

nicht entgangen sein kann, und dies um so mehr, als die Nichtverwendung des Energiesatzes als Nebenbedingung das Aktionsintegral von den die gesuchte Bewegung bestimmenden Kräften unabhängig gemacht hätte. Allerdings hätte eine so präzise Formulierung der Übereinstimmung der Eulerschen Entdeckung mit dem Maupertuisschen Prinzip diesem auch den letzten Schein genommen, was EULER sicherlich vermeiden wollte.

J.L.LAGRANGE nahm die Eulerschen Gedanken wieder auf und entwickelte das Prinzip der kleinsten Wirkung für Körpersysteme. Dabei kam die Variationsrechnung zum Tragen, und diese wollen wir vor dem Lagrangeschen Prinzip kennenlernen, da sie später für die gesamte Mechanik grundlegende Bedeutung erlangte.

C   Variationsrechnung und Mechanik

> Da nämlich der Plan des Universums
> der vollkommenste ist ...
> Deshalb kann kein Zweifel bestehen,
> daß alle Wirkungen in der Welt aus
> den Endursachen mit Hilfe der Methode
> der Maxima und Minima gleich gut bestimmt
> werden können wie aus den bewirkenden Ursachen.
> LEONHARD EULER

1   Extremwerte gegebener Funktionen

Schon in der Schule lernt man die Schreibweise $y = f(x)$ kennen; sie kennzeichnet den Sachverhalt, daß den Werten der unabhängigen Veränderlichen x nach irgendeiner Vorschrift (zum Beispiel der des Potenzierens, Addierens, Wurzelziehens usw.) die entsprechenden Werte der abhängigen Veränderlichen y zugeordnet sind. Man pflegt dann diesen Zusammenhang in einem rechtwinkligen Koordinatensystem mit den Achsen x und y zu versinnbildlichen (quasi «sichtbar» zu machen), und lernt auch, solche Funktionen zu diskutieren, das heißt ihren kurvenmäßigen Verlauf in dem erwähnten Koordinatensystem zu skizzieren. Eine wesentliche Rolle bei dieser Charakterisierung des geometrischen Bildes einer Funktion spielt die Steigung der Kurve, die angibt, wie «schnell» sich die Funktion y ändert, wenn wir zu benachbarten Werten von x übergehen. Ein Maß für die Steigung einer Kurve an der Stelle x ist offenbar der gegen die positive x-Achse gemessene Winkel ϑ der in diesem Punkte P an die Kurve gelegten Tangente T (Bild 37). Schon in der Schule und

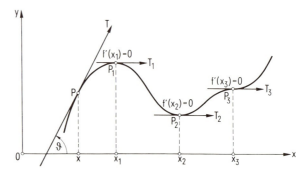

Bild 37
Extremwerte der Funktion $y = f(x)$.

später – in vertieften Ausführungen – an der Universität wird gezeigt, daß der Tangens dieses Winkels ϑ der Ableitung $y' = f'(x)$ oder dem Differentialquotienten dy/dx gleich ist:

$$y' = f'(x) = \frac{dy}{dx} = \tan \vartheta.$$

Für die gebräuchlichsten Funktionen und ihre Kombinationen leitet man aus der Definitionsgleichung des Differentialquotienten als Grenzwert des Differenzenquotienten für unbegrenzt kleiner werdendes Δx, also aus

$$\frac{\mathrm{d}y}{\mathrm{d}x} = \lim_{\Delta x \to 0} \left\{ \frac{f(x + \Delta x) - f(x)}{\Delta x} \right\},$$

Differentiationsformeln her. So gehören zum Beispiel zu $y = ax^n$; a^x; $\sin x$; $\cos x$; $\tan ax$ (wenn a und n Konstanten bedeuten) die Ableitungen $y' = anx^{n-1}$; $a^x \log \mathrm{nat}\, a$; $\cos x$; $-\sin x$; $a/\cos^2 ax$. Betrachtet man noch einmal das Bild 37, so sieht man, daß die Punkte P_1 bzw. P_2 dadurch ausgezeichnet sind, daß in ihnen im Verhältnis zu den benachbarten Punkten die Funktionswerte $y_1 = f(x_1)$ bzw. $y_2 = f(x_2)$ einen höchsten Wert (Maximum) bzw. kleinsten Wert (Minimum) annehmen. Mit anderen Worten, in dem zwischen x und x_3 liegenden Bereich hat die Funktion $y = f(x)$ für $x = x_1$ ein Maximum und für $x = x_2$ ein Minimum. Diese Punkte sind aber auch dadurch charakterisiert, daß in ihnen – wegen des verschwindenden Tangentenwinkels – die Ableitungen Null werden, und damit ist gleich der Weg gezeigt, auf dem man, ohne die Kurve zeichnen zu müssen, die Lage solcher «Extremalpunkte» finden kann: Man setze $y' = f'(x) = 0$ und löse diese Gleichung nach x auf.
Um entscheiden zu können, ob an den so ermittelten Stellen für x wirklich ein Extremalwert vorliegt, müssen, wie die Mathematik lehrt, die höheren Ableitungen (gewöhnlich bis zur zweiten) gebildet und ihre Werte an diesen Stellen ermittelt werden; sie entscheiden, ob in diesen Punkten ein Maximum ($f''(x_1) < 0$), ein Minimum ($f''(x_2) > 0$) oder überhaupt kein Extremwert, sondern z.B. ein Wendepunkt (in dem die Tangente in P_3 die Kurve schneidet und $f''(x_3) = 0$ ist) vorliegt. Das Verschwinden der ersten Ableitung ist also nur eine «notwendige, jedoch keine hinreichende Bedingung» einer Extremalstelle. Die Lösungen solcher Aufgaben und Probleme gehören zu den reizvollsten Anwendungen der Differentialrechnung.
Zur Illustration eines gewöhnlichen Extremalproblems im eben geschilderten Sinne und mit Rücksicht auf eine spätere Verwendung des Resultates sei folgende Aufgabe gestellt: In den durch die Gerade G getrennten Medien M_1 und M_2 seien v_1 und v_2 die Geschwindigkeiten eines sich geradlinig ausbreitenden Lichtstrahles (Bild 38).

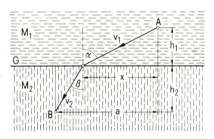

Bild 38
Brechung eines Lichtstrahles an der Grenze G zweier Medien M_1 und M_2 mit den Ausbreitungsgeschwindigkeiten v_1 und v_2.

Welchen (aus zwei Geraden bestehenden) Weg muß ein von A ausgehender Lichtstrahl einschlagen, um in kürzester Zeit nach B zu gelangen?

Da die gesamte Laufzeit offenbar $t = \dfrac{\sqrt{h_1^2 + x^2}}{v_1} + \dfrac{\sqrt{h_2^2 + (a-x)^2}}{v_2}$ beträgt, liefert die

Bedingung $\dfrac{dt}{dx} = 0$ die Beziehung

$$\frac{1}{v_1}\frac{x}{\sqrt{h_1^2 + x^2}} = \frac{\sin\alpha}{v_1} = \frac{1}{v_2}\frac{a-x}{\sqrt{h_2^2 + (a-x)^2}} = \frac{\sin\beta}{v_2} = \text{konstant},$$

also $\dfrac{v_1}{v_2} = \dfrac{\sin\alpha}{\sin\beta}$, \hfill (14)

und das ist das bekannte Brechungsgesetz der Optik und zugleich ein Ausdruck des Fermatschen Prinzips von der kürzesten Laufzeit des Lichtes.

Wir begnügen uns hier mit dem Resultat (14): Die Auflösung nach x verlangt die Behandlung einer Gleichung vierten Grades.

2   Variationsprobleme

Das Charakteristische des vorangehenden Beispiels war, daß für eine gegebene Funktion die möglichen Extremalstellen und ihre Werte gefunden werden sollten. Es ist interessant, daß schon einige Jahrzehnte nach der «Entdeckung» der Differentialrechnung ein völlig neuer Problemkreis von Extremalfragen das Interesse der Mathematiker erregte: die Variationsrechnung. Im Juni-Band des Jahres 1696 der von LEIBNIZ mitbegründeten und in Leipzig gedruckten Acta Eruditorum veröffentlichte der Basler Mathematiker JOHANN BERNOULLI eine «Einladung zur Lösung eines neuen Problems»:

Wenn in einer vertikalen Ebene zwei nicht untereinander liegende Punkte O und A gegeben sind, soll man dem beweglichen Punkt P eine Bahn OPA anweisen, auf welcher er, von O ausgehend, vermöge seiner Schwere in kürzester Zeit nach A gelangt (Bild 39).

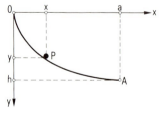

Bild 39
Zum Variationsproblem, das JOHANN BERNOULLI 1696 in den Acta Eruditorum zur Lösung stellte.

Zur Erläuterung dieses – wie LEIBNIZ ihm erwidert – «sehr schönen und unerhörten» Problems schreibt JOHANN BERNOULLI (Bild 40) weiter:

«Der Sinn der Aufgabe ist der: Unter den unendlich vielen Kurven, welche die beiden Punkte verbinden, soll diejenige ausgewählt werden, längs welcher, wenn sie durch eine entsprechend gekrümmte dünne

Bild 40
JOHANN BERNOULLI (1667–1748).

Röhre ersetzt wird, ein hineingelegtes und freigelassenes Kügelchen seinen Weg von einem zum Anderen Punkte in kürzester Zeit durchmißt. Um aber jede Zweideutigkeit auszuschließen, sei ausdrücklich bemerkt, daß ich hier die Hypothese von GALILEI annehme, an deren Wahrheit, wenn man vom Bewegungswiderstande absieht, kein verständiger Geometer zweifelt, daß nämlich die Geschwindigkeiten, welche ein fallender Körper erhält, sich wie die Quadratwurzeln der durchmessenen Höhen verhalten.»

Nehmen wir der Einfachheit halber an, daß das «Kügelchen» seine Bewegung in O ohne Anfangsgeschwindigkeit beginnt, so besagt die von der Schule her (mit der

Erdbeschleunigung g) in der Form $v = \sqrt{2\,gh}$ bekannte «Galileische Hypothese» für die Geschwindigkeiten v_P und v_A in P und A:

$$\frac{v_P}{v_A} = \sqrt{\frac{y}{h}}, \quad \text{das heißt} \quad v_P = v = \frac{v_A}{\sqrt{h}}\sqrt{y} = c\sqrt{y} = \sqrt{2\,g\,y}. \tag{15}$$

Benötigt das «Kügelchen», um das Wegelement ds zurückzulegen, die Zeit dt, so gilt einerseits $v = ds/dt$, und andererseits nach Bild 41, welches das Elementardreieck der gesuchten Kurve $y = f(x)$ zeigt,

$$ds = \sqrt{dx^2 + dy^2} = \sqrt{1 + (dy/dx)^2}\,dx = \sqrt{1 + y'^2}\,dx. \tag{16}$$

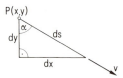

Bild 41
Elementardreieck der Kurve kürzester Fallzeit.

Damit erhalten wir aus (15) für das Zeitelement

$$dt = \frac{1}{\sqrt{2g}}\sqrt{\frac{1 + y'^2}{y}}\,dx.$$

Sein Integral (zwischen $t = 0$ und $t = T$ bzw. $x = 0$ und $x = a$) ergibt die Laufzeit T, die ein Minimum werden soll:

$$\int_0^T dt = T = \text{Minimum} = \frac{1}{\sqrt{2g}}\int_0^a \sqrt{\frac{1 + y'^2}{y}}\,dx. \tag{17}$$

Diese Formel zeigt das Charakteristische solcher sogenannter Variationsprobleme: Aus einer Schar möglicher – quasi «variierter» – Kurven ist diejenige herauszufinden, die einen mit ihr gebildeten Integralausdruck zu einem Extremum (Maximum oder Minimum) macht. In Verallgemeinerung von (17) könnte man

$$J = \int_a^b F(x, y, y')\,dx = \text{Extremum} \tag{18}$$

als die (einfachste) Grundaufgabe der Variationsrechnung bezeichnen, wobei $F(x, y, y')$ eine gegebene Funktion der Variablen x und der unbekannten Funktion y und ihrer Ableitung y' ist.

Wir verweilen noch etwas bei JOHANN BERNOULLIS speziellem Variationsproblem: Seiner Aufforderung (sein älterer, mit ihm verfeindeter Bruder JAKOB schrieb von einer «Herausforderung») sind LEIBNIZ, L'HOSPITAL (1661–1704), NEWTON, HUYGENS und JAKOB BERNOULLI nachgekommen und teilten ihre richtigen Lösungen mit. Am elementarsten, aber nicht minder genial ist die Lösung von JOHANN BERNOULLI selbst. In Verallgemeinerung der vorangehend angeführten Aufgabe bzw. in Kenntnis des Fermatschen Prinzips nimmt er eine mit der Höhe nach Maßgabe der erwähnten Galileischen Hypothese stetig veränderliche Geschwindigkeit (v proportional zu $\sqrt{y}$) an. Dieser Annahme entspricht nach Bild 41 und wegen der Formeln (14), (15) und (16) die Beziehung

$$\frac{\sin \alpha}{v} = \frac{1}{v}\frac{dx}{ds} = \frac{1}{v}\frac{1}{\sqrt{1+y'^2}} = \text{konstant},$$

das heißt

$$\frac{1}{\sqrt{y(1+y'^2)}} = \text{konstant}. \tag{19}$$

Dieser sogenannten Differentialgleichung genügt also die gesuchte Kurve kürzester Fallzeit, auch Brachistochrone genannt. Da in der damaligen Zeit noch keine Theorie zur Lösung von Differentialgleichungen existierte (man war entzückt, daß man differenzieren und in den einfachsten Fällen integrieren konnte), half man sich, indem man von einigen Funktionen nachwies, daß sie bestimmten Differentialgleichungen genügten. So war es für JOHANN BERNOULLI nicht schwer zu erkennen, daß die gewöhnliche Zykloide der Differentialgleichung (19) genügt. Er schreibt:

«Mit Recht bewundern wir HUYGENS, weil er zuerst entdeckte, daß ein schwerer Punkt auf einer gewöhnlichen Zykloide in derselben Zeit herabfällt, an welcher Stelle er auch die Bewegung beginnt. Aber man wird starr vor Erstaunen sein, wenn ich sage, daß gerade diese Zykloide, die Tautochrone von HUYGENS, die gesuchte Brachistochrone ist.»

Bekanntlich wird eine gewöhnliche Zykloide von einem Punkt der Peripherie eines Kreises beschrieben, der ohne Gleiten, hier auf der unteren Seite der horizontalen

Bild 42
Konstruktion der gewöhnlichen Zykloide.

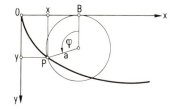

Geraden rollt (Bild 42). Wegen $\overset{\frown}{PB} = a\,\varphi = OB$ (a = Kreisradius) erhält man mit dem Wälzungswinkel φ die Parameterdarstellung (Parameter φ) der Zykloide:

$$x = a(\varphi - \sin \varphi), \quad y = a(1 - \cos \varphi). \tag{20}$$

Dementsprechend ergibt sich für die Ableitung

$$y' = \frac{dy}{dx} = \frac{dy/d\varphi}{dx/d\varphi} = \cot(\varphi/2),$$

und somit wird in der Tat

$$\frac{1}{\sqrt{y(1+y'^2)}} = \frac{1}{\sqrt{2a}} = \text{konstant},$$

wie es die Bedingung (19) fordert. Das Bild 43 zeigt ein Modell, an dem die geschilderte Eigenschaft der Zykloide demonstriert werden kann: in A können gleichzeitig zwei Kügelchen losgelassen werden, von denen das auf der Zykloide rollende vor dem sich auf der Geraden bewegenden ankommt.

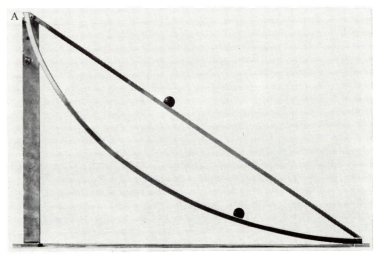

Bild 43
Modell mit gerader und zykloidischer Schiene zur
Demonstration der Brachistochroneneigenschaft
der Zykloide.

So geistreich auch diese Methode von JOHANN BERNOULLI gewesen ist, sie ermöglichte nur die Lösung eines speziellen Problems. Schon die Lösung von JAKOB BERNOULLI ist allgemeinerer Art, führt aber bereits bei einfachen Variationsproblemen zu sehr verwickelten Formeln. Der von ihm postulierte Grundgedanke ist folgender: die Extremaleigenschaft der gesuchten Kurve kommt auch jedem Teilstück dieser Kurve, insbesondere also auch einem Element derselben zu. Von diesem Postulat ausgehend, dessen Grenzen aber erkennend, gelingt LEONHARD EULER durch Vervollkommnung des Kalküls der Durchbruch zu einer neuen mathematischen

Disziplin, der Variationsrechnung. In einem der großartigsten Werke der mathematischen Literatur, das 1744 unter dem Titel *Methodus inveniendi lineas curvas maximi minimive proprietate gaudentes* (Methoden, um Kurven zu finden, die sich maximaler oder minimaler Eigenschaften erfreuen) gedruckt wurde, führt er die Variationsprobleme auf solche der gewöhnlichen Maxima und Minima zurück[93]. Er erhält dann für die gesuchte Funktion eine Differentialgleichung. So ergibt sich zum Beispiel für ein Variationsproblem der Form (18) die nach ihm benannte (Eulersche) Differentialgleichung

$$\frac{\partial F(x, y, y')}{\partial y} - \frac{\mathrm{d}}{\mathrm{d}x} \frac{\partial F(x, y, y')}{\partial y'} = 0; \tag{21}$$

diese ist, wie bei den gewöhnlichen Extremalproblemen (siehe Ziffer 1) das Verschwinden der ersten Ableitung, eine notwendige Bedingung für das Eintreten des geforderten Extremums des Variationsintegrals.

Aus Gleichung (14), in der das Symbol ∂ die partielle und d die totale Ableitung einer von x, $y = y(x)$ und $y' = y'(x)$ abhängigen Funktion bedeuten, geht eine gewöhnliche Differentialgleichung zweiter Ordnung hervor; ihre Lösungen heißen Extremalen. Nur in Spezialfällen existieren auch hinreichende Bedingungen für Variationsprobleme, so daß die allgemeine Theorie noch nicht abgeschlossen ist.

Zum Abschluß der Ausführungen in dieser Ziffer sei dem zur Mitarbeit geneigten Leser empfohlen, nachzuweisen, daß zu dem Variationsproblem (17) gemäß (21) die Eulersche Differentialgleichung

$$2 y y'' + 1 + y'^2 = 0 \tag{22}$$

gehört. Mit der Substitution $y' = \mathrm{d}y/\mathrm{d}x = p$ und somit

$$y'' = \frac{\mathrm{d}p}{\mathrm{d}x} = \frac{\mathrm{d}p}{\mathrm{d}y}\frac{\mathrm{d}y}{\mathrm{d}x} = \frac{\mathrm{d}p}{\mathrm{d}y}p \quad \text{läßt sich diese Differentialgleichung}$$

zweimal hintereinander integrieren. Man erhält mit den Integrationskonstanten x_0 und y_0

$$x + x_0 = y_0 \left[\arcsin \sqrt{\frac{y}{y_0}} - \sqrt{\frac{y}{y_0}\left(1 - \frac{y}{y_0}\right)} \right]. \tag{23}$$

Diese Darstellung der Zykloide folgt auch aus (20), wenn dort der Parameter φ eliminiert wird. Die Integrationskonstanten x_0 und y_0 können aus den Randbedingungen so ermittelt werden, daß die Zykloide – gemäß Bild 39 – durch die Punkte 0

---

[93] Die Beiträge von JOHANN und JAKOB BERNOULLI zur Variationsrechnung und die wesentlichen Teile aus EULERS *Methodus inveniendi* findet man in deutscher Übersetzung in Nr. 46 von Ostwalds Klassiker. Es sei auch verwiesen auf C. CARATHEODORY, *Basel und der Beginn der Variationsrechnung*, in Speiser-Festschrift, Zürich 1945.

und A hindurchgehen muß, das heißt für $x = 0$ bzw. $x = a$ muß $y = 0$ bzw. $y = h$ sein, also nach (23)

$$x_0 = 0; \quad a = y_0 \left[\arc \sin \sqrt{\frac{h}{y_0}} - \sqrt{\frac{h}{y_0} \left(1 - \frac{h}{y_0} \right)} \right].$$

Aus der zweiten, transzendenten Gleichung kann y_0 errechnet werden.

Eine Zwischenbemerkung: Während die Brachistochrone «Geschichte» in dem Sinne machte, daß man mit ihr üblicherweise die Variationsrechnung beginnen läßt, ist man nicht nur an Variationsproblemen des klassischen Altertums (siehe die nächste Ziffer), sondern auch an NEWTONS Problem des (Rotations-)Körpers kleinsten (Flüssigkeits-)Widerstandes vorbeigegangen. In Lib. II, Sekt. VII, Prop. XXXIV, Scholium (S. 326–327) der *Principia* (1687) stellt NEWTON diese Frage. Er gibt ohne jede Begründung nur eine geometrische Einkleidung der Differentialgleichung der Meridiankurve an und bemerkt, daß sein «Satz für die Konstruktion von Schiffen nicht ohne Nutzen sein wird». NEWTONS Ausführungen und insbesondere das, was er verschweigt, sind schwer in die Sprache der Analysis umzusetzen [94]; und das dürfte der Grund dafür gewesen sein, daß dieses Problem zunächst keine Aufmerksamkeit erregte.

3   Isoperimetrische Probleme der Variationsrechnung

Zum Abschluß der Lösung des von seinem Bruder gestellten Problems der Brachistochrone schlägt JAKOB BERNOULLI dem Bruder JOHANN, um «Vergeltung zu üben», vor, die folgende Aufgabe zu lösen: Auf der Basis OA ist eine Kurve OPA der Länge L so zu legen, daß die über der gleichen Basis gelegene Kurve OQA mit der aus Bild 44 ersichtlichen Eigenschaft (n = konstant) den größten Flächeninhalt ein-

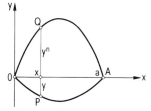

Bild 44
Zum isoperimetrischen Variationsproblem
von JAKOB BERNOULLI

schließt. Da hier nur Kurven gleichen Umfangs zur «Konkurrenz» zugelassen werden, nennt man ein solches Problem (nach dem entsprechenden griechischen Wort) ein isoperimetrisches. Mathematisch gesehen wird verlangt: Der Flächeninhalt der

[94] Siehe S. 323–324 bzw. 609–610 in der Wolfersschen Übersetzung der *Principia* (Fußnote 6 in Kapitel I) und auch I. SZABÓ: *Höhere Technische Mechanik*, 5. Auflage (1972), S. 102–103, und insbesondere E. A. FELLMANN, *Newtons Principia*, Jber. Dtsch. Math. Verein 77, Heft 3, S. 127–130 (1975). NEWTONS eigene Ableitung findet man in *The Correspondence of Isaac Newton*, Vol. 3, ed. H. W. TURNBULL, pp. 375 ff.; *The Mathematical Papers of Isaac Newton*, Vol. 6, ed. D. T. WHITESIDE.

von Kurve OQA umschlossenen Fläche muß ein Maximum werden, das heißt

$$J = \int_0^a y^n \, dx = \text{Maximum,} \tag{24}$$

wobei zusätzlich als (hier isoperimetrische) Nebenbedingung die Konstanz der Bogenlänge von der Kurve OPA gefordert wird, also mit (16)

$$\int_{x=0}^a ds = \int_0^a \sqrt{1 + y'^2} \, dx = L = \text{konstant.} \tag{25}$$

Wenn wir auch gewöhnlich den Beginn der Variationsrechnung mit JOHANN BERNOULLIS Brachistochronenproblem gleichsetzen, so sind uns schon Sagen des klassischen Altertums bekannt, die, in mathematische Form gekleidet, isoperimetrische Probleme darstellen.

Im ersten Gesang (340–368) seiner *Aeneis* berichtet uns VERGILIUS von der KÖNIGIN DIDO: Vor ihrem Bruder PYGMALION nach der Ermordung ihres Gemahls ACHERBAS aus Tyros flüchtend, gelangte sie mit ihren Getreuen an eine nordafrikanische Bucht, wo sie von den dortigen Einwohnern so viel Land geschenkt bekam, wie sie mit einer Stierhaut umspannen konnte. Den «Witz der Geschichte» unterschlägt VERGILIUS (als wohl selbstverständlich), aber wir finden ihn bei dem römischen Historiker JUSTINUS[95], der einen Auszug aus der *Weltgeschichte* des POMPEIUS TROGUS schrieb (Ed. Teubneriana): Dort (Buch XVIII, § 5.9) steht, daß sie befahl, die Haut in feinste Teile zu zerschneiden (*... in tenuissimas partes secari iubet, atque ita maius loci spatium, quam petierat, occupat*), um auf diese Weise ein möglichst großes Stück Land in Besitz nehmen zu können. So soll es zur Gründung der Stadt Karthago gekommen sein, 72 Jahre vor der Gründung von Rom! Freilich verlautet in der Sage nichts darüber, daß eine weitere Vergrößerung des erworbenen Landes durch geeignete Formgebung des aus der Stierhaut geschnittenen Lederstreifens zu erreichen ist. In diesem Sinne erweitert (quasi «modernisiert»), läßt sich das Problem der KÖNIGIN DIDO, wenn wir dem Hafencharakter von Karthago durch ein geradliniges Uferstück (als x-Achse) Rechnung tragen, mathematisch folgendermaßen erfassen (Bild 45): Es muß der Flächeninhalt

$$J = \int_0^x y(\xi) \, d\xi = \text{Maximum} \tag{26}$$

sein mit der (isoperimetrischen) Nebenbedingung, daß die Länge L des Streifens vorgegeben ist:

$$\int_{x=0}^x ds = \int_0^x \sqrt{1 + y'^2(\xi)} \, d\xi = L = \text{konstant.} \tag{27}$$

Das Neue an diesem Problem ist, daß die obere Grenze der Integrale noch unbekannt ist, da von vornherein nicht feststeht, an welchem Punkt (der x-Achse) das noch freie Ende des Lederstreifens zu liegen kommt. Man kann diese Schwierigkeit

---

[95] Diesen Hinweis verdanke ich durch die liebenswürdige Vermittlung von Herrn Professor LUDWIG BIEBERBACH (Oberaudorf) Herrn Professor HELMUTH KNESER (Tübingen).

überwinden, indem man anstatt x die Bogenlänge s als unabhängige Variable einführt:
Aus (16) folgt $dx = \sqrt{1 - (dy/ds)^2}\, ds$, womit sich aus (26)

$$J = \int_0^L y(s)\, \sqrt{1 - (dy/ds)^2}\, ds = \text{Maximum} \tag{28}$$

ergibt, also ein Variationsproblem der Form (18), wofür man die Eulersche Differentialgleichung gemäß (21) aufstellen und lösen kann. Aber dieses «Variationsproblem
des Altertums» wurde auch schon im Altertum von ZENODOROS (der auch das Wort
isoperimetrisch zum ersten Mal gebraucht) mit elementar-geometrischen Überlegungen gelöst, indem er nachwies, daß von allen Figuren gleichen Umfanges der
Kreis den größten Flächeninhalt hat. Demnach ist die Lösung des Didonischen
Problems für den in Bild 45 skizzierten Fall ein Halbkreis, was sofort einzusehen ist,
wenn man die gesuchte Kurve an der x-Achse spiegelt. Der in Mathematik etwas
geübte Leser möge den Beweis aus (28) mit Hilfe von (21) erbringen.

Bild 45
Zum Problem der KÖNIGIN DIDO.

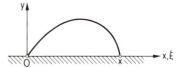

Es existiert aber noch eine – wenn auch weniger bekannte – Sage des klassischen
Altertums, die, in das entsprechende mathematische Gewand gekleidet, ebenfalls ein
echtes isoperimetrisches Variationsproblem darstellt. TITUS LIVIUS erzählt in seiner
Römischen Geschichte (*Ab urbe condita*, liber II, cap. 10) von der Heldentat des
HORATIUS COCLES: Er verteidigte allein die von dem etruskischen Ufer des Tibers
nach Rom führende Holzbrücke gegen die Soldaten des Etruskerkönigs PORSENNA
solange, bis seine Kampfgefährten die Brücke abbrachen. Dann sprang er in voller
Rüstung in den Fluß und erreichte schwimmend das römische Ufer[96]. Zur Belohnung
erhielt er so viel Land, wie er an einem Tage mit dem Pflug umfahren konnte.
Nehmen wir an, daß er das Land an der Stelle seiner Heldentat, am (geradlinigen)
Tiberufer erhielt, so läßt sich dieses Variationsproblem folgendermaßen formulieren
(siehe Bild 45): Der Flächeninhalt muß

$$J = \int_0^x y(\xi)\, d\xi = \text{Maximum} \tag{29}$$

sein mit der Nebenbedingung, daß die (aus der Geschwindigkeit $v = ds/dt = \sqrt{1 + y'^2}\, dx/dt$ durch Integration folgende) Pflügzeit T einen Tag betragen soll,
also

$$\int_0^x \frac{\sqrt{1 + y'^2}}{v(\xi, y)}\, d\xi = T = \text{konstant} \tag{30}$$

---

[96] Der griechische Historiker POLYBIOS läßt ihn dagegen untergehen. (*Röm. Gesch.* Buch VI, Kap. 55.)

ist. In der letzten Formel wurde also angenommen, daß die «Pflüggeschwindigkeit» v infolge der mit dem Ort (x, y) veränderlichen Bodenbeschaffenheit von x und y abhängt. (Für $v =$ konstant würde man wieder einen Halbkreis erhalten, wie man nach Vergleich der Formeln (26) und (27) mit (29) und (30) sofort einsieht.)

4   Die formal-mathematische Vollendung der Variationsrechnung durch LAGRANGE

EULER bekennt selbst, daß seine (geometrische) Methode noch nicht vollauf befriedigend ist. Er schreibt [97]:

«Man vermißt noch eine Methode, welche unabhängig ist von der geometrischen Lösung und welche erkennen läßt, daß bei einer solchen Ermittlung eines Maximums oder Minimums an Stelle von $P\,\mathrm{d}p$ geschrieben werden darf $- p\,\mathrm{d}P$.»[98]

Hier schaltet sich nun LAGRANGE ein und schreibt [99]:

«Hier findet man eine Methode, welche nur einen sehr einfachen Gebrauch von den Prinzipien der Differential- und Integralrechnung verlangt; vor allem muß ich aber darauf aufmerksam machen, daß ich, da diese Methode verlangt, daß dieselben Größen auf zwei verschiedene Arten variieren, um diese Variationen nicht zu verwechseln, in meinen Rechnungen ein neues Symbol δ eingeführt habe. So soll δZ ein Differential von Z ausdrücken, welches nicht dasselbe wie $\mathrm{d}Z$ ist, welches aber doch nach denselben Regeln gebildet wird, so daß man, wenn irgendeine Gleichung $\mathrm{d}Z = m\,\mathrm{d}x$ besteht, ebenso $\delta Z = m\,\delta x$ hat, und dasselbe gilt von anderen Gleichungen.»

Mit diesem neuen Kalkül gewinnt LAGRANGE außerordentlich elegant die zu den verschiedenen Variationsproblemen gehörigen Eulerschen Differentialgleichungen. Zur Illustration wählen wir das Variationsproblem (18): Aus dem zwischen $x = a$ und $x = b$ liegenden Funktionenvorrat $y = y(x)$ wird durch die Variation δy (Bild 46) diejenige Funktion y ausgesucht, welche

$$J = \int_a^b F(x, y, y')\,\mathrm{d}x$$

zum Extremum macht. Das ist der Fall, wenn die zu den Variationen δy bzw. $\delta y'$ gehörige Variation δJ verschwindet:

$$\delta J = \int_a^b \delta F(x, y, y')\,\mathrm{d}x = \int_a^b \left(\frac{\partial F}{\partial y}\,\delta y + \frac{\partial F}{\partial y'}\,\delta y' \right) \mathrm{d}x = 0.$$

Nun ist im Sinne des Lagrangeschen Kalküls

$$\delta y' = \delta\left(\frac{\mathrm{d}y}{\mathrm{d}x}\right) = \frac{\mathrm{d}}{\mathrm{d}x}(\delta y),$$

[97] Ostwalds Klassiker Nr. 46, S. 66.

[98] Zum Verständnis des Schlusses ist es notwendig, die dem Zitat vorangehenden Ausführungen zu lesen.

[99] Ostwalds Klassiker Nr. 47 (*Abhandlungen über Variationsrechnung*, zweiter Teil), S. 4.

so daß man nach partieller Integration des zweiten Gliedes unter dem Integral

$$\delta J = \int_{x=a}^{b} \left[\frac{\partial F}{\partial y} - \frac{d}{dx} \left(\frac{\partial F}{\partial y'} \right) \right] \delta y \, dx + \frac{\partial F}{\partial y'} \delta y \left| \begin{array}{c} x=b \\ x=a \end{array} \right. = 0$$

erhält. Da aber δy bis auf die Forderung $\delta y(a) = \delta y(b) = 0$ willkürlich ist (Bild 46), muß offenbar die eckige Klammer unter dem Integral Null sein, und das ist die Eulersche Differentialgleichung (21).

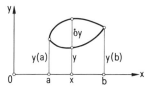

Bild 46
Variation der Funktion $y(x)$ in $a < x < b$.

Eine weitere Perfektionierung des Variationskalküls vollzog LAGRANGE bei den iso-perimetrischen Problemen, indem er einen – nicht zu variierenden – Multiplikator λ im folgenden Sinne einführte: Hat man das Variationsproblem (18) mit der Neben-bedingung

$$L = \text{konstant} = \int_a^b G(x, y, y') \, dx$$

zu lösen, so suche man die Lösung des Variationsproblems

$$\int_a^b (F + \lambda G) \, dx = \text{Extremum},$$

zu dem dann offenbar die Eulersche Differentialgleichung

$$\frac{\partial (F + \lambda G)}{\partial y} - \frac{d}{dx} \left(\frac{\partial (F + \lambda G)}{\partial y'} \right) = 0$$

gehört [100].

5   Zwei Variationsprobleme der neueren Zeit

Mit Recht wird EULERS unvergänglicher *Methodus inveniendi* nachgerühmt, daß zu den in diesem Werk behandelten interessanten und schwierigen (hundert) Beispielen in den nachfolgenden zweihundert Jahren wenig neue dazugekommen sind. Zwei von diesen wollen wir kennenlernen.

[100] An Literatur zur Variationsrechnung sei verwiesen auf folgende Werke: L. E. ELSGOLC: *Variations-rechnung* (1970); M. MILLER: *Variationsrechnung* (1958); P. FUNK: *Variationsrechnung und ihre Anwendung in Physik und Technik* (1962); I. SZABÓ: *Höhere Technische Mechanik*, 5. Auflage (1972), S. 101–117.

Aus dem Jahre 1921 stammt das Navigationsproblem von ZERMELO: In einer bestimmten Ebene (zum Beispiel über einem Meer) ist ein Windfeld gegeben, das heißt die Windgeschwindigkeit $v_w(x, y; t)$ als Funktion des Ortes x, y und der Zeit t. Ein Fahrzeug entwickelt dem Windfeld gegenüber eine konstante und gegebene Geschwindigkeit vom Betrage $|v| = v$, deren Richtung sich beliebig einstellen läßt. Wie ist diese Richtung zu wählen, damit die Fahrzeit zwischen zwei Punkten der Ebene die kürzeste ist? Die Lösung dieses Brachistochronenproblems, das von LEVI-CIVITA auch auf den räumlichen Fall verallgemeinert wurde, erfordert sehr scharfsinnige mathematische Überlegungen, die wir hier nicht einmal streifen können.

Im Jahre 1917 hat KAKEYA folgendes Problem gestellt: Welche Form hat die ebene Fläche mit kleinstem Inhalt, in dem die gerade Strecke $\overline{AB}$ so umgedreht werden kann, daß A und B vertauscht sind?

Man kann diesem Problem auch «praktische Einkleidungen» geben:

1. Welche Form hat das kleinste Loch, in dem ein Handwerker seinen als geometrische Strecke idealisierten Hammer umdrehen kann?

2. Welche Form hat der kleinste Flugplatz, wenn auf ihm Start- und Landebahnen beliebiger Richtung und bestimmter Länge möglich sein sollen?

Wir wollen versuchen, uns an die Lösung dieses Problems «heranzutasten». Die Umdrehung ist offenbar möglich in dem Kreis vom Durchmesser $\overline{AB}$. Dasselbe gilt von einem gleichseitigen Dreieck der Höhe $\overline{AB}$, dessen Fläche aber kleiner ist als die des Kreises, nämlich etwa Dreiviertel desselben. Zu einer noch kleineren Fläche kommen wir, wenn wir die dreispitzige Hypozykloide betrachten (Bild 47). Diese

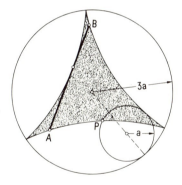

Bild 47
Dreispitzige Hypozykloide: sie ist die Ortskurve des Umfangspunktes P eines Kreises vom Radius a, der auf der Innenseite eines ruhenden Kreises mit dem Radius $3a$ abrollt.

Kurve wird von einem Punkte der Peripherie eines Kreises vom Radius $a = \overline{AB}/4$ beschrieben, wenn dieser Kreis auf der Innenseite eines ruhenden Kreises vom Radius $3a$ ohne zu gleiten abrollt. Die so entstandene Kurve hat die Eigenschaft, daß das innerhalb der Kurve liegende Stück $\overline{AB}$ der Tangente konstante Länge $\overline{AB} = 4a$ hat und somit die Lösung des Flugplatzes konstanter Start- und Landebahnlänge darstellt. In einer solchen Figur kann natürlich auch die Strecke $\overline{AB}$ umgedreht werden, und da ihr Flächeninhalt nur die Hälfte von dem des Kreises ist, haben wir ein noch kleineres Flächenstück der geforderten Eigenschaft gefunden.

Man könnte versuchen, die Strecke $\overline{AB}$ in einem schmalen Ringgebiet gleiten zu lassen und somit zu einem kleineren Gebiet als dem der bisher betrachteten Figuren zu kommen (Bild 48); es gilt aber das (verblüffende) Theorem von HOLDITCH: Das Ringgebiet hat – unabhängig von der Form – denselben Flächeninhalt wie der Kreis des Durchmessers $\overline{AB}$. So verwundert es nicht, daß man über ein Jahrzehnt die drei-

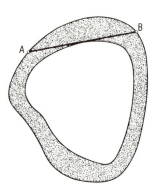

Bild 48
Zum Theorem von HOLDITCH: die Strecke $\overline{AB}$
im Ringgebiet

spitzige Hypozykloide als die Lösung des Kakeyaschen Problems ansah. Um so größer war die Überraschung, als im Jahre 1928 BESICOVITCH bewies, daß das Problem von KAKEYA keine Lösung hat! Diese jedem Vorstellungsversuch und jeder Anschauung trotzende Erkenntnis klingt geradezu unglaublich, bedeutet sie doch, daß man zum Beispiel eine kilometerlange Gerade in einem beliebig kleinen Flächenstück, zum Beispiel kleiner als 1 mm², umdrehen kann. Es würde weit über den Rahmen dieses Beitrages gehen, den Beweis (abgedruckt in der Mathematischen Zeitschrift, 1928) hier zu führen, und auch der berechtigte Wunsch des Lesers, eine Figur zu sehen, deren Fläche kleiner ist als die der dreispitzigen Hypozykloide, kann leider nicht erfüllt werden: Sie besteht aus Tausenden von schmalsten Dreiecken ungeheurer Länge. Es ist zu vermuten, daß das Problem von KAKEYA mit der Nebenbedingung eines Flächenstückes beschränkter Abmessungen zur «Unterbringung» der gesuchten Figur die dreispitzige Hypozykloide als Lösung hat.

6   **Anwendungen der Variationsrechnung auf Probleme der Mechanik**

Einige der bisher angeführten oder angedeuteten Beispiele, wie das der Brachistochrone oder des Rotationskörpers kleinsten Widerstandes zeigen Anwendungsmöglichkeiten der Variationsrechnung zur Lösung einzelner Fragen der Mechanik, aber noch nicht die Erfassung mindestens eines gewissen Teilgebietes naturwissenschaftlicher Art. Auch hinsichtlich einer solchen Verallgemeinerung verdanken wir LEONHARD EULER einen wesentlichen und richtungsweisenden Beitrag. Als Einleitung zu dem «Additamentum I» (Zusatz I) seiner *Methodus inveniendi* schreibt er (mit der theologischen Färbung der Barockzeit):

«Da der Plan des gesamten Universums der vollkommenste ist und vom weisesten Schöpfer festgelegt, so geschieht nichts auf der Welt, dem nicht irgendein Verhältnis des Maximums oder Minimums zu Grunde liegt. Man wird also danach streben müssen, in jeder Art naturwissenschaftlicher Probleme die Größe zu bestimmen, die einen größten oder kleinsten Wert annimmt. Damit ist ein doppelter Weg zur Lösung naturwissenschaftlicher Fragen gegeben: Aus den Endursachen mit Hilfe der Methode der Maxima oder Minima (a posteriori) oder aus den bewirkenden Ursachen (a priori). Man soll aber besonders darauf bedacht sein, die Lösung auf beiden Wegen herzuleiten. Dann wird nicht nur die eine zur Bestätigung der anderen dienen, sondern uns mit höchster Befriedigung erfüllen!»

In diesem «Additamentum I» mit dem Titel *De curvis elasticis* (Von den elastischen Kurven) behandelt EULER die Biegung eines ursprünglich geraden Stabes (Balkens), wobei er von der (ihm von DANIEL BERNOULLI mitgeteilten) These ausgeht, daß nämlich bei einem homogen «elastischen Band» konstanter Abmessungen und der Länge *l* die «Potentialkraft»

$$\int_{x=0}^{l} \frac{ds}{R^2} = \text{Minimum} \tag{31}$$

sein muß. Hierbei bedeuten d*s* das Bogenelement der Stabachse und *R* ihren Krümmungsradius. Für denjenigen Leser, der die Elemente der Balkentheorie kennt, sei erwähnt, daß die Potentialkraft DANIEL BERNOULLIS – bis auf einen hier unwesentlichen konstanten Faktor [101] – der im gebogenen Balken aufgespeicherten Energie, der sogenannten Formänderungsarbeit, entspricht. Aus der Forderung (31) gewinnt EULER die Differentialgleichung der Biegelinie und zeigt, wie diese durch Integration (Quadratur) gefunden werden kann. Danach vergleicht er sein – hinsichtlich der Belastung und Lagerung – allgemeines Resultat in Spezialfällen mit den durch die A-priori-Methode gewonnenen Ergebnissen von JAKOB BERNOULLI. Er diskutiert die verschiedenen und möglichen Figuren gebogener Stäbe, behandelt auch solche mit variablem Querschnitt und anfänglicher Krümmung. Als Krönung dieses «Additamentum I» kann die Ermittlung der Knicklast gerader Stäbe und der Eigenfrequenz transversal schwingender Stäbe angesehen werden. LEONHARD EULER ist also der erste gewesen, der sogenannte Eigenwertprobleme gelöst hatte.
Aber auch das «Additamentum II» der *Methodus inveniendi* ist ebenfalls sehr beachtenswert, beinhaltet es doch das erste der mit den Namen LAGRANGE, JACOBI, GAUSS und HAMILTON verbundenen Prinzipien der Mechanik. In diesem Beitrag mit dem Titel *De motu proiectorum in medio non resistente, per methodum maximorum ac minimorum determinando* (Über die Bewegung der Projektile in nicht widerstehendem Medium, nach der Methode der Maxima und Minima bestimmt), schreibt EULER wieder, daß auch bei Bahnen, die die Körper unter der Einwirkung beliebiger Kräfte beschreiben, irgendeine Extremaleigenschaft vorhanden sein muß. Das ist auch der Grundgedanke aller späteren und der noch auszuführenden Variationsprinzipien der Mechanik. EULER postuliert, daß für einen Körper der Masse *m*, dessen

---

[101] Der halben Biegesteifigkeit (*EJ*/2, *E* = Elastizitätsmodul, *J* = Flächenträgheitsmoment).

Punkte alle die Geschwindigkeit v haben («Massenpunkt») das mit dem Wegelement ds zwischen zwei Lagen P_1 und P_2 (des Schwerpunktes) gebildete Integral

$$\int_{P_1}^{P_2} m v \, ds = \text{Minimum} \tag{32}$$

sein muß. Für ebene Bewegungen im Schwerefeld und für Zentralkräfte wird die Geschwindigkeit aus dem Energiesatz berechnet und danach festgestellt, daß die aus der Forderung (32) sich ergebenden Resultate mit denen übereinstimmen, die aus dem dynamischen Grundgesetz folgen. Über diese «Methode *a posteriori*» schreibt EULER: «Wenn ich nun gezeigt habe, daß das Resultat mit der Methode der *a priori* berechneten übereinstimmt, erhält diese Schlußweise, obwohl sie nicht genügend fundiert zu sein scheint, ein solches Gewicht, daß alle diesbezüglichen Zweifel von selbst verschwinden.»
Mit dem Energiesatz

$$E + U = H = \text{konstant}$$

(E = kinetische Energie, U = potentielle Energie, H = Gesamtenergie) und unter Berücksichtigung von $E = m v^2 / 2$ (also $m v = \sqrt{2m(H - U)}$), folgt aus (32)

$$\int_{P_1}^{P_2} \sqrt{2m(H - U)} \, ds = \text{Minimum}$$

bzw.

$$\int_{P_1}^{P_2} \sqrt{H - U} \, ds = \text{Minimum,} \tag{33}$$

und das ist das schon (in Abschnitt B, Ziff. 5) erwähnte Prinzip der kleinsten Aktion von JACOBI, hier für den einfachsten Fall eines «Massenpunktes» bewiesen.

7   Anwendungen der Variationsrechnung zur näherungsweisen Lösung von Differentialgleichungen (Verfahren von RAYLEIGH-RITZ)

Der in den vorangehenden Ziffern angedeutete Zusammenhang zwischen Variationsrechnung und mechanischen Prinzipien hat für die Behandlung mechanischer Probleme des Ingenieurs keine dominierende Bedeutung, da diese sich mit den (quasi *a priori*) Grundgleichungen der Mechanik (Gleichgewichtsbedingungen oder Schwerpunkt- und Momentensatz) gewöhnlich viel einfacher und anschaulicher lösen lassen. Trotzdem kommen wir im folgenden Abschnitt D auf Prinzipien und insbesondere auf Variationsprinzipien zurück.

Zustand oder zeitlicher Ablauf von Vorgängen in der Natur lassen sich als Ergebnis der Anwendung sogenannter Grundgesetze (zum Beispiel der Gleichgewichtsbedingungen) und Materialgleichungen (zum Beispiel des Hookeschen Gesetzes) auf ein Element des Körpers in Form von Differentialgleichungen erfassen. Die Lösung einer solchen Differentialgleichung (es können auch Lösungen von mehreren gekoppelten Differentialgleichungen erforderlich sein) liefert dann die gewünschte «Auskunft» über den betrachteten Vorgang (zum Beispiel die statische Beanspruchung einer Platte oder die Bewegung eines Körpers). Oft bereitet die «exakte Lösung» von Differentialgleichungen bereits in den einfachsten Fällen mathematisch unüberwindliche Schwierigkeiten, so daß man sich schon mit einer «Näherungslösung» zufrieden geben würde; hierzu liefert nun die Variationsrechnung eine sehr wirksame Methode.

Der Grundgedanke ist folgender: Wir haben gesehen, daß zu einem Variationsproblem eine Eulersche Differentialgleichung gehört (zum Beispiel zu (17) die Differentialgleichung (22)). Die Umkehrung dieses Satzes, daß nämlich zu einer Differentialgleichung möglicherweise ein Variationsproblem gehört, bildet den Ausgangspunkt zur näherungsweisen Lösung von Differentialgleichungen.

Ohne lange theoretische Erläuterungen wollen wir die Methode an einem Beispiel erläutern: In der Balkentheorie wird gelehrt, daß ein geradliniger und durch eine Druckkraft P beanspruchter Stab beim Erreichen einer bestimmten sogenannten kritischen Last $P = P_{krit}$ seitlich ausknickt [102] (Bild 49). Da für den Konstrukteur das

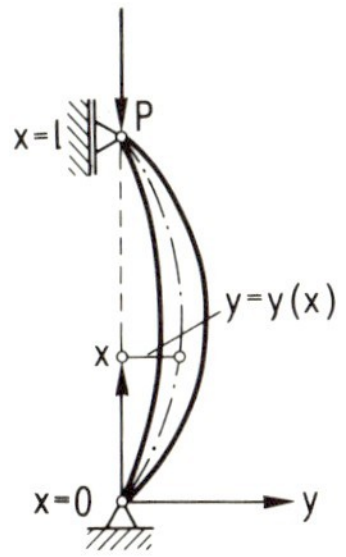

Bild 49
Zur Eulerschen Theorie des Knickens: ein durch die Längskraft P belasteter, beidseitig gelenkig gelagerter Stab in einer ausgeknickten Lage.

Ausknicken (zum Beispiel einer Stützsäule) den zu vermeidenden Zustand bedeutet, ist die Kenntnis dieser (zu vermeidenden) Belastung, die nicht erreicht werden darf, wichtig. Ihre Berechnung gestaltet sich einfach, wenn der Stab konstanten Querschnitt hat. Man löst die Differentialgleichung des ausgeknickt angenommenen und somit auf Biegung beanspruchten Stabes (siehe Fußnote 101)

$$EJ \, y''(x) = B \, y''(x) = \text{Biegesteifigkeit mal (angenäherte)}$$
$$\text{Krümmung} = - P \, y(x) = \text{Biegemoment} \tag{34}$$

und verlangt von dieser Lösung, daß sie die (aus Bild 49 sofort ersichtlichen) Randbedingungen

$$y(0) = 0; \quad y(l) = 0 \tag{35}$$

---

[102] Mit einem dünnen Rohrstock kann jeder dieses «Experiment» durchführen: Man stütze das eine Ende des Stockes auf die Erde und steigere am anderen Ende langsam den Druck mit der Hand.

befriedigt. Da die Lösung der Differentialgleichung (34) mit den willkürlichen Konstanten C_1 und C_2 die Form

$$y(x) = C_1 \cos \sqrt{\frac{P}{B}}\, x + C_2 \sin \sqrt{\frac{P}{B}}\, x$$

hat, ergeben die Bedingungen (35)

$$C_1 = 0$$

und (da C_2 von Null verschieden sein muß) die sogenannte Eigenwertgleichung

$$\sin \sqrt{\frac{P}{B}}\, l = 0, \quad \text{das heißt} \quad \sqrt{\frac{P}{B}}\, l = j\,\pi, \ j = 1, 2, 3, \ldots,$$

woraus sich (für den betrachteten Lagerungsfall) der erste ($j = 1$) Eigenwert (die sogenannte Euler-Last)

$$P = P_{\text{krit}} = \frac{\pi^2 B}{l^2} \tag{36}$$

ergibt. Diese Methode der Lösung der Differentialgleichung mit einer bekannten Funktion versagt, wenn der Querschnitt des Stabes und damit die Biegesteifigkeit veränderlich ist: $B = B(x)$. Dann nimmt (34) die Form

$$y''(x) + \frac{P}{B(x)}\, y(x) = 0 \tag{37}$$

an, und die Differentialgleichung ist im allgemeinen mit Hilfe von bekannten Funktionen nicht lösbar; aber man überzeugt sich unter Berücksichtigung der Gleichungen (18) und (21), daß (37) die Eulersche Differentialgleichung des Variationsproblems

$$J = \frac{1}{2} \int_0^l \left(y'^2(x) - \frac{P}{B(x)}\, y^2(x) \right) \mathrm{d}x = \text{Extremum} \tag{38}$$

ist. Nun ist der Grundgedanke des Verfahrens von RAYLEIGH-RITZ[103] der folgende: Man «begnügt sich» mit einer Näherungslösung

$$y = c_1\, y_1(x),$$

in der $y_1(x)$ eine die Randbedingungen (35) erfüllende Funktion ist und c_1 so gewählt wird, daß der Forderung (38) genügt wird. In Form von Polynomen lassen sich sol-

---

[103] Das Verfahren wird gewöhnlich nach W. RITZ (1878–1909) benannt, aber schon vor ihm wurde es von LORD RAYLEIGH (1842–1919) mit großer Virtuosität praktiziert.

che Funktionen auch für andere Randbedingungen angeben; in unserem Fall ist beispielsweise $y_1(x) = x(l-x)$ eine die Randbedingung erfüllende Näherungslösung, so
daß wir hier $y = c_1 x (l-x)$ in (38) einzusetzen und dann (als notwendige Bedingung
des Extremums)

$$\frac{dJ}{dc_1} = 0$$

zu fordern haben. Daraus folgt

$$P = P_{\text{krit}} = \frac{l^3}{3 \displaystyle\int_0^l \frac{x^2(l-x)^2}{B(x)} \, dx}, \tag{39}$$

wonach bei gegebener Biegesteifigkeit $B(x)$ die Knicklast P_{krit} berechnet werden
kann. Zur Illustration «der Güte der Methode»: für $B(x) =$ konstant folgt aus (39)

$$P_{\text{krit}} = \frac{10\,B}{l^2},$$

also ein Fehler von etwa 1,5% gegenüber dem sogenannten «exakten Wert». Man
nennt dieses Verfahren auch die direkte Methode der Variationsrechnung; sie bildet
eine der wichtigsten und wirksamsten Möglichkeiten zur näherungsweisen Lösung
von Differentialgleichungen bzw. Eigenwertproblemen.

D Die Variationsprinzipien der Mechanik aus dem 18. und 19. Jahrhundert

> In diesem Zeitalter des Überflusses, wo
> die Fließbänder der sozialisierten militärisch-
> industriellen Gesellschaft synthetisches Manna
> auf den Faulen und Fleißigen, auf den Tölpel
> und das Genie herabregnen lassen, wird die
> Gelehrsamkeit nicht untergehen.
> CLIFFORD A. TRUESDELL

1 Einleitende Bemerkungen

Von den mechanischen Prinzipien nehmen zwei eine dominierende Stellung in der Mechanik ein: nämlich das d'Alembertsche und das Hamiltonsche. Mit dem ersten haben wir uns beschäftigt (Kapitel I, Abschnitt C). Wir sahen, daß es sich besonders für die Lösung des Bewegungsablaufes starrer Körpersysteme eignet. Seine volle Wirksamkeit kommt erst in der sogenannten Lagrangeschen Fassung[104]

$$S\,(\mathrm{d}\,K^{(e)} - \mathrm{d}\,m\,b)\,\delta\,r = 0, \tag{40}$$

also in der Koppelung mit dem Gleichgewichtsprinzip der virtuellen Arbeiten zum Tragen. In dieser Fassung ist das d'Alembertsche Prinzip das (auf dem Prinzip der virtuellen Arbeiten ruhende) Fundament der *Mécanique analytique*[105] von JOSEPH LOUIS COMTE de LAGRANGE (Bild 50).

2 Das Lagrangesche Prinzip der kleinsten Wirkung

ist – nach dem eben gesagten – kein eigentliches Prinzip, sondern – wie er selbst schreibt – «ein einfaches und allgemeines Resultat der mechanischen Gesetze». In der Tat schreibt LAGRANGE die Formel

$$S\,m\left(\frac{\mathrm{d}^2 x}{\mathrm{d}\,t^2}\,\delta x + \frac{\mathrm{d}^2 y}{\mathrm{d}\,t^2}\,\delta y + \frac{\mathrm{d}^2 z}{\mathrm{d}\,t^2}\,\delta z\right) + S\,m(P\,\delta p + Q\,\delta q + R\,\delta r + \ldots) = 0 \tag{41}$$

hin und sagt[106]: «Dies ist die allgemeine Formel der Dynamik irgendeines Systems von Körpern.» Formel (41) entspricht aber bis auf die spezielle Festsetzung des Vorzeichens der (virtuellen) Verschiebungen δp, δq, δr, ... in Richtung der eingeprägten Kräfte mP, mQ, mR, ... der Formulierung (40).

---

[104] Siehe Formel (18) in Kapitel I, Abschnitt C.

[105] 1. Auflage 1788, deutsch von FRIEDRICH WILHELM AUGUST MURHARD, 2. Auflage 1811, deutsch von H. SERVUS.

[106] S. 206 in der Übersetzung von H. SERVUS (Fußnote 105).

Bild 50
JOSEPH LOUIS COMTE DE LAGRANGE (1736–1813).

Besitzen die eingeprägten Kräfte ein Potential Π, mit dem $P\,\delta p + Q\,\delta q + R\,\delta r + \dots = \delta\Pi$ ist, so folgt aus (41) – wie LAGRANGE sagt – die Erhaltung der lebendigen Kräfte

$$S\,m\left(\frac{v^2}{2} + \Pi\right) = H = \text{konstant.} \tag{42}$$

Hierbei bedeutet v die Geschwindigkeit der einzelnen Massen m, die für LAGRANGE Massenpunkte, für uns Massenelemente sind. Durch «Variation» gewinnt LAGRANGE aus (42) – wenn ds das Wegelement bedeutet –

$$\delta\, S\, \mathrm{d}m \int v\, \mathrm{d}s = 0. \tag{43}$$

Demnach ist die «Wirkung» $S\, \mathrm{d}m \int v\, \mathrm{d}s$ bei der wirklich eingetretenen Bewegung des mechanischen Systems ein Extremum.
Wegen d$s = v\, \mathrm{d}t$ (dt = Zeitelement) läßt sich (43) in die Form

$$\delta \int \mathrm{d}t\, S\, m v^2 = 0 \tag{44}$$

bringen, so daß man jetzt auch von einem Prinzip des Extremums der kinetischen Energie (oder – nach LAGRANGE – der «lebendigen Kraft») sprechen kann.

3   Die Lagrangeschen Bewegungsgleichungen

Hinsichtlich der Anwendungen sind diese (Differential-)Gleichungen die wichtigsten Ergebnisse der Lagrangeschen Mechanik. Diesen Tatbestand scheint selbst LAGRANGE durch die Titelgebung[107] «Differentialgleichungen für die Lösung aller Probleme der Dynamik» zum Ausdruck bringen zu wollen.
Wieder geht LAGRANGE von dem (d'Alembertschen) Prinzip (41) aus. Zuerst werden die rechtwinkligen Koordinaten x, y, z und ihre Differentiale durch die mit den Freiheitsgraden des Systems übereinstimmende Zahl von voneinander unabhängigen, ein sogenanntes holonomes System[108] beschreibenden Variablen ξ, ψ, φ, ... eliminiert[109]. Damit geht der in (41) den Massenbeschleunigungen entsprechende erste Anteil über in

$$\left[\mathrm{d}\left(\frac{\partial T}{\partial\, \mathrm{d}\xi}\right) - \frac{\partial T}{\partial\xi} \right] \mathrm{d}\xi + ..., \tag{45}$$

wobei

$$T = S\, m\, \frac{v^2}{2}$$

die kinetische Energie des Systems ist. Unter der Annahme, daß $P\,\delta p + ... = \delta\varPi$ ein

---

[107] *Analytische Mechanik*, 2. Teil (Dynamik), Abschnitt IV, S. 249 der Servusschen Übersetzung.

[108] Der Gegensatz zu einem solchen (in der Kontinuumsmechanik entfallenden!) holonomen («ganz gesetzlichen») System ist das nicht holonome System, bei dem zwischen den Systemvariablen nur differentielle Beziehungen bestehen. Hierüber siehe G. HAMEL: *Theoretische Mechanik*, S. 79–85, 756 ff., und *Elementare Mechanik*, S. 488 ff.

[109] Diese Unabhängigkeit der neuen Variablen voneinander vollzieht LAGRANGE erst später.

vollständiges Differential ist $\left(P = \dfrac{\partial \Pi}{\partial p}, \ldots\right)$, daß also – mit U als Gesamtpotential des Systems – die Beziehung

$$\mathcal{S}\, \mathrm{d}m\,(P\,\delta p + \ldots) = \mathcal{S}\, m\,\delta \Pi = \delta\,\mathcal{S} m\Pi = \delta U = \frac{\partial U}{\partial \xi}\, d\xi + \ldots \tag{46}$$

besteht, erhält man aus (41) mit (45) und (46) wegen der Willkürlichkeit der Variationen[110] $\delta\xi, \delta\psi, \delta\varphi, \ldots$

$$\mathrm{d}\left(\frac{\partial T}{\partial d\xi}\right) - \frac{\partial T}{\partial \xi} + \frac{\partial U}{\partial \xi} = 0; \quad \mathrm{d}\left(\frac{\partial T}{\partial d\psi}\right) - \frac{\partial T}{\partial \psi} + \frac{\partial U}{\partial \psi} = 0, \ldots \tag{47}$$

Das sind die von LAGRANGE gegebenen Formen seiner Bewegungsgleichungen. Heute bezeichnen wir die n voneinander unabhängigen (Zeit-)Funktionen mit $q_k = q_k(t)$, so daß wir wegen $\mathrm{d}q_k/\mathrm{d}t = \dot{q}_k$ bzw. $\mathrm{d}q_k = \dot{q}_k\, \mathrm{d}t$ die Lagrangeschen Bewegungsgleichungen in der Form

$$\frac{\mathrm{d}}{\mathrm{d}t}\left(\frac{\partial T}{\partial \dot{q}_k}\right) - \frac{\partial T}{\partial q_k} + \frac{\partial U}{\partial q_k} = 0, \quad k = 1, 2, \ldots n \tag{48}$$

benutzen.

Wir wollen die Lagrangeschen Bewegungsgleichungen an einem interessanten Beispiel illustrieren.

4   Die Bewegung einer Peitsche als Beispiel zu den Lagrangeschen Gleichungen

Eine Peitschenschnur (geknicktes, längssteifes aber biegeweiches Seil) der Länge l und der Masse μ je Längeneinheit wird dadurch bewegt, daß das Ende A durch eine veränderliche Kraft $P(t)$ mit konstanter Geschwindigkeit v nach rechts gezogen wird (Bild 51). Am anderen Ende B befindet sich ein Knoten der Masse m, der sich zur

Bild 51
Zur Bewegung einer Peitschenschnur mit
angehängter Masse m.

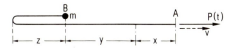

Zeit $t = 0$ in Ruhe befindet. Man untersuche den zeitlichen Verlauf der Bewegung des Knotens B und bestimme die Kraft $P(t)$. Wann ist die Geschwindigkeit des Knotens B am größten? Wie muß die Anfangslage beschaffen sein, damit diese Geschwindigkeit möglichst groß wird?

---

[110] Wegen der Unabhängigkeit zwischen den Variablen $\xi, \psi, \varphi, \ldots$

Lösung. Es seien x und y die Abstände von A bzw. B zu einem raumfesten Punkt, der so festgelegt sein soll, daß am Anfang

$$x(0) = 0, \quad y(0) = y_0$$

gilt. Nach Bild 51 ist

$$2z + y + x = l, \quad y = l - x - 2z. \tag{49}$$

Für die kinetische Energie erhalten wir

$$T = \frac{\mu}{2}(x + y + z)\,\dot{x}^2 + \left(\frac{\mu}{2}z + \frac{m}{2}\right)\dot{y}^2.$$

Es handelt sich hier um ein System mit zwei Freiheitsgraden. Wählen wir x und z als die Koordinaten, die den Zustand des Systems festlegen, so haben wir nach (49)

$$T = \frac{\mu}{2}(l - z)\,\dot{x}^2 + \frac{1}{2}(\mu z + m)(\dot{x} + 2\dot{z})^2. \tag{50}$$

Die potentielle Energie der eingeprägten Kraft $P(t)$ ist

$$U = -P(t)\,x. \tag{51}$$

Mit $q_1 = x$, $q_2 = z$ lauten die Lagrangeschen Bewegungsgleichungen gemäß (48)

$$\frac{\mathrm{d}}{\mathrm{d}t}\left(\frac{\partial T}{\partial \dot{x}}\right) - \frac{\partial T}{\partial x} = -\frac{\partial U}{\partial x},$$

$$\frac{\mathrm{d}}{\mathrm{d}t}\left(\frac{\partial T}{\partial \dot{z}}\right) - \frac{\partial T}{\partial z} = -\frac{\partial U}{\partial z}.$$

Setzen wir hier (50) und (51) ein, so erhalten wir

$$\ddot{x}(\mu l + m) + 2\left[\mu \dot{z}^2 + \ddot{z}(\mu z + m)\right] = P(t),$$

$$\mu \dot{z}^2 + (\mu z + m)(\ddot{x} + 2\ddot{z}) = 0.$$

Wegen $\dot{x} = v = $ konst. folgt daraus

$$2\mu \dot{z}^2 + 2\ddot{z}(\mu z + m) = P(t),$$

$$\mu \dot{z}^2 + 2\ddot{z}(\mu z + m) = 0. \tag{52}$$

Die zweite Gleichung ist eine Differentialgleichung für $z = z(t)$, die auch in der Form

$$\frac{\mu \dot{z}}{\mu z + m} + 2\frac{\ddot{z}}{\dot{z}} = \frac{\mathrm{d}}{\mathrm{d}t}\left[\ln(\mu z + m) + 2\ln \dot{z}\right] = 0$$

geschrieben werden kann. Unter Berücksichtigung der Anfangsbedingungen $x(0) = 0$, $y(0) = y_0$, $\dot{y}(0) = 0$, also wegen

$$z(0) = \frac{1}{2}[l - y(0) - x(0)] = \frac{1}{2}(l - y_0) = z_0,$$

$$\dot{z}(0) = -\frac{1}{2}[\dot{y}(0) + \dot{x}(0)] = -\frac{v}{2}$$

erhalten wir durch Integration

$$\dot{z} = -\frac{v}{2}\sqrt{\frac{\mu z_0 + m}{\mu z + m}}. \tag{53}$$

Die Trennung der Variablen und eine nochmalige Integration liefern

$$z = z(t) = \frac{1}{\mu}\left[\sqrt[3]{(\mu z_0 + m)\left(\mu z_0 + m - \frac{3\mu}{4}v t\right)^2} - m\right]. \tag{54}$$

Subtrahieren wir die zweite Gleichung (52) von der ersten, so erhalten wir

$$P(t) = \mu \dot{z}^2,$$

also nach (53) und (54)

$$P(t) = \frac{\mu}{4}v^2 \frac{\mu z_0 + m}{\mu z + m} = \frac{\mu}{4}v^2 \sqrt[3]{\left(\frac{\mu z_0 + m}{\mu z_0 + m - \frac{3\mu}{4}v t}\right)^2}.$$

Für die Geschwindigkeit $\dot{y}$ des Knotens B gilt nach (49) und (53)

$$\dot{y} = v\left[\sqrt{\frac{\mu z_0 + m}{\mu z + m}} - 1\right]. \tag{55}$$

Nach (53) ist $\dot{z} < 0$; also nimmt z vom Wert $z = z_0$ bis zum Wert $z = 0$ ab. Aus (55) ist daher ersichtlich, daß $\dot{y}$ vom Wert $\dot{y} = 0$ bis zum Wert

$$\dot{y} = \dot{y}_{max} = v\left[\sqrt{\frac{\mu z_0}{m}} - 1\right]$$

zunimmt. Dieser maximale Wert wird für $z = 0$ erreicht, das heißt dann, wenn der Knoten die Knickstelle erreicht. $\dot{y}_{max}$ wird am größten, wenn z_0 am größten wird, also wenn die Peitsche am Anfang völlig ausgestreckt ist ($z_0 = l$). Wir haben dann

$$\dot{y}_{max} = v\left[\sqrt{1 + \frac{\mu l}{m}} - 1\right].$$

Man ersieht aus dieser Formel, daß mit abnehmender Knotenmasse m die Geschwindigkeit $\dot{y}_{max}$ über alle Grenzen wächst: das ist die Erklärung für den Peitschenknall[111].

---

[111] Die Behandlung derselben Aufgabe mit dem Schwerpunkt- und Momentensatz findet man in I. SZABÓ: *Einführung in die Technische Mechanik*, 8. Auflage (1975), S. 331 ff.

5   Das Hamiltonsche Prinzip

Das d'Alembertsche Prinzip in der Lagrangeschen Fassung (40) wird wegen des darin auftretenden Differentials δr ein Differentialprinzip genannt. Im Gegensatz dazu ist das Prinzip von HAMILTON (Bild 52) ein Integralprinzip, zu dem wir durch die folgende Fragestellung geführt werden: Durch welche Eigenschaft zeichnet sich eine im endlichen Zeitintervall $t_1 < t < t_2$ durchlaufene Strecke $r = r(t)$ gegenüber anderen möglichen (virtuellen) Bahnen $r + \delta r$ aus (Bild 53). Das Prinzip von HAMIL-

Bild 52
SIR WILLIAM ROWAN HAMILTON (1805–1865).

TON führt die Beantwortung dieser Frage auf die Untersuchung eines Integrals der Form

$$\int_{t_1}^{t_2} L\left(\dot{r}\,(t),\ r(t)\right) \mathrm{d}t$$

zurück und wird dementsprechend als ein Integralprinzip bezeichnet. HAMILTON kam von der Optik her zur Mechanik: Als Dreiundzwanzigjähriger schrieb er die *Theory of systems of rays*[112]. Diese Arbeit war eine glänzende mathematische Vorbereitung für seine einige Jahre später folgenden Beiträge zu den Prinzipien der Mechanik[113].

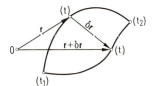

Bild 53
Zum Hamiltonschen Prinzip: Bahnkurve $r(t)$ und (örtlich) variierte Bahnkurve $r(t) + \delta r$.

HAMILTON spricht vom Prinzip der variierenden Wirkung («law of varying action»). Seinen Betrachtungen legt er die Energieintegrale (er nennt sie «characteristic function» und «principal function»)

$$V = \int_{t_1}^{t_2} 2\,T\,\mathrm{d}t \quad \text{und} \quad S = \int_{t_1}^{t_2} (T-U)\,\mathrm{d}t \tag{56}$$

zugrunde. Hierbei bedeutet T die kinetische Energie und U das Potential der eingeprägten Kräfte. Die Variationsgleichung

$$\delta S = \delta \int_{t_1}^{t_2} (T-U)\,\mathrm{d}t = \int_{t_1}^{t_2} \delta(T-U)\,\mathrm{d}t = 0 \tag{57}$$

gibt die Differentialgleichungen der Mechanik. In dieser Gleichung ist – im Gegensatz zum Prinzip der kleinsten Aktion – die Zeit t nicht zu variieren.

HAMILTONS Untersuchungen beziehen sich auf freie Massenpunkte: er hielt es also für überflüssig, darauf hinzuweisen, daß die (etwa durch starre Stützen) gebundenen Systeme sich durch das Einführen von Reaktionskräften statt der Bindungen in freie Systeme verwandeln lassen. GEORG HAMEL nennt diesen, im Sinne des Eulerschen Schnittprinzips (Kapitel I, Abschnitt B, Ziffer 2) fast selbstverständlichen Kunstgriff «das Lagrangesche Befreiungsprinzip»[114]. Den entsprechenden Hinweis findet man

---

[112] Transactions of the Royal Irish Academy *15* (1828).

[113] «On a general method in dynamics; by which study of the motions of all free systems of attracting or repelling points is reduced to the search and differentiation of one central relation or characteristic function»; Philosophical Transactions *1834*, S. 247–308 und *1835*, S. 95–144.

[114] *Theoretische Mechanik*, S. 73–75.

– ohne besondere Hervorhebung – im Teil I (Statik), Abschnitt IV, § 1, Ziffer 7 der *Analytischen Mechanik* von LAGRANGE[115].

Die Herleitung des Hamiltonschen Prinzips erfolgt heute üblicherweise aus dem ihm gleichwertigen d'Alembertschen Prinzip[116].

Nach Einführung der sogenannten Lagrangeschen Funktion oder des kinetischen Potentials

$$L = T - U \qquad (58)$$

kann man das Hamiltonsche Prinzip auch in der Form

$$\delta \int_{t_1}^{t_2} L \, \mathrm{d}t = \int_{t_1}^{t_2} \delta L \, \mathrm{d}t = 0 \qquad (59)$$

schreiben.

Sind am System auch noch aus Potentialfunktionen nicht ableitbare Kräfte (zum Beispiel Reibungskräfte) wirksam, so kann man ihre Arbeit A durch ein zusätzliches Glied δA berücksichtigen; das Hamiltonsche Prinzip lautet dann

$$\int_{t_1}^{t_2} (\delta L + \delta A) \, \mathrm{d}t = 0. \qquad (60)$$

6   Die Prinzipien von GAUSS und HERTZ

Sie sollen hier lediglich zur Vervollständigung der Reihe von mechanischen Prinzipien angedeutet werden.

Das Prinzip des kleinsten Zwanges[117] von CARL FRIEDRICH GAUSS (1777–1855) besagt, daß die wirkliche Bewegung in möglichst großer Übereinstimmung mit der freien Bewegung verläuft oder unter möglichst kleinem «Zwang»; als Maß des Zwanges (b = Beschleunigung, $\mathrm{d}m$ = Massenelement, $\mathrm{d}K^{(e)}$ = eingeprägte Kraft) wird

$$S \left(b - \frac{\mathrm{d}K^{(e)}}{\mathrm{d}m} \right)^2 \mathrm{d}m$$

angesehen. Dementsprechend lautet das Prinzip von GAUSS:

$$S \left(b - \frac{\mathrm{d}K^{(e)}}{\mathrm{d}m} \right)^2 \mathrm{d}m = \text{Minimum}. \qquad (61)$$

---

[115] Er schreibt: «C'est en quoi consiste l'esprit de la méthode», das heißt «Darin besteht der Witz der Methode», nämlich des Aufbaues der Statik und damit – für LAGRANGE – der gesamten Mechanik.

[116] I. SZABÓ: *Höhere Technische Mechanik*, 5. Auflage (1972), S. 59–61.

[117] *Über ein neues allgemeines Grundgesetz der Mechanik*, Crelles Journal für Mathematik *IV* (1829).

Das Prinzip ist offenbar eine Nachbildung der Methode der kleinsten Quadrate:
Die freien Bewegungen werden infolge der Bindungen von der Natur auf dieselbe
Weise modifiziert, wie der Mathematiker physikalische Messungen ausgleicht.

HEINRICH HERTZ (1857–1894) trachtet danach, eine kräftelose Mechanik[118] zu schaffen. Das grundlegende Prinzip ist eine Verbindung des Galileischen Trägheits-
gesetzes und des Gaußschen Prinzips:

«Jedes freie System beharrt in seinem Zustande der Ruhe oder der gleichförmigen
Bewegung in einer geradesten Bahn.»

Mit dem Krümmungsradius R schreibt HERTZ sein Prinzip der geradesten Bahn
in der Form

$$S \frac{\mathrm{d}m}{R^2} = \text{Minimum.} \qquad (62)$$

7   Abschließende Bemerkungen zu den mechanischen Prinzipien

Wir haben bis jetzt das d'Alembertsche Prinzip und die Lagrangeschen Bewegungsgleichungen mit je einem Beispiel illustriert. Damit sollte zum Ausdruck gebracht
werden, daß in der Regel nur diese beiden Methoden zur Lösung von Problemen
ähnlicher Art herangezogen werden. Von den weiter angeführten Prinzipien wird
gelegentlich noch das Hamiltonsche Prinzip verwendet, was aber oft überflüssig ist,
da sich in den meisten Fällen das gestellte Problem schon mit dem Eulerschen
Impulssatz lösen läßt. Wir wollen diese Behauptung am Beispiel der schwingenden
Saite unter Beweis stellen.

Wir nehmen wie üblich kleine und flache Auslenkungen $y = y(x, t)$ an, so daß
(Bild 54) 1. hinsichtlich der Massenverteilung Bogen- und Abszissendifferential $\mathrm{d}s$

Bild 54
Zur Ableitung der Bewegungsgleichung einer
schwingenden Saite (S: Spannkraft, μ: Masse pro
Längeneinheit, $p = p(x, t)$: eingeprägte Kraft pro
Längeneinheit).

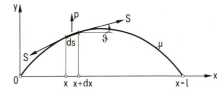

und $\mathrm{d}x$ gleichgesetzt werden können; 2. der Sinus des Tangentenwinkels ϑ durch
die Ableitung $\partial y / \partial x$ approximierbar ist und 3. die Vorspannkraft S als konstant angenommen werden kann. Bedeutet μ die konstante Masse der Saite pro Längeneinheit, so beträgt die augenblickliche kinetische Energie (wenn l die Saitenlänge ist)

$$T = \int_{x=0}^{l} \frac{\mu}{2} \mathrm{d}s \left(\frac{\partial y}{\partial t}\right)^2 = \frac{\mu}{2} \int_{x=0}^{l} \left(\frac{\partial y}{\partial t}\right)^2 \mathrm{d}x.$$

[118] *Die Prinzipien der Mechanik* in neuem Zusammenhange dargestellt (1894).

Für die Funktion U in (57) haben wir das Potential $p\,y$ der pro Längeneinheit ein-geprägten Kraft $p = p(x,t)$ und die infolge der Längenänderung $(\mathrm{d}s - \mathrm{d}x)$ in der Saite aufgespeicherte potentielle Energie zu berücksichtigen:

$$U = \int_{x=0}^{l} [p\,y\,\mathrm{d}x + S(\mathrm{d}s - \mathrm{d}x)] = \int_{x=0}^{l} \left[p\,y + \frac{S}{2}\left(\frac{\partial y}{\partial x}\right)^2 \right] \mathrm{d}x.$$

Gemäß (57) liegt darum das folgende Variationsproblem vor:

$$\delta \int_{t=t_1}^{t_2} \int_{x=0}^{l} \left[\frac{\mu}{2}\left(\frac{\partial y}{\partial t}\right)^2 - p\,y - \frac{S}{2}\left(\frac{\partial y}{\partial x}\right)^2 \right] \mathrm{d}x\,\mathrm{d}t = 0.$$

Berücksichtigt man bei der Variation, daß 1. nach der Zeit t nicht variiert wird und daß 2. die Reihenfolge von Variation und Differentiation vertauscht werden kann[119], so erhält man

$$\int_{t=t_1}^{t_2} \int_{x=0}^{l} \left[\mu\,\frac{\partial y}{\partial t}\frac{\partial}{\partial t}(\delta y) - p\,\delta y - S\,\frac{\partial y}{\partial x}\frac{\partial}{\partial x}(\delta y) \right] \mathrm{d}x\,\mathrm{d}t = 0.$$

Integrieren wir das erste Glied partiell nach t, das dritte dagegen nach x und be-rücksichtigen, daß δy für $x = 0$, $x = l$ und für $t = t_1$ und $t = t_2$ verschwindet, so ergibt sich

$$\int_{t=t_1}^{t_2} \int_{x=0}^{l} \left(\mu\,\frac{\partial^2 y}{\partial t^2} - p - S\,\frac{\partial^2 y}{\partial x^2} \right) \delta y\,\mathrm{d}x\,\mathrm{d}t = 0. \tag{63}$$

Nun ist aber δy – bis auf die zuvor vorausgesetzten Einschränkungen – beliebig, so daß aus (63)

$$\mu\,\frac{\partial^2 y}{\partial t^2} = p + S\,\frac{\partial^2 y}{\partial x^2} \tag{64}$$

folgt. Hieraus ergibt sich für die freie Schwingung der Saite ($p \equiv 0$)

$$\frac{\partial^2 y}{\partial t^2} = c^2\,\frac{\partial^2 y}{\partial x^2}, \tag{65}$$

wobei

$$c^2 = \frac{S}{\mu} \tag{66}$$

das Quadrat der sogenannten Wellengeschwindigkeit ist[120].

---

[119] Daß also zum Beispiel $\delta\left(\dfrac{\partial y}{\partial t}\right)^2 = 2\,\dfrac{\partial y}{\partial t}\delta\,\dfrac{\partial y}{\partial t} = 2\,\dfrac{\partial y}{\partial t}\dfrac{\partial}{\partial t}(\delta y)$ ist.

[120] Näheres darüber in I. SZABÓ: *Höhere Technische Mechanik*, 5. Auflage (1972), S. 65 und 122.

Und nun zum Vergleich die Herleitung der Differentialgleichung (64) aus dem Euler-schen Impulssatz[121]. Aus Bild 54 liest man ab:

$$\mu \, ds \frac{\partial^2 y}{\partial x^2} = \mu \frac{\partial^2 y}{\partial t^2} dx = p \, dx + S \left[(\sin \vartheta)_{x+dx} - (\sin \vartheta)_x \right] =$$

$$= p \, dx + S \, dx \frac{\left(\frac{\partial y}{\partial x}\right)_{x+dx} - \left(\frac{\partial y}{\partial x}\right)_x}{dx}.$$

Das liefert

$$\mu \frac{\partial^2 y}{\partial t^2} = p + S \lim_{dx \to 0} \frac{\left(\frac{\partial y}{\partial x}\right)_{x+dx} - \left(\frac{\partial y}{\partial x}\right)_x}{dx} = p + S \frac{\partial^2 y}{\partial x^2},$$

also die Differentialgleichung (64). Man wird zugeben müssen, daß demgegenüber die Herleitung mit dem Hamiltonschen Prinzip etwa so aufwendig ist, als ob man mit einer Kanone nach einem Spatzen schießen würde.

---

[121] Man beachte die einleitend gemachten Annahmen.

Kapitel III
Geschichte der Mechanik der Fluide

A Die Anfänge der Hydromechanik

> Man kann dasjenige, was man besitzt,
> nicht rein erkennen, bis man das, was andere vor
> uns besessen, zu erkennen weiß.
>
> GOETHE

1 Einleitende Bemerkungen

Seit etwa fünf Jahrtausenden bauen die Menschen Bewässerungskanäle, Staudämme und Wasserräder; schon vor mehr als zweitausend Jahren schufen die Römer Kanalisationen und Wasserleitungen in ihren Städten und spannten kühne Aquädukte, um den riesigen Wasserbedarf ihrer Thermen zu decken. Trotzdem ist die Hydromechanik als eine auf Grundprinzipien und Hypothesen aufgebaute exakte, das heißt mathematische Wissenschaft kaum mehr als zweihundert Jahre alt. Diese Behauptung erscheint vielleicht überraschend, denn man ist versucht, ihr den mit dem Namen von ARCHIMEDES verknüpften Satz entgegenzuhalten. Man könnte auch auf die Erkenntnisse STEVINS und PASCALS hinweisen und schließlich NEWTON erwähnen, in dessen *Principia* etwa ein Drittel (Buch II) den Flüssigkeiten gewidmet ist. Und trotzdem: Alle diese großen Geister lösten oder erklärten Teilprobleme oder einzelne Phänomene. Keiner von ihnen drang jedoch zum grundlegenden Begriff des inneren Drucks vor, und ohne diesen gibt es keine aus den mechanischen Grundgesetzen entwickelte Hydromechanik als selbständigen Zweig der exakten Naturwissenschaften. Trotzdem ist es sehr interessant, lehrreich und zur Bewunderung anregend, ihren Gedanken nachzugehen und ihre Leistungen zu würdigen.

2 ARCHIMEDES

ARCHIMEDES, der größte Mathematiker des Altertums und wohl auch einer der Größten aller Zeiten, wurde durch die Schriften von VITRUVIUS (Zeitalter des AUGUSTUS) und PLUTARCHOS schon in jenem Zeitalter und blieb bis heute mehr durch seine populärwissenschaftlich und anekdotenmäßig faßbaren Entdeckungen und Konstruktionen berühmt als durch seine Ehrfurcht erregenden Genietaten auf dem Gebiete der reinen Mathematik und Statik. Man bewunderte die zur Verteidigung seiner Heimatstadt Syrakus konstruierten Kriegsmaschinen und hörte oder las mit Vergnügen die Geschichte von dem im Bad entdeckten Auftriebsgesetz, mit dem er die betrügerische Manipulation eines Goldschmiedes seinem König HIERON II. von Syrakus gegenüber entlarvte. Es könnte sein, daß ARCHIMEDES durch diese Entdeckung zu seiner Abhandlung *Über schwimmende Körper* angeregt wurde. Dieses im besten Sinne klassische Schriftstück ist der überzeugendste Beweis dafür, daß «alte Mechanik» (in diesem Falle sogar «sehr alte»!) nicht notwendig «einfach» ist, denn das Auftriebsgesetz ist darin nicht mehr als ein aus einigen Postulaten hergeleitetes Präliminarium zur Bestimmung der Gleichgewichtslage und Stabilität schwimmender Segmente von

Rotationsparaboloiden beliebigen spezifischen Gewichtes: ein sehr schwieriges Problem, insbesondere dann, wenn man, wie es ARCHIMEDES tat, zur Beweisführung endliche Lageänderungen zuläßt[1]. Wer daran zweifelt, möge zur Originalabhandlung greifen[2].

Wir wollen hier nur einige grundsätzliche Gedanken von ARCHIMEDES anführen. Er beginnt mit einem Postulat:

«Es wird angenommen, daß die Flüssigkeit die Eigenschaft hat, daß von gleichgelegenen[3] und zusammenhängenden Teilen die stärker gedrückten die weniger gedrückten vor sich hertreiben und jeder Flüssigkeitsteil von der über ihm gelegenen Flüssigkeit gedrückt wird.»

Kurz formuliert besagt diese Forderung, daß der weniger gedrückte Teil einer Flüssigkeit von dem mehr gedrückten in die Höhe getrieben wird.

Auf dieser Grundlage werden durch äußerst scharfsinnige Überlegungen folgende Sätze entwickelt:

1. «Die Oberfläche jeder ruhenden Flüssigkeit ist eine Kugelfläche[4], deren Mittelpunkt der Erdmittelpunkt ist.»

Dieser Satz beinhaltet, daß die Flächen konstanter Schwerkraft zur Erdoberfläche konzentrische Kugelflächen sind, zu denen die Schwerkraft senkrecht steht; alle Körper streben also dem «Weltmittelpunkt» zu.

2. «Ein (fester) Körper taucht in eine spezifisch schwerere Flüssigkeit so weit ein, daß die von ihm verdrängte Flüssigkeitsmenge so schwer wie der ganze Körper ist.»

3. «Ein Körper, der mit Gewalt in eine spezifisch schwerere Flüssigkeit getaucht wird, wird mit einer Kraft in die Höhe getrieben, die der Differenz der Gewichte der verdrängten Flüssigkeit und des Körpers gleich ist.»

4. «Ein Körper mit größerem spezifischen Gewicht als die Flüssigkeit sinkt in dieser bis zum Grund hinab und wird um so viel leichter, wie die von ihm verdrängte Flüssigkeit schwer ist.»

Der Gedankengang von ARCHIMEDES ist folgender: Die kugelförmige Erde (mit dem Mittelpunkt M) sei flüssig und befinde sich in Ruhe. Aus ihr werden die kongruenten Kugelsektoren AME und DME herausgeschnitten (Bild 55). Auf die Flächen BF und CF wird offenbar der gleiche Druck ausgeübt, nämlich das Gewicht von $ABFE$ und $DCFE$, sonst müßte (nach dem Postulat) die stärker gedrückte Flüssigkeit die

---

[1] C.A. TRUESDELL schreibt: «Ich bezweifle, daß ein moderner Professor der Mechanik, der die Integralrechnung verwendet und sich auf eine zweitausendjährige hydrostatische Praxis verlassen kann, diese Aufgabe in weniger als in einer arbeitsreichen Woche lösen würde. EULER beispielsweise, der nur ein infinitesimales Stabilitätskriterium – anstelle von ARCHIMEDES' endlicher geometrischer Beweisführung – verwandte, gab das Problem auf und nahm die Ergebnisse von ARCHIMEDES in seiner eigenen Abhandlung nicht auf.» Im ähnlichen Sinne schreibt LAGRANGE, daß zu diesen Stabilitätsuntersuchungen «die Neueren wenig hinzugefügt haben».

[2] Deutsche Übersetzung von A. CZWALINA in Ostwalds Klassiker Nr. 213.

[3] Das sind diejenigen, die vom Erdmittelpunkt den gleichen Abstand haben.

[4] Hierzu bemerkt VITRUVIUS: «Hier könnte vielleicht jemand vorbringen, daß man mit Wasser keine zuverlässige Nivellierung vornehmen kann, weil das Wasser keine waagerechte Oberfläche bildet.» Natürlich ist das eine Argumentation wie auch: «Das Zielen mit einem Gewehr ist sinnlos, denn die Geschoßbahn ist eine Parabel!» (Das ist eine wahre Anekdote!)

schwächer gedrückte vor sich hertreiben, wäre also nicht in Ruhe. Bringt man nun einen festen Körper *K* in den Sektor *ABFE* (Bild 56), so lastet auf *BF* die Flüssigkeit *ABFE*, vermindert um das Flüssigkeitsgewicht des Körpers und vermehrt um

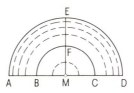

Bild 55
Zu ARCHIMEDES Gedanken *Über schwimmende Körper*: aus der flüssigen Erde werden Kugelsektoren herausgeschnitten.

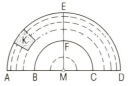

Bild 56
Zu ARCHIMEDES Gedanken *Über schwimmende Körper*: in den flüssigen Sektor *ABFE* wird der feste Körper *K* gebracht.

dessen Gewicht; auf *CF* drückt weiter die Flüssigkeit *DCFE*. Die beiden Drücke können nur dann gleich sein, wenn der Körper *K* dasselbe spezifische Gewicht hat wie die Flüssigkeit; dann taucht der Körper ganz in die Flüssigkeit ein und vertritt durch sein Gewicht den Druck der verdrängten Flüssigkeit. Hat der Körper ein kleineres spezifisches Gewicht als die Flüssigkeit, dann kann er ohne Störung der Druckgleichheit auf *BF* und *CF* nur so weit einsinken, daß die vom Körper verdrängte Flüssigkeitsmenge so schwer ist wie der ganze Körper. Hat der Körper ein größeres spezifisches Gewicht als die Flüssigkeit, so sinkt er so tief ein, wie er kann, und sein Gewicht verringert sich um das Gewicht der verdrängten Flüssigkeit. Um das einzusehen, denke man sich den Körper *K* mit einem anderen *K** verbunden, dessen spezifisches Gewicht kleiner ist als das der Flüssigkeit, und dessen Volumen so bemessen ist, daß beide zusammen einen Gesamtkörper vom spezifischen Gewicht der Flüssigkeit bilden: dann schwimmt der Gesamtkörper.

Nachdem ARCHIMEDES diese Sätze entwickelt und das Postulat, «daß Körper in einer Flüssigkeit in einer Richtung aufwärts getrieben werden, die der Vertikalen durch ihren Schwerpunkt entspricht», vorangestellt hat, geht er zu den schon erwähnten und äußerst schwierigen Stabilitätsuntersuchungen schwimmender Kugelsegmente und Rotationsparaboloide über.

Die Gedanken des ARCHIMEDES, insbesondere der von der «verflüssigten Welt», wurden bis ins 16. Jahrhundert nicht begriffen: Man akzeptierte die Sätze bezüglich des Auftriebes, aber ihre Ableitungen verstand man nicht, und den Stabilitätsuntersuchungen stand man hilflos gegenüber[5].

---

[5] So ist es zu erklären, daß in die erste deutsche Übersetzung von ARCHIMEDES' Werken, *Des unvergleichlichen Archimedes Kunstbücher*, übersetzt von JOHANN CHRISTOPH STURM, Nürnberg 1670, die Hydrostatik nicht aufgenommen wurde!

Es ist daher verständlich, daß die Wiederentdeckung und Weiterentwicklung der Hydrostatik in anderen Bahnen erfolgte.

3   SIMON STEVIN

SIMON STEVIN (Bild 57) wurde 1548 in Brügge (Flandern) geboren und starb 1620 in Den Haag. Zuerst war er Buchhalter und Kassierer in Antwerpen; später (1577) arbeitete er in der Finanzverwaltung des Freihafens Brügge. Nach Reisen durch

Bild 57
SIMON STEVIN (1548–1620).

Preußen, Polen und Skandinavien studiert er ab 1583 an der Universität Leyden. Hier entwickelt er eine außerordentlich fruchtbare wissenschaftliche Tätigkeit. Im Jahre 1586 erscheinen seine beiden Hauptwerke *De Beghinselen der Weeghconst* und *De Beghinselen des Waterwichts.* Er betätigt sich aber auch auf praktischen Gebieten – so in der Hydraulik, der Entwässerung, dem Festungsbau und der Schlachtenplanung – mit großem Erfolg, insbesondere nachdem er im Heere des Prinzen MORITZ VON ORANIEN (1567–1625), den er auch in Mathematik und Mechanik unterrichtete, als «Ingenieur» diente. STEVIN war wohl der erste Gelehrte, der Theorie und Praxis

miteinander aufs Wirksamste verband und somit den Titel «Ingenieur» zu Recht trug.
Neben ausgezeichneten mathematischen Fähigkeiten besaß er ein geniales Einfühlungsvermögen in mechanische Vorgänge. Vermöge dieser begnadeten Kombination
gewann er durch logisch zwingende «Gedankenexperimente» seine naturwissenschaftlichen Erkenntnisse. Das schönste und beeindruckendste Beispiel seiner Überle-
gungsart ist die geschlossene und gleichgliedrige Kette auf der schiefen Ebene, die auch
das Titelblatt seiner *De Beghinselen des Waterwichts* (Bild 58) ziert. Mit diesem
Gedankenexperiment will STEVIN das Verhältnis zweier Gewichte klären, die sich auf
zwei schiefen Ebenen gleicher Höhe das Gleichgewicht halten. Er überlegt es sich
zunächst mit der Kette: sie ist entweder in Ruhe oder in Bewegung. Im letzteren Falle
müßte dieser Zustand ewig andauern, da auf den schiefen Ebenen nur ein Austausch
gleichwertiger Kettenglieder stattfindet, also keine Änderung in den Gleichgewichts-
verhältnissen eintritt. Eine solche permanente Bewegung ist gegen jegliche Erfahrung,
also unmöglich[6]; demnach ist die Kette in Ruhe, und sie bleibt auch in Ruhe, wenn der
untere (nicht aufliegende) Teil abgeschnitten wird. Damit ist erwiesen, daß auf schiefen
Ebenen gleicher Höhe zwei miteinander verbundene Körper im Gleichgewicht sind,
wenn ihre Gewichte sich wie die Längen der schiefen Ebenen verhalten, das heißt wie
die Sinusse der Winkel gegen die Horizontale. Man kann es heute noch nachempfin-
den, wenn STEVIN dieses durch «logische Gewalt» zwingende und für ihn so charakteristische Verfahren als Motto aller seiner Werke wählt: Wie ein jubelnder Ausruf steht
auf allen Titelblättern (Bild 58): «WONDER EN IS GHEEN WONDER»[7].
Mit STEVIN setzt die Weiterentwicklung der «Hydrostatik»[8] wieder ein – über
zweitausend Jahre nach ARCHIMEDES! Er findet auf eigenen Wegen die Sätze von
ARCHIMEDES[9] und berechnet darüber hinaus unter anderem den Bodendruck in einem
Gefäß. Hierbei verwendet er im wesentlichen zwei Grundprinzipien: 1. Die schon bei
der Kette verwendete Unmöglichkeit eines *Perpetuum mobile* und 2. die Tatsache, daß
die Erstarrung eines Teiles der Flüssigkeit an den Verhältnissen in einem Gefäß nichts
ändert. Es seien im folgenden einige besonders markante Gedanken und Beweisfüh-
rungen STEVINS wiedergegeben.

«Postulat VI: Jede freie Oberfläche des Wassers sei eben und parallel zum Horizont.
Erklärung: Da die freie Oberfläche des Wassers einen Teil der sphärischen Erdoberfläche bildet[10], ist das in
Wirklichkeit nicht der Fall, aber da das schwieriger und dem Endziel, nämlich der Praxis der Hydrostatik,

---

[6] Heute würden wir von einem *Perpetuum mobile* sprechen.
[7] «Hier ist ein Wunder und doch kein Wunder.»
[8] Diese Namensgebung geht auch auf ihn zurück.
[9] Als Einleitung unter dem Titel «An den Leser» schreibt er die für seine Einstellung charakteristischen und eigenwilligen Worte: «Ich weiß nicht, was ARCHIMEDES dazu bewogen haben mag, das zu
schreiben, was er uns als ‚Buch von Dingen, die in Wasser gestützt werden' hinterließ, und in dem er
die Natur so wundervoll zu schildern begann. Ich weiß jedoch, und bekenne es froh, daß er es war,
der mich veranlaßte, dieses Sachgebiet in die Form zu bringen, die wir ihm gegeben haben. Ich
bekenne auch, daß ich bessere Voraussetzungen dafür hatte als ARCHIMEDES, nämlich die Sprache,
die DUYTSCH ist, während seine nur griechisch war. Denn man muß wissen, daß die Vorzüge der
Sprache nicht nur förderlich sind, um die Künste gut zu erlernen, sondern auch für die Forschungen
der Gelehrten.»
[10] Das ist der in Ziffer 2 angeführte 1. Satz von ARCHIMEDES.

nicht dienlich wäre, wird vorausgesetzt, daß jede freie Oberfläche eben und parallel zum Horizont ist.
Theorem I, Satz I.
Ein ins Auge gefaßter Wasserteil behält jeden Platz, den man ihm im Wasser gibt.
Voraussetzung: Im Wasser *BC* [Bild 59] sei *A* der ins Auge gefaßte Wasserteil.

Bild 59
Zu «Theorem I, Satz I» in STEVINS *De Beghinselen
des Waterwichts.*

Was ist erforderlich zu beweisen: Wir haben zu beweisen, daß das Wasser *A* an dieser Stelle bleiben wird.
Beweis: Das Wasser *A* möge (wenn das möglich wäre) nicht an dieser Stelle bleiben, sondern hinabsinken,
wo *D* ist. Wird dies angenommen, so würde das Wasser, das nachher den Platz von *A* erreicht hat, aus
demselben Grunde ebenfalls nach *D* hinabsinken, was eine ähnliche andere Wassermenge dann auch tun
wird, in einer Weise, daß das Wasser (da der Grund stets derselbe ist) ein *Perpetuum mobile* bilden würde,
was absurd ist. Auf dieselbe Weise kann man zeigen, daß *A* nicht aufsteigen oder sich nach irgendeiner
anderen Seite hinbewegen kann. Es zeigt sich, daß, wenn *A* innerhalb des Wassers an die Stellen *D, E, F* oder
G gesetzt würde, es aus den angeführten Gründen an diesen bleiben wird, wo immer es auch in *BC* hingesetzt
wird.»

Im Anschluß hieran werden mit zahlreichen speziellen Problemen und Beispielen das
Eintauchverhalten und der Gewichtsverlust von festen Körpern in Flüssigkeiten
untersucht, freilich ohne die bewunderungswürdigen Stabilitätsuntersuchungen von
ARCHIMEDES.
Die Berechnung des Bodendruckes erfolgt in

«Theorem VIII, Satz X.
Auf irgendeiner Bodenfläche des Wassers, die parallel zu der Oberfläche ist, lastet ein Gewicht, das gleich der
Schwere des Wassers ist, dessen Volumen gleich dem des Prismas ist, dessen Grundfläche gleich der
Bodenfläche und dessen Höhe gleich der Vertikalen von der Oberfläche zur Grundfläche ist.
Erklärung: *ABCD* sei Wasser von Quaderform (Bild 60) mit der Oberfläche *AB*, und darin sei eine
Bodenfläche *EF*, die horizontal ist. *GE* sei eine Vertikale von der Wasseroberfläche zur Bodenfläche *EF*. Das
Prisma, das von der Bodenfläche *EF* und der Höhe *EG* gebildet wird, sei *GHFE*.

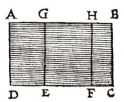

Bild 60
Zu «Theorem VIII, Satz X» in STEVINS
De Beghinselen des Waterwichts.

Was soll bewiesen werden: Wir müssen beweisen, daß auf der Bodenfläche *EF* ein Gewicht lastet, das gleich
der Schwere des Wasserprismas *GHFE* ist.
Beweis: Wäre auf dem Boden mehr Gewicht als das des Wassers *GHFE*, dann wäre das mit dem Wasser
ebenso. Wenn das möglich wäre, dann wäre es auch für die Wasserteile *AGED* und *HBCF* so. Aber unter
dieser Annahme lastet auch auf der zu *AGED* gehörenden Bodenfläche *DE*, weil der Grund der gleiche ist,
mehr Gewicht als die Schwere des Wassers *AGED* und auf der Bodenfläche *FC* auch mehr Gewicht als die
Schwere des Wassers *HBCF*. Folglich würde dann auf dem ganzen Boden *DC* mehr Gewicht lasten als die

Schwere des gesamten Wassers *ABCD*, was (da ja *ABCD* ein Quader sein soll) absurd wäre. In der gleichen Weise kann auch gezeigt werden, daß auf der Bodenfläche *EF* nicht weniger als das Wassergewicht *GHFE* lastet. Deshalb lastet notwendigerweise auf ihr das Gewicht der Wassersäule *GHFE*.»

Interessant sind die anschließenden Corollarien II und III, weil STEVIN aus ihnen zu einem «Erstarrungsprinzip» kommt (Corollarium IV und V).

«Corollarium II.
In das Wasser *ABCD* seien ein fester Körper oder mehrere feste Körper vom gleichen spezifischen Gewicht wie das Wasser eingetaucht. Dies sei in der Weise geschehen, daß nur das Wasser *IKFELM* (Bild 61)

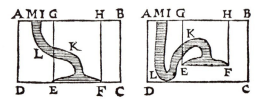

Bild 61
Zu «Corollarium II» in STEVINS *De Beghinselen des Waterwichts*.

übrigbleibt. Wenn das so ist, so be- oder entlasten die Körper die Fläche *EF* nicht mehr, als es zuvor das Wasser tat. Deshalb sagen wir gemäß Theorem VIII, Satz X, daß auf der Fläche *EF* ein Gewicht lastet, das gleich der Schwere des Wassers ist, das das Volumen des Prismas hat, dessen Grundfläche *EF* ist und dessen Höhe der Abstand der Ebenen durch *MI* und *EF* ist.»

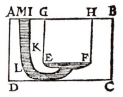

Bild 62
Zu «Corollarium III» in STEVINS *De Beghinselen des Waterwichts*.

In Corollarium III wird die quasi nach oben gedrehte Fläche *EF* betrachtet (Bild 62) und behauptet, daß das Wasser auf diese einen nach oben gerichteten Druck ausübt, der genau so groß ist wie der in Corollarium II ermittelte. Da STEVIN das erst von NEWTON postulierte Reaktionsprinzip nicht kennt, argumentiert er folgendermaßen: «Wäre das nicht so, so würde der geringere Druck dem stärkeren nachgeben, was aber nicht geschieht, denn nach Theorem I, Satz I, bleibt alles an seinem Platze.»

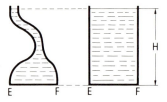

Bild 63
Hydrostatisches Paradoxon: die Druckkraft auf die gleichgroße Bodenfläche *EF* ist unabhängig von der Gefäßform.

Mit den Corollarien II und III ist die Fortpflanzung des Druckes in vertikaler Richtung ausgesprochen. Aus ihnen folgt (Corollarium IV und V) auch das hydrostatische Paradoxon, daß nämlich der Bodendruck bei gleicher Bodenfläche *EF* und gleicher Höhe *H* unabhängig von der Gefäßform stets derselbe ist (Bild 63).

Nun fehlt aber STEVIN noch der Druck auf eine schiefe (ebene) Wand. Seine diesbezüglichen Betrachtungen sind sehr scharfsinnig, aber wegen der damals noch fehlenden Perfektion infinitesimaler Methoden recht umständlich. In der heutigen Art wissenschaftlicher Überlegungen geht er folgendermaßen vor: Die Wand $P_1 P_n$ wird in Teilstücke $P_1 P_2, P_2 P_3, \ldots, P_{n-1} P_n$ zerlegt (Bild 64). Nun denke man diese Stücke einmal um die oberen Kanten $P_1, P_2, \ldots, P_{n-1}$ und dann um die unteren $P_2, P_3, \ldots, P_n$ in die Horizontale gedreht. An dem in Bild 64 herausgegriffenen Teilstück $P_3 P_4$ erkennt man an der unterschiedlichen Wassertiefe, daß der Druck auf das um die obere Kante P_3 gedrehte Teilstück $P_3 P_4$ kleiner ist als der auf die um P_4 gedrehte Fläche $P_3 P_4$.

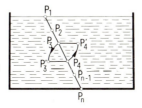

Bild 64
STEVINS Überlegungen zum Druck auf eine schiefe Wand; die Kanten $P_1, \ldots, P_n$ bilden sich als Punkte ab.

Demnach besteht für den Gesamtdruck D_o und D_u der beiden Fälle und dem wirklichen Druck D_w die Beziehung $D_o < D_w < D_u$. Offenbar kommt man durch feiner werdende Unterteilung zum wirklichen Druck. STEVIN scheint nicht erkannt zu haben – er spricht es jedenfalls nicht aus –, daß der vertikale Druck dem schiefen gleich ist. Dies ist um so überraschender, da er im Anhang Satz III als Grund dafür, «warum ein Mensch, der tief unten im Wasser schwimmt, nicht zu Tode gedrückt wird», den allseitigen und gleichen Druck angibt (Bild 65). Bei STEVIN fehlt auch die Angabe der

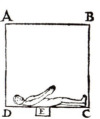

Bild 65
Nach STEVIN verhindert der allseits gleiche Druck, daß «ein Mensch, der tief unten im Wasser schwimmt, nicht zu Tode gedrückt wird» (Satz II im Anhang von *De Beghinselen des Waterwichts*).

Richtung, in der die Schwere des Wassers auf die Fläche wirkt: Nach dem eben zu Bild 65 gesagten scheint es ihm vielleicht selbstverständlich gewesen zu sein, daß der Druck immer senkrecht zur Fläche steht.

4   BLAISE PASCAL

Nach STEVIN ist es BLAISE PASCAL (Bild 66) gewesen, der sich intensiv mit der Hydrostatik beschäftigte. Er sprach den Satz von der Druckfortpflanzung[11] klar aus, aber an prinzipiellen Überlegungen kam er über STEVIN nicht hinaus. Er übernimmt

---

[11] In einer – in einem Gefäß eingeschlossenen – schwerelosen Flüssigkeit ist der über einen Stempel ausgeübte Druck überall und in derselben Größe anzutreffen.

dessen Prinzipien, wiederholt sie in verschiedenen Ausdrucksweisen, ohne sich um quantitative Ergebnisse zu bemühen. So sagt er zum Beispiel – im Gegensatz zu STEVINS Präzision – «die Flüssigkeiten wiegen proportional zu ihrer Höhe». Bemerkenswert ist aber, daß PASCAL sich bei seinen Überlegungen zur Druckfortpflanzung einer Art von Prinzip der virtuellen Verschiebungen bedient und somit in der Hydrostatik ein allgemeines statisches Gesetz zu verwenden sucht; allerdings ist hierbei GALILEI sein Vorbild. Für PASCAL ist jede in einem Behälter befindliche Flüssigkeit eine «Maschine», die wie ein Hebel oder eine Schraube das Verhältnis der im Spiel befindlichen Kräfte für den Ruhefall regelt. So denkt er sich zwei durch Kolben verschlossene kommunizierende mit schwereloser und inkompressibler Flüssigkeit gefüllte Gefäße (Bild 67): Werden die Kolben durch die Gewichte G_1 und G_2

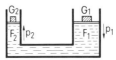

Bild 67
Mit der Flüssigkeits-«Maschine» zeigt PASCAL die Vermehrung der Kraft.

belastet, die zu den Kolbenflächen F_1 und F_2 proportional sind, so herrscht Gleichgewicht, da bei einer virtuellen Verschiebung die Kolbenwege s_1 und s_2 den Gewichten umgekehrt proportional sind. Der in der Flüssigkeit anzutreffende Druck beträgt $p = G_1 : F_1 = G_2 : F_2$. PASCAL schreibt:

«Man muß bewundern, daß sich in dieser neuen Maschine jene beständige Ordnung bewährt, die bei allen anderen schon bekannten, wie Hebel, Schraube ohne Ende etc., anzutreffen war und darin besteht, daß der Weg im selben Verhältnis wie die Kraft vermehrt wird.»

Mit diesen Worten bekämpft PASCAL das damals noch ziemlich verbreitete Vorurteil, daß man durch Maschinen die Kraft nicht vermehren könne.

5 ISAAC NEWTON

Es wurde schon erwähnt, daß ein wesentlicher Teil von NEWTONS *Principia,* nämlich das ganze, in der zweiten Auflage (1713) wesentlich erweiterte zweite Buch, sich mit den Flüssigkeiten und Gasen beschäftigt; dies ist nicht so allgemein bekannt wie seine Bewegungsgesetze und das allgemeine Massenanziehungsprinzip. TRUESDELL schreibt[12]:

«NEWTONS *Principia* ist ein Meisterwerk, das heutigentags nicht mehr gelesen wird. Bereits im ersten Buch sind nahezu alle die Dinge enthalten, derentwegen das gesamte Werk berühmt wurde. Jedoch zeigt NEWTON in diesem Buch wenig Originalität, vielmehr eine andere Eigenschaft, die ebenso groß ist: Die Fähigkeit, die früheren Ergebnisse[13] in streng mathematischer Weise zu ordnen und aus einem Minimum von Voraussetzungen herzuleiten. Das zweite Buch, welches die Flüssigkeiten behandelt, ist hingegen fast vollkommen eigenständig und beinahe ganz falsch. Das deduktive Verfahren, welches das erste Buch in so hervorragen-

---

[12] *Zur Geschichte des Begriffs «innerer Druck»,* Phys. Blätter *1956,* S. 315.
[13] Man denke an KEPLERS Gesetze, an die Zentripetalbeschleunigung von HUYGENS und HOOKES und HALLEYS Vermutungen zum Massenanziehungsgesetz.

Bild 66
BLAISE PASCAL (1623–1662).

der Weise kennzeichnet, wird hier beiseite gelassen, und bei jedem neuen Gedankengang wird eine neue Hypothese aufgestellt. Hier offenbart Newton sein höchst schöpferisches Genie. Wohl sind seine Lösungen nicht immer richtig; dennoch ist er der erste, der diese Grundprobleme ausgewählt und anzupacken gewagt hat.»

Newton ging es in erster Linie um den Bewegungswiderstand, den feste Körper in Flüssigkeiten oder in Gasen erfahren. So ist es zu erklären, daß er im zweiten Buch der *Principia* nicht mit Erklärungen und Definitionen zu diesen Medien beginnt, sondern mit der «Bewegung solcher Körper, welche einen der Geschwindigkeit proportionalen Widerstand erleiden» (erster Abschnitt). Im zweiten Abschnitt wird das zum Geschwindigkeitsquadrat proportionale Widerstandsgesetz untersucht. Für Newton spielte der Bewegungswiderstand eine solche bevorzugte Rolle, weil es ihm wohl darauf ankam, die Cartesianer zu widerlegen, die die Ansicht vertraten, daß das gesamte Universum mit Materie ausgefüllt ist. Wäre dem so, dann gäbe es auch für die Planeten einen Bewegungswiderstand, und das ist mit ihren bewährten Bewegungsgesetzen unvereinbar.

Nachdem sich Newton in diesen Problemkreis begab, schöpfte er das für ihn theoretisch und experimentell Mögliche aus. Er untersucht die gedämpfte Pendelbewegung sowie den Widerstand einer Kugel und eines Kreiszylinders. Er bestimmt die hinsichtlich des Widerstandes günstigste Form eines Rotationskörpers[14]. Seine Ergebnisse kranken daran, daß das zugrunde gelegte quadratische Widerstandsgesetz nicht zutrifft, da es die gegenseitige Beeinflussung der Flüssigkeitsteilchen nicht berücksichtigt, sondern nur den von der Vorderseite des Körpers an die Flüssigkeit übertragenen Impuls in Rechnung stellt. Auf dieser Basis wird zuerst der Widerstand einer Kugel bei gleichförmiger Bewegung untersucht und festgestellt, daß dieser dem Quadrat von Geschwindigkeit v und Durchmesser d sowie der Dichte ϱ der Flüssigkeit proportional sei. Dieses Resultat wird im 53. Lemma folgendermaßen verallgemeinert:

«Wenn ein Zylinder, eine Kugel und ein Sphäroid von gleichen Breiten hintereinander in die Mitte eines zylinderförmigen Kanals gelegt werden, und zwar dergestalt, daß ihre Achsen mit der des Kanals zusammenfallen, so werden diese drei Körper dem Durchfluß des Wassers durch den Kanal gleichen Widerstand entgegensetzen.»

Als Ergänzung hierzu spricht Newton im 55. Lemma aus, daß der Widerstand W derselbe bleibt, wenn das Wasser ruht und die Körper bewegt werden. Dieses Widerstandsgesetz wird auch heute noch in der Form

$$W = \frac{1}{2} c_w \, \varrho \, F_S \, v^2$$

verwendet; allerdings wird hierzu die maßgebende und bei Newton fehlende Widerstandsziffer c_w für verschiedene Körperformen mit der Schattenfläche F_S, Geschwindigkeitsbereiche und Anströmungsrichtungen durch sorgfältige Experimente ermittelt. Man findet sie in den einschlägigen Handbüchern.

---

[14] Als Meridiankurve eines solchen Projektils findet er (ohne Kenntnis des Variationskalküls!) eine transzendente Kurve, die mit der Nebenbedingung konstanter Masse in eine gespitzte Zykloide übergeht.

Das für uns heute einfache Problem des Wasserausflusses aus der Bodenöffnung eines Gefäßes verführt NEWTON zu den wohl seltsamsten Betrachtungen des ganzen Werkes. Das Problem 49 formuliert er so (II. Buch, VII. Abschnitt der 2. Auflage): «Man soll die Bewegung des Wassers finden, welches durch ein Loch am Boden eines zylinderförmigen Gefäßes fließt.»
Über drei Seiten lang bemüht sich NEWTON unter Heranziehung immer neuer Annahmen um die Lösung. Seine Überlegungen können folgendermaßen zusammengefaßt werden (Bild 68): *AB* sei die obere Öffnung und *EF* das im Boden des Gefäßes *ABCD*

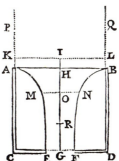

Bild 68
Zum erfolglosen Versuch von NEWTON, die Ausflußgeschwindigkeit zu bestimmen (Problem 49 im II. Buch, VII. Abschnitt der 2. Auflage der *Principia*).

befindliche Loch. Der «Eiszylinder» *APQB* steigt in gleichförmiger Bewegung herab und seine die Öffnung *AB* passierenden Teile verwandeln sich in Wasser, das heißt sie schmelzen und fallen dann vermöge ihrer Schwere herab. Auf diese Weise soll sich vermöge der Kohäsion der Wasserteilchen ein «Wasserfall» *ABNFEM* bilden, der dann durch das Loch *EF* abfließt. Unter der (zutreffenden) Annahme der Gleichheit der Durchflußmengen an verschiedenen Stellen des «Wasserfalles» (Kontinuitätsgleichung) und der (irrtümlichen!) Proportionalität des Fallgeschwindigkeitsquadrates zur Fallhöhe [15] kommt er zu dem falschen Resultat, daß die Durchmesser an verschiedenen Stellen des «Wasserfalles» umgekehrt proportional zur vierten Wurzel der Fallhöhen sind. Nun denkt sich NEWTON den Wasserfall von Eis umgeben, an dem das Wasser «wegen der vollkommenen Politur ganz frei und ohne jeden Widerstand vorbeifließt». Dann läßt er das Eis wieder zu Wasser werden und glaubt auf diese Weise endlich das Problem gelöst zu haben [16]. Aber er mußte feststellen, daß seine Theorie der experimentellen Nachprüfung nicht standhält: Die von ihm selbst gemessene Ausflußmenge war zu der berechneten im Verhältnis 1:2 verkleinert.
Er versucht, diese Diskrepanz durch die Kontraktion des Wasserstrahles (*vena contracta*) zu erklären, die wiederum ihren Grund in der «schiefen Bewegung der abfließenden Wasserteilchen» hat. Um bei Beibehaltung dieser Hypothese zu der schon von TORRICELLI (1608–1647) angegebenen Formel der Ausflußgeschwindigkeit zu kom-

---

[15] NEWTON berücksichtigt nicht die Druckveränderlichkeit innerhalb des «Wasserfalls»; und das ist erklärlich: Erst 50 Jahre später stellten DANIEL und JOHANN BERNOULLI die Stromfadengleichung auf (siehe Abschnitt B dieses Kapitels).
[16] Man wird hierbei an STEVINS Erstarrungshypothese erinnert.

men, muß NEWTON im unteren Teil des Gefäßes «stillstehendes Wasser» bestimmter Höhe annehmen, und er gibt dann auch die Reaktion des Wasserstrahles richtig an [17]. Mit diesem Problem, bzw. mit den dabei begangenen Irrtümern NEWTONS, beschäftigt sich JOHANN BERNOULLI ausführlich in seiner von uns im folgenden Abschnitt noch zu würdigenden *Hydraulica* [18]. Er schreibt u. a.:

«Schließen wir uns NEWTONS Annahme an, daß nämlich im Wasserfall eine beliebige Schicht *MN* mit der Geschwindigkeit herabsinken würde, die sie durch freien Fall vom Punkt *I* längs der Fallhöhe *IO* nur unter dem Einfluß der Schwerkraft erlangen würde, so folgt daraus, daß die Schichten beim Herabsinken einander benachbart bleiben würden, jedoch so, daß sie aufeinander keine Kraft ausüben würden, weder eine antreibende, noch eine verzögernde, so als fiele jede nur durch ihr eigenes Gewicht herab. Und so wird der Druck, den ich vorangehend behandelt habe [19], im ganzen Newtonschen Wasserfall nicht vorhanden sein, und es wird demnach von der Druckkraft, die ich π genannt habe, nichts auf die Wände *AME* und *BNF* ausgeübt werden ... dieses π würde im gesamten Wasserfall den Wert Null ergeben.»

Dann weist JOHANN BERNOULLI darauf hin, daß die Konsequenz dieses fehlenden Druckes sein würde, daß in eine in die Wand *AME* oder *BNF* (Bild 68) vertikal eingeführte Röhre keine Flüssigkeit hineindringen und darin hochsteigen würde. Abschließend stellt er fest: «Somit kann die Newtonsche Erklärung nicht richtig sein, da sie den hydrostatischen Gesetzen widerspricht.»
Schließlich sei noch erwähnt, daß sich im Abschnitt IX jene Hypothese befindet, die das Fundament der Theorie der zähen Flüssigkeiten bildet. Sie lautet:

«Der Widerstand, welcher aus einer unvollkommenen Glätte der Teile einer Flüssigkeit entspringt, ist unter sonst gleichen Umständen der Geschwindigkeit proportional, mit der diese Teile sich voneinander trennen.»

In der heutigen Ausdrucksweise besagt diese Hypothese, daß die zwischen den Flüssigkeitsflächen auftretenden Schubspannungen dem zur Strömungsrichtung senkrechten Geschwindigkeitsgefälle proportional sind; und das ist in der Tat das fundamentale Gesetz für die Theorie der zähen Flüssigkeiten; im Abschnitt F dieses Kapitels kommen wir hierauf zurück.
NEWTON empfand selbst das Unbefriedigende seiner von vielen Hypothesen überladenen Flüssigkeitsmechanik und schrieb: «Ich wünschte, wir könnten auch diese Naturphänomene aus den mechanischen Prinzipien herleiten.»
Der Durchbruch zur Behandlung hydrodynamischer Probleme auf Grund allgemeiner mechanischer Prinzipien gelang erst ein halbes Jahrhundert später JOHANN und DANIEL BERNOULLI. Hierüber soll im folgenden Abschnitt berichtet werden.

---

[17] Gleich dem doppelten Gewicht der über *EF* bis zum Wasserspiegel errichteten zylindrischen Wassersäule.

[18] *Opera Omnia,* IV (1742), S. 483–484.

[19] Siehe Ziffer 10, Abschnitt B dieses Kapitels.

B Über die sogenannte Bernoullische Gleichung der Hydromechanik; die Stromfadentheorie DANIEL und JOHANN BERNOULLIS

> Ist meine Vertheidigung nicht ganz
> unglücklich gerathen, so wird es mir weniger
> schmeicheln, dabey etwa einige Einsicht zu weisen,
> als: der erste zu seyn, der etwas zur Erfüllung einer
> Pflicht gethan hat, die man schon lange dem uns so
> heiligen Andenken Johann Bernoullis schuldig
> war.
>
> ABRAHAM GOTTHELF KÄSTNER

1 Einleitende Bemerkungen

In jedem Lehrbuch der Hydrodynamik bewegter Flüssigkeiten findet man gewöhnlich unter dem Namen «Bernoullische Stromfadengleichung» den Energieerhaltungssatz idealer (nicht reibender) inkompressibler Flüssigkeiten:

$$\frac{v^2}{2g} + \frac{p}{\gamma} + z = \frac{v^{*2}}{2g} + \frac{p^*}{\gamma} + z^* = H = \text{konst.} \tag{1}$$

Hierbei bedeuten (Bild 69) v die Geschwindigkeit, g die Erdbeschleunigung, p der Druck, γ das spezifische Gewicht und z die über einem beliebig gewählten Bezugsniveau gerechnete Höhe. Mit der sogenannten Kontinuitätsgleichung (Erhaltung der

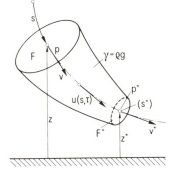

Bild 69
Zur «Bernoullischen Gleichung».

Masse) $v F = v^* F^*$ beherrscht (1) die stationären Strömungsvorgänge, so weit die zur Querschnittsfläche F senkrechte Geschwindigkeit über F als konstant angesehen werden kann. Die fast immer stereotype und wohl auf R. VON MISES (1883–1953) zurückgehende «historische Bemerkung» zu dieser energetischen Aussage lautet: «Sie wurde erstmalig von DANIEL BERNOULLI [*Hydrodynamica* (Straßburg 1738)] aufgestellt, schon bevor LEONHARD EULER seine Theorie der idealen Flüssigkeiten entwickelt hatte».

Auch die Erweiterung von (1) für (hinsichtlich der Zeit τ) instationäre Strömungen mit der Geschwindigkeit $u = u\,(s, \tau)$ (Bild 69)

$$\frac{v^2}{2g} + \frac{p}{\gamma} + z = \frac{v^{*2}}{2g} + \frac{p^*}{\gamma} + z^* + \frac{1}{g}\int\limits_{S}^{S^*} \frac{\partial u}{\partial \tau}\,\mathrm{d}\,s \tag{2}$$

wird «Bernoullische Gleichung» genannt, wobei man aber gewöhnlich unterläßt, darauf hinzuweisen, daß diese Beziehung das Gedankengut des Vaters von DANIEL BERNOULLI, nämlich JOHANN I BERNOULLIS, ist und 1742 im Druck erschien. Schließlich wird die aus den Eulerschen Bewegungsgleichungen als erstes Integral folgende, für reibungsfrei und stationär strömende inkompressible und kompressible (gasförmige) Flüssigkeiten gültige Energieaussage

$$\frac{v^2}{2} + U + P = \mathrm{konst} \tag{3}$$

ebenfalls «Bernoullische Gleichung» genannt. Hierbei bedeuten U das Potential der Massenkraft und $P = \int \mathrm{d}\,p/\varrho\,(p)$ (mit der Dichte ϱ) das sogenannte Druckintegral. Werden über die Namensgebung etwas ausführlichere Hinweise gegeben, so findet man auch diesbezügliche Bemerkungen über JOHANN BERNOULLI. So liest man zum Beispiel im Kapitel *Abriß der geschichtlichen Entwicklung der Hydromechanik* der *Technischen Hydromechanik* von H. LORENZ, München 1910:

«Die durchgängige Benutzung des Prinzips der lebendigen Kräfte, oder wie wir heute besser sagen, der Erhaltung der Energie, wurde von den Fachgenossen DANIEL BERNOULLIS [20], dessen Vater JOHANN BERNOULLI seltsamerweise die Priorität gegen seinen Sohn in Anspruch nahm, ohne doch in seiner *Nouvelle Hydraulique* (abgedruckt in den *Opera Omnia*, Tom. IV [21]) wesentlich Neues zu bieten, als störend empfunden.»

Wir werden später sehen, daß diese Behauptungen unrichtig sind. Es steht fest und wird durch schriftliche Dokumente bestätigt, daß JOHANN BERNOULLI die Anwendung des Energieerhaltungssatzes nie für sich in Anspruch nahm, daß ihm ein solcher Satz schon aus CHRISTIAAN HUYGENS' Arbeiten, also aus einer Zeit vor der Geburt des Sohnes DANIEL für das Schwerefeld bekannt war, und daß er 1723, als der Sohn bei ihm noch Vorlesungen hörte, hierüber einen grundlegenden und von der Pariser Akademie preisgekrönten Aufsatz *Discours sur le loix de la communication du mouvement* (*Opera Omnia*, Tom. 4. III, S. 81) schrieb. Wir werden zeigen, daß die *Hydraulica* die ureigenste und höchst originale Schöpfung JOHANN BERNOULLIS ist und LEONHARD EULER den Weg zur Aufstellung seiner hydrodynamischen Grundgleichungen wies. Wir werden weiterhin mit guten Einwänden versuchen, den Vorwurf, daß JOHANN BERNOULLI die Entstehung (das heißt den Abschluß) seiner *Hydraulica* auf das Jahr 1732 vordatiert [22] habe, dadurch zu mildern, daß wir das Neue und das Richtungsweisende seiner Gedanken darstellen.

---

[20] Gemeint ist hier neben dem Vater JOHANN BERNOULLI der Franzose JEAN LE ROND D'ALEMBERT (1717–1783); siehe Ziffer 5.

[21] Lausanne und Genf 1742, Neudruck Hildesheim 1968.

[22] Wodurch er sechs Jahre gegenüber der *Hydrodynamica* seines Sohnes gewonnen hätte.

2 Die *Hydrodynamica* von Daniel Bernoulli

Die sich über zwei Jahrtausende erstreckenden und im vorangehenden Abschnitt gewürdigten Bemühungen von Archimedes, Simon Stevin, Blaise Pascal, Isaac Newton und anderen betrafen und lösten nur Teilprobleme der Mechanik der Flüssigkeiten – vornehmlich die der Hydrostatik –, ohne daß es gelungen wäre, «auch diese Naturphänomene aus mechanischen Prinzipien herzuleiten»[23], wie Newton dieses Übel beklagend sagt. In diesem Sinne gelang Daniel Bernoulli (Bild 70) – gemäß dem Publikationsjahr – 1738 der erste Durchbruch. Er wurde am 29. Januar 1700 in Groningen (Holland)[24] geboren, wo sein Vater Professor der Mathematik war. Im Jahre 1705 siedelte die Familie – nach der Berufung Johann Bernoullis an die Basler Universität – in ihre Vaterstadt Basel zurück. Nach des Vaters Willen studierte Daniel zuerst Medizin in Basel und dann in Heidelberg. In den Jahren 1721–1723 hörte er die mathematischen Vorlesungen seines Vaters, nachdem ihn sein älterer Bruder Nicolaus II (1695–1726) in diese Wissenschaft eingeführt hatte. Im Jahre 1725 wurden die beiden Brüder von der russischen Zarin Katharina I. (1684–1727) an die Petersburger Akademie berufen. Nicolaus II starb schon 1726, und nur ein äußerst günstiges Angebot hielt Daniel über den 1730 abgelaufenen Vertragstermin hinaus in Petersburg zurück. Als ihm 1733 die in Basel freigewordene Professur für Anatomie und Botanik angeboten wurde, kehrte er in seine «Vaterstadt» zurück und verließ diese bis zu seinem Tode im Jahre 1782 nicht mehr.

In Petersburg beschäftigte sich Daniel Bernoulli hauptsächlich mit Problemen der Hydromechanik. Dies geht aus einem vom 17. Juli 1730 datierten Brief an Christian Goldbach (1690–1764)[25] hervor, in dem er schreibt:

«Was mich betrifft, so bin ich mit Wasser beschäftigt, und kürzlich habe ich auf alles verzichtet, was nicht Hydrostatik und Hydraulik ist. Ich habe eine Entdeckung gemacht, die von großem Nutzen für die Ausführung von Leitungsröhren sein kann, was auch einen Fortschritt in der Physiologie[26] bedeuten wird.»

Auch schreibt Daniel Bernoulli schon am 13. August 1727 in einem Brief an den Italiener Giovanni Poleni (1683–1761) unter anderem: «... ich bin auf die wahre Theorie der Wasserbewegung gekommen, die sehr umfassend ist und auf viele Fälle angewendet werden kann.»

Nachdem er in den Berichten der Petersburger Akademie mehrere Arbeiten auf diesem Gebiete publiziert hatte, übergab er – vor seiner Heimreise nach Basel – der

---

[23] Siehe Abschnitt A dieses Kapitels.

[24] Also in dem Land, aus dem seine Vorfahren – wegen Religionswirren – im 16. Jahrhundert über Frankfurt am Main nach Basel kamen.

[25] Von diesem im Zarenreich zum Staatsminister aufgestiegenen Ostpreußen rührt die berühmte, bis heute nicht bewiesene «Goldbachsche Vermutung» her: jede gerade natürliche Zahl ($\neq 2$) läßt sich als Summe zweier Primzahlen darstellen.

[26] Diesen vielleicht etwas überraschend klingenden Gesichtspunkt realisierte der in Basel vorerst (bis 1738) als Anatomieprofessor tätige Daniel Bernoulli in einer Festrede am 4. Oktober 1737, in der er unter Heranziehung eines hydrodynamischen Theorems die mechanische Leistung des menschlichen Herzens zu bestimmen suchte. Diese «Vorlesung» wurde in deutscher Übersetzung und mit geschichtlichen Beiträgen herausgegeben von O. Spiess und F. Verzár: abgedruckt in den *Verhandlungen der Naturforschenden Gesellschaft in Basel*, Bd. 52 S. 189ff. (1940/41).

Akademie 1733 das Manuskript seiner *Hydrodynamica, sive de viribus et motibus fluidorum commentarii.* Das Werk erschien 1738 in Straßburg. Auf dem kunstvollen Titelblatt (Bild 71) nennt sich DANIEL BERNOULLI respekt- und ehrfurchtsvoll «Sohn des Johann»!

3   Die Grundprinzipien der *Hydrodynamica*

An diesem Werk war alles neu, sogar der Name. In dreizehn Abschnitten werden nicht nur die inkompressiblen und reibungsfrei strömenden Flüssigkeiten, sondern auch die

Bild 71
Titelblatt von DANIEL BERNOULLIS *Hydrodynamica, sive de viribus et motibus fluidorum commentarii*, Straßburg, 1738.

Bild 70
DANIEL BERNOULLI (1700–1782).

«elastischen Flüssigkeiten» (insbesondere die Luft) behandelt, soweit die Strömung «in parallelen Schichten» erfolgt. Diese Voraussetzung wird durch die Formgebung der Gefäße (große Behälter und Rohre) und spezielle eingeprägte Kräfte angenähert. Im einleitenden Abschnitt I gibt BERNOULLI zunächst eine kritische Geschichte der bis dahin vorliegenden Theorien und formuliert in § 18 dann das erste Grundprinzip des Werkes:

«Das Wichtigste ist das Prinzip von der Erhaltung der lebendigen Kräfte, oder wie ich es nenne, die Gleichheit von dem tatsächlichen (aktuellen) Herabsteigen und dem möglichen (potentiellen) Aufsteigen: ich werde diese letztere Formulierung benutzen, zumal sie die gleiche Bedeutung wie die erstgenannte beinhaltet und weil sie für gewisse Philosophen – die sich schon bei Nennung von lebendigen Kräften erregen – weniger anstößig ist.»[27]

Im § 22 erläutert DANIEL BERNOULLI das zweite Prinzip seines Werkes:

«Wir müssen noch eine Hypothese heranziehen, und diese ist: Wir stellen uns die Flüssigkeit in Schichten senkrecht zur Strömungsrichtung vor; wir nehmen an, daß alle Teilchen einer Schicht sich mit der gleichen Geschwindigkeit bewegen, so daß die Strömungsgeschwindigkeit an jeder Stelle umgekehrt proportional zur Querschnittsfläche ist. Diese Hypothese ist schon oft benutzt worden, obwohl man bei anderer Gelegenheit festgestellt hat, daß die Bewegung an Gefäßwänden etwas langsamer ist als in der Mitte: Das rührt von der Reibung her, und man kann ebenso gut andere Einwendungen machen; ein nennenswerter Fehler kann jedoch nur selten bei der geschilderten Näherung entstehen.»

Hierin weist DANIEL BERNOULLI nicht nur auf die Strömung in parallelen Schichten hin, sondern verkündet die schon bei NEWTON vorkommende «Kontinuitätsgleichung» und gibt eine richtige Einsicht in die Natur der Strömung zäher Flüssigkeiten. Es würde weit über den Rahmen dieses Kapitels hinausgehen, alle dreizehn Abschnitte der *Hydrodynamica* genauer durchzugehen, wenn auch darin unter anderem (in Abschnitt X) die erste quantitative Fassung des Grundproblems der kinetischen Gastheorie zu finden ist. Wir werden uns hier dem XII. (vorletzten) Abschnitt zuwenden, denn in ihm wird dasjenige Problem abgehandelt, das zu einer Beziehung zwischen Druck und Geschwindigkeit, keinesfalls aber zu einer der Energieaussage (1) identischen Form führt. Trotzdem liegt hier der Ursprung der Stromfadengleichung (1).

4   Die Druck-Geschwindigkeits-Formel der *Hydrodynamica*

Schon im I. Abschnitt (*op.cit.*, § 8, S. 7) betont DANIEL BERNOULLI, daß seine Theorie neu sei, da sie Bewegung, das heißt Geschwindigkeit, und Druck zusammen in Betracht zieht, und nennt sie *Hydraulicostatica*. Noch präziser spricht er diese Erkenntnis in § 2 des XII. Abschnittes aus:

«Es ist eigentümlich in dieser *Hydraulico-statica*, daß ohne Kenntnis der Geschwindigkeit nichts bestimmt werden kann, was der Grund dafür ist, daß diese Disziplin so lange verborgen blieb. In der Tat waren die

---

[27] Hier meinte DANIEL BERNOULLI die «Cartesianer», die im Gegensatz zu den «Leibnizianern» nicht die «lebendige Kraft» (mv^2), sondern das Produkt aus Masse und Geschwindigkeit (mv) als «das wahre Kräftemaß» ansahen (siehe Kapitel II, Abschnitt A).

Autoren, die sich bis jetzt mit der Bewegung des Wassers beschäftigt haben, wenig sorgfältig, da sie die Geschwindigkeit nur mit der Höhe abgeschätzt haben.»

Im § 3 schreibt er weiter:

«Wenn es möglich wäre, an jeder Stelle die Strömungsgeschwindigkeit anzugeben, so könnte man leicht die allgemeinste Statik [28] der strömenden Flüssigkeiten aufstellen: Man denke sich an der Stelle, wo der Druck gesucht wird, ein unendlich kleines Loch [29] und frage zuerst nach der Geschwindigkeit, mit der das Wasser aus dieser kleinen Öffnung hervorschießt und welcher Steighöhe diese Geschwindigkeit entspricht. Man sieht ein, daß der gesuchte Druck zu dieser Höhe proportional ist.»

Nach diesen und ähnlichen Ausführungen erscheint (§ 5, S. 258) dasjenige Problem, das den Kern der Stromfadengleichung (1) enthält:

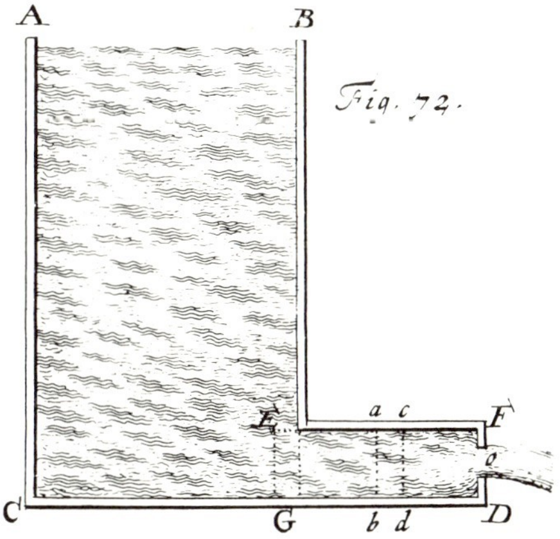

Bild 72
«Gefäß mit sehr großem Querschnitt *ACEB*»
aus D. BERNOULLIS *Hydrodynamica* (zum XII. Abschnitt, § 5).

«Gegeben sei ein Gefäß mit sehr großem Querschnitt *ACEB* [Bild 72], das man beständig voll Wasser hält und das mit einem horizontalen zylindrischen Rohr *ED* angebohrt ist. Am äußeren Ende des Rohres befindet sich eine Öffnung *o*, aus der das Wasser mit konstanter Geschwindigkeit ausströmt; gefragt wird nach dem Druck, der auf die Innenseite des Rohres [30] wirkt.»

DANIEL BERNOULLIS zugehörige *Solutio* lautet:

«Es sei *a* die Höhe [31] der Wasseroberfläche *AB* über der Öffnung *o*. Die Ausflußgeschwindigkeit des Wassers in *o* ist, wenn sich der stationäre Zustand eingestellt hat, konstant und gleich $\sqrt{a}$[32], da wir vorausgesetzt haben, daß das Gefäß voll bleibt. Wenn *n* : 1 das Flächenverhältnis zwischen Rohr- und Öffnungsquerschnitt ist, beträgt die Geschwindigkeit im Rohr [33] $\sqrt{a}/n$. Wenn die ganze Abschlußfläche *FD* fehlte, wäre die Wassergeschwindigkeit im Rohr $\sqrt{a}$, also größer als $\sqrt{a}/n$: Das Wasser im Rohr strebt also zu einer größeren Geschwindigkeit, der die Abschlußfläche Widerstand entgegensetzt. Daraus resultiert ein Überdruck, der sich auf die Innenwand überträgt. Demnach ist der Druck auf die Innenwand zu der Beschleunigung proportional, die die Flüssigkeit erfahren würde, wenn das Hindernis verschwände

---

[28] Gemeint ist hier die Druckbestimmung in einer stationären Strömung.

[29] Hieraus ist ersichtlich, daß von DANIEL BERNOULLI nur ein auf die Gefäßwände ausgeübter, nicht aber in der Flüssigkeit herrschender «innerer Druck» herangezogen wird.

[30] Siehe Fußnote 29.

[31] Mit *a* wird auch ein Punkt der Originalfigur (Bild 72) bezeichnet.

[32] Demnach sind die Einheiten so gewählt, daß $2g = 1$ (g = Erdbeschleunigung) ist.

[33] Gemäß der Kontinuitätsgleichung.

und sie in die Atmosphäre hinausströmen würde. Alles läuft so ab, als ob das Rohr *FD* während des Strömungsvorganges zur Öffnung *o* plötzlich in *cd* zerbräche und man dann die Beschleunigung des Tropfens *abcd* suchte. Entsprechend müssen wir das Gefäß *ABcdC* betrachten und vermittels dessen die Beschleunigung ermitteln, die das durch die Geschwindigkeit $\sqrt{a/n}$ angeregte Teilchen beim Hinausströmen erfährt. Es sei *v* die als veränderlich zu betrachtende Geschwindigkeit im Rohr *Ed*, *n* der Rohrquerschnitt[34], seine Länge *EC* = *c*, d*x* die Länge *ac*. Ein Tropfen tritt bei *E* in dem Augenblick ins Rohr ein, in dem *abcd* es verläßt. Der Tropfen bei *E* mit der Masse[35] *n* d*x* erreicht die Geschwindigkeit *v*, also die lebendige Kraft[36] $n\,v^2\,dx$, die vollständig neu erzeugt wird. In der Tat besitzt der Tropfen bei *E* vor dem Eintritt in das Rohr keine Geschwindigkeit, da die Ausdehnung des Gefäßes als unendlich groß angenommen wurde. Zu der lebendigen Kraft $n\,v^2\,dx$ kommt noch ein Zuwachs hinzu, den das Wasser bei *Eb* erhält, während der Tropfen *ad* austritt; dieser ist offenbar $2\,n\,c\,v\,dv$. Das ganze ist auf den aktuellen Abstieg[37] des Tropfens aus der Höhe *BE*, also auf *a* zurückzuführen. Es gilt also: $n\,v^2\,dx + 2\,n\,c\,v\,dv = n\,a\,dx$ oder

$$v\,\frac{dv}{dx} = \frac{a - v^2}{2\,c}. \tag{4}$$

Während des ganzen Bewegungsvorganges ist der Geschwindigkeitszuwachs proportional zum Druck, der im Zeitintervall d*x*/*v* erzeugt wird. In unserem Falle ist also der Druck, der auf den Tropfen *ad* wirkt, proportional zu *v* d*v*/d*x*, damit also proportional zu $(a - v^2)/2\,c$. In dem Augenblick, in dem das Rohr abgeschnitten wird, ist $v = \sqrt{a/n}$ oder $v^2 = a/n^2$, und dieser Wert ist in (4) einzusetzen, woraus sich

$$v\,\frac{dv}{dx} = \frac{n^2 - 1}{2\,n^2\,c}\,a \tag{5}$$

ergibt. Dieser Wert ist dem Wasserdruck gegen den Teil *ac* des Rohres proportional, gleichgültig welchen Querschnitt das Rohr hat und welche Öffnung in sein Ende gebohrt wurde. Wenn also der Druck in einem Falle bekannt ist, ist er in allen anderen Fällen bekannt: Wenn die Öffnung unendlich klein oder *n* unendlich groß gegen eins ist, so ist gemäß (5) der der Höhe *a* entsprechende Druck *a*/2*c*, den wir mit *a* bezeichnen wollen. Da *a*/2*c* dem Druck *a* entspricht, beträgt der der Größe $(n^2 - 1)a/2\,n^2\,c$ entsprechende Druck

$$\frac{n^2 - 1}{n^2}\,a, \tag{5a}$$

Q. E. I.»

Damit schließen DANIEL BERNOULLIS diesbezügliche Ausführungen, und man wird zugeben müssen, daß darin die nach ihm benannte Stromfadengleichung (1) nicht im entferntesten zu entdecken ist. Vor allem fehlt bei ihm das gleichzeitige Auftreten des Geschwindigkeits-, Druck- und Höhentermes. Selbst wenn wir in (4) die linke Seite – gemäß seiner Feststellung – dem Druck *p* proportional setzen und mit einem die Konstante *c* enthaltenden Faktor λ

$$\frac{p}{\lambda} = \frac{a - v^2}{2} \tag{6}$$

schreiben, bleibt eben die Konstante λ unbekannt. Hier fehlt DANIEL BERNOULLI die Erkenntnis, daß in einer strömenden Flüssigkeit mit der Druckänderung auch eine

---

[34] Man beachte, daß für das Flächenverhältnis *n*:1 gesetzt wurde.
[35] Die Dichte wird Eins gesetzt.
[36] Worunter man damals Masse mal Geschwindigkeitsquadrat verstand.
[37] Was man heute «Verlust an potentieller Energie» nennt.

Arbeitsleistung verbunden ist! Der geniale Kunstgriff mit dem abgeschnittenen Rohr entsprang der Notwendigkeit, ein Maß für die Beschleunigung und somit für den Druck zu finden.

Nachdem wir heute die notwendigen Erkenntnisse besitzen, können wir aus (6) aufgrund der folgenden Überlegungen zu einer Spezialform von (1) kommen: In (6) muß λ offenbar die Dimension einer Dichte haben, so daß man vorerst die Beziehung

$$\frac{v^2}{2} + \frac{p}{\varrho} = \frac{a}{2}$$

hätte. Ersetzen wir hier a durch $2\,g\,z^*$, da DANIEL BERNOULLI für die Fallgeschwindigkeit $\sqrt{a}$ statt $\sqrt{2\,g\,a}$ schreibt, und führen noch das spezifische Gewicht $\gamma = \varrho\,g$ ein, so haben wir

$$\frac{v^2}{2g} + \frac{p}{\gamma} = z^*; \tag{7}$$

das ist in der Tat ein Spezialfall von (1), wenn man darin $z = 0$ setzt (das Höhenbezugsniveau also in die Ausflußöffnung legt), $p^* = 0$ setzt (den Druck p also über dem Außendruck mißt) und $v^* = 0$ setzt (weil der Wasserspiegel $A\,B$ konstant bleibt). Für $p = 0$ ergibt sich natürlich die Ausflußformel von EVANGELISTA TORRICELLI. Aus diesen Ausführungen ersieht man, wie unzutreffend beispielsweise die folgende Behauptung von E. HOPPE (1854–1928) in seiner *Geschichte der Physik* (1926, S.89–90, Neudruck 1965) ist: «Für die Bewegung der Flüssigkeiten in Röhren hatte allgemein BERNOULLI in seiner *Hydrodynamica* 1738 das Gesetz abgeleitet, daß

$$\frac{p}{\sigma} + \frac{v^2}{2g} + z = \text{konst}$$

sei.» Diese – nicht ganz einsame – Ansicht krönt er noch mit dem geradezu groteske Unkenntnis verratenden Nachsatz: «Dieser Satz gilt nur für konstanten Querschnitt»!

5   Lob und Kritik an der *Hydrodynamica;* Prioritätsfragen

DANIEL BERNOULLIS *Hydrodynamica* fand einen weiten Widerhall. LEONHARD EULER, dessen Ruhm um diese Zeit zu strahlen begann, schreibt[38]:

«Die Bewegung der Flüssigkeiten ist eine von den schwersten und verwirrendsten Materien, welche in der Mathematic und Physic immer vorkommen können, und mit einer gemeinen Erkenntnis der Mathematic ist darinne nicht das geringste auszurichten. Die berühmten Herren BERNOULLI sind die ersten gewesen, welche diese so dunkle Materie auf eine gründliche Art abgehandelt haben. Der Hr. Prof. DANIEL BERNOULLI in Basel hat darüber zuerst sein unvergleichliches Werk unter dem Titul der Hydrodynamic herausgegeben,

---

[38] *Neue Grundsätze der Artillerie* (Berlin 1745), S. 5; wohl das – neben der «vollständigen Anleitung zur Algebra» – einzige deutsch geschriebene wissenschaftliche Werk EULERS, auf das wir noch (Ziffer 4) zu sprechen kommen werden.

worinne er durch die subtilsten Rechnungen sowohl die Kräfte als die Bewegungen der flüssigen Cörper so gründlich bestimmte, daß allenthalben die schönste Übereinstimmung mit der Erfahrung hervorleuchtet.»[39]

Aber nicht alle kompetenten Zeitgenossen waren bereit, dem Werk so lobende und neidlose Anerkennung zu zollen. So übte JEAN LE ROND D'ALEMBERT in seinem *Traité de l'équilibre et du mouvement des fluides* (1744) sowohl an DANIEL BERNOULLIS *Hydrodynamica* wie auch an JOHANN BERNOULLIS *Hydraulica* eine – gerade hinsichtlich der Grundprinzipien – scharfe Kritik. Dies ist um so verwunderlicher, da D'ALEMBERTS Publikation, die mathematisch auf seinem Prinzip der verlorenen Kräfte fußte, weder in den physikalischen Hypothesen noch in den konkreten Ergebnissen etwas Neues bot. So übernimmt er die grundsätzliche Hypothese der BERNOULLIS von der Bewegung in zur Strömungsrichtung senkrechten Schichten. Er gibt auch zu, daß «meine Ergebnisse mit denen DANIEL BERNOULLIS übereinstimmen», aber er schreibt, daß «DANIEL BERNOULLI keinen Beweis für die Erhaltung der lebendigen Kräfte gibt», während er sein schon erwähntes Prinzip in seinem *Traité de dynamique* (1743) bewiesen zu haben glaubt, was unter den heutigen Anforderungen an einen «Beweis» natürlich unzutreffend ist. DANIEL BERNOULLI dagegen vertrat – ebenso wie sein Vater – die richtige Ansicht, daß das von ihm angewandte Prinzip als solches keines Beweises bedarf. Entsprechend seiner mehr auf das Physikalische gerichteten Denkweise schreibt er am 26. Januar 1750 an EULER:

«Den Herrn D'ALEMBERT halte ich für einen großen *mathematicum in abstractis;* aber wenn er einen *incursum* macht in *mathesin applicatam,* so höret alle estime bei mir auf: seine *Hydrodynamica* [*Traité de l'équilibre et du mouvement des fluides,* 1744] ist viel zu kindisch, daß ich einige estime für ihn in dergleichen Sachen haben könnte. Seine *pièce sur les vents*[40] will nichts sagen und wenn einer alles gelesen, so weiß er soviel von den *ventis,* als vorhero. Ich vermeinte, man verlange physische Determinationen und nicht abstrakte *Integrationes.*»

Der andere «Kontrahent» war der nicht minder geniale Vater, der alte, von Gicht geplagte, reizbare, ruhm- und streitsüchtige JOHANN BERNOULLI (Bild 73). Zwei inkorrekte Handlungen am eigenen Sohne werden ihm vorgeworfen: 1. er habe Prioritätsansprüche hinsichtlich des Prinzips der lebendigen Kräfte erhoben und dessen Anwendung in des Sohnes *Hydrodynamica* geringschätzig beurteilt, 2. er habe die Jahreszahl seiner *Hydraulica* auf das Jahr 1732 «vordatiert», um dem Sohne gegenüber, der – wie schon erwähnt – das Manuskript seiner *Hydrodynamica* 1733 bei der Petersburger Akademie abgeliefert hatte, ein Jahr an «Priorität» zu gewinnen. Diesen Vorwürfen ist folgendes entgegenzuhalten:

Zu 1: Im Vorwort seiner *Hydraulica, nunc primum detecta ac demontrata directe ex fundamentis pure mechanicis,* Anno 1732 (*Opera Omnia,* 1742, Tom. IV, S. 392) heißt es:

«In dem hydrodynamischen Werk, das vor nicht langer Zeit mein Sohn veröffentlichte, nahm er jenen Stoff [nämlich die Hydraulik] unter glücklicheren Auspizien in Angriff, aber auf ein indirektes Fundament gestützt, das der lebendigen Kräfte, was aber, obwohl ich nachgewiesen habe, daß es richtig ist, trotzdem nicht von allen Philosophen akzeptiert wurde. Als erster habe ich diese Hypothese in der Dynamik der festen

---

[39] So prüfte DANIEL BERNOULLI seine um die Mitte des Jahres 1730 gewonnene Formel (5) gleich experimentell nach.

[40] Gemeint ist D'ALEMBERTS Abhandlung *Théorie générale des vents* aus dem Jahre 1745.

Bild 73
JOHANN BERNOULLI (1667–1748).

Körper verwendet (nachdem Huygens ein ähnliches Prinzip für die Bestimmung des Schwingungsmittel-punktes benutzt hat), und ich habe gezeigt, daß aus jener Hypothese regelmäßig dieselbe Lösung ermittelt wird, wie sie die gewöhnlichen, von allen Mathematikern anerkannten dynamischen Prinzipien ergeben.»[41]

Aus diesen Ausführungen geht klar hervor, daß Johann Bernoulli hinsichtlich des Prinzips der lebendigen Kräfte eine Priorität für sich nicht beansprucht, sondern lediglich die erstmalige Anwendung dieses Prinzips in der Dynamik fester Körper von sich behauptet: Und das ist die Wahrheit! Ebenso wahr ist die Feststellung, daß das Fundament der *Hydrodynamica* des Sohnes das Prinzip der lebendigen Kräfte ist: Das ist keine «Geringschätzung», sondern die Konstatierung eines Tatbestandes.

Zu 2: Eine kalendermäßig exakte «Vordatierung» läßt sich nicht feststellen: man spricht (und schreibt) von einem frühesten Beginn der Niederschrift 1738 und von einem frühesten Abschluß der *Hydraulica* im Jahre 1740. Es wird kaum festzustellen sein, wann Johann Bernoulli den Plan faßte, seine Abhandlungen zu schreiben; es ist aber kaum anzunehmen, daß er sich quasi in die Fußstapfen des Sohnes auf das Gebiet der Hydromechanik begab. Dies um so weniger, da er sich schon in den Jahren 1711, 1713 und 1714 mit so diffizilen, die Flüssigkeitsmechanik betreffenden Fragen, wie Projektilformen geringsten Widerstandes, Bewegung eines Pendels sowie eines Pro-jektils im widerstehenden Medium und der Manövrierung von Schiffen beschäftigt hatte[42]. Es kann sein, daß er durch die ihm aus Briefen und Publikationen bekannten Bemühungen des Sohnes[43] einen Anstoß erhielt, seine eigenen – völlig anders gearte-ten – Gedanken zu präzisieren und zu Ende zu führen. Aber was hat eine solche Anregung mit «Priorität» zu tun? Anregungen dieser Art hat schließlich auch Daniel Bernoulli empfangen (vgl. auch Abschnitt A dieses Kapitels): Der Ausfluß aus Gefäßen und die Strömung in Kanälen, Rohren und Maschinen hatten schon lange vor Daniel Bernoulli die Gelehrten beschäftigt. Domenico Guglielmini (1655–1710), Edme Mariotte und Pierre Varignon (1654–1722) bestätigten experimentell und Jakob Hermann in seiner *Phoronomia* (1716) theoretisch die Torricellische Ausflußformel für die Geschwindigkeit, und sie gewannen dabei unter anderem auch Erkenntnisse über Ausflußmengen und Strahlkontraktion. In verschiedenen Werken von Antoine Parent (1666–1716) aus den Jahren um 1700 werden hydrodynamische Probleme in Angriff genommen und gelöst. Bernard Forest de Bélidor (1697–1761) untersucht in seinem vierbändigen Prachtwerk *Architectura Hydraulica* (1737–1753) neben den eben aufgeführten Fragen insbesondere die Strömungsvorgänge in Brun-nen, Flüssen, Häfen und hydraulischen Maschinen. Der schon wegen seiner Korre-

---

[41] Hier führt Johann Bernoulli – neben der schon angeführten und von der Pariser Akademie preisgekrönten Schrift – noch zwei diesbezügliche Publikationen an: 1. *Pro conservatione virium vivarum demonstranda et experimentis confirmanda*; Auszug aus einem Brief vom 20. Dezember 1727 an seinen Sohn Daniel. (Abgedruckt in *Comm. Acad. Petropol.*, Tom. II, pag. 200, und *Opera Omnia*, Tom. III, pag. 124.) 2. *Meditationes de chordis vibrantibus, ubi nimirum ex principio virium vivarum quaeritur numerus vibrationum chordae pro una oscillatione Penduli datae longitudinis (Comm. Acad. Petrol.*, Tom. III, pag. 13 und *Opera Omnia*, Tom. III, pag. 198).

[42] Siehe *Opera Omnia*: Tom. I, pag. 481, 502, 514; Tom. II, pag. 10, 129, 153, 208, 210; Tom. IV, pag. 347, 354.

[43] So zum Beispiel *Theoria Nova de motu aquarum per canales quoscunque fluentium. Comm. Acad. Petrol.*, Tom. II, pag. 111 (1727).

spondenz mit DANIEL BERNOULLI erwähnte Marchese GIOVANNI POLENI, Professor für Astronomie, Philosophie und Mathematik an der Universität Padua und Wasserbaumeister der Republik Venedig, experimentiert an Flüssen sowie mit angebohrten und mit Rohransätzen versehenen Gefäßen, auch unter Verwendung gefärbten Wassers, wobei die «Strömung in parallelen Schichten» als selbstverständlich angenommen wird [44]. Schließlich sei wegen des von DANIEL BERNOULLI herangezogenen Prinzips der lebendigen Kräfte noch einmal auf CHRISTIAAN HUYGENS verwiesen. In seinem an mathematischen und mechanischen Entdeckungen so reichen Werk *Horologium oscillatorium* (1673) schreibt er über sein Prinzip: «Diese meine Hypothese gilt aber auch für Flüssigkeiten, und man kann mit ihrer Hilfe nicht nur alle Sätze des ARCHIMEDES über schwimmende Körper, sondern auch die meisten anderen Sätze der Mechanik beweisen.»

An Anregungen für alle «Geometer», das Problem der Rohrströmung auch theoretisch in Angriff zu nehmen, hat es also nicht gefehlt; zu diesem Kreise gehörte sicherlich auch JOHANN BERNOULLI. An einer später noch zu zitierenden Stelle schreibt er, daß er «schon 1729 nach langem Suchen erfolgreich» war, daß es ihm gelungen ist, die *Hydraulica* aus «rein mechanischen Grundprinzipien» zu entwickeln. Demnach benötigte er bis zu seinem «Anno 1732» drei Jahre.

In Anbetracht der vorangehenden, zum Teil als «Ehrenrettung» JOHANN BERNOULLIS gedachten Ausführungen muß es unsachlich erscheinen, wenn der Basler Mathematiker OTTO SPIESS (1878–1966) schreibt [45]:

«Auch DANIEL [46] wird, nachdem er sich in Basel einmal festgesetzt hat, ein stiller Bürger von sehr empfindsamem Wesen, der aber nur in intimen Briefen etwas Galle verspritzt, im übrigen ganz erfüllt ist von der Überlegenheit des Vaters. Gleichwohl entwickelt er sich aus eigener Kraft zu einem ganz bedeutenden Forscher und begründet mit seiner «Hydromechanik» von 1738 geradezu eine neue Wissenschaft. Da sucht der alternde Vater dem Sohn Konkurrenz zu machen und schreibt mit zitternder Hand trotz Asthma und Podagra ebenfalls über Hydromechanik, wobei er die Ideen des Sohnes ganz gehörig benutzt, aber ihm und sich selbst glauben machen will, als habe er dies alles längst gewußt. Und diese Abhandlungen nimmt er ungescheut in seine gesammelten Werke auf, wobei er die wichtigsten Resultate zehn Jahre zurückdatiert [47], so daß DANIEL vor der Welt als Plagiator dasteht!»

Noch weiter geht SPIESS mit an Unsachlichkeit und ans Groteske grenzenden Behauptungen in dem Buch *Große Schweizer* (1942, S. 118):

«Als dies [daß nämlich DANIEL BERNOULLI ein ,Anhänger NEWTONS' war,] herauskam, soll es zu einer Szene gekommen sein. Aber der Alte rächte sich; denn als nach einigen Jahren die *Hydrodynamica* erschien, mit der DANIEL die einschlägigen Arbeiten seines Vaters weit überholte, erklärte dieser, alles längst gewußt zu haben, und publizierte das beste daraus, zehn Jahre zurückdatiert, nochmals unter seinem eigenen Namen.»

Dies sind die frühesten und schärfsten – die Hydromechanik betreffenden – Anklagen gegen JOHANN BERNOULLI, die ich feststellen konnte. In älteren Werken über Hydrodynamik findet sich nichts Ähnliches [48].

---

[44] *De motu aquae mixto* (1717), *De castellis per quae derivantur fluviorum latera convergentia* (1720).

[45] LEONHARD EULER, *Ein Beitrag zur Geistesgeschichte des 18.Jahrhunderts* (Frauenfeld 1929), S.95.

[46] Wie der Bruder JOHANN II (1710–1790).

[47] Leider kann man den 1966 verstorbenen OTTO SPIESS nicht mehr fragen, was er mit den «zurückdatierten wichtigsten Resultaten» gemeint hat.

[48] Es sei verwiesen auf W. J. G. KARSTENS *Hydraulik* (1770), A. G. KÄSTNERS *Hydrodynamik* (1797) und M. RÜHLMANNS *Hydromechanik* (1857 und 1880).

Wir müssen befürchten, daß die Ausführungen von SPIESS nicht aus einem vergleichenden Studium der *Hydrodynamica* und der *Hydraulica* entstanden sind[49]. Bevor wir zur näheren Betrachtung der *Hydraulica* übergehen, sei an einen anderen gegen JOHANN BERNOULLI gerichteten, von MORITZ CANTOR (1829–1920) in seinen *Vorlesungen über Geschichte der Mathematik* (Bd. 2, S. 214 ff.) erhobenen Vorwurf erinnert.

JOHANN BERNOULLI hielt sich zwischen 1691 und 1692 in Paris auf und führte den Marquis DE L'HOSPITAL in die Handhabung und Feinheiten des neuen Leibnizschen Differentialkalküls ein. Im Jahre 1696 publizierte der Marquis das erste Lehrbuch der Differentialrechnung unter dem Titel *Analyse des infiniment petits pour l'intelligence de lignes courbes.* Nach dem Tode DE L'HOSPITALS trat JOHANN BERNOULLI mit Eigentumsansprüchen hervor, indem er behauptete, daß der Marquis zur Abfassung seines Buches ein Manuskript benutzt habe, das er ihm vor der Abreise aus Paris überlassen habe. Seinem Ärger läßt er auch in einem vom 8. Februar 1698 an G. W. LEIBNIZ gerichteten Brief freien Lauf:

«Sich mit fremden Federn zu schmücken ist die löbliche Eigenschaft fast aller Franzosen; auch ich habe (im Vertrauen gesagt) etwas Derartiges mit dem Marquis DE L'HOSPITAL erfahren, der vor einigen Jahren bei HUYGENS aus meinen Untersuchungen eitlen Ruhm ergatterte. Nicht viel ehrlicher handelte er mir gegenüber, als er vor kurzem seine Analyse herausgab, davon alles mit Ausnahme weniger Seiten (das sage ich Ihnen ins Ohr und keinem anderen) hat teils von mir hingeschrieben bekommen, teils in die Feder diktiert, teils auch, nachdem ich Paris verlassen hatte, durch Briefe erhalten.»

Man hat JOHANN BERNOULLI lange Zeit der Prahlerei und ungerechtfertigter Ruhmsucht bezichtigt, obwohl er in seiner Integralrechnung[50] gleich zu Beginn schreibt: «Wir haben vorangehend gesehen, wie Differentiale zu bilden sind.» Man hätte also vermuten müssen, daß ein diesbezügliches Manuskript JOHANN BERNOULLIS existieren muß. Dieser Spur ist – zweihundert Jahre später – der Berliner Gymnasiallehrer für Mathematik PAUL SCHAFHEITLIN (1861–1924) nachgegangen: Er fand in der Handschriftensammlung der Basler Universitätsbibliothek das Manuskript *Lectiones de calculo differentialium* (1691/92) und brachte es 1924 deutsch heraus[51]. So widerfuhr JOHANN BERNOULLI doch noch eine späte Gerechtigkeit. Bis dahin galt aber MORITZ CANTORS Meinung, die in den mit unglaublicher Leichtfertigkeit hingeworfenen Worten gipfelte: «Man kann leider JOHANN BERNOULLI so viele Unwahrheiten nachweisen, daß seiner Ruhmredigkeit auch eine mehr zuzutrauen ist.»

Diese Cantorsche Einstellung könnte wohl auch SPIESS beeinflußt haben, und man kann weder ihn noch CANTOR fragen, durch welche Tatsachen Worte wie «viele Unwahrheiten», «und publizierte das beste daraus unter seinem eigenen Namen», «die Ideen des Sohnes ganz gehörig benutzt» usw. belegt werden könnten.

---

[49] Nicht weniger bedenklich scheint mir ein Satz, den man in ROUSE-INCE, *History of Hydraulics* (1957, S. 92) liest: «Zweifellos verstärkte dies [das Ansehen, das die *Hydrodynamica* DANIEL BERNOULLIS diesem einbrachte] das Konkurrenzgefühl, das JOHANN schon von seinem verstorbenen Bruder JAKOB auf den Sohn übertragen hatte und das ihn dazu führte, kurz darauf seine *Nouvelle Hydraulique* zu schreiben.»

[50] *Lectiones mathematicae de methodo integralium, Opera Omnia*, Tom. III, pag. 387.

[51] Ostwalds Klassiker der exakten Wissenschaften Nr. 211.

6   Zur Entstehung der *Hydraulica* JOHANN BERNOULLIS

Am 20. Dezember 1738, also nach dem Erscheinen von DANIEL BERNOULLIS *Hydrody-namica,* bittet LEONHARD EULER – anscheinend auf briefliche Andeutungen hin – JOHANN BERNOULLI, ihm seine «neue und unvergleichliche Theorie der Bewegung von Flüssigkeiten» zuzusenden, «da ich mir schon seit langem», wie EULER schreibt, «über die Unzulänglichkeiten im klaren bin, mit denen diese Lehre bis jetzt behandelt wurde». Am 7. März 1739 erfüllt JOHANN BERNOULLI die Bitte EULERS und schreibt im Begleitbrief:

«Hierbei sende ich Ihnen den angedeuteten Teil meiner Hydraulik, um den Sie so gebeten haben, weil Sie die Unzulänglichkeiten erkannt haben, mit der diese Lehre von anderen behandelt wurde und, wie Sie offen sagen, sich selbst vergeblich bemüht haben, diese wahre Methode zu finden trotz aller Scharfsinnigkeit, durch die Sie sich ja sonst auszeichnen. Sie werden sehen, daß der Grund für den Mißerfolg der Hydrauliker darin liegt, daß ein endlicher Teil der Druckkraft dazu dient, 'Strudel'[52] zu bilden.»

Am 5. Mai 1739 antwortet EULER:

«Ich glaube, daß Sie, verehrter Herr, das Problem in einer Weise gelöst haben, die ich nicht nur gewünscht habe, sondern in der ich auch selbst mich vergeblich bemüht habe. Nun haben Sie mir auf diesem Gebiet die größte Erleuchtung gebracht, denn bisher erschien mir das alles sehr undurchsichtig, und man konnte ja, außer mit der indirekten Methode[53], nichts berechnen. Deshalb bin ich Ihnen wirklich sehr zu Dank verpflichtet.»

Trotz des Drängens von EULER dauert es über ein Jahr, bis am 31. August 1740 JOHANN BERNOULLI ihm einen weiteren Teil seiner Hydraulik schickt. Am 18. Oktober 1740 antwortet EULER voll Begeisterung:

«Schon früher zwar habe ich Ihre Theorie des fließenden Wassers der richtigen und exakten Methode wegen sehr hoch geschätzt, die Sie, Vortrefflichster, zuerst allein zur gründlichen Untersuchung der Probleme dieser Art aufgewiesen haben. Nun aber nach der Lektüre des zweiten Teiles Ihrer Untersuchungen war ich im höchsten Maße erstaunt über die hervorragende Eignung Ihrer Prinzipien zur Lösung von sehr verwickelten Problemen. Auf Grund der genauso nützlichen wie geistreichen Erfindung wird Ihr sehr berühmter Name bei den Nachkommen stets geehrt werden. Die äußerst dunkle und verborgene Frage aber nach dem Druck, den das strömende Wasser auf die Gefäßwände ausübt, haben Sie so deutlich und bündig gelöst, daß nichts mehr in dieser schwierigen Frage zu wünschen übrigbleibt. Wie sich nämlich niemand an dieses Problem heranwagte, außer Ihrem sehr berühmten Sohn, der jedoch nur, immer wenn die ganze Bewegung sich zum bleibenden Zustand beruhigt hatte, den Druck auf einem indirekten Wege bestimmt hatte, so haben Sie sofort nach der Entdeckung der direkten Methode aufs genaueste den Druck für jeden Zustand des Wassers bestimmt. Zu dieser Entdeckung, die Ihrer würdig ist, gratuliere ich Ihnen, Vortrefflichster, von Herzen und sage Ihnen für die Mitteilung vielen Dank.»

Dieser Brief wurde der *Hydraulica*[54] mit dem Vorsatz «LEONHARD EULER, der höchst scharfsinnige Mathematiker an den Verfasser» vorangestellt (Bild 74).
Wir wenden uns nun dieser Abhandlung mit einer Ausführlichkeit zu, die sie nach meinem Wissen bis jetzt noch nicht erfahren hat.

---

[52] Im lateinischen Text «gurges» genannt. Auf diesen typischen Begriff JOHANN BERNOULLIS kommen wir noch ausführlicher zurück.
[53] Der lebendigen Kräfte.
[54] *Opera Omnia,* Tom. IV, pag. 387–493.

7   Vorwort und Grundprinzipien der *Hydraulica* von JOHANN BERNOULLI

Im Vorwort schreibt JOHANN BERNOULLI:

«Die Hydrostatik, die sich mit ruhendem Wasser in unten geschlossenen Gefäßen beschäftigt, hat ihre Gesetze und deduzierten Prinzipien. Damit lassen sich die Wirkungen und Erscheinungen klar und deutlich erklären, so daß im Umkreis dieser Wissenschaft kaum noch etwas zu wünschen übrigbleiben kann. Anders verhält es sich in der Hydraulik, wo es nicht nur um die Schwere des Wassers und seinen Druck geht, sondern außerdem um die Bewegung, die entsteht, wenn Wasser durch eine Öffnung hinausfließen kann oder wenn es gezwungen wird, aus einem Rohr in ein anderes von unterschiedlichem Querschnitt hinüberzufließen. Auch andere bemerkenswerte Wirkungen, die solche Bewegungen begleiten, müssen genau

[389]

LEONHARDUS EULERUS

MATHEMATICUS ACUTISSIMUS

AD AUCTOREM.

JAM ante quidem, maximi feci Theoriam Tuam aquarum fluentium, propter veram & genuinam Methodum, quam Tu, Vir Excellentissime, primus atque solus aperuisti ad hujus generis Problemata solide pertractanda. Nunc vero, perlecta altera Tuarum Meditationum parte, penitus obstupui fæcundissima principiorum Tuorum applicatione ad perplexissima Problemata resolvenda, quo utilissimo pariter ac profundissimo invento Nomen Tuum celeberrimum apud posteros perpetuo erit sacrum. Obscurissimam autem atque abstrusissimam quæstionem, de pressione quam latera vasorum ab aquis transfluentibus patiuntur, tam distincte & enucleate enodasti, ut nihil amplius in hanc tam difficili re supersit, quod desiderari queat. Ut enim nemo, præter Filium Tuum celeberrimum, hoc argumentum attigit, qui tamen tantum cum totus motus sese jam ad statum permanentem composuerit, pressionem via satis indirecta definivit; Ita Tu statim, methodo genuina patefacta, pressionem in omni aquæ statu accuratissime determinasti, de quo Te dignissimo invento Tibi, Vir Excellentissime, ex animo gratulor, & pro communicatione maximas gratias ago.

Kkk 3

Bild 74
L. EULERS Brief vom 18. Oktober 1740 als Vorsatz
zu JOHANN BERNOULLIS *Hydraulica, nunc primum detecta ac demonstrata directe ex fundamentis pure mechanicis, Anno 1732.*

bestimmt werden. Diese Wissenschaft, gewöhnlich Hydraulik genannt, ist gewiß äußerst schwierig, und bis jetzt glaubt man, daß die mechanischen Gesetze und Regeln für sie nicht gelten. Was auch Autoren darüber geschrieben haben, entweder stützen sie sich auf Versuche allein, oder auf ganz und gar unsichere und zu wenig solide Argumente.

In dem hydrodynamischen Werk, das vor nicht so langer Zeit mein Sohn veröffentlichte, nahm er jenen Stoff unter glücklicheren Auspizien in Angriff, aber auf ein indirektes Fundament gestützt, das der lebendigen Kräfte, was aber, obwohl ich nachgewiesen habe, daß es richtig ist, trotzdem noch nicht von allen Philosophen akzeptiert wurde.

Eine direkte Methode, mit der *a priori* und mit den Prinzipien der Dynamik allein die Natur der Bewegung des aus Gefäßen durch Öffnungen austretenden Wassers oder des durch Rohre ungleichen Querschnittes fließenden Wassers erforscht werden könnte, hat bisher niemand geliefert.

Ich habe mich darüber gewundert, woher die Schwierigkeit rührt, daß sich die dynamischen Prinzipien auf flüssige Körper nicht genauso wie auf feste anwenden lassen. Als ich mir schließlich das Problem genauer durch den Kopf gehen ließ, entdeckte ich den wahren Ursprung der Schwierigkeit: Er besteht darin, daß ein gewisser Teil der Druckkräfte, der für das Bilden eines Strudels[55] verwendet wird (von mir so genannt, von den anderen nicht wahrgenommen), vernachlässigt worden ist, als wäre er von keiner Bedeutung und obendrein für unendlich klein gehalten, aus keinem anderen Grunde als, weil der Strudel aus einer sehr kleinen Menge der Flüssigkeit gebildet wird, wie er eben entsteht, wenn eine Flüssigkeit aus einem größeren Querschnittsbereich in einen engeren oder umgekehrt übergeht. Im ersten Fall entsteht der Strudel vor dem Übergang, im zweiten danach. Was ein Strudel ist und wie er sich bildet, geht aus der Untersuchung selten hervor; es wird auch klar sein, daß er sich ohne merklichen Verlust der lebendigen Kräfte bildet. Nun erhellt, warum das Prinzip der lebendigen Kräfte in der Hydraulik erfolgversprechend und ohne Irrtum angewendet werden kann auch dann, wenn der Strudel nicht beachtet wird. Diese Untersuchung werde ich in zwei Teilen niederschreiben: im ersten werde ich die Erscheinungen fließenden Wassers betrachten und die Vorgänge beim Ausfließen aus zylindrischen und prismatischen Gefäßen, seien es einfache oder aus mehreren zusammengesetzte, wie Systeme aus verschiedenen Rohren unterschiedlicher Querschnittsfläche. Im zweiten Teil werde ich alles ganz allgemein untersuchen, wie auch immer die Gefäße geformt sind, regelmäßige und unregelmäßige, durchlöcherte und solche, an die Kanäle und Rohre angesetzt sind.»

Hieran anschließend werden folgende Definitionen und Sätze vorausgeschickt[56]:

«I. Die gleichförmige Beschleunigungskraft[57] ist die, die einem gegebenen Körper bei gegebener Zeit eine gegebene Geschwindigkeit erteilt.»

Das heißt, hier wird $K = mv/t = $ konst definiert.

«II. Die Bewegungskraft[58] ist die, welche auf einen ruhenden Körper wirkt, ihn in Bewegung setzt oder einen schon bewegten Körper entweder beschleunigen oder verzögern oder dessen Richtung ändern kann.»

Wie in III. und IV. wird hier mit verschiedenen Redewendungen $K = m\,dv/dt = mb$ ausgesprochen, wobei die Beschleunigung den Namen «Beschleunigungskraft» (*vis acceleratrix*) erhält. Demnach ist K die «Bewegungskraft» und b die «Beschleunigungskraft»! Dies geht auch aus V. hervor:

«V. Die absolute Schwere g, oder die Ursache der Schwere, ist die Beschleunigungskraft, die, wenn sie auf den Körper der Masse m wirkt, in ihm die Bewegungskraft mg hervorruft. Sie soll aber vom

---

[55] Diese Übersetzung des Wortes «gurges» entspricht besser dem Sachverhalt als etwa «Wirbel», mit dem man üblicherweise eine Drehung der Flüssigkeitsteilchen verbindet.

[56] Im folgenden bezeichnet K den Kraft-, v den Geschwindigkeits-, b den Beschleunigungsvektor, m die Masse und t die Zeit.

[57] *Vis acceleratrix.*

[58] *Vis motrix.*

Körper getrennt gedacht und betrachtet werden, als wirke sie von außen auf den Körper[59]: Wir denken uns, daß derselbe Körper ohne Schwere von der äußeren Bewegungskraft mg nach demselben Gesetz beschleunigt wurde, nachdem er natürlicherweise beschleunigt werde. Jene Kraft mg aber, gleichsam außerhalb der Materie existierend, soll immaterielle genannt werden. Wenn sie daher irgendwohin transferiert auf eine andere Masse M wirkt, wird diese Masse durch die Beschleunigungskraft $= mg:M$ beschleunigt.»

«VII. Die Intensität der unveränderlichen Bewegungskraft wird *mensura* genannt; gemäß dieser wird dem zu bewegenden Körper eine größere oder kleinere Beschleunigungskraft erteilt: So hat die Schwere in einem vertikal fallenden Körper eine größere Intensität als in demselben Körper, wenn er auf einer abschüssigen Ebene hinabgleitet. Im ersten Fall nämlich wird eine größere Beschleunigungskraft hervorgerufen als im zweiten, obwohl in beiden Fällen die Schwere unveränderlich ist.»

In diesen Ausführungen ist die Unterscheidung zwischen eingeprägten und Reaktionskräften enthalten!

«VIII. Veränderliche Bewegungskraft ist eine solche, deren Intensität sich während des Wirkens ändert. So hat zum Beispiel die elastische Kraft eines gedehnten Körpers am Anfang der Entspannung eine größere Intensität, daher wirkt sie mit größerer Beschleunigungskraft auf die Bewegung des Körpers ein als während der fortschreitenden Entspannung. Daraus ergeben sich folgende Regeln: Der vom Körper durchlaufene Weg sei x, die Masse des vorangetriebenen Körpers m, die Bewegungskraft am Ende des durchlaufenen Weges p, die erreichte Geschwindigkeit v, die Zeit t, und somit ist $\mathrm{d}t = \mathrm{d}x/v$. Es ist $p\,\mathrm{d}t/m$ oder $p\,\mathrm{d}x/mv = \mathrm{d}v$ und daher

$$\int p\,\mathrm{d}x = \frac{1}{2}\,m\,v^2,$$

was sehr bekannt ist.»

Es ist wirklich erstaunlich, daß Johann Bernoulli bei diesem (sogenannten Arbeits-)Satz die Nutzlosigkeit des Streites, ob $m\cdot v^2$ oder $m\cdot v\,(= \int p\,\mathrm{d}t)$ «das wahre Kräftemaß» sei (II A 5), nicht eingesehen hat, oder mit Rücksicht auf Leibniz vielleicht auch nicht einsehen wollte; aber auch eine Stellungnahme gegen die Cartesianer wäre ihm unsympathisch gewesen.

«IX. Auf die unteren Teile des Wassers in irgendeinem Gefäß wird von der darüberliegenden Wassermenge ein Druck ausgeübt gemäß nur der Tiefe allein, welche Form das Gefäß auch hat.»
«X. Translation nenne ich jenes gedachte Versetzen der Kräfte, das ich so erläutere: Irgendeine der unteren Schichten habe den Querschnitt m, ihre Schwere oder ihr Eigengewicht sei π, dann ist die auf den obersten Querschnitt h transferierte Schwere gleich $h\,\pi/m$, die zusammen mit allen übrigen so transferierten die ganze immaterielle Bewegungskraft konstituiert, die das ganze Wasser im Gefäß nach unten drängt, genauso wie natürlicherweise.»

Dieses mit den hydrostatischen Gesetzen im Einklang stehende Lemma ist der Grundgedanke der *Hydraulica*. Der Kunstgriff besteht also darin, eine (sogenannte Bewegungs-)Kraft π aus dem Querschnitt m als $\pi h/m$ in den Querschnitt h zu übertragen. So ist es möglich, durch Unterteilung der Flüssigkeit in parallele Elementarschichten die in ihnen wirksamen Kräfte in eine bestimmte – z.B. in die oberste – Schicht zu versetzen: die Summe dieser Kräfte tut eben das, was die Kräfte in den einzelnen Schichten durch die ganze Flüssigkeit ausgebreitet tun. Zur Illustration stelle man sich eine schwere Flüssigkeit zwischen zwei parallelen Schichten vor und

---

[59] Wie klar hier Johann Bernoulli ausspricht, was eine «äußere eingeprägte Kraft» ist!

übertrage die den einzelnen elementar kleinen Parallelschichten entsprechenden – und dazu senkrechten – Gewichtskräfte in die oberste Schicht. Ist p die Summe aller dieser Kräfte, so kann man sich den Sachverhalt so vorstellen, daß p in der obersten Schicht – etwa durch einen Kolben – über die nunmehr schwerelose Flüssigkeit auf die unterste Schicht einwirkt!

In dem Abschluß des Vorwortes (*Monitum*) werden die wesentlichen Voraussetzungen aufgezählt: Vernachlässigung der Reibung der Teilchen untereinander und an den Gefäßwänden, Außerachtlassung von Kapillarwirkungen und schließlich die übliche kinematische Hypothese der Strömung in Parallelschichten.

8   Der erste Teil der *Hydraulica*

Dieser Teil behandelt die Bewegung des Wassers in Gefäßen und in zylindrischen Röhren, die aus mehreren Teilen bestehen. Zunächst wird in §§ I und II ein aus zwei zylindrischen Röhren bestehendes, ständig mit homogener und schwereloser Flüssigkeit gefülltes Gefäßsystem betrachtet (Bild 75). Auf die Mündung AE wird gleichmäßig verteilte, sich augenblicklich über die ganze Flüssigkeit fortpflanzende Bewegungskraft p ausgeübt. Die Flüssigkeit fließt durch die Öffnung BC ins Freie.
Dann fährt JOHANN BERNOULLI fort:

«§ III. Während die Flüssigkeit aus der einen Röhre in die andere übergeht, verändert sich die Geschwindigkeit reziprok zu den Querschnitten, aber diese Änderung ist nicht plötzlich, sondern sukzessiv und schrittweise, alle möglichen mittleren Stadien von der niedrigen zur höheren oder von der höheren zur niedrigeren Geschwindigkeit durchlaufend.

§ IV. Wenn daher die Flüssigkeit in paralleler Bewegung strömt, ist es notwendig, daß, bevor die GF nächsten Teilchen zu der Mündung GF gelangen, sie in dem sehr kleinen Bereich HG anfangen schneller zu werden, bis sie am Eingang GF die Geschwindigkeit erlangt haben, die in der Röhre BF bei gleichmäßig paralleler Bewegung allen Teilen der Flüssigkeit zukommt.

§ V. Es bildet sich daher für den kleinen Raum HG irgendein Strudel gleichsam $IFGH$, der aus einem breiten in einen schmalen zusammenzudrängen ist, durch den die Flüssigkeit bei stetig vergrößerter Beschleunigung hindurch muß, wobei ein – den kleinen Raum IFD ausfüllender – Teil in Ruhe bleibt.

§ VI. Die Kurve IMF beliebiger Gestalt, aber elementar kleiner Ausdehnung, begrenze den Strudel. Es wird sich zeigen, daß die Bewegungskraft, die erforderlich ist, um die Flüssigkeit durch den Strudel zu treiben, unabhängig von der Form der Kurve IMF ist[60].

§ VII. Niemand soll glauben, daß jene Bewegungskraft (die einen unendlich kleinen Teil der Flüssigkeit durch den Strudel treibt) vernachlässigt werden kann: Sie hat durchaus eine bestimmte Quantität, weil trotz der Kleinheit der Materie die Beschleunigungskraft[61] so groß sein muß, daß in der kleinen Zeitspanne, in der die Flüssigkeit den ebenfalls kleinen Raum HG passiert, die dem Querschnitt GF zukommende Geschwindigkeit erlangt werden kann.

§ VIII. Die Vernachlässigung dieser Bewegungskraft war der Grund, warum es bis zum heutigen Tage niemandem gelungen ist, die Gesetze der in nicht gleichförmigen Kanälen strömenden Flüssigkeiten herzuleiten. Aber wer es auch unternahm, sie exakt zu bestimmen, ging nach meinem Beispiel auf das Prinzip der lebendigen Kräfte zurück. Über seine Anwendung auf dieses Problem und andere, die bei festen wie bei flüssigen Körpern auftreten, hätten sie vielleicht niemals nachgedacht, wenn ich nicht vorangegangen wäre,

---

[60] Hier wird ausgesprochen, daß man bei der Aufteilung des mechanischen Mediums in Elemente beliebig verfahren kann.

[61] Das ist die Beschleunigung in unserer heutigen Terminologie.

da ich ja als erster gelehrt habe, den Gebrauch von der Erhaltung der lebendigen Kräfte zu machen[62]. Aber ich selbst war noch nicht zufrieden mit dieser indirekten Methode und hörte nicht auf, nach der direkten Methode zu suchen, die sich einzig auf die von niemandem bestrittenen dynamischen Prinzipien stützen mußte, bis ich schließlich nach recht langem Grübeln schon 1729 erkannte, daß der springende Punkt des Problems in der Betrachtung des Strudels liegt, den vorher niemand wahrgenommen hatte. Ich veröffentliche jetzt meine Entdeckungen, nachdem ich sie einigen Freunden schon privat auseinandergesetzt habe, damit sie diskutiert werden. Zu diesem Zweck will ich nach der Darstellung der Entstehung des Strudels das Angefangene, so deutlich ich kann, weiterverfolgen.»

Der heutige, in den Gedankengängen der Kontinuumsmechanik ein wenig bewanderte Leser wird wissen, daß die etwas verschwommenen Erläuterungen JOHANN BERNOULLIS zur Entstehung seines Strudels nichts weiter beinhalten, als die Anwendung des Kraft-Massenbeschleunigungsgesetzes auf ein Flüssigkeitselement; das war etwas Großartiges und bedeutete für EULER – nach seinen zuvor zitierten, begeisterten Worten zu urteilen – die Erleuchtung zur Aufstellung seiner Bewegungsgleichungen für Flüssigkeiten und Gase.

In der Fortsetzung kommt nun JOHANN BERNOULLI zum ersten detaillierten Problem (Bilder 75 und 76):

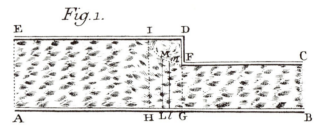

Bild 75
Gefäß aus zwei zylindrischen
Röhren mit homogener,
schwereloser Flüssigkeit zu § Iff.
des ersten Teils von J. BERNOULLIS
Hydraulica.

«§ IX. Es seien $HL = t$ die Abszisse, $Ll = \mathrm{d}t$ ihr Element; die Ordinate $LM = y$; h der Querschnitt von $HI = AE$ und m von $FG = BC$; v die Geschwindigkeit der Flüssigkeit in der Röhre GC, und daher ist die Geschwindigkeit in HE (da die Geschwindigkeiten zu den Querschnitten reziprok proportional sind) mv/h. Aus demselben Grunde ist $u = mv/y$ die Geschwindigkeit des Elementes $LMml$. Die auf die Schicht LM wirkende Beschleunigungskraft, der Natur nach eine Beschleunigung, sei γ, so daß die Bewegungskraft, mit der das Element $LMml$ vorangetrieben wird, $\gamma\,y\,\mathrm{d}t = y\,u\,\mathrm{d}u$ beträgt[63]. Diese Bewegungskraft wird nach § II des Vorwortes hervorgebracht von einer Teilbewegungskraft, die in der Röhre HE auftritt und sich über den ganzen Querschnitt AE verteilt; es verhält sich LM zu HI, oder y zu h wie $y\,u\,\mathrm{d}u$ zu $h\,u\,\mathrm{d}u$ (nämlich $y\,u\,\mathrm{d}u$ transferiert) die Teilbewegungskraft in der Röhre HE, die in der Strudelschicht $LMml$ die Bewegungskraft $y\,u\,\mathrm{d}u$ erzeugt. Durch Integration[64] über den ganzen Strudel erhält man

$$\frac{1}{2}h\left(v^2 - \frac{m^2\,v^2}{h^2}\right) = \frac{(h^2 - m^2)\,v^2}{2\,h}. \tag{8}$$

Das ist diejenige Bewegungskraft, die nötig ist, damit im Strudel die zum Übertritt in die engere Röhre GC notwendige Geschwindigkeitserhöhung möglich werde.

---

[62] Hier ist dem alten, streitsüchtigen Titanen kaum zu widersprechen. Siehe auch Fußnote 41.

[63] Bedeutet τ die Zeit, so ist $\gamma = \mathrm{d}u/\mathrm{d}\tau$ und $u = \mathrm{d}t/\mathrm{d}\tau$ (das heißt $\mathrm{d}\tau = \mathrm{d}t/u$), wodurch man sofort $\gamma\,\mathrm{d}t = u\,\mathrm{d}u$ erhält. Die Dichte wurde Eins gesetzt.

[64] Nämlich $\int_{m\,v/h}^{v} h\,u\,\mathrm{d}u$.

Corollarium I. Also ist klar, daß die Art der Kurve *IMF* wie auch die Größe des Strudels nicht in die den Strudel erzeugende Bewegungskraft eingeht. Bei gegebenen äußeren Querschnitten *HI* und *GF* ist die in *HE* auftretende Bewegungskraft immer $(h^2 - m^2)\, v^2/2\, h$.

Corollarium II. Wenn bei fortdauernder Strömung die Geschwindigkeit *v* in der Röhre *BF* konstant bleibt, so muß sie auch in der Röhre *HE* konstant bleiben[65], so daß die Bewegungskraft

$$p = \frac{(h^2 - m^2)\, v^2}{2\, h} \tag{9}$$

nur zur Bildung des Strudels verwendet wird.»

[65] Nämlich $m\, v/h$.

I X.

Concipiatur abſciſſa HL $= t$, applicata LM $= y$, atque prioris elementum L$l = dt$, dicaturque tubi HE amplitudo AE ſeu HI $= h$, tubi GC amplitudo BC ſeu GF $= m$, liquoris in tubo GC velocitas $= v$, adeoque liquoris in tubo HE velocitas erit $\frac{m}{h}\, v$; ſunt enim velocitates amplitudinibus reciproce proportionales: ob eandem rationem, erit, in quolibet gurgitis loco, liquoris LM ml velocitas $= \frac{m}{y}\, v$, quod dicatur $= u$. Jam ergo ſit vis acceleratrix, qua animatur ſtratum liquoris L $m = y$; erit, ex natura accelerationis $y\, dt = u\, du$, proinde $yy\, dt = yu\, du$, hoc eſt, vis motrix qua urgetur ſtratum liquoris LM $ml = yu\, du$. Hæc vero vis motrix, per §II, generatur a vi motrice partiali in tubo HE exiſtente, & expanſa per totam amplitudinem AE; quæ ut innoteſcat, faciendum eſt ut LM ad HI, ſeu ut y ad h, ita $yu\, du$ ad $hu\, du$, erit $hu\, du$ [tranſlata nempe ipſius $yu\, du$] vis motrix particularis in tubo HE, quæ producere poteſt vim motricem $yu\, du$, in gurgitis ſtrato LM ml; & integrando per totum gurgitem habetur $\frac{1}{2}h\,(vv - \frac{mm}{hh}\, vv)$ ſeu $\frac{hh - mm}{2h}\, vv$, quæ deſignat vim motricem requiſitam in tubo HE, ad id unice, ut in gurgite fiat acceleratio neceſſaria ad mutandam velocitatem minorem in majorem, qua opus eſt, ut tranſeat liquor in tubum anguſtiorem GC.

COROLLARIUM I.

Hinc patet naturam curvæ IMF, ut & latitudinem gurgitis HG, non ingredi in vis motricis determinationem, ad generandum motum gurgitis. Datis enim amplitudinibus extremis HI & GF, ſeu h & m, & velocitate v, ſemper habetur vis motrix in tubo HE $= \frac{hh - mm}{2h}\, vv$, pro motu in gurgite generando.

COROL-

Bild 76
§ I mit Corollarium I aus J. Bernoullis *Hydraulica*.

Jetzt ist es angebracht, einige Bemerkungen zu JOHANN BERNOULLIS «Strudeltheorie» zu machen. Es leuchtet ein, daß Größe und Gestalt des Strudels unbestimmt
bleiben. Die Vorstellung von ihm dient dazu, die Aufmerksamkeit auf eine gewisse
Kraft zu lenken, derzufolge die Geschwindigkeit im Gefäß in die Geschwindigkeit
in der Röhre übergeht. Es ist nicht wesentlich, daß ein Strudel entsteht, sondern
daß eine Kraft – nämlich $(h^2 - m^2)\, v^2/2\, h$ – erforderlich ist, um die Geschwindigkeit $m\, v/h$ in v zu verwandeln. Die Vorstellung vom Strudel will diesen Sachverhalt
quasi verdeutlichen.

Sehr treffend charakterisiert ABRAHAM GOTTHELF KÄSTNER diesen Sachverhalt auf
S. 498 seiner in Fußnote 48 erwähnten *Hydrodynamik*:

«Denn eigentlich gründet sich nichts darauf, daß ein Strudel entsteht, sondern daß Kraft erfordert wird,
Geschwindigkeit zu ändern. Der Strudel dient blos, dieses sinnlich zu machen, ohngefähr wie die hohle
Kugel des Himmels dient, die tägliche Bewegung sinnlich zu machen.»

JOHANN BERNOULLI fährt fort:

«**Corollarium III.** Denken wir uns die Röhre HE oder GE vertikal aufgestellt; sie sei mit der horizontalen
Röhre GC verbunden, und die Kraft p habe das Gewicht der Flüssigkeitssäule GE, so daß (g bezeichnet
die natürliche Beschleunigungskraft schwerer Körper, und HA oder GA sei a) $p = g\, h\, a$ das Gewicht der
Flüssigkeitssäule ist. Gemäß Corollarium II haben wir also

$$g\, h\, a = \frac{(h^2 - m^2)\, v^2}{2\, h}. \tag{10}$$

Aber wie v durch die vertikale Höhe z bestimmt wird, von der ein schwerer Körper frei herabgefallen
ist, nämlich $g\, z = v^2/2$, so haben wir $g\, z$ für $v^2/2$ zu schreiben und bekommen

$$z = \frac{h^2}{h^2 - m^2}\, a = \frac{v^2}{2\, g}.\text{»}$$

Eine Zwischenbemerkung: Im Gegensatz zur Formel (4) von DANIEL BERNOULLI ist
die obige Formel JOHANN BERNOULLIS mit der Stromfadengleichung (1) leicht in
Einklang zu bringen; man setze $p = p^*$ (da JOHANN BERNOULLI nur die Schwere als
bewegende Kraft in Betracht zieht und die Superpositionsmöglichkeit der an den
Endquerschnitten angreifenden Kräfte wohl als selbstverständlich ansieht), $z^* - z = a$
und $v^* = m\, v/h$. Weiterhin wäre zu bemerken, daß auch der Fall einer aufwärtsgebo-
genen Röhre nicht untersucht wird, wohl weil er keine grundsätzliche Komplikation
bedeutet.

«§ X. Theorem. Das zylindrische Gefäß [Bild 77] $AGFE$ sei vertikal aufgestellt und unten mit der horizonta-
len zylindrischen Röhre FB versehen. Gefäß wie Röhre seien ständig mit Wasser gefüllt, so daß eben soviel
Wasser bei AE eintritt wie bei BC hinausfließt. Ich behaupte, daß die Geschwindigkeit des hinausfließenden
Wassers (aus der Ruhe heraus) sich sehr schnell derjenigen nähert, die ein schwerer Körper im freien Fall
gemäß der Höhe $h^2a/(h^2 - m^2)$ erlangt.
Die Richtigkeit folgt aus dem Corollarium III.
Corollarium I. Wenn daher der Querschnitt der Öffnung BC sehr klein ist zu dem Querschnitt AE, so daß m
gegenüber h vernachlässigt werden kann, so wird $z = a$; das heißt, daß die Geschwindigkeit des aus der Röhre
ausfließenden Wassers genauso groß ist, wie sie ein schwerer Körper im freien Falle aus der Höhe EF
erreicht. Das ist ein sehr bemerkenswertes Theorem, was bis jetzt aus dynamischen Prinzipien noch nicht

nachgewiesen wurde, insbesondere für den Fall, daß die Röhre BF angeschlossen ist. Vorher wurde nämlich geglaubt, das Theorem[66] gelte nur unter der Voraussetzung einer kleinen Öffnung bei F.

Corollarium II. Je größer die Öffnung BC im Verhältnis zum Gefäßquerschnitt AE wird, desto größer wird die höchste Geschwindigkeit des ausfließenden Wassers, da der Wert des Bruches $h^2/(h^2 - m^2)$ sich vergrößert bis $m = h$ und die Geschwindigkeit unendlich groß geworden ist. Das ist auch einleuchtend, weil nun Gefäß und Röhre denselben Querschnitt haben und somit eine durchgehende und geknickte Röhre bilden und das Wassergewicht des ständig gefüllt gehaltenen Teiles A die ganze Wassermasse andauernd beschleunigt, so daß nach unendlich langer Zeit die Geschwindigkeit auch unendlich groß wird. Ist b die Länge der Röhre FC, so ist die ganze Wassermasse[67] des Gesamtgefäßes $h(a+b)$ und sie wird nicht anders beschleunigt als irgendein fester Körper, auf den die Beschleunigungskraft $g\,h\,a/h(a+b) = g\,a/(a+b)$ einwirkt.»

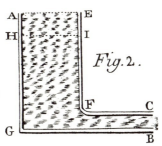

Bild 77
Ausfluß aus einem zylindrischen Gefäß mit
horizontaler zylindrischer Röhre zu § X ff. des ersten
Teils von J. Bernoullis *Hydraulica*.

Hiernach geht Johann Bernoulli zur Behandlung instationärer Vorgänge über. Zunächst untersucht er in § XI den Strömungsvorgang aus der Ruhe für das in Bild 77 dargestellte Gefäß-Rohr-System, wenn dieses beständig von Wasser gefüllt bleibt.

«§ XI. Es sei x der Weg, den das Wasser aus der Ruhe heraus in der Röhre zurücklegt, dann ist $m\,x/h$ die in derselben Zeit in dem Gefäß zurückgelegte Strecke. Gleicherweise entspricht der augenblicklichen Geschwindigkeit v in der Röhre eine solche von $m\,v/h$ in dem Gefäß, so daß die Beschleunigungskraft in der Röhre[68] $v\,\mathrm{d}v/\mathrm{d}x$ beträgt, die, mit der Masse mb multipliziert und in das Gefäß transferiert, die Bewegungskraft $h\,b\,v\,\mathrm{d}v/\mathrm{d}x$ ergibt. Ähnlicherweise ist die Beschleunigungskraft in dem Gefäß $m\,v\,\mathrm{d}v\!:\!h\,\mathrm{d}x$, die, mit der Masse ha multipliziert, die Bewegungskraft $m\,a\,v\,\mathrm{d}v/\mathrm{d}x$ ergibt. Die Summe dieser beiden Kräfte und die zur Bildung des Strudels notwendige[69] ergibt die gesamte bewegende Kraft

$$\frac{(h^2 - m^2)\,v^2}{2\,h} + h\,b\,v\,\frac{\mathrm{d}v}{\mathrm{d}x} + m\,a\,v\,\frac{\mathrm{d}v}{\mathrm{d}x} = p\,g\,h\,a. \tag{11}$$

Substituiert man hier (§ IX. Coroll. III) $g\,z = v^2/2$ und somit $g\,\mathrm{d}z = v\,\mathrm{d}v$, so erhält man

$$\frac{h^2 - m^2}{h}\,z + (b\,h + m\,a)\,\frac{\mathrm{d}z}{\mathrm{d}x} = h\,a. \tag{12}$$

Durch Integration gewinnt man hieraus

$$z = \frac{a\,h^2}{h^2 - m^2}\left[1 - \frac{1}{\exp\!\left(\dfrac{h^2 - m^2}{h^2\,b + h\,m\,a}\,x\right)}\right]. \tag{13}$$

[66] Von Torricelli.
[67] Deren Dichte auch hier wie im weiteren mit Eins angesetzt wird.
[68] Siehe Fußnote 62.
[69] Siehe Corollarium I zu § IX.

Corollarium. Für $x = \infty$ erhält man die Geschwindigkeitshöhe $z = a\,h^2/(h^2 - m^2) = v^2/2\,g$, bei der die größte Geschwindigkeit [70] erreicht wird. Das ist eine Übereinstimmung mit § IX. Coroll. III, und wenn außerdem m unendlich klein im Verhältnis zu h ist, kommt $z = a$ heraus, genauso wie § X. Coroll. I, wodurch die Methode aufs Vorzüglichste bestätigt wird.»

Nun geht JOHANN BERNOULLI zu dem instationären Fall über, in dem das Gefäß (Bild 77) über die Röhre FB geleert wird.

«§ XII. Prüfen wir jetzt den Fall, in dem das Gefäß AF nicht mit Wasser gefüllt bleibt, sondern sich nach Maßgabe des ausfließenden Wassers allmählich leert und sein Wasserspiegel AE ständig sinkt.»

Etwas umständlich wird auseinandergesetzt, daß in der in § XI gewonnenen Formel – entsprechend dem von AE auf HI gesunkenen Wasserspiegel – $h\,a$ durch $h\,a - m\,x$ zu ersetzen ist, so daß jetzt

$$\frac{(h^2 - m^2)\,v^2}{2\,h} + h\,b\,v\,\frac{dv}{dx} + \frac{m(h\,a - m\,x)\,v}{h}\,\frac{dv}{dx} = g(h\,a - m\,x) \tag{14}$$

bzw. mit $g\,dz = v\,dv$ (das heißt $g\,z = v^2/2$) die Differentialgleichung

$$\frac{h^2 - m^2}{h}\,z + \left[h\,b + \frac{m}{h}(h\,a - m\,x)\right]\frac{dz}{dx} = h\,a - m\,x \tag{15}$$

gilt. Mit der leicht zu bewerkstelligenden Integration der beiden letzten Differentialgleichungen [71] hält sich JOHANN BERNOULLI nicht weiter auf und schreibt:

«Nun ist an dieser Stelle zu diesem Zweck nicht länger zu verweilen: es genügt mir, auf die Differentialgleichung zurückgeführt zu haben unter Verwendung rein mechanischer Prinzipien; daß dies vor mir von irgendeinem anderen dargelegt worden sei, kann ich mich nicht erinnern jemals gesehen zu haben.»

In den folgenden Paragraphen und Corollarien werden die gewonnenen Ergebnisse und Erkenntnisse auf Systeme aus mehreren Behältern und Röhren in verschiedenen

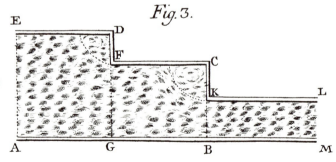

Bild 78a
Weitere von J. BERNOULLI
im ersten Teil der
Hydraulica untersuchte
Rohrströmungen.

[70] Nach unendlich langer Zeit. Solche Bemerkungen finden sich auch bei JOHANN BERNOULLI, aber es ist merkwürdig, daß er sich um explizite Zusammenhänge mit der Zeit nicht kümmert. Dabei könnten die nach Einführung von $dx = v\,d\tau$ (τ = Zeit) entstehenden Differentialgleichungen leicht integriert werden. Man bekäme: die Geschwindigkeit ist eine Exponentialfunktion der Zeit.

[71] Eine dritte Differentialgleichung zwischen Geschwindigkeit und Zeit (siehe Fußnote 70) schreibt er auch hier nicht hin.

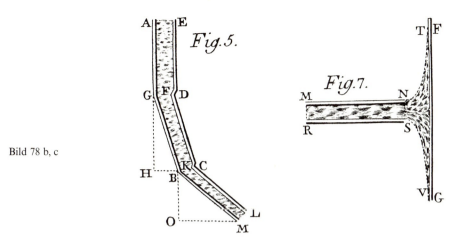

Bild 78 b, c

Stellungen ausgedehnt (Bild 78 a und b); zum Schluß des ersten Teiles wird der Druck eines Wasserstrahles auf eine Platte untersucht (Bild 78 c).

9   Der zweite Teil der *Hydraulica*

Er enthält, wie JOHANN BERNOULLI gleich am Anfang der *pars secunda* schreibt, «die direkte und allgemeine Methode aller hydraulischen Probleme, welcher Art sie auch immer sein mögen, wenn Wasser durch Kanäle beliebiger Gestalt und beliebiger Lage fließt.»
Weiter heißt es:

«Zunächst ist gesucht die Geschwindigkeit der schon ausgeströmten Flüssigkeit. Dann ist gesucht, welchen Druck die strömende Flüssigkeit an den einzelnen Stellen auf die Kanalwände ausübt; oder was auf dasselbe hinausläuft, bis zu welcher senkrechten Höhe die Flüssigkeit in einer an irgendeiner Stelle senkrecht angeschlossenen Röhre hochsteigen würde.»

Wir beginnen mit der hinsichtlich des verbindenden Textes abgekürzten Darstellung der §§ II bis VIII. Es sei $ECce$ ein Kanal gegebener Form, GI seine Achse, AB eine zur Schwerkraft parallele Gerade (Bild 79). Die Strömung sei instationär. Der Anfangs- bzw. Endquerschnitt Ee bzw. Cc sei h bzw. ω; die dazwischen liegenden Ff bzw. Nn seien y bzw. r; $PR = TS = dt$ ist die Dicke der Schichten $FMmf$ bzw. $NLln$. Weiterhin bezeichne $ds = Hh$ das Bogenelement der Kanalachse, so daß die Komponente der zu AB parallelen Schwerebeschleunigung g in Richtung der Kanalachse $g\,dt/ds$ und somit das Gewicht $g\,y\,dt^2/ds$ beträgt, während die «absolute Bewegungskraft» in vertikaler Richtung $g\,y\,dt$ ist. Transferiert man diese letzteren den einzelnen Schichten entsprechenden «absoluten Kräfte» in den obersten Querschnitt h, so hat man mit $\int_0^a g\,h\,dt = g\,h\,a$ den gesamten auf Ee wirkenden Vertikaldruck, der (wie zuvor) p genannt wird.

Bezeichnet φ den Winkel zwischen der Vertikalen und der Tangente der Kanalachse, so ist (Bild 80) $\cos\varphi = \mathrm{d}t/\mathrm{d}s$, dessen Werte an den Stellen G und I (Bild 79) mit $1/\xi$ und $1/\alpha$ bezeichnet werden. Damit können die horizontalen Querschnitte h, y und ω (an den Stellen G, H und I) in die zur Strömungsrichtung senkrechten ($\overline{F}$) übergeführt werden:

$$\overline{F}_G = \frac{h}{\xi}, \quad \overline{F}_H = y\,\frac{\mathrm{d}t}{\mathrm{d}s}, \quad \overline{F}_I = \frac{\omega}{\alpha}. \tag{16}$$

Dementsprechend sind (gemäß der Kontinuitätsgleichung) die Strömungsgeschwindigkeiten in G, H und I (wenn die Ausflußgeschwindigkeit mit v bezeichnet wird)

$$v_G = \frac{\xi\omega}{\alpha h}v, \quad v_H = u = \frac{\omega v\,\mathrm{d}s}{\alpha y\,\mathrm{d}t} \quad \text{und} \quad v_I = v. \tag{17}$$

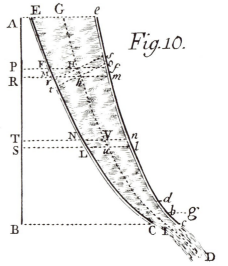

Die Beschleunigung in Richtung Hh (wobei h hier wie im Original einen Punkt der Kanalachse markiert) ist $\gamma = u\,\mathrm{d}u/\mathrm{d}s$. Ihr entspricht die bewegende Kraft $\gamma\,y\,\mathrm{d}t = y\,u\,\mathrm{d}u\,\mathrm{d}t/\mathrm{d}s$, die, um ihre vertikale Komponente zu erhalten, gemäß (16) mit $\mathrm{d}s/\mathrm{d}t$ multipliziert werden muß (Bild 80); das liefert $y\,u\,\mathrm{d}u$ und ergibt, in den Querschnitt Ee transferiert[72], $h\,u\,\mathrm{d}u$. Durch Integration zwischen v_G und v erhalten wir die gesamte in vertikaler Richtung wirkende Bewegungskraft

$$\frac{h}{2}\left(v^2 - \frac{\xi^2\omega^2}{\alpha^2 h^2}v^2\right) = \frac{\alpha^2 h^2 - \xi^2\omega^2}{2\alpha^2 h}v^2. \tag{18}$$

---

[72] Was nach Johann Bernoullis Translationsprinzip (§ X) einer Multiplikation mit h/y entspricht.

JOHANN BERNOULLI nennt sie *potentia hydrostatica,* weil sie durch Übertragung nach hydrostatischen Gesichtspunkten gefunden wurde und lediglich das Bestreben des Wassers angibt, aus der einen in die benachbarte Schicht überzugehen, aber «mit der wirkenden Beschleunigungskraft nichts zu tun hat». Diese andere, der Beschleunigung der durchfließenden Flüssigkeit zukommende Kraft muß nun noch gefunden werden. Mit anderen Worten: die örtliche Geschwindigkeit ist – wie einleitend zugelassen wurde – instationär, und somit gibt es entsprechende Kräfte bzw. (und präziser gesagt) Massenbeschleunigungen.

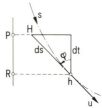

Bild 80
Element des Kanals nach Bild 79: Relation
von Schichtdicke $\mathrm{d}t = \overline{PR}$ und Bogenelement
der Kanalachse $\mathrm{d}s = \overline{Hh}$.

Die Kontinuitätsgleichung liefert für die Querschnitte Ff und Cc (Bild 79) $u F_H = v F_I$, also mit (16)

$$u = \frac{\omega\, v}{\alpha\, y} \frac{\mathrm{d}s}{\mathrm{d}t}. \tag{19}$$

Mit den elementaren Zuwächsen $\mathrm{d}u$ und $\mathrm{d}v$ hat man gemäß (19)

$$u + \mathrm{d}u = (v + \mathrm{d}v)\frac{\omega}{\alpha\, y} \frac{\mathrm{d}s}{\mathrm{d}t}, \quad \text{das heißt} \quad \mathrm{d}u = \frac{\omega}{\alpha\, y} \frac{\mathrm{d}s}{\mathrm{d}t}\mathrm{d}v. \tag{20}$$

Bezeichnen wir [73] mit $\mathrm{d}x$ das Bogenelement an der Ausflußstelle I, so gilt

$$\overline{F}_I \,\mathrm{d}x = \frac{\omega}{\alpha}\mathrm{d}x = y\,\mathrm{d}t, \tag{21}$$

da der Schicht $FMfm$ das Prisma $\overline{F}_I\,\mathrm{d}x$ entsprechen muß. Die Beschleunigung in G ist unter Verwendung von (19) bis (21)

$$\gamma' = u\frac{\mathrm{d}u}{\mathrm{d}s} = \frac{\omega^2 v}{\alpha^2 y^2}\frac{\mathrm{d}v}{\mathrm{d}t}\frac{\mathrm{d}s}{\mathrm{d}t} = \frac{\omega v}{\alpha y}\frac{\mathrm{d}v}{\mathrm{d}x}\frac{\mathrm{d}s}{\mathrm{d}t};$$

ihr entspricht die Massenbeschleunigung [74]

$$\gamma' y\,\mathrm{d}t = \frac{\omega v}{\alpha}\frac{\mathrm{d}v}{\mathrm{d}x}\,\mathrm{d}s.$$

---

[73] Wir bedienen uns weiter der Bezeichnungsweise JOHANN BERNOULLIS.
[74] «Die bewegende Kraft» JOHANN BERNOULLIS.

Die vertikale Komponente

$$\frac{\omega v}{\alpha} \frac{dv}{dx} \frac{ds^2}{dt}$$

ergibt, in Ee transferiert

$$\frac{h\omega}{\alpha} v \frac{dv}{dx} \frac{ds^2}{y\,dt}. \tag{22}$$

Das Aufsummieren dieser Beiträge entspricht einer Integration längs der Kanalachse zwischen den Punkten G und I (Bild 79). Den so erhaltenen Beitrag[75]

$$\frac{h\omega}{\alpha} v \frac{dv}{dx} \int_{S_G}^{S_I} \frac{ds^2}{y\,dt} = \frac{h\omega}{\alpha} v \frac{dv}{dx} M \tag{23}$$

nennt JOHANN BERNOULLI – im Gegensatz zur «hydrostatischen» – «die hydraulische Kraft» (*vis hydraulica*). Er fährt fort:

«§ VI. Diese zwei Kräfte, hydrostatische und hydraulische, bilden zusammen die Gesamtkraft, die offenbar von der Wirkung der schon gefundenen Kraft $p = g h a$ erzeugt wird. Durch Gleichsetzen dieser Größe mit den beiden eben gefundenen Kräften erhalten wir eine allgemeine Gleichung zur Bestimmung der Geschwindigkeit, mit der eine Flüssigkeit in einem beliebigen Zeitpunkt ausströmt; diese Gleichung lautet[76]

$$\frac{(\alpha^2 h^2 - \xi^2 \omega^2) v^2}{2\alpha^2 h} + \frac{h\omega}{\alpha} v \frac{dv}{dx} \int \frac{ds^2}{y\,dt} = g h a. \tag{24}$$

Hierzu ist zu bemerken, daß unter $\int ds^2/y\,dt$ die Summe aller $ds^2/y\,dt$ zu verstehen ist, die sich nicht nur zwischen Cc und Ff, sondern überhaupt zwischen den Extremen Cc und Ee ergibt.»

Nach Einführung der Geschwindigkeitshöhe $z = v^2/2g$ ($v\,dv = dz$) und der aus (23) ersichtlichen Abkürzung geht aus (24) die Differentialgleichung

$$\frac{dz}{dx} = \frac{\alpha^2 a h^2 - (\alpha^2 h^2 - \xi^2 \omega^2) z}{\alpha h^2 \omega M} \tag{24a}$$

hervor, die leicht integriert werden kann. Hierbei sind dx bzw. x auf der verlängerten Tangente ID gemessene Strecken. Über $v = dx/d\tau$ ist auch eine zu $v = v(x, \tau)$ führende Integration möglich. Für den stationären Fall hat man in (24) $dv = 0$ zu setzen, womit man die dem Ausdruck (18) entsprechende Beziehung

$$\frac{(\alpha^2 h^2 - \xi^2 \omega^2) v^2}{2\alpha^2 h} = g h a \tag{25}$$

erhält.

---

[75] Er rührt daher, daß die örtlichen Geschwindigkeiten zeitveränderlich sind, daß also zum Beispiel v an der Stelle I den Zuwachs dv erfährt.

[76] JOHANN BERNOULLI schreibt das Integral ohne Grenzen.

Es soll nun gezeigt werden, wie man die Formel (24), also JOHANN BERNOULLIS instationäre «Stromfadengleichung» in die zu Beginn angegebene Form (2) überführen kann.

Die Geschwindigkeiten in G und I bezeichnen wir jetzt mit v und v^*; dementsprechend haben wir $a = z - z^*$ zu setzen. Dann ist zu beachten, daß JOHANN BERNOULLI an eingeprägten äußeren Kräften lediglich die Schwere in Betracht zieht. Sind also in den Querschnitten $E\,e$ und $C\,c$ noch Druckspannungen (zum Beispiel der Luftdruck) p und p^* wirksam, so hat man die diesen Spannungen zukommenden «Druckhöhen» zu berücksichtigen, das heißt (mit dem spezifischen Gewicht γ) zu z bzw. z^* die Glieder p/γ bzw. p^*/γ zuzufügen. Dann ginge (24) zunächst in

$$z + \frac{p}{\gamma} - \left(z^* + \frac{p^*}{\gamma}\right) - \frac{v^{*2}}{2g} - \frac{1}{2g}\left(\frac{\omega\,\xi\,v^*}{\alpha\,h}\right)^2 + \frac{1}{g}\frac{\omega}{\alpha}v^*\frac{d\,v^*}{d\,x}\int\limits_{S}^{S^*}\frac{d\,s^2}{y\,d\,t} \tag{26}$$

über. Die Kontinuitätsgleichung ($v\,\bar{F}$ = konst) liefert unter Heranziehung von (16)

$$u\,y\,\frac{d\,t}{d\,s} = v\,\frac{h}{\xi} = v^*\,\frac{\omega}{\alpha}, \text{das heißt } v = \frac{\omega\,\xi}{\alpha\,h}v^*;$$

durch Differentiation nach der Zeit τ ergibt sich

$$\frac{d\,u/d\,\tau}{d\,v^*/d\,\tau} = \frac{\omega}{\alpha\,y}\frac{d\,s}{d\,t}, \quad \frac{d\,x}{d\,\tau} = v^*.$$

Mit diesen Relationen folgt aus (26) in der Tat

$$\frac{v^2}{2g} + \frac{p}{\gamma} + z = \frac{v^{*2}}{2g} + \frac{p^*}{\gamma} + z^* + \frac{1}{g}\int\limits_{S}^{S^*}\frac{\partial u}{\partial\tau}d\,s,$$

also die Beziehung (2).

10   JOHANN BERNOULLIS Berechnung des Flüssigkeitsdruckes auf die Gefäßwände

Sie ist in den §§ IX bis XV des zweiten Teiles der *Hydraulica* zu finden. JOHANN BERNOULLI tut sich schwer in diesen Paragraphen; man spürt das mühsame Ringen um die Erklärung, «woher» der Druck auf die Gefäßwände kommt. Er schreibt, daß «jene Kraft nichts anderes ist, die ihren Ursprung in der Kompressionskraft hat, wodurch die benachbarten Teile der Flüssigkeit, zum Beispiel $E\,F\,f\,e$ und $C\,F\,f\,c$ [Bild 79] aufeinander wirken, woraus in der Berührungsfläche $F\,f$ durch Aktion und Reaktion eine Zwischenkraft[77] entsteht, die ich immaterielle zu nennen pflege. Sie befindet

---

[77] *Vis intermedia.*

sich überall in Ff, und wir wollen sie π nennen.» Nun denkt er sich den Teil $EFfe$ des Kanals plötzlich abgetrennt und den Querschnitt Ff durch die gesuchte Kraft π belastet. Dann übernimmt der Querschnitt Ff mit der Flächengröße y die Rolle der früheren obersten Schicht Ee, Nn mit der Fläche r die frühere von Ff. So hat man jetzt in Formel (18) y für h und ds/dt für ξ zu schreiben, und erhält für die «hydrostatische Kraft»

$$\frac{(\alpha^2 y^2 - \omega^2\, ds^2/dt^2)\, v^2}{2\,\alpha^2\, y}.$$

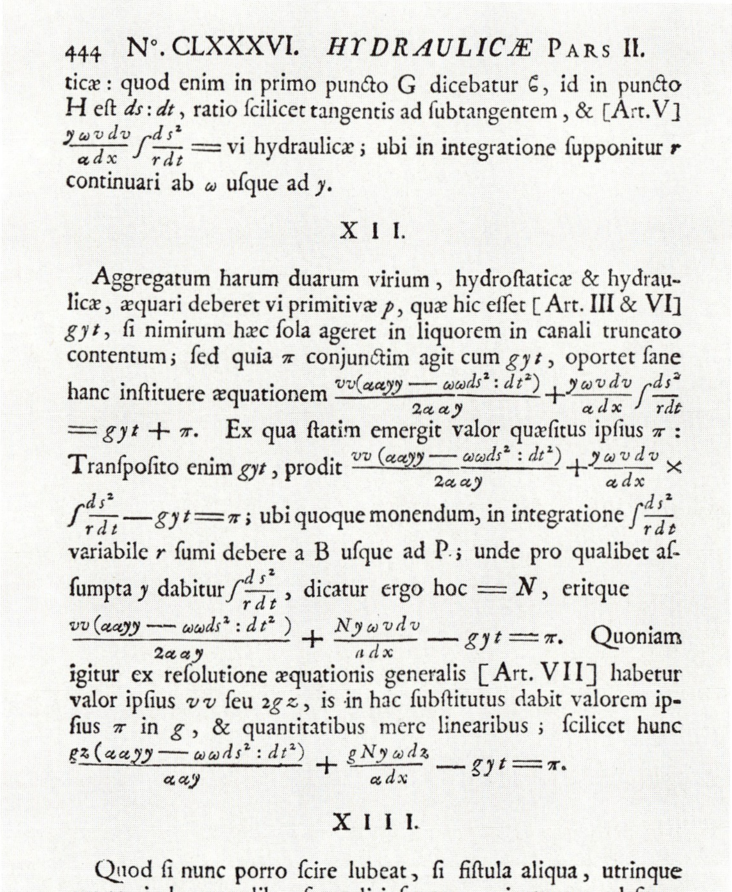

444   **N°. CLXXXVI.   *HYDRAULICÆ* Pars II.**

ticæ: quod enim in primo puncto G dicebatur $\mathfrak{G}$, id in puncto H est $ds:dt$, ratio scilicet tangentis ad subtangentem, & [Art. V]

$$\frac{y\,\omega\,v\,dv}{a\,dx}\int\frac{ds^2}{r\,dt} = \text{vi hydraulicæ}\,;\ \text{ubi in integratione supponitur } r$$

continuari ab ω usque ad y.

X I I.

Aggregatum harum duarum virium, hydrostaticæ & hydraulicæ, æquari deberet vi primitivæ p, quæ hic esset [Art. III & VI] gyt, si nimirum hæc sola ageret in liquorem in canali truncato contentum; sed quia π conjunctim agit cum gyt, oportet sane hanc instituere æquationem $\dfrac{vv(aayy - \omega\omega ds^2 : dt^2)}{2aay} + \dfrac{y\,\omega\,v\,dv}{a\,dx}\int\dfrac{ds^2}{r\,dt}$ $= gyt + \pi$. Ex qua statim emergit valor quæsitus ipsius π: Transposito enim gyt, prodit $\dfrac{vv(aayy - \omega\omega ds^2 : dt^2)}{2aay} + \dfrac{y\,\omega\,v\,dv}{a\,dx} \times$ $\int\dfrac{ds^2}{r\,dt} - gyt = \pi$; ubi quoque monendum, in integratione $\int\dfrac{ds^2}{r\,dt}$ variabile r sumi debere a B usque ad P.; unde pro qualibet assumpta y dabitur $\int\dfrac{ds^2}{r\,dt}$, dicatur ergo hoc $= N$, eritque

$\dfrac{vv(aayy - \omega\omega ds^2 : dt^2)}{2aay} + \dfrac{N y\,\omega\,v\,dv}{a\,dx} - gyt = \pi$. Quoniam igitur ex resolutione æquationis generalis [Art. VII] habetur valor ipsius vv seu $2gz$, is in hac substitutus dabit valorem ipsius π in g, & quantitatibus mere linearibus; scilicet hunc

$\dfrac{gz(aayy - \omega\omega ds^2 : dt^2)}{aay} + \dfrac{gN y\,\omega\,dz}{a\,dx} - gyt = \pi$.

X I I I.

Quod si nunc porro scire lubeat, si fistula aliqua, utrinque aperta, in loco quolibet f canali inseratur, erigaturque ad situm verticalem, quousque in illa liquor ascendere debeat, ob hanc pressionem π, quæ facit ut ascendat: attendere convenit, quod π æquivalet ponderi alicujus cylindri ex liquore gravitate naturali

Bild 81
Seite 444 aus dem zweiten Teil von J. Bernoullis *Hydraulica* mit der Herleitung des Flüssigkeitsdrucks auf Gefäßwände: am Ende von § XII erkennt man (27).

Analog geht aus (23) die «hydraulische Kraft»

$$\frac{y\,\omega}{\alpha}\,v\,\frac{dv}{dx}\int_{S_H}^{S_I}\frac{ds^2}{r\,dt}$$

hervor. Die Summe dieser Massenbeschleunigungen ist gleich der Summe aus π und allen zwischen If und Cc liegenden und nach Ff transferierten Gewichtskräften $g\,y\,t$ ($y = PB$). So erhält man für den gesuchten Druck (Bild 81)

$$\pi = -g\,y\,t + \frac{(\alpha^2\,y^2 - \omega^2\,ds^2/dt^2)\,v^2}{2\,\alpha^2\,y} + \frac{y\,\omega}{\alpha}\,v\,\frac{dv}{dx}\int_{S_H}^{S_I}\frac{ds^2}{r\,dt}. \qquad (27)$$

Für den vornehmlich interessierenden stationären Fall ($dv = 0$) ergibt sich

$$\pi = -g\,y\,t + \frac{(\alpha^2\,y^2 - \omega^2\,ds^2/dt^2)\,v^2}{2\,\alpha^2\,y}. \qquad (28)$$

Im Gegensatz zu DANIEL BERNOULLI liefert JOHANN hier explizite Formeln für den Druck π.

Für ein gerades ($\alpha = ds/dt = 1$) und horizontales ($t = 0$) Rohr folgt aus (28)

$$\pi = \frac{(y^2 - \omega^2)\,v^2}{2\,y} \qquad (29)$$

oder mit $v^2 = 2\,g\,z$

$$\pi = g\,\frac{(y^2 - \omega^2)\,z}{y} \qquad (30)$$

und somit die Druckspannung

$$p = \frac{\pi}{y} = \frac{(y^2 - \omega^2)\,v^2}{2\,y^2} = g\,\frac{(y^2 - \omega^2)\,z}{y^2}. \qquad (31)$$

Diese Formel ist auch für ein System zu verwenden, das aus einem vertikal stehenden Gefäß und einer horizontalen Röhre besteht (Bild 72), also für den von DANIEL BERNOULLI behandelten Fall. Man ersetze $g\,z$ durch a und führe $y/\omega = n$ ein, so erhält man DANIEL BERNOULLIS «Druckhöhe» (5a)

$$\frac{(n^2 - 1)\,a}{n^2}.$$

Im § XVII untersucht JOHANN BERNOULLI zwei gerade Gefäße gleicher Höhe und gleicher Öffnungs- und Endquerschnitte (Bild 82). Für den stationären Fall ($dv = 0$) bei Gefäßen mit geraden Achsen ($\alpha = ds/dt = 1$) ergibt sich gemäß (28)

$$\pi = -g\,y\,t + \frac{(y^2 - \omega^2)\,v^2}{2\,y} = g\,y\left[-t + \frac{(y^2 - \omega^2)\,z}{y^2}\right],$$

oder für die auf g reduzierte Druckspannung

$$\bar{p} = \frac{\pi}{g\,y} = -t + \frac{(y^2 - \omega^2)\,z}{y^2} = -t + \left(1 - \frac{\omega^2}{y^2}\right)z. \tag{32}$$

Demnach ist dieses Druckspannungsmaß unabhängig von der Form der Gefäße, wenn nur zu gleichen vertikalen Höhen t gleiche Querschnitte LM und NO gehören (Bild 82).

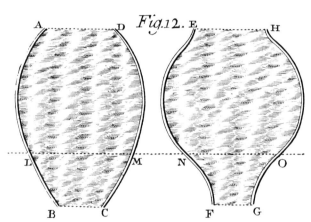

Bild 82
Fig. 12 zu § XVII des zweiten Teils von J. BERNOULLIS *Hydraulica*: die reduzierte Druckspannung ist unabhängig von der Gefäßform, wenn zur gleichen Höhe t gleiche Querschnitte LM und NO gehören.

11   Die Anwendung des Prinzips der lebendigen Kräfte in der *Hydraulica*

Diese geschieht in den §§ XXIX bis XXXIII des zweiten Teiles. JOHANN BERNOULLI beginnt:

«Nach der glänzenden Bestätigung der Güte unserer direkten und universellen Methode ist es nun reizvoll, den grundlegenden Satz der Geschwindigkeit aus ständig vollbleibenden Gefäßen strömenden Wassers indirekt aus dem Theorem der Erhaltung der lebendigen Kräfte herzuleiten und somit das Ergebnis des § VII neu zu bestätigen.»

Bedeutet x wieder die auf der Geraden bzw. verlängerten Tangente gemessene Strecke, so ist $\omega x/\alpha$ das Volumen bzw. die Masse des bei Cc ausgeflossenen Wasserprismas und $\omega\,dx/\alpha$ sein Element (Bild 79)[78]. Bedeutet z die Fallhöhe, so wird für die ihr

---

[78] Die schon erläuterten Originalbezeichnungen werden weiter beibehalten.

entsprechende Strömungsgeschwindigkeit $\sqrt{z}$ (statt wie heute üblich $\sqrt{2\,g\,z}$) geschrieben. Die Strömungsgeschwindigkeiten in G und H sind dann $\dfrac{\omega\,\xi}{\alpha\,h}\sqrt{z}$ und
$\dfrac{\omega}{a\,y}\dfrac{\mathrm{d}s}{\mathrm{d}t}\sqrt{z}$. Da aber in jedem Querschnitt des Kanals im selben Zeitelement dasselbe
Flüssigkeitselement $\omega\,\mathrm{d}x/\alpha$ durchströmen muß, denken wir uns diese Elemente ober-
halb $E\,e$ in die dem Geschwindigkeitsquadrat entsprechende Höhe $\left(\dfrac{\omega\,\xi}{\alpha\,h}\right)^2 z$ gelegt,
so daß sie freifallend dort mit der dem Punkt G zugewiesenen Geschwindigkeit an-
kämen. Zu dieser Fallhöhe kommt noch $A\,B = a$, so daß der vom Herabsteigen der
Teilchen herrührende Anteil

$$\left(\frac{\omega\,\xi}{\alpha\,h}\right)^2 z + a \tag{33}$$

beträgt und, mit dem Massenelement $\omega\,\mathrm{d}x/\alpha$ multipliziert und integriert, den Anteil
an lebendiger Kraft angibt, der von den herabsteigenden Teilchen herrührt:

$$\frac{\xi^2\,\omega^3}{\alpha^2\,h^2}\int z\,\mathrm{d}x + \frac{a\,\omega}{\alpha}\,x.$$

Dieser muß – nach dem Prinzip der lebendigen Kräfte – der gesamten (in heutiger
Terminologie doppelten!) kinetischen Energie der Teilchen im Kanal gleich sein,
also wegen $v^2 = z$

$$\frac{\omega}{\alpha}\int z\,\mathrm{d}x + \int \frac{\omega^2}{\alpha^2\,y^2}\,z\,\frac{\mathrm{d}s^2}{\mathrm{d}t^2}\,y\,\mathrm{d}t = \frac{\omega}{\alpha}\int z\,\mathrm{d}x + \frac{\omega^2\,z}{\alpha^2}\int \frac{\mathrm{d}s^2}{y\,\mathrm{d}t} \tag{34}$$

betragen. Nach dem Gleichsetzen von (33) und (34) erhalten wir

$$\frac{\xi^2\,\omega^3}{\alpha^2\,h^2}\int z\,\mathrm{d}x + \frac{a\,\omega\,x}{\alpha} = \frac{\omega}{\alpha}\int z\,\mathrm{d}x + \frac{\omega^2\,z}{\alpha^2}\int \frac{\mathrm{d}s^2}{y\,\mathrm{d}t}$$

und weiter durch Differentiation nach x und Einführung der aus (23) ersichtlichen
Abkürzung die Differentialgleichung (24a).
Bewunderungswürdig ist die Eleganz, mit der JOHANN BERNOULLI – nachdem er den
«Zauberschlüssel» gefunden hatte – auch dieses Problem erledigt.
Es sei noch erwähnt, daß sich JOHANN BERNOULLI in den §§ LIV bis LIX mit der
Theorie der Wasseruhren beschäftigt, und in § LX, Scholium V, als «Leibnizianer»
mit fühlbarem Vergnügen die Unhaltbarkeit der «Wasserfalltheorie» NEWTONS[79]
nachweist.

---

[79] Siehe Abschnitt A, Ziffer 5 dieses Kapitels.

12   Die zeitgenössischen Reaktionen auf die *Hydraulica*

Hier sind drei Reaktionen erwähnenswert: von EULER, von JOHANNS Sohn DANIEL und von D'ALEMBERT. Die Eulersche Reaktion wurde schon am Anfang der Ziffer 6 geschildert; insbesondere sei auf den zitierten Brief vom 18. Oktober 1740 hingewiesen. EULER erkannte sofort, was hinter JOHANN BERNOULLIS etwas verschwommenen Worten vom «Strudel» verborgen lag[80]: die Anwendung des Gesetzes «Kraft gleich Masse mal Beschleunigung» auf ein Flüssigkeitselement! Mit dieser Erleuchtung war der entscheidende Schritt zur Kontinuumsmechanik getan. Heute erscheint es jedem Studenten fast als selbstverständlich, aus einem beliebigen Kontinuum «ein Element herauszuschneiden» und darauf «das dynamische Grundgesetz» anzuwenden, und kaum jemand denkt daran, daß diese Erkenntnis die Frucht jahrzehntelangen Bemühens großer Geister gewesen ist[81].

DANIEL BERNOULLIS Reaktion mußte erklärlicherweise anders ausfallen: sie wird von Enttäuschung bestimmt. Aber – wie SPIESS ihn richtig charakterisierte[82] – «nur in intimen Briefen verspritzt er etwas Galle». So schreibt er am 4. September 1743 (also nach Erscheinen der *Hydraulica*) an LEONHARD EULER:

> «Meiner gesamten *Hydrodynamica,* von der ich meinem Vater nicht ein Jota verdanke, bin ich nun völlig beraubt und habe in einem einzigen Augenblick die Früchte einer zehnjährigen Arbeit verloren. Was mein Vater sich nicht völlig selbst zuschreibt, macht er verächtlich, und zum Schluß führt er als Krönung meines Mißgeschicks Ihren Brief an, in dem meine Entdeckungen etwas abgeschwächt werden. Sie schreiben, daß ich den Druck nur für den stationären Fall bestimmt habe, während ich in der Wirklichkeit auf S. 259 unten zeige, daß der Druck allgemein $(a - v^2)/2c$ ist.»[83]

Neben dem Irrtum steht hier die überspannte Empfindlichkeit eines mehr schüchternen als – im Gegensatz zum Vater – kämpferischen Menschen. Die weiteren Ausführungen im selben Brief entbehren sogar nicht einer gewissen Unsachlichkeit:

> «Alle Propositionen sind meiner *Hydrodynamica* entnommen, und mein Vater nennt seine Schrift *Hydraulica, erstmalig 1732 entdeckt,* da meine *Hydrodynamica* 1738 gedruckt wurde.»

Hier ist entgegenzuhalten, daß JOHANN BERNOULLI nur behauptet, daß er die *Hydraulica* zum ersten Male aus mechanischen Grundprinzipien entwickelt, und das ist wahr. DANIEL BERNOULLI schreibt weiter:

> «Alles hat mein Vater von mir übernommen, außer, daß er eine neue Methode zur Ermittlung der Geschwindigkeitsänderung ersonnen hat, die aber nur wenige Seiten füllt.»

Nun: neue Prinzipien haben eben die Eigenschaft, daß sie in ihren Grundzügen nur wenige Seiten füllen, und das Prinzipielle ist das Entscheidende und nicht, ob man mit dieser neuen Methode das schon Vorhandene noch einmal herleitet! Damit sollen

---

[80]   Vielleicht war eine gewisse Verdunkelung JOHANN BERNOULLIS Absicht; denn an EULER schreibt er, daß er sich über den «Strudel» nicht weiter auslassen will, sonst könnten ihn die Engländer mit NEWTONS «Wasserfall» verwechseln, von dem er sich wie Himmel und Erde unterscheide!

[81]   Siehe Kapitel I, Abschnitt B.

[82]   In dem in Fußnote 26 zitierten Werk.

[83]   Hier irrt DANIEL BERNOULLI.

keinesfalls Daniel Bernoullis theoretische und nicht zuletzt experimentelle Leistungen geschmälert werden, aber es geht auch zu weit, den Vater nur als «Vordatierer» oder gar als einen «Plagiator» zu bezeichnen! Hier sei noch einmal auf das Urteil des sicherlich unparteiischen Euler hingewiesen.

Die Einwände von d'Alembert, dessen *Traité de l'équilibre et du mouvement des fluides* (1744) gegenüber den beiden Bernoullis (außer Konkurrenzbestreben) wenig Neues, Förderliches oder Bedeutendes enthielt, waren sachlicher Art. So bemängelte er, daß Johann Bernoulli den stationären Zustand annimmt ohne nachzuweisen, daß dieser sich erst nach unendlich langer Zeit einstellte. Hier spricht der Mathematiker, ohne zu bedenken, daß man dies indirekt aus der Gleichung (13) herauslesen kann. Weiter vermißt er einen «Beweis», daß die den «Strudel» erzeugende Kraft wirklich die Schwere ist: die Ursache dafür könnte zunächst auch «der enger werdende Raum» sein. «Könnte man nicht auch denken», fragt d'Alembert weiter, «daß das Gefäß einen Teil des Gewichtes trägt?» Hier vergißt d'Alembert, daß auf nicht vertikale Gefäßwände ausgeübte Gewichtsdrücke auf die Flüssigkeitsteilchen zurückwirken. Es ist nicht bekannt, ob Johann Bernoulli auf diese und noch weitere Einwände d'Alemberts geantwortet hat; eine glänzende und geistreiche, von Spott nicht ganz freie «Verteidigung» Johann Bernoullis lieferte A. G. Kästner[84] in seiner schon erwähnten *Hydrodynamik*. So schreibt er schon in der Vorrede (neben dem «Motto» dieses Abschnittes):

«Aber was dürfte man wohl von einer Hydraulik erwarten? Welche größtenteils auf der Voraussetzung beruht: daß die Bewegung des Wassers, das sich oben in einem Gefäße befindet, durch das Gewicht des unteren beschleunigt wird[85]. Muß man bei diesem Vorwurfe Herrn d'Alemberts nicht an den Wolf denken? der oben am Fluße sich beklagte, das Schaaf unten mache ihm das Wasser trübe:

Cur, inquit, turbulentam fecisti mihi
Istam bibenti? Laniger contra timens,
Qui possum, quaeso, facere quod quereris, Lupe?
A te decurrit ad meos haustus liquor.
Phaedre.»

Kästner versteht und lobt auch Johann Bernoulli, der «einen anderen Grund» als des Sohnes Prinzip der Erhaltung der lebendigen Kräfte «wünschte und deswegen an seiner Hydraulik sann».

Schließlich zitieren wir den ebenfalls schon erwähnten Wenceslaus Johann Gustav Karsten (1732–1787); in seiner *Hydraulik* (S. 212) schreibt er:

«Johann Bernoulli ist der erste, der die allgemeinen Grundsätze der Mechanik auf die Bewegung flüssiger Körper angewandt und aus völlig überzeugenden Gründen gewiesen hat, nach welchen Gesetzen ihre Bewegung von gegebenen Kräften beschleunigt wird.»

---

[84] Er war Professor der Mathematik in Göttingen und schrieb neben verdienstvollen Lehrbüchern der Mathematik und der jetzt wieder nachgedruckten *Geschichte der Mathematik* zahlreiche poetische Werke, und so kam es wohl zu dem Spruch «Kästner ist der größte Dichter unter den Mathematikern und der beste Mathematiker unter den Dichtern»!

[85] Damit wird von d'Alembert auf Johann Bernoullis «Gewichtstransferierung» (Satz X des Vorworts auf S. 45 der *Hydraulica*) angespielt.

Während KARSTEN ausdrücklich von der «Methode JOHANN BERNOULLIS» spricht und sich in seinem Werk für diese Darstellungsart entscheidet, gibt KÄSTNER der Eulerschen Methode den Vorzug. Von beiden wird DANIEL BERNOULLI nur am Rande erwähnt.

Die vorangehenden Ausführungen zeigen, welchen schweren Ringens großer Geister es bedurfte, um zu Erkenntnissen zu kommen, die heute quasi «Allgemeingut» geworden sind. Aber sie zeigen auch, daß die ursprünglichen Fassungen anders waren als die jetzt üblichen.

Die Ausführungen dieses Abschnittes sollten darüber hinaus einem unsachlichen und leichtfertigen Vorurteil ein Ende bereiten und JOHANN BERNOULLIS Verdienste um die Schaffung der theoretischen Hydromechanik ins rechte Licht rücken; in dieser detaillierten Ausführlichkeit geschieht dies meines Wissens hier zum ersten Male[86].

Als Konklusion der vorangehenden Ausführungen wage ich zu behaupten: man sollte zumindest wissen, daß die «Bernoullische Gleichung» eigentlich «Johann Bernoullische Gleichung» heißen sollte, weil JOHANN BERNOULLI zum ersten Male das tat, wodurch auch heute alle Formen dieser Gleichung hergeleitet werden: Er integrierte das mechanische Grundgesetz! Er berechnet zum erstenmal explizit den Druck, den man bei DANIEL BERNOULLI nicht findet. Dieser Tatsachen scheint man sich bis ins 20. Jahrhundert bewußt gewesen zu sein, denn noch 1880 schreibt M. RÜHLMANN in seiner *Hydromechanik* (S. 189), daß «JOHANN BERNOULLI seine Entwicklungen auf die Gesetze der allgemeinen Mechanik basierte». Sowohl in RÜHLMANNS Werk wie auch im noch älteren *Lehrbuch der Ingenieur- und Maschinenmechanik* (1845) von J. WEISBACH werden lediglich Formeln von Ausflußgeschwindigkeiten aus oben und unten an Luft grenzenden Gefäßen DANIEL BERNOULLI zugeschrieben; die Gleichung (1) wird «Formel für die hydraulische Druckhöhe» genannt und – freilich ohne Bezugnahme auf den «Strudel» – in JOHANN BERNOULLIS Manier hergeleitet.

In den auch ins Deutsche übertragenen Werken über Mechanik von S. D. POISSON (1781–1840) und C. L. M. NAVIER (1785–1836) aus den Jahren 1835 und 1858 wird die «Strömung in parallelen Schichten» behandelt und die Formel (2) hergeleitet, aber es findet sich kein Hinweis, daß die Idee dieser Hypothese und die ersten Untersuchungen dieses Problemkreises auf die BERNOULLIS zurückgehen.

Wir müssen nun aber noch einmal auf DANIEL BERNOULLI zurückkommen. Schon vor seiner Theorie der inkompressiblen Fluide behandelt er auch die kompressiblen, also die Gase. Seine diesbezüglichen Ausführungen sind völlig neu: sie bedeuten den Anfang der kinetischen Gastheorie und der (isotherm) strömenden Gase. Hier steht er wirklich völlig allein da: ohne Vorbilder und ohne einen konkurrierenden Zeitgenossen.

---

[86] Einen kurzen, aber richtungsweisenden Hinweis gab schon früher C. A. TRUESDELL in der in der Fußnote 12 schon zitierten Arbeit *Zur Geschichte des Begriffes Innerer Druck,* Physikalische Blätter *1956*, S. 315.

13   Abschnitt X der *Hydrodynamica;* die elastischen Flüssigkeiten

Wir lassen DANIEL BERNOULLI selbst zu Worte kommen mit – ins Deutsche übertragenen – Teilen von «Abschnitt X: Über die Eigenschaften und Bewegungen der elastischen Flüssigkeiten, insbesondere der Luft.

§ 1. Nun gehen wir zur Betrachtung der elastischen Flüssigkeiten über und werden ihnen eine Beschaffenheit zuschreiben, welche allen ihren schon bekannten Eigenschaften Rechnung trägt und darüber hinaus zu den bisher weniger untersuchten den Zugang ermöglicht.

Die wichtigsten Merkmale der elastischen Flüssigkeiten sind: 1. Sie sind schwer. 2. Sie breiten sich nach allen Richtungen aus, wenn sie nicht daran gehindert werden, und 3. sie lassen sich durch Drucksteigerung beliebig komprimieren. Vergleichbare Eigenschaften hat die Luft, auf die wir unsere Betrachtungen hauptsächlich konzentrieren werden.

§ 2. Man betrachte einen zylindrischen Behälter *ACDB* in vertikaler Lage [Bild 83] und darin einen beweglichen Deckel *EF,* auf dem das Gewicht *P* liegt. In dem Hohlraum *ECDF* sollen sich kleinste Körperchen in schnellster Bewegung befinden; sie halten durch ihre fortgesetzten Stöße den Deckel in der Höhe. Auf diese Weise bilden diese Körperchen eine elastische Flüssigkeit, die sich bei Wegnahme oder Verminderung des Gewichtes *P* ausdehnt, bei Zunahme desselben verdichtet. Als eine solche Flüssigkeit, die die wichtigsten Eigenschaften mit den elastischen Flüssigkeiten gemeinsam hat, wollen wir die Luft ansehen.

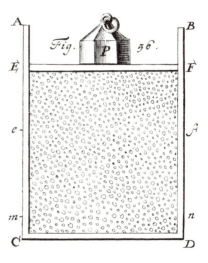

Bild 83
Fig. 56 der *Hydrodynamica,* an der DANIEL
BERNOULLI im X. Abschnitt, § 1 ff. grundlegende
Beziehungen der kinetischen Gastheorie herleitet.

§ 3. Die Anzahl der im Zylinder eingeschlossenen Körper sei unendlich, und wenn sie den Raum *ECDF* einnehmen, dann sagen wir, sie stellen die Luft in natürlichem Zustande dar: das Gewicht *P,* das den Deckel in der Stellung *EF* hält, entspricht dann dem Druck der äußeren Atmosphäre, den wir fortan mit *P* bezeichnen wollen. Hierbei muß betont werden, daß dieser Druck keinesfalls dem Gewicht des vertikalen über dem Deckel *EF* liegenden Luftzylinders gleich ist, wie es die Autoren bisher unüberlegterweise angenommen haben.

§ 4. Nun fragen wir nach dem Gewicht π, das die Luft *ECDF* auf *eCDf* zu komprimieren vermag, wobei die Teilchengeschwindigkeiten für die natürliche und komprimierte Luft die gleichen sein sollen[87]. Es wird

---

[87] Das bedeutet in unserer heutigen Terminologie eine «isotherme Zustandsänderung»; diese Annahme konstanter Temperatur spricht DANIEL BERNOULLI später auch klar aus.

$EC = 1$ und $eC = s$ gesetzt. Wenn nun der Deckel von EF nach ef verschoben wird, so vergrößert sich der Druck auf den Deckel aus zwei Gründen: Erstens weil die Anzahl der Teilchen in der Raumeinheit gewachsen ist und zweitens weil jedes Teilchen seinen Impuls auf den Deckel häufiger wiederholt.»

Durch äußerst geistreiche Überlegungen, in denen die Luftteilchen als «kleine Kugeln» abstrahiert werden, kommt DANIEL BERNOULLI zu

$$\pi = \frac{1 - \sqrt[3]{m}}{s - \sqrt[3]{ms^2}}\, P. \tag{35}$$

Hierbei bedeutet $m = mC$ diejenige Lage mn (Bild 83) des Deckels, in der sich bei «unendlichem Druck» alle Teilchen berühren, sich also in der dichtesten Packung befinden. Dann fährt er fort:

«§ 5. Aus allen Erfahrungen kommt man zu dem Schluß, daß die natürliche Luft weitgehend kompримierbar ist und sich fast auf einen unendlich kleinen Raum zusammendrücken läßt: setzen wir also $m = 0$, so wird

$$\pi = \frac{P}{s}, \tag{35a}$$

so daß das komprimierende Gewicht ungefähr umgekehrt proportional zum komprimierten Volumen [88] der Luft ist, was durch Experimente bestätigt wurde. Noch besser gilt diese Regel in dünnerer Luft als die natürliche; ob sie aber auch noch in viel dichterer Luft richtig ist, habe ich nicht genügend ergründen können: bis jetzt wurden keine Experimente mit der hierzu notwendigen Exaktheit ausgeführt. Es geht hierbei um die Bestimmung der Größe m, wobei der Versuch bei sehr stark komprimierter Luft mit äußerster Genauigkeit und bei konstanter Temperatur durchgeführt werden muß.»

Das sind die ersten Gedanken zur kinetischen Gastheorie: qualitativ und quantitativ neu und originell. § 6 verdient ebenso Beachtung und Bewunderung, denn in ihm werden die qualitativen Ansichten von ROBERT HOOKE, nämlich daß der Wärmezustand eines Körpers durch die Bewegung seiner Teilchen bestimmt ist, und die späteren, nicht einmal qualitativ originellen Orakelsprüche von MICHAIL W. LOMONOSOV (1711–1765) quantitativ erfaßt:

«§ 6. Die Elastizität der Luft wächst nicht nur durch Komprimieren, sondern auch durch die Erhöhung der Wärme, und da diese sich mit wachsender Intensität der Teilchenbewegung vermehrt, so folgt, daß die Zunahme der Elastizität bei unveränderlichem Volumen eine intensivere Bewegung der Luftteilchen nach sich zieht. Das läßt sich auch mit unserer Hypothese gut vereinbaren, denn offenbar ist ein um so größeres Gewicht P notwendig, um die Luft in der Lage $ECDF$ zusammenzuhalten, je größer die Geschwindigkeit der Luftteilchen ist. Außerdem ist es nicht schwer einzusehen, daß das Gewicht P dem Quadrat dieser Geschwindigkeit proportional ist, denn durch Zunahme der Geschwindigkeit wächst sowohl die Anzahl der Impulse wie auch deren Stärke, während jede der beiden für sich dem Gewicht P proportional ist. Nennen wir also die Geschwindigkeit der Luftteilchen v, so wird das Gewicht, das den Deckel in der Lage EF hält, $= v^2 P$, und in der Lage ef ist es $= v^2 P(1 - \sqrt[3]{m})/(s - \sqrt[3]{ms^2})$, was näherungsweise $= v^2 P/s$ ist, weil wir gesehen haben, daß m sowohl der Einheit wie der Zahl s gegenüber klein ist.»

---

[88] In heutiger Schreibweise (mit dem Gasdruck p und dem Volumen V) lautet (35a) $pV =$ konst und wird «Gesetz von Boyle-Mariotte» genannt; es gehört längst in die Schulphysik.

In der Druckformel $v^2 P/s$ von DANIEL BERNOULLI ist schon die Hauptgleichung der kinetischen Gastheorie enthalten, nach der der Gasdruck

$$p = \frac{1}{3} n \, m \, \bar{v}^2 \tag{36}$$

ist, wobei m die Masse eines Moleküls, n ihre Anzahl pro Volumeneinheit und v^2 das mittlere Geschwindigkeitsquadrat bedeuten. Man kann noch die Dichte $\varrho = nm$ einführen, und dann

$$p = \frac{1}{3} \varrho \, \bar{v}^2 \tag{36a}$$

schreiben. Die wesentlichen Glieder, nämlich das Geschwindigkeitsquadrat und das zur Dichte umgekehrt proportionale Volumen s, sind bei DANIEL BERNOULLI schon vorhanden. Daß der Faktor $1/3 = 2 \cdot 1/6$ explizit fehlt, liegt daran, daß DANIEL BERNOULLI erstens nur die auf den Deckel auftreffenden Moleküle betrachtet, und dies sind – wenn wir alle 6 Fortschreitungsrichtungen[89] als äquivalent ansehen – nur $1/6$ aller ins Auge gefaßten Moleküle, und daß zum andern beim vollkommen elastisch angenommenen Stoß auf die Wand der Impuls $m \, [v - (-v)] = 2 \, mv$ – und nicht nur mv – übertragen wird. Da in der Zeit t alle Moleküle auf eine senkrecht zur Bewegungsrichtung stehende Wand auftreffen, die sich in einem Zylinder von der Höhe vt befinden, haben wir also für den Gesamtimpuls

$$pt = \frac{1}{6} nvt \cdot 2mv = \frac{1}{3} nmv^2 t$$

zu schreiben, und das stimmt – bis auf das korrektere $\bar{v}^2$ – mit Formel (36) überein.

In den §§ 26 und 27 beschäftigt sich DANIEL BERNOULLI mit der Physik der Atmosphäre. Mangels einer allgemeinen thermodynamisch fundierten Theorie der idealen Gase muß er empirische Gesetze heranziehen, so zum Beispiel über die Veränderlichkeit der Temperatur mit der Höhe, und kommt zu einer Art von «barometrischer Höhenformel».

Das Ausströmen von elastischen Flüssigkeiten (Gasen), insbesondere von Luft aus engen Gefäßöffnungen, behandelt DANIEL BERNOULLI unter der Annahme konstanter Temperatur, also bei isothermer Zustandsänderung[90].

In § 34 bzw. § 35 untersucht er das Ausströmen von Luft ins Vakuum bzw. in Luft geringerer Dichte und bestimmt – unter Verwendung von (35) – die Dichteänderung im Verlaufe der Zeit, und er erhält für die Dichteabnahme eine Exponentialfunktion.

In § 40 wird folgendes Problem behandelt: In einem im Vakuum stehenden Zylinder befindet sich in der Deckelstellung EF Luft unter einem dem Normaldruck entspre-

---

[89] Auf jeder der drei rechtwinkligen Achsen in postitiver und negativer Richtung.

[90] Die der Wirklichkeit hier mehr angemessene adiabatische Zustandsänderung war damals noch nicht bekannt.

chenden Gewichtsdruck p im Gleichgewicht (Bild 84). Durch Überlagerung des Gewichtes P hat der Deckel in der Lage GH die Geschwindigkeit v und den Druck $P + p - ap/(a - x)$, wenn $FC = a$ und $FH = x$ gesetzt wird. Dieser Druck ergibt

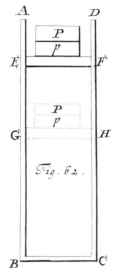

Bild 84
Fig. 62 zu § 40 des X. Abschnitts von D. BERNOULLIS
Hydrodynamica.

mit dem Zeitelement dx/v multipliziert und durch die Masse $(P + p)/g$ (g = Erdbeschleunigung) dividiert, den Geschwindigkeitszuwachs

$$dv = g \frac{P + p - \dfrac{ap}{a - x}}{P + p} \frac{dx}{v},$$

woraus durch Integration

$$\frac{1}{2} \frac{P + p}{g} v^2 = (P + p)x - a p \ln\left(\frac{a}{a - x}\right) \tag{37}$$

hervorgeht. DANIEL BERNOULLI findet in dieser Formel wiederum den Erhaltungssatz der Energien bestätigt: die potentielle Energie $(P + p)x$ (von ihm *vis viva potentialis* genannt) wird in kinetische Energie (*vis viva actualis*) und Kompressionsarbeit verwandelt. Im übrigen gewinnt man aus (37) nach einigen Überlegungen die Ausströmgeschwindigkeit durch kleine Öffnungen zu

$$v = \sqrt{2 \frac{p}{\varrho} \ln \frac{p}{p_0}}. \tag{38}$$

In dieser für konstante Temperatur geltenden Formel, die bis ins 19. Jahrhundert verwendet und nach DANIEL BERNOULLI genannt wurde, bedeuten p den Druck im

Gefäß, $p_0 < p$ den unveränderlichen äußeren Druck und ϱ die Dichte. Für kleine Druckdifferenzen folgt aus (38) die Näherungsformel

$$v = \sqrt{2 \frac{p}{\varrho} \frac{p - p_0}{p_0}}. \tag{39}$$

Nach der Erfindung des Schießpulvers[91] setzte bald die Entwicklung der Feuerwaffen ein, und seit dieser Zeit beginnen auch die theoretischen Untersuchungen[92] über die Wirkungsweise dieser vornehmlich dem Krieg dienenden Instrumente. So verwundert es nicht, daß auch DANIEL BERNOULLI auf diesem Gebiet Betrachtungen anstellt; nachdem sich schon vor ihm NICOLÒ TARTAGLIA mit der Flugbahn eines Projektils beschäftigt[93] und NEWTON die Geschoßform für den geringsten Bewegungswiderstand ermittelt hatte, wendet er sich als erster dem «Hauptproblem der inneren Ballistik» zu. Der den Abschnitt X abschließende (längste) § 46 ist dem Zusammenhang zwischen der Abschußgeschwindigkeit eines kugelförmigen Geschosses und der durch Luftkompression oder Schießpulverzündung entstehenden Kraft gewidmet.

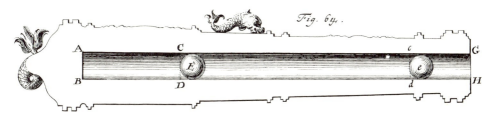

Bild 85
Fig. 64 von D. BERNOULLIS *Hydrodynamica* zum
«Hauptproblem der inneren Ballistik».

Als erstes wird ein Geschützrohr AG der Länge a betrachtet, in dem sich – in der Anfangsstellung $AC = b$ – die Geschoßkugel E vom Gewicht Eins und gegenüber dem Atmosphärendruck P auf das n-fache verdichtete Luft befindet (Bild 85). In der

---

[91] Nach der Aufschrift auf seinem Denkmal in Freiburg i.Br. durch den Franziskanermönch BERTHOLD SCHWARZ (Geburts- und Todesjahr unbekannt) um 1320, nach anderen Quellen durch ROGER BACON (1214–1292) um 1280; das gilt allerdings nur für Europa; die Chinesen kannten das Schießpulver weit früher. Die erste bekannte Beschreibung der Zusammensetzung stammt von ALBERTUS MAGNUS (1193–1280). Es ist wahrscheinlicher, daß BERTHOLD SCHWARZ die ersten Feuerwaffen konstruierte.

[92] Sie dauern mit gesteigerter Intensität und Raffinesse an bis hinein in unsere Gegenwart und sind darüber hinaus eine tödliche Bedrohung der Zukunft!

[93] Dabei hatte er unter anderem den Abschußwinkel für die größte Schußweite bestimmt. Hierüber wird im folgenden Abschnitt ausführlich berichtet.

Stellung $AC = x$ ist die vorwärtstreibende Kraft $(nb/x - 1)\,P$, die Geschwindigkeit der Kugel v. Im Zeitelement dx/v erfährt die Kugel den Geschwindigkeitszuwachs [94]

$$dv = \left(\frac{nb}{x} - 1\right) P \frac{dx}{v},$$

woraus durch Integration

$$\frac{1}{2} v^2 = \left(b - x + nb \ln \frac{b}{x}\right) P \tag{40}$$

entsteht. Für $x = a$ erhält man hieraus die Geschwindigkeit, mit der die Kugel das Geschützrohr verläßt.

In den weiteren elf Unterabschnitten des § 46 bemüht sich DANIEL BERNOULLI – unter Verwendung von Beobachtungen und experimentellen Ergebnissen – um praktische Resultate und stellt zum Beispiel (S. 240–241) für einen speziellen Fall fest, daß der bei Schießpulverexplosionen entstehende Luftdruck den 10000fachen Wert des normalen Atmosphärendruckes erreicht! Da ihm dieses Verhältnis als unmöglich erscheint, nimmt er an, daß bei starken Kompressionen die Elastizität der Luft nicht mehr ihrer Dichte proportional ist. Auch dem Bewegungswiderstand in der Luft widmet er einige Betrachtungen und verweist auf eine eigene Publikation im 2. Band der *Petersburger Akademieberichte*, wo er, um den großen Einfluß des Luftwiderstandes zu illustrieren, anführt, daß eine Kanonenkugel, die im luftleeren Raum 58.750 «Schuh» [95] hätte steigen müssen, in Wirklichkeit nur 7.819 «Schuh» gestiegen ist!
Mit diesen Gedanken hat DANIEL BERNOULLI bereits die Grenze zur äußeren Ballistik überschritten, mit deren Anfängen sich der folgende Abschnitt befaßt.

---

[94] Man beachte, daß für DANIEL BERNOULLI Gewicht («pondus») – hier Eins – und Masse noch äquivalente Begriffe sind.
[95] Ein «Schuh» hat etwa 30 cm.

C Die Anfänge der äußeren Ballistik

> Alles mit Aufmerksamkeit beobachten
> und nie glauben, daß die Natur etwas von ungefähr
> tue.
>
> GIROLAMO CARDANO

1 Einleitende Bemerkungen

Die ersten geistigen Gehversuche in den exakten Naturwissenschaften wurden am Ende des 15. Jahrhunderts von LEONARDO DA VINCI, um die Mitte des 16. Jahrhunderts von NICOLÒ TARTAGLIA und GIOVANNI B. BENEDETTI unternommen; sie waren die Wegbereiter für den entscheidenden Durchbruch GALILEO GALILEIS. Mit LEONARDO und TARTAGLIA beginnen auch schon die ersten Bemühungen, die gewonnenen Vermutungen, Einsichten und Erkenntnisse der Kriegstechnik dienstbar zu machen. LEONARDOS Skizzenbücher und Manuskripte enthalten eine große Anzahl von Entwürfen und Beschreibungen für die verschiedenartigsten Kriegsgeräte, wie riesige, von einem Mann bedienbare Wurfmaschinen, Mörser, Kampfwagen und strömungsgerecht geformte Geschosse (Granaten und Schrapnelle). Bei ihm liegt – entsprechend seiner künstlerischen Veranlagung – das Hauptgewicht noch auf der zeichnerischen und maßgerechten Darstellung der Erfindungen. Wenn er auch die dominierende Rolle der Mathematik in der Mechanik betont [96], kommt diese Ansicht mehr in der Art seines Denkens als in der kalkülmäßigen Realisierung zum Ausdruck. Das Ringen um Erkenntnisse im letzteren Sinne beginnt mit TARTAGLIA. Das Titelblatt seiner *Nova Scientia* («Die neue Wissenschaft») aus dem Jahre 1537 bringt dieses Streben in Bildern und Worten mit aller Deutlichkeit zum Ausdruck (Bild 86).

2 NICOLÒ TARTAGLIA

Sein Schicksal und sein Wirken sind bezeichnend für ein «Gelehrtenleben» in dem – in künstlerischer Hinsicht mit Recht – gelobten Zeitalter der Renaissance, die für die Existenzberechtigung getrennter Disziplinen noch wenig Verständnis hatte. Mit Recht weist L. OLSCHKI, *Galilei und seine Zeit* (1927), S. 68 ff., darauf hin, daß für die Renaissance und insbesondere ihre Künstler es nur Aufgaben der Formgebung, aber keine naturwissenschaftlichen Probleme gab. Ein Künstler, der mit Zirkel und Lineal oder mit den Buchstabensymbolen der Algebra versucht hätte, sich in den Naturerscheinungen zurechtzufinden, hätte bei seinen Kollegen nur Hohn und Spott geerntet. Die «Hilfsdisziplinen» des künstlerischen Schaffens überließ man den Handwerkern

---

[96] «Die Mechanik ist das Paradies der mathematischen Wissenschaften, weil man mit ihr zur schönsten Frucht des mathematischen Wissens gelangt.»

und Technikern, und diese wandten sich wiederum an diejenigen, die durch ihre Begabung und Bildung imstande waren, einerseits die Alten – wie EUKLIDES, ARCHIMEDES und HERON (um 100 n. Chr.) – zu lesen, und andererseits durch Nachdenken, Messen, Experimentieren und Rechnen der Natur neue Erkenntnisse abzuringen. Der erste und charakteristischste Vertreter dieses «neuen Standes» war NICOLÒ TARTAGLIA (Bild 87). Den Beginn seines Lebens erzählt er selbst in seinem 1546 in Venedig erschienenen Werk *Quesiti et inventioni diverse* (fol. 67 rechts und 68 links). Sein Vater MICHELE, ein armer Fuhrmann, beförderte mit einem Pferd («con un cavallo») zwischen den Städten Brescia (der Heimatstadt), Bergamo, Cremona und Verona die

Bild 86
Titelblatt von NICOLÒ TARTAGLIAS
Nova Scientia (Venezia 1537).

Bild 87
Titelblatt von NICOLÒ
TARTAGLIAS *Quesiti et
inventioni diverse* (Venezia
1538), mit einem Brustbild
des Autors.

NICOLAVS TARTAGLIA,
BRIXIANVS.

*Diuitias patriæ cumulat Tartaglia linguæ,
Euclidem Etrusco dum docet ore loqui.
Hic certam tractare dedit tormenta per artem,
Et tonitru, & damnis æmula fulmineis.*

F 5

Post; er verlor ihn schon mit 6 Jahren. Als 1512 die Franzosen Brescia eroberten und die Soldateska plündernd und mordend durch die Stadt zog, flüchtete seine Mutter mit NICOLÒ und seiner Schwester in den Dom. Aber auch hier fanden sie die erhoffte Sicherheit nicht. NICOLÒ erhielt einen Säbelhieb über den Schädel, der bei ihm ein Stottern hinterließ und ihm (von «tartagliare», das heißt stottern) den Namen «Tartaglia» (der Stotterer) eintrug. Wegen der Armut der Familie lernte er erst mit 14 Jahren lesen, jedoch konnte er das Schulgeld nur solange bezahlen, bis er im Alphabet bis zum Buchstaben K gekommen war. Von hier an wurde er Autodidakt.

Mit zwanzig Jahren ging er nach Verona und fristete sein Leben als «Rechenmeister» für Kaufleute und Bankiers. Im Jahre 1534 zog es TARTAGLIA nach der damaligen Metropole Venedig, wo er für seine Veranlagung «praktische Rechenkünste» ein fruchtbares Feld fand. Nach Zwischenstationen in Brescia und Milano starb er 1557 in Venedig.

TARTAGLIA ist in erster Linie bekannt geworden durch die Auflösung der kubischen Gleichung und durch den damit verbundenen Streit mit GIROLAMO CARDANO (1501–1576). Aber noch mehr als der letztere, auf den die «Cardanaufhängung» zurückgeht, war TARTAGLIA eher praktischen als algebraischen Problemen zugetan; dies um so mehr, da er – im Gegensatz zum Arzt und Philosophen CARDANO – davon leben mußte.

TARTAGLIA hatte die Angewohnheit, die ihm gestellten Fragen und Probleme mit Datum und Zusteller gewissenhaft aufzuschreiben und die dadurch entstehende Unterhaltung oder Korrespondenz festzuhalten und aufzubewahren. Auf diese Weise entstanden die beiden schon erwähnten Hauptwerke *Nova Scientia* (1537) und *Quesiti et inventioni diverse* (1546). Diese und die anderen Werke (darunter die erste gedruckte Wiedergabe der Hydrostatik von ARCHIMEDES) erschienen später noch in mehreren Auflagen in italienischer Sprache mit einem Anflug an den venetianischen Dialekt[97]. In dem einleitenden Brief zur *Nova Scientia* an den Herzog von Urbino, FRANCESCO MARIA FELTRENSE, schreibt TARTAGLIA, daß ihm im Jahre 1531, als er in Verona wohnte, ein guter Freund und erfahrener Artillerist die Frage vorgelegt habe, unter welchem Winkel gegen den Horizont ein Geschütz abgefeuert werden müsse, um die größte Schußweite zu erreichen (Bild 88). Dieses Problem, vorgelegt einem Mann, der – wie TARTAGLIA schreibt – noch niemals ein Geschütz, eine Büchse, einen Mörser oder ein Gewehr abgefeuert und in dieser Kunst keine Erfahrung hatte, besaß für alle Feuerwerker brennendes Interesse, nachdem seit etwa zweihundert Jahren die Explosionswirkung des Schießpulvers zum Antreiben von Geschossen verwendet wurde[98]. TARTAGLIA behauptet richtig, daß dieser Winkel, wenn man von allen Bewegungswiderständen absieht, 45 Grad beträgt. Freilich ist sein «Beweis» noch sehr «zeitgemäß» und lautet in kargen Worten: da sowohl zu Null als auch zu Neunzig Grad die Schußweiten Null gehören, liegt das Maximum in der Mitte, also bei 45 Grad! Durch Schießversuche ließ er sich sein Ergebnis bestätigen. Durch weitere an ihn herangetragene Fragen und selbst gestellte Probleme erweitert er seine Kenntnisse. Er beschäftigt sich zur Erhöhung der Treffsicherheit mit der Verbesserung der Entfernungsmessung, mit der Herstellung wirksameren Schießpulvers usw., bis er eines Tages die Verwerflichkeit seiner Studien erkennt. Werden doch ihre Ergebnisse «für die ununterbrochenen Kriege der Christen untereinander» verwendet[99]. Er stellt seine diesbezüglichen

---

[97] Welcher Gegensatz zu Deutschland, wenn man bedenkt, daß der größte deutsche Mathematiker, CARL FRIEDRICH GAUSS, fast drei Jahrhunderte später seine Hauptwerke noch lateinisch schrieb!

[98] Die erste diesbezügliche Kunde sagt, daß die Araber bei der Belagerung von Alicante (1331) Steinkugeln aus Mörsern abschossen. Siehe auch Fußnote 91.

[99] Vorletzte Seite der angeführten *Epistola*, deren Anfang Bild 88 zeigt. Der humanitäre «Pazifismus» ist also durchaus nicht so «modern», wie man gewöhnlich annimmt.

ALLO ILLVSTRISSIMO ET INVICTISSIMO SI
gnor Francescomaria Feltrense dalla Rouere Duca Eccellentiſſimo di Vrbino
& di Sora, Conte di Montefeltro, & di Durante. Signor di Senegaglia,
& di Peſaro. Prefetto di Roma , & dello Inclito Senato
Venetiano Digniſſimo General Capitano.

EPISTOLA.

 ABITANDO in Verona l'Anno. M D XXXIIII llu-
ſtriſſimo. S. Duca mi fu adimandato da uno mio intimo & cordial amico Peritiſſimo bombardiero in caſtel uecchio (huomo
atempato & copioſo di molte uirtu) dil modo di mettere a ſe-
gno un pezzo de artegliaria al piu che puo tirare . E a ben che
in tal arte io non haueſſe pratica alcuna(perche in uero Eccel
lente Duca)giamai diſgargeti artegliaria, archibuſo, bombarda, ne ſchioppo)niente
dimeno(deſideroſo di ſeruir l'amico) gli promiſſi di darli in breue riſſoluta riſpo-
ſta. Et dipoi che hebbi ben maſticata & ruminata tal materia, gli concluſi, & di-
moſtrai con ragioni naturale , & geometrice, qualmente biſognaua che la bocca del
pezzo ſteſſe elleuata talmente che guardaſſe rettamente a 45. gradi ſopra a l'ori-
zonte, & che per far tal coſa iſpedientemente biſogna hauere una ſquara de alcun
metallo ouer legno ſodo che habbia interchiuſo un quadrante con lo ſuo perpendico-
lo come di ſotto appar in diſegno, & ponendo poi una parte della ẅba maggiore di
quella(cioe la parte, b e.)ne l'anima ouer bocca dil pezzo diſteſa rettaméte per il
fondo dil uacuo della canna, alzando poi tanto denanti il detto pezzo che il perpen
dicolo.h d. ſeghi lo lato curuo.e g f.(dil quadrante)in due parti eguali(cioe in ponto
g .)All'hora ſe dira che il detto pezzo guardara rettamente a.45 gradi ſopra a l'o
rizonte. Perche(ſignor clariſſimo)il lato curuo.e gf.del quadrate(ſecōdo li aſtro-

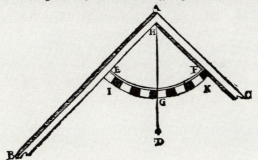

Bild 88
Einleitender Brief an den Herzog von Urbino,
FRANCESCO MARIA FELTRENSE, zu N. TARTAGLIAS
Nova Scientia, 1537, mit der Frage eines «intimo et
cordial amico», unter welchem Abschußwinkel ein
Geschütz die größte Schußweite erzielt.

Arbeiten gänzlich ein, bis ihn die – auch die italienische Adriaküste gefährdenden –
Eroberungszüge Sultan SOLIMANS, «des Prächtigen» (1494–1566), belehren, daß «der
Wolf nach unserer Herde trachtet, und da alle unsere Hirten sich zur Gegenwehr
zusammenfinden, scheint es mir verboten zu sein, jene Dinge geheim zu halten. So

habe ich mich entschlossen, sie teils schriftlich zu publizieren, teils mündlich jedem Christen mitzuteilen, damit ein jeder bestens gerüstet sei sowohl zur Verteidigung wie zum Angriff»[100].

Das ist also der Anstoß zur Entstehung der *Nova Scientia*, dieser – wie TARTAGLIA schreibt[101] – «jedem mathematisch-spekulativen Artilleristen und auch anderen nützlichen Neuen Wissenschaft». Den vom Standpunkte der Mechanik interessantesten Teil des Werkes bilden TARTAGLIAS Bemühungen um die Gestalt der Geschoßbahnen. Das Problem der Bewegung eines geworfenen Körpers ist uralt; bis zu TARTAGLIAS Zeiten – und darüber hinaus bis GALILEI – galt auch hier die Ansicht des ARISTOTELES, nach der sich die Flugbahn des Körpers *K* (Bild 89) geometrisch aus drei Teilen

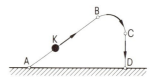

Bild 89
Bewegung eines geworfenen Körpers nach
ARISTOTELES.

zusammensetzt. Der erste Teil *AB* ist eine gerade Linie, der zweite *BC* eine gekrümmte Kurve; man nannte sie die «gewaltsame Bewegung»[102]. An diese schloß sich die «natürliche Bewegung, nämlich der freie Fall längs der senkrechten Geraden *CD* an. Dieser prinzipielle Gegensatz zwischen dem «Natürlichen» und «Gewaltsamen» beherrscht die gesamte Bewegungslehre des ARISTOTELES, und ihre Überwindung war nicht nur aus theologischen Rücksichten (und Befürchtungen, wie häufig überbetont wird), sondern hauptsächlich aus begrifflichen Gründen äußerst schwierig. Solange man die zentrale Bedeutung der Beschleunigung für die Kinematik nicht erkennt und dementsprechend sein einziges Bestreben auf die Entdeckung des betreffenden «Beschleunigungsgesetzes» konzentriert, bleibt die Bahnbestimmung bewegter Körper dunkel. Diese Erkenntnis blieb GALILEI vorbehalten. Bei TARTAGLIA finden und lesen wir noch ein fast qualvolles Ringen, das im wesentlichen darin besteht, die auf ARISTOTELES zurückgehende Vorstellung der Wurfbahn kinematisch und kinetisch zu erläutern; hier schimmert bei ihm auch manches Neue durch. Zur Bekräftigung dieser Behauptung werden im folgenden zwei Stellen aus TARTAGLIAS Werken angeführt. Zunächst aus der *Nova Scientia*. Das erste Buch beginnt – im formal mathematischen Geist des auf dem Titelblatt (Bild 86) als Torwächter aller Wissenschaften und Künste agierenden EUKLIDES – mit einer Reihe von vierzehn Definitionen, woran sich fünf Voraussetzungen (*Suppositione*) anschließen. Hierauf folgen vier *Commune sententie* (Bild 90), also «Allgemeine Sentenzen»[103], deren vierte (*Quarta*) folgendermaßen lautet:

[100] Siehe die in Fußnote 99 angeführte Stelle.
[101] Auf dem Titelblatt des Werkes.
[102] Sie wurde – nach ARISTOTELES – durch die werfende Hand oder eine andere Gewalt eingeleitet, und dann durch die «nachdrängende Luft» erzwungen.
[103] Wobei man sich an den lateinischen Ausdruck *Sensus communis* (gesunder Menschenverstand) erinnern soll.

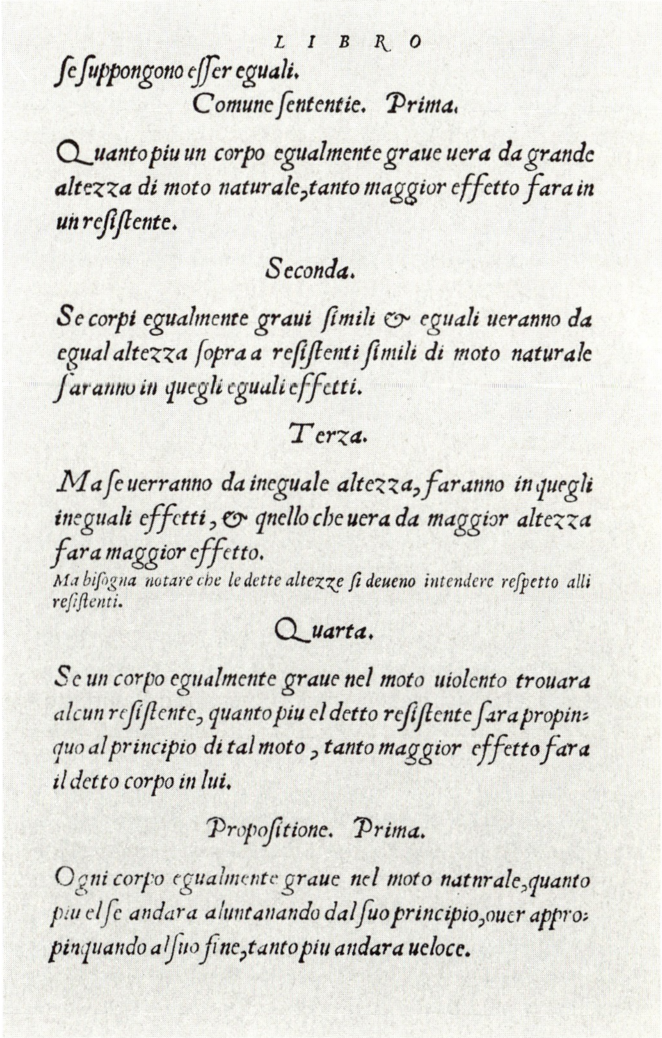

LIBRO

se suppongono esser eguali.

Comune sententie. Prima.

Quanto piu un corpo egualmente graue uera da grande altezza di moto naturale, tanto maggior effetto fara in un resistente.

Seconda.

Se corpi egualmente graui simili & eguali ueranno da egual altezza sopra a resistenti simili di moto naturale saranno in quegli eguali effetti.

Terza.

Ma se ueranno da ineguale altezza, faranno in quegli ineguali effetti, & quello che uera da maggior altezza fara maggior effetto.

Ma bisogna notare che le dette altezze si deueno intendere respetto alli resistenti.

Quarta.

Se un corpo egualmente graue nel moto uiolento trouara alcun resistente, quanto piu el detto resistente sara propinquo al principio di tal moto, tanto maggior effetto fara il detto corpo in lui.

Propositione. Prima.

Ogni corpo egualmente graue nel moto naturale, quanto piu el se andara aluntanando dal suo principio, ouer appropinquando al suo fine, tanto piu andara ueloce.

Bild 90
Vier «communi sententie» aus dem ersten Buch von TARTAGLIAS *Nova Scientia,* 1537.

«Wenn ein Körper, gleichgültig welchen Gewichtes, in dem gewaltsamen Teil seiner Bewegung einen Widerstand findet, so übt er auf diesen Widerstand eine um so stärkere Wirkung[104] aus, je näher er sich dem Anfange seiner Bewegung befindet.»

Aus dieser «Sentenz» folgert TARTAGLIA, daß mit zunehmender Entfernung vom Bewegungsanfang die «Wirkung» des Körpers abnimmt. Nach «Suppositione IV» ist aber mit der Abnahme der «Wirkung» eine Verminderung der Geschwindigkeit verbunden, womit die stetige Geschwindigkeitsverminderung im gewaltsamen Teile

---

[104] «effetto».

der Bewegung für TARTAGLIA erwiesen ist. Freilich wird hier nur die Behauptung des ARISTOTELES auf nicht überzeugenden Umwegen zu einem Lehrsatz erhoben. In ähnlicher Weise wird gefolgert, daß im natürlichen Teil der Bewegung eine stetige Zunahme der Geschwindigkeit eintritt. Nun sagt TARTAGLIA: da ein Körper sich unmöglich gleichzeitig in dem Zustand ab- und zunehmender Geschwindigkeit befinden kann, so kann er auch nicht eine aus gewaltsamer und natürlicher Bewegung gemischte Bewegung haben [105].

In unserer heutigen Terminologie und insbesondere infolge unserer Erkenntnis von der Zusammensetzung der Bewegungen verschiedenen dynamischen Ursprungs wäre mit einem solchen «Satz» jegliche Erklärung der Wurfbahn unmöglich, da er die Zusammensetzung der mitgeteilten Impulswirkung und der Schwere ausschließt. Für TARTAGLIA hört die gewaltsame Bewegung im Punkt C (Bild 89) auf; dann beginnt – wie wir heute sagen – der freie Fall. Für die Kurve BC setzt TARTAGLIA einen Kreisbogen mit senkrechter Tangente in C an! Nachdem er auf diese Weise ARISTOTELES bestätigt, kommt er doch noch zu originelleren Gedanken, aus denen er folgert, daß streng genommen die «gewaltsame Bewegung» von Anfang an gekrümmt sei, und zwar infolge der Schwere, die ständig wirksam sei. Am Anfang ist aber die Bahn noch so schwach gekrümmt, daß sie als Gerade «erscheine». Daß aber mit dieser richtigen Erkenntnis schon die «Mischung» aus gewaltsamer und natürlicher Bewegung postuliert wird, also die «Propositione V» hinfällig geworden ist, bemerkt TARTAGLIA nicht.

Die zweite Stelle, an der sich TARTAGLIA mit diesem Problem noch etwas ausführlicher auseinandersetzt, befindet sich in den *Quesiti et inventioni diverse* (1546), primo libro fol. 10r–12l. In dem *Quesito III* unterhalten sich der Duca FRANCESCO MARIA DI URBINO und TARTAGLIA. Des letzteren Argumentationen lauten: Die anfänglich geradlinige Bahn liegt in der großen Geschwindigkeit begründet, mit der das Geschoß das Geschützrohr verläßt. Das Nachlassen der Geschwindigkeit bewirkt eine Neigung der Bahn zur Erde (Bild 91). Hier muß nun TARTAGLIA darlegen, wie die dem Körper mitgeteilte Geschwindigkeit und die Schwere aufeinander einwirken. Seine diesbezüglichen Ausführungen erscheinen dem heutigen Leser verschwommen, da die von TARTAGLIA gebrauchten Termini (wie z. B. «effetto» und «grave») keine wohldefinierten Begriffe erfassen, sondern eine Mischung aus Beobachtung und Vermutung einzufangen suchen. An der zitierten Stelle (fol. 11l) sagt der Herzog: «Die größte Geschwindigkeit hat die Kugel beim Verlassen des Geschützrohres, und aus diesem Grunde nimmt sie für kurze Zeit («per un poco di tempo») einen geradlinigen Weg durch die Luft, aber dann vermindern sich Kraft («vigore») und Geschwindigkeit, und die Kugel beginnt infolge dieses Nachlassens sich sukzessive zur Erde zu senken» (Bild 91). Diese insbesondere wegen der Einbeziehung der Zeit auch für uns akzeptable Schilderung [106] vernebelt nun TARTAGLIA durch eine verwirrende «Wissenschaftlichkeit». In seiner Antwort an den Herzog («Nostra Eccellentia») behauptet er: Je größer die Geschwindigkeit des bewegten Körpers ist, desto weniger wirksam ist die Schwere; andererseits jedoch, je mehr sich seine Geschwindigkeit vermindert («man-

---

[105] «Propositione V» (fol. 8 r).
[106] Wir wollen annehmen, daß sie dem Herzog von TARTAGLIA in den Mund gelegt wurde!

cando»), desto mehr wächst («crescendo») die Schwere. Man spürt in diesen Worten den Kampf um eine Erkenntnis hinsichtlich der Schwerewirkung der konstanten Beschleunigung *g* und der geometrischen Zusammensetzung von Geschwindigkeiten und den zugehörigen Wegelementen. Hat man diese (erst später von Galilei gefundenen) Gesetze, so ist der Neigungswinkel α zur Horizontalen in Abhängigkeit von der Zeit *t* festgelegt: $\tan \alpha = gt/v_0$ (v_0 = horizontale Abschußgeschwindigkeit). In Ermangelung dieser Einsichten konnte Tartaglia die Zeit quantitativ nicht ins Spiel bringen, und darum nimmt er seine Zuflucht zu «verminderter und zunehmender Schwere».

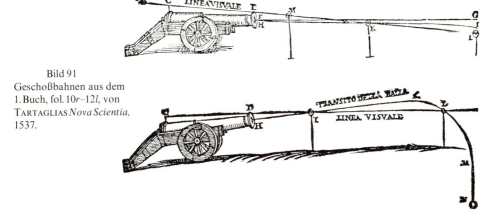

Bild 91
Geschoßbahnen aus dem
1. Buch, fol. 10*r*–12*l*, von
Tartaglias *Nova Scientia*,
1537.

Wenn auch Tartaglias Ballistik mit heutigen Augen gesehen noch sehr mangelhaft ist, stellt sie doch den ersten systematischen Versuch zur Schaffung eines wissenschaftlichen Werkes dar. Seine praktische Bedeutung für die damalige Zeit zeigt eine Mitteilung Torricellis, nach der die Artilleristen sich zu dessen Zeit noch immer Tartaglias Werke bedienten.

3   Galileo Galilei, Isaac Newton, Christiaan Huygens und Johann Bernoulli

Im Jahre 1638 erschienen in Leyden Galileis *Discorsi*. Hierin ist «der vierte Tag» der Fallbewegung gewidmet, und insbesondere wird nachgewiesen, daß die Wurfbewegung längs einer Parabel verläuft. Galilei betont nachdrücklich, daß dies nur dann der Fall ist, wenn die Erdschwere eine konstante Beschleunigung zur Folge hat [107] und wenn vom Luftwiderstand abgesehen wird. Über den letzteren äußert sich Galilei ausführlich und in Anbetracht dessen, daß auch hierüber vor ihm nichts vorlag, bewunderungswürdig. So erkennt er zunächst beim freien Fall, daß der Widerstand mit der Geschwindigkeit wächst und infolgedessen – bei genügend großer Fallhöhe –

---

[107] Wenn also die Bewegung in Erdnähe erfolgt.

bei einer bestimmten Geschwindigkeit die beschleunigte Bewegung in eine gleichmä-
ßige übergeht, daß also Widerstand und Gewicht sich das Gleichgewicht halten. Beim
Wurf werden im ähnlichen Sinne die gleichmäßige Horizontalbewegung und die
vertikale gleichmäßig beschleunigte Fallbewegung[108] geändert, so daß die Bahn keine
Parabel mehr ist. Nun weist GALILEI experimentell nach, daß bei nicht zu großen
Fallhöhen und nicht zu leichten Körpern die Abweichung vom quadratischen Weg-
Zeitgesetz sehr klein ist, der Widerstand also vernachlässigbar gering sein muß. Diese
Konsequenz überträgt er auch auf die Wurfbewegung, so daß die Bahn weiter als eine
Parabel angesehen wird. GALILEI betont aber ausdrücklich, daß von dieser Vorausset-
zung her die von Feuerwaffen («trattone gl'impeti dependenti dal fuoco») eingeleiteten
Bewegungen auszuschließen sind! Er sagt: «Zu dieser Erkenntnis führt mich die
ungeheuere, quasi übernatürliche Wucht solcher Geschosse»[109].

Die auf TARTAGLIA folgenden «Ballistiker» haben diese Einschränkung GALILEIS nicht
beachtet und auch für Feuerwaffengeschosse die Bahn als eine Prabel angenommen.
Mehr als ein halbes Jahrhundert lang nach GALILEI herrscht diese irrige Ansicht bis
NEWTON vor; er wies durch Fallversuche am Glockenturm der St.-Pauls-Kathedrale
in London mit großen und hohlen Glaskugeln nach, daß die Fallzeit etwa die doppelte
der im luftleeren Raum betrug, so daß der Luftwiderstand beträchtlich sein muß[110]. Er
nahm infolge nicht ganz zutreffender Hypothesen an, daß der Luftwiderstand dem
Quadrate der Geschwindigkeit proportional ist, wie wir in Ziffer 5 von Abschnitt A
dieses Kapitels gesehen haben. Unter dieser Voraussetzung wies er auch nach, daß die
Meridiankurve des Geschosses kleinsten Widerstandes eine transzendente Kurve ist
(vgl. Fußnote 14). Mit dem Problem der Bahnbestimmung von Projektilen in widerstehenden Medien hat sich NEWTON ebenfalls beschäftigt[111], ohne aber über die Form
dieser Kurven nähere Aussagen machen zu können; jedoch war CHRISTIAAN HUYGENS
wohl der erste, der sich dieser Frage zuwandte. In seiner *Tractatio de causa gravitatis*
kommt er unter der Voraussetzung geschwindigkeitsproportionalen Widerstandes
zum richtigen Schluß, daß die Geschoßbahn eine «logarithmische Kurve» ist. Entsprechend dem damaligen Stand der Mathematik gibt er allerdings nicht die explizite
(analytische) Form der Kurve an, sondern ihre geometrische Konstruktion. Auf diese
Weise löste man damals substantiell Differentialgleichungen.

Eine Wandlung in der Art der mathematischen Behandlung des ballistischen Problems trat dann durch JOHANN I BERNOULLI ein. Im Jahre 1719 publizierte er im
Maiheft (pag. 216) der Acta Eruditorum Lipsiae[112] eine Arbeit unter dem Titel
*Johannis Bernoulli responsio ad nonneminis provocationem, ejusque solutio quaestionis
ipsi ab eodem propositae de invenienda linea curva quam describit projectile in medio*

---

[108] Die Unabhängigkeit dieser Komponenten voneinander und ihre geometrische (vektorische) Zusammensetzung wurde zuerst von GALILEI erkannt.

[109] «...furia sopranaturali...»

[110] *Principia*, 2. Auflage (Amsterdam 1713), lib. II., Prop. XL., Scholium.

[111] *Principia*, 2. Auflage (Amsterdam 1713), lib. II., sect. I und II. Anlaß zu den Überlegungen über den
Widerstand bewegter Körper in Luft oder Flüssigkeiten war für NEWTON die Widerlegung der
absurden «Wirbeltheorie» des Philosophen DESCARTES. Siehe Kapitel II, Abschnitt A, Ziffer 3.

[112] Abgedruckt auch in den *Opera Omnia*, Tom. II, pag. 393.

[393]

N°. CXIII.

JOHANNIS BERNOULLI
RESPONSIO AD NONNEMINIS.
PROVOCATIONEM,

*Ejufque folutio quæftionis ipfi ab eodem propofitæ de invenienda
Linea curva quam defcribit projectile in medio refiftente.*

PRoponere Problemata in publicum non caret utilitate; *Acta E-*
hac enim ratione excitantur & acuuntur ingenia, ac fæpe *rud. Lipf*
aliquid eruitur in fcientiæ incrementum, quod alioquin forte *pag 216.*
abfconditum manfiffet.   Hoc igitur nomine laudabilis eft illa
quovis tempore recepta confuetudo, qua cum primis Geome-
træ mutua problematum propofitione vires fuas fubinde exer-
cuerunt : amittit vero pretium fuum, ftatim ac degenerat in
abufum a parte Proponentis; quod fit, quando non indefini-
te proponit, ut cuique fas fit propofiti vadum tentare, fed ei
tantum, cui male vult, & quem cuperet folutionis non capa-
cem fore; eum tantum in finem, quo poftea ex illius quafi in-
firmitate triumphet.
   Exemplum hujufmodi indecentis provocationis dedit nobis
Homo quidam, natione *Scotus*, qui ut apud fuos impuris in-
claruit moribus, ita apud Exteros jam paffim notus odio plus
quam Vatiniano quo flagrat, in ipfos præfertim *Germanos*, uf-
que adeo implacabili, ut cum aliis fui fimilibus fibi perfua-
deat, quod in rufticitate modum excedere non poffint cum
Germanis controvertentes; cujus quidem ille caufam non aliam
habet, quam quod putet hos præ aliis refiftere immodicæ am-
bitioni, qua occœcatus quicquid hactenus inventum eft popu-

Joan. Bernoulli Opera omnia Tom. II.   D d d   la-

Bild 92
J. BERNOULLIS 1719 im Mai-Heft der *Acta
Eruditorum Lipsiae* (S. 216) erschienene Antwort auf
die *provocatio* eines schottischen «Agressors [JOHN
KEILL], der nicht verdient, genannt zu werden»;
wiedergegeben nach den *Opera Omnia*, Tom. II, S. 393.

resistente (Bild 92). BERNOULLI beginnt mit der Schilderung dessen, wie diese Publika-
tion entstanden ist, nämlich durch die Herausforderung (*provocatio*) eines Schotten
(*Scotus*), der diese Provokation – ihm übel wollend – in der Annahme tat, daß er dem
Problem nicht gewachsen sei. Dieser «Aggressor, der nicht verdient, genannt zu

werden», verfolgt die Deutschen mit unversöhnlichem Haß, und «in seiner Verblen-
dung versucht er alles bisher Erreichte seinen Landsleuten zuzuschreiben. So attak-
kiert er», schreibt BERNOULLI weiter, «eifrig gewisse von mir bemerkte Irrtümer in
NEWTONS *Principia*, die ich in den Acta Eruditorum Lipsiae [113] korrigiert habe, und wo
ich Falsches durch Richtiges ersetzt und Fehlendes ergänzt habe» [114]. Hier bezieht sich
JOHANN BERNOULLI auf einige insbesondere in der Flugbahnkonstruktion begangene
Irrtümer NEWTONS in der ersten Auflage (1687) der *Principia* (Lib. II, sect. I und II), die
dann in der zweiten Auflage (1713) korrigiert worden sind. BERNOULLI schreibt weiter:
«Und das kränkte eben den schottischen Antagonisten, als ob es – wie lächerlich – für
seine ganze Inselnation eine Schande wäre, daß ein Brite von einem Nichtbriten
korrigiert wird und daß Fehler, die ein überragender Mathematiker begeht, von einem
Mathematiker minderen Ranges entdeckt werden.»
Dieser «ungenannte» Kontrahent JOHANN BERNOULLIS ist der Schotte JOHN KEILL
(1671–1721), Professor der Astronomie in Oxford, der 1708 durch seine Beschuldigun-
gen gegen LEIBNIZ den Prioritätsstreit über die Entdeckung der Infinitesimalrechnung
offiziell einleitete und, wie BERNOULLI schreibt, «die Streitigkeiten mit dem großen
LEIBNIZ wieder anheizte». Die Auseinandersetzung mit diesem Streit und den Newtonschen Irrtümern füllt von neun Seiten der Publikation nicht weniger als sechs und
eine halbe! Danach gibt JOHANN BERNOULLI für den Fall, daß der Bewegungswiderstand der $2n$-ten Potenz der Geschwindigkeit proportional ist [115], die Lösung für die
(ebene) Flugbahn in der Parameterdarstellung der Koordinaten x und y an [116]:

$$x = ac \int \frac{\mathrm{d}z}{(2nZ)^{1/n}}, \quad y = c \int \frac{z\,\mathrm{d}z}{(\mp 2nZ)^{1/n}}. \tag{41}$$

Hierbei bedeuten c das zur y-Richtung parallele Gewicht, $a = z\,\mathrm{d}x/\mathrm{d}y$ und

$$Z = \int (a^2 + z^2)^{\frac{2n+1}{2}}\,\mathrm{d}z. \tag{42}$$

Der Widerstand R wird so eingeführt, daß er mit der Geschwindigkeit v in der Form

$$2R = v^{2n} \tag{43}$$

erscheint.

Vermöge der Formeln (41) untersucht JOHANN BERNOULLI einige Spezialfälle von $2n$.
So bestätigt er für $2n = 1$ (geschwindigkeitsproportionaler Widerstand) die schon

---

[113] Februarheft 1713, pag. 77.
[114] Die Arbeit (auch in *Opera Omnia*, Tom. I, pag. 514) hat den Titel *De motu corporum, gravium,
pendelorum, et projectilium in mediis non resistentibus et resistentibus, supposita gravitate uniformi et
non uniformi* und enthält – wie bei HUYGENS und NEWTON – geometrische Konstruktionen («Demonstrationes geometricae»).
[115] Dieser Fall ist allgemeiner als der von KEILL gestellte ($2n = 2$).
[116] *Opera Omnia*, Tom. II, pag. 399 und 515–516.

erwähnte Erkenntnis von HUYGENS, daß die Flugbahn eine logarithmische Kurve ist. Neben HUYGENS weist JOHANN BERNOULLI auch auf den Basler Mathematiker JAKOB HERMANN hin, der sich in seiner *Phoronomia* (1716) sehr ausführlich (pag. 279–356) mit dem Problem der Bewegung der Körper in widerstehenden Medien beschäftigt, ohne allerdings die mathematische Perfektion JOHANN BERNOULLIS zu erreichen.

4   BENJAMIN ROBINS und LEONHARD EULER

Ein wesentliches Hindernis für die Weiterentwicklung der äußeren Ballistik bildete die Tatsache, daß wegen der Unsicherheit der Größe der Explosionskraft des Schießpulvers auch die Anfangsgeschwindigkeit der Projektile unbekannt blieb. Eine Wandlung trat hier ein, als der Engländer BENJAMIN ROBINS (1707–1751), Generalingenieur der ostindischen Kompanie, das ballistische Pendel erfand und in seinem 1742 erschienenen Werk *New principles of gunnery* beschrieb. Dieses Instrument funktioniert folgendermaßen (Bild 93): Das Geschoß trifft auf das Brett *GHIK* und bleibt darin

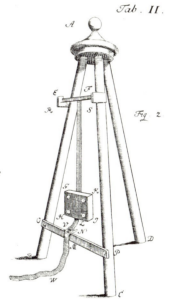

Bild 93
Ballistisches Pendel aus EULERS *Neue Grundsätze der Artillerie*, 1745.

stecken. Durch den empfangenen Impuls wird das um den Balken *EF* drehbare Pendel ausgelenkt. Aus dem gemessenen maximalen Ausschlag läßt sich die Anfangsgeschwindigkeit des Pendels und daraus vermöge der Stoßgesetze die Auftreffgeschwindigkeit des Geschosses berechnen[117]. Diese Geschwindigkeit konnte über die Entfernung zwischen Geschütz und Pendel variiert werden, da das Projektil auf diesem Wege

---

[117] I. SZABÓ: *Einführung in die Technische Mechanik*, 8. Auflage (1975), S. 372.

infolge des Luftwiderstandes an Geschwindigkeit verlor. Die auf dieser Basis und unter der Annahme eines unelastischen Stoßes durchgeführten und ausgewerteten Versuche von ROBINS ergaben, daß das Newtonsche, zum Geschwindigkeitsquadrat proportionale Widerstandsgesetz nur bei geringen Geschwindigkeiten (kleinen Pulverladungen) bestätigt wurde. Bei größeren (bei Feuerwaffen üblichen) Geschwindigkeiten ergaben sich gegenüber der Newtonschen Theorie je nach Geschwindigkeitsbereichen zwei- bis dreimal größere Widerstände.

ROBINS experimentiert mit Geschoßgeschwindigkeiten bis 1700 «Schuh» in der Sekunde[118] und gibt – sich auf seine experimentellen Ergebnisse stützend – eine Regel an, mit der man für Geschwindigkeiten unterhalb dieser Grenze den Widerstand für Geschoßkugeln ermitteln kann. Die Handhabung dieser Regel entsprach der damaligen Betrachtungsweise: Man maß die Geschwindigkeit durch die äquivalente «Fallhöhe» und die Kraft durch das Gewicht einer «Wasser- oder Luftsäule». So wurde[119] der «Fallhöhe» v durch entsprechende Dimensionsannahmen die «Geschwindigkeit» $\sqrt{v}$ zugeordnet. Dabei entsprach dem zum Geschwindigkeitsquadrat proportionalen Widerstand eine «Luftsäulenhöhe»

$$H = \frac{1}{2} v = \frac{1}{2} (\sqrt{v})^2 \tag{44}$$

mit der dem Kugeldurchmesser entsprechenden Basis. Dieses Newtonsche Gesetz fand ROBINS für kleinere Geschwindigkeiten bestätigt, während für größere die Beziehung

$$H = \Theta v \tag{45}$$

mit einem von der Geschwindigkeit abhängigen Faktor Θ zu bestehen schien, wobei Θ in dem von ROBINS gemessenen Geschwindigkeitsbereich zwischen 1/2 und 3/2 variierte.

Das Werk von ROBINS, in dem im 2. Kapitel neben dem Widerstands- und Flugbahnproblem im 1. Kapitel auch die Fortifikation und die Explosionskraft des Schießpulvers, die sogenannte «innere Ballistik», abgehandelt wurde, war auf diesem Gebiet etwas Neues und Originelles. Das erkannte kein Geringerer als LEONHARD EULER, der 1741 von FRIEDRICH DEM GROSSEN an die Berliner Akademie berufen und vom König in artilleristischen Fragen um Rat gebeten wurde. In seiner *Lobrede auf Herrn Leonhard Euler* (Petersburg 1783) schreibt der Schüler und Schwiegersohn EULERS, NICOLAUS FUSS (1755–1825):

«Der König hatte Herrn EULERS Meinung über das beste in dieses Fach schlagende Werk verlangt. Von ROBINS, der EULERS Mechanik, die er nicht verstund, vorher auf eine grobe Art angefallen hatte[120], waren neue Grundsätze der Artillerie im Englischen erschienen, die Herr EULER dem König lobte, in dem er sich zugleich anheischig machte, das Werk zu übersetzen und mit Zusätzen und Erläuterungen zu begleiten.

[118] Etwa 559 m/sek.
[119] Wir schließen uns hier der Schreibweise des Originals an.
[120] In seiner Schrift *Remarks on Mr. EULERS Treatise of motion* schreibt ROBINS u. a.: «Wie uns Herr EULER im 2. Corollarium zum 19. Satz mitteilt, war er besonders um strenge Nachweise dieser letzten Sätze bemüht. Ich habe nicht die Absicht, den Autor wegen seiner Fehler der Eile oder der Nachlässigkeit anzuklagen, sondern ich betrachte sie allein als Folge der Ungenauigkeiten in der

Diese Erläuterungen enthalten eine vollständige Theorie der Bewegung geworfener Körper, und es ist seit 38 Jahren nichts erschienen, das dem, was Herr EULER damals in diesem schweren Teile der Mechanik getan hat, an die Seite gesetzt werden könnte. Indem Herr EULER in dieser Übersetzung, wo es immer nur thunlich war, Herrn ROBINS Gerechtigkeit widerfahren läßt, verbessert er, mit einer seltenen Bescheidenheit, dessen Fehler gegen die Theorie, und alle Rache, die er wegen des alten Unbills an seinem Gegner nimmt, besteht darinn, daß er dessen Werk so berühmt macht, als es ohne ihn nie geworden wäre.»

Dieses 1745 in Berlin erschienene Werk (Bild 94) wurde wirklich so berühmt, daß es 1783 ins Französische und 1784 wieder ins Englische rückübersetzt wurde; es galt an allen Artillerieschulen jahrzehntelang als das maßgebliche Buch.

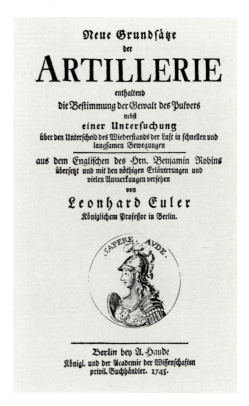

Bild 94
Titelblatt der von LEONHARD EULER ins Deutsche übersetzten und bearbeiteten *New principles of gunnery* (1742) von B. ROBINS.

Der von ROBINS nur in Worten mitgeteilten Regel (45) gibt EULER (Bild 95) die mathematische Gestalt

$$H = \Theta v = \frac{\alpha \sqrt{f}}{2\,\alpha \sqrt{f} - (2\,\alpha - 1)\sqrt{v}}\, v. \tag{46}$$

Begriffsbildung, zu der der Differentialkalkül seine Bewunderer verleiten kann... Am Anfang des 3. Kapitels, das die gradlinige Bewegung behandelt, bringt Herr EULER GALILEIS Theorie fallender Körper, die von sich aus keine schwierige Materie ist, aber hier so mit Differentialrechnung vermischt wurde, daß man diesen Gegenstand besser dort nachschlägt, wo er von anderen in einfacherer Weise geschrieben wurde.»

Hierbei bedeuten f die der Geschwindigkeit 1700 Schuh/sek entsprechende «Fallhöhe» und $\sqrt{v}$ die Geschwindigkeit. Mit $\alpha = 3/2$ liefert (46) für kleine Geschwindigkeit $\Theta = 1/2$ und für $\sqrt{v} = \sqrt{f} = 1700$ Schuh/sek $\Theta = 3/2$. EULER bemerkt auch, daß für $\sqrt{v} = 2\,\alpha\,\sqrt{f}/(2\,\alpha - 1)$, was einer Geschwindigkeit von 2550 Schuh/sek entspräche, Θ bzw. H über alle Grenzen wachsen würden, «welches ganz und gar ungereimt wäre», wie er schreibt. Durch geistreiche Überlegungen und unter Ausnutzung der experimentellen Ergebnisse von ROBINS stellt er für Θ die Formel

$$\Theta = \frac{1}{2} + \frac{v}{2\,h} \tag{47}$$

auf, wobei für den «Mittelwert» $h = 28\,845$ Schuh ermittelt wird. Demnach ist der Widerstand einer Kugel[121] gleich dem Gewicht einer gleichdicken zylindrischen Luftsäule der Höhe

$$H = \frac{1}{2}\,v + \frac{1}{2\,h}\,v^2. \tag{48}$$

Nach der Erfassung des Bewegungswiderstandes kugelförmiger Körper, zu dem EULER in den «Anmerkungen» weitere richtungsweisende theoretische Überlegungen und Ergebnisse liefert[122], geht ROBINS zum Problem der Geschoßbahn über. Die Einleitung dazu bildet der fünfte Satz des zweiten Kapitels:

«Wenn eine Canonen-Kugel von 24 Pfund mit voller Ladung[123] geschossen wird, so ist der Widerstand der Luft, indem dieselbe aus der Canone herausfährt, mehr als zwanzig mahl größer, als das Gewicht derselben.»

In dem «Zusatz» erinnert ROBINS daran, daß die bisherigen Autoren wegen der Annahme eines sehr kleinen Widerstandes die Bahn nach GALILEI als eine Parabel bekommen haben. Er schreibt weiter:

«Dieses Vorurtheil wird nun durch den erstaunlichen Widerstand der Luft auf eine 24 pfündige Kugel, dessen Größe wir hier bestimmt haben[124], hinlänglich bestritten. Denn wie irrig muß nicht eine solche Meynung sein, in welcher eine Kraft, so mehr als zwanzig mahl größer ist, als das Gewicht des Körpers für nichts geachtet wird? Unterdessen wollen wir uns nicht allein begnügen, die Würklichkeit und die Größe des Widerstandes der Luft erwiesen zu haben; sondern wir wollen auch noch die wahre Bahn der Körper in dieser flüssigen Materie umständlicher in Erwegung ziehen.»

Die Widerlegung «dieses Vorurtheils» durch ROBINS geschieht indirekt und nur qualitativ in der Weise, daß die einem bestimmten Abschußwinkel und einer bestimm-

---

[121] In der damaligen Zeit waren die Geschosse fast ausschließlich von kugelförmiger Gestalt.

[122] So werden in der dritten Anmerkung zum ersten Satz des zweiten Kapitels (S. 451 ff.) Untersuchungen angestellt, die schon zu der Erkenntnis des von D'ALEMBERT erst 1752 verkündeten «Paradoxons» (der Widerstandslosigkeit) führen! Hierüber ausführlich im Abschnitt D, Ziffer 4, dieses Kapitels.

[123] Das sind 16 Pfund Schießpulver.

[124] Zu 540 Pfund.

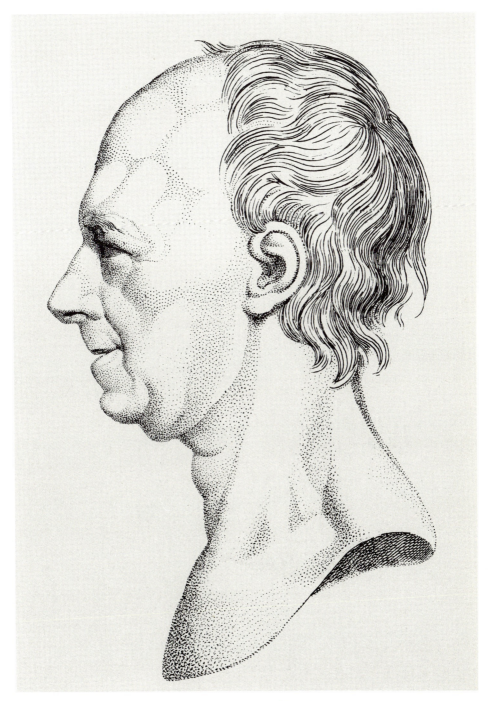

Bild 95
LEONHARD EULER (1707–1783).

ten Abschußgeschwindigkeit gemäß der parabolischen Bahn entsprechenden Schußweiten mit denen der Messungen verglichen werden. So gehört zu einem Abschußwinkel von 45° und zu einer Abschußgeschwindigkeit von 1700 Schuh/sek eine der
Parabelbahn entsprechende Schußweite von 17 englischen Meilen, während der
Versuch etwa eine halbe Meile ergab! Dies ist nicht verwunderlich, schreibt ROBINS,
beträgt doch der der Abschußgeschwindigkeit entsprechende Widerstand das
120fache des Geschoßgewichtes!

In der hier anschließenden ersten «Anmerkung» schreibt nun EULER:

«Der Verfasser hat uns hier zu einem zweyten Theil, in welchem die wahre Bahn einer Canonenkugel
bestimmt werden sollte, Hoffnung gemacht; so viel uns aber hiervon bekannt, so ist darüber noch nichts zum
Vorschein gekommen, obgleich seit der Zeit schon etliche Jahre verflossen. Diese Untersuchung ist aber
auch so schwehr, daß der Autor mit Recht eine weit größere Zeit zu Vollendung derselben fordern kann. Wir
wollen inzwischen aus demjenigen Begriff von dem Widerstand der Luft, welchen wir aus der Erfahrung
hergeleitet, uns bemühen, die wahre Bewegung einer Kugel in der Luft zu bestimmen, in der Hoffnung, daß
unsere Arbeit nicht viel von derjenigen, welche uns der Autor darüber versprochen hat[125], unterschieden
seyn werde.»

Zuerst untersucht EULER den Horizontalschuß und davon insbesondere den für das
Zielen allein interessierenden Teil, in dem die Bahn noch keine merkliche Krümmung
aufweist. Unter der Voraussetzung einer homogenen Kugel liegt die Bahnkurve in
einer vertikalen Ebene. Für den flachen (fast geradlinigen) Teil der Bahnkurve erhält
EULER (S. 640)

$$y = \frac{x^2}{4b} + \frac{3(b+h)x^3}{32ncbh}$$

und für die «Fallhöhe der Geschwindigkeit»:

$$v = b - \frac{3b(b+h)x}{4nc} + \frac{9b(b+h)(2b+h)x^2}{32n^2c^2h^2}.$$

Hierbei bedeuten b die der Abschußgeschwindigkeit $\sqrt{b}$ entsprechende Fallhöhe,
$h = 28845$ Schuh die in (48) auftretende Konstante, c den Kugeldurchmesser und n
das Verhältnis der spezifischen Gewichte von Kugel und Luft. Für eine eiserne Kugel
($n = 6647$) vom Durchmesser $c = 5{,}5$ Zoll $= 11/24$ Schuh und für die Abschußgeschwindigkeit von 1650 Schuh/sek beträgt der Neigungswinkel in 1000 Schuh Entfernung 27,5 Minuten, und die Geschwindigkeit ist auf 1260 Schuh/sek gesunken.
Dann wendet sich EULER dem schiefen Schuß zu und erhält nach virtuosen Rechnungen die Bahnkurve in Parameterdarstellung, wobei der Parameter φ der Tangenten-

---

[125] Eine diesbezügliche Arbeit erschien erklärlicherweise nie, denn das Problem überstieg die mathematischen Kräfte ROBINS' bei weitem.

winkel ist (Bild 96a). Diese Darstellung, in der *A, B* und *C* schon vorangehend (S. 670) ermittelte Konstanten sind, ist insbesondere für die Berechnung der Schußweite hoffnungslos kompliziert. Zum Schluß gibt EULER eine nach Potenzen von x fortschreitende Taylorsche Reihe für y an (Bild 96b). In dieser bedeutet ϑ den Abschußwinkel.

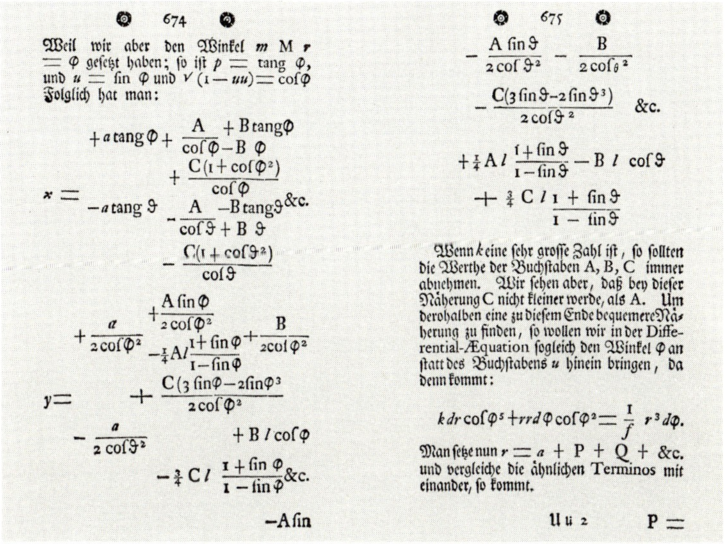

674

Weil wir aber den Winkel $mMr = \varphi$ gesetzt haben; so ist $p = \text{tang}\,\varphi$, und $u = \sin\varphi$ und $\sqrt{(1-uu)} = \cos\varphi$ Folglich hat man:

$$x = \begin{matrix} +a\,\text{tang}\,\varphi + \frac{A}{\cos\varphi} + B\,\text{tang}\,\varphi - B\,\varphi + \frac{C(1+\cos\varphi^2)}{\cos\varphi} \\ -a\,\text{tang}\,\vartheta - \frac{A}{\cos\vartheta} - B\,\text{tang}\,\vartheta + B\,\vartheta - \frac{C(1+\cos\vartheta^2)}{\cos\vartheta} \end{matrix} \ \&c.$$

$$y = \begin{matrix} +\frac{a}{2\cos\varphi^2} + \frac{A\sin\varphi}{2\cos\varphi^2} - \frac{1}{4}A\,l\,\frac{1+\sin\varphi}{1-\sin\varphi} + \frac{B}{2\cos\varphi^2} + \frac{C(3\sin\varphi - 2\sin\varphi^3)}{2\cos\varphi^2} + B\,l\cos\varphi - \frac{3}{4}C\,l\,\frac{1+\sin\varphi}{1-\sin\varphi} \ \&c. \\ -\frac{a}{2\cos\vartheta^2} - \frac{A\sin\vartheta}{2\cos\vartheta^2} - \frac{B}{2\cos\vartheta^2} - \frac{C(3\sin\vartheta-2\sin\vartheta^3)}{2\cos\vartheta^2} \ \&c. \\ +\frac{1}{4}A\,l\,\frac{1+\sin\vartheta}{1-\sin\vartheta} - B\,l\cos\vartheta + \frac{3}{4}C\,l\,\frac{1+\sin\vartheta}{1-\sin\vartheta} \end{matrix}$$

675

Wenn k keine sehr grosse Zahl ist, so sollten die Werthe der Buchstaben A, B, C immer abnehmen. Wir sehen aber, daß bey dieser Näherung C nicht kleiner werde, als A. Um derohalben eine zu diesem Ende bequemere Näherung zu finden, so wollen wir in der Differential-Æquation sogleich den Winkel φ an statt des Buchstabens u hinein bringen, da denn kommt:

$$k\,dr\cos\varphi^5 + rr\,d\varphi\cos\varphi^2 = \frac{1}{f}\,r^3\,d\varphi.$$

Man setze nun $r = a + P + Q + \&c.$ und vergleiche die ähnlichen Terminos mit einander, so kommt.

Uu 2 P =

a)

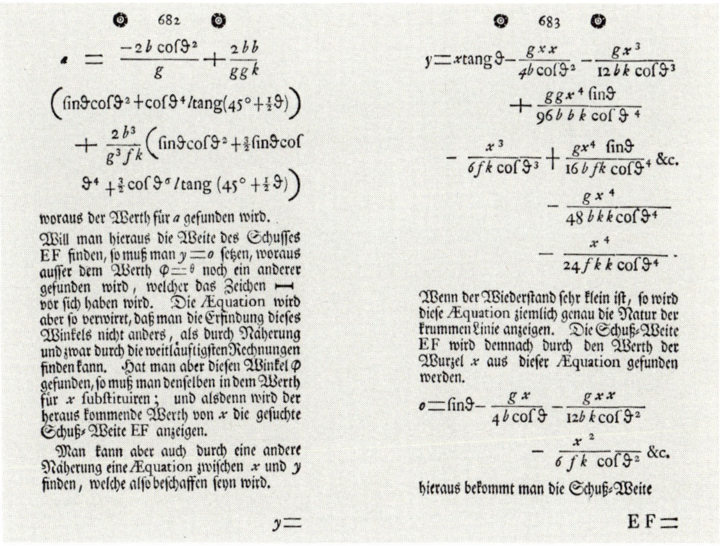

682

$$a = \frac{-2b\cos\vartheta^2}{g} + \frac{2bb}{ggk}\left(\sin\vartheta\cos\vartheta^2 + \cos\vartheta^4\,l\,\text{tang}(45^\circ + \tfrac{1}{2}\vartheta)\right) + \frac{2b^3}{g^3fk}\left(\sin\vartheta\cos\vartheta^2 + \tfrac{3}{2}\sin\vartheta\cos\vartheta^4 + \tfrac{3}{2}\cos\vartheta^6\,l\,\text{tang}(45^\circ + \tfrac{1}{2}\vartheta)\right)$$

woraus der Werth für a gefunden wird.

Will man hieraus die Weite des Schusses EF finden, so muß man $y = o$ setzen, woraus ausser dem Werth $\varphi = \theta$ noch ein anderer gefunden wird, welcher das Zeichen — vor sich haben wird. Die Æquation wird aber so verwirrt, daß man die Erfindung dieses Winkels nicht anders, als durch Näherung und zwar durch die weitläuftigsten Rechnungen finden kann. Hat man aber diesen Winkel φ gefunden, so muß man denselben in dem Werth für x substituiren; und alsdenn wird der heraus kommende Werth von x die gesuchte Schuß-Weite EF anzeigen.

Man kann aber auch durch eine andere Näherung eine Æquation zwischen x und y finden, welche also beschaffen seyn wird.

683

$$y = x\,\text{tang}\,\vartheta - \frac{gxx}{4b\cos\vartheta^2} - \frac{gx^3}{12bk\cos\vartheta^3} + \frac{ggx^4\sin\vartheta}{96bbk\cos\vartheta^4} - \frac{x^3}{6fk\cos\vartheta^3} + \frac{gx^4\sin\vartheta}{16bfk\cos\vartheta^4} \ \&c. - \frac{gx^4}{48bkk\cos\vartheta^4} - \frac{x^4}{24fkk\cos\vartheta^4}.$$

Wenn der Wiederstand sehr klein ist, so wird diese Æquation ziemlich genau die Natur der krummen Linie anzeigen. Die Schuß-Weite EF wird demnach durch den Werth der Wurzel x aus dieser Æquation gefunden werden.

$$o = \sin\vartheta - \frac{gx}{4b\cos\vartheta} - \frac{gxx}{12bk\cos\vartheta^2} - \frac{x^2}{6fk\cos\vartheta^2} \ \&c.$$

hieraus bekommt man die Schuß-Weite

EF =

b)

Bild 96
Bahnkurve des schiefen Schusses aus EULERS erster «Anmerkung» zu *Neue Grundsätze der Artillerie*, 1745: *a)* Seite 674/675 mit der Parameterdarstellung $x = x(\varphi)$, $y = y(\varphi)$, φ = Tangentenwinkel, und *b)* Seite 682/683 mit daraus folgender Potenzreihen-Näherung $y = y(x)$.

Interessant ist die Formel für die Schußweite *EF*. Von ihr und von dem für die maximale Schußweite angegebenen Abschußwinkel

$$\sin \vartheta = \frac{1}{\sqrt{2}} - \frac{b(b+h)}{8\,nch}$$

schreibt EULER jedoch:

«Diese Formeln können aber nicht gebraucht werden, als wenn *nc* weit größer ist, als *b*. In allen von dem Autore[126] angeführten Versuchen aber ist *b* weit größer als *nc*, daher die hier gemachte Näherung bey keinem Exempel, so bey dem Autore vorkommt, angebracht werden kann. Deswegen sind wir gezwungen, diese Untersuchung allhier abzubrechen, und wollen dem Autori die völlige Ausführung dieser Materie überlassen; als welche er uns in einer besonderen Schrift nächsten zu liefern versprochen hat.»

Dieses Versprechen hat ROBINS nie eingelöst, aber EULER kam noch des öfteren auf das ballistische Problem zurück. Von seinen diesbezüglichen Publikationen ist die bedeutendste in den Berichten der Berliner Akademie erschienen[127]. Zu Beginn weist EULER darauf hin, daß nach NEWTONS vergeblichen Bemühungen JOHANN BERNOULLI der erste gewesen sei, der das ballistische Problem analytisch gelöst «und sogar sehr gut gelöst habe», wie EULER anerkennend schreibt. «Der Nachteil der Lösung», schreibt er weiter, «so gut sie als Theorie sein mag, ist vielleicht der, daß man aus ihr bisher auch nicht den geringsten Nutzen ziehen konnte, um damit praktische Aufgaben zu behandeln.»

Mit Recht erblickt EULER die Hauptschwierigkeit, die sich einer praktisch nützlichen Lösung entgegenstellt, darin, daß – im Gegensatz zur parabolischen Bahn, die nur Abschußgeschwindigkeit und Abschußwinkel als Parameter hat – bei der Berücksichtigung des Bewegungswiderstandes neue Parameter (spezifische Gewichte, Geschoßabmessungen usw.) hinzukommen. Dieser Umstand läßt eine praktikable Lösungsmethode fast als hoffnungslos erscheinen. «Nachdem ich indes alle diese Schwierigkeiten wohl abgewogen habe,» schreibt EULER, «halte ich sie nicht mehr für unüberwindlich; denn ich habe festgestellt, daß eine Unzahl von Fällen, die zunächst verschieden erscheinen, sich in einer Tabelle zusammenfassen lassen.» Diese Erkenntnis war, wie fast alles bei EULER, neu und wies bis auf unsere Tage den Weg zur Lösung dieses Problems und ähnlicher Fälle. So weist EULER nach, daß die Rechnung für alle Kugeln gleich ist, deren Gewicht zum Quadrat ihres Durchmessers im gleichen Verhältnis steht. Zu diesem Ergebnis kommt er, indem er die schon in den *Neuen Grundsätzen der Artillerie* hergeleitete, zur «Fallhöhe», das heißt zum Geschwindigkeitsquadrat proportionale Widerstandsformel[128] für die Kugel verwendet. Diese Formel wird dann mit einem aus der Erfahrung gewonnenen Zahlenfaktor versehen, der auch die Zusammendrückbarkeit der Luft näherungsweise berücksichtigt. EULERS diesbezügliche Relation für die vom Widerstand herrührende Beschleunigung lautet

$$b_w = 707\,\frac{e^3}{d^2}\,v = \frac{v}{c}. \tag{49}$$

---

[126] Nämlich ROBINS.

[127] *Recherches sur la véritable courbe que décrivent les corps jettés l'air ou dans un autre fluide quelconque*, Mémoires de l'Académie Royale des Sciences de Berlin *IX*, S. 321–352.

[128] S. 451 und S. 470–488.

Hierbei ist d der Durchmesser der Kugel, e^3 das dem Kugelgewicht entsprechende Wasservolumen, v die der Geschwindigkeit entsprechende «Fallhöhe» ($u = \sqrt{v}$) und 707 der erwähnte aus Erfahrung und Überlegung gewonnene Zahlenfaktor. Von diesem schreibt EULER: «Man kann nicht leugnen, daß die Zahl 707 nicht sehr genau bestätigt ist, und daß sie mit der Lufttemperatur veränderlich ist. Wenn man zur Praxis übergeht, wird man mit Versuchen ergründen, welcher Faktor für jede Kugel und atmosphärischen Zustand zu verwerten ist.»

Unter Verwendung der Widerstandsbeschleunigung (49) integriert EULER die zu $AP = x$ und $PM = y$ (Bild 97) gehörigen Bewegungsgleichungen

$$2\frac{d^2x}{dt^2} = -\frac{v}{c}\frac{dx}{ds}, \quad 2\frac{d^2y}{dt^2} = \alpha - \frac{v}{c}\frac{dy}{ds}. \tag{50}$$

Hierbei bedeuten α die Schwerebeschleunigung und t die Zeit; der Faktor 2 rührt davon her, daß der «Fallhöhe» v die Geschwindigkeit $u = \sqrt{v}$ zugeordnet wird. Demnach wäre $\alpha = 1$, wenn die Gewichtsminderung infolge des Auftriebes nicht berücksichtigt wird!

ɪ. Fig.

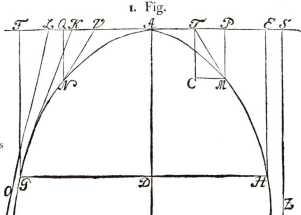

Bild 97
1. Fig. zur Integration
der Bewegungsgleichung
von Geschossen aus EULERS
*Recherches sur la véritable
courbe...*, Mém. de l'Acad. Roy. des
Sciences Berlin *IX*, S. 321–352
(1753).

Die Bahnkurve, für die die Existenz einer vertikalen Asymptote SZ (Bild 97) nachgewiesen wird, ist wieder (wie in den *Neuen Grundsätzen der Artillerie*) in Parameterdarstellung angegeben [129]. An einem Musterbeispiel zeigt EULER die Handhabung seiner Formeln und schlägt vor, 18 Fälle der Abschußwinkel (zwischen 0 und 85 Grad) durchzurechnen. Dieser in Anbetracht der damaligen rechnerischen Hilfsmittel nicht geringen Mühe unterzog sich 1764 HENNING FRIEDRICH Reichsgraf von GRAEVENIZ in der *Akademischen Abhandlung von der Bahn der Geschüzkugeln* (Bild 98). Für einen bestimmten Abschußwinkel γ und eine bestimmte Abschußgeschwindigkeit im Punkt G des Bildes 97 werden für den auf- und absteigenden Bogen Bogenlänge, Schußweite,

[129] S. 335 der in Fußnote 127 angeführten Publikation.

Schußhöhe und Treffgeschwindigkeit errechnet (Bild 99). GRAEVENIZ[130] illustriert an einer Reihe von Beispielen, wie seine Tafeln zu benutzen sind. Zum Schluß schreibt er: «Es ist mir unangenehm, daß ich genöthiget bin, diese Untersuchung jetzt abzubrechen. Mir bleibt nur das kleine Verdienst dabey übrig, daß ich so viele Gedult besitze, eine etwas langweilige Rechnung zu unternehmen.»

5   JOHANN HEINRICH LAMBERT

Dieser geniale und bis jetzt wohl nicht gebührend gewürdigte Mathematiker, Physiker und Philosoph (Bild 100) kam 1764 nach Berlin und wurde 1765 Mitglied der Königlichen Akademie, an der er bis zu seinem Tode wirkte. Schon im Jahre 1763

---

[130] Seine näheren Lebensdaten sind mir nicht bekannt; 1766 war er schon tot.

Bild 98
Titelblatt zu H. F. VON GRAEVENIZ: *Akademische Abhandlung von der Bahn der Geschüzkugeln* (Rostock 1764).

Die X. Art, γ = 45°, aufſteigender Bogen.

Erhöh. Winkel β	Bogen AG = 2, 302585ᶜ mult. mit	Weite AF = 2, 302585ᶜ mult. mit	Höhe FG = 2, 302585ᶜ mult. mit	Geſchwind. in G = r² a g ᶜ mult. mit
0°	0, 0000000	0, 0000000	0, 0000000	0, 9334006
5°	0, 0344786	0, 0344458	0, 0015039	0, 9749070
10°	0, 0728429	0, 0724819	0, 0065114	1, 0072522
15°	0, 1170269	0, 1156285	0, 0160746	1, 1057013
20°	0, 1700359	0, 1661841	0, 0320147	1, 2080919
25°	0, 2369776	0, 2280301	0, 0576322	1, 3529484
30°	0, 3276252	0, 3084355	0, 0984888	1, 5716307
35°	0, 4643926	0, 4237840	0, 1719739	1, 9449118
40°	0, 7201036	0, 6166532	0, 3276409	2, 7916820

Niederſteigender Bogen.

Winkel in H	Bogen AH = 2, 302585ᶜ mult. mit	Weite AE = 2, 302585ᶜ mult. mit	Höhe EH = 2, 302585ᶜ mult. mit	Geſchwind. in H = r² a g ᶜ mult. mit
5°	0, 0319417	0, 0319113	0, 0013933	0, 9031358
10°	0, 0623620	0, 0620714	0, 0053639	0, 8821362
15°	0, 0920925	0, 0910972	0, 0117987	0, 8691170
20°	0, 1218792	0, 1195053	0, 0207556	0, 8632622
25°	0, 1524538	0, 1477525	0, 0324560	0, 8641030
30°	0, 1846062	0, 1762720	0, 0473023	0, 8714338
35°	0, 2192576	0, 2054960	0, 0659205	0, 8852698
40°	0, 2575584	0, 2358821	0, 0892365	0, 9058054
45°	0, 3010298	0, 2679326	0, 1186053	0, 9334008
50°	0, 3517819	0, 3022204	0, 1560237	0, 9685267
55°	0, 4128722	0, 3394098	0, 2044899	1, 0116744
60°	0, 4889092	0, 3802644	0, 2686188	1, 0632697
65°	0, 5973420	0, 4257156	0, 3559297	1, 1231789

Bild 99
S. 35 der Graevenizschen Tabellen zur
Bahn der Geschüzkugeln (1764).

publizierte er in den Mémoiren der Berliner Akademie *XXI*, S. 102–188 eine grundlegende Arbeit unter dem Titel *Mémoire sur la résistance des fluides avec la solution du
problème ballistique.* Diese Publikation klärte einerseits die schon erwähnten von
ROBINS festgestellten und von dem Franzosen PATRICK D'ARCY bestätigten Widersprüche zum Newtonschen Widerstandsgesetz auf. Andererseits enthält sie – über die
Ergebnisse von JOHANN BERNOULLI und LEONHARD EULER hinausgehend – die explizite analytische Formel der Bahnkurve in der Gestalt einer unendlichen Reihe.
Im Jahre 1766 übersetzte LAMBERT (1728–1777) das Werk *Essai d'une nouvelle Théorie
de l'Artillerie* von D'ARCY und ließ gleichzeitig seine eigenen *Anmerkungen über die
Gewalt des Schießpulvers und den Widerstand der Luft* publizieren. In diesem Werk faßt
LAMBERT die Ergebnisse seiner vorangehenden Veröffentlichung zusammen und setzt
sich in bewunderungswürdiger physikalischer und mathematischer Konsequenz mit
den Ergebnissen von ROBINS und D'ARCY auseinander.

Die durch die Messungen von ROBINS und D'ARCY gelieferten Widersprüche zu dem
Newtonschen Widerstandsgesetz bestanden – wie schon angeführt – darin, daß die
zum Geschwindigkeitsquadrat proportionale Widerstandskraft nur für kleinere Geschwindigkeiten bestätigt wurde, für größere ergaben sich bis dreimal so große Kräfte.
Scharfsinnig erkennt LAMBERT die wunde Stelle der Auswertung der Robinsschen und
d'Arcyschen Meßergebnisse. Ihnen liegt die Annahme zugrunde, daß die Berechnung
der Auftreffgeschwindigkeit des Geschosses auf dem ballistischen Pendel nach dem
Gesetz des unelastischen Stoßes zu erfolgen habe.

Bild 100
JOHANN HEINRICH LAMBERT (1728–1777),
Lithographie nach einer Zeichnung von VIGNERON.

LAMBERT schreibt auf S. 29, 36 und 39 seines Werkes:

«Sofern die Herren ROBINS und D'ARCY aus der Größe des Schwunges[131] des Penduls auf die Geschwindigkeit desselben geschlossen haben, geht, so viel ich sehe, alles leicht und richtig. Die schwerere Frage ist nun: wie sich daraus auf die Geschwindigkeit der Kugel einen Schluß machen lasse? Man sieht nun überhaupt ohne Mühe so viel, daß wenn aus der Geschwindigkeit des Penduls die Geschwindigkeit der Kugel solle gefunden werden, dieses durch die Anwendung der Lehre vom Stoße der Körper geschehen müsse; und diese kann ich nun eben nicht so bekannt voraussetzen, weil ich zugleich mit annehmen müßte, daß darinn nichts mehr nachzuholen seye, was auf die Bestimmung der Geschwindigkeit der Kugel einen Einfluß hätte. Dieses kann ich aber so unbedingt nicht annehmen.»

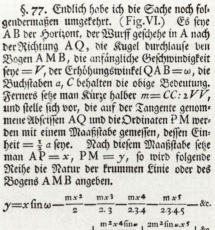

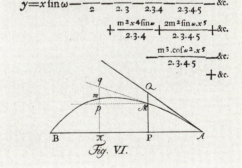

Bild 101
J. H. LAMBERTS unendliche Reihe für die Bahnkurve $y = y(x)$ eines Geschosses mit der zugehörigen Fig. VI aus *Anmerkungen über die Gewalt des Schießpulvers und den Widerstand der Luft* (Berlin 1766).

Dann weist LAMBERT darauf hin, daß die Regeln des Stoßes «gut und richtig sind, so weit sie reichen»; er schreibt, daß man sie für die beiden Extremfälle des vollkommen unelastischen und des vollkommen elastischen Stoßes aufstellte und «diese Regeln weiter ausdehnte, als sie wirklich giengen». Unter Verwendung der Versuchsergebnisse von ROBINS und D'ARCY weist LAMBERT nach, daß die Newtonsche Widerstandstheorie in dem durchlaufenen Geschwindigkeitsbereich von etwa 500 bis 2000 Fuß/sek bestätigt wird, wenn man nur mit steigender Geschwindigkeit immer mehr die

---

[131] Das ist die maximale Auslenkung.

Elastizität berücksichtigt. Lambert rechnet vor, daß bis etwa 1000 Fuß/sek das Gesetz des vollkommen unelastischen Stoßes angewendet werden kann; von 1500 Fuß/sek an ist der Stoßvorgang als vollkommen elastisch zu betrachten.

Wie schon erwähnt, war Lambert der erste, der eine explizite Formel für die Bahnkurve angab. Bild 101 zeigt die entsprechende unendliche und – wie Lambert schreibt – gut konvergierende Reihe mit der zugehörigen Figur. Dabei ist

$$a = \frac{8}{3} D\, n \quad \text{und} \quad C^2 = \frac{8}{3} D\, g\, \frac{n-1}{n},$$

wo D den Kugeldurchmesser, n das Verhältnis des spezifischen Gewichtes der Kugel zu dem der Luft und g die Erdbeschleunigung bedeuten.

6   Schlußbemerkungen

Mit Lamberts Arbeit war die äußere Ballistik in ihren «Anfängen» abgeschlossen. Einen weiteren Fortschritt, insbesondere hinsichtlich der analytischen Erfassung des Bewegungswiderstandes, konnte erst die nähere Berücksichtigung des thermischen Luftzustandes bringen, und hierzu wiederum waren der Ausbau der Thermodynamik und die Aufstellung der Strömungsgesetze der Gase erforderlich. Das notwendige Ineinanderfließen dieser beiden Disziplinen begann erst um die Mitte des vorigen Jahrhunderts, als der Mathematiker Bernhard Riemann (1826–1866) im Jahre 1858 die eindimensionalen Bewegungsgleichungen der Gase integrierte und dabei die Existenzmöglichkeit unstetiger Zustandsänderungen (der sogenannten «Verdichtungsstöße») nachwies[132]. Durch die rapide Steigerung der Geschoß- und Flugzeuggeschwindigkeiten vom Beginn des 20. Jahrhunderts an erfuhr dann auch die Ballistik eine geradezu phantastische Entwicklung, die noch bis in unsere Tage anhält. Im Abschnitt G dieses Kapitels kommen wir auf die Gasdynamik zurück, wenden uns aber vorerst wieder der weiteren Entwicklung der Hydromechanik im engeren Sinne zu.

---

[132] B. Riemann: *Über die Fortpflanzung ebener Luftwellen von endlicher Schwingungsweite,* Ges. Werke, 2. Auflage (1892), S. 145–164. Siehe auch Abschnitt G dieses Kapitels.

D Der weitere Ausbau der Hydromechanik durch CLAIRAUT, D'ALEMBERT und EULER

> Man wird sich an den Vorzügen seiner Zeit
> nicht wahrhaft und redlich freuen, wenn man die
> Vorzüge der Vergangenheit nicht zu würdigen
> versteht.
>
> GOETHE

1 Einleitende Bemerkungen: die Theorie der Erdgestalt von HUYGENS und NEWTON

In den Abschnitten A und B wurden die Anfänge der Hydromechanik [133] dargelegt: man hatte durch ARCHIMEDES, STEVIN und PASCAL wichtige Erkenntnisse in der Hydrostatik gewonnen, und durch die Beiträge von JOHANN und DANIEL BERNOULLI beherrschte man die eindimensionalen Strömungsvorgänge inkompressibler, idealer Flüssigkeiten, also die Strömungen solcher Medien in parallelen Schichten (zum Beispiel Strömungen in Rohren). Aber es fehlte noch ein allgemeines statisches Grundprinzip und insbesondere ein solches, das als Spezialfall aus den räumlichen Bewegungsgleichungen von Flüssigkeiten folgt. Auch die Ausdehnung der Untersuchungen auf das Gleichgewicht und die Bewegungsvorgänge gasförmiger Fluide stand noch aus (vgl. Abschnitt C).

Die Notwendigkeit eines statischen Grundprinzips ergab sich bei den Bemühungen um die Bestimmung der Gestalt der Erde. Nach antikem Vorbild nahm man bis zum Ende des 17. Jahrhunderts an, daß die Erde eine Kugel sei, und es wurden immer wieder Messungen vorgenommen, um die Länge eines Meridianbogens und damit den Durchmesser dieser Kugel zu bestimmen.

Durch die Beschäftigung mit der Fliehkraft und durch ihre quantitative Bestimmung gelangte als erster CHRISTIAAN HUYGENS [134] zur Erkenntnis, daß die Gestalt der Erde keine Kugel sein kann. Seine diesbezüglichen Untersuchungen sind in seiner Schrift *Discours sur la cause de la pesanteur* [135] mitenthalten. Diese Abhandlung erschien 1690 in Leyden, aber sie ist mehrere Jahre vorher entstanden, denn am Ende des Vorworts schreibt HUYGENS: «Der größte Teil dieser Abhandlung ist zu der Zeit geschrieben worden, in der ich mich in Paris aufhielt...», also vor 1681, da er in diesem Jahre aus religiösen Gründen Frankreich verließ. Den Anstoß zu seiner Arbeit gab, wie HUYGENS an dieser Stelle schreibt, die Beobachtung des Franzosen JEAN RICHER (gest. 1698), daß die Länge des Sekundenpendels sich mit der geographischen Breite ändert. Sie nimmt bei Annäherung an den Äquator ab. Nach verschiedenen und nicht zutreffenden Vermutungen von anderer Seite (wie ein Irrtum RICHERS über den Einfluß der Wärme) gab HUYGENS die richtige Erklärung für RICHERS Feststellung an:

---

[133] Diese «Anfänge» erstrecken sich freilich über zwei Jahrtausende.
[134] *Über die Zentrifugalkraft*, Ostwalds Klassiker Nr. 138.
[135] Deutsch von RUDOLF MEWES unter dem Titel *Abhandlung über die Ursache der Schwere* (Berlin 1893).

1. die die Schwere vermindernde Fliehkraft nimmt von den Polen zum Äquator direkt proportional zum Radius des Breitenkreises ab, und 2. ihre Richtung fällt immer mehr in Richtung der Schwerkraft. HUYGENS folgerte weiter: Zerlegt man die Fliehkraft in eine Komponente in Richtung der Schwerkraft und in eine senkrecht dazu, so bleibt die letztere, nach dem Äquator gerichtete Komponente unkompensiert und drückt das Meerwasser zum Äquator hin. Die Gestalt der Erde kann also keine Kugel, vielmehr muß sie an den Polen abgeplattet sein. HUYGENS versuchte auch, diese Abplattung zu berechnen. Er nahm an, daß die Oberfläche der Erde flüssig sei[136]. Er berechnet zunächst die Fliehkraft am Äquator. Sie ist $1/289$ der Schwerkraft, und daraus folgert er, daß die Durchmesser der Erdachse und des Äquators sich wie $577:578$ verhalten. Zum Schluß stellt er folgende Hypothese auf: «Da die schweren Körper in Richtung der Aufhängungslinie», zum Beispiel einer Bleikugel, «fallen, so muß sich die Oberfläche der ganzen Flüssigkeit so verteilen, daß diese Richtung zu ihr senkrecht gerichtet ist. Nun erheben sich die Küsten der Länder über das Meer, und zwar fast überall in gleicher Weise in bezug auf das Meer, es folgt daraus, daß jedes Gemisch von Land und Meermassen in dieselbe kugelähnliche Gestalt verwandelt wird, welche die Oberfläche des Meeres zwangsweise[137] annimmt.»

Während HUYGENS bei seinen Betrachtungen annahm, daß die Schwerkraft ihren Sitz im Erdmittelpunkt hat, berücksichtigte NEWTON bei der Behandlung desselben Problems[138], daß alle Teile der Erde schwer sind[139]. Er fand, daß bei der Annahme gleicher Erddichte Erdachsen- und Äquatordurchmesser sich wie $229:230$ verhalten müßten[140]. Bei seinen Untersuchungen bediente sich NEWTON der Hypothese, daß alle Säulen (gleichen Querschnittes) des flüssigen Erdkörpers, die von der Oberfläche bis zum Erdmittelpunkt führen, das gleiche Gewicht haben. Damit hatte man damals zwei – scheinbar verschiedene – hydrostatische Prinzipien: das von HUYGENS und das von NEWTON. Diese beiden in einem umfassenderen zu vereinigen, gelang, wie wir in der nächsten Ziffer sehen werden, ALEXIS CLAUDE CLAIRAUT[141].

Die Ansichten von HUYGENS und NEWTON wurden in den dreißiger Jahren des 18. Jahrhunderts durch Meridianmessungen bestätigt, und damit war die zwischen den Cartesianern und den Newtonianern aufgetretene Streitfrage, ob die Erde ein verlängertes oder abgeplattetes Sphäroid ist, zugunsten der Newtonianer entschieden[142].

---

[136] Da sich das feste Land ausdehnungs- und höhenmäßig nur geringfügig über das Weltmeer erhebt.

[137] Infolge der Erddrehung.

[138] *Principia* (1687), lib. III, prop. XVIII und XIX (p. 421 ff.).

[139] Das heißt, daß alle Teilchen sich gegenseitig anziehen.

[140] MAC LAURIN (1698–1746) zeigte (Phil. Transact., 1741), daß die von HUYGENS und NEWTON gefundenen Verhältnisse $577:578$ und $229:230$ diejenigen Schranken sind, zwischen denen das Achsenverhältnis liegt, wenn die Dichte der Erde von der Oberfläche nach dem Mittelpunkt zunehmend angenommen wird.

[141] Er wurde in Paris als das zweite von 21 (!) Kindern des Mathematiklehrers JEAN BAPTIST CLAIRAUT geboren. Seine erste Abhandlung schrieb er als Elfjähriger. Als Achtzehnjähriger wurde er – mit königlicher Ausnahmegenehmigung – Mitglied der Pariser Akademie, deren Mitglieder sonst mindestens zwanzig Jahre alt sein mußten.

[142] Diesen Gegensatz charakterisiert VOLTAIRE in einem Brief («Sur Descartes et Newton»): «Ein Franzose, der nach London kommt, findet die Dinge in der Philosophie sehr stark verändert. In

2   Die mathematische Grundlegung der Hydrostatik durch Clairaut

Im Jahre 1743 erschien in Paris die *Théorie de la figure de la terre tirée des principes de l'hydrostatique*[143] von Clairaut (Bild 102). Von diesem Buch schreibt Lagrange in seiner *Mécanique analytique* (1788, Sect. 6), daß es der Hydrostatik eine neue Gestalt gab und sie zu einer neuen Wissenschaft umformte.

Am Ende der vorigen Ziffer sahen wir, daß es bis dahin zwei hydrostatische Grundgesetze gab: das von Huygens, demzufolge die Lotlinie zur Oberfläche senkrecht steht, und das von Newton, welches die Gewichtsgleichheit durch das Zentrum geführter Flüssigkeitssäulen verlangte. P. Bouguer (1698–1758) forderte das gleichzeitige Bestehen beider Grundgesetze, da er festgestellt hatte, daß in gewissen Fällen die aus den beiden gewonnenen Resultate hinsichtlich der Gleichgewichtsfigur nicht übereinstimmten[144]. Bouguer behauptete also, daß Gleichgewicht nur dann besteht, wenn beide Grundgesetze zu derselben Gleichgewichtsfigur führen. «Dieser Gedanke war für mich der Anlaß», schreibt Clairaut (*op. cit.*, S. XXXII), «nach den allgemeinsten Gesetzen der Hydrostatik zu suchen, und zwar für allerlei Hypothesen über die Schwerkraft.» Clairaut führt weiter aus (S. XXXIII): «Sehr bald habe ich erkannt, daß die Übereinstimmung der beiden Bedingungen [von Huygens und Newton] nicht unbedingt das Gleichgewicht einer flüssigen Masse gewährleistet. Ich fand nämlich, daß es unendlich viele Hypothesen über die Schwerkraft gibt, wo die beiden Bedingungen ein und dieselbe Gestalt ergaben, ohne daß alle Teile der Flüssigkeit sich das Gleichgewicht halten. Dann fand ich jene Hypothese über die Schwere, die ein Gleichgewicht gewährleistet und eine Methode, die die Gestalt der Flüssigkeit zu bestimmen gestattet.»

In § I (*op. cit.*, S. 1–2) spricht Clairaut folgendes Prinzip aus: «Eine flüssige Masse kann nur dann im Gleichgewicht sein, wenn die an allen Stellen eines beliebig geformten Kanals auftretenden Kräfte sich gegenseitig aufheben.»

Clairaut argumentiert so (Bild 103a):

«Da die gesamte Masse *PEpe* sich im Gleichgewicht befinden soll, so könnte ein Teil der Flüssigkeit fest werden, ohne daß der übrige Teil seine Lage änderte. Angenommen, mit Ausnahme des Kanals *ORS* werde die ganze Masse fest; die Flüssigkeit im Kanal bleibt weiter in Ruhe, und das ist nur dann möglich, wenn die Kraft, mit der *OR* nach *S* strebt, gleich und entgegengesetzt ist der von *RS* ausgehenden Kraft.»

Paris sah er das Universum aus lauter Wirbeln einer feinen Materie zusammengesetzt, in London ist davon nichts zu merken. Bei uns ist es der Druck des Mondes, der die Meeresflut verursacht, bei den Engländern strebt das Meer selbst zum Monde hin... Bei uns Cartesianern geschieht alles durch eine Impulsion, die man kaum versteht; bei Newton wirkt statt dessen eine Attraktion, deren Ursache man auch nicht besser kennt. In Paris bildet man sich ein, daß die Erde aussehe wie eine Melone, in London ist sie auf zwei Seiten abgeplattet.» Mit der ungeklärten Schwere spricht aus Voltaire der Naturphilosoph, während sich in Newtons Worten (*Principia*, 3. Auflage, 1726, S. 484) der wahre Naturwissenschaftler offenbart: «Es genügt, daß die Schwere existiert, daß sie nach den von uns dargelegten Gesetzen wirkt, daß sie alle Bewegungen der Himmelskörper und des Meeres zu erklären imstande ist.»

[143] Deutsch unter dem Titel *Theorie der Erdgestalt nach den Gesetzen der Hydrostatik* in Ostwalds Klassiker als Nr. 189.

[144] *Comparaison de deux loix...*, Mém. de l'Acad. Paris *1734*.

Dann zeigt CLAIRAUT in § II, daß sein Prinzip das von HUYGENS und NEWTON enthält, wenn man nämlich den Kanal *FGD* am Rand und dann den Kanal *MCN* durch das Zentrum *C* führt (Bild 103 a). Das Entscheidende in CLAIRAUTS Überlegungen ist aber die Erweiterung seines Kanalprinzips auf in sich zurücklaufende – also geschlossene – Kanäle. In § III (S. 5) spricht er folgenden Satz aus (Bild 103b): «Das Gleichgewicht einer Flüssigkeit verlangt, daß die Kräfte in einem beliebigen in sich geschlossenen Kanal *TK* an jeder Stelle sich gegenseitig aufheben.»

Hier argumentiert CLAIRAUT ähnlich wie in § I: Das Gleichgewicht einer Flüssigkeit erfordert das Gleichgewicht aller ihrer Teile. Man stelle sich das Ganze mit Ausnahme des in sich geschlossenen Kanals *TK* festgeworden vor. Der übriggebliebene flüssige Kanal wird weiter in Ruhe bleiben; dazu ist notwendig, daß sich an jeder Schnittstelle

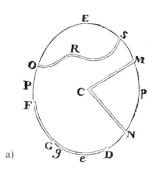

a)

Bild 103 a, b, c
Figuren zum Gleichgewichtsprinzip von CLAIRAUT aus seiner *Théorie de la figure de la terre tirée des principes de l'hydrostatique* (1743), zu a) §§ I und II, b) § III, c) §§ XVI, XLVIII–L.

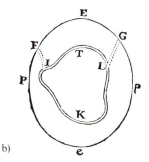

b)

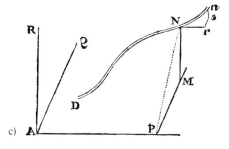

c)

von der Achse bedeutet»[147]. Heute können wir CLAIRAUTS mathematisch in (53) formuliertem hydrostatischen Grundprinzip noch eine andere und weiterreichende Gestalt geben. Wir bezeichnen mit P, Q und R die Kraftkomponenten pro Masseneinheit, mit ϱ die konstante Dichte und mit F den Querschnitt des Kanalelementes. Dann wirkt in Richtung des Kanalelementes ds die Kraft

$$\varrho f ds \left(P \frac{dx}{ds} + Q \frac{dy}{ds} + R \frac{dz}{ds} \right),$$

und diese muß der Kraft $F\,dp$ gleich sein, die ihrerseits dem Druckzuwachs dp entspricht. So erhält man

$$dp = \varrho (P\,dx + Q\,dy + R\,dz). \tag{55}$$

Das Integral über dieses Druckdifferential längs der Kanalkurve DN liefert die Druckdifferenz, die unabhängig von der Kanalführung zwischen D und N sein muß:

$$\int_D^N dp = p_N - p_D = \varrho \int_D^N (P\,dx + Q\,dy + R\,dz) = \text{konstant}. \tag{56}$$

Damit diese Forderung erfüllt ist, muß der Integrand ein totales Differential einer Funktion $U = U(x, y, z)$ sein:

$$P\,dx + Q\,dy + R\,dz = dU = \frac{\partial U}{\partial x}dx + \frac{\partial U}{\partial y}dy + \frac{\partial U}{\partial z}dz. \tag{57}$$

Man nennt $U = U(x, y, z)$ das Potential des Kraftvektors $K = \{P; Q; R\} = \operatorname{grad} U$, dessen Komponenten gemäß (57) durch die partiellen Ableitungen von U bestimmt sind:

$$P = \frac{\partial U}{\partial x}; \quad Q = \frac{\partial U}{\partial y}; \quad R = \frac{\partial U}{\partial z}. \tag{58}$$

Demnach beinhalten die Bedingungen (53) die aus der Mathematik bekannte Vertauschbarkeit der Differentiationsreihenfolge[148]. Wir stellen also fest, daß CLAIRAUTS hydrostatisches Grundprinzip für das Gleichgewicht der Flüssigkeiten die Existenz eines Potentials für die wirkenden Kräfte nach sich zieht[149]. In diese Klasse von Kräften fallen alle Zentralkräfte, also auch die Newtonschen Anziehungskräfte wie auch die Fliehkräfte[150].

---

[147] Bedeutet ω die Winkelgeschwindigkeit der Drehung, so ist $f:r$ zu ω^2 proportional.

[148] Also $\dfrac{\partial P}{\partial y} = \dfrac{\partial^2 U}{\partial y\,\partial x} = \dfrac{\partial^2 U}{\partial x\,\partial y} = \dfrac{\partial Q}{\partial x}$ usw.

[149] Diese Konsequenz fehlt aber noch bei CLAIRAUT, wenn auch in E. MACHS *Die Mechanik in ihrer Entwicklung* (9. Auflage, S. 389) eine solche Behauptung aufgestellt wird.

[150] Bezüglich der letzteren sei auf (54) verwiesen.

3   D'ALEMBERTS Beiträge zur Hydrodynamik

a) Die Dynamique D'ALEMBERTS.

Im Jahre 1743 erschien in Paris das berühmte Werk Traité de Dynamique [151] von JEAN
LE ROND D'ALEMBERT (Bild 104), in dem er sein so wirkungsvolles Prinzip aufgestellt
hatte. Das (im Kapitel I, Abschnitt 6, schon ausführlich behandelte) Prinzip von
D'ALEMBERT findet man heute in allen einschlägigen Werken der Mechanik; allerdings
oft bis zur Trivialität entstellt [152]. Auch die korrekten Formulierungen weichen von
der ursprünglichen Fassung D'ALEMBERTS ab. Diese ist – unter dem Titel Allgemeines
Problem – in Ziffer 50 der Dynamique enthalten und lautet: «Es sei ein System von
Körpern gegeben, die miteinander auf bestimmte Arten verbunden sind; es wird
vorausgesetzt, daß jedem der Körper eine bestimmte Bewegung [153] eingeprägt wird,
der er infolge der Bindungen nicht folgen kann [154]: Man suche die Bewegung, die
jeder Körper annehmen wird.»

Die «Auflösung», die D'ALEMBERT, entsprechend der damaligen Auffassung, nach
den vorangehenden Begründungen als «bewiesen» ansah, lautet:

«Man zerlege die jedem Körper K_j ($j = 1, 2, ...$) eingeprägten Bewegungen u_j in je zwei andere w_j und
v_j derart, daß die Körper, wenn man ihnen nur die Bewegungen w_j eingeprägt hätte, diese Bewegungen,
ohne sich gegenseitig zu behindern, auch erlangt hätten; und wenn man ihnen nur die Bewegungen v_j
eingeprägt hätte, das System in Ruhe geblieben wäre. Dann ist es klar, daß die w_j die Bewegungen
sein werden, welche die Körper infolge ihrer Bindungen annehmen werden. Das ist die Lösung des Problems.»

Während also D'ALEMBERT mit den, infolge der Bindungen verlorenen Geschwindig-
keiten arbeitet, gehen die heutigen Formulierungen des Prinzips von den verlorenen
Kräften aus. Man sagt etwa so [152]: Auf das Massenelement dm wirke die eingeprägte
Kraft $dK^{(e)}$, von der infolge der Bindungen innerhalb des Systems nur $dm\,b$ (b =
Beschleunigungsvektor) in Massenbeschleunigung umgesetzt wird, so daß der Anteil

$$dK^{(e)} - dm\,b = dV$$

für die Beschleunigungswirkung verlorengeht. Man nennt dV die verlorene Kraft,
und das Prinzip von D'ALEMBERT in der heutigen Fassung verlangt, daß die Gesamtheit der verlorenen Kräfte am System sich das Gleichgewicht hält. Mit anderen
Worten: Die verlorenen Kräfte bilden ein Gleichgewichtssystem. Dieser Gleichgewichtsaussage kann man verschiedene mathematische Einkleidungen geben [152]. In den
Ziffern 173–175 der Dynamique wendet D'ALEMBERT sein Prinzip auf Flüssigkeiten an

[151] Deutsch in Ostwalds Klassiker Nr. 106.
[152] Über solche Entstellungen und allgemein über das Prinzip siehe Kapitel I, Abschnitt C, wie auch
    G. HAMEL, Elementare Mechanik (1912), S. 300 ff.;
    G. HAMEL, Theoretische Mechanik (1967), S. 217 ff.;
    I. SZABÓ, Höhere Technische Mechanik, 5. Auflage (1972), S. 53 ff.
[153] In der vorangehenden «Definition» schreibt D'ALEMBERT: «Ich nenne in der Folge Bewegung eines
    Körpers die Geschwindigkeit des Körpers bei Berücksichtigung seiner Richtung», womit der
    Vektorcharakter der Geschwindigkeit betont wird!
[154] Etwas präziser müßte es hier heißen: «...nicht in dieser Größe und Richtung folgen kann».

Bild 104
JEAN LE ROND D'ALEMBERT (1717–1783), gestochen
von MAVIEZ nach einem Bild von DE LA TOUR.

und beweist für Strömungen in parallelen Schichten die «Erhaltung der lebendigen Kräfte», also den Energiesatz. Hier anschließend schreibt er am Ende des Gesamtwerkes:

«DANIEL BERNOULLI hat in seinem ausgezeichneten Werk *Hydrodynamica* die Gesetze der Bewegung von Flüssigkeiten in Behältern aus der Erhaltung der lebendigen Kräfte hergeleitet, ohne indessen diese zu beweisen. Da unser allgemeines, in § 50 auseinandergesetztes Prinzip uns zur Auffindung des Beweises derselben geführt hat, so ist klar, daß wir unmittelbar aus unserem Prinzip die Bewegung der Flüssigkeiten hätten ableiten können, was klarer und direkter gewesen wäre. Da es aber hier nicht unsere Absicht war, Flüssigkeiten zu untersuchen, so haben wir uns begnügt, ganz kurz den Nutzen unseres Prinzips auf einem Gebiete zu zeigen, das so schwierig erscheint. Wir werden diesbezüglich auf nähere Einzelheiten eingehen, wenn wir unsere Abhandlung über die Flüssigkeiten herausgeben, in der wir aus unserem allgemeinen Prinzip die Lösung der schwierigsten bisher auf diesem Gebiet gestellten Probleme herleiten werden.»

Kaum ein Jahr später (1744) erschien

b) D'ALEMBERTS *Traité de l'équilibre et de mouvement des fluides.*

Das Werk ist zwar umfangmäßig sehr beeindruckend. Es umfaßt (mit Vorwort und Kupfertafeln) etwa 500 Seiten! Trotzdem enthält es nichts Neues, Förderliches oder gar Bedeutendes gegenüber den Werken von JOHANN und DANIEL BERNOULLI[155] und CLAIRAUT. Man findet darin nichts an neuen theoretischen Erkenntnissen, und die praktischen Belange der Hydromechanik bleiben gänzlich unberücksichtigt. Man hat den Eindruck, daß – neben dem schon in der *Dynamique* angekündigten Demonstrierenwollen der Kraft des eigenen Prinzips – das Konkurrenzbestreben bei der Abfassung eine größere Rolle gespielt hatte als die Überzeugung von der Originalität des Gebotenen[156]. Dafür sprechen auch die zahlreichen kritischen Bemerkungen zu den Beiträgen der beiden BERNOULLIS; wir kommen darauf noch zurück.

In der ganzen Hydrostatik (1. Buch, S. 1–68) wird nur – teilweise längst – Bekanntes geboten; man sucht vergebens eine Klarheit in der Zielsetzung und Darstellung etwa von der Art, die bei CLAIRAUT so beeindruckend ist. Des letzteren Kanalprinzip wird zwar (Ziffer 56, S. 47) erwähnt, ohne dessen fundamentale Konsequenzen zu betonen. Im zweiten Buch (S. 69 ff.) kommt D'ALEMBERT zur strömenden Flüssigkeit. Er betrachtet zunächst (Ziffer 83, S. 69) einen mit Flüssigkeit gefüllten Kanal *GHLP* mit einer geraden Achse *EB*, zu der die Strömung parallel angenommen wird (Bild 105). In Ziffer 84 (S. 70) paßt D'ALEMBERT sein Prinzip diesem Fall an und argumentiert so: Es sei *v* die richtungsmäßig unveränderliche Geschwindigkeit einer zur Achse senkrechten Flüssigkeitsschicht, so daß die Geschwindigkeit der darunter oder darüber liegenden benachbarten Schicht $v \pm dv$ beträgt. Nehmen wir an, daß diese benachbarten Schichten die Geschwindigkeiten $\mp dv$ bekämen, so bliebe die Flüssigkeit in Ruhe.

---

[155] Siehe Abschnitt B dieses Kapitels.

[156] In diesem Sinne äußert sich ein so vorzüglicher Kenner wie C. A. TRUESDELL: «CONDORCET, der Physiker, stand unter dem verkleinernden Einfluß D'ALEMBERTS, der selbst wenige klare und dauernde Fortschritte in der Mechanik der Kontinua erreicht hatte, aber die solideren Leistungen anderer als unphysikalisch zu mißbilligen pflegte...». Dann über diejenigen, welche DANIEL BERNOULLIS *Hydrodynamica* mißgünstig betrachtet haben: «Einer von ihnen war D'ALEMBERT, dessen späterer rivalisierender *Traité des Fluides* wirklich nichts von Bedeutung enthielt.» ZAMM *38*, S. 149 und 152 (1958). Siehe auch Ziffer 5 und 12 von Abschnitt B dieses Kapitels.

Denn: Zunächst ist $v = v \pm dv \mp dv$, so daß die Flüssigkeitsschicht scheinbar mit den Geschwindigkeiten $v \pm dv$ und $\mp dv$ angetrieben wird. Da aber v in den benachbarten Schichten sich in $v \pm dv$ verwandelt, so muß $\mp dv$ so beschaffen sein, daß sie nichts an $v \pm dv$ ändert. Die Flüssigkeit bleibt also in Ruhe, wenn jede Flüssigkeitsschicht nur die ihr zugehörige Geschwindigkeit $\mp dv$ erhält. Mit diesen eingeprägten Geschwindigkeiten dv halten sich dann die Flüssigkeitsschichten das Gleichgewicht. D'ALEM-BERT kleidet diese Bedingung in die mathematische Form (Ziffer 25)

$$\int dv\, dx = 0, \tag{59}$$

wenn mit dx die Schichtdicke bezeichnet wird. In einer Anmerkung (S. 71) ergänzt D'ALEMBERT sein Theorem: Ist noch eine beschleunigende Kraft φ (pro Masseneinheit) im Spiele, so verursacht diese im Zeitelement dt einen Geschwindigkeitszuwachs $\varphi\, dt$; infolgedessen hat man jetzt von $v + \varphi\, dt = v + \varphi\, dt \pm dv \mp dv$ auszugehen. In diesem Falle ist also zu fordern, daß jeder Schicht die Geschwindigkeit $\varphi\, dt \mp dv$ eingeprägt wird. D'ALEMBERT illustriert (S. 74) sein Prinzip mit folgendem «Problem» (Bild 105):

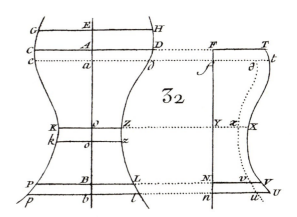

Bild 105
Figur zur Anwendung von D'ALEMBERTS Prinzip auf strömende Flüssigkeiten im 2. Buch, Ziffer 83, seiner *Traité de l'équilibre et de mouvement des fluides* (1744).

Der schwerelose und inkompressible Flüssigkeitsteil $CDLP$ geht – zum Beispiel durch einen Stempeldruck – im Zeitelement dt in die Lage $cdlp$ über. Man weise die Erhaltung der kinetischen Energie nach. D'ALEMBERTS Lösung ist die folgende: Es sei u die Geschwindigkeit der Schicht GH; dann hat die Schicht CD – infolge der Erhaltung der Masse («Kontinuitätsgleichung») – die Geschwindigkeit $u\, GH/CD$, so daß eine Schicht mit der (die Durchflußmenge bestimmenden) Breite y die Geschwindigkeit

$$v = u\, \frac{GH}{y} \tag{60}$$

besitzt. In der Lage $cdlp$ verwandelt sich die Geschwindigkeit in $v - dv$, und die Flüssigkeit bleibt in Ruhe, wenn jede Schicht die Geschwindigkeit dv erhält; das heißt, die mit diesen Geschwindigkeiten angetriebenen Schichten halten sich das Gleichgewicht. Mit (59) und (60) erhalten wir

$$\int \mathrm{d}v\,\mathrm{d}x = 0 = \int \frac{y\,\mathrm{d}x}{y}\,\mathrm{d}v = \int \frac{y\,\mathrm{d}x\,v\,\mathrm{d}v}{u\,GH}. \tag{61}$$

Nun sind u und GH konstant und infolge der Kontinuitätsgleichung auch $y\,\mathrm{d}x = y\,v\,\mathrm{d}t$; insbesondere ist das letztere Produkt dem durchfließenden Massenelement $\mathrm{d}m$ proportional. Dann folgt aus (61)

$$\int \mathrm{d}m\,v\,\mathrm{d}v = 0 = \mathrm{d}\int \mathrm{d}m\,\frac{v^2}{2}, \tag{62}$$

und das ist die Erhaltung der kinetischen Energie.

Mit diesen und ähnlichen Betrachtungen glaubt D'ALEMBERT – da er sein Prinzip als «bewiesen» ansieht – den Erhaltungssatz der kinetischen und potentiellen Energien bestätigt bzw. nachgewiesen zu haben. Das Fehlen dieses «Beweises» bemängelt er in DANIEL BERNOULLIS *Hydrodynamica* und schreibt [157]: «DANIEL BERNOULLI gibt keinen Beweis für die Erhaltung der lebendigen Kräfte... Es schien mir daher, daß es nötig war, in viel klarerer und exakter Weise das auf die Flüssigkeiten angewandte Prinzip zu beweisen» [158]. An anderer Stelle [159] sagt er: «Ich muß zugeben, daß meine Ergebnisse mit denen DANIEL BERNOULLIS übereinstimmen. Eine kleine Anzahl von Problemen muß aber ausgenommen werden. Es handelt sich dabei um jene, in welchen jener außergewöhnliche Geometer das Prinzip der lebendigen Kräfte anwandte, um die Bewegung einer Flüssigkeit zu bestimmen, in welcher sich ein Bereich befindet, wo die Geschwindigkeit sich schlagartig um einen endlichen Betrag ändert.»
Hier spielt D'ALEMBERT auf den 8. Abschnitt (*sectio octavo*) in DANIEL BERNOULLIS *Hydrodynamica* an. Dazu ist aber grundsätzlich zu sagen, daß bei Strömungen in Kanälen mit unstetig veränderlichen Querschnitten sowohl DANIEL BERNOULLI wie auch D'ALEMBERT hinsichtlich der an solchen Stellen auftretenden Verluste auf Hypothesen angewiesen waren. Die Verschiedenheit der Resultate ist also mehr den verschiedenen Hypothesen als den angewandten Prinzipien zuzuschreiben.
Noch erheblichere Bedenken erhob D'ALEMBERT gegen JOHANN BERNOULLIS *Hydraulica* [160]; sie befinden sich in Ziffer 187–190 von D'ALEMBERTS *Traité des fluides*. Er hätte sie besser unterlassen, denn manche von ihnen sind vom mechanischen Standpunkt aus von verblüffender Ungereimtheit und bestätigen die von DANIEL BERNOULLI geäußerte Ansicht über die Diskrepanz zwischen D'ALEMBERTS mathematischen

---

[157] *Traité des fluides*, S. XVII (Préface).
[158] Heute stehen wir freilich auf dem Standpunkt, daß mechanische Prinzipien – und somit auch das d'Alembertsche – axiomatischen Charakter haben und somit eines «Beweises» weder fähig noch bedürftig sind.
[159] *Traité des fluides*, S. XVII (Préface).
[160] Siehe Abschnitt B dieses Kapitels.

Fähigkeiten und seinen mangelnden mechanischen Einsichten[161]. D'ALEMBERTS Kritik an JOHANN BERNOULLIS *Hydraulica* wurde von ABRAHAM GOTTHELF KÄSTNER mit Sachkenntnis, Witz und Spott zurückgewiesen[162]. Zur Charakterisierung dieser – etwa in sechs Punkten zusammenfaßbaren – Bemerkungen, sei eine besonders eklatante herausgegriffen. JOHANN BERNOULLI behandelte Strömungen in Kanälen unter der Einwirkung des Flüssigkeitsgewichtes und arbeitete dabei mit einem Kunstgriff, nach dem die Gewichtskräfte der einzelnen Flüssigkeitsschichten im hydrostatisch zulässigen Sinne so in den obersten Flüssigkeitsquerschnitt «transferiert» werden, daß sie dort quasi wie ein Stempeldruck auf die darunter liegenden Flüssigkeitsschichten einwirken[163].

Nun scheint D'ALEMBERT die Wirkungsweise dieser transferierten Kraft – insbesondere in den Querschnittsverengungen – Schwierigkeiten zu bereiten. Er schreibt (Ziffer 188): «Es wäre sehr natürlich zu denken: Wenn das Wasser gezwungen ist, in einen engeren Raum zu gehen, würde es sich, ohne daß seine Schwere etwas beitrüge, beschleunigen aus dem einzigen Grunde, weil der Raum, in den es gehen soll, enger ist und so ließe sich das Gewicht der flüssigen Materie nicht als eine einzige beschleunigende Kraft ansehen... Könnte man nicht denken, daß das Gefäß einen Teil des Wassergewichtes trage?» Bei dieser Argumentation und Frage war schon KÄSTNER erstaunt und schreibt[164]: «Nach den ersten Gesetzen der Bewegung ändert kein Körper seine Geschwindigkeit selbst!» Hier wird also D'ALEMBERT an das Trägheitsgesetz erinnert, während man ihm bei der Frage nach dem vom Gefäß getragenen Gewichtsteil das Gegenwirkungsprinzip vorhalten könnte.

Wir können also noch einmal feststellen, daß D'ALEMBERTS *Traité des fluides* keinen Fortschritt in der Entwicklung der Hydromechanik brachte. Er hatte auch keine Gelegenheit, hier seine Stärke – nämlich die Mathematik – auszuspielen[165].

c) D'ALEMBERTS *Essai d'une nouvelle théorie sur la résistance des fluides* ist gegenüber dem *Traité des fluides* in der mathematischen Darstellung neu und originell. Hier werden zum ersten Male zweidimensionale (ebene) Strömungsprobleme untersucht. Das Werk erschien 1752 in Paris, und seine Entstehung geht auf ein Preisausschreiben der Berliner Akademie aus dem Jahre 1750 zurück. Der Preis wurde nicht vergeben; den Bewerbern wurde die Auflage gemacht, ihre Ergebnisse mit denen des Experi-

---

[161] DANIEL BERNOULLIS Brief vom 26. Januar 1750 an LEONHARD EULER: Siehe Ziffer 5 von Abschnitt B dieses Kapitels.

[162] *Pro Joh. Bernoullii Hydraulica contra Dom. d'Alembert obiectiones,* Novi Commentarii Gott. (Göttingen) I, S. 45–89, und A. G. KÄSTNER, *Anfangsgründe der Hydrodynamik,* 2. Auflage (1797), S. 598–613.

[163] Damit können natürlich zu diesem Flüssigkeitsdruck auch andere (wie Stempel- und äußerer Luftdruck) superponiert werden. Wegen der näheren Einzelheiten sei auf Ziffer 8 von Abschnitt B dieses Kapitels hingewiesen.

[164] *Anfangsgründe der Hydrodynamik,* 2. Auflage, S. 599.

[165] Darum ist man im höchsten Maße verblüfft, wenn man liest: «Hier wird das d'Alembertsche Prinzip auf Flüssigkeiten angewandt. Man kommt dabei auf partielle Differentialgleichungen, deren Integration ein Problem schwierigster Art darstellt.» (G. KOWALEWSKI, *Große Mathematiker,* 2. Auflage, 1939, S. 159). Mir gelang es nicht, die Spur einer partiellen Differentialgleichung im *Traité des fluides* zu finden.

ments zu vergleichen. Hierüber wurde D'ALEMBERT derart verärgert (da nach seiner Ansicht die vorhandenen experimentellen Resultate widersprüchlich waren), daß er sich vom Wettbewerb zurückzog und seine Arbeit in erweiterter Form als Buch herausgab. Das Werk behandelt also zweidimensionale stationäre Strömungen idealer (auch kompressibler) Flüssigkeiten. Diese mechanische Problemstellung war damals neu; aber das herangezogene mathematische Werkzeug, nämlich die Darstellung eines Feldvektors durch seine rechtwinkligen Komponenten und die Verwendung des totalen Differentials dieser Komponenten, geht auf CLAIRAUTS *Figure de la terre* zurück.

D'ALEMBERT schreibt (*op. cit.*, S. 41) für die Geschwindigkeitskomponenten der in der x, z-Ebene verlaufenden Strömung

$$v_x = v_x(x, z) = a\, p(x, z); \quad v_z = v_z(x, z) = a\, q(x, z).$$

Hierbei ist a eine Konstante. Dann führt er, ohne es ausdrücklich zu sagen, die totalen Differentiale

$$\mathrm{d}q = A\,\mathrm{d}x + B\,\mathrm{d}z; \quad \mathrm{d}p = A'\,\mathrm{d}x + B'\,\mathrm{d}z$$

ein und schreibt, daß A, B, A' und B' «unbekannte Funktionen» von x und z sind, bemerkt aber anschließend, daß diese Funktionen (partielle) Ableitungen von p und q sind[166]. Damit beweist er, daß die Beschleunigungskomponenten in der z- bzw. x-Richtung

$$-(A\,q + B\,p)\,a^2 \quad \text{bzw.} \quad -(B'p + A'q)a^2$$

sind.

Die interessantesten und originellsten Ausführungen findet man im III. Abschnitt (S. 60 ff.). Hier wird eine Methode angegeben, um das Geschwindigkeitsfeld einer ebenen, inkompressiblen und reibungsfreien Flüssigkeitsströmung darzustellen. D'ALEMBERT geht von den – diesmal betonten – totalen Differentialen

$$\mathrm{d}q = M\,\mathrm{d}x + N\,\mathrm{d}z; \quad \mathrm{d}p = N\,\mathrm{d}x - M\,\mathrm{d}z$$

aus, womit – nach unseren heutigen Kenntnissen – die Strömung schon als «Potentialströmung» charakterisiert ist. D'ALEMBERT fragt nach den Funktionen $M = M(x, z)$ und $N = N(x, z)$. Er argumentiert so: Wenn $M\,\mathrm{d}x + N\,\mathrm{d}z$ und $N\,\mathrm{d}x - M\,\mathrm{d}z$ totale Differentiale sind, so sind es auch

$$M\,\mathrm{d}x + \sqrt{-1}\,N\,\frac{\mathrm{d}z}{\sqrt{-1}}\,\text{und}$$

$$N\,\sqrt{-1}\,\mathrm{d}x - M\,\sqrt{-1}\,\mathrm{d}z = N\,\sqrt{-1}\,\mathrm{d}x + M\,\frac{\mathrm{d}z}{\sqrt{-1}}.$$

---

[166] Also zum Beispiel $A = \dfrac{\partial q}{\partial x}, B' = \dfrac{\partial p}{\partial z}$.

Dann sind aber

$$\left(M+N\sqrt{-1}\right)\left(\mathrm{d}x+\frac{\mathrm{d}z}{\sqrt{-1}}\right) \text{ und } \left(M-N\sqrt{-1}\right)\left(\mathrm{d}x-\frac{\mathrm{d}z}{\sqrt{-1}}\right) \tag{63}$$

ebenfalls totale Differentiale. Setzt man

$$\mathrm{d}x+\frac{\mathrm{d}z}{\sqrt{-1}} = \mathrm{d}u \text{ und } \mathrm{d}x-\frac{\mathrm{d}z}{\sqrt{-1}} = \mathrm{d}t,$$

so hat man ohne Integrationskonstanten

$$u = x+\frac{z}{\sqrt{-1}} \text{ und } t = x-\frac{z}{\sqrt{-1}};$$

damit stehen die in (63) auftretenden zwei totalen Differentiale als Funktionen von u und t fest.

Wegen $\dfrac{\partial p}{\partial z} = -\dfrac{\partial q}{\partial x}$ und $\dfrac{\partial p}{\partial x} = \dfrac{\partial q}{\partial z}$ sind $q\,\mathrm{d}x+p\,\mathrm{d}z$ und $p\,\mathrm{d}x-q\,\mathrm{d}z$ totale Differen-

tiale, woraus man – ähnlich wie vorher – schließen kann, daß $q+\sqrt{-1}\,p$ eine Funk-

tion von u und $q-\sqrt{-1}\,p$ eine Funktion von t ist. So erhält man schließlich

$$\begin{aligned}
p &= f(x+\mathrm{i}z)+f(x-\mathrm{i}z)+\mathrm{i}\left[\varphi(x+\mathrm{i}z)-\varphi(x-\mathrm{i}z)\right],\\
q &= \varphi(x+\mathrm{i}z)+\varphi(x-\mathrm{i}z)+\mathrm{i}\left[f(x-\mathrm{i}z)-f(x+\mathrm{i}z)\right]
\end{aligned}$$

mit $\sqrt{-1} = \mathrm{i}$. Hierbei bedeuten f und φ irgendwelche Funktionen der komplexen Variablen $x+\mathrm{i}z$ bzw. $x-\mathrm{i}z$[167]. Somit war D'ALEMBERT der erste, der die Verwendungsmöglichkeit komplexer Funktionen für die ebene Potentialströmung erkannte, und dies muß als eine bedeutsame Leistung anerkannt werden.
Zu größerer Berühmtheit kam aus diesem Werk das «d'Alembertsche Paradoxon», nach dem ein mit konstanter Geschwindigkeit in einer idealen, inkompressiblen und unendlich ausgedehnten Flüssigkeit bewegter starrer Körper keinen Bewegungswiderstand erleidet. D'ALEMBERT hat für dieses «Paradoxon» keinesfalls einen allgemeinen und einwandfreien Beweis erbracht, sondern mehr Plausibilitätsbetrachtungen an einem aus vier gleichen Teilen bestehenden ovalförmigen ebenen oder einem rotationssymmetrischen Körper angestellt. Seine diesbezüglichen Ausführungen (S. 30–36, 56–59, 70ff.) sind außerordentlich langwierig und schwer verständlich. Eine kürzere, aber kaum klarere Fassung[168] findet sich in seinen *Opuscules mathématiques*, Bd. 5

---

[167] Die heute übliche Schreibweise ist $z = x+\mathrm{i}y$ bzw. $\bar{z} = x-\mathrm{i}y$.

[168] Für diese Ansicht scheint auch die Tatsache zu sprechen, daß R. DUGAS in seiner *Histoire de la Mécanique* (S. 283–287) die Ausführungen D'ALEMBERTS ohne Erläuterungen und ohne Kommentar mitteilt. Das Urteil wird also – wohl in Ermangelung eines eigenen – dem geplagten Leser überlassen!

(1768), S. 132ff. unter dem Titel *Paradoxe proposé aux Géomètres sur la résistance des fluides.* D'ALEMBERT nimmt «einen Körper an, der aus vier gleichen und ähnlichen Teilen zusammengesetzt ist» (Bild 106). Er fährt fort (S. 133): «Wenn der Körper nicht

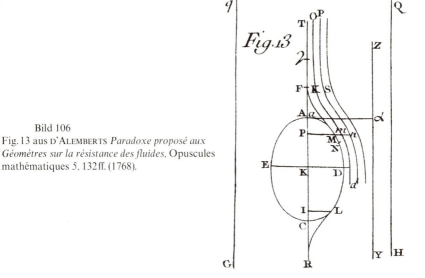

Bild 106
Fig. 13 aus D'ALEMBERTS *Paradoxe proposé aux Géomètres sur la résistance des fluides,* Opuscules mathématiques 5, 132ff. (1768).

in einer sehr scharfen Spitze endet, gibt es oder könnte es einen kleinen Teil ruhender Flüssigkeit an dieser vorderen Stelle geben.» Diese Vorstellung resultiert bei D'ALEMBERT aus der Ansicht, «daß jeder bewegte Körper, der seine Richtung ändert, sie nur um nicht wahrnehmbare Grade ändert. Die Partikel, die sich längs *TF* (Bild 106)

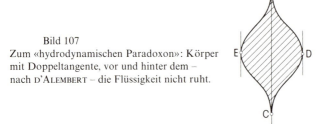

Bild 107
Zum «hydrodynamischen Paradoxon»: Körper mit Doppeltangente, vor und hinter dem – nach D'ALEMBERT – die Flüssigkeit nicht ruht.

bewegen, gelangen nicht zu *A* wegen des rechten Winkels *TAα*; sie verlassen *TF* beispielsweise bei *F*. Es gibt also vor und hinter dem festen Körper Räume, wo die Flüssigkeit notwendigerweise ruht.» Um diese «Schwierigkeit» zu vermeiden [169], setzt D'ALEMBERT voraus, daß der Körper bzw. seine Konturlinie in *A* und *C* eine Spitze

[169] D'ALEMBERT fehlt noch der Begriff des Staupunktes.

(Doppeltangente) und in D und E eine zur Körperachse AC parallele Tangente besitzt (Bild 107). Er glaubt noch immer als zusätzliche Hypothese annehmen zu müssen[170], daß die Bewegung der Flüssigkeit am vorderen und hinteren Teil des Körpers dieselbe ist. Der auf den Vorderteil des in der Flüssigkeit «fixierten» Körpers ausgeübte «Druck» wird mit der «von der Körperform abhängigen Größe» k in der Form ku angesetzt. Hierbei ist u die ungestörte parallele Ausströmgeschwindigkeit der Flüssigkeit[171]. Diese ändert sich infolge des Hindernisses durch den Körper in eine Geschwindigkeit mit den Komponenten $v_x = u\,q(x,y)$ in der Richtung parallel zu AC und $v_y = u\,p(x,y)$ senkrecht dazu. Wegen der Relativität der Flüssigkeits- und Körperbewegung betrachtet d'ALEMBERT den Fall, in dem der Körper mit der konstanten Geschwindigkeit $\{-u;0\}$ bewegt wird und somit die Bewegungsgröße $-Mu$ (M = Masse des Körpers) besitzt, während die Flüssigkeit in «Körpernähe» (also im Endlichen) die Geschwindigkeit $\{u-uq;\,-up\}$ hat und im Unendlichen ruht. Nun wird nach einigen unklaren Ausführungen die Gleichung

$$k\,u = 4\,u \int \mathrm{d}y \int \mathrm{d}s \,\sqrt{p^2+q^2} - M\,u = (4R-M)\,u \tag{64}$$

aufgestellt. Das Doppelintegral wäre offenbar über die Körperkontur zu erstrecken[172]; abgesehen davon, daß vor dem Integral die Dichte der Flüssigkeit fehlt, ist uns Ursprung und Bedeutung des Integranden

$$u \,\sqrt{p^2+q^2} \,\mathrm{d}s\,\mathrm{d}y$$

rätselhaft. Da der Geschwindigkeitsvektor $w = \{u\,q;\,u\,p\}$ die Körperkontur tangiert, so ist das skalare Produkt dieses Vektors mit dem dazu parallelen Bogenelement $\mathrm{d}s = \{\mathrm{d}x;\,\mathrm{d}y\}$:

$$w\,\mathrm{d}s = u \,\sqrt{p^2+q^2}\,\mathrm{d}s = u\,(q\,\mathrm{d}x + p\,\mathrm{d}y).$$

Diese Formel findet man auch bei d'ALEMBERT[173], aber welche Bedeutung hat das Produkt $w\,\mathrm{d}s\,\mathrm{d}y$? Keinesfalls entspricht es einer elementaren Bewegungsgröße von Flüssigkeitsteilchen in der Bewegungsrichtung des festen Körpers, wie es gemäß der Formel (64) sein müßte. Vielmehr ist es – in unserer heutigen Terminologie – die sogenannte *Zirkulation,* die bekanntlich eine für den – zur Bewegungsrichtung senkrechten – *Auftrieb* maßgebliche Größe ist (siehe S.436, 448–449 des in Fußnote 223 zitierten Werkes). Weitere Mutmaßungen hierüber wollen wir «respektvoll» unterlassen; dies um so mehr, als d'ALEMBERT aus seinen auf dieser Basis gewonnenen

---

[170] «... weil nämlich die Flüssigkeit am vorderen Teil nicht ohne weiteres ihrer ursprünglichen Richtung folgen kann, was am hinteren Teil möglich ist.»

[171] Demnach hat der «Druck» den Charakter einer Bewegungsgröße (Masse mal Geschwindigkeit).

[172] D'ALEMBERT schreibt das nicht ausdrücklich, aber der Faktor 4 spricht dafür.

[173] *Résistance des fluides,* S. 57.

Formeln[174] ohnehin keine direkten Konsequenzen ziehen kann, weil ihm die Funktionen $p = p(x, y)$ und $q = q(x, y)$ unbekannt bleiben[175].

Das nach ihm benannte Paradoxon spricht D'ALEMBERT an zwei Stellen aus:
1. Auf S. 58 der *Résistance des fluides* wird für den «Widerstand» die Formel

$$u\delta \int 2\pi y \, \mathrm{d}y \int \mathrm{d}s \, \sqrt{p^2 + q^2} = u\delta \left[\pi (A^2 - b^2) \int (p \, \mathrm{d}y + q \, \mathrm{d}x) + \right.$$

$$\left. + \int 2\pi y \, \mathrm{d}y \int (q \, \mathrm{d}x + p \, \mathrm{d}y) \right]$$

(δ = Flüssigkeitsdichte) angegeben[176], wofür dann

$$u\delta (\mu + \Omega - \pi \Gamma b^2) \tag{65}$$

geschrieben wird. Im anschließenden «Corollaire I» behauptet D'ALEMBERT: «Man kann durch Experimente leicht nachweisen, daß $\mu + \Omega - \pi \Gamma b^2 = 0$ ist.»
2. In dem *Paradoxe proposé aux Géomètres*, S. 137, heißt es: «Ich untersuche jetzt nicht, ob die durch die Theorie gefundenen Funktionen[177] p und q tatsächlich so beschaffen sind, daß $4 R = M$ wird, gleichgültig welche Form auch der Körper hat, was mir sehr zweifelhaft erscheint.» Und auf S. 138 steht: «Ich sehe also zugegebenermaßen nicht, wie man auf befriedigendere Weise mit Hilfe der Theorie den Flüssigkeitswiderstand erklären kann. Im Gegenteil, mir scheint, daß diese mit größtmöglicher Strenge behandelte Theorie in mehreren Fällen einen Widerstand absolut Null ergibt; ein einzigartiges Paradoxon, das ich den Geometern zur weiteren Erhellung überlasse.» Soweit also D'ALEMBERT. Es scheint auch hier, ähnlich wie beim Streit um «das wahre Kraftmaß»[178], daß ihm allein etwas zugeschrieben wird, an dessen Feststellung und «Erhellung» auch andere mitgewirkt haben.

Die älteste, schriftlich niedergelegte Erwähnung des verschwindenden Flüssigkeitswiderstandes geht auf BENEDICTUS DE SPINOZA (1632–1677) zurück. Im Oktober des Jahres 1661 sendet der Sekretär der Londoner Royal Society, HEINRICH OLDENBURG, das Werk *New Experiments* (1660) von ROBERT BOYLE (1627–1691) an SPINOZA und bittet ihn im Begleitbrief um seine Meinung. SPINOZA antwortet in einem ungewöhnlich langen (etwa 13 Druckseiten umfassenden) Brief. Unter den Bemerkungen zu § 23 in BOYLES Schrift liest man[179]: «Zum Schluß, um nebenbei zu bemerken, zum allgemeinen Verständnis der Eigenschaften der Flüssigkeiten genügt es, zu wissen, daß wir unsere Hand in irgendwelcher Flüssigkeit mit einer ihr angemessenen Bewegung in allen Richtungen ohne jeglichen Widerstand bewegen können.»

Viel bedeutsamer als SPINOZAS Feststellung ist jene «Erhellung», die LEONHARD EULER sieben Jahre vor D'ALEMBERT geliefert hatte. Er übersetzte das im Jahre 1742 erschienene Werk *New principles of gunnery* des Engländers BENJAMIN ROBINS ins

---

[174] *Résistance des fluides*, S. 56–59, und *Opusc. math.* («Paradoxe proposé»), Bd. 5, S. 134–135 und S. 138.
[175] Dies ist erklärlich: Die Lösungsmethode des entsprechenden Randwertproblems war damals noch unbekannt.
[176] Hierbei ist (Bild 106) $A = PM$ und $b = IL$.
[177] «Gefunden» («trouvées») sind sie nicht, sondern nur eingeführt!
[178] Siehe Kapitel II, Abschnitt A.
[179] *Spinoza levelei* (SPINOZAS Briefe, ungarisch), Budapest 1925, S. 33.

Deutsche, und zwar «mit den nöthigen Erläuterungen und mit vielen Anmerkungen». Diese Übersetzung, die durch EULERS Erklärungen und Anmerkungen für lange Zeit das Standardwerk der Ballistik wurde, erschien im Jahre 1745 unter dem Titel *Neue Grundsätze der Artillerie*[180]. Es ist nun merkwürdig, daß ROBINS von D'ALEMBERT öfter zitiert wird[181], nicht aber EULER, obwohl die *Neuen Grundsätze der Artillerie* sieben Jahre vor D'ALEMBERTS *Résistance des fluides* erschien! Dieses Schweigen ist um so merkwürdiger, als von EULER in seiner «III. Anmerkung» (S. 451 ff.) zum zweiten Kapitel in aller Klarheit genau das abgehandelt wird, was man «d'Alembertsches Paradoxon» zu nennen pflegt. Die entscheidenden Ausführungen befinden sich auf S. 458–470; es lohnt sich, sie hier in den wesentlichen Zügen wiederzugeben.

4   EULERS Theorie des Flüssigkeitswiderstandes

Um die im Gegensatz zu D'ALEMBERT wohltuende Klarheit EULERS vor Augen zu führen, zitieren wir zunächst aus seinen einleitenden Bemerkungen:

«Es ist nun erstlich klar, daß wenn alle Theile der flüssigen Materie ihre Bewegung ungehindert fortsetzen könnten, der Körper keine Kraft empfinden würde. Weil aber alle Theile der flüssigen Materie, sobald sich dieselben dem Körper nahen, genöthiget werden auszuweichen, und sowohl ihre Geschwindigkeit, als ihre Richtung zu verändern, so muß der Körper eine ebenso große Kraft empfinden, als zu dieser Veränderung sowohl in der Geschwindigkeit, als der Richtung der Theilchen erfordert wird.»

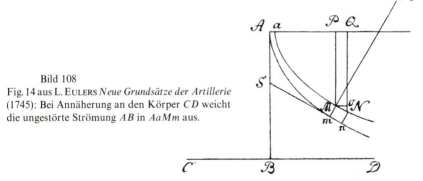

Bild 108
Fig. 14 aus L. EULERS *Neue Grundsätze der Artillerie* (1745): Bei Annäherung an den Körper *CD* weicht die ungestörte Strömung *AB* in *Aa Mm* aus.

EULER betrachtet einen Körper *CD* (Bild 108), der sich in Ruhe befindet und auf den die Flüssigkeit mit der bei *Aa* noch ungestörten Geschwindigkeit *u* in Richtung *AB* zuströmt. Bei der Annäherung an den Körper weichen die Flüssigkeitsteilchen seitlich aus und bewegen sich in dem Kanal *Aa Mm*, dessen charakteristische Querschnittsabmessungen *Aa = a* und *Mm = z* seien. Nach der Kontinuitätsgleichung ist die Geschwindigkeit an der Stelle *Mm*

$$v = \frac{a}{z} u. \tag{66}$$

---

[180] Siehe Ziffer 4 in Abschnitt C dieses Kapitels.
[181] *Résistance des fluides*, S. 136 und 137.

In einem rechtwinkligen Koordinatensystem seien (Bild 108) $AP = x$, $PM = y$, $PQ = MO = \mathrm{d}x$, $ON = \mathrm{d}y$, $MN = \mathrm{d}s = \sqrt{\mathrm{d}x^2 + \mathrm{d}y^2} = \sqrt{1 + p^2}\,\mathrm{d}x$ ($\mathrm{d}y/\mathrm{d}x = p$); dementsprechend ist der Krümmungsradius

$$MR = R = -(1 + p^2)^{3/2}\;\frac{\mathrm{d}x}{\mathrm{d}p}. \tag{67}$$

Bedeutet ϱ die Dichte der Flüssigkeit, so ist $\varrho z\,\sqrt{1 + p^2}\,\mathrm{d}x$ die Masse des Elementes $MNnm$ und mit (67) die entsprechende Normalkraft

$$\mathrm{d}Z = \varrho z\,\sqrt{1 + p^2}\,\mathrm{d}x\,\frac{v^2}{R} = -\varrho z\,\frac{\mathrm{d}p}{1 + p^2}.$$

Wenn mit $\sphericalangle\,OMN = \vartheta$ der Tangentenwinkel und somit $p = \tan\vartheta$ eingeführt wird, beträgt ihre Komponente in der Strömungsrichtung (y)

$$\mathrm{d}Z_y = \mathrm{d}Z\cos\vartheta = \mathrm{d}Z\,\frac{1}{\sqrt{1 + p^2}} = -\varrho z v^2\,\frac{\mathrm{d}p}{(1 + p^2)^{3/2}}. \tag{68}$$

In der Tangentialrichtung haben wir die Kraft

$$\mathrm{d}T = -\varrho z\,\sqrt{1 + p^2}\,\mathrm{d}x\,\frac{\mathrm{d}v}{\mathrm{d}t} = -\varrho z\,\frac{\mathrm{d}s}{\mathrm{d}t}\mathrm{d}v = -z\varrho v\,\mathrm{d}v.$$

Ihre Komponente in Strömungsrichtung ist

$$\mathrm{d}T_y = \mathrm{d}T\sin\vartheta = \mathrm{d}T\,\frac{p}{\sqrt{1 + p^2}} = -\varrho z\,\frac{p v\,\mathrm{d}v}{\sqrt{1 + p^2}}. \tag{69}$$

Die Addition von (68) und (69) ergibt die gesamte Widerstandskraft des Elementes $MNnm$:

$$\mathrm{d}W = -\varrho z\left[\frac{p v\,\mathrm{d}v}{(1 + p^2)^{1/2}} + \frac{v^2\,\mathrm{d}p}{(1 + p^2)^{3/2}}\right].$$

Mit (66) erhalten wir

$$\mathrm{d}W = -\varrho u a\left[\frac{p\,\mathrm{d}v}{(1 + p^2)^{1/2}} + \frac{v\,\mathrm{d}p}{(1 + p^2)^{3/2}}\right] = -\varrho u a\,\mathrm{d}\left[\frac{p v}{(1 + p^2)^{1/2}}\right],$$

woraus nach Integration

$$W = C - \varrho u a\,\frac{p v}{(1 + p^2)^{1/2}} \tag{70}$$

hervorgeht.

Die Integrationskonstante C ergibt sich aus der Forderung, daß für $x = 0$ ($\vartheta = \pi/2$) $v = u$ ist und $W = 0$ sein muß. Wegen $p \rightarrow \infty$ erhält man aus (70) $C = \varrho\, u^2\, a$ und somit (Bild 108)

$$W = \varrho\, u^2\, a \left(1 - \frac{v}{u}\, \frac{p}{\sqrt{1 + p^2}} \right) = \varrho\, u^2\, a \left(1 - \frac{v}{u}\, \cos \widehat{m S B} \right)$$

oder mit (66)

$$W = \varrho\, u^2\, a \left(1 - \frac{a}{z} \sin \vartheta \right) = \varrho\, u^2\, a \left(1 - \frac{z}{a}\, \cos \widehat{m S B} \right).$$

EULER schreibt (S. 464):

«Hier kommt es also nur darauf an, wo das Ende des Canals angenommen werden soll. Geht man soweit, daß die flüssige Materie um den Körper völlig vorbey geflossen, und ihren vorigen Lauf wiederum erlanget hat, so wird $z = a$ und der Winkel $\widehat{m S B}$ verschwindet, daher der Cosinus desselben $= 1$ wird. In diesem Falle würde also die auf den Körper nach der Direction AB wirkende Kraft $= 0$, und der Körper erlitte gar keinen Widerstand.»

Man sieht also: das «d'Alembertsche Paradoxon» wurde von EULER schon vor D'ALEMBERT nachgewiesen! Daß wir EULER auch die Aufstellung der allgemeinen Bewegungsgleichungen der Flüssigkeiten und Gase verdanken, wird im folgenden Abschnitt gezeigt.

Das der Erfahrung widersprechende Euler-d'Alembertsche Paradoxon findet bekanntlich seine Erklärung darin, daß eine wirbelfreie, also einem Potentialfeld entsprechende Umströmung der Körper, in Wirklichkeit nie stattfindet; vielmehr lösen sich am hinteren Teil des Körpers Wirbel ab, zu deren Erzeugung Energie benötigt wird, wodurch ein Bewegungswiderstand bedingt ist[182].

---

[182] I. SZABÓ: *Höhere Technische Mechanik*, 5. Auflage (1972), S. 465 ff.

E Die Vollendung der klassischen Hydromechanik durch LEONHARD EULER

> Kennst Du das Alte, wird Dir das Neue klar.
> Graf JULIUS HARDEGG

1 Einleitende Bemerkungen

In den diesem Abschnitt vorangehenden Ausführungen wurden die wesentlichen und richtungsweisenden Beiträge zur Entwicklung der Hydromechanik bis etwa zur Mitte des 18. Jahrhunderts dargelegt. In diesem Abschnitt sollen LEONHARD EULERS diesbezügliche Leistungen gewürdigt werden [183]. Hinweise auf EULER finden sich schon in den vorangehenden Abschnitten. Insbesondere sei an den Brief von EULER erinnert, in dem er am 18. Oktober 1740 an JOHANN I BERNOULLI unter anderem schreibt [184]:

«Schon früher zwar habe ich Ihre Theorie des fließenden Wassers der richtigen und exakten Theorie wegen sehr hoch geschätzt, die Sie, Vortrefflichster, zuerst allein zur gründlichen Untersuchung der Probleme dieser Art aufgewiesen haben. Nun aber nach der Lektüre des zweiten Teiles Ihrer Untersuchungen war ich in höchstem Maße erstaunt über die hervorragende Eignung Ihrer Prinzipien zur Lösung von sehr verwickelten Problemen.»

Mit diesen Worten erkennt EULER an, was JOHANN BERNOULLI schon in dem Titel *Hydraulica, nunc primum detecta ac demonstrata directe ex fundamentis pure mechanicis* mit Nachdruck betont: nämlich, daß er seine Hydraulik als erster aus rein mechanischen Prinzipien herleitet bzw. aufbaut. Diese Tatsache wurde auch in der Folgezeit anerkannt. So schreibt W. J. G. KARSTEN in seiner *Hydraulik* (1770, S. 212):

«JOHANN BERNOULLI ist der erste, der die allgemeinen Grundgesetze der Mechanik auf die Bewegung flüssiger Körper angewandt und aus völlig überzeugenden Gründen gewiesen hat, nach welchen Gesetzen ihre Bewegung von gegebenen Kräften beschleunigt wird.»

Freilich war diese Theorie, deren Fundament das auf ein Flüssigkeitselement angewandte Kraft-Massenbeschleunigungsgesetz war, noch «eindimensional» oder, präziser gesagt, auf die Strömung in Rohren zugeschnitten. Es fehlte – neben der klaren Erfassung des Druckbegriffes – die Verallgemeinerung auf räumliche Strömungen.
Die eben erwähnte Anwendung des sogenannten Newtonschen Kraftgesetzes durch JOHANN BERNOULLI auf ein Flüssigkeitselement ist freilich nicht mit der heute üblichen Selbstverständlichkeit geschehen; vielmehr war sie «eingepackt» in eine durch die Not geborene sogenannte «Strudeltheorie» [185]. EULER (Bild 109) erkannte aber, was in dieser verschwommenen Diktion steckt, und schon vor seinen großen hydromechanischen Arbeiten publizierte er im Jahre 1750 seine, die ganze Mechanik quasi revolutionierende Arbeit *Découverte d'un nouveau principe de mécanique* [186]. In heutiger Schreib-

---

[183] In ausführlicher und tiefgehender Form geschieht dies durch C. A. TRUESDELL in *Leonhardi Euleri Opera Omnia*, II, 12 und 13 (Editors Introduction).
[184] Siehe Ziffer 6, Abschnitt B dieses Kapitels.
[185] Siehe Fußnote 184.
[186] Mémoires de l'Acad. des sciences de Berlin *6*, S. 185–217 (1750).

Bild 109
LEONHARD EULER (1707–1783).

weise lautet das «neue Prinzip», wenn x, y, z die Koordinaten des Massenelements $\mathrm{d}m$ und $\mathrm{d}X$, $\mathrm{d}Y$, $\mathrm{d}Z$ die an $\mathrm{d}m$ angreifenden Kräfte bedeuten:

$$\mathrm{d}X = \mathrm{d}m\,\frac{\mathrm{d}^2 x}{\mathrm{d}t^2};\quad \mathrm{d}Y = \mathrm{d}m\,\frac{\mathrm{d}^2 y}{\mathrm{d}t^2};\quad \mathrm{d}Z = \mathrm{d}m\,\frac{\mathrm{d}^2 z}{\mathrm{d}t^2}. \tag{71}$$

Dies nennt man heute das «Newtonsche Grundgesetz» und vergißt häufig (oder weiß nicht), daß man 1. mit diesem Prinzip die Bewegung eines wirklichen Körpers berechnen kann, wozu weder ISAAC NEWTON noch seine unmittelbaren Nachfolger fähig waren, und daß 2. zur Formulierung dieses Prinzips das nicht minder geniale «Schnittprinzip» [187] notwendig war. EULERS diesbezügliche Leistungen wurden schon im Abschnitt B von Kapitel I gebührend gewürdigt.

[187] Daß man also auf die, durch die (gedachte!) Führung von Schnittflächen entstehenden, endlichen oder elementar kleinen «freigeschnittenen» Teile eines Körpers die statischen und kinetischen Prinzipien – unter Heranziehung des Reaktionsprinzips! – anwendet.

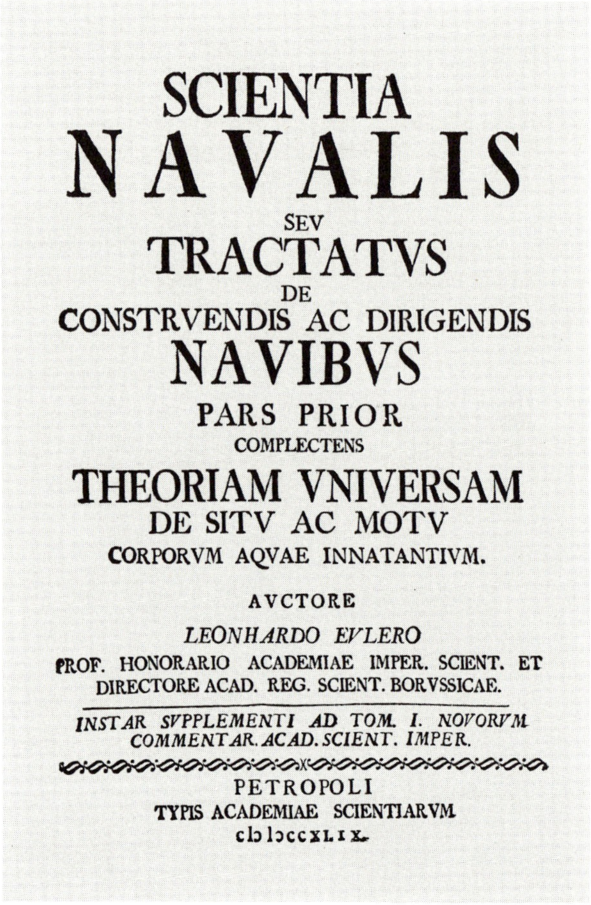
SCIENTIA
NAVALIS
SEV
TRACTATVS
DE
CONSTRVENDIS AC DIRIGENDIS
NAVIBVS
PARS PRIOR
COMPLECTENS
THEORIAM VNIVERSAM
DE SITV AC MOTV
CORPORVM AQVAE INNATANTIVM.
AVCTORE
LEONHARDO EVLERO
PROF. HONORARIO ACADEMIAE IMPER. SCIENT. ET
DIRECTORE ACAD. REG. SCIENT. BORVSSICAE.
INSTAR SVPPLEMENTI AD TOM. I. NOVORVM
COMMENTAR. ACAD. SCIENT. IMPER.
PETROPOLI
TYPIS ACADEMIAE SCIENTIARVM
clɔlɔccxlix.

Bild 110
Titelblatt von LEONHARD EULERS *Scientia Navalis* (Petersburg 1749).

2   Die *Scientia navalis* und die Hydrostatik EULERS

Die wichtigsten Arbeiten EULERS zur Grundlegung der Hydromechanik sind:

Principes généraux de l'état d'équilibre des fluides[188], *Principes généraux du mouvement des fluides*[189], *Sectio prima de statu aequilibrii fluidorum*[190], *Sectio secunda de principiis motus fluidorum*[191].

Die in den Petersburger Akademieberichten abgedruckten Publikationen sind nicht nur ausführlicher, sondern auch reifer; für die damalige Zeit können sie als «axiomatisch» angesehen werden, so daß wir uns im weiteren auf sie beziehen werden. Aber neben diesen Beiträgen muß noch auf ein früheres Werk von EULER eingegangen werden, nämlich auf die zweibändige *Scientia navalis*, Petersburg 1749 (Bild 110). Hierin befindet sich gleich zu Anfang (Bild 111) das Lemma[192]:

«Der Druck, den das Wasser auf einen eingetauchten Körper ausübt, ist an den einzelnen Stellen senkrecht zur Körperoberfläche, und die Kraft, die ein beliebiges Element des eingetauchten Körpers erfährt, ist gleich dem Gewicht eines geraden Wasserzylinders, dessen Grundfläche gleich dem Element der Körperoberfläche und dessen Höhe gleich der Tiefe des Elementes unter dem höchsten Wasserspiegel ist.»

Mit Recht hebt TRUESDELL den für den hydrodynamischen Druckbegriff fundamentalen Charakter dieses Lemmas hervor[193]. EULER spricht gegenüber dem «Theorem VIII» von SIMON STEVIN[194] klar aus, daß der Druck senkrecht zur Fläche wirkt und nach allen Richtungen gleich ist, und das ist auch gleichzeitig die Definition der idealen Flüssigkeit[195]. Die Gültigkeit dieses zunächst für inkompressible Flüssigkeiten in Erdnähe ausgesprochenen Lemmas nimmt EULER später für alle «Fluide», also auch für Gase, unter der Einwirkung von beliebigen äußeren Kräften an.

Vom allgemeinen hydromechanischen Standpunkt aus ist der erste Band der *Scientia navalis* interessant. Der Untertitel (Bild 110) besagt, daß das Werk «Die allgemeine Theorie der Ruhe und Bewegung in Wasser schwimmender Körper» enthält. Es wird behandelt in

Kapitel I: Das Gleichgewicht der (starren) Körper in Wasser;
Kapitel II: Die Wiederherstellung des Gleichgewichtes von Körpern in Wasser;
Kapitel III: Die Stabilität des Gleichgewichtes von Körpern in Wasser;
Kapitel IV: Die Krafteinwirkung auf Körper in Wasser;
Kapitel V: Der Widerstand, den ebene in Wasser bewegte Körper erfahren;
Kapitel VI: Der Widerstand, den beliebige Körper bei geradliniger Bewegung in Wasser erfahren;
Kapitel VII: Die fortschreitende Bewegung von Körpern auf dem Wasser.

[188] Mémoires de l'Acad. des sciences de Berlin *11*, S. 217–273 (1755).
Auch in *Opera Omnia*, II 12, S. 1–53.

[189] Mémoires de l'Acad. des sciences de Berlin *11*, S. 274–315 (1755).
Auch in *Opera Omnia*, II 12, S. 54–91.

[190] Novi commentarii acad. scientiarum Petropolitanae *13*, S. 345–416 (1768).
Auch in *Opera Omnia*, II 13, S. 1–72.

[191] Novi commentarii acad. scientiarum Petropolitanae *14*, S. 270–386 (1769).
Auch in *Opera Omnia*, II 13, S. 73–153.

[192] *Scientia navalis*, S. 1. Auch in *Opera Omnia*, II 18, S. 19.

[193] *Leonhardi Euleri Opera Omnia*, II 12, S. XVII.

[194] Siehe Ziffer 3 in Abschnitt A dieses Kapitels.

[195] STEVIN sprach nur vom (linear zunehmenden) Druck auf den horizontalen Boden eines Flüssigkeitsbehälters.

Am interessantesten und (neben dem Druckbegriff) völlig neu war die Definition der Stabilität einer Gleichgewichtslage. EULERS an die Spitze von Kapitel III gestellten Worte (*Theorema, Propositio* 19, Ziffer 204) beinhalten genau das, was wir auch heute zur Definition der Stabilität gebrauchen: Die Gleichgewichtslage ist stabil, wenn bei einer kleinen Auslenkung[196] die zur Ruhelage zurücktreibenden Kräfte eine harmoni-

[196] Etwa derart, daß dabei der Sinus des die Auslenkung messenden Winkels diesem Winkel gleichgesetzt werden kann.

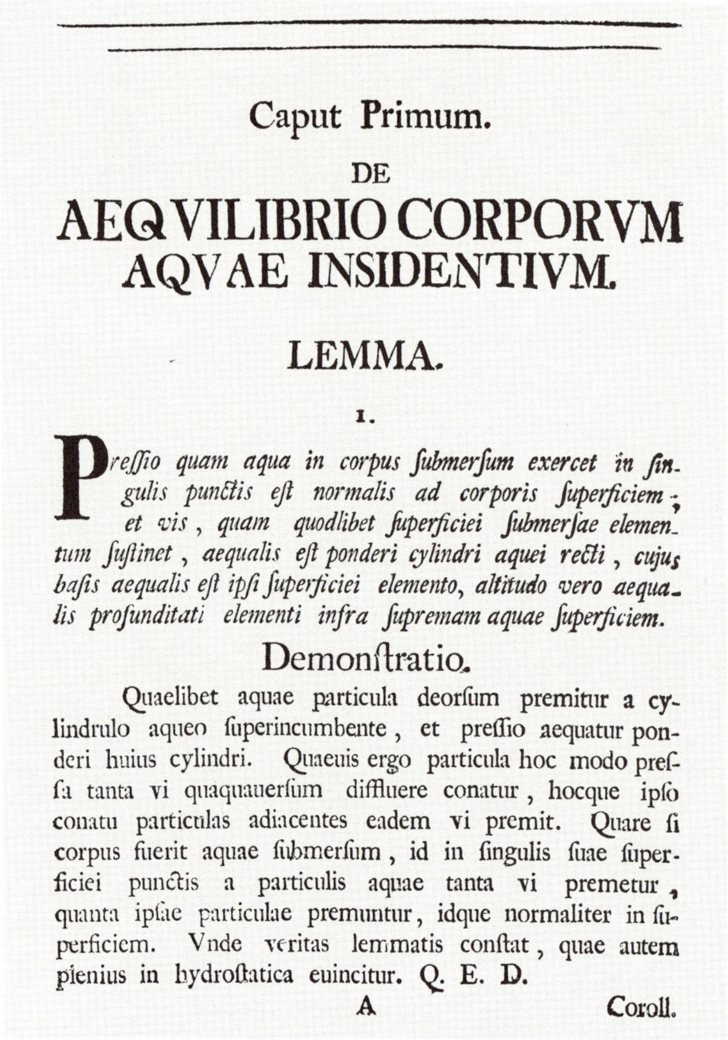

Caput Primum.

DE

AEQVILIBRIO CORPORVM AQVAE INSIDENTIVM.

LEMMA.

1.

Preffio quam aqua in corpus fubmerfum exercet in fingulis punctis eft normalis ad corporis fuperficiem; et vis, quam quodlibet fuperficiei fubmerfae elementum fuftinet, aequalis eft ponderi cylindri aquei recti, cujus bafis aequalis eft ipfi fuperficiei elemento, altitudo vero aequalis profunditati elementi infra fupremam aquae fuperficiem.

Demonftratio.

Quaelibet aquae particula deorfum premitur a cylindrulo aqueo fuperincumbente, et preffio aequatur ponderi huius cylindri. Quaeuis ergo particula hoc modo preffa tanta vi quaquauerfum diffluere conatur, hocque ipfo conatu particulas adiacentes eadem vi premit. Quare fi corpus fuerit aquae fubmerfum, id in fingulis fuae fuperficiei punctis a particulis aquae tanta vi premetur, quanta ipfae particulae premuntur, idque normaliter in fuperficiem. Vnde veritas lemmatis conftat, quae autem plenius in hydroftatica euincitur. Q. E. D.

A   Coroll.

Bild 111
Beginn des «Caput Primum»
von EULERS *Scientia Navalis* (1749), S. 1.

sche Schwingung zur Folge haben. Das ist «die Methode der kleinen Schwingungen»!
TRUESDELL schreibt über die *Scientia navalis*[197]:

«Die früheren Verfasser gaben sich mit Spezialfällen zufrieden, aber EULER legte Wert auf Allgemeinheit und
Vollständigkeit. Obwohl die Arbeit für praktische Zwecke gedacht war, geht sie hinsichtlich Aufbau und
analytischer Strenge über die einfache Geometrie jener Tage hinaus und verdient wegen ihrer Einfachheit
und Genauigkeit nur ein Prädikat: Eulerisch.»

Und nun zurück zur Hydrostatik EULERS[198]. Es sei zunächst hervorgehoben, daß
EULER in seine Betrachtungen der *fluidorum* inkompressible und kompressible
«Fluide» einbezieht, eine Formel für die Luft bei isothermer Zustandsänderung aufstellt, sich auch über den Zusammenhang zwischen Druck p, Dichte q und Temperatur
(*calor*) r ausläßt und – unter Heranziehung eines Erfahrungssatzes (*Phaenomenon* 3) –
zum Beispiel für die Luft (mit n = konstant) zu der Formel

$$p = n \, q \, r$$

kommt, die durchaus der Gestalt der Zustandsgleichung idealer Gase ähnelt[199].
Dem Kapitel III wird folgendes Problem vorangestellt:
«Wenn auf eine Flüssigkeit irgendwelche beschleunigenden Kräfte einwirken, sind die
Bedingungen des Gleichgewichtes anzugeben.»

Bild 112
Zum Gleichgewicht am Flüssigkeitselement
in Kapitel III von EULERS *Scientia Navalis*.

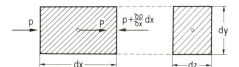

In etwas abgekürzter Diktion sehen EULERS folgende Überlegungen so aus:
Es seien $P = P(x, y, z)$, $Q = Q(x, y, z)$ und $R = R(x, y, z)$ die rechtwinkligen Komponenten der auf die Flüssigkeit einwirkenden Kräfte pro Masseneinheit. Die Gleichgewichtsbedingung am Element in x-Richtung verlangt (Bild 112)

$$P \, q \, \mathrm{d}x \, \mathrm{d}y \, \mathrm{d}z - \frac{\partial p}{\partial x} \mathrm{d}x \, \mathrm{d}y \, \mathrm{d}z = 0, \quad \text{also} \quad \frac{\partial p}{\partial x} = q \, P$$

und ähnlich in der y- und z-Richtung

$$\frac{\partial p}{\partial y} = q \, Q \quad \text{und} \quad \frac{\partial p}{\partial z} = q \, R.$$

Demnach gilt für das totale Differential

$$\mathrm{d}p = \frac{\partial p}{\partial x} \mathrm{d}x + \frac{\partial p}{\partial y} \mathrm{d}y + \frac{\partial p}{\partial z} \mathrm{d}z = q(P \, \mathrm{d}x + Q \, \mathrm{d}y + R \, \mathrm{d}z).$$

[197] *Leonhardi Euleri Opera Omnia*, II 12, S. XVII.
[198] *Opera Omnia*, II 13, S. 1–72.
[199] $p = R \, q \, T$, wobei wir freilich nicht vergessen dürfen, daß es noch über ein Jahrhundert gedauert hat,
bis die Gaskonstante R und die absolute Temperatur T «enträtselt» wurden.
Siehe Ziffer 4 von Abschnitt C sowie Abschnitt G dieses Kapitels.

EULER folgert im Corollarium 3:
Gleichgewicht kann also nur bestehen, wenn die Beziehung

$$dp = q(P\,dx + Q\,dy + R\,dz) \tag{72}$$

möglich ist, insbesondere ihre Integration, und das wird nur unter gewissen Bedingungen zwischen den in (72) rechts stehenden Funktionen der Fall sein. EULER weist darauf hin, daß

$$P\,dx + Q\,dy + R\,dz = dV = \frac{\partial V}{\partial x}\,dx + \frac{\partial V}{\partial y}\,dy + \frac{\partial V}{\partial z}\,dz \tag{73}$$

ein vollständiges Differential und somit integrabel ist, wenn die Beziehungen

$$\frac{\partial P}{\partial y} = \frac{\partial Q}{\partial x}; \quad \frac{\partial P}{\partial z} = \frac{\partial R}{\partial x}; \quad \frac{\partial Q}{\partial z} = \frac{\partial R}{\partial y} \tag{74}$$

erfüllt sind; dann muß aber in

$$dp = q\,dV \tag{75}$$

die Dichte q noch immer so beschaffen sein (zum Beispiel $q =$ konstant, also Inkompressibilität), daß rechts ein vollständiges Differential steht [200]. Die Bedingungen (74) sind also nur notwendig für das Gleichgewicht von Fluiden. Im Schwerefeld ist $P = 0$, $Q = 0$ und $R = -g$, so daß man aus (72)

$$dp = -g\,q\,dz \tag{76}$$

erhält. Für $q = \varrho =$ konstant ergibt sich mit der Integrationskonstanten h die bekannte Formel

$$p = \varrho\,g\,(h-z) = \gamma\,(h-z), \tag{77}$$

also die lineare Zunahme des Druckes mit der Tiefe.
Ist die Dichte dem Druck proportional, also $q = \varrho = cp$ ($c =$ konstant), so erhält man für das Schwerefeld gemäß (72)

$$p = p_0\,e^{-cgz}, \tag{78}$$

wenn p_0 der zu $z = 0$ gehörige Druck ist.

Im Gegensatz zu diesem isothermen Zustand untersucht EULER auch den Fall, daß die Änderung der Temperatur mit der Höhe gegeben ist. Wegen der damals noch fehlenden Thermodynamik entsprechen die Resultate nicht den heutigen.

---

[200] Das ist sicher der Fall, wenn die Bedingungen
$$\frac{\partial(qP)}{\partial y} = \frac{\partial(qQ)}{\partial x}; \quad \frac{\partial(qP)}{\partial z} = \frac{\partial(qR)}{\partial x}; \quad \frac{\partial(qQ)}{\partial z} = \frac{\partial(qR)}{\partial y}$$
erfüllt sind.

3 Die Eulerschen Bewegungsgleichungen der Fluide

Hinsichtlich dieser Fundamentalgleichungen pflegt man die Arbeit *Principes généraux du mouvement des fluides* anzuführen [201]. In diesem Beitrag schreibt EULER gleich zu Anfang: «Ich hoffe glücklich zum Ziele zu kommen, so daß die übrigbleibenden Schwierigkeiten nur analytischer, nicht aber mechanischer Art sind.»

Die grundlegenden und hinsichtlich des mechanischen Prinzips und des mathematischen Kalküls völlig neuen Gedanken sind die gleichen, wie man sie auch heute in der einschlägigen Literatur findet: Herausschneiden eines Elementes des Kontinuums und Anwendung «des neuen Prinzips» gemäß Gleichung (71). Natürlich sind EULERS Ausführungen sehr detailliert, aber in Anbetracht des damaligen Standes der Mechanik und Mathematik keinesfalls weitschweifig: ihre Lektüre erweckt heute noch Bewunderung und bereitet gleichzeitig Vergnügen.

Entsprechend der noch heute nach ihm benannten Betrachtungsweise will EULER den Geschwindigkeits-, Druck- und Dichtezustand in jedem durch die Koordinaten x, y, z charakterisierten Punkt zum Zeitpunkt t unter der Einwirkung der gegebenen rechtwinkligen Kraftkomponenten P, Q und R ermitteln. Die Geschwindigkeitskomponenten werden mit u, v und w, der Druck mit p und die Dichte mit q bezeichnet; alle Größen sind – ebenso wie P, Q und R – als Funktionen von x, y, z und t anzusehen. Für irgendeine dieser Funktionen $f = f(x, y, z; t)$ führt EULER das (wie wir heute sagen totale) Differential [202]

$$\mathrm{d}f = \frac{\partial f}{\partial t}\mathrm{d}t + \frac{\partial f}{\partial x}\mathrm{d}x + \frac{\partial f}{\partial y}\mathrm{d}y + \frac{\partial f}{\partial z}\mathrm{d}z \tag{79}$$

ein und erläutert daran in aller Gründlichkeit die Anteile der lokalen – mit $\partial f/\partial t$ verbundenen – und der konvektiven Änderung, die zusammen, modern ausgedrückt, die sogenannte substantielle oder materielle Änderung

$$\frac{\mathrm{d}f}{\mathrm{d}t} = \frac{\partial f}{\partial t} + \frac{\partial f}{\partial x}\frac{\mathrm{d}x}{\mathrm{d}t} + \frac{\partial f}{\partial y}\frac{\mathrm{d}y}{\mathrm{d}t} + \frac{\partial f}{\partial z}\frac{\mathrm{d}z}{\mathrm{d}t} \tag{80}$$

bestimmen. Nun befinde sich ein Flüssigkeitselement zur Zeit t am Ort x, y, z, wo es die Geschwindigkeitskomponenten u, v, w hat, und zur Zeit $t + \mathrm{d}t$ «am benachbarten Ort» $x + \mathrm{d}x$, $y + \mathrm{d}y$, $z + \mathrm{d}z$; dann muß aber, da es sich um das gleiche Flüssigkeitsteilchen handelt, $\mathrm{d}x = u\,\mathrm{d}t$ (also $\mathrm{d}x/\mathrm{d}t = u$); $\mathrm{d}y = v\,\mathrm{d}t$ und $\mathrm{d}z = w\,\mathrm{d}t$ sein. Damit folgt aus (80) die «Eulersche Differentiationsregel»

$$\frac{\mathrm{d}f}{\mathrm{d}t} = \frac{\partial f}{\partial t} + \frac{\partial f}{\partial x}u + \frac{\partial f}{\partial y}v + \frac{\partial f}{\partial z}w. \tag{81}$$

[201] Mémoires de l'Acad. des sciences de Berlin *11*, S. 274–315 (1755).
Auch in *Opera Omnia*, II 12, S. 54–91.
[202] Er benutzte noch nicht das Symbol ∂ für die partielle Differentiation.

So ergeben sich die Beschleunigungskomponenten zu

$$\frac{\mathrm{d}u}{\mathrm{d}t} = \frac{\partial u}{\partial t} + \frac{\partial u}{\partial x}u + \frac{\partial u}{\partial y}v + \frac{\partial u}{\partial z}w,$$

$$\frac{\mathrm{d}v}{\mathrm{d}t} = \frac{\partial v}{\partial t} + \frac{\partial v}{\partial x}u + \frac{\partial v}{\partial y}v + \frac{\partial v}{\partial z}w, \tag{82}$$

$$\frac{\mathrm{d}w}{\mathrm{d}t} = \frac{\partial w}{\partial t} + \frac{\partial w}{\partial x}u + \frac{\partial w}{\partial y}v + \frac{\partial w}{\partial z}w.$$

Im Sinne von EULERS neuem Prinzip, also gemäß (72), haben wir zum Beispiel in x-Richtung nach Bild 112

$$q\,\mathrm{d}x\,\mathrm{d}y\,\mathrm{d}z\,\frac{\mathrm{d}u}{\mathrm{d}t} = q\,\mathrm{d}x\,\mathrm{d}y\,\mathrm{d}z\,P - \frac{\partial p}{\partial x}\mathrm{d}x\,\mathrm{d}y\,\mathrm{d}z,$$

wobei jetzt $\mathrm{d}x$, $\mathrm{d}y$ und $\mathrm{d}z$ die Kantenlängen des rechtwinkligen Elements bedeuten (Bild 112). Hieraus und aus analogen Beziehungen in anderen Richtungen erhalten wir die Eulerschen Bewegungsgleichungen

$$\frac{\mathrm{d}u}{\mathrm{d}t} = P - \frac{1}{q}\frac{\partial p}{\partial x}; \quad \frac{\mathrm{d}v}{\mathrm{d}t} = Q - \frac{1}{q}\frac{\partial p}{\partial y}; \quad \frac{\mathrm{d}w}{\mathrm{d}t} = R - \frac{1}{q}\frac{\partial p}{\partial z}, \tag{83}$$

wobei die linksstehenden substantiellen Ableitungen im Sinne von (82) zu bilden sind. Diese drei Gleichungen reichen nicht aus, um die in ihnen vorkommenden fünf Unbekannten – nämlich u, v, w, p und q – zu bestimmen.
Eine weitere Beziehung liefert die Forderung der Erhaltung der Masse oder, wie man zu sagen pflegt, die «Kontinuitätsgleichung». Nach sauberer Linearisation kommt EULER zum Ergebnis, daß das Volumenelement zur Zeit t

$$\mathrm{d}V = \mathrm{d}x\,\mathrm{d}y\,\mathrm{d}z$$

am Ende der Zeit $t + \mathrm{d}t$

$$\mathrm{d}V' = \left[1 + \left(\frac{\partial u}{\partial x} + \frac{\partial v}{\partial y} + \frac{\partial w}{\partial z}\right)\mathrm{d}t\right]\mathrm{d}x\,\mathrm{d}y\,\mathrm{d}z$$

beträgt, während die Dichte q sich in

$$q' = q + \frac{\partial q}{\partial t}\mathrm{d}t + \frac{\partial q}{\partial x}u\,\mathrm{d}t + \frac{\partial q}{\partial y}v\,\mathrm{d}t + \frac{\partial q}{\partial z}w\,\mathrm{d}t$$

geändert hat.

Nun verlangt die Erhaltung der Masse, daß

$$q \, \mathrm{d} V = q' \, \mathrm{d} V'$$

sein muß, woraus mit den eben hingeschriebenen Beziehungen

$$\frac{\partial q}{\partial t} + \frac{\partial (u \, q)}{\partial x} + \frac{\partial (v \, q)}{\partial y} + \frac{\partial (w \, q)}{\partial z} = 0, \tag{84}$$

also die uns heute bekannte «Kontinuitätsgleichung» folgt.

Für inkompressible Fluide ($q = $ konstant) nimmt (84) die Form

$$\frac{\partial u}{\partial x} + \frac{\partial v}{\partial y} + \frac{\partial w}{\partial z} = 0 \tag{85}$$

an. In diesem Falle reichen die Gleichungen (83) und (84) zur Bestimmung des Strömungszustandes aus.

EULER schreibt [203]:

«Diese drei Gleichungen [(83)], verbunden mit der zwischen Dichte und Geschwindigkeiten gefundenen [nämlich (84)], enthalten die ganze Theorie der Bewegung flüssiger Körper. Unser ganzes Geschäft würde also darin bestehen, die Größen p, q, u, v, w als solche Funktionen von x, y, z und t zu bestimmen, welche jenen Gleichungen genügen.
Da q entweder konstant oder bloß vom Drucke abhängig ist, oder zugleich von der Temperatur [204], die wir als eine gegebene Funktion von x, y, z und t betrachten [205], so ergibt sich hieraus eine neue Gleichung. Wir werden uns der Auflösung der Gleichungen um einen Schritt nähern, wenn wir die Gleichungen einfacher zu machen suchen, was sich dadurch erreichen läßt, daß wir die drei Bewegungsgleichungen in eine einzige zusammenfassen, welche den Sinn von allen dreien umfaßt.»

Zunächst setzt EULER voraus, daß auch u, v, w bekannte Funktionen sind und kommt zur Gleichung

$$\frac{\mathrm{d} p}{q} = P \, \mathrm{d} x + Q \, \mathrm{d} y + R \, \mathrm{d} z - (U \, \mathrm{d} x + V \, \mathrm{d} y + W \, \mathrm{d} z) \tag{86}$$

in der U, V und W Funktionen von u, v, w sind[206].
Ist also q als Funktion von p gegeben, so kann (86) integriert werden. Eine wesentliche Vereinfachung tritt ein, wenn die Geschwindigkeitskomponenten so beschaffen sind, daß

$$u \, \mathrm{d} x + v \, \mathrm{d} y + w \, \mathrm{d} z = \mathrm{d} \varphi \tag{87}$$

---

[203] *Opera Omnia*, II 13, S. 95 ff.

[204] EULER schreibt «calor», also «Wärme».

[205] Heute, bereichert mit den Kenntnissen der Thermodynamik, wissen wir, daß diese Behauptung nicht korrekt ist.

[206] So zum Beispiel $U = u \dfrac{\partial u}{\partial x} + v \dfrac{\partial u}{\partial y} + w \dfrac{\partial u}{\partial z} + \dfrac{\partial u}{\partial t}$.

ein vollständiges Differential ist oder daß ein Geschwindigkeitspotential $\varphi = \varphi(x, y, z; t)$ derart existiert, daß

$$u = \frac{\partial \varphi}{\partial x}; \quad v = \frac{\partial \varphi}{\partial y}; \quad w = \frac{\partial \varphi}{\partial z} \tag{88}$$

ist. Physikalisch bedeutet dies, daß die Flüssigkeitsteilchen sich ohne Drehung fortbewegen. EULER bekommt für das sogenannte «Druckintegral» die Formel

$$\int \frac{dp}{q(p)} = \Phi - \frac{1}{2}(u^2 + v^2 + w^2) - \frac{\partial \varphi}{\partial t}, \tag{89}$$

in der Φ das zum Kraftfeld P, Q, R gehörige Potential bedeutet [207]. Die Formel (89) spielt auch noch in der heutigen Flüssigkeitsmechanik eine wichtige Rolle [208]. Zum Schluß sei auf eine weitere Abhandlung von EULER aus dem Jahre 1755 hingewiesen: auf die *Continuation des recherches sur la théorie du mouvement des fluides* [209]. In dieser Arbeit behandelt er unter anderem die ebene drehungsfreie Strömung einer idealen inkompressiblen Flüssigkeit. Hierbei drücken sich die Kontinuitätsgleichung bzw. die Drehungsfreiheit in der Form

$$\frac{\partial u}{\partial x} + \frac{\partial v}{\partial y} = 0 \text{ bzw. } \frac{\partial u}{\partial y} = \frac{\partial v}{\partial x}$$

aus. Mit lobendem Hinweis auf D'ALEMBERT erhält EULER für die Geschwindigkeitskomponenten

$$u = \frac{1}{2}\varphi(x + y\sqrt{-1}) + \frac{1}{2}\varphi(x - y\sqrt{-1}) +$$

$$+ \frac{1}{2\sqrt{-1}}\psi(x + y\sqrt{-1}) - \frac{1}{2\sqrt{-1}}\psi(x - y\sqrt{-1}),$$

$$\tag{90}$$

$$v = -\frac{1}{2\sqrt{-1}}\varphi(x + y\sqrt{-1}) + \frac{1}{2\sqrt{-1}}\varphi(x - y\sqrt{-1}) +$$

$$+ \frac{1}{2}\psi(x + y\sqrt{-1}) + \frac{1}{2}\psi(x - y\sqrt{-1}),$$

wobei φ und ψ Funktionen des komplexen Argumentes $z = x + y\sqrt{-1} = x + \mathrm{i}y$ sind.

[207] Es ist $P = \frac{\partial \Phi}{\partial x}$; $Q = \frac{\partial \Phi}{\partial y}$; $R = \frac{\partial \Phi}{\partial z}$.

[208] I. SZABÓ: *Höhere Technische Mechanik*, 5. Auflage (1972), S. 477. MORGENSTERN – SZABÓ: *Vorlesungen über Theor. Mechanik* (1961), S. 257 ff.

[209] Mémoires de l'Acad. des sciences de Berlin *11*, S. 316–361 (1755).

Natürlich ist die Kenntnis des Zusammenhanges zwischen der ebenen Potentialströmung inkompressibler Flüssigkeiten und komplexer Funktionen heute «Allgemeingut».

C. A. Truesdell, der in der Geschichte der Mechanik völlig neue Akzente setzte und insbesondere die gewaltigen Leistungen Eulers erkannte und zu würdigen verstand, schreibt [210]:

«Diese Eulersche Theorie der Flüssigkeiten besitzt eine kaum zu überschätzende Wichtigkeit. Ihre Grundgesetze wurden von Euler in Form einiger einfacher und schöner Gleichungen formuliert, die mit knapper Erklärung auf eine Postkarte geschrieben werden könnten. Es ist eine der tiefsinnigsten Seiten des Buches der Natur. Erstens war es die erste Formulierung einer Teilerfassung der Erfahrungswelt mit Hilfe des Modells des kontinuierlichen Feldes. Zweitens hat die ideale Flüssigkeit als Musterbeispiel oder Ausgangspunkt für viele spätere physikalische Modelle bis in die heutige Zeit gedient. Drittens ist ein ganz neuer Zweig der reinen Analysis, die Theorie der partiellen Differentialgleichungen, daraus entstanden. Dies sind alles verborgene, erst später bewiesene Folgerungen der Eulerschen Theorie.

In der Mechanik erscheint Euler nicht so sehr als Rechner oder Löser besonderer Probleme, vielmehr als der Schöpfer der Begriffe. Seine Leistungen in der Mechanik bilden einen Triumph der mathematischen Denkweise.»

---

[210] *Eulers Leistungen in der Mechanik*, Extrait de l'Enseignement mathématique *III*, fasc. 4 (1957).

F Geschichte der Theorie der zähen Flüssigkeiten

> Die Gelehrten sind die, welche in den
> Büchern gelesen haben. Die Denker, die Genies, die
> Welterleuchter und Förderer des Menschenge-
> schlechts sind aber die, welche unmittelbar im
> Buche der Welt gelesen haben.
> ARTHUR SCHOPENHAUER

1 Einleitende Bemerkungen

In ISAAC NEWTONS *Principia* (1687) befindet sich im II. Buch, Section IX (S. 373) die Hypothese:

«Der Widerstand, welcher der unvollkommenen Gleitfähigkeit der Flüssigkeitsteile entspringt, ist unter sonst gleichen Umständen derjenigen Geschwindigkeit proportional, mit der diese Teile sich voneinander trennen.»

In unserer heutigen Terminologie bedeutet diese Hypothese, daß bei den wirklichen, also viskosen oder zähen Flüssigkeiten in den Berührungsflächen der strömenden Teilchen bewegungshemmende Schubspannungen auftreten, die der Relativgeschwindigkeit proportional sind.

Im einfachsten Fall, bei der eindimensionalen Parallelströmung (Bild 113), ließe sich NEWTONS Hypothese mathematisch erfassen durch

$$\tau_{yx} = \mu \, \frac{\mathrm{d} v_x(y)}{\mathrm{d} y}. \tag{91}$$

Hierbei ist τ_{yx} die Schubspannung, μ eine Materialkonstante, der sogenannte Zähigkeitskoeffizient, $v_x = v_x(y)$ die Strömungsgeschwindigkeit und $\mathrm{d} v_x/\mathrm{d} y$ das der Relativgeschwindigkeit entsprechende Geschwindigkeitsgefälle.

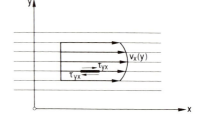

Bild 113
Schubspannungsverlauf in der eindimensionalen
Parallelströmung (Schichtenströmung).

Mit dem von NEWTON freilich nicht hingeschriebenen Ansatz (91) und dem Impulssatz läßt sich für den stationären Fall die Parallelströmung zwischen zwei parallelen Wänden oder in einem kreiszylindrischen Rohr leicht erfassen. Nehmen wir die Parallelströmung zwischen zwei Wänden. Ist p der Normaldruck, so muß – gemäß

Bild 114 – im stationären Zustand die Massenbeschleunigung verschwinden:
$\mathrm{d}\tau_{yx}\cdot\mathrm{d}x\cdot 1 - \mathrm{d}p\cdot\mathrm{d}y\cdot 1 = 0$.
Also gilt mit (91)

$$\frac{\mathrm{d}p}{\mathrm{d}x} = \frac{\mathrm{d}\tau_{yx}}{\mathrm{d}y} = \mu\,\frac{\mathrm{d}^2 v_x(y)}{\mathrm{d}y^2}.\tag{92}$$

Da die rechte Seite nur von y abhängt, kann $\mathrm{d}p/\mathrm{d}x$ ebenfalls nicht von x abhängen, aber auch nicht von y, da eine solche Abhängigkeit mit der Parallelströmung unvereinbar wäre. Das Druckgefälle muß also konstant sein:

$$\frac{\mathrm{d}p}{\mathrm{d}x} = \text{konst} = -\varGamma.\tag{93}$$

Damit folgt aus (92) und (93) nach Integration mit den Konstanten C_1 und C_2

$$v_x(y) = -\frac{\varGamma}{2\mu}(y^2 + C_1\,y + C_2),\tag{94}$$

also ein parabolisches Geschwindigkeitsprofil. Ähnliche Überlegungen liefern für ein kreiszylindrisches Rohr (mit der Radialkoordinate r):

$$v_x(r) = -\frac{\varGamma}{4\mu}(r^2 + C_3\log r + C_4).\tag{95}$$

Das sieht alles einfach aus; und heute ist es sogar selbstverständlich. Um so überraschender, insbesondere für den historisch nicht Bewanderten, dürfte sein, daß hundertfünfzig Jahre vergingen, bis NEWTONS Hypothese auf diese Weise ausgeschöpft wurde.

Bild 114
Flüssigkeitselement der Schichtenströmung mit Normal- und Schubspannungen.

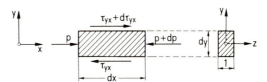

Bis dahin hatte man der inneren Flüssigkeitsreibung wenig Aufmerksamkeit geschenkt: den Widerstand fester Körper in Fluiden erfaßte man nach summarischen Gesetzen (meist mit der ersten oder zweiten Potenz der Geschwindigkeit), und den Energieverlust der strömenden Flüssigkeit schrieb man allein der Adhäsion an der Wand zu. So schreibt DANIEL BERNOULLI in seiner *Hydrodynamica* (1738) unter den Bemerkungen zu den Experimenten des III. Teils (S. 59):

«Diese enormen Unterschiede[211] schreibe ich zum größten Teil der Adhäsion des Wassers an den Rohrwänden zu, die in derartigen Fällen eine unglaubliche Wirkung auszuüben vermag.»[212]

[211] Nämlich zwischen der Theorie gemäß einer idealen Flüssigkeit und dem Experiment.
[212] Entnommen der verdienstvollen und fachlich ausgezeichneten Übersetzung der *Hydrodynamica* von K. FLIERL (München 1964).

2   NAVIERS Bewegungsgleichungen zäher Flüssigkeiten

Eine theoretische Untersuchung der Bewegung zäher Flüssigkeiten konnte erst in Angriff genommen werden, nachdem der allgemeine Spannungszustand in einem Kontinuum erfaßt worden war; das geschah 1821 durch A.L.CAUCHY (siehe Kapitel IV, Abschnitt C). Und in der Tat legte schon am 18.März 1822 L.M.H.NAVIER der Französischen Akademie in Paris seine Denkschrift *Mémoire sur les lois du mouvement des fluides* vor[213].

NAVIERS Betrachtungen ähneln denjenigen, die er bei der Aufstellung der Bewegungsgleichungen elastischer Körper praktiziert hatte[214]: sie basieren auf intermolekularen Wirkungen der Flüssigkeitsteilchen. Es wird die zwischen zwei «Molekülen» auftretende (abstoßende) Kraft $f(r)$ eingeführt; sie soll mit dem Abstand r «rapide» abnehmen. Die Untersuchung bzw. die Verwendung dieser neuartigen, bei der Bewegung auftretenden Molekularkräfte bildet das Hauptthema von NAVIERS Denkschrift. Er stellt zwischen zwei Molekülen eine zu ihrer Relativgeschwindigkeit V proportionale Wirkung fest. Eine impulsartige Störung führt zu einer Geschwindigkeitsvariation $\delta v = \{ \delta u; \delta v; \delta w\}$, der – unter dem Gesichtspunkt des d'Alembertschen Prinzips (in der Lagrangeschen Fassung) – die Arbeit («moment») $f(r)\,V\delta V$ entspricht. Die Relativgeschwindigkeit V und ihre Variation lassen sich aus den Abstandskoordinaten der Moleküle berechnen. Nach äußerst mühsamer Rechnung gelangt NAVIER für inkompressible Flüssigkeiten zur Bewegungsgleichung

$$P - \frac{\partial p}{\partial x} = \varrho \left(\frac{\partial u}{\partial t} + u\,\frac{\partial u}{\partial x} + v\,\frac{\partial u}{\partial y} + w\,\frac{\partial u}{\partial z} \right) - \varepsilon \left(\frac{\partial^2 u}{\partial x^2} + \frac{\partial^2 u}{\partial y^2} + \frac{\partial^2 u}{\partial z^2} \right) \qquad (96)$$

und zwei weiteren ähnlich gebauten Gleichungen für die y- bzw. z-Richtung. Diese drei Gleichungen, in denen der hydrostatische Druck p durch $f(r)$ in der Form

$$p = \frac{2\pi}{3} \int\limits_0^\infty r^3 f(r)\,\mathrm{d}r$$

gegeben ist, P, Q, R bzw. u, v, w die Massenkraft- bzw. Geschwindigkeitskomponenten und ϱ die Dichte bedeuten, sind von der üblichen Gestalt, aber die «Materialkonstante»

$$\varepsilon = \frac{8\pi}{30} \int\limits_0^\infty r^4 f(r)\,\mathrm{d}r$$

entzieht sich – schon wegen der dubiosen Funktion $f(r)$ und – insbesondere hinsichtlich der Gestaltsänderung eines Flüssigkeitselementes im Gegensatz zum Viskositätskoeffizienten in (91) vorläufig jeglicher anschaulichen Deutung. Die rechneri-

---

[213] Abgedruckt in den Mémoires de l'Acad. Roy. Sci. *VI*, S. 389–440 (1823).
[214] Siehe Kapitel IV, Abschnitt C.

schen Komplikationen und die mangelnde Anschauung werden noch erhöht durch die Verwendung einer weiteren Konstanten

$$E = \frac{4\pi}{6} \int\limits_0^\infty r^3 F(r) \, dr,$$

die zur Formulierung der Randbedingungen an den Behälterwänden benötigt wird. So lautet zum Beispiel bei einer Kreisrohrströmung NAVIERS Randbedingung

$$E u + \varepsilon \frac{du}{dr} = 0. \tag{97}$$

Diese Beziehung beinhaltet, daß die Relativgeschwindigkeit zwischen der ruhenden Wand und der Flüssigkeit proportional zur Schubspannung ist; demnach kann man E als Gleitkoeffizienten bezeichnen. Spätere Versuche ergaben[215], daß $\varepsilon/E = 0$ ist, daß also an der Wand kein Gleiten stattfindet; mit anderen Worten und etwas verallgemeinernd: die Flüssigkeit nimmt an der Wand deren Geschwindigkeit an.
Die vorläufige Misere mit der Natur seiner Konstanten ε und E versucht NAVIER – nach erfolgreicher Formulierung der Randbedingungen – zu mildern, indem er bei einem unnötigerweise sehr speziellen Fall ε und E folgendermaßen deutet[216]: In einer ebenen Parallelströmung mit einem solchen linearen Geschwindigkeitsprofil, bei dem der Querdifferenz Eins die Geschwindigkeitsdifferenz Eins entspricht, ist ε der in Krafteinheiten ausgedrückte Widerstand gegenüber der Gleitung zweier Schichten von der Fläche Eins. Diese Deutung entspricht in der Tat dem Viskositätskoeffizienten μ in (91); nur ist sie sehr speziell gefaßt. Ebenso ist nach NAVIER E der entsprechende Widerstand des Gleitens an der Wand.
Im IV. Abschnitt (S. 417 ff.) der Denkschrift bringt NAVIER auch drei Anwendungsbeispiele seiner Theorie: instationäre, eindimensionale Strömungen in einem rechteckigen bzw. kreiszylindrischen Rohr und die stationäre Strömung in einem offenen Kanal (Flußbett). Die beiden ersten Fälle führen (mit den Konstanten A und B) auf die Differentialgleichungen

$$\varrho \frac{\partial u}{\partial t} = A + \varepsilon \left(\frac{\partial^2 u}{\partial x^2} + \frac{\partial^2 u}{\partial y^2} \right) \text{ bzw. } \varrho \frac{\partial u}{\partial t} = B + \varepsilon \left(\frac{\partial^2 u}{\partial r^2} + \frac{1}{r} \frac{\partial u}{\partial r} \right),$$

hinsichtlich deren Lösung NAVIER (ohne Namensnennung) auf FOURIERS *Théorie analytique de la chaleur* (1822) hinweist; dort werden diese partiellen Differentialgleichungen vom parabolischen Typus als die der Wärmeleitung – mit zu (97) ähnlichen Randbedingungen – behandelt.
Bei der Strömung in kreiszylindrischen Rohren kommt NAVIER auf die Experimente von P. S. GIRARD (1765–1836) mit der Strömung diverser Flüssigkeiten in Kapilla-

[215] WEBER – GANS: *Repertorium der Physik*, Bd. 1 (1915), S. 354–355.
[216] Seite 416 der in Fußnote 213 angeführten Denkschrift.

ren[217] zu sprechen und schreibt (S.432), daß «die vorliegende Theorie, die für die mittlere Strömungsgeschwindigkeit eine Proportionalität zum Rohrradius liefert, im vollkommenen Einklang steht mit den grundsätzlichen Ergebnissen der beachtenswerten Experimente des Herrn GIRARD über den Ausfluß diverser Flüssigkeiten durch Kapillartuben.»

In einer langen Fußnote (S.432–433) versucht NAVIER, seine Behauptung auch numerisch zu rechtfertigen. Nun ist aber «das grundsätzliche Ergebnis» von GIRARDS Experimenten, daß die durch die Ausflußmenge meßbare mittlere Geschwindigkeit $\bar{u}$ dem Kapillarradius proportional ist. Zu diesem Schluß kam GIRARD durch die Annahme, daß der Reibungswiderstand an der Röhrenwand sitzt, so daß seine Wirkung zum Radius (oder Durchmesser) der Röhren proportional ist. Die Unrichtigkeit dieser Annahme haben G.HAGEN (1797–1884), J.L.M.POISEUILLE (1799–1869) und E.HAGENBACH (1833–1910) experimentell nachgewiesen[218]. (Die dabei von HAGEN und HAGENBACH angestellten theoretischen Überlegungen sind nicht immer ganz einwandfrei.) Im Gegensatz zu GIRARD ergaben die Messungen dieser drei Forscher, daß die mittlere Geschwindigkeit zum Quadrat des Rohrradius proportional ist. In heutiger Schreibweise gilt

$$\bar{u} = \frac{\Gamma a^2}{8\mu},$$

(98)

wobei Γ und μ gemäß (93) und (91) definierte Konstanten sind und a den Rohrradius bedeutet.

Etwas vorgreifend sei hier schon vermerkt, daß die erste, theoretisch einwandfreie und alle Zusammenhänge (wie Geschwindigkeitsprofil, Randbedingung an der Wand, mittlere Geschwindigkeit, Berücksichtigung des Energieverlustes infolge knickartiger Einmündung der Flüssigkeitsstrahlen aus dem Gefäß ins Rohr usw.) erfassende Lösung der stationären Strömung zäher Flüssigkeiten im kreiszylindrischen Rohr von FRANZ NEUMANN (1798–1895) gegeben wurde[219].

Nach den kritischen Worten zu NAVIERS Denkschrift sind als Abschluß einige Worte der Anerkennung und Bewunderung angebracht:

NAVIER war der Erste, der den Mut besaß, das für die damalige Zeit völlig neuartige Problem aufzugreifen. Seine Methode der Molekulartheorie ist uns – als Anhängern der Kontinuumsmechanik – heute fremd: damals stand sie im Vordergrund. Zu bewundern bleibt NAVIERS Perfektion im Kalkül, die richtige Erkenntnis der Rolle der Relativgeschwindigkeit der Flüssigkeitselemente gegeneinander und schließlich «die rettende Deutung» des Viskositätskoeffizienten $\varepsilon = \mu$. Er stellte immerhin die Glei-

---

[217] *Mouvement des fluides dans les tubes capillaires*, abgedruckt in den Mémoires de l'Institut *1813, 1814, 1815* und *1816*.

[218] Diese, durch Experimentierkunst beeindruckenden Arbeiten aus den Jahren 1839, 1843 und 1860 wurden – mit vorzüglichen Bemerkungen von L.SCHILLER – in Ostwalds Klassiker als Nr.237 abgedruckt.

[219] In einer Vorlesung im WS 1859/60; abgedruckt in seiner *Einleitung in die theoretische Physik* (1883), S.246–264.

chungen auf, nach denen sich diejenigen zu richten hatten, die in der Folgezeit das Problem mit anderen Methoden behandelten: sie wußten nun, welche Gleichungen (mit anderen Methoden) herzuleiten waren!

3   SAINT-VENANTS **Beschreibung des Spannungszustandes in einer zähen Flüssigkeit**

Im Jahre 1831, also neun Jahre nach NAVIERS Denkschrift, publizierte S. D. POISSON seine *Mémoire sur les équations générales de l'équilibre et du mouvement des corps solides élastiques et des fluides*[220]. Darin behandelt POISSON auch die Bewegung zäher Flüssigkeiten; wie in der Elastizitätstheorie geht er – mit NAVIER konkurrierend – molekulartheoretisch vor. Hinsichtlich der Endergebnisse bringt diese Arbeit gegenüber der Navierschen jedoch nichts Neues.

Eine Wende in der Theorie zäher Flüssigkeiten brachte die der Französischen Akademie am 14. April 1834 von B. DE SAINT-VENANT (1797–1886) vorgelegte Denkschrift *Mémoire sur la dynamique des fluides*[221]. Einleitend weist DE SAINT-VENANT (Bild 115) darauf hin[222], daß die Theorie der Flüssigkeitsbewegung ohne die Annahme abstoßender oder anziehender Kräfte zwischen den Molekülen zu meistern ist: maßgebend sind nach seiner Ansicht vielmehr die Relativgeschwindigkeiten der Flüssigkeitsteilchen. Mit dieser Hypothese, und mit dem von CAUCHY geschaffenen Bild des Spannungszustandes in einem Kontinuum ist man imstande, die Theorie neu zu fundieren. SAINT-VENANT geht von folgenden Grundsätzen aus:

1. Die (cartesischen) Schubspannungskomponenten p_{xy}, p_{xz}, p_{yz} sind die maßgeblichen Größen für die innere Reibung.

2. Die Ableitungen $\dfrac{\partial u}{\partial y}, \dfrac{\partial v}{\partial x}; \dfrac{\partial u}{\partial z}, \dfrac{\partial w}{\partial x}; \dfrac{\partial v}{\partial z}, \dfrac{\partial w}{\partial y}$ der Geschwindigkeitskomponenten u, v, w entsprechen gewissen Relativgeschwindigkeiten zwischen zwei benachbarten Elementen. So ist $\partial u/\partial y$ die Relativgeschwindigkeit zwischen zwei benachbarten und zur x-Achse parallelen Flächenelementen der unbewegten x, z-Ebene.

3. Als Gleitgeschwindigkeiten («les vitesses de glissement») in der x, y-, x, z- und y, z-Ebene werden die Größen

$$g_{xy} = \frac{\partial u}{\partial y} + \frac{\partial v}{\partial x}; \quad g_{xz} = \frac{\partial u}{\partial z} + \frac{\partial w}{\partial x}; \quad g_{yz} = \frac{\partial v}{\partial z} + \frac{\partial w}{\partial y} \qquad (99)$$

eingeführt.

4. Befindet sich die Flüssigkeit in Ruhe, so verschwinden die Schubspannungen und es werden nur Normalspannungen auftreten; sie sind gleich dem richtungsunabhängigen hydrostatischen Druck $-p$.

[220] Journal de l'Ecole Polytechnique *13*, S. 1–174 (1831, Cahier XX).
[221] Eine «Note» darüber in Comptes Rendus, *17*, S. 1240–1243 (1843).
[222] Wobei er sicherlich NAVIER und POISSON meint.

5. In bewegten zähen Flüssigkeiten treten die – durch innere Reibung bedingten – Schubspannungen in Richtung der Gleitungen auf und sind der Gleitgeschwindigkeit proportional:

$$p_{xy} = \varepsilon \left(\frac{\partial u}{\partial y} + \frac{\partial v}{\partial x} \right); \quad p_{xz} = \varepsilon \left(\frac{\partial u}{\partial z} + \frac{\partial w}{\partial x} \right); \quad p_{yz} = \varepsilon \left(\frac{\partial v}{\partial z} + \frac{\partial w}{\partial y} \right). \tag{100}$$

«Dies ist die einzige Hypothese, die ich mache», schreibt SAINT-VENANT. Diese der Kontinuumsmechanik angemessene Hypothese ist aber grundlegend und die einzig mögliche Erweiterung des Schubspannungsansatzes (91).
Hinsichtlich der Normalspannungen p_{xx}, p_{yy}, p_{zz} wurde im vierten Grundsatz festgestellt, daß der Druckzustand in ruhenden Flüssigkeiten durch den richtungsunabhängigen hydrostatischen Druck $-p$ beschrieben wird: er ist dann für den Bewegungszustand entsprechend zu ergänzen. Hier greift SAINT-VENANT auf das

Bild 115
BARRÉ DE SAINT-VENANT (1797–1886).

Muster der Beschreibung des Spannungszustandes in einem elastischen Kontinuum zurück. Die betreffende Stelle ist in CAUCHYS *Exercices de mathématiques* 3, S.186 (1828) zu finden. Dort werden die Ableitungen der Verschiebungskomponenten ξ, η, ζ mit den beiden elastischen Konstanten k und K zu den Normal- und Schubspannungskomponenten

$$p_{xx} = 2\,k\,\frac{\partial \xi}{\partial x} + K\left(\frac{\partial \xi}{\partial x} + \frac{\partial \eta}{\partial y} + \frac{\partial \zeta}{\partial z}\right) \text{usw.} \quad p_{xy} = k\left(\frac{\partial \xi}{\partial y} + \frac{\partial \eta}{\partial x}\right) \text{usw.} \quad (101)$$

verknüpft (siehe auch Kapitel IV, Abschnitt C, Ziffer 3).

Nun ersetzt SAINT-VENANT in (101) die Verschiebungskomponenten durch die Geschwindigkeitskomponenten, und die Rolle des Schubmoduls k übernimmt der Viskositätskoeffizient $\mu = \varepsilon$. Ergänzt man noch gemäß Grundsatz 4 die Normalspannungen durch $-p$ und schreibt an Stelle von K als zweite Viskositätskonstante λ, so wäre der Spannungszustand durch

$$p_{xx} = -p + 2\,\varepsilon\,\frac{\partial u}{\partial x} + \lambda\left(\frac{\partial u}{\partial x} + \frac{\partial v}{\partial y} + \frac{\partial w}{\partial z}\right) \text{usw.}$$

$$p_{xy} = \varepsilon\left(\frac{\partial u}{\partial y} + \frac{\partial v}{\partial x}\right) \text{usw.}$$

$$\quad (102)$$

beschrieben. Für inkompressible Flüssigkeiten müßte man

$$\Theta = \frac{\partial u}{\partial x} + \frac{\partial v}{\partial y} + \frac{\partial w}{\partial z} = 0 \quad (103)$$

setzen. Insbesondere für diesen Fall liefert das Newtonsche Grundgesetz

$$P + \frac{\partial p_{xx}}{\partial x} + \frac{\partial p_{yx}}{\partial y} + \frac{\partial p_{zx}}{\partial z} = \varrho\,\frac{\mathrm{d}u}{\mathrm{d}t} \equiv \varrho\left(\frac{\partial u}{\partial t} + u\,\frac{\partial u}{\partial x} + v\,\frac{\partial u}{\partial y} + w\,\frac{\partial u}{\partial z}\right) \text{usw.}$$

wieder NAVIERS Gleichungen (96). Für kompressible Fluide erhielte man dagegen

$$\varrho\,\frac{\mathrm{d}u}{\mathrm{d}t} = P - \frac{\partial p}{\partial x} + \varepsilon\left(\frac{\partial^2 u}{\partial x^2} + \frac{\partial^2 u}{\partial y^2} + \frac{\partial^2 u}{\partial z^2}\right) + (\varepsilon + \lambda)\,\frac{\partial}{\partial x}\left(\frac{\partial u}{\partial x} + \frac{\partial v}{\partial y} + \frac{\partial w}{\partial z}\right) \text{usw.}$$

$$\quad (104)$$

Für inkompressible Flüssigkeiten folgt aus den ersten drei Gleichungen von (102)

$$-p = \frac{1}{3}\,(p_{xx} + p_{yy} + p_{zz});$$

das heißt der hydrostatische Druck ist das arithmetische Mittel der Normalspannungskomponenten.

Noch einige Bemerkungen zu SAINT-VENANTS Spannungstensor:

1. Er ist gemäß (102) symmetrisch ($p_{xy} = p_{yx}$ usw.); er muß es auch aus Gleichgewichtsgründen sein. Aus dieser Forderung folgt ferner, daß die Verallgemeinerung von (91) – wie schon bemerkt – auf die einzig mögliche Weise vollzogen wurde: der

Spannungstensor muß dem symmetrischen Tensor der Gleit- oder Deformations-
geschwindigkeit proportional sein. Zunächst wäre nämlich auch eine Verallgemeinerung von (91) im Sinne von

$$p_{xy} = \varepsilon \left(\frac{\partial u}{\partial y} - \frac{\partial v}{\partial x} \right)$$

denkbar, aber der Tensor der sogenannten «Wirbelung», also des Vektors der Winkelgeschwindigkeit [223]

$$\mathbf{w} = \frac{1}{2} \operatorname{rot} \{u; v; w\} =$$

$$= \frac{1}{2} \left\{ \left(\frac{\partial w}{\partial y} - \frac{\partial v}{\partial z} \right); \left(\frac{\partial u}{\partial z} - \frac{\partial w}{\partial x} \right); \left(\frac{\partial v}{\partial x} - \frac{\partial u}{\partial y} \right) \right\} = \{\alpha; \beta; \gamma\}, \tag{105}$$

ist antisymmetrisch, und damit wäre auch der Spannungstensor asymmetrisch.

2. Die Summe der Normalspannungen

$$p_{xx} + p_{yy} + p_{zz} = -3p + (2\varepsilon + 3\lambda)\left(\frac{\partial u}{\partial x} + \frac{\partial v}{\partial y} + \frac{\partial w}{\partial z} \right) \tag{106}$$

ist (wie bei jedem symmetrischen Tensor zweiter Stufe) invariant.

3. Bei SAINT-VENANT findet sich kein Hinweis darauf, daß er die Anregung zu seinem Schubspannungsansatz aus NEWTONS Hypothese geschöpft hätte.
Aus den auf S. 1242–1243 seiner «Note» gemachten Ausführungen geht hervor, daß
SAINT-VENANT die Rolle und die Größe der maßgeblichen Geschwindigkeiten der
Relativbewegung der Flüssigkeit in der Umgebung eines Punktes klar erkannte und
daraus die entsprechenden Konsequenzen zog. Insbesondere war ihm also bekannt,
daß die Geschwindigkeitskomponenten eines Punktes $(x + \xi, y + \eta, z + \zeta)$ gegenüber
einem benachbarten (x, y, z) in (linearer) Annäherung durch

$$u' = a\xi + h\eta + g\zeta - \gamma\eta + \beta\zeta;$$

$$v' = h\xi + b\eta + f\zeta - \alpha\zeta + \gamma\xi; \tag{107}$$

$$w' = g\xi + f\eta + c\zeta - \beta\xi + \alpha\eta$$

gegeben sind; hier bedeuten

$$a = \frac{\partial u}{\partial x}; \quad b = \frac{\partial v}{\partial y}; \quad c = \frac{\partial w}{\partial z};$$

$$2f = \frac{\partial w}{\partial y} + \frac{\partial v}{\partial z}; \quad 2g = \frac{\partial u}{\partial z} + \frac{\partial w}{\partial x}; \quad 2h = \frac{\partial v}{\partial x} + \frac{\partial u}{\partial y};$$

$$2\alpha = \frac{\partial w}{\partial y} - \frac{\partial v}{\partial z}; \quad 2\beta = \frac{\partial u}{\partial z} - \frac{\partial w}{\partial x}; \quad 2\gamma = \frac{\partial v}{\partial x} - \frac{\partial u}{\partial y}. \tag{108}$$

---

[223] I. SZABÓ: *Höhere Technische Mechanik*, 5. Auflage (1972), S. 434–435.

Der Vollständigkeit halber geben wir hier noch SAINT-VENANTS eigenartige, mit den Gleichungen (102) in Einklang stehende Formulierungen von Zusammenhängen zwischen den Spannungskomponenten wieder:

$$\frac{p_{xx} - p_{yy}}{2\left(\dfrac{\partial u}{\partial x} - \dfrac{\partial v}{\partial y}\right)} = \frac{p_{xx} - p_{zz}}{2\left(\dfrac{\partial u}{\partial x} - \dfrac{\partial w}{\partial z}\right)} = \frac{p_{yy} - p_{zz}}{2\left(\dfrac{\partial v}{\partial y} - \dfrac{\partial w}{\partial z}\right)} = \tag{109}$$

$$= \frac{p_{xy}}{\dfrac{\partial u}{\partial y} + \dfrac{\partial v}{\partial x}} = \frac{p_{xz}}{\dfrac{\partial u}{\partial z} + \dfrac{\partial w}{\partial x}} = \frac{p_{yz}}{\dfrac{\partial v}{\partial z} + \dfrac{\partial w}{\partial y}} = \varepsilon = \mu.$$

Wir fassen SAINT-VENANTS Theorem zusammen: Der Spannungszustand, dargestellt durch den Spannungstensor, in einem Punkte einer zähen und inkompressiblen Flüssigkeit setzt sich aus zwei Anteilen zusammen: 1. aus dem hydrostatischen (Normal-)Druck $-p$, der der Ruhe entspricht, und 2. aus einem Zusatztensor, von dem a) die Summe der Normalspannungen verschwindet und b) die Schubspannungskomponenten – gemäß (100) – den Gleitgeschwindigkeiten proportional sind.

4   Die Theorie zäher Flüssigkeiten von STOKES

Die Ausführungen der vorangehenden Ziffer über SAINT-VENANTS Akademieschrift haben gezeigt, daß die Bewegungsgleichungen zäher Flüssigkeiten nun fundiert waren, auch wenn man die Prinzipien der Kontinuumsmechanik als Maßstab anlegt. Hinsichtlich der Namensgebung hätten NAVIER und DE SAINT-VENANT fungieren müssen. Trotzdem spricht und schreibt man heute von den «Navier-Stokesschen Bewegungsgleichungen»: daß dies nicht ganz berechtigt ist, werden – glaube ich – die folgenden Ausführungen zeigen.

GEORGE GABRIEL STOKES' (1819–1903) diesbezügliche Arbeit *On the Theories of the Internal Friction of Fluids in Motion* ist vom 14. April 1845 datiert und wurde im selben Jahr gedruckt[224]. Die Einreichdaten der Schriften von SAINT-VENANT und STOKES (Bild 116) liegen «zu Gunsten» von SAINT-VENANT fast auf den Tag elf Jahre auseinander. Gedruckt wurde die «Note» von SAINT-VENANT allerdings nur etwa zwei Jahre vor der Publikation von STOKES.

STOKES schreibt im einleitenden Teil, daß er die für den inkompressiblen Fall gültigen Bewegungsgleichungen

$$\varrho \frac{du}{dt} - P + \frac{\partial p}{\partial x} - \mu \left(\frac{\partial^2 u}{\partial x^2} + \frac{\partial^2 u}{\partial y^2} + \frac{\partial^2 u}{\partial z^2}\right) = 0 \quad \text{usw.} \tag{110}$$

[224] Transact. Cambridge Phil. Soc. *1845*, S. 287–305; auch in den Math. and Phys. Papers *1*, S. 75ff. (1880).

hergeleitet habe, als er entdeckt hatte («found»), daß POISSON über denselben Gegenstand eine Denkschrift (siehe Fußnote 220) verfaßt habe. STOKES schreibt: «Die
Methode, welche er [POISSON] anwendet, unterscheidet sich jedoch dermaßen von
meiner, daß ich es gerechtfertigt fand, die meine der Gesellschaft vorzulegen.» Und
hier, an das Wort «Society», hängt er folgende Fußnote an: «Dieselben Gleichungen
im Falle der Inkompressibilität erhielt auch NAVIER, aber seine Prinzipien differieren
von meinen noch mehr als die von POISSON.» Aus dieser Fußnote geht leider nicht
hervor, ob er NAVIERS – zweiundzwanzig Jahre früher publizierte – Arbeit auch erst
nach der Herleitung seiner Formeln (110) gefunden hatte. SAINT-VENANTS – zwei Jahre
vorher gedruckte – «Note» erwähnt STOKES nicht. Wir unterstellen, daß er sie nicht
gekannt hat; und das war für ihn ein glücklicher Umstand, denn gegenüber DE SAINT-
VENANT hätte er schwerlich von «dermaßen verschiedenen Methoden» schreiben
können.

Bild 116
GEORGE GABRIEL STOKES (1819–1903).

Die Arbeit von STOKES ist in vier Abschnitte unterteilt; der erste (S. 289–305) enthält die Theorie zäher Flüssigkeiten. An die Spitze seiner Betrachtungen stellt STOKES das folgende Prinzip:

«Die Differenz zwischen dem Druck auf eine Fläche, die in gegebener Richtung, durch einen, in bewegter Flüssigkeit befindlichen Punkt P gelegt wird und dem Druck, welcher in allen Richtungen in P auftreten würde, wenn die Flüssigkeit sich in relativer Ruhe befände, ist allein abhängig von der Relativbewegung der Flüssigkeit in der Umgebung von P; die von irgendeiner Drehung herrührende Relativbewegung kann ohne Beeinträchtigung der erwähnten Druckdifferenz ausgeschlossen werden.»

Im Gegensatz zu SAINT-VENANT, der seine «Hypothese» (daß nämlich die Schubspannungen den Gleitgeschwindigkeiten proportional sind) gleich im Sinne der Mathematik ausspricht, läßt STOKES seinem «Prinzip» seitenlange (S. 290–305)[225] geometrisch-kinematische, mit immer neuen Hypothesen überladene Betrachtungen folgen. (Dabei geht es nicht immer einwandfrei zu. So wird bei der Dilatation auf S. 294 aus der Isotropie auf einen mittleren Zusatzdruck $p_1 = 0$ geschlossen, und das ist falsch, denn ein isotroper Zusatzdruck $p_1 \neq 0$ bedeutet keinen Widerspruch!) Der Sinn dieser langatmigen Ausführungen ist, wie sein Landsmann A. E. H. LOVE (1863–1940) schreibt[226], «daß man auf dieselben Resultate [wie SAINT-VENANT!] auch bei der Annahme kommt, daß in dem [zum hydrostatischen] zusätzlichen Spannungssystem die sechs Spannungskomponenten lineare Funktionen der Größen[227] $a,b,c; f,g,h$ seien.»

STOKES glaubt, diese Linearität auch durch molekular-theoretische Betrachtungen untermauern zu können. Aber, «der überzeugendste Beweis», schreibt LOVE weiter, «zu Gunsten der angenommenen linearen Beziehung liegt ohne Zweifel in der Übereinstimmung zwischen den Resultaten, die aus ihr und exakten Beobachtungen abgeleitet sind». Die Feststellung solcher Übereinstimmung war STOKES allerdings versagt, obwohl zur Zeit der Abfassung seiner Denkschrift (1845) HAGEN (1839) und POISEUILLE (1843) ihre experimentellen Ergebnisse schon publiziert hatten: Sie waren STOKES unbekannt! Er kannte, wie wir noch sehen werden, andere, aber falsche Meßergebnisse!

Unter den von STOKES eingeführten Hypothesen muß diejenige ausdrücklich erwähnt werden, mit der die zweite Zähigkeitskonstante λ in den Gleichungen (102) eliminiert wird. Aus (102) erhält man für die Summe der Normalspannungen

$$p_{xx} + p_{yy} + p_{zz} = -3p + (2\varepsilon + 3\lambda)\left(\frac{\partial u}{\partial x} + \frac{\partial v}{\partial y} + \frac{\partial w}{\partial z}\right).$$

Soll nun auch bei kompressiblen Fluiden, also – im Gegensatz zu (103) – für $\Theta \neq 0$ der hydrostatische Druck $-p$ wiederum gleich dem arithmetischen Mittelwert der

---

[225] Das sind sechs kleinbedruckte DIN-A-4 Seiten!
[226] Enzyklopädie der Math. Wiss., *IV*, Nr. 2, S. 69.
[227] Siehe die Gleichungen (108).

Normalspannungen, also

$$-p = \frac{1}{3}\left(p_{xx} + p_{yy} + p_{zz}\right)$$

sein, so ist

$$\lambda = -\frac{2}{3}\varepsilon = -\frac{2}{3}\mu \tag{111}$$

zu fordern. Diese Forderung ist sicherlich hypothetisch, denn es ist nicht ausgeschlossen, daß der mittlere Normaldruck in kompressiblen Fluiden von der Expansionsgeschwindigkeit abhängt und nicht mit dem Druck im Ruhezustand identisch ist. Andererseits ist aber λ meßtechnisch schwer zu erfassen, denn dazu wäre die theoretische Kenntnis des in der Meßapparatur verwirklichten Strömungsvorganges notwendig. Solche realisierbaren theoretischen Lösungen unter Berücksichtigung des Einflusses von λ sind aber bis jetzt nicht bekannt. Eine Analyse der bisher verwandten Meßverfahren für μ zeigt überdies, daß sie dem vereinfachten Ansatz (91) entsprechen; daher kann noch nicht einmal heute von einem experimentellen Nachweis der Gültigkeit der Navier-Stokesschen Gleichungen gesprochen werden. Zum Wert von λ wäre vielleicht noch zu bemerken, daß aus der Forderung des positiven Charakters des Energieverlustes infolge innerer Reibung die Abschätzung

$$\lambda > -\frac{2}{3}\mu$$

hervorgeht [228].

Behält man also die Gleichung (111) bei, so ergibt sich für den Spannungstensor

$$p_{xx} = -p + \frac{2}{3}\mu\frac{\partial u}{\partial x} - \frac{2}{3}\mu\left(\frac{\partial u}{\partial x} + \frac{\partial v}{\partial y} + \frac{\partial w}{\partial z}\right) \text{ usw.},$$

$$p_{xy} = \mu\left(\frac{\partial u}{\partial y} + \frac{\partial v}{\partial x}\right) \text{ usw.} \tag{112}$$

Mit diesen Spannungskomponenten schreibt STOKES das Eulersche Impulsgesetz für ein Massenelement hin (und nennt es «D'ALEMBERTS Prinzip»!). Das Resultat ist

$$\varrho\frac{\mathrm{d}u}{\mathrm{d}t} = P - \frac{\partial p}{\partial x} + \mu\left(\frac{\partial^2 u}{\partial x^2} + \frac{\partial^2 u}{\partial y^2} + \frac{\partial^2 u}{\partial z^2}\right) + \frac{\mu}{3}\frac{\partial}{\partial x}\left(\frac{\partial u}{\partial x} + \frac{\partial v}{\partial y} + \frac{\partial w}{\partial z}\right) \text{ usw.} \tag{113}$$

Bis auf das ohnehin dubiose letzte Glied sind das die Gleichungen von NAVIER und SAINT-VENANT.
Der mühsame Umweg von STOKES ist um so erstaunlicher, da er NEWTONS Hypothese – in sicherlich ungewollter Überheblichkeit – als mit der seinen «übereinstimmend»

---

[228] D. MORGENSTERN – I. SZABÓ: *Vorlesungen über Theoretische Mechanik* (1961), S. 221–222.

ansieht. Wir haben aber gesehen, daß NEWTONS Hypothese nur eine widerspruchsfreie Verallgemeinerung zuläßt: nämlich die gemäß den Gleichungen (102).

Am Ende seiner Betrachtungen bringt STOKES als Anwendungsbeispiel die stationäre Strömung in einem gegenüber der Horizontalen unter dem Winkel α geneigten kreiszylindrischen Rohr (op. cit. S. 305). Unter der alleinigen Wirkung der Schwerkraft erhält er für das Geschwindigkeitsprofil

$$u(r) = \frac{\varrho\, g \sin \alpha}{4\,\mu}\,(a^2 - r^2) + U. \tag{114}$$

Hierbei ist a der Rohrradius und U «die Geschwindigkeit der Flüssigkeit in Wandnähe»; auf diesen merkwürdigen Begriff kommen wir am Ende dieser Ziffer noch zurück. Merkwürdiger- oder vielleicht bezeichnenderweise unterläßt es STOKES, die Formel (114) zur Berechnung der sekundlichen Durchflußmenge, also nach den heutigen Erkenntnissen von

$$M = \int_{r=0}^{a} 2\,\pi\, r\,[u(r) - U]\,\mathrm{d}r = \frac{\pi\,\varrho\, g \sin \alpha}{8\,\mu}\,a^4, \tag{115}$$

zu verwenden.

Ebenso unterläßt er die Berechnung der mittleren Geschwindigkeit

$$\bar{u} = \frac{M}{\pi a^2} = \frac{\varrho\, g \sin \alpha}{8\,\mu}\,a^2. \tag{116}$$

Diese – nicht gelieferten – Resultate hätten ihn zum Vergleich mit experimentellen Ergebnissen gezwungen. Ihm waren aber nur die falschen Meßergebnisse von BOSSUT und DUBUAT bekannt, und von ihnen stellte er schon auf S. 300 fest, daß sie mit seinen Resultaten «nicht vollständig» übereinstimmen. L. SCHILLER ist der Ansicht [229], daß gerade diese Diskrepanz STOKES veranlaßte, seine Formel (114) nicht weiter auszuschöpfen und insbesondere die Durchflußformel (115) nicht herzuleiten, die, im Gegensatz zum quadratischen Gesetz von BOSSUT und DUBUAT, eine Proportionalität zur vierten Potenz des Rohrradius beinhaltet. Die wegen der Unstimmigkeit mit DUBUATS Messungen auftretende Konsternation, die nicht gerade für STOKES' Überzeugung von der Richtigkeit seiner Ansichten spricht, äußert sich auch bei seinen langatmigen Überlegungen hinsichtlich der Randbedingungen an den Gefäßwänden (S. 298–301). Er argumentiert überzeugend für die Hafthypothese, die aber – wegen der Ergebnisse von DUBUAT! – wieder verworfen wird. Deswegen ist er bei der Rohrströmung auf S. 304–305 gezwungen, von der «Geschwindigkeit U der Flüssigkeit in Wandnähe» zu sprechen; in diesem Sinne ist seine Formel (114) zu verstehen.

---

[229] Siehe S. 83 des in Fußnote 218 zitierten Werkes.

5 Über Lösungen der Navier-Stokesschen Bewegungsgleichungen

Geschlossene, also durch bekannte Funktionen darstellbare Lösungen der Navier-Stokesschen Bewegungsgleichungen sind für den allgemeinen, das heißt räumlichen und instationären Fall nicht bekannt. Die Differentialgleichungen der Bewegung haben speziell für inkompressible Fluide, wenn man in (96) die sogenannte kinematische Zähigkeit

$$\nu = \frac{\varepsilon}{\varrho} = \frac{\mu}{\varrho} \tag{117}$$

einführt, und die Massenkraft $X = P/\varrho$ auf die Volumeneinheit bezieht, die Form

$$\frac{\mathrm{d}u}{\mathrm{d}t} = \frac{\partial u}{\partial t} + u\frac{\partial u}{\partial x} + v\frac{\partial u}{\partial y} + w\frac{\partial u}{\partial z} =$$

$$= X - \frac{1}{\varrho}\frac{\partial p}{\partial x} + \nu\left(\frac{\partial^2 u}{\partial x^2} + \frac{\partial^2 u}{\partial y^2} + \frac{\partial^2 u}{\partial z^2}\right) \text{usw.} \tag{118}$$

und sind somit nicht-linear.

Eine wesentliche Vereinfachung ergibt sich, wenn die Strömung hinsichtlich der Geschwindigkeit eindimensional oder, wie man auch sagt, eine Schichtenströmung ist. Dann kann man etwa $u = u(y, z)$, $v \equiv 0$, $w \equiv 0$ setzen, so daß von den drei Komponentengleichungen (118) nur die eine

$$\frac{\mathrm{d}u}{\mathrm{d}t} = X - \frac{1}{\varrho}\frac{\partial p}{\partial x} + \nu\left(\frac{\partial^2 u}{\partial y^2} + \frac{\partial^2 u}{\partial z^2}\right) \tag{119}$$

übrigbleibt. Diese Differentialgleichung ist linear und vom parabolischen Typus, wie die der Wärmeleitung, deren Lösungstheorie weitgehend ausgeschöpft ist. Auf dieser Basis hat – wie schon erwähnt – NAVIER begonnen, Lösungen anzugeben.

Für die stationäre Schichtenströmung sind eine Reihe exakter Lösungen bekannt. Einige sind schon in Ziffer 1 angeführt worden, wie zum Beispiel die Strömung zwischen zwei parallelen Wänden und in einem kreiszylindrischen Rohr unter konstantem Druckgefälle. Auch für ein Rohr mit elliptischem Querschnitt läßt sich die Lösung angeben[230].

Eine weitere exakte stationäre Lösung existiert für die Strömung zwischen zwei unendlich langen, konzentrischen Kreiszylindern, die sich mit unterschiedlichen, konstanten Winkelgeschwindigkeiten gegeneinander drehen[231]: das ist die sogenannte Couette-Strömung[232]. Auch die Lösung für die axiale Strömung zwischen zwei konzentrischen Kreiszylindern, die mit konstanten Relativgeschwindigkeiten gegeneinander bewegt werden[233], ist bekannt.

[230] I. SZABÓ: *Repertorium und Übungsbuch der Technischen Mechanik*, 3. Aufl. (1972), S. 252–254.

[231] Siehe S. 226 des in Fußnote 228 zitierten Werkes.

[232] Genannt nach MAURICE FR. A. COUETTE (1858–1943).

[233] Siehe S. 227 des in Fußnote 228 zitierten Werkes.

Eine weitere Klasse exakter, stationärer Lösungen hat GEORG HAMEL angegeben [234]. Es handelt sich um die ebene Strömung zwischen zwei Wänden, die unter dem Winkel α zusammenlaufen.

Zu den Näherungslösungen der Navier-Stokesschen Bewegungsgleichungen sind einige Bemerkungen vorauszuschicken.

Daß bei einer Schichtenströmung ein Umschlagen von der sogenannten laminaren Strömung (in parallelen Stromlinien) in die sogenannte turbulente Strömung stattfinden kann, hat schon G. HAGEN im Jahre 1839 experimentell festgestellt. Er schreibt [235]:

«Diese Gesetze gelten indessen nur solange, als der Widerstand groß genug ist, um die ganze in der Röhre befindliche Wassermenge noch in Spannung zu halten, so daß der Wasserdruck unmittelbar übertragen werden kann. Sobald aber diese Gränze überschritten wird, was bei allen größeren Wasserleitungen geschieht, so kann der zur Überwindung des Widerstandes in der Röhre nöthige Druck sich nicht mehr unmittelbar fortpflanzen, und dieses geschieht vielmehr durch heftige Bewegungen, welche das Wasser annimmt, bei deren Aufhören die zu jenem Zwecke erforderliche lebendige Kraft sich entwickelt.»

An anderer Stelle schreibt er:

«Ließ ich das Wasser frei in die Luft herausströmen, so bildete der Strahl bei kleinerer Druckhöhe eine unveränderte Form, und er hatte in der Nähe der Röhre das Ansehen eines festen Glasstabes; sobald aber bei stärkerem Drucke die Geschwindigkeit die bezeichnete Gränze überstieg, so fing er an zu schwanken, und der Ausfluß geschah nicht mehr gleichförmig, sondern stoßweise.»

Damit ist eindeutig der Übergang von der laminaren zur turbulenten Bewegung gemeint. HAGEN charakterisiert sie als eine intensive Zusatzbewegung. Diesem Gegenstand widmete er später noch eine Arbeit, in der er einen wesentlichen Beitrag zum Problem des Strömungsumschlages lieferte [236]. Diesbezügliche systematische Versuche und theoretische Überlegungen von OSBORNE REYNOLDS (1842–1912) brachten die Klärung dieser für die gesamte Strömungsmechanik fundamentalen Frage.

In erster Linie ging es darum, durch einige charakteristische Größen die Grenze zwischen laminarer und turbulenter Strömung festzulegen. Die Versuche von HAGEN und HAGENBACH mit Wasser zeigten, daß das Umschlagen vom Rohrradius und von der mittleren Strömungsgeschwindigkeit abhing. Bei anderen Fluiden mußten sichtlich auch deren Materialkonstanten, vermutlich der Zähigkeitskoeffizient oder die kinematische Zähigkeit, in die Schranke für das Umschlagen mit eingehen; aber in welcher Kombination? REYNOLDS (Bild 117) zeigte den Weg zur Beantwortung dieser Frage [237]. Er nimmt die Gültigkeit der Navier-Stokesschen Gleichungen an und setzt voraus, daß verschiedene Fluide in verschiedenen Röhren sich auch in turbulenter Strömung mechanisch ähnlich bewegen, das heißt daß ihre Stromlinienbilder geometrisch ähnlich sind [238]. Die Frage war nun: unter welchen Bedingungen verlaufen die

[234] G. HAMEL: *Spiralförmige Bewegung zäher Flüssigkeiten*, Jahresbericht DMV *1917*; auch S. 228–231 des in Fußnote 228 zitierten Werkes.

[235] Siehe S. 19 des in Fußnote 218 angeführten Werkes (Ostwalds Klassiker Nr. 237).

[236] *Über den Einfluß der Temperatur auf die Bewegung des Wassers in Röhren*, Math. Abh. d. Akad. d. Wiss. zu Berlin *1854* (gedr. 1855), S. 17 ff.

[237] Phil. Transact. London *174*, S. 935 ff. (1883); *186*, S. 123 ff. (1895).

[238] Zur sog. Ähnlichkeitsmechanik siehe I. SZABÓ: *Einführung in die Technische Mechanik*, 8. Auflage (1975), S. 445 ff.

Stromlinien um zwei geometrisch ähnliche Körper selbst geometrisch ähnlich? Unter Außerachtlassung der Massenkräfte kommt REYNOLDS durch eine einfache Dimensionsbetrachtung zur fundamentalen Erkenntnis, daß zwei Strömungen mechanisch ähnlich sind, wenn die später nach ihm benannte dimensionslose Zahl

$$R = \frac{c\,l}{\nu} \tag{120}$$

für beide Strömungen gleich ist [239]. In dieser Reynoldsschen Zahl bedeutet c die mittlere Geschwindigkeit, l eine charakteristische Länge (bei REYNOLDS' Versuchen der Rohrradius) und ν die gemäß (117) definierte kinematische Zähigkeit. Wie REYNOLDS feststellte, ist R auch für das Umschlagen von der laminaren zur turbulenten Strömung maßgebend; man nennt den entsprechenden Wert die kritische Reynoldssche Zahl R_{kr}. REYNOLDS' Experimente ergaben für die Kreisrohrströmung $R_{kr} \cong 1000$; genauere Messungen liefern $R_{kr} = 1160$. Aus

$$R_{kr} = 1160 = \frac{c\,a}{\nu} \tag{121}$$

kann bei gegebenem Rohrradius a die zugehörige kritische Geschwindigkeit

$$c_{kr} = \frac{\nu\,R_{kr}}{a} = 1160\,\frac{\nu}{a}$$

berechnet oder, umgekehrt, zu einer gegebenen Geschwindigkeit c der kritische Rohrradius a_{kr} angegeben werden.

Mit der Reynoldsschen Zahl wird auch eine Trennung der stationären Näherungslösungen der Navier-Stokesschen Differentialgleichungen in zwei Klassen festgelegt: nämlich solche für kleine Reynoldssche Zahlen, also für große Zähigkeiten, und solche für große Reynoldssche Zahlen, also für kleine Zähigkeiten. Für kleine Reynoldssche Zahlen haben unter anderem STOKES und C.W. OSEEN (1879–1944) gewichtige Beiträge geliefert, während LUDWIG PRANDTL (1875–1953) für Flüssigkeiten von geringer Zähigkeit mit seiner «Grenzschichttheorie» den entscheidenden Anstoß zu Forschungen gab, die bis heute anhalten.

Bei der Suche nach dem Widerstand, den eine mit der konstanten Translationsgeschwindigkeit c in einer unendlich ausgedehnten Flüssigkeit bewegte Kugel erfährt, glaubte STOKES, unter der Voraussetzung großer Zähigkeit bzw. langsamer («schleichender») Bewegung, in den Bewegungsgleichungen (118) die Trägheitsglieder $u\,\partial u/\partial x$ usw. gegenüber den Reibungsgliedern $\nu\Delta u$ usw. vernachlässigen zu können. Bei

---

[239] Eine direkte Herleitung aus den Navier-Stokesschen Gleichungen siehe I. SZABÓ: *Höhere Technische Mechanik*, 5. Auflage (1972), S. 459. Dort wird auch Massenkraft (Schwerkraft) berücksichtigt; das ergibt – neben der Reynoldsschen Zahl – auch noch die sogenannte Froudesche Zahl

$$F = \frac{\varrho\,c^2}{\gamma\,l} = \frac{c^2}{g\,l}$$

Bild 117
OSBORNE REYNOLDS (1842–1912).

fehlenden Massenkräften ($X = 0$ usw.) und für den stationären Fall ($\partial u / \partial t = 0$ usw.) gehen dann aus (118) mit (117) die Differentialgleichungen

$$\frac{\partial p}{\partial x} = \mu \left(\frac{\partial^2 u}{\partial x^2} + \frac{\partial^2 u}{\partial y^2} + \frac{\partial^2 u}{\partial z^2} \right) = \mu \, \Delta \, u; \quad \frac{\partial p}{\partial y} = \mu \, \Delta \, v; \quad \frac{\partial p}{\partial z} = \mu \, \Delta \, w \qquad (122)$$

hervor. Hieraus folgt wegen der Inkompressibilität gemäß (103)

$$\frac{\partial^2 p}{\partial x^2} + \frac{\partial^2 p}{\partial y^2} + \frac{\partial^2 p}{\partial z^2} = \Delta \, p = \Delta \left(\frac{\partial u}{\partial x} + \frac{\partial v}{\partial y} + \frac{\partial w}{\partial z} \right) = 0; \qquad (123)$$

das ist die Laplacesche Potentialgleichung mit ihrem großen Vorrat an Lösungen. Es hat sich gezeigt, daß ein Ansatz mit räumlichen Kugelfunktionen $P_n(x, y, z)$ in der Form

$$p = \sum_{(n)} P_n(x, y, z)$$

eine wirksame Methode zur Lösung von (123) ist [240]. Für eine Kugel im unendlichen

---

[240] H. LAMB: *Lehrbuch der Hydrodynamik*, 1931, S. 671 ff.

Flüssigkeitsfeld gestaltet sich die Lösung besonders einfach. Stokes erhielt [241] (ohne Kugelfunktionen zu verwenden) für den Widerstand

$$W = 6\,\pi\,\mu\,a\,c. \tag{124}$$

Hierbei ist a der Kugelradius.

Diese Formel wurde – theoretisch und experimentell – eifrig nachgeprüft. Daß sie nicht jeder Kritik standhält, hat schon Stokes selbst feststellen müssen: beim Versuch, seine Methode auf einen querbewegten Zylinder zu übertragen, kam er zur grotesken Konsequenz, daß der Zylinder die ganze unendlich ausgedehnte Flüssigkeit mitnimmt! Die Aufklärung dieses Paradoxons und weitere Fortschritte in diesem Problemkreis brachten die Arbeiten von C. W. Oseen. Er setzt als Geschwindigkeitkomponenten $u+c$, v, w an und vernachlässigt Glieder zweiter Ordnung in u, v, w. Dementsprechend sind seine Ausgangsgleichungen

$$c\,\frac{\partial u}{\partial x} = -\frac{1}{\varrho}\,\frac{\partial p}{\partial x} + \nu\,\Delta\,u; \quad c\,\frac{\partial v}{\partial x} = -\frac{1}{\varrho}\,\frac{\partial p}{\partial y} + \nu\,\Delta\,v; \quad c\,\frac{\partial w}{\partial x} = -\frac{1}{\varrho}\,\frac{\partial p}{\partial z} + \nu\,\Delta\,w,$$
$$\tag{125}$$

$$\frac{\partial u}{\partial x} + \frac{\partial v}{\partial y} + \frac{\partial w}{\partial z} = 0. \tag{126}$$

Auf diese Weise werden die Trägheitsglieder bis zu einem gewissen Grade berücksichtigt. Oseen gelingt die Integration der Differentialgleichungen (125) und (126), aber die Randbedingungen an der Kugel kann er nur näherungsweise befriedigen [242]. Grundsätzlich kommt er zu folgender Erkenntnis: Man kann die Bewegung eines starren Körpers in einer zähen Flüssigkeit – auch bei noch so kleiner Reynoldsscher Zahl – nicht als reinen Zähigkeitsvorgang ansehen, denn in gewissen Gebieten treten immer Trägheitskräfte auf, die mit den Reibungskräften vergleichbar sind.

Oseen gibt eine Korrektur zur Stokesschen Formel:

$$W = 6\,\pi\,\mu\,a\,c\left(1 + \frac{3}{8}\,\frac{\varrho\,a\,c}{\mu}\right). \tag{127}$$

Er berechnet auch den Widerstand pro Längeneinheit für einen Zylinder:

$$W = \frac{2\,\mu\,c}{\pi\left[\ln\left(\dfrac{4\,\mu}{\varrho\,a\,c}\right) - 0{,}0772\right]}.$$

---

[241] Math. and Phys. Papers *3*, S. 1 ff.; siehe auch I. Szabó: *Höhere Technische Mechanik*, 5. Auflage (1972), S. 460.

[242] *Über die Stokessche Formel und über eine verwandte Aufgabe in der Hydrodynamik*, Arkiv för Matematik, Astron. och Fys. 6 (1910). Oseens Bemühungen auf diesem Gebiet findet man in seinem Werk *Neuere Methoden und Ergebnisse in der Hydrodynamik* (1927).

Bild 118
LUDWIG PRANDTL (1875–1953).

Es sei noch bemerkt, daß die Formel (124) von STOKES im Bereich $0,05 \leq R = 2\,ac/\nu \leq 0,25$ experimentell bestätigte Ergebnisse liefert, während OSEENS Theorie bis zur Reynoldsschen Zahl $R = 1,5$ brauchbar ist. Zur Realisierung der «kleinen Reynoldsschen Zahl» muß sich ein kleiner Körper langsam in einer zähen Flüssigkeit bewegen, so daß die Bezeichnung «schleichende Bewegung» dem wirklichen Sachverhalt angemessen ist.

Jetzt sind noch über Näherungslösungen der Navier-Stokesschen Differentialgleichungen im Bereich großer Reynoldsscher Zahlen einige Ausführungen zu machen.

Es wurde schon erwähnt, daß Näherungslösungen für große Reynoldssche Zahlen, die beispielsweise für Wasser und Luft in üblichen Geschwindigkeitsbereichen zutreffen, ihre Grundlagen in der Grenzschichttheorie von LUDWIG PRANDTL (Bild 118)

haben[243]. Da die Reynoldssche Kennzahl – im Sinne der Ähnlichkeitsmechanik –
auch als mittleres Verhältnis der Trägheitskräfte zu den Reibungskräften, also etwa als

$$\frac{u\,\partial u/\partial x}{\nu\,\partial^2 u/\partial x^2} = \frac{c^2/l}{\nu c/l^2} = c\,l/\nu = R \tag{128}$$

gedeutet werden kann [vgl. (118)], handelt es sich, wenn R groß ist, um eine Strö-
mungstheorie, bei der die Trägheitskräfte gegenüber den Reibungskräften im allgemeinen stark überwiegen. Dies trifft aber nicht in der Nähe fester Wände zu, an denen
wegen der Wandhaftungsbedingung die Geschwindigkeitskomponenten und damit
auch die Trägheitskräfte verschwinden, wogegen die Reibungskräfte wegen des starken Geschwindigkeitsgefälles relativ groß sind. Während man nun die Strömungsver-
hältnisse in Wandnähe – also in der sogenannten Grenzschicht – nach der Grenzschichttheorie PRANDTLS zu untersuchen hat, die den Einfluß der Zähigkeit berücksichtigt, kann man zur Beschreibung der Strömung im sogenannten Außenraum, also
außerhalb der Grenzschicht, die Theorie der reibungslosen Potentialströmung heranziehen.
Es zeigt sich, daß die Annahme der Existenz einer solchen «dünnen Grenzschicht» in
Wandnähe in gewisser Weise fiktiv ist, da der Einfluß der Zähigkeit nur asymptotisch
mit der Entfernung von der Wand abnimmt und somit auch die Grenzschichtströ-
mung nur asymptotisch in die Außenströmung übergeht. Wenn man trotzdem von
einer (nicht scharf definierbaren) Grenzschichtdicke δ spricht, so legt man ihre
Abgrenzung zur Außenströmung dorthin, wo der Einfluß der Zähigkeit unterhalb der
Fehlergenauigkeit «praktischer Rechnungen» liegt. Dies ist bei großen Reynoldsschen
Zahlen schon in Entfernungen der Fall, die sehr klein gegenüber der Bogenlänge der
Wandkonturen sind.
Zur Illustration der Prandtlschen Theorie nehmen wir die ebene Bewegung ohne
Berücksichtigung von Massenkräften. Die Navier-Stokesschen Gleichungen und die
Bedingung der Inkompressibilität lauten dann

$$\frac{\partial u}{\partial t} + u\,\frac{\partial u}{\partial x} + v\,\frac{\partial u}{\partial y} = -\frac{1}{\varrho}\,\frac{\partial p}{\partial x} + \nu\left(\frac{\partial^2 u}{\partial x^2} + \frac{\partial^2 u}{\partial y^2}\right); \tag{129}$$

$$\frac{\partial v}{\partial t} + u\,\frac{\partial v}{\partial x} + v\,\frac{\partial v}{\partial y} = -\frac{1}{\varrho}\,\frac{\partial p}{\partial y} + \nu\left(\frac{\partial^2 v}{\partial x^2} + \frac{\partial^2 v}{\partial y^2}\right); \tag{130}$$

$$\frac{\partial u}{\partial x} + \frac{\partial v}{\partial y} = 0. \tag{131}$$

Mit einer kleinen Zahl ε wird

$$y = \varepsilon\,\eta; \quad v = \varepsilon\,v_\eta \tag{132}$$

eingeführt, was quer zur Wand einer «mikroskopischen Betrachtung der Strömung

---

[243] *Über Flüssigkeitsbewegungen bei sehr kleiner Reibung,* Verhandlungen des III. Internationalen
Mathematiker-Kongresses Heidelberg *1904,* S. 484–491; auch in den Ges. Abhandlungen, Zweiter
Teil (1961), S. 575–584.

in der Grenzschicht» entspricht. Die Substitution (132) führt (129) bis (131) über in

$$\frac{\partial u}{\partial t} + u\,\frac{\partial u}{\partial x} + v_\eta\,\frac{\partial u}{\partial \eta} = -\frac{1}{\varrho}\,\frac{\partial p}{\partial x} + \nu\left(\frac{\partial^2 u}{\partial x^2} + \frac{1}{\varepsilon^2}\,\frac{\partial^2 u}{\partial \eta^2}\right); \tag{133}$$

$$\frac{\partial v_\eta}{\partial t} + u\,\frac{\partial v_\eta}{\partial x} + v_\eta\,\frac{\partial v_\eta}{\partial \eta} = -\frac{1}{\varrho}\,\frac{1}{\varepsilon^2}\,\frac{\partial p}{\partial \eta} + \nu\left(\frac{\partial^2 v_\eta}{\partial x^2} + \frac{1}{\varepsilon^2}\,\frac{\partial^2 v_\eta}{\partial \eta^2}\right); \tag{134}$$

$$\frac{\partial u}{\partial x} + \frac{\partial v_\eta}{\partial \eta} = 0;$$

das sind die Prandtlschen Grenzschichtgleichungen.

(133) und (134) gehen für eine Platte der Länge l und mit

$$\varepsilon^2 = \frac{1}{R} = \frac{\nu}{c\,l} \to 0$$

in

$$\frac{\partial u}{\partial t} + u\,\frac{\partial u}{\partial x} + v_\eta\,\frac{\partial u}{\partial \eta} = -\frac{1}{\varrho}\,\frac{\partial p}{\partial x} + c\,l\,\frac{\partial^2 u}{\partial \eta^2}; \quad \frac{\partial p}{\partial \eta} = 0$$

über.

$\partial p/\partial \eta = 0$ sagt aus, daß die Druckverteilung p in der Grenzschicht unabhängig von der Querkoordinate η ist, daß also die äußere Potentialströmung der Grenzschicht ihren Druck quasi aufprägt. Diese Hypothese wird in der Grenzschichttheorie grundsätzlich angenommen.

«Das für die Anwendung wichtigste Ergebnis dieser Untersuchungen ist aber das», schreibt PRANDTL, «daß sich in bestimmten Fällen an einer durch die äußeren Bedingungen vollständig gegebenen Stelle der Flüssigkeitsstrom von der Wand ablöst.»

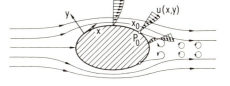

Bild 119
Grenzschichtablösung an einem elliptischen
Zylinder.

PRANDTL gibt auch eine Erklärung für diesen Vorgang etwa in folgendem Sinne: Besteht in der Strömungsrichtung ein Druckanstieg, zum Beispiel entsprechend der Bernoullischen Energiegleichung ($v^2/2 + p/\varrho =$ konst.) auf der Rückseite eines angeströmten Zylinders (Bild 119), so können unter Umständen die Flüssigkeitsteilchen infolge ihres Energieverlustes in der viskosen Grenzschicht diesen «Druckberg» nicht mehr ersteigen, was bedeutet, daß sie zur Ruhe kommen bzw. in eine rückläufige Bewegung geraten und von der Außenströmung als abgelöste Wirbel fortgetragen werden. Nach den Voraussetzungen reicht die Gültigkeit der Grenzschichttheorie nur bis zu diesem Ablösepunkt; wie aus Bild 119 ersichtlich, kann man ihn durch

$$\left(\frac{\partial u}{\partial y} \right)_{\substack{x = x_0 \\ y = 0}} = 0$$

festlegen [244].

Auf der von PRANDTL gelegten Basis wird in der Grenzschichttheorie mit immer neuen experimentellen und theoretischen Raffinessen bis heute weiter geforscht [245].

---

[244] Hinter einem angeströmten Zylinder bilden die abschwimmenden Wirbel eine sogenannte Kármán-sche Wirbelstraße. Der zu ihrer fortgesetzten Erzeugung notwendige Energieverlust äußert sich am Zylinder im sogenannten Formwiderstand, der zusammen mit den Reibungskräften an der Zylinderwand mit dem sogenannten Profil- oder Oberflächenwiderstand den Gesamtwiderstand bestimmt.

[245] Den Umfang der Ergebnisse und Erkenntnisse deutet das 618 Seiten umfassende Werk von H. SCHLICHTING, *Grenzschichttheorie*, 3. Auflage (1958), an.

G Geschichte der Gasdynamik

Ich habe die vorderste Linie rasch erreicht,
weil ich die Meister und nicht ihre Schüler studiert
habe.

N.H. ABEL

1 Einleitende Bemerkungen

Drei in ihrem Wesen gasdynamische Probleme waren es, mit denen sich naturwissenschaftlich oder naturphilosophisch Interessierte schon sehr früh, das heißt vor Aufstellung der Grundgleichungen der Gasdynamik, beschäftigt haben. In zeitlicher
Reihenfolge sind dies 1. die Schallausbreitung in der Luft, 2. der Bewegungswiderstand
von starren Körpern, insbesondere von Geschossen und 3. das Ausströmen von
Gasen durch enge Öffnungen (Düsen).

Der Schall hat bereits im klassischen Altertum die Aufmerksamkeit der naturwissenschaftlich Interessierten erregt. Den Anstoß hierzu gab die Beschäftigung mit der
Musik und die Frage nach der akustisch günstigsten Gestaltung von Amphitheatern
und Tempeln.

Die Einführung der Feuerwaffen in die Kriegstechnik machte es notwendig, über den
Bewegungswiderstand der Geschosse quantitative Aussagen machen zu können. Die
Anfänge dieses Problems der sogenannten äußeren Ballistik sind in Abschnitt C dieses
Kapitels behandelt worden.

Der Aufbruch in das Zeitalter der (zunächst dampfgetriebenen) Maschinentechnik
brachte das Ausströmen von Gasen durch Düsen in den Vordergrund des Interesses.

2 Der Schall und seine Fortpflanzungsgeschwindigkeit

Die Entstehung und die Ausbreitung des Schalles wurde erst durch ISAAC NEWTON
richtig beschrieben[246]. In seinen *Principia* (Prop. XLII, Theor. XXXII, Cas. 2) lesen
wir:

«Man stelle sich vor, daß die Stöße sich durch aufeinander folgende Stöße des Fluides fortpflanzen, so daß
der dichteste Teil eines jeden Stoßes auf einer, um *A* als [Schall-]Mittelpunkt beschriebenen Kugeloberfläche liegt und zwischen den aufeinander folgenden Stößen sich gleiche Zwischenräume befinden» (Bild 120).

NEWTON erklärt aber nicht nur, daß der Schall die Fortpflanzung von Druckstößen ist,
die zum Beispiel von einer schwingenden Saite auf die Luft übertragen und von dieser
weitergeleitet werden, sondern er zeigt auch, wie man die Ausbreitungsgeschwindig-
keit dieser Druckwellen (*pulsus*) – also die Schallgeschwindigkeit – berechnen kann[247].

---

[246] *Principia* (1687), liber II, sect. VIII, prop. XLI-L (S. 354–372); in der Wolfersschen Übersetzung mit
dem Titel *Sir Isaac Newtons Mathematische Principien der Naturlehre* (1872), S. 353–368.

[247] Messungen der Schallgeschwindigkeit wurden schon vor NEWTON von verschiedenen Gelehrten
vorgenommen.

Das entsprechende Theorem XXXVI (*op.cit.*, S. 363) lautet:

«Die Geschwindigkeiten der in elastischen Fluiden sich fortpflanzenden Wellen werden durch die Quadratwurzel des Verhältnisses der elastischen Kraft zur Dichte bestimmt; vorausgesetzt, daß die elastische Kraft der Verdichtung proportional ist.»

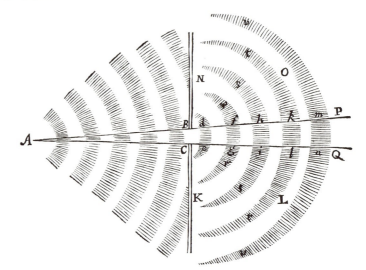

Bild 120
NEWTONS Erklärung der
Schallausbreitung,
Principia (1687), S. 356–
357. Prop. XLII,
Theor. XXXII, Cas. 2.

In unserer heutigen Terminologie wäre dann die Schallgeschwindigkeit (mit dem Druck p und der Dichte ϱ)

$$c = \sqrt{\frac{p}{\varrho}} \qquad (135)$$

Nach dem von NEWTON herangezogenen Boyleschen Gesetz $p/\varrho = \text{konst} = k$ wird $c = \sqrt{k}$.

NEWTONS zu Formel (135) führende Überlegungen (siehe Fußnote 246) und seine zahlenmäßige Berechnung der Schallgeschwindigkeit sind für den heutigen Leser nicht leicht verständlich: sie erscheinen schwerfällig und umständlich. Bedenkt man aber, welches Problem NEWTON mit den damaligen (hauptsächlich eigenen) mechanischen Einsichten und kalkülmäßigen Möglichkeiten zu bewältigen hatte, so kann man seine Leistung nicht genug bewundern. Worum ging es? In der heutigen Terminologie um nichts Geringeres als um die Lösung der eindimensionalen Wellengleichung

$$\frac{\partial^2 u}{\partial t^2} = c^2 \frac{\partial^2 u}{\partial x^2} \qquad (136)$$

mit $c^2 = \text{konst}$, also um die Enträtselung einer Funktion der Gestalt

$$u = u(x, t) = A \sin 2\pi \left(\frac{t}{T} - \frac{x}{\lambda} \right). \qquad (137)$$

(A = Amplitude, $\lambda = cT$.) Diese Funktion beschreibt hier die Verschiebung der Fluidteilchen infolge einer (nach dem Boyleschen Gesetz) linear elastischen Kraft in Abhängigkeit von der Zeit t und vom Ort x; T bedeutet die Periodendauer und λ die Wellenlänge, so daß die Fortpflanzung, das heißt die Schallgeschwindigkeit durch

$$c = \frac{\lambda}{T} \tag{138}$$

gegeben ist.

NEWTON suchte zunächst einen Präzedenzfall, bei dem die treibende Kraft ebenfalls proportional ist zu einer gewissen Streckengröße; und dafür war zur damaligen Zeit ein im Schwerefeld isochron (amplitudenunabhängig) schwingendes Pendel das Musterbeispiel: also das Kreispendel für kleine Amplituden bzw. das Zykloidenpendel für beliebige Ausschläge [248]. NEWTON zieht zum Vergleich das Zykloidenpendel heran, das von HUYGENS entdeckt, theoretisch und praktisch erschöpfend behandelt wurde [249] und dessen Eigenschaften auch von NEWTON vorangehend abgehandelt worden sind [250].

Es dürfte interessant sein, NEWTONS Gedankengänge anzudeuten. Zunächst erinnern wir an die merkwürdigen Eigenschaften der sogenannten gewöhnlichen Zykloide, die von einem Punkt der Peripherie eines Kreises vom Radius a beim Abrollen auf der Geraden AB beschrieben wird (Bild 121):

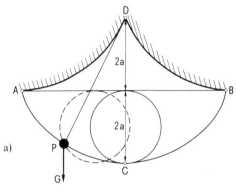

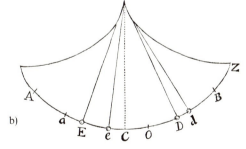

Bild 121
a) Die gewöhnliche Zykloide wird vom Peripheriepunkt P eines Kreises vom Radius a beim Abrollen auf der Geraden AB beschrieben;
b) Original-Figur aus NEWTONS *Principia*.

[248] I. SZABÓ: *Einführung in die Technische Mechanik*, 8. Auflage (1975), S. 251–252 bzw. S. 328–330.
[249] *Die Pendeluhr*, Ostwalds Klassiker Nr. 192.
[250] *Principia* (1687), liber I, sect. X, prop. L–LIII (S. 150–158); in der Wolfersschen Übersetzung S. 158–164.

1. Die Zykloide ACB hat die Bogenlänge $\overset{\frown}{AB} = 8a$; also hat der zum halben Teil AC gehörende kongruente Bogen $\overset{\frown}{AD}$ die Länge $4a$.

2. Der an die starren zykloidenförmigen Backen AD und DB gelegte Faden beschreibt mit seinem Ende P beim Abwickeln (als sogenannte Evolvente) wieder eine Zykloide ACB; demnach ist die Länge $\overset{\frown}{DP} = \overset{\frown}{AD} = \overset{\frown}{AC} = 4a$.

3. Neben der mechanischen Eigenschaft der kürzesten Fallzeit[251] sind die Schwingungen längs der Zykloide isochron: gleichgültig durch welchen Punkt P die Amplitude des Zykloidenfadenpendels festgelegt ist, beträgt die Schwingungszeit stets[252]

$$T = 2\pi \sqrt{\frac{4a}{g}}. \qquad (139)$$

NEWTON weist nach, daß die Schwingungszeit einer Wassersäule in einem U-förmigen Kanal (Bild 122) der des Zykloidenpendels dann gleich ist, wenn die senkrechte

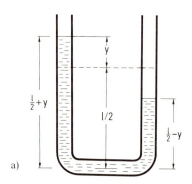

Bild 122
a) Die Schwingungszeit der Wassersäule im U-Rohr ist gleich der des Zykloidenpendels nach Bild 121, wenn $\overset{\frown}{DP} = l/2 = 4a$ ist;
b) Original-Figur aus NEWTONS *Principia*.

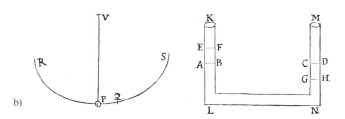

Kanallänge l halb so groß ist wie die Fadenlänge DP des Pendels, wenn also $\overset{\frown}{DP} = l/2 = 4a$ ist[253]. In Theorem XXXV wird ausgesprochen und nachfolgend in Prop. XLVI, Probl. XI bewiesen, daß die Wellengeschwindigkeit (*velocitas undarum*) der

---

[251] Siehe Kapitel II, Abschnitt C.
[252] Siehe Fußnote 248.
[253] Die Schwingungszeit einer solchen Wassersäule beträgt $T = 2\pi\sqrt{\dfrac{l}{2g}}$; siehe I. SZABÓ: *Repertorium und Übungsbuch*, 3. Auflage (1972), S. 242–243.

Quadratwurzel der Wellenlänge proportional ist. Dann wird das der Gleichung (135) entsprechende und schon gegebene Theorem verkündet. Darauf folgt Theorem XXXVII, nach dem die Fluidteilchen dem Pendelgesetz entsprechend beschleunigt bzw. verzögert werden. Damit ist der Kreis geschlossen und die Möglichkeit zur zahlenmäßigen Berechnung der Schallgeschwindigkeit gegeben (Prop. L, Probl. XIII, Schol.).

Das Resultat kann wie folgt zusammengefaßt werden (Prop. XLIX, Probl. XII): Es sei h die Höhe einer Luftsäule, die ebenso dicht ist und ebenso stark drückt, wie das elastische Fluid (etwa die Luft) an der gegebenen Stelle (etwa an der Erdoberfläche) dicht ist und gedrückt wird. Dann besteht folgender Zusammenhang: in der Zeit, in der das Zykloidenpendel der Fadenlänge h eine Schwingung ausführt, durchlaufen die Schallwellen die Strecke $2\pi h$. Nach (139) und mit der Schallgeschwindigkeit c ergibt sich

$$2\pi\sqrt{\frac{h}{g}}\, c = 2\pi h, \quad \text{das heißt} \quad c = \sqrt{g\,h}.$$

Demnach ist die Geschwindigkeit des Schalles in der homogenen Atmosphäre gleich der Geschwindigkeit eines Körpers, der im Schwerefeld frei (ohne Widerstand) fällt, nachdem er die halbe Höhe der homogenen Atmosphäre durchmessen hat. Diese Höhe läßt sich aber aus der Höhe der Quecksilbersäule des Barometers und aus dem Verhältnis der Dichten von Luft und Quecksilber berechnen.

NEWTON erhielt einen Wert von $c = 968$ engl. Fuß/sek $= 295$ m/sek. Diesen Wert, der gegenüber den Versuchsergebnissen um etwa 17% zu klein war, korrigiert er durch zusätzliche Annahmen (wie feste Fremdkörper und Dämpfe in der Luft) und kommt zu einem – diesmal zu hohen – Wert von 1142 engl. Fuß/sek $= 348$ m/sek.

Die Unzuverlässigkeit der theoretischen Bestimmung der Schallgeschwindigkeit hielt noch lange Zeit an, bis P.S. LAPLACE (1749–1827) den Nachweis[254] erbrachte, daß in der Formel (135) das Verhältnis p/ϱ mit dem Faktor $\varkappa = c_p/c_v > 1$ zu multiplizieren ist, wobei $\varkappa$ der Quotient der spezifischen Wärmen bei konstantem Druck und konstantem Volumen ist und für Luft etwa 1,41 beträgt[255]. Die Grundidee von LAPLACE bestand in der richtigen Annahme, daß die Erhöhung der Schallgeschwindigkeit gegenüber der Newtonschen Theorie durch diejenige Temperaturerhöhung verursacht wird, die die Schallwellen hervorruft.

Die Fundierung der Herleitung der Laplaceschen Formel

$$c = \sqrt{\varkappa\frac{p}{\varrho}} \tag{140}$$

verbesserte S.D. POISSON[256]. Er nahm an, daß die im Fluid (im Gas) vorhandene

---

[254] Annales de Chim. et de Phys. *III*, S. 238 (1816), und *XXIII*, S. 1 (1823).

[255] LAPLACE rechnete zunächst mit dem runden Faktor $\varkappa = 3/2$; aus Versuchsergebnissen für c berechnete er dann $\varkappa$ zu 1,4252.

[256] Annales de Chim. et de Phys. *XXIII*, S. 337 (1823).

Wärmemenge erhalten bleibt, oder wie wir heute (seit der Grundlegung der Thermodynamik um die Mitte des vergangenen Jahrhunderts) sagen: daß der (thermodynamische) Vorgang der Schallausbreitung adiabatisch verläuft. Mit dem adiabatischen, oft auch nach POISSON benannten Druck-Dichtegesetz

$$\frac{p}{p_0} = \left(\frac{\varrho}{\varrho_0}\right)^{\varkappa} \tag{141}$$

und der gasdynamisch hergeleiteten Formel

$$c = \sqrt{\frac{\mathrm{d}p}{\mathrm{d}\varrho}} \tag{142}$$

für die Schallgeschwindigkeit [257] folgt dann mit (141) die Beziehung (140). Die Verwendung des adiabatischen Gesetzes, das die Wärmeisolation postuliert, wurde und wird damit begründet, daß die Schallfortpflanzung bzw. die dadurch bedingte Dichteänderung so schnell verläuft, daß zum Wärmeaustausch quasi keine Zeit verbleibt.

Die Formel (142), die gewöhnlich in der Form

$$c^2 = \frac{\mathrm{d}p}{\mathrm{d}\varrho} \tag{143}$$

geschrieben wird, spielt eine zentrale Rolle in der Gasdynamik. So trennt die Schallgeschwindigkeit c zum Beispiel die nach ihrem Verhalten oft eklatant verschiedenen Unterschall- und Überschallströmungen [258] je nach dem, ob die Strömungsgeschwindigkeit $v \gtrless c$ ist.

Wir werden in unseren nachfolgenden Betrachtungen (insbesondere in Ziffer 5 und 6) feststellen, daß die Schallgeschwindigkeit c die Relativgeschwindigkeit ist, mit der sich die Druckwellen (und damit auch die Dichtewellen) relativ zum Gas bewegen. Ist also v die eindimensionale Strömungsgeschwindigkeit des Gases, so pflanzen sich die Druckwellen stromabwärts mit $c + v = \sqrt{\mathrm{d}p/\mathrm{d}\varrho} + v$, stromaufwärts mit $c - v = \sqrt{\mathrm{d}p/\mathrm{d}\varrho} - v$ fort. Es wird sich aber herausstellen, daß c selbst auch noch von v abhängig ist.

3   Das Ausströmen von Gasen durch enge Öffnungen

Auch dieses Problem wurde schon behandelt, bevor die – mit der Thermodynamik verbundenen – Grundgleichungen der Gasdynamik aufgestellt waren. Den Anfang machte DANIEL BERNOULLI in seiner *Hydrodynamica* (S. 226 ff.). Hierüber wurde schon in Abschnitt B dieses Kapitels berichtet. Erhöhte Aktualität gewann dieses Problem

---

[257] I. SZABÓ: *Höhere Technische Mechanik*, 5. Auflage (1972), S. 472 ff.
[258] Siehe in dem vorangehend angeführten Werk die Seiten 479–483 und 488–496.

durch die Erfindung und Verwendung der Dampfmaschinen. Man begann mit entsprechenden Versuchen. Auf theoretischer Basis entwickelte L.M.H. NAVIER diesbezügliche Formeln, die aber nur für kleine Druckdifferenzen galten und somit auf die meisten praktisch vorliegenden Fälle nicht anwendbar waren.

Richtige Einsichten brachten die Arbeiten von B. DE SAINT-VENANT und P.L. WANTZEL (1814–1848); die erste und grundlegende Publikation [259] von ihnen stammt aus dem Jahre 1839. Gleich zu Beginn heißt es: «Die Prinzipien der Hydromechanik liefern für das Ausströmen irgendeines Fluides durch eine Öffnung die folgende Formel:

$$v_r = \frac{\varrho}{\varrho_0} v = f \frac{\varrho}{\varrho_0} \sqrt{2 \int\limits_{p}^{p_0} \frac{\mathrm{d}p}{\varrho} + 2\, g\, z .}\text{»} \tag{144}$$

Hierbei ist v_r die sogenannte reduzierte Ausströmgeschwindigkeit; f ein die Querschnittsverengung berücksichtigender Zahlenfaktor. Die Bedeutung der anderen Bezeichnungen zeigt Bild 123.

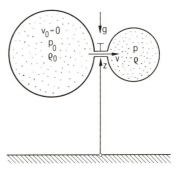

Bild 123
Zum «Ausströmen irgendeines Fluids durch eine
Öffnung» nach B. DE SAINT-VENANT und
P.L. WANTZEL.

Welches sind nun die «Prinzipien der Hydromechanik», aus denen (144) folgt? Da der von SAINT-VENANT und WANTZEL experimentell ermittelte Faktor f nicht aus mechanischen Prinzipien folgen kann, bleibt letztlich die Herkunft der Formel

$$v = \sqrt{2 \int\limits_{p}^{p_0} \frac{\mathrm{d}p}{\varrho} + 2\, g\, z} \tag{145}$$

zu klären.

Die Antwort auf diese Frage lautet: Aus den in Abschnitt E Ziffer 3 abgehandelten Eulerschen Bewegungsgleichungen der Hydromechanik folgt für den stationären Fall

[259] *Mémoire et expériences sur l'écoulement de l'air,* Journal de l'Ecole Royale Polytechnique *XVI,* 27ᵉ Cahier, S. 85–122 (1839).

einer Potentialströmung die schon von EULER selbst hergeleitete[260] und heute «Bernoullische Gleichung» genannte Energiegleichung[261]

$$\frac{v^2}{2} + \int_{p_0}^{p} \frac{dp}{\varrho} + \Phi = \text{konst.};$$ (146)

mit dem Schwerepotential $\Phi = -gz$ folgt aber daraus sofort (145). Wird in (145) die Adiabatengleichung (141) verwendet, so erhält man die nach SAINT-VENANT und WANTZEL benannte Ausflußformel

$$v^2 = \frac{2\varkappa}{\varkappa - 1} \frac{p_0}{\varrho_0} \left[1 - \left(\frac{p}{p_0} \right)^{\frac{\varkappa - 1}{\varkappa}} \right].$$ (147)

Weiter ergibt sich unter Verwendung von (140) und (141)

$$v^2 = \frac{2\varkappa}{\varkappa - 1} \frac{p_0}{\varrho_0} \left(1 - \frac{c^2}{\varkappa} \frac{\varrho_0}{p_0} \right),$$

womit die am Ende der vorigen Ziffer aufgestellte Behauptung vom Zusammenhang zwischen Strömungs- und Schallgeschwindigkeit für den vorliegenden Fall bestätigt ist.

4   Das Ineinandergreifen von Gas- und Thermodynamik

Die industrielle und verkehrstechnische Verwendung der Dampfmaschine machte es notwendig, die beim Betrieb auftretenden Wärme- und Arbeitsvorgänge zu erforschen. Für das dabei verwendete Agens, nämlich den Dampf, stellte J.L. GAY-LUSSAC (1778–1850) im Jahre 1816 das allgemeine, für ideale Gase geltende Gesetz auf: mit der später (nämlich 1848) von W. THOMSON (1824–1907), dem späteren LORD KELVIN, eingeführten absoluten Temperatur T und der universellen Gaskonstanten R lautet es

$$p = R \varrho T.$$ (148)

SADI CARNOT (1796–1832) beschäftigte sich 1824 als erster mit der Frage nach dem Zusammenhang zwischen Wärme und mechanischer Arbeit und stellte die These auf, daß durch Temperaturdifferenzen Arbeit gewonnen werden kann[262]. Zur Bestim-

---

[260] Siehe Gleichung (89) in Abschnitt E dieses Kapitels.
[261] I. SZABÓ: *Höhere Technische Mechanik*, 5. Auflage (1972), S. 477.
[262] S. CARNOT: *Sur la puissance motrice du feu* (Paris 1824, Neudruck Paris 1878). Deutsch in Ostwalds Klassiker Nr. 37. Die wichtigsten Passagen aus diesem Werk wie auch ausführliche Betrachtungen zur Geschichte der Thermodynamik findet man in E. MACHS *Principien der Wärmelehre*, 4. Auflage, (1923) und in G. HELMS *Die Energetik* (1898).

mung der maximal erreichbaren mechanischen Arbeitsleistung ersinnt CARNOT den umkehrbaren (verlustlos – und damit unendlich langsam – verlaufenden) Kreisprozeß[263]. Die dadurch gewonnene Fundamentalgleichung hat (in heutiger Schreibweise) die Form

$$\frac{Q_1}{T_1} = \frac{Q_2}{T_2}. \tag{149}$$

Hierbei bedeuten Q_1 und Q_2 die bei den (absoluten) Temperaturen T_1 und T_2 abgegebenen Wärmemengen. Demnach ist

$$Q_1 - Q_2 = Q_1 \frac{T_1 - T_2}{T_1} \tag{150}$$

der in mechanische Arbeit umgewandelte (von der Substanz unabhängige!) Anteil; dies ist offensichtlich nur der Bruchteil $(T_1 - T_2)/T_1$ von Q_1. Nach CARNOT muß also die Wärmemenge auf eine niedrigere Temperatur «absinken», wenn mechanische Arbeit geleistet werden soll.

JULIUS ROBERT MAYER verkündet 1842 die energetische Äquivalenz von Wärme und mechanischer Arbeit und berechnet (allein aus zahlenmäßig bekannten physikalischen Größen) den diesbezüglichen Umrechnungsfaktor: 1 Kilokalorie Wärmemenge entspricht einer Arbeit von 365 Meterkilogramm[264]. Diesen Wert hat J. P. JOULE (1818–1884) 1849 durch sorgfältige Experimente auf 423,55 Meterkilogramm verbessert. Zwischen den Prinzipien von CARNOT und MAYER schien aber für die damaligen Gelehrten noch eine Lücke zu klaffen[265], die man durch eine einfache Frage illustrieren kann: Verhält sich die Wärme bei der Arbeitsverrichtung so wie das Wasser im Mühlrad, das nach geleisteter Arbeit auf einem tieferen Niveau substantiell weiter vorhanden ist (siehe Fußnote 262), oder verhält sie sich so wie die Kohle, die beim Beheizen der Dampfmaschinen verschwindet?

ROBERT CLAUSIUS (1822–1888) weist 1850 die Vereinbarkeit des Carnotschen Prinzips mit dem allgemeinen Energiesatz nach. Nach CLAUSIUS[266] ist es nicht nötig, mit CARNOT[267] die Unveränderlichkeit der gesamten Wärmemenge zu akzeptieren. Man kann vielmehr – widerspruchsfrei – annehmen, daß bei dem Arbeitsprozeß ein Teil der

---

[263] Als mechanisches Analogon denke man sich etwa ein Mühlrad, dem auf höherem Niveau Wasser zugeführt wird, das (unendlich langsam) auf ein tieferes Niveau herabsinkt; dieser Prozeß ist auch umkehrbar, das heißt, mit derselben Arbeit, die auf diese Weise gewonnen wurde, kann man das Wasser auf die ursprüngliche Höhe schaffen.

[264] *Bemerkungen über die Kräfte der unbelebten Natur*, Annalen der Chemie und Pharmazie *1842,* und auch in *Mechanik der Wärme,* 3. Auflage (1893).

[265] Auch für einen so vorzüglichen wie W. THOMSON, der die beiden Prinzipien zunächst für unvereinbar hielt.

[266] *Über die bewegende Kraft der Wärme*, Poggendorffs Annalen 79, S. 378, 500 (1850); weitere Arbeiten über diesen Themenkreis in den Bänden *89* (1853), *91* (1854), *93* (1854), *97* (1856), *100* (1857) und zusammenfassend in seinem Werk *Die mechanische Wärmetheorie* (1876).

[267] Der erst in seinen unveröffentlichten Papieren die von FOURIER (1768–1830) übernommene Hypothese vom unveränderlichen Wärmestoff aufgab.

Wärme auf eine tiefere Temperatur sinkt und daß ein anderer, der geleisteten Arbeit äquivalenter Teil verschwindet, das heißt in Arbeit umgewandelt wird. Zur mathematischen Formulierung der Aussage, daß Wärme nur teilweise in mechanische Arbeit umgewandelt werden kann, daß also die Tendenz zur Verminderung der mechanischen Energie besteht, führt CLAUSIUS die Entropie

$$\mathrm{d}S = \frac{\delta Q}{T} \tag{151}$$

ein. Hierbei ist δQ die einem System zugeführte Wärmemenge, die nach dem ersten Hauptsatz der Thermodynamik mit der inneren Energie $\mathrm{d}U$ und der mechanischen Arbeit $\mathrm{d}A$ durch die Beziehung

$$\delta Q = \mathrm{d}A + \mathrm{d}U \tag{152}$$

verbunden ist.
Versieht man die abgeführte und die aufgenommene Wärmemenge mit entgegengesetzten Vorzeichen, so läßt sich die aus (149) durch Umschreiben gewonnene Beziehung

$$\frac{-Q_1}{T_1} + \frac{Q_2}{T_2} = 0$$

entsprechend interpretieren. In Verallgemeinerung für einen beliebig verlaufenden, gestückelten bzw. kontinuierlich veränderlichen reversiblen Kreisprozeß hat man ganz analog

$$\sum_{j=1}^{n} \frac{Q_j}{T_j} = 0 \quad \text{bzw.} \quad \oint \frac{\delta Q}{T} = 0. \tag{153}$$

Demnach ist $\delta Q / T$ ein vollständiges Differential, oder $1/T$ ist der integrierende Faktor des nicht vollständigen Differentials δQ, das deshalb auch mit δ geschrieben wird. In voller Allgemeinheit ist

$$\mathrm{d}S \geqq 0, \tag{154}$$

wobei das $>$-Zeichen für irreversible, das Gleichheitszeichen dagegen für reversible Änderungen gilt. Die Beziehung (154) ist der zweite Hauptsatz der Thermodynamik. Für ideale Gase gilt einmal die Zustandsgleichung (148); andererseits hängt die innere Energie U allein von der absoluten Temperatur ab:

$$U = U(T).$$

Demzufolge ist auch die Enthalpie

$$\mathcal{E} = U + \frac{p}{\varrho} = U(T) + RT = \mathcal{E}(T) \tag{155}$$

nur eine Funktion von T.

Einer «unendlich» langsam eingetretenen Volumenänderung $dV (V = 1/\varrho)$ entspricht die reversible Arbeit

$$d A = d A_{\mathrm{rev}} = p \, dV = p \, d\left(\frac{1}{\varrho}\right),$$

so daß der erste Hauptsatz (152) die Form

$$\delta Q = \delta Q_{\mathrm{rev}} = dU + p \, d\left(\frac{1}{\varrho}\right) = d\, \mathcal{E} - \frac{dp}{\varrho} \tag{156}$$

annimmt. Daraus erhält man

$$\left(\frac{\delta Q}{dT}\right)_{p = \mathrm{konst}} = c_p = \frac{d\mathcal{E}}{dT}; \quad \left(\frac{\delta Q}{dT}\right)_{\varrho = \mathrm{konst}} = c_v = \frac{dU}{dT}; \quad c_p - c_v = R \tag{156a}$$

und weiter aus (151):

$$dS = \frac{\delta Q_{\mathrm{rev}}}{T} = c_v \frac{dT}{T} + R\varrho \, d\left(\frac{1}{\varrho}\right). \tag{157}$$

Die Integration von (157) ergibt mit $c_p/c_v = \varkappa$

$$S - S_0 = c_v \ln\left[\frac{p}{p_0}\left(\frac{\varrho_0}{\varrho}\right)^{\varkappa}\right]. \tag{157a}$$

Bei gasdynamischen Vorgängen rechnet man mit adiabatischen Zustandsänderungen, für die $\delta Q = 0$ gilt. Wie wir schon bei der Schallausbreitung (Ziffer 1) erwähnt haben, wird diese Annahme mit dem schnellen zeitlichen Ablauf der Zustandsänderung begründet. Ist der Ablauf noch zusätzlich reversibel, so folgt mit $\delta Q = \delta Q_{\mathrm{rev}} = 0$ aus (157)

$$dS = 0;$$

der adiabatische Prozeß ist also isentropisch. Aus (157a) ergibt sich dann wegen $S = S_0$ und mit (148)

$$\frac{p}{p_0} = \left(\frac{\varrho}{\varrho_0}\right)^{\varkappa} = \left(\frac{T}{T_0}\right)^{\frac{\varkappa}{\varkappa - 1}}. \tag{158}$$

Mit den vorangehend gebrachten thermodynamischen Formeln (für reversible Vorgänge!) kann man weitgehend rechnen; eine Ausnahme bildet der einer Unstetigkeit entsprechende Verdichtungsstoß, mit dem wir uns noch beschäftigen werden.

5   Näherungslösungen eindimensionaler Gasströmungen; Schallwellen und Verdichtungsstoß

Soweit nichts anderes gesagt wird, soll es sich in den folgenden Ausführungen um eindimensionale, also nur von einer Ortskoordinate abhängige, ebene Strömungen handeln; in erster Linie wird es um Vorgänge in der Luft gehen.

LEONHARD EULER, dem wir die Aufstellung der allgemeinen Bewegungsgleichungen der Fluide verdanken (siehe Abschnitt E), hat diese Beziehungen als erster auch zur Lösung gasdynamischer Aufgaben herangezogen [268]. Ihm ging es vornehmlich um akustische Probleme und dabei speziell um die Bewegung von Luft in Röhren gleichen und veränderlichen Querschnittes (wie bei Orgelpfeifen und anderen Blasinstrumenten). Das Problem der Schwingungen in Röhren gleichen Querschnittes führte er auf die Differentialgleichung [269]

$$\left(\frac{\partial w}{\partial x}\right)^2 \frac{\partial^2 w}{\partial t^2} = \frac{p}{\varrho} \frac{\partial^2 w}{\partial x^2} \cong \frac{p_0}{\varrho_0} \frac{\partial^2 w}{\partial x^2} = a_0^2 \frac{\partial^2 w}{\partial x^2} \tag{159}$$

für die (wirkliche!) Lagekoordinate w der Teilchen zurück.

In EULERS Ableitung wird das Boylesche Gesetz ($p/\varrho =$ konst.) benutzt, so daß man für die Schallgeschwindigkeit wieder die Newtonsche Formel erhält. Folgen wir dagegen seinen Überlegungen aber unter Heranziehung der isentropischen Zustandsgleichung (158), so bekommen wir

$$\left(\frac{\partial w}{\partial x}\right)^{\varkappa+1} \frac{\partial^2 w}{\partial t^2} = \varkappa \frac{p_0}{\varrho_0} \frac{\partial^2 w}{\partial x^2} = a^2 \frac{\partial^2 w}{\partial x^2}. \tag{160}$$

Für den Fall, daß u die Verschiebung der Fluidteilchen bedeutet, so daß an die Stelle von

$$\frac{\partial w}{\partial x} = \frac{\varrho_0}{\varrho} \tag{161}$$

die Beziehung

$$1 + \frac{\partial u}{\partial x} = \frac{\varrho_0}{\varrho} = \left(\frac{p_0}{p}\right)^{\frac{1}{\varkappa}} \tag{162}$$

tritt, ergibt sich mit

$$\varrho_0 \, \mathrm{d}x \, \frac{\partial^2 u}{\partial t^2} = -\frac{\partial p}{\partial x} \mathrm{d}x$$

---

[268] EULER begann sehr früh, sich mit diesem Problemkreis zu beschäftigen. Auf seine *Dissertatio physica de sono* (Basel 1729) folgten zwei Publikationen in den Mém. de l'Acad. des sciences de Berlin *15*, S. 185 und 210 (1766), und in den Novi Com. Petropol, *1772*, S. 281. Die letztere findet man in deutscher Übersetzung von H. W. BRANDES unter dem Titel *Die Gesetze des Gleichgewichtes und der Bewegung flüssiger Körper* (Leipzig 1806). Dieses Werk umfaßt inhaltlich alle hydromechanischen Arbeiten EULERS, versehen mit nützlichen Ergänzungen.

[269] Siehe S. 445 ff. des vorangehend angeführten Werkes.

die Differentialgleichung

$$\left(1+\frac{\partial u}{\partial x}\right)^{\varkappa+1}\frac{\partial^2 u}{\partial t^2} = \varkappa\,\frac{p_0}{\varrho_0}\frac{\partial^2 u}{\partial x^2} = a^2\,\frac{\partial^2 u}{\partial x^2}. \tag{163}$$

Zunächst gab es bis 1859 nur Näherungslösungen von (163). Am einfachsten ist der Fall kleiner Amplituden aller Zustandsgrößen (wie Verschiebung, Druck- und Dichtedifferenzen) und ihrer Ableitungen. Dann kann man in (163) $\partial u/\partial x$ gegenüber 1 vernachlässigen, so daß wir die eindimensionale, auch für die Saitenschwingung maßgebliche Wellengleichung (siehe Kapitel IV, Abschnitt A)

$$\frac{\partial^2 u}{\partial t^2} = \varkappa\,\frac{p_0}{\varrho_0}\frac{\partial^2 u}{\partial x^2} = a^2\,\frac{\partial^2 u}{\partial x^2} \tag{164}$$

erhalten. Ähnliche Differentialgleichungen ergeben sich aus der Eulerschen Bewegungs- und Kontinuitätsgleichung (siehe Abschnitt E) für die anderen Zustandsgrößen; so ist zum Beispiel für den Druck

$$\frac{\partial^2 p}{\partial t^2} = a^2\,\frac{\partial^2 p}{\partial x^2}. \tag{165}$$

Nachdem von LAPLACE die Konstante a in (164) als $a^2 = \varkappa p_0/\varrho_0$ angegeben worden war, hat sich zuerst POISSON mit der Differentialgleichung (164) bzw. (165) ausführlich beschäftigt[270]. Für die physikalische Deutung ist die Lösungsform von D'ALEMBERT[271] besonders geeignet:

$$p = p(x, t) = w_1(x-at)+w_2(x+at). \tag{166}$$

Hierbei bedeuten w_1 und w_2 willkürliche Funktionen der angegebenen Argumente; man kann sie als Wellen deuten, die in Richtung der positiven und negativen x-Achse mit der konstanten (Schall-)Geschwindigkeit $a = \sqrt{\varkappa p_0/\varrho_0}$ laufen.

Wesentlich neue Einsichten brachte eine auf SAMUEL EARNSHOW (1805–1888)[272] zurückgehende Lösung[273] von (163). Er suchte eine spezielle Lösung $u(x,t)$ der Diffe-

[270] Siehe sein *Lehrbuch der Mechanik*, 2. Teil (1836), S. 535 ff.
[271] Siehe Kapitel IV, Abschnitt A.
[272] Er war Kaplan zu St. Peter in Sheffield und beschäftigte sich (mit dem so sympathischen englischen Spleen) mit Musiktheorie, partiellen Differentialgleichungen, uneigentlichen Integralen, optischen Experimenten, mit Flüssigkeitsbewegungen, Theorie des Schalles, Astronomie und Zahlentheorie.
[273] *On The Mathematical Theory of Sound*, Philosophical Transactions, *150*, Teil I, S. 133–148 (1860). Bei der Royal Society eingereicht am 20. November 1858, vorgelesen am 6. Januar 1859. Dazu heißt es in einer Fußnote (S. 133): «Später – ohne neues Material – durch den Verfasser umgearbeitet und gekürzt.»

rentialgleichung (163) von der Art, daß $\partial u/\partial t = v$ allein von $\partial u/\partial x = \varrho_0/(\varrho-1)$ abhängt [274]:

$$\frac{\partial u}{\partial t} = f\left(\frac{\partial u}{\partial x}\right). \tag{167}$$

Mit $\quad \partial f/\partial \left(\dfrac{\partial u}{\partial x}\right) = f'$

und wegen

$$\frac{\partial}{\partial t}\left(\frac{\partial u}{\partial x}\right) = \frac{\partial}{\partial x}\left(\frac{\partial u}{\partial t}\right) = \frac{\partial}{\partial x}f\left(\frac{\partial u}{\partial x}\right) = f'\frac{\partial^2 u}{\partial x^2}$$

erhält man zunächst

$$\frac{\partial^2 u}{\partial t^2} = f'^2 \frac{\partial^2 u}{\partial x^2}$$

und damit aus (162)

$$f'^2 = a^2 \left(1+\frac{\partial u}{\partial x}\right)^{-\varkappa-1};$$

damit ergibt sich f' bzw. nach Integration (wenn zu $\partial u/\partial x = 0$ gleichzeitig $\partial u/\partial t = 0$ gehört),

$$f = \frac{\partial u}{\partial t} = \pm\frac{2a}{1-\varkappa}\left[\left(1+\frac{\partial u}{\partial x}\right)^{\frac{1-\varkappa}{2}}-1\right]. \tag{168}$$

Für $u = $ konst ist

$$du = 0 = \frac{\partial u}{\partial x}dx + \frac{\partial u}{\partial t}dt.$$

Daraus folgt mit (168) die Fortpflanzungsgeschwindigkeit des Zustandes $u = $ konst:

$$c = \frac{dx}{dt} = -\frac{\partial u}{\partial t}\bigg/\frac{\partial u}{\partial x} = \mp\frac{2a}{1-\varkappa}\left[\left(1+\frac{\partial u}{\partial x}\right)^{\frac{1-\varkappa}{2}}-1\right]\bigg/\frac{\partial u}{\partial x}. \tag{169}$$

---

[274] Diese Annahme bedeutet, daß $v = v\,[\varrho(x,t)]$ ist. Die weiteren Rechnungen weichen hier etwas von denen EARNSHOWS ab.

Für kleine Werte von $\partial u/\partial x$ liefert die Reihenentwicklung bis zum quadratischen Gliede die Näherungsformel

$$c = \mp a\left(1+\frac{\varkappa+1}{4}\frac{\varrho-\varrho_0}{\varrho}\right) = c(\varrho), \tag{170}$$

in der das obere Vorzeichen für die in positiver x-Richtung fortschreitende Welle zu nehmen ist. Die Gleichung (170) zeigt, daß innerhalb einer Schallwelle sich die verschiedenen Teile ($u=$ konst) mit verschiedenen Geschwindigkeiten fortpflanzen: Die Geschwindigkeit der dichteren Teile ist größer, so daß sie die dünneren einholen können und es somit zu einer mit der «Brandung» (EARNSHOW schreibt «bore»[275]) vergleichbaren Erscheinung, nämlich zum sogenannten Verdichtungsstoß kommt. EARNSHOW leitet für die Druckdifferenz zwischen zwei Punkten vor und hinter der «Brandung» die Beziehung

$$p_1-p_2 = p_0\left[\left(1+\frac{\varkappa-1}{2}\frac{U}{a}\right)^{\frac{2\varkappa}{\varkappa-1}}-\left(1-\frac{\varkappa-1}{2}\frac{U}{a}\right)^{\frac{2\varkappa}{\varkappa-1}}\right] \tag{171}$$

her (S.145). Hierbei ist $U+a$ die Transportgeschwindigkeit des Dichtezustandes ϱ. Aus dieser bzw. einer ähnlichen Beziehung folgert er (S.138) eine «Tendenz zur Unstetigkeit des Druckes» und bemerkt, daß sich diese Tendenz für fortschreitende Wellen notwendigerweise ergibt. Dann begibt er sich aber in das Gebiet der Spekulationen. Er schreibt (op.cit., S.138):

«Unstetigkeit des Druckes ist physikalisch unmöglich, und die Natur findet gewiß einen Weg, um das Eintreten eines solchen Falles zu vermeiden. Um zu untersuchen, auf welchem Wege sie das tut, nehmen wir eine Unstetigkeit an der Stelle A an, an der sich die Welle vorwärts bewegt. In A denken wir eine Flüssigkeitsschicht als eine zur Strömungsrichtung senkrechte Fläche. Auf der Rückseite dieser Schicht besteht gegenüber der Vorderseite eine Unstetigkeit des Druckes. Zur Wiederherstellung der Stetigkeit des Druckes stürzt die Flüssigkeit in A mit plötzlich anwachsender Geschwindigkeit vorwärts, während der Druck auf der Vorderseite nicht imstande ist, die Stetigkeit in der Geschwindigkeit aufrecht zu erhalten. Auf diese Weise spielt die Schicht die Rolle eines Kolbens, der ein Stück Welle davor wie auch eine rückläufige Welle dahinter erzeugt. Die Folge wird eine Verlängerung der Wellenstirnseite sein, damit ein Größerwerden der Originalwellenlänge, und gleichzeitig die Erzeugung einer schwachen rücklaufenden Welle negativen Charakters.»

Nach einigen weiteren Bemerkungen über die physikalische Unmöglichkeit der Unstetigkeit innerhalb einer Welle faßt er seine Gedanken noch einmal zusammen:

«Die Natur bewerkstelligt folgendes: so wie die Unstetigkeit in ihrem Anfangsstadium begriffen ist, verhindert sie ihr wirkliches Eintreten durch eine allmähliche (nicht plötzliche) Verlängerung der Wellenfrontseite und durch ein ständiges Fließen einer rückläufigen Welle ... Infolgedessen hat eine Schallwelle von dem Moment an, in dem die Tendenz zur Unstetigkeit beginnt, die Eigenschaft der stetigen Verlängerung ihrer Vorderfront und damit wird ihre Fortpflanzungsgeschwindigkeit größer als $\sqrt{\varkappa\, p_0/\varrho_0}$ sein.»

[275] Also etwa brandende Flutwelle.

Diese Ausführungen sind naturphilosophische Spekulation; sie sind also nicht physikalisch fundiert, infolgedessen beweisen sie auch nicht die physikalische Unmöglichkeit einer Unstetigkeit[276]. Die Verflachung der Unstetigkeit kann man aber tatsächlich als Folge der inneren Reibung und Wärmeleitung, also physikalisch nachweisen. Und noch mehr: Es läßt sich zeigen, daß 1. die Grundgleichungen der Kontinuumsmechanik zur Beschreibung der Vorgänge innerhalb der Stoßwelle unzureichend sind, und daß 2. die Unstetigkeiten auch mathematisch unmöglich sind, wenn der Herleitung der diesbezüglichen Differentialgleichungen – und somit auch ihrer Lösungen – die Stetigkeit der auftretenden Funktionen und ihrer Ableitungen zugrunde liegt. Wir kommen auf diese Fragen noch zurück.

Indem wir noch einmal betonen, daß EARNSHOWS Lösung infolge der Annahme (167) bzw. der damit gleichbedeutenden Voraussetzung (siehe Fußnote 274)

$$\frac{\partial u}{\partial t} = v = f\left(\frac{\partial u}{\partial x}\right) = \varphi(\varrho) \qquad (172)$$

nur eine spezielle exakte Lösung von (163) ist, gehen wir zu der ersten, wirklich allgemeinen Lösung des Problems durch BERNHARD RIEMANN über.

6 BERNHARD RIEMANNS Lösung der eindimensionalen Luftwellen endlicher Schwingungsweite[277]

RIEMANN (Bild 124) geht von der sogenannten barotropen Zustandsänderung

$$p = p(\varrho) \qquad (173)$$

aus, von der die schon bekannte adiabatische bzw. die polytrope

$$\frac{p}{p_0} = \left(\frac{\varrho}{\varrho_0}\right)^{\varkappa} \text{ bzw. } p = C\,\varrho^n \qquad (174)$$

(mit $C = $ konst und $n = $ beliebig, aber reell) Spezialfälle sind.

---

[276] Im 2. Band von BARON RAYLEIGHS (identisch mit JOHN WILLIAM STRUTT) klassischem Werk *Die Theorie des Schalles* (1880, S. 48 ff.) wird EARNSHOWS Leistung mit Recht gebührend gewürdigt, diese schwache Stelle aber übergangen. Auch RAYLEIGHS Ansicht, daß EARNSHOW eine «vollständige Integration» gelungen ist, trifft nicht zu; und zwei Seiten weiter schreibt RAYLEIGH auch, daß RIEMANNS Lösung allgemeiner als die von EARNSHOW ist.

[277] *Über die Fortpflanzung ebener Luftwellen endlicher Schwingungsweite.* Der Göttinger Akademie vorgelegt am 22. November 1859, gedruckt in den Göttinger Abhandlungen 8, S. 43 ff. (1860), und in RIEMANNS Gesammelten Werken, 2. Auflage (1892), S. 156 ff.

Bild 124
BERNHARD RIEMANN (1826–1865).

Wenn v die Geschwindigkeitskomponente ist, nimmt die eindimensionale Eulersche Bewegungsgleichung (83) bzw. die Kontinuitätsgleichung (84) mit (173) die Form

$$\frac{\partial v}{\partial t} + v \frac{\partial v}{\partial x} = - \frac{dp}{d\varrho} \frac{\partial \log \varrho}{\partial x} \tag{175}$$

bzw.

$$\frac{\partial \log \varrho}{\partial t} + v \frac{\partial \log \varrho}{\partial x} = - \frac{\partial v}{\partial x} \tag{176}$$

an. Multipliziert man (176) mit $\sqrt{dp/d\varrho} \equiv \sqrt{p'(\varrho)} > 0$ und addiert dies zu (175), so ergeben sich mit den Abkürzungen

$$\int \sqrt{p'(\varrho)}\, d\log \varrho = f(\varrho); \quad f(\varrho) + v = 2r; \quad f(\varrho) - v = 2s \tag{177}$$

die Beziehungen

$$\frac{\partial r}{\partial t} = - \left(v + \sqrt{p'(\varrho)} \right) \frac{\partial r}{\partial x}; \quad \frac{\partial s}{\partial t} = - \left(v - \sqrt{p'(\varrho)} \right) \frac{\partial s}{\partial t}$$

und daraus weiter

$$dr = \left[dx - \left(v + \sqrt{p'(\varrho)} \right) dt \right] \frac{\partial r}{\partial x},$$

$$ds = \left[dx - \left(v - \sqrt{p'(\varrho)} \right) dt \right] \frac{\partial s}{\partial x}. \tag{178}$$

Demnach schreitet ein bestimmter Wert $r = $ konst, für den $dr = 0$ gilt, mit der Geschwindigkeit $dx/dt = \sqrt{p'(\varrho)} + v$ vorwärts (zu größeren Werten von x); ein bestimmter Wert von $s = $ konst ($ds = 0$) läuft dagegen mit der Geschwindigkeit $dx/dt = \sqrt{p'(\varrho)} - v$ nach rückwärts (zu kleineren Werten von x). Folglich rückt ein bestimmter Wert von r oder – gemäß (177) – von $f(\varrho) + v$ zu größeren Werten von x mit der Geschwindigkeit $\sqrt{p'(\varrho)} + v$ fort, ein bestimmter Wert von s oder $f(\varrho) - v$ zu kleineren Werten von x mit der Geschwindigkeit $\sqrt{p'(\varrho)} - v$. Ein bestimmter Wert von r wird also allmählich mit jedem vor ihm liegenden Wert von s zusammentreffen. An dieser Stelle wollen wir RIEMANN, also den Meister [278] selbst, zu Worte kommen lassen[279]:

«Wir betrachten zunächst den Fall, wo die anfängliche Gleichgewichtsstörung auf ein endliches durch die Ungleichheiten $a < x < b$ begrenztes Gebiet beschränkt ist, so daß außerhalb desselben v und ϱ und

[278] Siehe das vorangestellte Motto.
[279] Das ist besser als zu versuchen, diese entscheidenden Argumentationen RIEMANNS in eine verkürzte und dadurch mehr oder weniger unverständliche Form zu bringen.

folglich auch r und s constant sind; die Werthe dieser Größen für $x<a$ mögen durch Anhängung des Index 1, für $x>b$ durch den Index 2 bezeichnet werden [Bild 125][280]. Das Gebiet, in welchem r veränderlich ist, bewegt sich nach dem Vorhergesagten allmählich vorwärts, und zwar seine hintere Grenze mit der Geschwindigkeit $\sqrt{p'(\varrho_1)}+v_1$, während die vordere Grenze des Gebiets, in welchem s veränderlich ist, mit der Geschwindigkeit $\sqrt{p'(\varrho_2)}-v_2$ rückwärts geht.

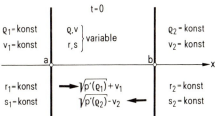

Bild 125
Anfangszustand einer Gasströmung nach RIEMANN.

Nach Verlauf der Zeit $(b-a)/(\sqrt{p'(\varrho_1)}+\sqrt{p'(\varrho_2)}+v_1-v_2)$ fallen daher beide Gebiete auseinander, und zwischen ihnen bildet sich ein Raum, in welchem $s=s_2$ und $r=r_1$ ist und folglich die Gastheilchen wieder im Gleichgewicht sind. Von der anfangs erschütterten Stelle gehen also zwei nach entgegengesetzten Richtungen fortschreitende Wellen aus. In der vorwärtsgehenden ist $s=s_2$; es ist daher mit einem bestimmten Werthe ϱ der Dichtigkeit stets die Geschwindigkeit $v=f(\varrho)-2\,s_2$ verbunden, und beide Werthe rücken mit der constanten Geschwindigkeit $\sqrt{p'(\varrho)}+v=\sqrt{p'(\varrho)}+f(\varrho)-2\,s_2$ vorwärts. In der rückwärtslaufenden ist dagegen mit der Dichtigkeit ϱ die Geschwindigkeit $-f(\varrho)+2\,r_1$ verbunden, und diese beiden Werthe bewegen sich mit der Geschwindigkeit $\sqrt{p'(\varrho)}+f(\varrho)-2\,r_1$ rückwärts. Die Fortpflanzungsgeschwindigkeit ist für größere Dichtigkeiten eine größere, da sowohl $\sqrt{p'(\varrho)}$, als $f(\varrho)$ mit ϱ zugleich wächst.

Denkt man sich ϱ als Ordinate einer Curve für die Abscisse x, so bewegt sich jeder Punkt dieser Curve parallel der Abscissenaxe mit constanter Geschwindigkeit fort, und zwar mit desto größerer, je größer seine Ordinate ist [Bild 126]. Man bemerkt leicht, daß bei diesem Gesetze Punkte mit größeren Ordinaten

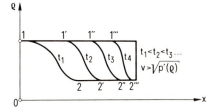

Bild 126
Zum Verdichtungsstoß nach RIEMANN.

schließlich voraufgehende Punkte mit kleineren Ordinaten überholen würden, so daß zu einem Werthe von x mehr als ein Werth von ϱ gehören würde. Da nun dieses in Wirklichkeit nicht stattfinden kann, so muß ein Umstand eintreten, wodurch dieses Gesetz ungültig wird. In der That liegt nun der Herleitung der Differentialgleichungen die Voraussetzung zu Grunde, daß v und ϱ stetige Functionen von x sind und endliche Derivirten haben[281]; diese Voraussetzung hört aber auf, erfüllt zu sein, sobald in irgend einem Punkte die Dichtigkeitscurve senkrecht zur Abscissenaxe wird, und von diesem Augenblicke an tritt in dieser Curve eine Discontinuität ein, so daß ein größerer Werth von ϱ einem kleineren unmittelbar nachfolgt.

[280] Die Bilder 125 und 126 wurden eingefügt: in RIEMANNS Arbeit befindet sich keine Abbildung.

[281] Siehe die in der vorangehenden Ziffer gemachten Bemerkungen zu EARNSHOWS Ansichten über Verdichtungsstöße.

Die Verdichtungswellen, d.h. die Theile der Welle, in welchem die Dichtigkeit in der Fortpflanzungsrichtung abnimmt, werden demnach bei ihrem Fortschreiten immer schmäler und gehen schließlich in Verdichtungsstöße über; die Breite der Verdünnungswellen aber wächst beständig der Zeit proportional.»

Soweit RIEMANNS Gedankengänge. Sie beweisen, daß bei Verwendung des Boyleschen und des adiabatischen Gesetzes für beliebig stetige Anfangszustände Verdichtungsstöße entstehen.

RIEMANN gibt auch die Lösung des Problems an, solange keine Verdichtungsstöße entstehen. Es gelingt ihm, die ursprünglichen, nichtlinearen Differentialgleichungen (175) und (176) auf lineare zurückzuführen, indem er r und s als unabhängige Veränderliche einführt: dadurch erhält er für x und t die linearen Differentialgleichungen

$$\frac{\partial\left[x - (v + \sqrt{p'(\varrho)})t\right]}{\partial s} = -t\left(\frac{d\left[\log\sqrt{p'(\varrho)}\right]}{d\left[\log\varrho\right]} - 1\right),$$

$$\frac{\partial\left[x - (v - \sqrt{p'(\varrho)})t\right]}{\partial r} = t\left(\frac{d\left[\log\sqrt{p'(\varrho)}\right]}{d\left[\log\varrho\right]} - 1\right).$$

Damit wird

$$\left[x - (v + \sqrt{p'(\varrho)})t\right]dr - \left[x - (v - \sqrt{p'(\varrho)})t\right]ds = dw$$

ein totales Differential, dessen Integral w der partiellen Differentialgleichung

$$\frac{\partial^2 w}{\partial r\,\partial s} - m\left(\frac{\partial w}{\partial r} + \frac{\partial w}{\partial s}\right) = 0 \qquad (179)$$

genügt; hierbei ist

$$m = \frac{1}{2\sqrt{p'(\varrho)}}\left(\frac{d\left[\log\sqrt{p'(\varrho)}\right]}{d\left[\log\varrho\right]} - 1\right),$$

eine bekannte Funktion.

RIEMANN gibt für jedes Gebiet der rs-Ebene die Lösung an, sofern es durch eine Kurve, die beiden Geraden $r =$ konst und $s =$ konst, begrenzt wird, und wenn auf der Kurve die Werte von $w, \partial w/\partial r$ und $\partial w/\partial s$ vorgegeben sind. Diese Methode ist für die Theorie der partiellen Differentialgleichungen vom hyperbolischen Typus vorbildlich geworden [282].

RIEMANN befaßt sich auch mit der Aufstellung der Gleichungen, die im Falle einer Unstetigkeitsfläche die sprunghaft veränderlichen Zustandgrößen (ϱ, v, p) erfassen. Er schreibt:

«Wir müssen nun, da sich plötzliche Verdichtungen fast immer einstellen, auch wenn sich Dichtigkeit und Geschwindigkeit anfangs allenthalben stetig ändern, die Gesetze für das Fortschreiten von Verdichtungsstößen aufsuchen.»

---

[282] R. ROTHE – I. SZABÓ: *Höhere Mathematik*, Teil VI, 3. Auflage (1965), S. 225 ff.

Hierbei macht RIEMANN einen Fehler: Er nimmt an, daß an der Unstetigkeitsfläche, deren Seiten mit 1 und 2 bezeichnet werden, das Adiabatengesetz in der Form

$$\frac{p_1}{\varrho_1^\varkappa} = \frac{p_2}{\varrho_2^\varkappa}$$

gilt. Diese Annahme berücksichtigt jedoch nicht, daß beim unstetigen Übergang kinetische Energie in innere (Wärme-)Energie übergeht. Die hierfür maßgebliche (Energie-)Bedingung folgt aus den Gleichungen (155), (156), wenn man diese für $\delta Q = 0$ integriert, und aus (146) für $\Phi = 0$; sie lautet für den geraden, stationären Fall[283]:

$$\frac{v_1^2}{2} + \varepsilon_1 = \frac{v_1^2}{2} + U_1 + \frac{p_1}{\varrho_1} = \frac{v_2^2}{2} + \varepsilon_2 = \frac{v_2^2}{2} + U_2 + \frac{p_2}{\varrho_2}. \tag{180}$$

Zu dieser Bedingung tritt die Forderung, daß Masse und Impuls erhalten bleiben:

$$\varrho_1 v_1 = \varrho_2 v_2, \tag{181}$$

$$\varrho_1 v_1^2 + p_1 = \varrho_2 v_2^2 + p_2. \tag{182}$$

Aus diesen Beziehungen erhält man

$$v_1 = \sqrt{\frac{\varrho_2}{\varrho_1} \frac{p_2 - p_1}{\varrho_2 - \varrho_1}}; \quad v_2 = \sqrt{\frac{\varrho_1}{\varrho_2} \frac{p_2 - p_1}{\varrho_2 - \varrho_1}}, \tag{183}$$

$$U_2 - U_1 = \frac{1}{2}(p_1 + p_2)\frac{\varrho_2 - \varrho_1}{\varrho_1 \varrho_2}. \tag{184}$$

Die Formel (184) wird nach P. H. HUGONIOT (1851–1887) auch die dynamische Adiabate genannt[284]. Sie ersetzt beim Verdichtungsstoß die Adiabatengleichung, denn für kleine Differenzen $U_2 - U_1 = \mathrm{d}U$, $\varrho_2 - \varrho_1 = \mathrm{d}\varrho$ geht sie tatsächlich in die für $\delta Q = 0$ entstehende Gleichung (156) über:

$$\mathrm{d}U = p\frac{\mathrm{d}\varrho}{\varrho^2} = -p\,\mathrm{d}\left(\frac{1}{\varrho}\right).$$

Wir sehen also, daß der Verdichtungsstoß kein isentroper Vorgang ist; insbesondere ist er keine rein adiabatische Zustandsänderung; denn wenn auch dem Gas keine Wärme zugeführt wird, existiert doch eine Wärmemenge, die (etwa durch innere Reibung der Teilchen verschiedener Geschwindigkeit) erzeugt wird. Beim Passieren

---

[283] Entsprechende Betrachtungen auch für den instationären Fall mit näheren Fallunterscheidungen findet man in I. SZABÓ: *Höhere Technische Mechanik*, 5. Auflage (1972), S. 496–502.

[284] Journal de l'Ecole Polytechnique 57 (1887); 59 (1889).

der Unstetigkeitsfläche erfährt die Gasmasse einen Zuwachs an Entropie. Dagegen ist die umgekehrte Erscheinung eines «Verdünnungsstoßes», also die Umwandlung von Reibungswärme in kinetische Energie unmöglich, da sie eine Abnahme der Entropie bedeuten würde und somit dem zweiten Hauptsatz widerspräche.

Benutzt man die aus (156a) nach Integration folgenden Zusammenhänge

$$\varepsilon_1 - \varepsilon_2 = c_p\,(T_1 - T_2), \quad U_1 - U_2 = c_v\,(T_1 - T_2), \tag{185}$$

und zieht noch (155) heran, so ergeben sich unter anderem die Beziehungen

$$v_1{}^2 = \varkappa \frac{p_1}{\varrho_1}\left(1 + \frac{\varkappa+1}{2\varkappa}\,\frac{p_2-p_1}{p_1}\right), \tag{186}$$

$$w = v_1 - v_2 = \sqrt{\frac{(p_2-p_1)(\varrho_2-\varrho_1)}{\varrho_1\,\varrho_2}}. \tag{187}$$

Aus (186) ersieht man, daß für $p_2 > p_1$ die Geschwindigkeit $v_1 > \sqrt{\varkappa\,p_1/\varrho_1}$ ist, so daß ein Verdichtungsstoß sich auf der niedrigeren Seite des Druckes mit Überschallgeschwindigkeit fortpflanzt! In (187) können wir $w = v_1 - v_2$ als relative Nachlaufgeschwindigkeit der Gasmasse hinter der Stoßfront deuten, denn zur Wahrung stationärer Verhältnisse muß sich die Stoßfront mit der Laufgeschwindigkeit v_1 gegen das anströmende Gas bewegen.

Aus den vorangehenden Gleichungen folgert man, daß einer unstetigen Änderung der Dichte ein größerer Drucksprung entspricht als einer isentropisch-adiabatischen Zustandsänderung. So hat eine isentropisch-adiabatische Dichteänderung von $\varrho_2:\varrho_1 = 27$ nach (158) eine Druckerhöhung von $p_2:p_1 = 100$ zur Folge, während schon ein Dichtesprung von $\varrho_2:\varrho_1 = 5{,}7$ denselben Druckstoß hervorruft!

7   ERNST MACHS experimentelle Beiträge zur Gasdynamik

Mit BERNHARD RIEMANNS genialer Arbeit begann die moderne Gasdynamik. Für die damals gasdynamisch dominierende Akustik hatten allerdings RIEMANNS Resultate und insbesondere die frappierende mathematische Entdeckung des Verdichtungsstosses keine besonderen Konsequenzen: in dieser Disziplin kam man mit der Theorie der Schwingungen kleiner Amplitude aus. ERNST MACHS (Bild 127) und seiner Schüler sowie seines Sohnes LUDWIG (1868–1951) Experimente mit den durch Explosion und elektrische Funkenentladung hervorgerufenen Knallwellen[285] begannen RIEMANNS Theorie (auf die MACH gebührend hinweist) zu aktualisieren. Diese Versuche ergaben den Nachweis, daß die Knallwellen sich mit Überschallgeschwindigkeit fortpflanzen. Die diesbezüglichen Schlußfolgerungen MACHS klingen noch etwas vorsichtig:

---

[285] Sitzungsberichte der Kaiserlichen Akademie der Wissenschaften Wien 75, Abt. II, S. 101–130 (1877) (mit J. SOMMER); 92 (1885), Abt. II, auch abgedruckt in den Annalen der Physik und Chemie 26, S. 628–640 (1885) (mit J. WENTZEL).

«Die Fortpflanzungsgeschwindigkeit der von Explosionsstellen ausgehenden streifenbildenden Bewegung, mag man sie als eine Schallbewegung auffassen oder nicht, ist jedenfalls von derselben Ordnung wie die Schallgeschwindigkeit.»

Er fährt fort:

«Für sehr kleine Schwingungen ist die Schallgeschwindigkeit von der Schwingungsweite unabhängig. Dies gilt aber nicht mehr für Schwingungen von endlicher Weite, wie dies RIEMANN in seiner Abhandlung nachgewiesen hat. Ja die Schallgeschwindigkeit erhält hier sogar einen ganz anderen Sinn, in dem sie für jede Stelle der Welle eine andere ist und sich im Laufe der Bewegung ändert. Es sind wahrscheinlich solche Riemannsche Wellen, mit welchen wir bei unseren Versuchen zu tun haben und die wir nächstens nach vollständig anderen Methoden untersuchen wollen.»

Bild 127
ERNST MACH (1838–1916).

Die vor fast einem Jahrhundert begonnene und bis heute anhaltende rapide Steigerung der Geschoßgeschwindigkeiten bildete für ERNST MACH einen weiteren Anlaß, sich mit stoßartigen Erscheinungen in der Luft infolge schnellfliegender Körper zu beschäftigen[286]. MACH wies darauf hin, daß eine momentane und punktförmige Druckstörung (etwa die eines kleinen, mit der Geschwindigkeit v fliegenden Körpers A) sich bei Unterschallgeschwindigkeit ($v < c$) in Form einer Kugelwelle ausbreitet (Bild 128),

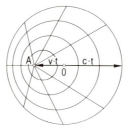

Bild 128
Punktförmige Druckstörung im Unterschallbereich ($v < c$): es breitet sich eine Kugelwelle aus.

während bei Überschallgeschwindigkeit ($v > c$) die Wirkung auf einen Kegel des Öffnungswinkels 2α beschränkt bleibt (Bild 129). Demnach herrscht in einem ruhenden Gas vor dem Kegel vollkommene Ruhe! So ist es einleuchtend, daß infolge der zwischen den beiden Gebieten auftretenden Druckdifferenz ein mit Überschallge-

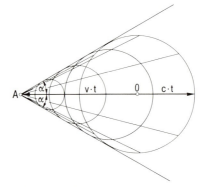

Bild 129
Punktförmige Druckstörung im Überschallbereich ($v > c$): Die Wirkung bleibt auf einen Kegel mit dem Öffnungswinkel $\alpha = \text{arc sin } (ct/vt)$ beschränkt.

schwindigkeit fliegender Körper auch bei Reibungsfreiheit einen Bewegungswiderstand erfährt. Dies steht im Gegensatz zu dem bei inkompressiblen Fluiden auftretenden d'Alembertschen Paradoxon.

Man nennt den gemäß

$$\sin \alpha = \frac{ct}{vt} = \frac{c}{v} = \frac{1}{M} \tag{188}$$

(Bild 129) bestimmten und von MACH selbst eingeführten Winkel α nach ihm den

[286] Sitzungsberichte der Kaiserlichen Akademie der Wissenschaften Wien *95*, Abt. II, S. 764–780 (1887) (mit P. SALCHER); *97*, Abt. II a, S. 1045–1052 (1889); *98*, Abt. II a, S. 1310–1326 (1889) (mit L. MACH).

Machschen Winkel, den diesem Winkel zugeordneten Kegel den Machschen Kegel und *M* die Machsche Zahl.

Der Machsche Kegel entspricht einer Störung von punktförmigem Ursprung. Für einen ausgedehnten Körper, etwa ein Gewehrgeschoß, ergeben sich interessante, zuerst ebenfalls von MACH untersuchte Erscheinungen (siehe Fußnote 286). Die erste Arbeit ist grundlegend und auch richtungsweisend für die nachfolgenden. Sie hat den Titel *Photographische Fixierung der durch Projektile in der Luft eingeleiteten Vorgänge* und bezweckt, «die Luftdichtung vor dem Projektil nach der Toeplerschen Schlierenmethode sichtbar zu machen und durch Momentphotographie zu fixieren». Die Versuchsergebnisse werden von MACH so zusammengefaßt:

«1. Eine optisch nachweisbare Verdichtung vor dem Projektil, beziehungsweise eine sichtbare Grenze derselben zeigt sich nur bei Projektilgeschwindigkeiten, welche die Schallgeschwindigkeit von rund 340 m/sec übersteigen.

2. Bei genügender Projektilgeschwindigkeit erscheint auf dem Bilde die Grenze der vor dem Projektil verdichteten Luft ähnlich einem das Projektil umschließenden Hyperbelast, dessen Scheitel vor dem Kopf des Projektils und dessen Axe in der Flugbahn liegt. Denkt man sich diese Curve um die Schußlinie als Axe gedreht, so erhält man eine Vorstellung von der Grenze der Luftverdichtung im Raume. Ähnliche aber geradlinige Grenzstreifen gehen von der Kante des Geschoßbodens divergierend und symmetrisch zur Schußlinie nach rückwärts ab. Ähnliche aber schwächere Streifen setzen endlich an anderen Punkten des Geschosses an. Alle diese Streifen schließen etwas kleinere Winkel mit der Schußlinie ein als die Äste der ersterwähnten Grenzlinie. Bei größerer Projektilgeschwindigkeit werden die Winkel der Grenzstreifen mit der Schußlinie kleiner.

3. Bei der größten bisher angewandten Geschwindigkeit (570 m/sec) tritt eine neue Erscheinung hervor. Der Schußcanal erscheint hinter dem Projektil mit eigenthümlichen Wölkchen erfüllt.»

Zur Erläuterung der Vorgänge bzw. Erklärung der Versuchsergebnisse beschreibt MACH die grundsätzliche Fortpflanzung der Druckstörungen und führt dazu den schon erwähnten und später nach ihm benannten Kegel bzw. Winkel ein: damit können die beiden ersten Versuchsergebnisse erklärt werden. Die «Wölkchen» hinter dem Projektil führt MACH richtig auf die Entstehung von Wirbelringen zurück und weist auf die Ähnlichkeit mit der bekannten Wirbelablösung im Kielwasser schnellfahrender Schiffe hin.

Er schreibt dazu:

«Man kann die Erscheinung im Kleinen jeden Augenblick nachahmen, wenn man ein Stäbchen in einen großen Wasserbehälter taucht und fortbewegt. Bei einer Geschwindigkeit, welche die Fortpflanzungsgeschwindigkeit der Wellen übersteigt, treten die Wellengrenzen sofort hervor. Die Wirbel hinter dem Stäbchen werden bei langsamer Bewegung leicht beobachtbar, wenn man das Wasser mit Goldbronze bestäubt.»

Zur anschaulichen Illustration der Machschen Versuchsergebnisse dient Bild 130. Die Figuren 1 bis 6 (Bild 130a) sind nach den vorangehenden Ausführungen und insbesondere mit der Textfigur 8 (Bild 130b) ohne weitere Erklärung verständlich.

Mit unseren heutigen, gegenüber den Machschen weiterreichenden Erkenntnissen können wir die Effekte, die durch mit Überschallgeschwindigkeit in Gasen fliegende Körper hervorgerufen werden, folgendermaßen zusammenfassen:

Je nach Form des Projektils und seiner Fluggeschwindigkeit stellen sich verschiedene, photographisch registrierbare Erscheinungen ein. Grundsätzlich ist allen gemein, daß vom Projektil eine gewisse Gasmasse mitgenommen wird, in der sich vor der Spitze ein Staupunkt ausbildet. Da diese Gasmasse relativ zum Geschoß mit Unterschallgeschwindigkeit strömt, pflanzt sich in ihr eine Druckwelle nach vorne fort und endet in einem Verdichtungsstoß, den man die Kopfwelle nennt; ihre Verdichtung stellt sich so ein, daß der Verdichtungsstoß mit dem Projektil mitläuft. Seitlich geht er als schräger

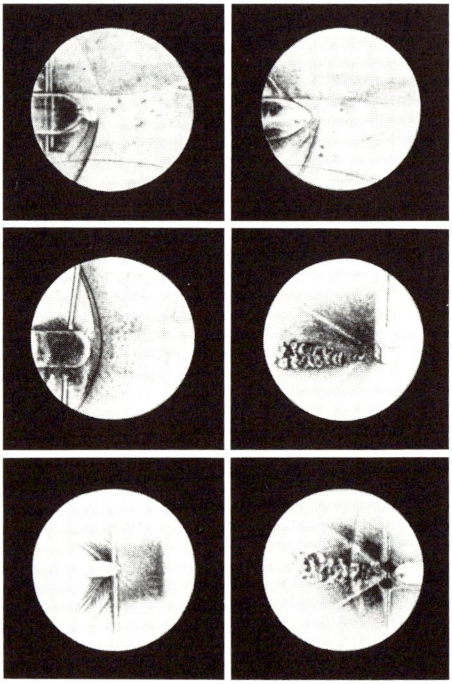

Bild 130
Aus MACHS und SALCHERS Arbeit *Photographische Fixierung der durch Projektile in der Luft eingeleiteten Vorgänge,* Sitzungsber. d. Kais. Akad. d. Wiss. Wien *95,* Abt. II, S. 780 (1887);
a) Aufnahmen, *b)* erläuternder Text.

a)

Erklärung der Abbildungen.

Fig. 8.

Um die Figuren der Tafel nicht durch eingesetzte Buchstaben zu stören, geben wir eine schematische Abbildung: Fig. 8, *p p* Projectil, *e e* Elektroden, *f* Funke *I, v v* vordere Wellengrenze, *h h* hintere Wellengrenze, *w w* Wirbel.

Die Figuren 1—3 der Tafel stellen Versuche mit dem Werndl-Infanteriegewehr $\left(438\frac{m}{sec}\right)$, 4—6 solche mit dem Guedes-Infanteriegewehr $\left(530\frac{m}{sec}\right)$ dar. In allen Bildern der Tafel geht das Projectil von links nach rechts durch das Gesichtsfeld. In 1, 2, 3 und 5 ist die Kopfwelle, in 4 und 6 die Erscheinung hinter dem Projectil (Achterwelle und Wirbel) dargestellt. Um den Auslösungsfunken *f* ist meist noch ein Stück einer kreisförmigen Funkenwelle sichtbar.

b)

Verdichtungsstoß ab, der mit zunehmender Entfernung in eine Kegelwelle übergeht. Dieser Welle entspricht eine Kegeloberfläche, und die von ihr senkrecht abgehenden Schallwellen hört man als einen scharfen Knall[287]. Bei großen Machschen Zahlen (etwa M > 3) schmiegt sich die Kopfwelle eng an das Projektil an (Bild 131).

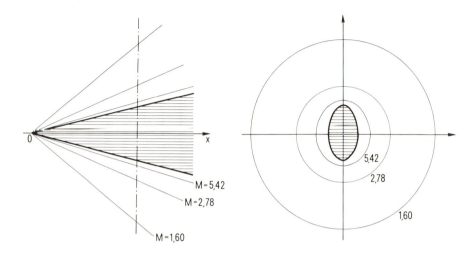

Bild 131
Kopfwelle, die sich bei großen Machschen Zahlen
eng an das Projektil anschmiegt.

E. MACHS Publikationen stellen in experimenteller und in erkenntnistheoretischer Hinsicht einen wichtigen Abschnitt in der Geschichte der Gasdynamik dar. MACH war sich dieser Tatsache bewußt, und in vornehm überlegener Manier wies er direkte oder indirekte Prioritätsansprüche anderer zurück. So schreibt er in seiner (in Fußnote 286 an zweiter Stelle angeführten) Arbeit *Über die Fortpflanzungsgeschwindigkeit des durch scharfe Schüsse erregten Schalles*:

«Herr Oberst SEBERT hat kürzlich auf Grund der Versuche des Herrn Hauptmann JOURNÉE und der Ableitungen des Herrn LABOURET seine Ansichten über die Fortpflanzungsgeschwindigkeit des Schalles scharfer Schüsse entwickelt. Obgleich es mir fern liegt, zu zweifeln, daß die genannten Herren ganz unabhängig von mir gearbeitet haben, bleibt mir doch ein Umstand auffallend. Herr SEBERT, der meinen Namen nebenbei erwähnt, hat nämlich nicht bemerkt, daß der größte Teil seiner Ausführungen *implicite* in der von mir gemeinschaftlich mit Professor SALCHER publizierten Arbeit enthalten, ein anderer Teil seiner Ansichten mit unseren Versuchen und Entwicklungen nicht in Einklang ist.»

[287] Denselben Effekt beobachtet man auch bei einer Peitsche, wenn die Knickstelle der Peitschenschnur Überschallgeschwindigkeit erreicht; siehe I. SZABÓ: *Einführung in die Technische Mechanik*, 8. Auflage (1975), S. 331 ff. und auch II D 4 (S. 131 ff.).

8   Bemerkungen über die weitere Entwicklung der Gasdynamik bis zum Beginn des 20. Jahrhunderts

Von den Arbeiten, die nach RIEMANNS Publikation bis zum Beginn des 20. Jahrhunderts geschrieben worden sind, verdienen einige weitere erwähnt zu werden.

Der englische Ingenieur W. J. RANKINE (1820–1872) machte schon vor HUGONIOT (siehe Fußnote 284) auf RIEMANNS erwähnten Irrtum aufmerksam [288]. Ihm verdanken wir auch die in der Fluidmechanik so wirksame Methode der Quellen und Senken [289].

Der französische Mathematiker JACQUES HADAMARD (1865–1963), dessen Leben fast ein Jahrhundert umfaßte und der Ehrendoktor der Universität Göttingen gewesen ist, verfaßte das gewichtige und umfangreiche (375 Seiten starke) Werk *Leçons sur la propagation des ondes et les équations de l'hydrodynamique* (Paris 1903). In diesem Buch wird zum Beispiel bewiesen (S. 236 ff.), daß eine Strömungswelle, die vor dem Verdichtungsstoß wirbelfrei, also die Welle einer Potentialströmung war, nach dem Passieren der Sprungstelle nur dann wirbelfrei bleibt, wenn sie eben ist. Nach der mathematischen Entdeckung des Verdichtungsstoßes durch RIEMANN ist das eine weitere eindrückliche Illustration für die Kraft der Mathematik zur Erschließung kaum vermuteter physikalischer Erscheinungen. Hinsichtlich der Theorie sei schließlich noch hingewiesen auf den originellen und mit souveräner Beherrschung des Stoffes geschriebenen Bericht des im Ersten Weltkrieg in Italien gefallenen ungarischen Gelehrten GYŐZŐ ZEMPLÉN (1883–1916) *Über unstetige Bewegungen in Flüssigkeiten* [290].

Die technische Entwicklung in den drei Jahrzehnten zwischen 1880 und 1910 brachte auf zwei Gebieten der Gasdynamik und insbesondere der Überschallwellen die Notwendigkeit mit sich, nach Zusammenhängen zwischen der vorliegenden Theorie und beobachteten Erscheinungen zu suchen.

Einmal war es die schnell verlaufende chemische Umsetzung der Explosionsstoffe bzw. der damit verbundene Verdichtungsstoß, der als Knallwelle bezeichnet wird. Aber auch die chemische Umsetzung im Innern eines detonierenden Sprengkörpers bzw. die damit verbundene sogenannte Detonationswelle läßt sich als ein durch chemische Reaktion modifizierter Verdichtungsstoß auffassen. Beobachtet und gemessen wurde die Detonationswelle zuerst von M. BERTHELOT (1827–1907) [291]. Ihren Zusammenhang mit der Riemannschen Theorie des Verdichtungsstoßes erkannte A. SCHUSTER (1851–1934) [292], und auf dieser Basis stellte D. L. CHAPMAN (1869–1958) die Gleichungen zur Berechnung der Detonationsgeschwindigkeiten [293] auf.

Die andere Gruppe der in der Technik auftretenden Erscheinungen, deren Zusammenhang mit der Theorie des Verdichtungsstoßes geklärt wurde, ist das Strömen von Gasen (insbesondere von Wasserdämpfen) durch Düsen. Dieser Vorgang gewann mit

---

[288] Philosophical Transactions, London, *160*, S. 277 (1870).
[289] I. SZABÓ: *Höhere Technische Mechanik*, 5. Auflage (1972), S. 444–449.
[290] Encyklopädie der math. Wiss. *IV*, 2. Teil, 1. Hälfte.
[291] *Sur la force des matières explosives*, 2 Bde., Paris 1883.
[292] Philosophical Transactions *1893*, S. 152.
[293] Phil. Mag. *47*, S. 90 (1899).

Bild 132
RICHARD BECKER (1887–1955).

dem Bau von Dampfturbinen große praktische Bedeutung. Diesbezügliche Beiträge lieferten A. STODOLA (1859–1942)[294] und LUDWIG PRANDTL[295].

9   RICHARD BECKERS *Stoßwelle und Detonation*

Diese Veröffentlichung[296], die mehr als ein halbes Jahrhundert nach RIEMANNS Publikation geschrieben wurde, ist ein Meilenstein in der Geschichte der Gasdynamik und insbesondere der verschiedenartigen Stoßwellen. Beeindruckend und in souveräner Manier hat RICHARD BECKER (1887–1955) in dieser Arbeit das vorhandene Material zusammengefaßt, die theoretischen Erkenntnisse und die vorliegenden experimentellen Resultate geordnet und kritisch durchleuchtet, schließlich den gesamten Problemkreis – mit neuen und lückenfüllenden Erkenntnissen bereichert – zu einem wohlfundierten und einheitlichen Block zusammengeschweißt.
Es wird auch in diesem Falle am überzeugendsten sein, im schon zitierten Sinne den Meister zu Wort kommen zu lassen.

[294] *Die Dampfturbinen* (Berlin 1905).
[295] Zeitschrift f. d. ges. Turbinenwesen *3*, S. 241 (1906).
[296] Zeitschrift für Physik *VIII*, S. 321–362 (1922).

R. BECKER (Bild 132) verkündet sein Programm wie folgt:

«Die Theorie des Verdichtungsstoßes erscheint demnach mathematisch gut fundiert und durch vielfältige Erfahrungen bestätigt. Trotzdem ist sie in ihrer vorliegenden Form in physikalischer Hinsicht äußerst unbefriedigend. Die eingangs erwähnten Bedingungen für die Zustandsgrößen (zum Beispiel Dichte, Druck und Geschwindigkeit) zu beiden Seiten der Unstetigkeitsfläche sind zwar zur makroskopischen Beschreibung des Phänomens ausreichend. Jedoch gewähren sie keinerlei Verständnis für den wirklichen Mechanismus des Vorganges. Es ist zum Beispiel gar nicht recht einzusehen, warum hier eine Kompression nicht mehr adiabatisch, sondern nach der HUGONIOT-Gleichung erfolgen soll. Man muß demnach von einer wirklich physikalischen Theorie auch einen Einblick in die mikroskopische Struktur der Wellenfront fordern. Ich werde im folgenden zeigen, wie man bei anschaulicher (§ 1) und bei mathematischer (§ 2) Behandlung des gleichen Vorganges in einfachster Weise auf die Entstehung von Unstetigkeiten geführt wird, solange man annimmt, daß das betreffende Medium völlig frei von Reibung und Wärmeleitung ist. Wenn man jedoch (§ 3) der Tatsache Rechnung trägt, daß Substanzen ohne Reibung und Wärmeleitung in der Natur nicht existieren, so erkennt man, daß eine scharfe Unstetigkeit nicht auftreten kann, sondern daß der Wellenfront eine endliche Breite zukommen muß. Ergänzt man demnach die Differentialgleichungen der eindimensionalen Flüssigkeitsbewegung durch die der Reibung und Wärmeleitung Rechnung tragenden Glieder (§ 4), so erhält man durch deren Integration ohne besonderen Kunstgriff nicht nur die Riemann-Hugoniotschen Gleichungen für die makroskopischen Eigenschaften der Stoßwelle (§ 5), sondern zugleich einen Einblick in deren mikroskopische Struktur (§ 6). Die Berechnung der Frontbreite wird an einigen Beispielen vollständig durchgeführt.
Eine Kenntnis der Vorgänge innerhalb der Wellenfront ist auch die notwendige Vorbedingung für ein wirkliches Verständnis der Detonationswelle. Die konsequente Durchführung der Unstetigkeitstheorie führt zwar in zwingender und eindeutiger Weise zu Werten für die Detonationsgeschwindigkeit und den Detonationsdruck (§ 8) und (§ 9), es bleibt aber vollkommen unverständlich, wodurch eigentlich die jeweils von der Wellenfront erfaßten Teile zur chemischen Reaktion veranlaßt werden. Durch Anwendung der beim Verdichtungsstoß gewonnenen Erkenntnisse wird das Verständnis dieses Vorganges wesentlich erleichtert, wenn auch eine restlos befriedigende Behandlung noch aussteht (§ 10).»

Dementsprechend bringt BECKER in § 1 einen frappierend einfachen, anschaulichen Beweis für die Entstehung des Verdichtungsstoßes. Mit der aus (141), (143) und (148) folgenden Formel für die Schallgeschwindigkeit

$$c = \sqrt{\varkappa R T} \tag{189}$$

läuft sein Gedankenexperiment folgendermaßen ab [297]:

«Ein nach rechts hin sehr langes [Bild 133a] und links durch einen Stempel verschlossenes Rohr sei erfüllt von ruhendem, überall gleich beschaffenem Gas. Wir erteilen dem Stempel eine sehr kleine Geschwindigkeit dv und erzeugen dadurch im Gas eine schwache Verdichtungswelle, die nach rechts hin mit der Schallgeschwindigkeit $c = \sqrt{\varkappa R T}$ fortschreitet. In einem bestimmten Augenblick [Bild 133b] ist dann das Gas rechts vom Wellenkopf unverändert und in Ruhe, während es zwischen Wellenfront und Stempel um einen Betrag dϱ adiabatisch verdichtet ist und die Geschwindigkeit dv besitzt. Nunmehr vergrößern wir die Geschwindigkeit des Stempels nochmals um den Betrag dv, wodurch in der zuletzt erwähnten Gasmasse eine zweite Verdichtungswelle erzeugt wird, die hinter der ersten herläuft [Bild 133c]. Durch häufige Wiederholung dieses Verfahrens bringen wir schließlich den Stempel auf die endliche Geschwindigkeit v. In der Gasmasse haben wir damit einen treppenförmigen Wellenberg erzeugt, an dessen oberster Stufe die Gasteilchen ebenfalls die Geschwindigkeit v besitzen. Wir fragen nach dem weiteren Schicksal des Wellenberges. Zunächst sehen wir, daß die oberen Stufen unserer Treppe relativ zum Rohr eine größere Geschwindigkeit haben als die tieferen. Denn einmal ist die Temperatur und daher auch die Schallgeschwindigkeit dort größer, und überdies hat das Gas selbst an den höheren Stufen die größere Strömungsgeschwindigkeit. Die Folge wird sein, daß die einzelnen Stufen im weiteren Verlauf sich zusammenschieben, daß also die

---

[297] Mit geringfügigen, nur formalen Änderungen bringen wir BECKERS Argumentation.

Wellenfront immer steiler wird [Bilder 133e und f] und nach einer berechenbaren Zeit in einen Verdichtungsstoß übergeht. ...

Wenn man dagegen (durch Bewegen des Stempels nach links hin) eine Verdünnungswelle im Rohr erzeugt,
so erkennt man durch eine ganz analoge Betrachtung, daß hier jene Schwierigkeit nicht auftritt. Die
Verdünnungswelle wird im Gegenteil immer flacher, je weiter sie in das Rohr eindringt.

In den üblichen Darstellungen werden Verdünnungsstöße ausgeschlossen, indem man zeigt, daß sie mit
einer Entropieabnahme verbunden sind, also zufolge dem zweiten Hauptsatz der Thermodynamik nicht
möglich sind. Hier dagegen wurde gezeigt, daß sie aus Gründen der reinen Mechanik nicht auftreten
können.»

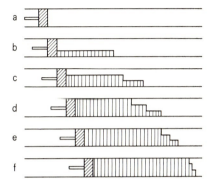

Bild 133
R. BECKERS Gedankenexperiment zur
Entstehung eines Verdichtungsstoßes.

Ähnlich wie bei EARNSHOW läßt sich auch hier eine, dem eben geschilderten Vorgang
angepaßte exakte Lösung angeben. Dazu geht man von den Gleichungen (175) und
(176) aus, die wir mit (143) wieder in der Eulerschen Form schreiben wollen:

$$\frac{\partial v}{\partial t} + v\,\frac{\partial v}{\partial x} + \frac{c^2}{\varrho}\,\frac{\partial \varrho}{\partial x} = 0; \quad \frac{\partial \varrho}{\partial t} + v\,\frac{\partial \varrho}{\partial x} + \varrho\,\frac{\partial v}{\partial x} = 0. \tag{190}$$

Mit der Adiabatengleichung

$$p = C\varrho^{\varkappa}, \quad C = \text{konst} \tag{191}$$

wird das Schallgeschwindigkeitsquadrat zu

$$c^2 = \frac{\mathrm{d}p}{\mathrm{d}\varrho} = C\,\varkappa\,\varrho^{\varkappa-1}. \tag{192}$$

Nun suchen wir eine Lösung, in der ϱ – entsprechend dem vorangehenden Gedankenexperiment – nur von v, und damit auch umgekehrt v nur von ϱ allein abhängt:
$v = v(x,t) = v[\varrho(x,t)]$. Dann folgt aus (190) das Gleichungssystem

$$\frac{\mathrm{d}v}{\mathrm{d}\varrho}\,\frac{\partial \varrho}{\partial t} + \left(v\,\frac{\mathrm{d}v}{\mathrm{d}\varrho} + \frac{c^2}{\varrho}\right)\frac{\partial \varrho}{\partial x} = 0, \quad \frac{\partial \varrho}{\partial t} + \left(v + \varrho\,\frac{\mathrm{d}v}{\mathrm{d}\varrho}\right)\frac{\partial \varrho}{\partial x} = 0,$$

das für $\partial\varrho/\partial t$ und $\partial\varrho/\partial x$ linear und homogen ist. Die Auflösbarkeitsbedingung
(also das Verschwinden der Koeffizientendeterminante) liefert mit (191)

$$\left(\frac{\mathrm{d}v}{\mathrm{d}\varrho}\right)^2 = \left(\frac{c}{\varrho}\right)^2 = C\,\varkappa\,\varrho^{\varkappa-3}. \tag{193}$$

Die Integration ergibt mit (192)

$$v = \frac{2}{\varkappa - 1}(c - c_0),\tag{194}$$

wobei c_0 die dem Ruhezustand ($v = 0$) entsprechende Schallgeschwindigkeit ist. Aus (194) folgt dann

$$c = \frac{\varkappa - 1}{2}v + c_0.\tag{195}$$

Setzt man (193) und (195) in die erste der Gleichungen (190) ein, so ergibt sich die Differentialgleichung

$$\frac{\partial v}{\partial t} + \left(\frac{\varkappa + 1}{2}v + c_0\right)\frac{\partial v}{\partial x} = 0.\tag{196}$$

Mit dem Ansatz $x = f(v,t)$ und

$$\frac{\partial v}{\partial t} = -\frac{\partial f}{\partial t}\Big/\frac{\partial f}{\partial v}, \quad \frac{\partial v}{\partial x} = 1\Big/\frac{\partial f}{\partial v}$$

folgt aus (196)

$$-\frac{\partial f}{\partial t} + \left(\frac{\varkappa + 1}{2}v + c_0\right) = 0.$$

Das allgemeine Integral dieser Differentialgleichung mit einer willkürlichen Funktion $w = w(v)$ ist

$$f(v,t) = x = \left(\frac{\varkappa + 1}{2}v + c_0\right)t + w(v) = g(v)t + w(v).\tag{197}$$

Mit der Anfangsbedingung $v(x,0) = \varphi(x)$ folgt für $t = 0$ aus (197) $x = w(\varphi(x))$; also ist w die Umkehrfunktion von φ.

Bild 134
$f(v,t)$ nach (197) für $v =$ konst.

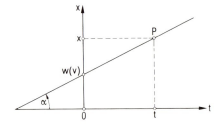

Für $v =$ konst stellt (197) in der t,x-Ebene eine Geradenschar mit dem Anstieg $g(v) = \tan\alpha$ und dem Achsenabschnitt $w(v)$ dar (Bild 134). Für eine gegebene Zeit t und einen gegebenen Ort x muß geometrisch die durch den Punkt $P = P(t,x)$ hindurchgehende Gerade (Bild 134) aufgesucht bzw. algebraisch die Gleichung (197) nach v

313

aufgelöst werden. Diese Auflösung ist wegen $t \geqq 0$ so lange eindeutig möglich, wie die Geraden die rechte Halbebene einfach bedecken, also ihre Schnittpunkte in die linke Halbebene fallen. Liegen dagegen die Schnittpunkte benachbarter Geraden in der rechten Halbebene (besitzen also die Geraden gemäß Bild 135 hier eine Einhüllende), so interpretieren wir die diesen Schnittpunkten entsprechende Mehrdeutigkeit, also die Existenz zweier Geschwindigkeiten in einem solchen Schnittpunkt, als einen Geschwindigkeitssprung mit einem zugehörigen Verdichtungsstoß. Nach (197) kann dieser eintreten, wenn mit wachsendem $w(v)$ die Größe $g(v)$ abnimmt.

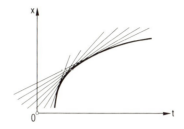

Bild 135
Zur Lösung von (197): ebenso wie die Schnittpunkte benachbarter Geraden in der rechten Halbebene entspricht ihre Einhüllende einem Verdichtungsstoß.

Mit Hilfe der Lösung (197) bzw. der vorangehenden Ausführungen läßt sich die Entstehung eines Verdichtungsstoßes im zeitlichen Ablauf auch zahlenmäßig verfolgen.

BECKER behandelt ein Beispiel: Der Stempel in dem mit Luft gefüllten Kolben wird mit konstanter Beschleunigung in einer halben Sekunde auf die Geschwindigkeit 100 m/sek gebracht und nachher mit dieser Geschwindigkeit fortbewegt. Mit $c_0 = 330$ m/sek, $\varkappa = 1{,}4$ entsteht nach 1,38 Sekunden an der Stelle $x = 453$ m der erste Verdichtungsstoß, dem ein Druck- bzw. Dichtesprung von 1,51 bzw. 1,34 entspricht[298].

Es würde hier zu weit führen, die weiteren von BECKER erschlossenen neuen Einsichten wiederzugeben. Nur auf die speziell für die Gasdynamik wohl interessanteste Einzelheit sei noch hingewiesen. In § 7, op.cit., berechnet BECKER die Frontbreite der Stoßwelle[299]. Dabei ergibt sich, daß zum Beispiel für ein Drucksprungverhältnis von 8 Atm. die Frontbreite des Verdichtungsstoßes kleiner ist als die mittlere freie Weglänge der Luftmoleküle ($9 \cdot 10^{-6}$ cm) und bei 2000 Atm. sogar kleiner als der mittlere Abstand ($3{,}3 \cdot 10^{-7}$ cm) zweier Moleküle. Mit Recht schreibt BECKER bei diesem Sachverhalt:

«Daher ist gezeigt, daß die allgemeinen Gleichungen der Kontinuumsphysik zur Beschreibung der wirklichen Vorgänge innerhalb der Wellenfront völlig unzureichend sind. Denn jene Gleichungen haben nur so lange eine unmittelbare physikalische Bedeutung, als im einzelnen Gasteilchen während einer merklichen Änderung von T und ϱ noch eine sehr große Anzahl von Zusammenstößen erfolgt. Davon kann aber nach unserem letzten Ergebnis in der Stoßwelle nicht die Rede sein.»

[298] Ein ähnliches Beispiel wird in aller Ausführlichkeit durchgerechnet in I. SZABÓ: *Höhere Technische Mechanik*, 5. Auflage (1972), S. 526–527.
[299] In einer für sich geschlossenen Form findet man sie in D. MORGENSTERN – I. SZABÓ: *Vorlesungen über Theoretische Mechanik* (1961), S. 307–309.

Während RIEMANNS Arbeit den grundlegenden Beginn der theoretischen Gasdynamik darstellt, ist diejenige von R. BECKER ein klärender Abschluß. Um so erstaunlicher ist es, daß im Jahre 1940 K. BECHERT in Unkenntnis der sich über sechzig Jahre erstreckenden Literatur das Problem neu in Angriff nahm und darüber in den Jahrgängen 1940 und 1941 (Bde. 37–40) der Annalen der Physik vier Arbeiten publizierte[300]. In der vierten Arbeit berücksichtigt er auch die Reibung und Wärmeleitung, ohne auf RICHARD BECKERS Arbeit hinzuweisen[301].

10   Abschließende Bemerkungen

Die weitere Entwicklung der Gasdynamik ist keine Geschichte mehr, sondern Gegenwart.

Die Weiterentwicklung der Dampfturbine (der Laval-Düse), das mit dem Ende des Ersten Weltkrieges beginnende Zeitalter der Flugzeuge, die waffentechnischen Erfordernisse des Zweiten Weltkrieges und schließlich die Raketentechnik der Raumfahrt haben auch der Gasdynamik enorme Impulse gegeben. Die diesbezüglichen Publikationen in Zeitschriften und Spezialwerken bilden heute eine kaum überschaubare Literaturfülle[302]. Sie ist aber, wie schon gesagt, erst «Gegenwart», und noch nicht «Geschichte».

---

[300] In der ersten Arbeit schreibt er, daß er erst nach Abschluß dieser Arbeit auf RIEMANNS Untersuchung aufmerksam gemacht wurde.

[301] Diese scheint ihm auch unbekannt zu sein, denn schon in seiner ersten Arbeit schreibt er: «Eine strenge Behandlung des Überganges der Welle in die Stoßwelle endlicher Steilheit ist theoretisch noch nicht gegeben worden.»

[302] Zur ersten Orientierung über diesen Problemkreis und seine Literatur sei hingewiesen auf S. 469–504, S. 518–529 und S. 535 des in Fußnote 298 angeführten Werkes. Speziell über die Entwicklung der Luftfahrt und die damit verbundenen gasdynamischen Probleme hat TH. V. KÁRMÁN das dieses großen Meisters der Fluidmechanik würdige Werk *Aerodynamik* (Genf 1956) geschrieben.

Kapitel IV
Geschichte der linearen Elastizitätstheorie homogener und isotroper Materialien

A Geschichte der Theorie der schwingenden Saite

> Es gibt keine Wissenschaft, die sich nicht
> aus der Kenntnis der Phänomene entwickelte, aber
> um Gewinn aus den Kenntnissen ziehen zu können,
> ist es unerläßlich, Mathematiker zu sein.
> DANIEL BERNOULLI

1 Einleitende Bemerkungen

Die Erschließung der Differential- und Integralrechnung durch LEIBNIZ und NEWTON und ihr weiterer Ausbau – insbesondere durch JAKOB BERNOULLI und JOHANN BERNOULLI – eröffneten sowohl für die Geometrie der Kurven, Flächen und Körper als auch für die Mechanik völlig neue Möglichkeiten. Es wurde nun ein leichtes, den Verlauf ebener Kurven zu diskutieren, einfache Extremalprobleme zu lösen, Bogenlänge und Flächeninhalt von und zwischen ebenen Kurven zu berechnen sowie Oberfläche und Volumen von Rotationskörpern zu ermitteln. Man stellte die ersten Differentialgleichungen von ebenen Kurven mit gewissen Eigenschaften auf und versuchte, sie durch Trennung der Variablen oder durch punktweise Konstruktion zu lösen.

In der Mechanik hatte man nun die Möglichkeit, Geschwindigkeit und Beschleunigung mit Hilfe dieses neuen Kalküls zu erfassen, und auch statische Probleme – wie zum Beispiel die Gestalt einer schweren Kette – mittels Differentialgleichungen zu beschreiben; so stellt JAKOB BERNOULLI die Differentialgleichung des elastischen Balkens auf und behandelt damit als erster ein statisches Problem des eindimensionalen Kontinuums[1]. Der nächste Schritt einer natürlichen Entwicklung auf diesem Gebiet mußte die kinetische Weiterführung sein, also die Bewegung der Saiten und Stäbe; der Geschichte des erstgenannten Problems, das für die Entwicklung der Mechanik, Physik und Mathematik ungemein förderlich gewesen ist, gelten die folgenden Ausführungen. Dazu sei vorausgeschickt: Die schwingende Saite ist zeitlich gesehen nicht das erste mathematisch behandelte Problem der (eindimensionalen) Kontinuumsmechanik (das war – wie eben erwähnt – JAKOB BERNOULLIS Balkenbiegung), aber ein Problem, das unter der Voraussetzung kleiner Auslenkungen ohne ein Materialgesetz vollständig gelöst werden kann; denn die Saite ist ein schwingender Körper, der erst durch eine (von außen aufgebrachte) Vorspannung elastisch wird, im Gegensatz zum später (Abschnitt B) zu behandelnden Balken, dessen Elastizität in seiner Biegesteifigkeit (als einer Materialeigenschaft) liegt.

2 Die Anfänge der Erforschung der Saitenschwingung durch MERSENNE, SAVEUR und NEWTON

Wenn man auch gespannte Saiten in Musikinstrumenten seit Jahrtausenden verwendete, begann die wissenschaftliche Erforschung ihrer physikalischen Eigenschaften

---

[1] Siehe Abschnitt B dieses Kapitels.

erst vor etwa 300 Jahren. Der französische Minorit MARIN MERSENNE war der erste, der 1636 in seinem akustischen und musiktheoretischen Werk *Harmonicorum libri* Untersuchungen über Saitenschwingungen anstellte. Er kam zu der richtigen Erkenntnis, daß die Frequenz umgekehrt proportional zur Saitenlänge und zum Saitendurchmesser[2] und direkt proportional zur Quadratwurzel der Spannkraft ist. MERSENNE glaubte, daß die Saite – und andere klingende Körper – neben dem Grundton noch zwei andere Töne von sich geben: der eine ist die «duodecime major», der andere die «decimeseptime major» des Grundtones. Experimentell nachgewiesen wurden diese sogenannten «harmonischen Töne» 1701 in den *Pariser Akademieberichten* von JOSEPH SAVEUR (1653–1716). MERSENNE experimentierte mit Saiten von verschiedenen Abmessungen aus verschiedenen Materialien[3] und ermittelte auch ihre Zerreißfestigkeiten.

Daß die Luft vermöge ihres elastischen Verhaltens die Schwingungen der tönenden Körper fortträgt, wurde allgemein anerkannt[4], aber der dabei eintretende physikalische Vorgang ist erst von NEWTON systematisch untersucht worden. In seinen *Philosophiae naturalis principia mathematica* (1687), S. 357, schreibt er: «Man stelle sich vor, daß die Stöße sich mittels aufeinanderfolgender Verdichtungen und Verdünnungen des Mediums fortpflanzen, daß der dichteste Teil eines jeden Stoßes auf einer um *A* als Mittelpunkt beschriebenen Kugeloberfläche liege und zwischen den aufeinanderfolgenden Stößen sich gleiche Zwischenräume befinden.» Anschließend beschreibt NEWTON, wie man sich mit Hilfe dieses Prinzips die Fortpflanzung des etwa von einer Saite ausgehenden Schalles vorzustellen habe. Die gesamte Section VIII (*De Motu per Fluida propagato*) des zweiten Buches ist dieser und verwandten Fragen gewidmet. So kommt NEWTON durch Analogieschlüsse zwischen Pendel- und Flüssigkeitsschwingungen in U-Röhren zu grundsätzlichen Erkenntnissen über die Schallwellen und ihre charakteristischen Größen. Ferner stellt er fest, daß die Schallgeschwindigkeit in der Luft der Quadratwurzel aus dem Quotienten von Druck und Dichte gleich ist[5].

3   BROOK TAYLORS Theorie der Saitenschwingungen

Der vor allem durch die nach ihm benannte Reihenentwicklung bekannte englische Mathematiker und Philosoph BROOK TAYLOR[6] (1685–1731) (Bild 136) war der erste, der eine mathematische Theorie der Saitenschwingungen zu geben versuchte. In den

---

[2] Was in unserer heutigen Terminologie der Quadratwurzel der Saitenmasse pro Längeneinheit entspricht.

[3] Darm, Gold, Silber, Kupfer, Messing und Eisen.

[4] Merkwürdigerweise war OTTO VON GUERICKE (1602–1686) anderer Ansicht: «Aber Schall, Krachen, Geräusch, Stimme usw. breiten sich nicht vermittels der Luft aus, wie die Gelehrten gewöhnlich behaupten.» (*Neue Magdeburger Versuche*, 4. Buch, 10. Kapitel).

[5] Da NEWTON bei seinen Überlegungen isotherme Zustandsänderungen (anstatt adiabatischer) annimmt, erhält er einen zu kleinen Wert für die Schallgeschwindigkeit. Hierüber wurde ausführlich in Kapitel III, Abschnitt A, berichtet (S. 281 ff.).

[6] Über das Leben und Wirken TAYLORS berichtet H. AUCHTER in seiner Würzburger Dissertation (1937) *Brook Taylor, der Mathematiker und Philosoph*.

Bild 136
BROOK TAYLOR (1685–1731).

«Philosophical Transactions» für das Jahr 1713, S. 26–32, publizierte er seine diesbezügliche Arbeit unter dem Titel *De motu Nervi tensi*[7] (Bild 137a).

Zunächst beweist TAYLOR als «Lemma 1» (S. 26) den Satz, daß – in den Punkten Δ und D – die Krümmungen zweier im Sinne der Relation $C\Delta : CD = E\Phi : EF$ affinen Kurven $ADFB$ und $A\Delta\Phi B$ sich wie die Ordinaten $C\Delta$ und CD verhalten.

Das anschließende «Lemma 2» (Bild 137b) beinhaltet den Satz, daß die Beschleunigungen der Punkte einer schwingenden Saite den diesen Punkten zugeordneten Krümmungen proportional sind[8]. Hierbei weist TAYLOR zunächst nach, daß die von der Saitenspannkraft in Bewegungsrichtung aufgebrachte Kraft (*vis absoluta*) der

---

[7] In seinem 1715 erschienenen Werk *Methodus incrementorum directa et inversa* (in dem auf S. 21 auch die nach ihm benannte Reihe zu finden ist) behandelt er das gleiche Problem (S. 89–93) auf eine etwas andere und teilweise ausführlichere Weise.

[8] Dem mathematisch interessierten Leser sei angeraten, den auf Seite 26 und 27 (Bild 137a und b) mitgeteilten Beweisen der beiden Taylorschen Lemmas zu folgen.

Saitenkrümmung proportional ist, woraus dann nach dem Newtonschen Gesetz die Behauptung folgt.

Im weiteren geht es für TAYLOR darum, wie er – freilich unbewußt – die zwischen den drei Veränderlichen (Auslenkung y, Ort x und Zeit t) bestehende, damals noch unbekannte partielle Differentialgleichung[9]

$$\frac{\partial^2 y}{\partial t^2} = c^2 \frac{\partial^2 y}{\partial x^2}, \, c^2 = \text{konst} \tag{1}$$

umgehen kann. Dazu war es notwendig, die Verbindung zwischen den Aussagen der beiden Lemmas herzustellen, denn sie würde bedeuten, daß die Beschleunigungen der

---

[9] Siehe zum Beispiel I. SZABÓ: *Höhere Technische Mechanik,* 5. Auflage (1972), S. 62 ff.

Bild 137a
Seite 26, 27 und 28 von TAYLORS *De motu Nervi tensi* aus den Philosophical Transactions *1713*, 26–32. *a)* Seite 26; *b)* Seite 27; *c)* Seite 28.

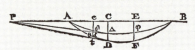

(26)

IV. *De motu Nervi tensi.* Per Brook Taylor *Armig. Regal. Societat. Sodal.*

Lemma I.

Sint A D F B, & A △ Φ B *Curvæ duæ, quarum relatio inte ſe hæc eſt, ut, ductis ad* libitum ordinatis C △ D. E ✿ F, ſit C △ : C D : : E ✿ : E F. *Tum ordinatis in infinitum imminutis, adeo ut coincidant Curvæ cum axe* A B ; *dico quod ſit ultima ratio curvaturæ in* △ *ad curvaturam in* D, *ut* C △ *ad* C D.

D*Emonſtr.* Duc ordinatam c ♪ d ipſi C D proximam; & ad D & △ duc tangentes D t & △ θ, ordinatæ c d occurrentes in t & θ. Tum ob c ♫ : c d : : C △ : C D (per Hypotheſin) tangentes productæ ſibi invicem & axi occurrent in eodem puncto P. Unde ob triangula ſimilia C D P & c t P, C △ P & c θ P, erit c θ : c t : : C △ : C D (: : c ♫ : c d, per Hyp) : : ♪ θ (= c θ - c ♫) ad d t (= c t - c d·) Atqui ſunt curvaturæ in △ & D, ut anguli contactûs θ △ ♪ & t D d ; & ob ♫ △ & d D coincidentes cum c C, anguli iſti ſunt ut eorum ſubtenſæ ♪ θ & d t, hoc eſt (per analogiam ſupra inventam) ut C △ & C D. Quare, *&c.* Q. E. D.

Lemma

(27)

Lemma 2.

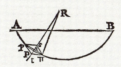

*In aliquo articulo vibratio-
nis suæ induat Nervus
tensus, inter puncta A &
B, formam curvæ cuju-
vis A p π B. Tum dico
quod sit incrementum ve-
locitatis puncti alicujus
P, seu acceleratio oriunda
a vi tensionis Nervi, ut curvatura Nervi in eodem
puncto.*

Demonstr. Finge Nervum constare ex particulis rigidis
æqualibus infinite parvis p P & P π, &c. & ad punctum P erige perpendicularem P R = radio curvaturæ in
P, cui occurrant tangentes p t & π t in t, iis parallelæ π s
& p s in s, & chorda p π in c. Tum, per Principia Mechanicæ, vis absoluta, quâ urgentur particulæ ambæ p P
& P π versûs R, erit ad vim tensionis fili, ut s t ad p t;
& hujus vis dimidium, quo urgetur particula una p P,
erit ad Nervi tensionem, ut c t ad t p, hoc est, (ob triangula similia c t p, t p R) ut t p vel P p ad R t vel
P R. Quare, ob tensionis vim datam, erit vis accelera-
trix absoluta ut $\frac{P\,p}{P\,R}$. Sed est acceleratio genita in ratione compositâ ex rationibus vis absolutæ directè & ma-
teriæ movendæ inversè; atq; est materia movenda ipsa
particula P p. Quare est acceleratio ut $\frac{1}{P\,R}$, hoc est ut
Curvatura in P. Est enim Curvatura reciprocè ut radius
circuli osculatorii. Q. E. D.

E 2   Prob. 1.

Bild 137b

Saitenpunkte ihren Auslenkungen proportional sind. Die diesbezüglichen Überlegungen, die damals den Charakter eines «Beweises» trugen, befinden sich in «Problema 1» (*Definire motum Nervi tensi*) auf S. 28–29 der zitierten Publikation. TAYLOR
nimmt an, daß die Auslenkungen der Saitenpunkte klein sind und daß der infolge der
Verlängerung der Saite bedingte Zuwachs der Saitenspannkraft vernachlässigt werden
kann. Dann argumentiert er: Durch einen Schlag (*plectro*) wird der mittlere Punkt der
zwischen A und B ausgespannten Saite in die Lage C gebracht (Bild 137c). Erst hat
dieser Punkt allein eine «Krümmung» und beginnt nach Lemma 2 seine Bewegung,
die aber – infolge der beginnenden Gestaltänderung der Saite – sogleich auch eine
Bewegung der benachbarten Punkte Φ und d, dann Ɛ und e usw. bedingt. Infolge der
abnehmenden Krümmung des mittleren Punktes C und der zunehmenden Krüm-

mung der benachbarten Punkte werden nach Lemma 2 der erste mit abnehmender, die anderen mit zunehmender Beschleunigung bewegt. Das dadurch bedingte Wechselspiel der Geschwindigkeiten hat zur Folge, daß alle Saitenpunkte zur gleichen Zeit in der gradlinigen Lage AB (Bild 137c) ankommen und von dort zusammen ihre Bewegung nach der anderen Seite fortsetzen.

«Damit aber dieses geschieht, [schreibt TAYLOR,] muß die Saite immer eine solche Form $ACDEB$ annehmen [10], daß die Krümmung in irgendeinem Punkt E dem Achsenabstand $E\eta$ proportional ist; auch die Geschwindigkeiten der Punkte C, D, E usw. stellen sich untereinander im Verhältnis ihrer Entfernungen Cz, $D\vartheta, E\eta$ usw. von der Achse ein. Denn in diesem Falle verhalten sich die im Zeitelement durchlaufenen

---

[10] Wie TAYLOR meint, unter Umständen nach einem – z.B. durch einen Schlag verursachten – Übergangszustand.

Bild 137c

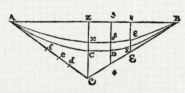

(28)

Prob. 1.

Definire motum Nervi tensi.

In hoc Problemate & sequentibus pono Nervum moveri per spatium minimum ab axe motûs; ut incrementum tensionis ex auctâ longitudine, item obliquitas radiorum curvaturæ poſſint tutò negligi.

Itaq; extendatur Nervus inter puncta A & B; & plectro deducatur punctum z ad diſtantiam Cz ab axe A B. Tum amoto plectro, ob flexuram in puncto ſolo C, illud primum incipiet moveri (*per Lemma* 2.) At ſtatim inflexo Nervo in punctis proximis ✱ & d, incipient hæc puncta etiam moveri; & deinde E & e, & ſic deinceps. Item ob magnam flexuram in C, illud punctum primò velociſſime movebitur; & exinde auctâ curvaturâ in punctis proximis D; E, &c. ea continuo velocius accelerabuntur; & eâdem operâ, imminutâ curvaturâ in C, id punctum viciſſim tardius accelerabitur. Et univerſaliter, punctis juſtò tardioribus magis & velocioribus minùs acceleratis, tandem fiet ut viribus inter ſe ritè temperatis, motus omnes conſpirent, punctis omnibus ad axem ſimul euntibus & ſimul redeuntibus, vicibus alternis ad infinitum.

Sed ut hoc fiat debet **Nervus** ſemper induere formam curvæ A C D E B, cujus curvatura in quovis puncto E eſt ut ejuſdem diſtantia ab axe E ; velocitatibus etiam punctorum C, D, E, &c. conſtitutis inter ſe in ratione diſtantiarum ab axe Cz, $D\vartheta$, $E\eta$, &c. Etenim in hoc caſu,

Strecken $Cx, D\delta, E\varepsilon$ usw. wie die Geschwindigkeiten, weshalb die Auslenkungen $xz, \delta\vartheta, \varepsilon\eta$ usw. untereinander im selben Verhältnis stehen. Ebenso stehen die Beschleunigungen untereinander im selben Verhältnis. Auf diese Weise bleibt das Verhältnis der Geschwindigkeiten untereinander und ebenso das der zu durchlaufenden Strecken erhalten, so daß alle Punkte gleichzeitig an der Achse ankommen und zur gleichen Zeit diese verlassen: deswegen ist die Definition der Kurve $ACDEB$ die richtige.»

Dann wären aber zwei in verschiedenen Zeitpunkten eingenommene Saitenformen $ACDEB$ und $Ax\delta\varepsilon B$ im Sinne von Lemma 1 affin, so daß die Krümmungen den Auslenkungen und damit nach Lemma 2 die Beschleunigungen den Auslenkungen proportional sind. Damit ist die Brücke zwischen den beiden «Lemmas» von TAYLOR geschlagen. Im Sinne unserer heutigen Anforderungen an einen «Beweis» können TAYLORS Überlegungen natürlich nur als Versuch angesehen werden, eine das Problem sehr einengende und der Wirklichkeit nur teilweise entsprechende Hypothese plausibel zu machen [11]. Sie besagt, daß die Saite als Ganzes in Form eines – wegen der kleinen Auslenkungen sehr flachen – Sinusbogens schwingt. Da sämtliche Punkte die gerade Lage zur gleichen Zeit passieren, bedeutet diese Annahme auch, daß die Schwingungszeit für alle Punkte, unabhängig von ihren Schwingungsweiten, die gleiche ist. Diese isochrone Eigenschaft haben – wie als erster CHRISTIAAN HUYGENS 1673 in seinem *Horologium oscillatorium* [12] nachgewiesen hat – alle Körper, die im Schwerefeld längs einer Zykloide schwingen [13]. Das bedeutet aber, daß die einzelnen Punkte der Saite wie Körper auf Zykloidenbahnen schwingen [14]. Wegen dieser «Verwandtschaft» nannte man die die Saitenpunkte verbindende Kurve die «Begleiterin der Zykloide». Diese ist, wie 1635 zum ersten Male bei der Quadratur der Zykloide von GILES DE ROBERVAL (1602–1675) nachgewiesen wurde, ein Sinusbogen [15]. Für uns folgt diese Einsicht aus der Taylorschen Hypothese sofort, denn nach ihr ist (für kleine Auslenkungen) die Krümmung $\mathrm{d}^2 y/\mathrm{d}x^2$ der Entfernung von der x-Achse (AB in Bild 137a) – also der Auslenkung y – proportional; dies führt – mit dem positiven Proportionalitätsfaktor λ^2 – auf die Differentialgleichung

$$\frac{\mathrm{d}^2 y}{\mathrm{d}x^2} = -\lambda^2 y, \tag{2}$$

deren Lösung – mit den zunächst willkürlichen Konstanten $\bar{y}_0$ und x_0 – bekanntlich

$$y = y(x) = \bar{y}_0 \sin(x + x_0) \tag{3}$$

ist.

---

[11] Dies um so mehr, da die von TAYLOR angenommenen Proportionalitäten der Geschwindigkeiten v und Beschleunigungen b zu den Auslenkungen y – wegen $v = \mathrm{d}y/\mathrm{d}t$ und $b = \mathrm{d}v/\mathrm{d}t$ – miteinander unvereinbar sind! Demnach ist TAYLORS Hypothese richtig, ihr «Beweis» aber falsch. Es ist überhaupt erstaunlich, daß TAYLOR die Erkenntnis von HOOKE, daß nämlich zu den Auslenkungen proportionale Kräfte harmonische Schwingungen zur Folge haben (siehe Fußnote 21), nicht heranzieht.

[12] Ostwalds Klassiker Nr. 192, S. 12 ff.

[13] TAYLOR weist auf den – gleiches beinhaltenden – 51. Satz aus dem 10. Abschnitt des ersten Buches in NEWTONS *Principia* (1687, S. 151) hin.

[14] Wegen der Ausnutzung dieser Eigenschaft zur amplitudenunabhängigen Zeitmessung (Zykloidenpendel) siehe I. SZABÓ: *Einführung in die Technische Mechanik*, 8. Auflage (1975), S. 328–330.

[15] M. CANTOR: *Vorlesungen über Geschichte der Mathematik*, 2. Auflage, 2. Bd. (1900), S. 878.

In derselben Weise ergibt die zweite Taylorsche Hypothese, die die Proportionalität zwischen Beschleunigung und Auslenkung aussagt, die zeitbezogene Differentialgleichung

$$\frac{\mathrm{d}^2 y}{\mathrm{d} t^2} = -\omega^2 y \tag{4}$$

mit der Lösung

$$y = y(t) = \bar{\bar{y}}_0 \sin \omega (t + t_0); \tag{5}$$

dabei sind $\bar{\bar{y}}_0$ und t_0 wieder willkürliche Konstanten. Es ist einleuchtend, daß das Produkt aus (3) und (5) (mit $\bar{y}_0 \bar{\bar{y}}_0 = y_0$), also

$$y = y(x)\, y(t) = y(x, t) = y_0 \sin \lambda (x + x_0) \sin \omega (t + t_0), \tag{6}$$

die Zeit- und Ortsabhängigkeit der Saitenschwingung erfaßt, da es die Differentialgleichungen (2) und (4) befriedigt.

Wenn man nur die ersten zwei Nullstellen des Sinus in Betracht zieht, ergeben die Randbedingungen des Einklemmens ($y = 0$) der Saite bei $x = 0$ und $x = L =$ Saitenlänge aus (6): $x_0 = 0$ und $\lambda = \pi/L$.

Damit und mit der Periodenzeit $T = 2\pi/\omega$ lautet die Lösung (6):

$$y = y_0 \sin \pi \frac{x}{L} \sin 2\pi \frac{t + t_0}{T}. \tag{7}$$

Einen Zusammenhang zwischen $\lambda = \pi/L$ und T gewinnt man über die Saitenspannkraft S: Die auf die Längeneinheit bezogene beschleunigende Komponente von S ist (siehe Fußnote 9) $S\,\mathrm{d}^2 y/\mathrm{d} x^2$. Sie muß gleich sein dem Produkt aus Masse m pro Längeneinheit und der Beschleunigung:

$$S \frac{\mathrm{d}^2 y}{\mathrm{d} x^2} = m \frac{\mathrm{d}^2 y}{\mathrm{d} t^2}.$$

Mit (7) liefert diese Bedingung

$$S \frac{\pi}{L} = m \frac{2\pi}{T},$$

so daß die Periodenzeit

$$T = 2L \sqrt{\frac{m}{S}} \tag{8}$$

beträgt.

Freilich, so «einfach» hatte es TAYLOR damals nicht! In «Problema 2», *op.cit.*, S. 29, stellt er sich die Aufgabe, für eine gleichmäßig mit homogener Masse belegte Saite die Schwingungsdauer zu berechnen. Mit bewunderungswürdigem Scharfsinn meistert er als erster dieses in Anbetracht der damaligen kalkülmäßigen Möglichkeiten außerordentlich schwierige Problem. Für den heutigen Leser ist es ebenso interessant wie mühevoll, TAYLORS Beweisführung zu folgen. Den Ausgangspunkt bildet der Vergleich der Schwingungszeit eines Zykloidenpendels, das durch sein Gewicht angetrieben wird, mit der einer ebenfalls isochron schwingenden Saite, die in jedem ihrer Punkte durch eine zur Krümmung direkt (und somit zum Krümmungsradius umgekehrt) proportionalen Komponente der Saitenspannkraft P bewegt wird. Unter Verwendung des 52. Satzes aus NEWTONS *Principia* (1687), S. 153, ergibt sich – mit der Saitenlänge L und dem Saitengewicht N – das Verhältnis der beiden Schwingungszeiten zu $\sqrt{Na^2 : PL}$; dabei ist a^2 ein durch die Beziehung Krümmungsradius $R = a^2 : y$ definierter Proportionalitätsfaktor, dessen Ermittlung die eigentliche Schwierigkeit bildet. Mit seinem – in der schon zitierten *Methodus incrementorum* perfektionierten – Fluxionskalkül errechnet er $a^2 = L^2(d/c)^2$ und erhält schließlich für die Schwingungszeit die Formel

$$T = \frac{d}{c} \sqrt{\frac{LN}{PD}}. \tag{9}$$

In ihr bedeutet D die Länge des Sekundenpendels, also $g/4\pi^2$ (g = Erdbeschleunigung) und d/c das Verhältnis des Durchmessers d zum Kreisumfang c für $c = 1$, also $d/c = 1/\pi$. Für $P = S$ und $N = mg$ geht aus (9) wieder die Formel (8) hervor.

Dieser Periodenzeit entspricht die Kreisfrequenz

$$\omega = \frac{2\pi}{T} = \frac{\pi}{L} \sqrt{\frac{S}{m}},$$

die man auch nach der heute üblichen (verfeinerten) Theorie für den Grundton erhält.

Aus der Formel (9) folgert TAYLOR zwei «Corollarien»:

«Corollarium 1: Die Anzahl der in der Zeiteinheit erfolgten Schwingungen ist $\dfrac{c}{d}\sqrt{\dfrac{PD}{NL}}$.»

«Corollarium 2: Bei festem $dc/\sqrt{D}$ verhalten sich die Periodenzeiten wie $\sqrt{LN/P}$; bei auch noch festem P wie $\sqrt{LN}$. Bei aus gleichen Fäden hergestellten Saiten ist N zu L proportional, so daß die Zeiten sich wie die Längen L verhalten.»

Diesen beiden Corollarien wird in der *Methodus incrementorum* auf S. 93 noch ein drittes hinzugefügt:

«Corollarium 3: Wenn außerdem noch die Spannkraft vorgegeben ist, so wird bei denselben Anordnungen, wenn ein und dieselbe Saite an verschiedenen Stellen eingeklemmt wird, die Schwingungszeit proportional zu L sein. Aber im Vergleich zu einer mit voller Länge schwingenden Saite gibt der halbe Teil den Ton einer Oktave, der ⅔-Teil den Ton einer Quinte, der ¾-Teil den Ton einer Quarte und dementsprechend die übrigen. Deswegen werden von den Musikern [16] richtigerweise diese Verhältnisse über die Töne von Saiten durch die ihnen proportionalen Längenrelationen definiert.»

TAYLOR hat also erkannt, daß eine Saite der Länge L außer dem Grundton auch den Grundton einer halb, drittel, viertel usw. so langen gleich beschaffenen Saite abgeben könne, daß also für ganzzahlige n Schwingungsformen gemäß der Funktion $\sin(n\pi x/L)$ existieren. Aber zu der entscheidend wichtigen Erkenntnis, daß die Saite sich dergestalt quasi von selbst in zwei, drei oder mehrere gleiche Teile aufspalte, daß diese Teile Schwingungen ausführen, als ob jeder Teil eine ganze Saite wäre, kam erst DANIEL BERNOULLI; denn TAYLOR schreibt in «Corollarium 3» ausdrücklich:...*si longitudines in eodem Nervo diversimode obturato* [17]. Er wies aber DANIEL BERNOULLI den Weg zu der Feststellung, daß eine Saite ihre verschiedenen Töne gleichzeitig geben kann; wir kommen hierauf noch (in Ziff. 7) ausführlich zurück.

4   JOHANN BERNOULLIS Behandlung der Theorie der schwingenden Saite

JOHANN BERNOULLI, TAYLORS Zeitgenosse und Kontrahent in manchen mathematischen Prioritätsfragen [18], nahm sich auch des Problems der Saitenschwingung an. In einem Brief vom 20. Dezember 1727 an seinen – damals an der Petersburger Akademie tätigen – Sohn DANIEL teilte er seine Ergebnisse der Berechnung von Frequenzen schwingender Saiten mit. Auszüge aus diesem Brief wurden in den Petersburger Akademieberichten [19] abgedruckt. Eine längere Arbeit über den Gegenstand erschien in denselben Berichten [20] unter dem Titel *Meditationes de cordis vibrantibus*. J. BERNOULLI geht auch von den Taylorschen Hypothesen aus, verwendet aber im weiteren das Prinzip der Erhaltung der mechanischen Energien. Zunächst berechnet er für die

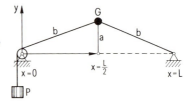

Bild 138
Masseloser elastischer Faden, der durch die Kraft P vorgespannt ist und in der Mitte die Einzelmasse $m = G/g$ trägt.

gewichtslose, mit kleinen und gleichen Gewichten in gleichen Abständen belegte Saite die Frequenz der Schwingungen. Beispielsweise ist für eine in der Mitte durch das Gewicht $G = Mg$ ($M = $ Masse, $g = $ Erdbeschleunigung) belastete Saite (Bild 138) die

---

[16] Zu denen übrigens – durch seine musiktheoretischen Publikationen – auch TAYLOR selbst zu zählen ist.

[17] Also: «auf verschiedene Weise verstopfen (einklemmen).»

[18] Siehe hierzu die in Fußnote 6 angeführte Arbeit von H. AUCHTER.

[19] Comm. Acad. Petropol., Tom. II (1727), S. 200ff.; auch in den *Opera Omnia*, Tom. III, S. 124ff.

[20] Tom. II, S. 13, und *Opera Omnia*, Tom. II, S. 198 ff.

von der Saitenspannkraft P auf dem Wege von der maximalen Auslenkung a bis zur x-Achse geleistete Arbeit (mit $b \approx L/2$)

$$P \cdot 2 \cdot \triangle l = P \cdot 2 \left(b - \frac{L}{2} \right) = P \cdot 2 \, \frac{b^2 - \left(\dfrac{L}{2} \right)^2}{b + \dfrac{L}{2}} \approx P \, \frac{2 \, a^2}{L}.$$

Sie muß nach dem Energieerhaltungssatz gleich der kinetischen Energie der Masse M sein:

$$2 \, P \, \frac{a^2}{L} = \frac{M}{2} \, v^2 ;$$

hierbei ist v die in der x-Achse auftretende maximale Geschwindigkeit. Da die zur x-Achse rücktreibende Kraft der Auslenkung proportional ist, führt die Masse M eine harmonische Bewegung nach dem – zu (5) analogen – Zeitgesetz $y = a \sin \omega \, (t + t_0)$ aus[21], so daß die maximale Geschwindigkeit $v = (\mathrm{d} y / \mathrm{d} t)_{\max} = a \omega$ beträgt. Man hat also

$$2 \, P \, \frac{a^2}{L} = \frac{M}{2} \, a^2 \, \omega^2 ;$$

hieraus ergibt sich die Frequenz f bzw. die Schwingungszeit T zu

$$f = \frac{\omega}{2 \pi} = \frac{1}{\pi} \, \sqrt{\frac{P}{LM}} \quad \text{bzw.} \quad T = \frac{1}{f} = \pi \, \sqrt{\frac{LM}{P}} \, .$$

Auf ähnlichem – aber immer beschwerlicherem – Wege berechnet JOHANN BERNOULLI die Frequenzen einer Saite mit bis zu sechs Einzelmassen. Dann geht er zur *corda musica* über, also zur gleichmäßig mit Masse belegten Saite. Zunächst verifiziert er auf dem von TAYLOR eingeschlagenen – auf dem Newtonschen Beschleunigungsgesetz fußenden – Weg dessen Ergebnisse. Hierbei ist seine kalkülmäßige Eleganz gegenüber TAYLOR auffallend. TAYLOR kämpft mit den Schwerfälligkeiten der Newtonschen Fluxionsmethode, während BERNOULLI sich mit Perfektion des Leibnizschen Kalküls bedient und zu expliziten Differentialgleichungen in Form von Integralen der Gestalt

$$\int \frac{\mathrm{d} x}{\sqrt{c^2 - x^2}} = \arcsin \frac{x}{c} + \text{konst}$$

kommt; er nennt die daraus resultierende Umkehrfunktion, also den Sinus, ebenfalls die «Begleiterin der Zykloide» (*trochoidis socia*). Zum Schluß zeigt er, wie man mit Hilfe des Erhaltungssatzes von Arbeit und kinetischer Energie zu den gleichen Resultaten gelangt.

---

[21] Dieses erkannte schon ROBERT HOOKE; siehe Abschnitt B (S. 358) dieses Kapitels.

5   D'Alemberts Beiträge zur Theorie der schwingenden Saite

Im Jahre 1746 machte Friedrich der Große dem französischen Mathematiker Jean Baptiste le Rond[22] D'Alembert, der schon 1744 einen Preis der Berliner Akademie gewonnen hatte, das Angebot, nach Berlin zu kommen. D'Alembert (Bild 139) nahm nur das Jahresgehalt an, schickte aber immerhin der Akademie zwei wissenschaftlich außerordentlich gewichtige Abhandlungen, deren erste in den Berliner Akademieberichten[23] für das Jahr 1747 (gedruckt 1749) unter dem Titel *Recherches sur la courbe que forme une corde tendue mise en vibration* erschien.

Für kleine Auslenkungen einer von der Kraft S gespannten Saite mit gleichmäßiger Massenbelegung m pro Längeneinheit übernimmt D'Alembert das Theorem von Taylor: wenn y die Auslenkung und s die Bogenlänge bedeuten, ist die beschleunigende Kraft, also die Komponente von S in Bewegungsrichtung, der Krümmung proportional, so daß man für kleine Auslenkungen und pro Längeneinheit

$$S\frac{d^2 y}{d s^2} \tag{10}$$

hat. Das Vorzeichen hängt davon ab, ob die Kurve zur Saitenachse konkav oder konvex ist. Setzt man diese Kraft der Massenbeschleunigung pro Längeneinheit $m\, d^2 y/d t^2$ gleich, so ergibt sich mit der Abkürzung

$$c^2 = \frac{S}{m} \tag{11}$$

und mit partiellen Differentiationssymbolen[24] die – von D'Alembert zunächst explizit nicht hingeschriebene – Differentialgleichung

$$\frac{\partial^2 y}{\partial t^2} = c^2 \frac{\partial^2 y}{\partial s^2}, \tag{12}$$

die für kleine Auslenkungen ($ds \approx dx$) in (1) übergeht.

Zur Ermittlung der Auslenkung $y = y(s, t)$ schlägt D'Alembert einen völlig neuen Weg ein, den wir heute – mit einigen modernisierten Einsichten – «Charakteristikenmethode» nennen[25]. Er setzt $y = \varphi(t, s)$, bildet dann die – wie wir heute sagen würden totalen – Differentiale

$$d\left[\varphi(t, s)\right] = p\, dt + q\, ds; \quad dp = \alpha\, dt + \nu\, ds; \quad dq = \nu\, dt + \beta\, ds \tag{13}$$

---

[22] Diesen Zunamen erhielt er, weil er als uneheliches Findelkind auf den Stufen der Kirche Saint-Jean-Le-Rond in Paris ausgesetzt wurde.

[23] *Histoire de l'Académie Royale de sciences et belles lettres année MDCCXLVII*, S. 214–219.

[24] Damals war es noch nicht üblich, für die partielle Differentiation das Symbol ∂ zu verwenden, das erst von C.G.J. Jacobi eingeführt wurde.

[25] R. Rothe – I. Szabó: *Höhere Mathematik*, Teil VI, 3. Auflage (1965), S. 218–225.

Bild 139
JEAN BAPTISTE LE ROND D'ALEMBERT (1717–1783).

und betrachtet α, ν und β als «unbekannte Funktionen» von t und s. In unserer heutigen Schreibweise[26] würden diese Formeln so aussehen:

$$d\,y = \frac{\partial y}{\partial t}\,dt + \frac{\partial y}{\partial s}\,ds = p\,dt + q\,ds, \tag{14a}$$

$$d\,p = d\left(\frac{\partial y}{\partial t}\right) = \frac{\partial^2 y}{\partial t^2}\,dt + \frac{\partial^2 y}{\partial s\,\partial t}\,ds = \alpha\,dt + \nu\,ds, \tag{14b}$$

$$d\,q = d\left(\frac{\partial y}{\partial s}\right) = \frac{\partial^2 y}{\partial t\,\partial s}\,dt + \frac{\partial^2 y}{\partial s^2}\,ds = \nu\,dt + \beta\,ds; \tag{14c}$$

$$d^2 y = d(d\,y) = d\,p\,dt + d\,q\,ds = \frac{\partial^2 y}{\partial t^2}\,dt^2 + 2\,\frac{\partial^2 y}{\partial s\,\partial t}\,dt\,ds + \frac{\partial^2 y}{\partial s^2}\,ds^2 =$$

$$= \alpha\,dt^2 + 2\,\nu\,dt\,ds + \beta\,ds^2. \tag{14d}$$

Da nach (14c) $\beta = \partial^2 y/\partial s^2$ ist, wird gemäß (10) $S\beta$ die beschleunigende Kraft pro Längeneinheit der Saite; ferner ist $\alpha = \partial^2 y/\partial t^2$ nach (14b) die ihr proportionale Beschleunigung. Nun zieht D'ALEMBERT das «Lemma X»[27] im ersten Abschnitt des 1. Buches aus NEWTONS *Principia* (1687, S. 32) heran, nach dem – auch bei nicht konstanten Kräften – zu Beginn der Bewegung die Wege sich wie die Quadrate der Zeiten verhalten. Bedeutet also a die zur Zeit ϑ gehörige freie Fallstrecke, m die Masse der Saite pro Längeneinheit und g die Erdbeschleunigung, so besteht die Relation

$$\frac{\alpha}{2}\,dt^2 : a = \frac{S\beta}{2m}\,dt^2 : \frac{g}{2}\,\vartheta^2,$$

woraus

$$\alpha = \frac{\partial^2 y}{\partial t^2} = \frac{2\,S\,a}{m g\,\vartheta^2}\beta = \frac{2\,S\,a}{m g\,\vartheta^2}\,\frac{\partial^2 y}{\partial s^2} \tag{15}$$

folgt. Jetzt legt D'ALEMBERT den Maßstab auf der Zeitachse so fest, daß

$$2\,S\,a = m g\,\vartheta^2 \tag{16}$$

wird; dann geht aus (15) $\alpha = \beta$ bzw. die partielle Differentialgleichung

$$\frac{\partial^2 y}{\partial t^2} = \frac{\partial^2 y}{\partial s^2} \tag{17}$$

hervor[28].

---

[26] Siehe zum Beispiel R. ROTHE: *Höhere Mathematik*, Teil I, 16. Auflage (1960), S. 115–116.

[27] Irrtümlicherweise schreibt er «Lemma XI».

[28] Diese Transformation der Differentialgleichung (15) in (17) kommt uns heute etwas merkwürdig vor. Sie liegt darin begründet, daß es damals üblich war, zur Festlegung gewisser Größen das Gesetz des freien Falles heranzuziehen. So ordnete man zum Beispiel der Geschwindigkeit v gemäß $v = \sqrt{2 g z}$ die Fallstrecke z zu. Heute würden wir (15) – da $a = g\,\vartheta^2/2$ ist – durch die Transformation $t = \sqrt{\dfrac{m}{S}}\,\tau$ in $\dfrac{\partial^2 y}{\partial \tau^2} = \dfrac{\partial^2 y}{\partial s^2}$ überführen.

Mit $\alpha = \beta$ folgt aus (14b) und (14c)

$$\mathrm{d}p = \alpha\,\mathrm{d}t + v\,\mathrm{d}s, \quad \mathrm{d}q = v\,\mathrm{d}t + \alpha\,\mathrm{d}s$$

und hieraus weiter

$$\mathrm{d}p + \mathrm{d}q = \mathrm{d}(p + q) = (\alpha + v)(\mathrm{d}t + \mathrm{d}s) = (\alpha + v)\mathrm{d}(t + s), \tag{18}$$

$$\mathrm{d}p - \mathrm{d}q = \mathrm{d}(p - q) = (\alpha - v)(\mathrm{d}t - \mathrm{d}s) = (\alpha - v)\mathrm{d}(t - s). \tag{19}$$

Ohne nähere Begründung folgert D'ALEMBERT nun aus (18) und (19), daß $\alpha + v$ eine Funktion Φ von $t + s$ und $\alpha - v$ eine Funktion Δ von $t - s$ ist, daß also die Differentialgleichungen

$$\mathrm{d}(p + q) = \mathrm{d}\Phi(t + s), \quad \mathrm{d}(p - q) - \mathrm{d}\Delta(t - s)$$

bestehen; durch Integration wird

$$p + q = \Phi(t + s), \quad p - q = \Delta(t - s)$$

und durch anschließende Addition und Subtraktion liefern diese Gleichungen

$$p = \frac{1}{2}[\Phi(t + s) + \Delta(t - s)], \quad q = \frac{1}{2}[\Phi(t + s) - \Delta(t - s)]. \tag{20}$$

Nach (14a) erhält man damit zunächst

$$y = \int (p\,\mathrm{d}t + q\,\mathrm{d}s) = \frac{1}{2}\int [\Phi(t + s)\,\mathrm{d}(t + s) + \Delta(t - s)\,\mathrm{d}(t - s)],$$

und schließlich als Lösung der Differentialgleichung (17)

$$y = y(t, s) = \Psi(t + s) + \Gamma(t - s); \tag{21}$$

hierbei sind Ψ und Γ zunächst willkürliche Funktionen der Argumente $t + s$ und $t - s$.

Anschließend versucht D'ALEMBERT, näheres über die Funktionen $\Psi(t + s)$ und $\Gamma(t - s)$ auszusagen. Zuerst verlangt er (sehr einschränkend), daß sich am Anfang ($t = 0$) alle Saitenpunkte in der Ruhelage befinden sollen, daß also $y(t = 0, s) = 0$ sei.

Dieser Forderung entspricht nach (21)

$$\Psi(s) + \Gamma(-s) = 0. \tag{22}$$

Ist die Saite bei $s = 0$ und $s = L$ eingeklemmt ($y = 0$), so liefert (21)

$$\Psi(t) + \Gamma(t) = 0 \quad \text{und} \quad \Psi(t + L) + \Gamma(t - L) = 0. \tag{23a,b}$$

Aus (23a) folgt $\Gamma(t-s) = -\Psi(t-s)$, so daß einerseits die Lösung (21) in der Form

$$y = y(t,s) = \Psi(t+s) - \Psi(t-s) \tag{24}$$

erscheint, andererseits mit (22)

$$\Psi(s) = \Psi(-s) \tag{25}$$

ist, also Ψ eine – in unserer heutigen Terminologie – gerade Funktion des Argumentes sein muß. D'ALEMBERT spricht das aber – die Möglichkeit der Fortsetzung in $-L<s<0$ ausschließend – so aus, daß die Reihe für Ψ nur geradzahlige Potenzen des Argumentes ($\Psi = c_0 + c_2 s^2 + c_4 s^4 + \ldots$) enthalten darf.

Schließlich ergibt sich aus (23a) und (23b), daß

$$\Psi(t+L) = \Psi(t-L) \quad \text{oder} \quad \Psi(t) = \Psi(t+2L) \tag{26}$$

ist; also muß Ψ eine periodische Funktion der Periodenlänge $2L$ sein.

Aus (24) erhält man die Geschwindigkeit

$$\frac{\partial y}{\partial t} = \frac{\partial \Psi(t+s)}{\partial t} - \frac{\partial \Psi(t-s)}{\partial t};$$

da für $t = 0$ sich

$$\left[\frac{\partial y}{\partial t}\right]_{t=0} = 2\frac{d\,\Psi(s)}{ds} = 2\,\Psi'(s)$$

ergibt, ist – gemäß (25) – die anfängliche Geschwindigkeitsverteilung eine ungerade Funktion, kann also nach D'ALEMBERTS Ansicht in der Form $c_1 s + c_3 s^3 + \ldots$ geschrieben werden. Es ist erstaunlich, daß der geniale Mathematiker D'ALEMBERT die physikalische Unmöglichkeit dieser Einschränkung des Funktionscharakters von Ψ nicht eingesehen hat [29]. Er versteigt sich sogar zu der Behauptung, daß sonst «das Problem unmöglich wird (le problème seroit impossible)» [30].
Beladen mit diesem Ballast publiziert D'ALEMBERT im Anschluß an die in Fußnote 23 zitierte Arbeit einen noch umfangreicheren Beitrag (S. 220–249). Darin versucht er mit Hilfe der Funktion $\Psi(s)$, die er die erzeugende Kurve («Courbe génératrice») nennt, den Bewegungsverlauf der Saite zu konstruieren. Wegen der unnötigen Einschränkung, daß $\Psi(s)$ eine gerade Funktion der Form $c_0 = c_2 s^2 + c_4 s^4 + \ldots$ sein muß, hat diese – an sich geistreiche – Konstruktion natürlich keine die Lösung des Problems fördernde Bedeutung erlangen können.

---

[29] Heute wissen wir, daß diese Einschränkung nur scheinbar ist: Man kann jede in $0<s<L$ gegebene Funktion in $-L<s<0$ beliebig fortsetzen; also im vorliegenden Falle
$a_1 s + a_2 s^2 + a_3 s^3 + a_4 s^4 + \ldots$ in $0<s<L$ durch
$a_1 s - a_2 s^2 + a_3 s^3 - a_4 s^4 + \ldots$ in $-L<s<0$.

[30] Auf die bei D'ALEMBERT öfter auftretende Diskrepanz zwischen Mathematik und Physik weist DANIEL BERNOULLI in seinem schon zitierten Brief vom 26. Januar 1750 an EULER hin. Siehe Fußnote 161 in Kapitel III.

Bild 140
LEONHARD EULER (1707–1783).

Es ist schließlich noch bemerkenswert, daß D'ALEMBERT in dieser Arbeit (S. 226–230) die Taylorsche Lösung explizit verifiziert. Er schreibt sie – mit den Konstanten A = Amplitude, n = ganze Zahl und L = Saitenlänge – in der Form

$$y = A \, \frac{e^{\frac{nt\sqrt{-1}}{L}} - e^{\frac{nt\sqrt{-1}}{L}}}{2\sqrt{-1}} \cdot \frac{e^{\frac{ns\sqrt{-1}}{L}} - e^{\frac{ns\sqrt{-1}}{L}}}{2\sqrt{-1}} \tag{27}$$

hin (S. 228). Da für die Exponentialfunktionen $e^{i\beta}$ und $e^{-i\beta}$ (mit $\sqrt{-1} = \mathrm{i}$) die Relation

$$\frac{e^{i\beta} - e^{-i\beta}}{2\,\mathrm{i}} = \sin\beta$$

gilt, kann (27) auch in der – von D'ALEMBERT nicht angegebenen – Form

$$y = A \sin n\,\frac{t}{L} \sin n\,\frac{s}{L} \tag{28}$$

oder als

$$y = \frac{A}{2}\left[\cos n\,\frac{t-s}{L} - \cos n\,\frac{t+s}{L}\right], \tag{29}$$

geschrieben werden, womit auch die Brücke zu (24) geschlagen ist. Aus den Lösungsformen (28) und (29) ist auch zu ersehen, daß diese unendlich viele Kurven zulassen; eigentlich hätte D'ALEMBERT in den Sinn kommen können, diese quasi «unter einen Hut zu bringen». Das Festhalten an der Taylorschen Hypothese, daß sämtliche Punkte der Saite zugleich die Achse passieren müssen, versperrte ihm den Weg zur Superponierbarkeit von Lösungen der Gestalt (28).

6   EULERS Lösung des Problems der schwingenden Saite und seine Kontroverse mit D'ALEMBERT

Schon im nächsten Band der Berliner Akademieberichte veröffentlichte LEONHARD EULER eine Arbeit unter dem Titel *Sur la vibration des cordes*. Daß EULER (Bild 140), der damals als Mitglied (Präsident der mathematischen Klasse) der Friderizianischen Akademie in Berlin wirkte, die Schwächen der d'Alembertschen Ansichten erkannte, geht aus seiner Problemstellung eindeutig hervor. Sie lautet (S. 70): «Eine Saite von gegebener Länge und gegebenem Gewicht wird durch eine gegebene Kraft gespannt, und dann in eine von der geradlinigen wenig abweichende, sonst aber beliebige Lage gebracht, und nachher plötzlich sich selbst überlassen. Man bestimme die vollständige schwingende Bewegung, die die Saite ausführt» (Bild 141a).

Im Gegensatz zu D'ALEMBERTS Fragestellung wird hier ein echtes Anfangswertproblem gestellt; daß EULER auf die Vorgabe einer von Null verschiedenen Geschwindigkeitsverteilung längs der Saite verzichtet, lag wohl einerseits an der schweren physikalischen Realisierbarkeit des notwendigen Anfangsstoßes, andererseits an der Beschränktheit solcher Stöße wegen der als klein vorausgesetzten Auslenkungen.

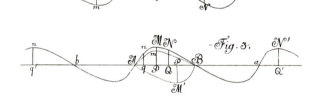

TAB. I. ad p. 292.

Fig. 1.

Fig. 2.

Fig. 3.

Mem: de l'Acad: T. IV. ad p. 71.

Bild 141 a, b, c.
Fig. 1–3 zu EULERS Arbeit *Sur la vibration des cordes,* Histoire de l'Académie Royale des sciences et belles lettres année MDCCXLVIII

EULERS Methode zur Ermittlung der Lösung ähnelt der von D'ALEMBERT, aber seine Ausführungen sind in der Diktion klarer und sowohl im Kalkül wie auch in der mechanischen Interpretation leichter verständlich. Neben der Zeit t benutzt er – im Gegensatz zu D'ALEMBERTS Bogenlänge s – als zweite unabhängige Variable die Abszisse x. Mit den willkürlichen Funktionen f und φ erhält EULER als Lösung

$$y = y(x,t) = f(x+ct) + \varphi(x-ct), \tag{30}$$

also eine Funktion der d'Alembertschen Form [31]. Die Konstante c ist – wie schon in (11) – durch

$$c^2 = \frac{LS}{M} = \frac{S}{m} \tag{31}$$

[31] Heute gelangt man zu diesem Lösungsaufbau, indem man die Differentialgleichung (1) durch die der Charakteristikentheorie entsprechende Transformation $\xi = x+ct$ und $\eta = x-ct$ in $\partial^2 y / \partial\xi\partial\eta = 0$ überführt und hieraus mit den willkürlichen Funktionen w_1 und w_2 auf die Lösung $y = w_1(\xi) + w_2(\eta) = w_1(x+ct) + w_2(x-ct)$ schließt; siehe die in den Fußnoten 9 und 25 angeführte Literatur.

gegeben, wobei S die Spannkraft, L die Länge, M die gesamte und m die auf die Längeneinheit bezogene Masse der Saite ist. Die Randbedingungen $y(x = 0, t) = 0$ und $y(x = L, t) = 0$ liefern nach (30)

$$f(ct) = -\varphi(-ct); \quad f(L + ct) = -\varphi(L - ct). \tag{32a, b}$$

Man kann diesen Forderungen durch folgende Konstruktion gerecht werden (Bild 141b): Es sei $AB = L$ und es gelte für die Abszissen $AP = ct$, $Ap = -ct$, $AQ = L + ct$, $Aq = L - ct$. Genügen die entsprechenden Ordinaten den Bedingungen $PM = -pm$ und $QN = -qn$, so sind einerseits auch die Forderungen (32) erfüllt und andererseits erkennt man, daß f und φ nach ihren Eigenschaften ein und dieselbe Funktion repräsentieren, daß also die Kurven Amb und AMB bzw. BNa und BnA denselben Verlauf haben; damit steht auch – genau wie bei D'ALEMBERT – der periodische Charakter der Lösung fest. Hat also die Saite zur Zeit $t = 0$ die Ruhe-Form $f(x)$, so kann man die Lösung für $t > 0$ in der Form

$$y = \frac{1}{2} f(x + ct) + \frac{1}{2} f(x - ct) \tag{33}$$

schreiben [32]. Damit hat man die Möglichkeit, vermöge der Ruheform $f(x)$ der Saite an jeder Stelle x und zu jedem Zeitpunkt t die Auslenkung des betreffenden Saitenpunktes anzugeben bzw. zu einem bestimmten Zeitpunkt die Gestalt der Saite – wie EULER ausdrücklich sagt – «geometrisch zu konstruieren». EULER erkannte also, daß die Lösungskurve «schlangenförmig» ist und aus unendlich vielen gleichen, abwechselnd über und unter der Abszissenachse liegenden, sich nach $x = 2L$ wiederholenden Teilen besteht (Bild 141b). Aber er war – im Gegensatz zu D'ALEMBERT – nicht der Ansicht, daß die Kurve der Anfangsgestalt der Saite durch eine Funktion analytisch darstellbar sein muß; deswegen also seine eben erwähnte Möglichkeit der «geometrischen Konstruktion». Sie hat in der Weise zu erfolgen, «daß man die Anfangsfigur der Saite AMB aufträgt und diese beiderseits in umgekehrter Lage so wiederholt, daß $Amb = AMB$ und $BNa = BnA$ ist und daß man eine beiderseitige kontinuierliche Fortsetzung dieser Kurve bis ins Unendliche ausdehnt».
Hat man also zu Beginn der Saite die Form AMB gegeben, so erfolgt die punktweise Konstruktion der Saitengestalt zur Zeit t auf folgende Weise (Bild 141c): Von irgendeinem Punkt P mit der Abszisse $AP = x$ trage man rechts und links $PQ = ct$ und $Pq = -ct$ ab; dann ist nach (30) die zur Zeit t eingenommene Lage m des zu P gehörigen Anfangspunktes M

$$Pm = \frac{1}{2} QN + \frac{1}{2} qn.$$

In dieser Weise fortfahrend, erhält man die Kurve AmB als die zur Zeit t angenommene Form der Saite.

---

[32] Aus (33) folgt $(\partial y / \partial t)_{t=0} = 0$: die Anfangsgeschwindigkeit ist also – wie vorausgesetzt – Null.

Zur Zeit der halben Schwingung ($T/2$) haben wir – wegen der Periodizität mit $2L$ – $ct = cT/2 = L$ zu setzen und erhalten dann aus (33)

$$y = \frac{1}{2}f(x + L) + \frac{1}{2}f(x - L). \tag{34}$$

Nun ist (Bild 141c) $f(x + L) = -f(-x + L)$ und $f(x - L) = -f(-x + L)$, so daß aus (34)

$$y = -f(-x + L)$$

hervorgeht. Ist also (Bild 141c) $BP' = AP$, so ist $PM' = -PM$; dann ist die Saite nach der halben Schwingungszeit $T/2 = L\sqrt{m/S}$ aus der Lage AMB in $AM'B$ übergegangen und hat nach Ablauf der Zeit $T(cT = 2L)$ wieder die Gestalt AMB angenommen.

EULER wendet seine Aufmerksamkeit auch der Frage zu, welche Form die Saite nach einer Viertelperiode ($ct = cT/4 = L/2$) hat: Nach TAYLORS und JOHANN BERNOUL-LIS Theorie müßte sie die gestreckte Lage annehmen. Aus (33) folgt für $ct = L/2$

$$y = \frac{1}{2}f\left(x + \frac{1}{2}L\right) + \frac{1}{2}f\left(x - \frac{1}{2}L\right),$$

und wenn nun $y = 0$ sein soll, muß $f(x + L/2) = -f(x - L/2)$ oder wegen (32a) $f(x + L/2) = f(-x + L/2)$ sein. Diese Bedingung bedeutet (Bild 141c), daß die Anfangsform ADB zu der zu $x = L/2$ gehörigen Ordinate CD spiegelbildlich sein muß. Dieser Forderung genügt aber – im Gegensatz zur Ansicht von TAYLOR und JOHANN BERNOULLI – nicht nur der Sinusbogen[33] $\sin(\pi x/L)$.

Unter Hinweis auf TAYLOR betont EULER die Unabhängigkeit der Schwingungszeit

$$T = 2L\sqrt{\frac{m}{S}} \tag{8}$$

von der Schwingungsform und schreibt weiter (*op. cit.*, S.84):

«Indessen gibt es singuläre Fälle, in denen die Schwingungszeiten sich auf die Hälfte, ein Drittel, ein Viertel oder auf einen ganzzahligen reziproken Teil der der Gesamtlänge entsprechenden Länge verkürzen[34]. Denn wenn die Gesamtlänge $Aa = L$ ist [Bild 141b] und diese sich zu Anfang in der Weise krümmt, daß sie in zwei völlig gleiche Teile AMB und Ba zerfällt, so führt sie ihre Schwingungen so aus, als ob sie die halbe Länge AB hätte, und somit sind diese Schwingungen zweimal so schnell.»

Besteht die Anfangsfigur $bABa$ der Saite aus drei gleichen Teilen, so schwingt die Saite dreimal so schnell usw. Die beiden letzten, mit den Ziffern XXX und XXXI bezeichneten Abschnitte (S.84–85) der Arbeit EULERS verdienen besondere Beachtung. EULER schreibt:

---

[33] Oder wie man damals sagte: «die verlängerte Zykloide» oder «Trochoide».

[34] Diese Erkenntnis ist schon in TAYLORS zitiertem «Corollarium 3» (S.325) enthalten, aber EULER kommt zu ihr – wie die folgenden Überlegungen zeigen – auf einer tiefer und allgemeiner fundierten Basis.

«Nachdem wir also die allgemeine Lösung gegeben haben, wollen wir noch einige Fälle untersuchen, in denen die schlangenförmige Kurve in der Figur 3 [Bild 141c] eine kontinuierliche Kurve[35] ist, deren einzelne Teile vermöge des Gesetzes der Kontinuität miteinander so verbunden sind, daß ihre Eigenschaften durch eine Gleichung erfaßt werden können. Zunächst steht fest, daß diese Kurven, die ja durch die Abszissenachse in unendlich vielen Punkten geschnitten werden, transzendent sind. Setzt man die Länge der Saite $AB = L$ und ist x irgendeine Abszisse der Saite, so ist offenbar, daß die folgende, aus Sinusfunktionen aufgebaute Gleichung

$$PM = y = \alpha \sin \pi \frac{x}{L} + \beta \sin 2\pi \frac{x}{L} + \gamma \sin 3\pi \frac{x}{L} + \text{etc.} \tag{35}$$

die gesuchte Kurve liefert. Wenn demgemäß die Kurve AMB die Anfangsform der Saite ist [und demnach durch (35) analytisch erfaßt wird], so entspricht nach Ablauf der Zeit t der Form der Saite die Gleichung

$$y = \alpha \sin \pi \frac{x}{L} \cos \pi \frac{ct}{L} + \beta \sin 2\pi \frac{x}{L} \cos 2\pi \frac{ct}{L} +$$

$$+ \gamma \sin 3\pi \frac{x}{L} \cos 3\pi \frac{ct}{L} + \text{etc.}» \tag{36}$$

EULER bemerkt zum Schluß noch, daß für $\beta = 0$, $\gamma = 0$, $\delta = 0$ usw. «der Fall vorliegt, von dem man üblicherweise annimmt, daß er allein für die Saitenschwingungen maßgebend ist, nämlich

$$y = \alpha \sin \pi \frac{x}{L} \cos \pi \frac{ct}{L},$$

wobei also die Form der Saite ständig eine Sinuslinie ist, oder eine ins ,Unendliche verlängerte Trochoide'. Wenn jedoch der einzelne Term β oder γ oder δ etc. vorkommt, dann wird die Schwingungszeit auf die Hälfte, auf ein Drittel, auf ein Viertel usw. verringert»[36]. Neben diesen Spezialfällen ließ EULER aber – wie wir gesehen haben – auch analytisch nicht durch eine einzige Funktion darstellbare Kurven als Lösungen zu.

Das wurde zu einem Streitpunkt mit D'ALEMBERT, der in den Berliner Akademieberichten einen «Zusatz» zu seinen früheren Beiträgen publizierte[37]. In diesem schreibt er (S. 358):

«Herr EULER behandelte in den Denkschriften des Jahres 1748 das Problem der schwingenden Saite mit einer Methode, die meiner gänzlich ähnlich ist, soweit es den wesentlichen Teil des Problems betrifft, und

---

[35] Es wäre verfehlt, die bei EULER vorkommenden Worte «continué» und «continuité» mit «stetig» und «Stetigkeit» zu übersetzen. Der Stetigkeit im heutigen Sinne schenkte man damals keine besondere Aufmerksamkeit. Für EULER stellte zum Beispiel $y = \log x$ eine «kontinuierliche Kurve» dar, während zum Beispiel $y = |x|$ (also $y = x$ für $x \geqq 0$ und $y = -x$ für $x < 0$) «nicht kontinuierlich» war. Wesentlich für die «Kontinuierlichkeit» war die Darstellung durch einen den ganzen Abszissenbereich erfassenden analytischen Ausdruck.

[36] Aus EULERS Ausführungen geht eindeutig hervor, daß die Formeln (35) und (36) nur Spezialfälle erfassen. Darum ist es verfehlt, wenn MORITZ CANTOR behauptet, daß (35) «für sich allein genüge, die ganzen Bewegungserscheinungen zu begreifen». *Vorlesungen über Geschichte der Mathematik*, 2. Auflage, 3. Bd. (1901), S. 904.

[37] Histoire de l'Académie de Berlin *VI*, S. 355–360 (1750, erschienen 1752).

die, wie mir scheint, allein ein wenig länger ist. Dieser große Geometer bemerkt, daß die zu Beginn ihrer Bewegung von der Saite angenommene Kurve die gleiche ist, die ich die Erzeugende [38] genannt habe. Aber ich glaube, daß ich hier warnen muß, aus Furcht, daß einige Leser den Sinn seiner Worte mißverstehen, daß es nämlich nicht genügt, die Anfangskurve ober- und unterhalb der Achse anzuordnen, um die erzeugende Kurve zu erhalten; es ist vielmehr notwendig, daß diese Kurve den Bedingungen genügt, die ich in meiner Denkschrift aufführte, d. h. wenn man als Gleichung der Anfangskurve $y = \sum$ annimmt, muß notwendig $\sum$ eine ungerade Funktion von s und mit $2L$ periodisch sein.

In jedem anderen Fall wird sich das Problem nicht lösen lassen, wenigstens nicht mit meiner Methode, und ich weiß nicht, ob es nicht überhaupt die Kräfte der bisher bekannten Analysis übersteigt. In der Tat kann man sich, wie mir scheint, hier nicht analytisch in noch allgemeinerer Weise fassen, als eine Funktion in s und t anzunehmen. Aber mit dieser Annahme findet man nur eine Lösung für die Fälle, in denen die verschiedenen Figuren der schwingenden Saite in einer einzigen Gleichung erfaßt werden können. In allen anderen Fällen scheint es mir unmöglich zu sein, eine allgemeine Form anzugeben.»

D'ALEMBERT ließ sich auch im weiteren Verlauf dieser Streitfrage nicht von seinem Standpunkt abbringen. Bevor aber EULER zu D'ALEMBERTS Entgegnung Stellung nehmen konnte, erschienen wieder in den Berliner Akademieberichten zwei aufeinanderfolgende Arbeiten aus der Feder von DANIEL BERNOULLI; sie gaben dem Problem der schwingenden Saite eine neue Wendung [39].

7   DANIEL BERNOULLIS Beiträge zur Lösung des Problems der schwingenden Saite

Der völlig neue und nicht nur das Problem der schwingenden Saite klärende, sondern auch die ganze mathematische Physik revolutionierende Gedanke DANIEL BERNOULLIS (Bild 142) war der Aufbau der allgemeinen Lösung durch Superposition von Einzellösungen. Seine Überlegungen, die ihn zu der fundamentalen Entdeckung geführt haben, sind physikalischer Art und der Erfahrung und Beobachtung entsprungen. In dieser Hinsicht steht er im selbstbekannten Gegensatz zu D'ALEMBERT und EULER: «Es scheint mir, als brauchte man nur das Wesen der einfachen Schwingungen der Saite zu betrachten, um ohne jede Rechnung das vorauszusagen, was diese beiden Geometer durch das schwierigste und abstrakteste Kalkül gefunden haben, das sich der analytische Geist einfallen lassen konnte.»

DANIEL BERNOULLI durchleuchtet noch einmal mit vollem Respekt die Taylorsche Theorie, nach der die Saite ihre Schwingungen auf mannigfache Weise ausführen kann. Diese verschiedenen Arten, erläutert er, beruhen auf der Anzahl der «Ausbuchtungen» [40], die sich längs der Saite während der Schwingung bilden können.

Wenn es nur eine Ausbuchtung gibt, wie in Figur 1 (Bild 143), dann sind die Schwingungen – bei gleicher Spannkraft und Saitenmasse – am langsamsten, und die Saite gibt den Grundton ab. Existieren zwei Ausbuchtungen mit einem Knoten in der Mitte, so verdoppelt sich die Schwingungszahl, und die Saite gibt die Oktave des Grundtones (Fig. 2 in Bild 143). Bilden sich längs der Saite in ähnlicher Weise (Fig. 3, 4 und 5 in Bild

---

[38] «Génératrice».

[39] Histoire de l'Académie de Berlin *IX*, S. 147–172, 173–195 (1753).

[40] Im Original «ventres» (Bäuche).

143) drei, vier oder fünf Ausbuchtungen, so vervielfachen sich entsprechend die Schwingungszahlen, und die Saite gibt den zwölften Oberton, die doppelte Oktave oder die obere Terz der doppelten Oktave. «Die Natur dieser Schwingungen ist so beschaffen», schreibt DANIEL BERNOULLI, «daß nicht nur jeder Punkt im gleichen Augenblick die Schwingung beginnt und beendet, sondern auch so, daß sich alle Punkte nach jeder Halbschwingung auf der Achse AB befinden. Man muß diese Bedingungen als wesentlich ansehen, und bisher gibt es nur die von TAYLOR angegebenen Kurven, die diesen Forderungen gerecht werden.»

Bild 142
DANIEL BERNOULLI (1700–1782) nach dem Gemälde eines unbekannten Meisters, derzeit im Besitz der Familie BERNOULLI-THIÉBAUD in Basel.

Nach diesen Ausführungen von Daniel Bernoulli wäre die allgemeine Gleichung für die einzelnen Schwingungen

$$y_n = A_n \sin n\pi \frac{x}{L} \cos n\pi \frac{ct}{L},$$

wobei n eine ganze positive Zahl ist, A_n eine Konstante und L und c die schon vorangehend angegebenen Bedeutungen haben.

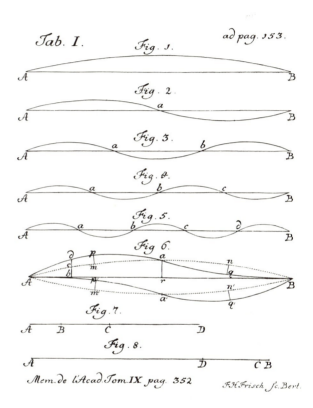

Bild 143
Fig. 1–8 zu Daniel Bernoullis Arbeit *Réflexions et Eclaircissemens sur les nouvelles vibrations des cordes*, Histoire de l'Académie de Berlin *IX*, S. 147–172 (1753).

Hieran schließt Daniel Bernoulli eine Reihe von Beobachtungen und Experimenten mit verschiedenen Musikinstrumenten – wie Trompeten, Flöten und Saiteninstrumenten – an und schreibt weiter (S. 181):

«Ich folgere daraus, daß alle schwingenden Körper eine Unmenge von Tönen von sich geben ... aber diese Vielfalt der Schwingungen bei der Saite verschweigen die Herren d'Alembert und Euler; sie war aber Herrn Taylor nicht unbekannt... In der Tat stimmen alle Musiker darin überein, daß eine gezupfte Saite außer ihrem Grundton zugleich auch noch andere, sehr viel hellere Töne von sich gibt; sie bemerken vor allem die Überlagerung des zwölften und siebzehnten Obertones. Die einfache und die doppelte Oktave hören sie nur deswegen nicht so genau heraus, weil diese beiden dem Grundton sehr ähneln. Dies ist der offensichtliche Beweis dafür, daß sich in einer und derselben Saite eine Überlagerung mehrerer Arten Taylorscher Schwingungen zugleich einstellen kann.»

Wenn aber die Saite mehrere Töne gleichzeitig von sich geben kann und wenn jeder Ton einer Taylorschen Sinuskurve entspricht, so kann die Saite nicht allein in ihrer ganzen Länge schwingen, um den Grundton hervorzubringen, sondern müßte sich auch zum Beispiel in zwei gleiche Teile aufspalten, um gleichzeitig die Oktave von sich zu geben. Aber wie ist das möglich? DANIEL BERNOULLIS Begründung ist genial und verdient, wörtlich wiedergegeben zu werden (S. 153 ff.):

«Nehmen wir an, daß die Saite zur Bildung des Grundtones gemäß Fig. 1 [Bild 143] schwingt. Da die dieser Kurve entsprechenden Auslenkungen als sehr klein angenommen wurden, kann man die Saite als eine gerade Linie ansehen, und sie könnte für die Kurve gemäß Fig. 2 als bewegliche Achse dienen; daraus resultiert eine Kurve, die den vorgeschriebenen Bedingungen genügt.»

«Sei [Fig. 6] *AmanB* die als gerade Achse angesehene Kurve der Figur 1, auf der man die Kurve *ApaqB* gemäß der auf diese gerade Achse *AB* bezogenen Figur 2 aufträgt; diese Kurve hat dann die gewünschten Eigenschaften ... denn:
a) ich behaupte, daß die ideale Kurve *AmanB* um die gerade Achse *ArB* im Sinne der Figur 1 schwingt;
b) jeder Punkt der Kurve *ApaqB* führt relativ zu *AmanB* dieselbe Bewegung aus, wie seine absolute Bewegung gemäß Figur 2 abläuft.»

Damit ist aber offensichtlich, daß die sich um *AmanB* schlängelnde Kurve *ApaqB* den beiden gemeinsam wahrnehmbaren Tönen (Grundton und Oktave) entspricht. Ähnliche Überlegungen führen zu den anderen gemeinsam hörbaren Tönen. Kombiniert man also – im Sinne der Figur 6 – die zu den Figuren 1, 2, 3, 4 usw. von Bild 143 gehörenden Kurven

$$\alpha \sin \pi \frac{x}{L}, \quad \beta \sin 2 \pi \frac{x}{L}, \quad \gamma \sin 3 \pi \frac{x}{L}, \quad \delta \sin 4 \pi \frac{x}{L} \quad \text{usw.}$$

(wobei α, β, γ, δ usw. die größten Auslenkungen sind), so ist allgemein

$$y = \alpha \sin \pi \frac{x}{L} + \beta \sin 2 \pi \frac{x}{L} + \gamma \sin 3 \pi \frac{x}{L} + \delta \sin 4 \pi \frac{x}{L} + \ldots$$

DANIEL BERNOULLI schreibt (S. 157):

«Dies sind also die unendlich vielen ohne jede Rechnung gefundenen Kurven, und unsere Gleichung ist dieselbe wie die von Herrn EULER. Es ist allerdings so, daß Herr EULER diese unendliche Vielfalt nicht als allgemein, sondern nur als Spezialfall ansieht; in einem Punkte bin ich mir allerdings noch nicht recht im klaren: Wenn es noch andere Kurven gibt, so verstehe ich nicht, in welchem Sinne man sie zulassen könnte? ... Meine Absicht war es, grundsätzlich nur den physikalischen Gehalt der neuen Schwingungen der Herren D'ALEMBERT und EULER herauszustellen. Aber ich bewundere deshalb nicht weniger den tiefen Scharfsinn, mit dem unsere beiden berühmten Geometer diese neuen Kurven auf analytischem Wege zu bestimmen wußten. Im übrigen bin ich der Meinung, daß die Saite unabhängig von der Anfangsform fast sofort Schwingungen ausführen wird, die der verlängerten Trochoide von TAYLOR entsprechen... Das kann man auch bei einer gezupften Zimbalsaite schon mit bloßem Auge festhalten, daß nämlich die Saite nur noch eine Ausbuchtung hat.»

Soweit die für uns in Betracht kommenden Teile der Publikation von DANIEL BERNOULLI.

8   Eulers Einwände gegen die Theorie Daniel Bernoullis

Im Anschluß an die Arbeit von Daniel Bernoulli publizierte Euler seine *Remarques sur les Mémoires précédens de M. Bernoulli*[41]. Er beginnt mit Worten der Bewunderung über D. Bernoullis teils physikalisch, teils geometrisch kombinierende Auffassung des Problems:

«Es gibt keinen Zweifel, daß Herr Bernoulli die Schallentstehung bei der Bewegung der Saite besser entwickelt hat als jeder andere vor ihm. Man war beinahe einzig bei der mechanischen Bestimmung der Bewegung stehengeblieben, ohne mit genügender Sorgfalt die Eigenschaften der Töne zu untersuchen, die in einer gespannten Saite hervorgerufen werden. Trotz der unendlichen Vielfalt der verschiedenen Methoden, mit denen eine Saite in Schwingungen versetzt werden kann, sah man nicht, wie es möglich ist, daß dieselbe Saite zugleich mehrere verschiedene Töne von sich geben kann; und es ist Herr Bernoulli, dem wir diese glückliche Erklärung verdanken, die ohne Zweifel von der größten Bedeutung für die Physik ist.»

«Herr Bernoulli zieht alle diese wunderbaren Überlegungen einzig aus den Forschungen, die der selige Herr Taylor über die Saitenbewegung angestellt hat und behauptet gegen Herrn d'Alembert und gegen mich, daß die Lösung von Taylor ausreicht, um alle Bewegungen zu erklären, die eine Saite auszuführen fähig ist, und zwar in der Weise, daß die Kurven, die die Saite während ihrer Bewegung annimmt, immer entweder eine einfache verlängerte Trochoide oder eine Mischung von zwei oder mehreren Kurven derselben Art seien. Obgleich nun eine solche Mischung nicht mehr als eine Trochoide betrachtet werden kann und die alleinige Möglichkeit der Vereinigung mehrerer Kurven von Herrn Taylor seine Lösung schon unzulänglich macht, scheint es mir, daß sie noch in anderer Hinsicht unzureichend ist und daß die Bewegung einer Saite derart sein kann, daß es unmöglich ist, sie vermöge Taylorscher Trochoiden zu beschreiben.»

Zunächst stößt sich Euler an den unter Umständen notwendigen unendlich vielen Trochoiden, denn: «Die Zahl Unendlich scheint gegen die Natur einer solchen Zusammensetzung zu sein.» Etwas weiter (S. 198) setzt er fort: «Die prinzipielle Frage, die ich zu erörtern habe, ist also, ob alle Kurven einer in Bewegung gesetzten Saite in der angeführten Gleichung

$$y = \alpha \sin \pi \frac{x}{L} + \beta \sin 2\pi \frac{x}{L} + \gamma \sin 3\pi \frac{x}{L} + \delta \sin 4\pi \frac{x}{L} + \dots$$

enthalten sind oder nicht?»

Euler gibt zu: Wäre die eben hingeschriebene Reihe fähig, jeden beliebigen Anfangszustand darzustellen, so wäre Daniel Bernoullis Methode d'Alemberts und der seinigen wegen ihrer Einfachheit überlegen; aber gegen diese Möglichkeit wendet er sich mit aller Entschiedenheit und schreibt weiter (S. 200):

«Aber vielleicht erwidert jemand, daß die Gleichung $y = \alpha \sin(\pi x/L) + \dots$ auf Grund der unendlichen Anzahl unbestimmter Koeffizienten so umfassend ist, daß sie alle möglichen Kurven enthält; und man muß zugeben, sollte dies wahr sein, dann liefert die Methode von Herrn Bernoulli die allgemeine Lösung. Aber abgesehen davon, daß dieser große Geometer diesen Einwand nicht gemacht hat, haben alle in jener Gleichung enthaltenen Kurven, wie weit man auch die Zahl der Glieder bis zum Unendlichen erhöht, gewisse Eigenschaften, die sie von allen anderen Kurven unterscheiden. Folglich ist sicher, wenn die zu Beginn der Saite aufgeprägte Kurve diese Eigenschaften nicht hat, daß sie nicht in der angeführten Gleichung enthalten ist. Nun hat keine algebraische Kurve[42] diese Eigenschaften[43], folglich muß man sie von dieser Gleichung ausschließen.»

[41] Histoire de l'Académie de Berlin *IX*, S. 196–222 (1753).
[42] Für Euler etwa der Parabelbogen $y^2 = (L-x)L$ oder der Halbkreis $(x-L)^2 + y^2 - L^2 = 0$.
[43] Der Bernoullischen Reihe, nämlich $y(-x) = -y(x)$ und $y(x+2L) = y(x)$.

Damit wäre eigentlich schon für EULER die Allgemeingültigkeit der Bernoullischen Methode hinfällig. Nach einigen ergänzenden Bemerkungen faßt er noch einmal zusammen (S. 201): «Es handelt sich darum, die Bewegung einer losgelassenen Saite zu bestimmen, der zu Beginn irgendeine Gestalt, sei sie algebraisch, transzendent oder gar mechanisch, gegeben wurde. Mit dieser Maßgabe ist es sehr klar, daß die aus der Zusammensetzung von Trochoiden entwickelte Lösung nur als sehr speziell betrachtet werden kann.»

Fassen wir also zusammen: EULER erschien es unmöglich, eine analytisch gegebene nicht periodische Kurve durch die angeführte trigonometrische Reihe darzustellen! Heute wissen wir, daß EULER hier im Irrtum war. Die Zeit war noch nicht reif für die grundsätzliche Problemstellung, eine beliebige Funktion durch trigonometrische Reihen darzustellen. Dafür spricht auch, daß weder bei DANIEL BERNOULLI noch bei EULER die Frage nach der Bestimmung der Koeffizienten α, β, γ, δ usw. gestellt wird. Interessant ist aber, daß sowohl DANIEL BERNOULLI wie auch EULER sich mit dem Summieren von trigonometrischen Reihen beschäftigten; der erstere im Hinblick auf die schwingende Saite, der letztere vom rein mathematischen Standpunkt aus. Von diesen Beiträgen verdient derjenige von EULER die größte Aufmerksamkeit, den dieser am 29. Mai 1777 in der Petersburger Akademie unter dem Titel *Disquisitio ulterior super seriebus secundum multipla cuiusdam anguli progradientibus* vorlas und der nach seinem Tode in den Petersburger Akademieberichten abgedruckt wurde (Bild 144a, Bild 144b)[44].

Der für uns interessanteste Teil von EULERS verschiedenen Betrachtungen ist die Entwicklung der Reihe

$$\Phi = \alpha + \beta \cos \lambda + \gamma \cos^2 \lambda + \delta \cos^3 \lambda + \ldots$$

mit gegebenen Koeffizienten α, β, γ, δ, ... in die Reihe

$$\Phi = A + B \cos \lambda + C \cos 2\lambda + D \cos 3\lambda + \ldots,$$

deren Koeffizienten A, B, C, D, ... gesucht werden. Erstaunlicherweise erledigt EULER dieses Problem genau so, wie wir es heute – unter Berufung auf FOURIER – zu tun pflegen. Die Gleichung

$$\alpha + \beta \cos \lambda + \gamma \cos^2 \lambda + \ldots = A + B \cos \lambda + C \cos 2\lambda + \ldots$$

wird auf beiden Seiten mit $\cos n \varphi (n > 0$, ganz) multipliziert und zwischen $\varphi = 0$ und $\varphi = 2\pi$ integriert. Wegen der bekannten trigonometrischen Orthogonalitätsrelation

$$\int_0^{2\pi} \cos m\varphi \cos n\varphi \, d\varphi = \begin{cases} 0 \text{ für } m \neq n \\ \\ \pi \text{ für } m = n \end{cases}$$

erhält EULER der Reihe nach die Koeffizienten A, B, C, D, ... Verblüffend – wenn nicht unfaßbar – ist, daß EULER nicht merkt, daß auf diesem Wege DANIEL BERNOULLIS

[44] Novi Commentarii Academiae Scient. Imp. Petropolitanae *XI*, S. 114–132 (1793, 1798).

=== 114 ===

DISQVISITIO VLTERIOR
SVPER SERIEBVS
SECVNDVM MVLTIPLA CVIVSDAM ANGVLI PROGREDIENTIBVS.

Auctore
L. EVLERO.

Conventui exhib. die 26 Maii 1777.

§. 1.

Contemplabor hic denuo eiusmodi functiones cuiuspiam anguli φ, quas in feries, quarum termini cofinus angulorum multiplorum ipfius φ continent, evolvere liceat. Scilicet fi Φ denotet talem functionem anguli φ, quae per evolutionem huiusmodi feriei oriatur:

$$\Phi = A + B\cos.\varphi + C\cos.2\varphi + D\cos.\varphi + E\cos.4\varphi + \text{etc.}$$

manifeftum eft talem refolutionem femper fuccedere, quando eadem functio Φ per folutionem communem in talem feriem converti poteft:

$$\Phi = \alpha + \beta\cos.\varphi + \gamma\cos.\varphi^2 + \delta\cos.\varphi^3 + \varepsilon\cos.\varphi^4 + \text{etc.}$$

propterea quod omnes poteftates cofinuum in cofinus multiplorum eiusdem anguli refolvi poffunt, id quod in poteftatibus finuum non fuccedit, quoniam tantum poteftates pares in cofinus multiplorum refolvuntur, poteftates vero impares ad finus multiplorum perducuntur. Quia vero omnes finus

Bild 144 a, b
Anfang und § 3 von EULERS Arbeit
Disquisitio ulterior super
seriebus..., die posthum erschien in
den Novi Comm. Acad. Sci. Imp.
Petropolitanae *XI*, S. 114–132 (1793,
gedruckt 1798).

a)

=== 116 ===

$$\Phi = A + B\cos.\varphi + C\cos.2\varphi + D\cos.3\varphi$$
$$+ E\cos.4\varphi + \text{etc.}$$

tum fingulae quantitates A, B, C, D, E, etc. per fequentes formulas integrales determinantur, fiquidem in fingulis integratio a termino $\varphi = 0$, usque ad terminum $\varphi = \pi$ extendatur, denotante π femiperipheriam circuli cuius radius $= 1$.

1. $A = \frac{1}{\pi}\int \Phi\, \partial\varphi.$

2. $B = \frac{2}{\pi}\int \Phi\, \partial\varphi \cos.\varphi.$

3. $C = \frac{2}{\pi}\int \Phi\, \partial\varphi \cos.2\varphi.$

4. $D = \frac{2}{\pi}\int \Phi\, \partial\varphi \cos.3\varphi.$

5. $E = \frac{2}{\pi}\int \Phi\, \partial\varphi \cos.4\varphi.$

etc.   etc.

ubi notetur primum coëfficientem effe $\frac{1}{\pi}$ dum fequentes omnes funt $\frac{2}{\pi}$.

b)

Methode gerechtfertigt werden könnte! Zunächst blieb es bei der ablehnenden Haltung von Euler, dem sich d'Alembert und später auch Lagrange anschlossen; der letztere glaubte nachweisen zu können, daß selbst eine analytisch gegebene und periodische Funktion sich nicht immer durch eine trigonometrische Reihe darstellen lasse[45]. Es lohnt sich, auf Lagranges diesbezügliche Arbeiten einzugehen.

9   Lagranges Beiträge zur Theorie der schwingenden Saite

Über dieses Thema und über das mathematisch äquivalente Problem der eindimensionalen Schallausbreitung hat sich Lagrange in den Jahren 1759 und 1762 in zwei – wie Truesdell schreibt[46] – «enormen Denkschriften» (von etwa 130 und 150 Seiten) ausgelassen[47].

Der ebenso junge wie unbekannte Lagrange stürzte sich mit dem Feuereifer des jungen Genies in den Streit der großen drei. Zum Austoben seiner Vorliebe für das Kalkül boten ihm die Berichte der frisch gegründeten Turiner Akademie unbeschränkten Raum. Diesen Umstand nützt er gehörig aus, so daß das Studium seiner Ausführungen sowohl wegen der Länge wie auch wegen des überladenen Kalküls für den heutigen Leser keine genüßliche, wohl aber eine lohnende Lektüre ist.

In seiner ersten Denkschrift beginnt Lagrange – wie Johann Bernoulli in der in Ziffer 4 dieses Abschnittes dargestellten Art – mit diskreten, auf der masselosen und vorgespannten Saite in äquidistanten Abständen aufgereihten Massenpunkten. Er glaubte auf diese Weise mit analytischer Eleganz und kalkülmäßiger Gewandtheit die zwischen d'Alembert, Euler und Daniel Bernoulli aufgetretenen prinzipiellen Fragen der Analysis umgehen zu können.

Lagrange brachte also auf der Saite zwischen $x = 0$ und $x = l$ in gleichen Abständen $l/n - 1$ gleiche Massenpunkte m an (Bild 145a). Die Differentialgleichung (12) führte er mit $ds \approx dx$ und der Geschwindigkeit $v = dy/dt$ in das System von Differenzengleichungen

$$dy_j = v_j dt; \quad dv_j = K^2(y_{j+1} - 2y_j + y_{j-1}), \quad (j = 1, 2, ..., n-1), \tag{37}$$

über; dabei ist

$$K^2 = \frac{S}{M\,l}(n-1)\,n \tag{38}$$

---

[45] Misc. Taur. (Turiner Akademieberichte) *III*, S. 221 ff.

[46] «The rational mechanics of flexible or elastic bodies, 1638–1788» in L. Euleri *Opera Omnia*, II, 11 (1960), S. 273. Die Seiten 237–300 enthalten einen tiefschürfenden Überblick der Geschichte der Theorie der schwingenden Saite. Denselben Gegenstand behandelt H. Burkhardt in *Entwicklungen nach oscillierenden Funktionen und Integrationen der Differentialgleichungen der math. Physik*. Jahresbericht der Deutschen Mathematiker-Vereinigung 10, 2. Heft, S. 10–43 (1908).

[47] *Recherches sur la Nature et la Propagation du son* in Miscellanea Taurinensia I, S. I–X, S. 1–112 (1759), *Œuvres* 1, S. 39–148, und *Nouvelles recherches sur la Nature et la Propagation du son* in Misc. Taur. II, S. 11–172 (1760/1761) = *Œuvres* 1, S. 151–316.

mit der konstanten Spannkraft S und der Gesamtmasse $M = (n-1)\,m$. LAGRANGES Bezeichnungsweise weicht von der bisher verwendeten etwas ab. y_j verschwindet für $x = 0$ und $x = l$ identisch; das System (37) ist also mit den Randbedingungen

$$y_0 \equiv 0 \equiv y_n \tag{39}$$

zu lösen.

Nun geht es, ohne daß LAGRANGE dies voraus explizit sagt, im weiteren darum, die y_j aus (37) zu ermitteln, wenn für $t = 0$ die Anfangsauslenkungen Y_k und die An-

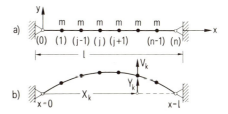

Bild 145 a, b
Masselose Saite mit $n-1$ Einzel-massen m in äquidistanten Abständen l/n:
a) in der Ruhelage;
b) in der Anfangslage der Bewegung ($t = 0$).

fangsgeschwindigkeiten V_k als Funktionen der einzelnen Abszissen $X_k = k\,l/n$ ($k = 1, 2, \ldots, n-1$) gegeben sind (Bild 145 b). Durch virtuose Anwendung seiner «Methode der Multiplikatoren» erhält LAGRANGE als Resultat:

$$Y_j(t) = \frac{2}{n} \sum_{p=1}^{n} \sin \frac{j p \pi}{n} \left\{ \sum_{k=1}^{n} \sin \frac{k p \pi}{n} \left[Y_k \cos \left(2\,K\,t \sin \frac{p \pi}{2n} \right) + \right. \right.$$

$$\left. \left. + V_k \frac{\sin \left(2\,K\,t \sin \dfrac{p \pi}{2 n} \right)}{2\,K \sin \dfrac{p \pi}{2 n}} \right] \right\}. \tag{40}$$

Nun bereitet LAGRANGE den Übergang von der Summation zur Integration vor. Dazu setzt er für $n \to \infty$

$$\frac{l}{n} = \mathrm{d} X_k; \quad k\,\frac{l}{n} = X_k; \quad j\,\frac{l}{n} = x; \quad K^2 = \frac{S}{M\,l}(n-1)\,n \approx \frac{S}{M\,l}\,n^2 = \frac{c^2}{l^2}\,n^2$$

und nähert $\sin(p\pi/2n)$ durch den («kleinen») Bogen $p\pi/2n$ an. Dann folgt aus (40) die (divergente!) Reihe

$$y(x,t) = \frac{2}{l} \sum_{p=1}^{\infty} \sin \frac{p \pi x}{l} \left\{ \sum_{k=1}^{\infty} \sin \frac{p \pi X_k}{l}\,\mathrm{d} X_k \left[Y_k \cos \frac{p \pi c t}{l} + \right. \right.$$

$$\left. \left. + \frac{l}{p \pi c}\,V_k \sin \frac{p \pi c t}{l} \right] \right\}, \tag{41}$$

für deren innere Summe $\left(\displaystyle\sum_{k=1}^{\infty} \ldots \right)$ ein entsprechendes Integral mit den der Ausgangslage angepaßten Funktionen $Y(X)$ und $V(X)$ geschrieben wird. Auf diese Weise geht (41) über in

$$y = y(x,t) = \frac{2}{l} \int\limits_{X=0}^{l} \left[\sum_{p=1}^{n} \sin \frac{p\pi x}{l} \cos \frac{p\pi c t}{l} \sin \frac{p\pi X}{l} \right] Y(X)\,dX +$$

$$+ \frac{2}{\pi c} \int\limits_{X=0}^{l} \left[\sum_{p=1}^{\infty} \frac{1}{p} \sin \frac{p\pi x}{l} \sin \frac{p\pi c t}{l} \sin \frac{p\pi X}{l} \right] V(X)\,dX.$$

(42)

Nach Vertauschung von Integration und Summation wird

$$y = y(x,t) = \sum_{p=1}^{\infty} \left[\frac{2}{l} \int\limits_{X=0}^{l} Y(X) \sin \frac{p\pi X}{l}\,dX \right] \sin \frac{p\pi x}{l} \cos \frac{p\pi c t}{l} +$$

$$+ \sum_{p=1}^{\infty} \left[\frac{1}{p} \frac{2}{\pi c} \int\limits_{X=0}^{l} V(X) \sin \frac{p\pi X}{l}\,dX \right] \sin \frac{p\pi x}{l} \sin \frac{p\pi c t}{l}.$$

(43)

Das ist aber in der Tat eine der später nach J.B. FOURIER benannten trigonometrischen Reihen. Sie stellt eine den Rand- bzw. Anfangsbedingungen

$$y(x = 0, t) = 0 = y(x = l, t) \quad \text{bzw.}$$

$$y(x, t = 0) = Y(x), \left(\frac{\partial y}{\partial t} \right)_{t=0} = V(x)$$

genügende Lösung der Differentialgleichung

$$\frac{\partial^2 y}{\partial t^2} = c^2 \frac{\partial^2 y}{\partial x^2}$$

dar. Denn der Produktansatz $y = f(x)\,g(t)$ und die Randbedingungen führen zu der Lösung [48]

$$y = y(x,t) = \sum_{p=1}^{\infty} \left(A_p \cos \frac{p\pi c t}{l} + B_p \sin \frac{p\pi c t}{l} \right) \sin \frac{p\pi x}{l}.$$

(44)

---

[48] I. SZABÓ: *Höhere Technische Mechanik*, 5. Auflage (1972), S. 67.

Weiter liefern die Anfangsbedingungen

$$Y(x) = \sum_{p=1}^{\infty} A_p \sin \frac{p\pi x}{l} \quad \text{und} \quad V(x) = \frac{\pi c}{l} \sum_{p=1}^{\infty} p\, B_p \sin \frac{p\pi x}{l},$$

woraus sich wiederum vermöge der Orthogonalitätsrelation

$$\int_{x=0}^{l} \sin \frac{p\pi x}{l} \sin \frac{r\pi x}{l} \,\mathrm{d}x = \begin{cases} 0 & \text{für } p \neq r \\ l/2 & \text{für } p = r \end{cases}$$

die Koeffizienten als

$$A_p = \frac{2}{l} \int_{x=0}^{l} Y(x) \sin \frac{p\pi x}{l}\,\mathrm{d}x \quad \text{und} \quad B_p = \frac{1}{p}\frac{2}{\pi c} \int_{x=0}^{l} V(x)\sin \frac{p\pi x}{l}\,\mathrm{d}x$$

ergeben. Das sind aber (bis auf die Bezeichnung der Integrationsvariablen) genau die in (43) eckig eingeklammerten Ausdrücke.

Zu seinem Unglück hat LAGRANGE diese fundamentale Schlußfolgerung nicht gezogen. Mit Recht meint hier BURKHARDT (siehe Fußnote 46): weil er ein anderes Ziel vor Augen hatte, nämlich aus (42) – insbesondere für $V \equiv 0$ – EULERS Resultat (33) zu verifizieren. Das gelingt ihm für

$$\frac{\partial^2 y}{\partial t^2} = \frac{\partial^2 y}{\partial x^2}$$

in der Form

$$y = \frac{1}{2} Y(\pm(x+t-2s)) + \frac{1}{2} Y(\pm(x-t-2s)),$$

wobei s hier eine ganze Zahl, und nicht wie bei D'ALEMBERT die Bogenlänge ist. Die Vorzeichen $\pm$ und $2s$ motiviert er folgendermaßen: man muß s und das Vorzeichen so bestimmen, daß das Argument in das Intervall $0 \ldots l = 1$ fällt.
Im übrigen lehnt LAGRANGE das Theorem von DANIEL BERNOULLI mit aller Entschiedenheit ab und nimmt auf diese Weise in Kauf, daß er mit dessen Obertönen nichts anzufangen weiß! Er meint, für $n \to \infty$ ändern sich die Verhältnisse – etwa in der gemäß (36) gebildeten Reihe – in einschneidenster Weise und schreibt im Begleitbrief seiner an EULER übersandten Publikation: «...das ganze Bernoullische Theorem fällt in sich zusammen.» Als dann DANIEL BERNOULLI seine Einwände quasi von oben herab zurückwies[49], geriet LAGRANGE in Zorn und schrieb im März 1765 an D'ALEMBERT[50]

[49] Histoire de l'Académie Paris *1762*. S. 431 ff., insbesondere Fußnoten S. 437 und 442.
[50] S. *Œuvres* von LAGRANGE, Bd. 13, S. 37.

«ich werde ihm gehörig auf die Finger klopfen» («je lui donnerai bien sur les doigts»);
zum Schluß unterließ er das jedoch.

Natürlich blieb auch LAGRANGES erste Denkschrift nicht ohne Widerspruch. So
bemängelte D'ALEMBERT[51] mit Recht das Jonglieren mit den Grenzübergängen und
das Auftreten der divergenten Reihe. Im einzelnen führt D'ALEMBERT unter anderem
an, daß man wohl $\sin (\pi/n)$ für $n \to \infty$ durch π/n ersetzen dürfe, nicht aber ohne weiteres
$\sin (p\,\pi/2n)$ durch $p\,\pi/2n$, da unter den Werten von p auch solche vorkommen, die mit n
vergleichbar sind. Dann sind Reihen der Form $\cos x + \cos 2\,x + \cos 3\,x + \dots$ divergent
bzw. oszillierend, so daß ihr Gebrauch nicht zulässig ist. Schließlich bezweifelt
D'ALEMBERT auch die Notwendigkeit des enormen kalkülmäßigen Aufwandes. In
seiner zweiten Abhandlung (siehe Fußnote 47) schlägt LAGRANGE daraufhin einen
anderen Weg ein; aber auch hier blieb ihm der entscheidende Durchbruch versagt.
Die Debatte zwischen den – nunmehr vier – Kontrahenten ging noch Jahre lang hitzig
weiter, bis sie – nach etwa zwei Jahrzehnten – im Sande verlief. Im Zusammenhang mit
zwei unedierten Briefen aus dem Jahre 1759 von LAGRANGE an DANIEL BERNOULLI
wurde das Thema in unseren Tagen noch einmal von P. DELSEDIME aufgegriffen[52].

10   Abschließende Bemerkungen

Es verging ein halbes Jahrhundert, bis DANIEL BERNOULLIS Methode in umfassender
Weise bestätigt wurde. In den Jahren zwischen 1807 und 1811 legte FOURIER der
Pariser Akademie verschiedene Abhandlungen über Probleme der Wärmeleitung vor,
die dann in erweiterter 1822 in der *Théorie de la chaleur* ihren Niederschlag fanden. FOURIER stellt darin die These auf, daß sich eine völlig willkürliche Funktion in
Form einer trigonometrischen Reihe darstellen lasse[53]. Damit fand DANIEL BER-
NOULLIS geniale Idee ihre Bestätigung, und EULERS Gedanke der Koeffizienten-
bestimmung wurde in voller Tragweite erkannt. Die endgültige mathematische Fundierung dieser für die gesamte theoretische Physik bedeutsamen Methode lieferten
schließlich DIRICHLET (1805–1859) und RIEMANN.

---

[51] Opuscules mathématiques *1*, S. 164 (1761).
[52] *La disputa delle corde vibranti e una lettera inedita di Lagrange a Daniel Bernoulli*, Physis *13*,
     Fasc. 2, S. 117–146 (1971).
[53] Der greise LAGRANGE soll dieser Behauptung entschieden widersprochen haben, ohne hierüber etwas
     schriftlich zu publizieren.

B Die Balkentheorie im 17. und 18. Jahrhundert

> Die eitle Anmaßung, alles verstehen zu
> wollen, entspringt nur dem gänzlichen Mangel an
> irgendwelcher Erkenntnis.
> GALILEO GALILEI

1 GALILEIS Festigkeitstheorie

Die Elastizitätstheorie hat ihren Anfang genommen mit der von GALILEO GALILEI aufgeworfenen Fragestellung nach dem Reißen oder Brechen eines Tragwerkes oder Maschinenteiles. GALILEI (Bild 146) überging also noch das elastische und plastische Zwischenstadium einer mit dem Bruch endenden Deformation. Wesentliche Teile des ersten und zweiten Tages der *Discorsi*[54] befassen sich mit diesem und angrenzenden Problemen. Der GALILEI verkörpernde Gesprächspartner Salviati beginnt den ersten Tag der *Discorsi* mit den Worten:

«Die so vielseitige Tätigkeit Eueres berühmten Arsenals, Ihr meine Herren Venezianer[55], scheint mir den Denkern ein weites Feld der Spekulationen darzubieten, insbesondere auf dem Gebiete der Mechanik: da fortfährend Maschinen und Apparate von zahlreichen Konstrukteuren ausgeführt werden, unter welchen letzteren sich Männer von umfassender Kenntnis und von großem Scharfsinn befinden.»

Danach wird das Gespräch übergeleitet auf die Widerstandsfähigkeit von Maschinen gegen Belastungen, die aus gleichem Material in geometrisch gleichen Proportionen hergestellt werden. Die grundlegende Einsicht der Ähnlichkeitsmechanik vorwegnehmend, verkündet Salviati:

«Geben Sie, Herr Sagredo[56], Ihre von vielen anderen Mechanikern geteilte Meinung auf, als könnten Maschinen aus gleichem Material, in genauester Proportion hergestellt, genau die gleiche Widerstandsfähigkeit haben... Die übliche Annahme, daß große und kleine Maschinen die gleiche Festigkeit haben, ist irrig...»

Sagredo antwortet:

«Von der Wahrheit der Sache bin ich überzeugt, kann aber den Grund noch nicht einsehen, warum bei verhältnisgleicher Vergrößerung aller Teile nicht im selben Maße auch der Widerstand zunimmt; und um so schwieriger erscheint mir die Frage, als oft gerade im Gegenteil die Bruchfestigkeit mehr zunimmt als die Verstärkung des Materials, wie zum Beispiel bei zwei Nägeln in einer Mauer, von denen der eine nur doppelt so dick ist wie der andere, während seine Tragfähigkeit um das Dreifache, ja um das Vierfache wächst.»

---

[54] *Discorsi e dimostrazioni matematiche, intorno a due nuove scienze* (Leyden 1638). In dieser der Bedeutung des Werkes angemessenen wunderschönen Ausgabe befinden sich die diesbezüglichen Ausführungen auf den Seiten 1 bis 149. Deutsche Übersetzung von A. VON ÖTTINGEN in Ostwalds Klassiker Nr. 11. Die Zitate erfolgen – manchmal mit kleinen Änderungen – nach dieser Übersetzung.

[55] Als Professor an der Universität von Padua, die zu Venedig gehörte, war GALILEI in vielen wissenschaftlichen Fragen Berater der Venezianer.

[56] Der andere, neben dem beschränkten Simplicio einsichtige und aufgeschlossene Gesprächspartner. Im übrigen sind in Salviati und Sagredo zwei Freunde GALILEIS verewigt: GIOVANNI FRANCESCO SAGREDO (1571–1620) war Senator der Stadt Venedig und FILIPO SALVIATI (1582–1614) ein reicher Florentiner und Schüler GALILEIS in Pisa.

Salviati korrigiert ihn: «Sagen Sie, bitte, um das Achtfache.»[57]. Hier schließt sich eine den ganzen ersten Tag während Abschweifung über die Frage an, wie man die Widerstandsfähigkeit der Materie gegen Belastungen erklären kann[58].
Am Anfang des zweiten Tages sagt Salviati:

«Kehren wir zum Ausgangspunkt zurück: Worin nun auch die Bruchfestigkeit bestehen mag, jedenfalls ist sie vorhanden, und zwar sehr beträchtlich als Widerstand gegen den Zug, geringer bei einer transversalen Verbiegung; ein Stahlstab zum Beispiel könnte 1000 Pfund tragen, während 500 Pfund denselben zerbrechen, wenn er horizontal in einer Wand befestigt ist. Von dieser letzteren Art Widerstand wollen wir sprechen ... als bekannt setze ich den Satz vom Hebel voraus ...»

Auf Sagredos Bitte gibt aber Salviati doch noch einen von ARCHIMEDES abweichenden Beweis dieses Satzes und sagt abschließend:

«Es wird jetzt ein leichtes sein, zu verstehen, weshalb ein Zylinder aus Glas, Stahl, Holz oder aus einem anderen zerbrechbaren Material, wenn man ihn herabhängen läßt, ein sehr großes Gewicht zu tragen vermag, während derselbe in transversaler Lage von einem um so kleineren Gewichte zerbrochen werden kann, je größer seine Länge im Verhältnis zu seinem Durchmesser ist.»

Zur Aufstellung der Theorie der Bruchfestigkeit gegen Biegung betrachtet GALILEI einen parallelepipedischen, in einer Mauer horizontal eingespannten Balken der Länge l, Querschnittshöhe h und Breite b (Bild 147). Neben dem Eigengewicht G wird der Balken am freien Ende durch das Gewicht E belastet. GALILEIS Ausführungen erfolgen ohne Verwendung der heute üblichen mathematischen Schreibweise: es wird nur mit Worten argumentiert und mit Zahlenbeispielen illustriert. In der heute üblichen Sprech- und Schreibweise bedeuten GALILEIS Hypothesen und Folgerungen:
a) daß alle Längsfasern des Balkens an der Einspannstelle gleich stark widerstehen, also in unserer heutigen Terminologie die Querschnittselemente überall die gleiche Normalspannung σ aufnehmen und somit in der halben Querschnittshöhe eine resultierende Zugkraft $\sigma b h$ ergeben;
b) daß alle Fasern ohne vorangehende Dehnung gleichzeitig abgerissen werden;
c) daß der Querschnitt AB sich um die untere Kante durch B dreht (Bild 147).
Die rein statische Gleichgewichtsbedingung um diese Achse, nach GALILEI das «Hebelgesetz», liefert

$$\left(E + \frac{G}{2} \right) l = \sigma b h \frac{h}{2} = \frac{1}{2} \sigma b h^2. \tag{45}$$

Hieraus, bzw. aus seinen in Worten geführten Argumenten, zieht GALILEI den qualitativ richtigen Schluß, daß der Biegungswiderstand bei einem Balken rechteckigen Querschnittes mit dem Quadrate der Höhe und bei einem Kreisquerschnitt mit der dritten Potenz des Durchmessers wächst. (45) bestätigt auch GALILEIS vorangehend

---

[57] Womit die bekannte Tatsache ausgesprochen wird, daß das Widerstandsmoment eines kreisförmigen Querschnittes mit der dritten Potenz des Durchmessers zunimmt.
[58] Hier fällt GALILEI allerdings wieder in die aristotelischen Ansichten zurück und glaubt, die Festigkeit auf den Widerstand («resistenza del vacuo») zurückführen zu können, den die Materie gegen den leeren Raum ausübt (das ist der «horror vacui» von ARISTOTELES).

Bild 146
GALILEO GALILEI (1564–1642).

zitierte Ansicht, daß nämlich der «Zugwiderstand» $\overline{W}$, den er den «absoluten Widerstand» nennt, beträchtlich größer ist als der «Biegewiderstand» W, den er als «relativen
Widerstand» bezeichnet:

$$\frac{E}{bh}\frac{1}{\sigma} = \frac{\overline{\sigma}}{\sigma} = \frac{W}{\overline{W}} = \frac{1}{2}\frac{h}{l} \ll 1.\tag{45a}$$

Da die Elastizität nicht berücksichtigt wurde, ist der Zahlenfaktor in (45) falsch: er
müßte 1:6 heißen[59].
Auf der eben geschilderten Basis stellt GALILEI weitere qualitativ richtige Thesen auf.
So erkennt er, daß hohle kreiszylindrische Stäbe dem Bruch größeren Widerstand

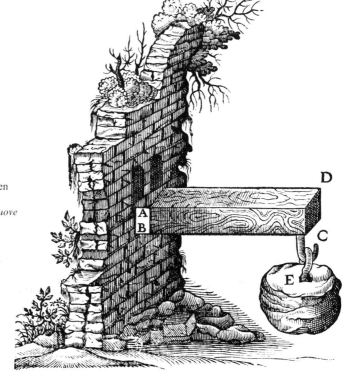

Bild 147
Eingespannter Balken aus den
*Discorsi e dimostrazioni
matematiche, intorno a due nuove
scienze* (Leyden 1638).

entgegensetzen als massive Stäbe gleicher Querschnittsfläche, woraus er wiederum
folgert, daß die Natur die Knochen der Menschen und Tiere, die Federn der Vögel und
die Stengel verschiedener Pflanzen aus diesem Grunde hohl ausbildet. Er stellt auch
richtig fest, daß die Festigkeit der Körper nicht den Gewichten proportional ist, da
diese sich wie die dritten Potenzen der ähnlichen Seiten verhalten, während der

[59] I. SZABÓ: *Einführung in die Technische Mechanik*, 8. Auflage (1975), S. 103.

Widerstand nur wie die Quadrate der ähnlichen Seiten wächst; daraus folgt, daß es eine Grenze geben muß, an der die Körper schon durch das Eigengewicht zerbrechen. Mit bewunderungswürdigem Scharfsinn zeigt GALILEI auch, daß ein einseitig eingespannter und am freien Ende durch ein Gewicht belasteter Balken konstanter Breite an jeder Stelle der Längsrichtung den gleichen Biegewiderstand aufweist, falls die Querschnittshöhe vom freien Ende zur Einspannstelle parabolisch wächst. Auf diese Weise wird ein Drittel des Materials gespart.

2   Das Federgesetz von ROBERT HOOKE

Die vorangehend geschilderten Festigkeitsuntersuchungen von GALILEI wurden richtungsweisend, wenn sie auch nur für den Bruchvorgang von spröden Körpern – wie Glas, Marmor, Bausteine – augenscheinlich zutrafen. In neuerer Zeit wird dem Engländer ROBERT HOOKE der Ruhm zuerkannt, als erster ein Gesetz der Elastizität aufgestellt und somit nicht nur der Theorie der elastischen Deformationen, sondern auch der Festigkeitslehre den entscheidenden Anstoß gegeben zu haben[60].

ROBERT HOOKE war ein genau so begabter und fleißiger wie auch streitsüchtiger Mann. Seit 1662 war er «Curator of Experiments» der Londoner Royal Society und seit 1678 Sekretär dieser Gesellschaft. In dieser Stellung kam er in Berührung mit allen wissenschaftlichen Problemen, die die damalige Gelehrtenwelt beschäftigten. Von Ehrgeiz besessen und von Arbeitseifer erfüllt, griff er die Mehrzahl der anstehenden Probleme auf, und wenn er auch in den meisten Fällen neue Ideen aufbrachte, so hinderte ihn die Vielfalt der Arbeiten daran, etwas Neues in abgerundeter Form zu schaffen. So ist es nicht verwunderlich, daß er mit manchen Gelehrten seiner Zeit in Streit geriet[61]. Hiervon bildeten nicht einmal die bedeutendsten, nämlich ISAAC NEWTON und CHRISTIAAN HUYGENS eine Ausnahme. Dem ersteren gegenüber stellte er Prioritätsansprüche in der Licht- und Gravitationstheorie, dem letzteren warf er Plagiat in der Erfindung der Uhrenfeder vor.

---

[60] Diese Ansicht ist keinesfalls so alt, wie das im Jahre 1678 publizierte linear elastische Gesetz von HOOKE. Wie wir in der nächsten Ziffer sehen werden, haben 1684 LEIBNIZ und (posthum!) 1686 MARIOTTE ein solches Gesetz bei der Balkenbiegung verwendet, ohne HOOKE zu erwähnen. Entweder kannten sie dessen Arbeit nicht oder fanden dieses höchst einfache Gesetz einer Namensgebung nicht wert. In dem 3. Teil des im Jahre 1796 erschienenen und für die damalige Zeit maßgeblichen Werkes *Lehrbegriff der gesamten Mathematik* von W. J. G. KARSTEN wird (S. 183) nur auf MARIOTTE und LEIBNIZ hingewiesen; ebenso verfährt J. C. FISCHER (1760–1833) in seiner noch heute unentbehrlichen *Geschichte der Physik* (2. Band, 1803, S. 313). Erst ab Mitte des 19. Jahrhunderts kommt HOOKE in den Vordergrund.

[61] HOOKE war der Ansicht, daß andere seine Ideen aufgriffen und deren Früchte vor ihm selbst publizierten. RUDOLF WOLF (1816–1893) ist dagegen einer anderen, wenn wohl auch einer ebenso extremen Auffassung. In seiner *Geschichte der Astronomie* (1877, S. 461) nennt er HOOKE einen «wissenschaftlichen Raubritter» und schreibt: «Ohne dem Talente dieses Mannes nahe treten zu wollen, steht fest, daß er so ziemlich jede zu seiner Zeit gemachte Entdeckung sich anzueignen suchte, und er ist zum mindesten verdächtig, einzelne Mitteilungen, die durch seinen Kanal an die Royal Society gelangen sollten, zu seinen eigenen Gunsten unterschlagen zu haben.»

Im Jahre 1675 beansprucht HOOKE in einem Postskriptum seiner Arbeit *A description of helioscopes, and some other instruments* – wie er, auf HUYGENS zielend, schreibt, «wegen einiger unschöner Vorgänge» – Priorität «für die Feder der Unruhe einer Uhr, die derselben Bewegung reguliert». Im Anschluß daran kündigt er, «um die Leere der folgenden Seite zu bedecken», die Publikation einiger «Erfindungen» an. Die dritte von ihnen heißt: «Die wahre Theorie der Elastizität oder Federkraft, und eine besondere Erklärung derselben auf verschiedenen Gebieten, auf denen sie beobachtet werden kann: Und die Berechnungsweise der Geschwindigkeit von Körpern, die von ihr bewegt werden.» Abschließend versteckt er das wesentliche Resultat seiner «Erfindung» im folgenden Anagramm:

«c e i i i n o s s s t t u v».

Drei Jahre später, 1678, erschien das Werk *Lectures de potentia restitutiva, or of spring explaining the power of springing bodies.* Einleitend stellt er fest:

«Die Theorie der Federn ist, obwohl von verschiedenen Mathematikern unserer Zeit in Angriff genommen, bisher von niemandem veröffentlicht worden. Vor nunmehr achtzehn Jahren fand ich diese, aber da ich beabsichtigte, sie auf einige besondere Fälle anzuwenden, versagte ich mir, sie stückweise zu veröffentlichen.»

Nun verrät er auch den Sinn seines Anagramms:

«ut tensio sic vis»,

das heißt, die Kraft jeder Feder verhält sich wie ihre Auslenkung. So kurz diese Theorie ist, so einfach ist die Methode ihres Beweises. Mit wundervoller Präzision und mit belehrenden Finessen beschreibt HOOKE seine Experimente mit den verschiedenen «Federn»; auf Bild 148 ersieht man mit aller Deutlichkeit Art und Ausführung seiner Versuche. Dann fährt er fort:

«Dasselbe Ergebnis findet man, wenn man mit einem Stück trockenen Holz, das sich hin- und zurückbiegen läßt, Versuche anstellt, wenn ein Ende in horizontaler Ausrichtung befestigt und das andere Ende mit Gewichten belastet wird, damit es sich senkt. Demzufolge ist es ganz offensichtlich die Regel oder das Gesetz der Natur, daß die Kraft in einem jeden federnden Körper, seine ursprüngliche Form wieder herzustellen, immer proportional ist dem Weg oder dem Raumteil [62], um den er davon abgewichen war.»

Hiernach ist es keine Frage, wie das «Hookesche Gesetz» in seiner ursprünglichen Fassung heute ausgesprochen bzw. mathematisch geschrieben werden kann: Verursacht eine Kraft K an einem elastischen Körper eine eindimensionale Deformation [63], der die Verschiebung (Längenänderung) Δl entspricht, so gilt

$$\Delta l = f K. \qquad (46)$$

Die Proportionalitätskonstante f ist offenbar vom Material und von den Körperabmessungen abhängig. Heute weiß jeder Abiturient, daß für einen Draht (Fig. 3 in Bild 148) der Länge l, des Querschnittes F und des Elastizitätsmoduls E (als Materialeigenschaft)

$$f = \frac{l}{E F} \qquad (47)$$

---

[62] Mit diesem Wort scheint HOOKE auf seine früher veröffentlichten Experimente mit Verdichtung und Verdünnung der Luft Bezug zu nehmen.

[63] Was für die drei Figuren von Bild 148 hinreichend genau zutrifft.

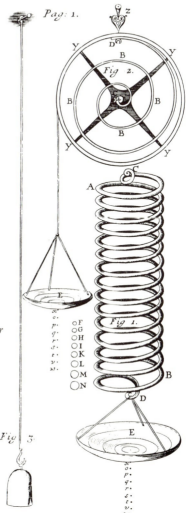

Bild 148
Hookes Federversuche aus seinen *Lectures de potentia restitutiva, or of spring explaining the power of springing bodies* (London 1678).

ist. Wir werden aber in Abschnitt C sehen, daß der Elastizitätsmodul erst etwa 130 Jahre später eingeführt wurde. In der heutigen Terminologie ist (46) keineswegs das, was man als «Hookesches Gesetz» bezeichnet, sondern dasjenige, das für den einfachsten Fall des Zug- oder Druckstabes aus (46) oder (47) nach Einführung der Spannung $\sigma = K/F$ hervorgeht:

$$\text{relative Längenänderung} = \frac{\varDelta l}{l} = \text{Dehnung} = \frac{\sigma}{E}. \tag{48}$$

Diese Proportionalität zwischen Dehnung (als Deformationsgröße für Längenände-
rungen) und Spannung (als Belastung) wird später das eine Fundamentalgesetz der
linearen Elastizitätstheorie; das andere verbindet die Winkeländerung mit den Schubspannungen.

Von solchen Erkenntnissen war HOOKE noch weit entfernt, und trotzdem ist seine
Leistung groß. Als erster prägte er den klaren und wissenschaftlichen Begriff des
elastischen Körpers; er unterscheidet schon Zug-, Druck- und Biegebeanspruchung
und stellt bei der letzten Belastungsart fest (Bild 149), daß die Fasern teils verlängert,
teils verkürzt werden, womit er indirekt schon die Existenz der «neutralen Faser»
ausspricht[64], und öffnet schließlich mit seinem linearen – und somit die Superposition
ermöglichenden – Gesetz das Tor zu einer ungeheuren Fülle von elastostatischen und
elastokinetischen Problemen. Aus dem letzteren Problemkreis behandelt er als erster
die harmonische Schwingung von Massen, die durch Federn bewegt werden, und
erkennt die dabei – infolge der Linearisierung – auftretende Isochronie.

Da wir innerhalb dieses Abschnittes auch die Geschichte der elastischen Materialkonstanten verfolgen wollen, verweilen wir noch etwas beim «Hookeschen Gesetz». Wir

---

[64] Deren Bestimmung allerdings noch lange auf sich warten ließ.

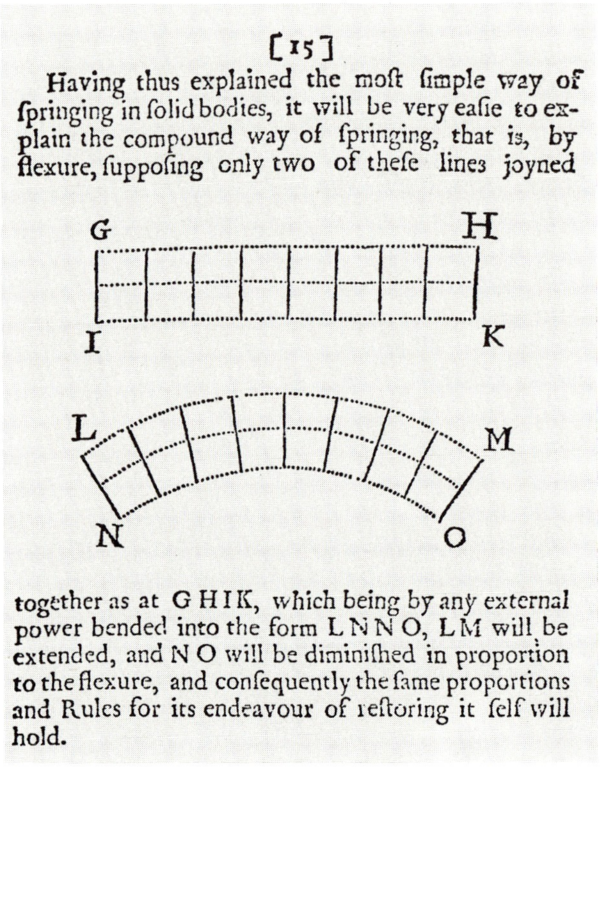

Bild 149
HOOKES Gedanken über die
Balkenbiegung aus *Lectures de
potentia restitutiva*...

[15]

Having thus explained the moſt ſimple way of
ſpringing in ſolid bodies, it will be very eaſie to ex-
plain the compound way of ſpringing, that is, by
flexure, ſuppoſing only two of theſe lines joyned

together as at G H I K, which being by any external
power bended into the form L N N O, L M will be
extended, and N O will be diminiſhed in proportion
to the flexure, and conſequently the ſame proportions
and Rules for its endeavour of reſtoring it ſelf will
hold.

haben gesehen, daß HOOKE – entsprechend dem damaligen Wissensstand – nur die Proportionalität zwischen der belastenden Kraft K und der Längenänderung Δl bei der Feder bzw. der Durchbiegung p beim Balken postulieren konnte. Mit den Proportionalitätsfaktoren f bzw. b sind also die «Hookeschen Gesetze» für Längsfeder bzw. Balken heute als (46) bzw.

$$p = b \, K \tag{49}$$

zu schreiben. Diese Formeln enthalten aber erkärlicherweise keine Angaben darüber, auf welche Weise f bzw. b von der (elastischen) Eigenschaft des homogenen Materials und von den geometrischen Abmessungen der Feder bzw. des Balkens abhängen. Man kann sie nur für eine bestimmte Feder bzw. für einen bestimmten Balken aus einem Versuch – mit den Meßresultaten Δl_1, K_1 bzw. p_2, K_2 – erschließen, und kann dann (46) bzw. (49) die Form

$$\Delta l = \frac{\Delta l_1}{K_1} K \text{ bzw. } p = \frac{p_2}{K_2} K \tag{50a,b}$$

geben.

Heute ist es üblich, das Deformationsgesetz

$$\frac{\Delta l}{l} = \frac{1}{E} \frac{P}{F} = \frac{\sigma}{E} \tag{51}$$

für einen Draht der Länge l und der Querschnittsfläche F als «Feder» (Fig. 3 in Bild 148) auch nach HOOKE zu nennen, obwohl die Spannung σ erst von LEONHARD EULER in der Hydromechanik und der Elastizitätsmodul E – im Sinne von (51) – von NAVIER im Jahre 1826 eingeführt wurde. Der Vergleich von (49) und (51) lehrt, daß $f = l/EF$ der – nunmehr für alle drahtförmigen und auf Zug oder Druck belasteten Körper gültige – Proportionalitätsfaktor ist, während man für b (zu Bild 147) (ebenfalls erst nach NAVIERS Theorie) $b = l^3/(3EJ)$ erhält, wenn J das Flächenträgheitsmoment des Querschnittes bedeutet. Noch komplizierter ist die Bestimmung des Proportionalitätsfaktors für die Schraubenfeder (Fig. 1 in Bild 148), denn hier liegt eine Torsionsbelastung durch Schubspannungen vor[65]; für die «Federkonstante» ergibt sich $f = Ga^4/4R^3n$, wobei G den Schubmodul, a bzw. R den Draht- bzw. Windungsradius (in Bild 148 etwa $AC/2$) und n die Anzahl der Windungen bedeuten. Schließlich findet man für die – auf Biegung beanspruchte – Spiralfeder (Fig. 2 in Bild 148) $b = R/EJ$, wobei R der Krümmungsradius der äußersten Windung (in Bild 148 etwa AY) ist[66].
Diese Ausführungen zeigen, daß HOOKES *ut tensio sic vis* nur ein allererster, aber richtungsweisender Spruch gewesen ist.

---

[65] I. SZABÓ: *Einführung in die Technische Mechanik*, 8. Auflage (1975), S. 151.
[66] I. SZABÓ: *Repertorium und Übungsbuch der Technischen Mechanik*, 3. Auflage (1972), S. 105–106.

3 Die Behandlung der Balkenbiegung durch MARIOTTE und LEIBNIZ

In Fortführung der Gedanken von GALILEI versuchten MARIOTTE und LEIBNIZ, die Balkenbiegungstheorie durch Berücksichtigung der Elastizität der Fasern des Balkens zu verbessern. Sie verwendeten dabei ein linear elastisches Gesetz zwischen Deformation und Belastung ohne einen Hinweis auf HOOKE[67].

EDME MARIOTTE war Prior des Klosters St.-Martin-sous-Beaune bei Dijon und seit Gründung der Französischen Akademie (1666) deren Mitglied. Er war ein vorzüglicher Experimentator und wurde in weiten Kreisen bekannt durch seine Stoßmaschine und das gemeinsam nach ihm und dem Engländer ROBERT BOYLE benannte Gasgesetz. Durch den Auftrag, für das in den Jahren 1661–1689 erbaute Schloß Versailles das Wasserleitungssystem zu entwerfen, wurde er veranlaßt, sich auch mit Festigkeitsproblemen zu beschäftigen. Seine diesbezüglichen experimentellen und mit Zahlenbeispielen illustrierten Untersuchungen sind in das – zwei Jahre nach seinem Tode gedruckte – Werk *Traité du mouvement des eaux et des autres fluides*[68] eingebaut (Part V, Discussion II). Durch seine wahrscheinlich um 1680 abgeschlossenen Experimente mit Glas und Holzstäben findet er den in der Formel (45) von GALILEI vorkommenden Faktor 1/2 zu groß und versucht, nachdem er das elastische Verhalten eines Materials beschreibt, diesen zu korrigieren. Nach einigen Vorbetrachtungen kommt er zur Balkenbiegung (Bild 150). Zunächst nimmt er – wie GALILEI – an, daß eine Drehung des rechteckigen Querschnittes (Höhe h, Breite b) um eine durch D gehende Kante des Querschnittes erfolgt. Die Korrektur gegenüber GALILEI besteht darin, daß MARIOTTE annimmt, die zwischen A und D liegenden (horizontalen) Fasern dehnen sich vor dem Bruch (von D nach A) nach einem linearen Gesetz aus.

Diesem Deformationsvorgang ordnet er eine ebensolche Verteilung der – wie wir heute sagen – Spannung zu[69]. Dieser dreiecksförmigen Spannungsverteilung (Bild

---

[67] Siehe Fußnote 60.

[68] Unter dem Titel *Grundlehren der Hydrostatik und Hydraulik* (Leipzig 1723) ins Deutsche übertragen von JOH. CHRISTOPH MEINIG. Die Festigkeitsuntersuchungen befinden sich auf den Seiten 388–419.

[69] Natürlich ist «das Hookesche» Gesetz (das MARIOTTE nicht zu erkennen scheint), hier – im Gegensatz zu HOOKE – quasi für Materialelemente definiert. Auch hierbei sei vermerkt, daß MARIOTTES Überlegungen – genau wie bei GALILEI – ohne jegliche Algebraisierung, in Worten und Zahlenbeispielen erfolgen.

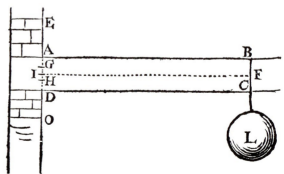

Bild 150
Eingespannter Balken aus MARIOTTES
posthumer *Traité du mouvement
des eaux et des autres fluides* (1686),
Part V, Discussion II.

151) entspricht im Augenblick des Bruchbeginns eine in der Schwerpunktshöhe $2\,h/3$ wirkende und der Bruchspannung σ entsprechende Gesamtkraft $(1/2)\,b\,h\sigma$, deren um D drehendes Moment dem Moment der Last L gleich sein muß

$$L\,l = \frac{1}{2}\,b\,h\,\sigma\,\frac{2}{3}\,h = \frac{1}{3}\,\sigma\,b\,h^2; \tag{52}$$

wenn man die der Zugbeanspruchung entsprechende Zerreißlast $Z = b\,h\,\sigma$ einführt, gilt demnach

$$L\,l = \frac{1}{3}\,Z\,h. \tag{52a}$$

Gegenüber dem Galileischen Faktor $1/2$ in (45) ist in (52a) tatsächlich eine Verminderung eingetreten. Die zu (45a) analoge Formel für das Verhältnis von Zug- zu Biegespannung würde jetzt

$$\frac{\bar{\sigma}}{\sigma} = \frac{1}{3}\frac{h}{l}$$

heißen.

Dann unternimmt MARIOTTE einen weiteren und wichtigen Schritt: er nimmt an, daß die oberhalb des Höhenhalbierungspunktes I (Bild 150) liegenden (horizontalen)

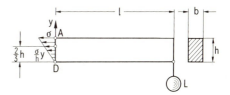

Bild 151
MARIOTTES Annahme zur Biegespannungsverteilung im Augenblick des Bruchbeginns.

Fasern gezogen und somit gedehnt, diejenigen unterhalb I gedrückt und somit verkürzt werden. Die zur Dehnung notwendige Belastung L_Z glaubt er aus (52a) dadurch gewinnen zu können, daß darin h durch $h/2$ ersetzt wird:

$$L_Z\,l = \frac{1}{6}\,Z\,h = \frac{1}{6}\,\sigma\,bh^2.$$

Indem er für den Druckanteil L_D dieselbe Annahme macht, erhält er

$$L_D\,l = \frac{1}{6}\,\sigma b h^2,$$

und bekommt durch Summation (mit $L = L_Z + L_D$) wieder – die nunmehr falsche! – Gleichung (52). MARIOTTE hätte in (52a) nicht nur h durch $h/2$, sondern auch Z

durch $Z/2$ ersetzen oder in (52) $h/2$ für h setzen, also in unserer heutigen Schreibweise (Bild 152) mit

$$L\,l = \frac{1}{2}\,\sigma b\,\frac{h}{2}\frac{2}{3}\frac{1}{2}\,h + \frac{1}{2}\,\sigma b\,\frac{h}{2}\frac{2}{3}\frac{1}{2}\,h = \frac{1}{6}\,\sigma b h^2 \tag{53}$$

rechnen müssen.

Diese Formel ist für rechteckige Querschnitte auch nach der heutigen Theorie richtig.

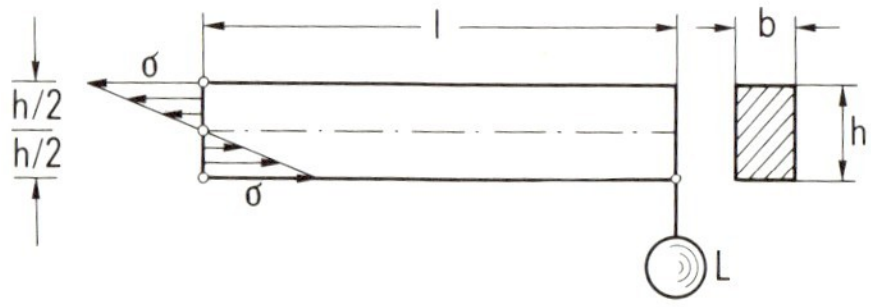

Bild 152
MARIOTTES modifizierte Biegespannungsverteilung.

MARIOTTES Versuche ergaben, statt des vermeintlichen Faktors 1:3, einen zu 1:4 tendierenden Wert. MARIOTTE glaubte, diese Diskrepanz auf einen, zu Beginn des Bruchvorganges eintretenden «Zeiteffekt» zurückführen zu können. Er führt an, nachdem ein Stab bei 330 Pfund Belastung zerbrach: «Es scheint aber, daß, wenn man nur 300 Pfund hängen gelassen hätte, auch Bruch eingetreten wäre.» Trotz dieses Irrtums in der Berechnung ist MARIOTTES Leistung in der Unterscheidung bzw. Trennung der Zug- und Druckbereiche durch die «axe d'équilibre» – wie MARIOTTE die heutige «neutrale Achse» nennt – so bedeutend, daß nach DE SAINT-VENANTS Ansicht damit das grundlegende Prinzip der Balkenbiegung aufgestellt wurde [70].

Im Jahre 1684 publizierte G.W. LEIBNIZ in den Acta Eruditorum Lipsiae (S.319ff.) die die Balkenfestigkeit betreffende Arbeit *Demonstrationes novae de resistantia solidorum*. Obwohl diese Arbeit zwei Jahre vor dem posthumen Werk von MARIOTTE erschien, waren LEIBNIZ die Untersuchungen MARIOTTES bekannt, denn er schreibt (S.320–321), daß MARIOTTE den Faktor 1:2 von GALILEI zu groß findet und daß er statt dessen experimentell zu dem Verhältnis 1:4 kommt (*experimentis factis comperit*). Demnach wäre also das Verhältnis $F:G$ (Bild 153, Figuren 1 und 2) etwa (*circiter*) 1:4 [71].

Für LEIBNIZ geht es auch um die Bruchfestigkeit des Balkens. Er nimmt – wie GALILEI – an, daß die Drehung um die untere Kante des eingespannten rechteckigen Querschnitts erfolgt (Bild 153, Figur 3). Ebenso wie MARIOTTE setzt er voraus, daß dem Bruch eine der Belastung proportionale Dehnung [72] vorausgeht.

Etwas modernisiert argumentiert LEIBNIZ: Ein Flächenelement $b\,\mathrm{d}y$ in der Höhe y des eingespannten Querschnittes enthält die Belastung $(\sigma/h)\,y\,b\,\mathrm{d}y$ (Bild 151), und dieser

---

[70] *Historique abrégé des recherches sur la résistance et sur l'élasticité des corps solides*, S. XCV–XCVI in der 3. (von DE SAINT-VENANT besorgten) Auflage von NAVIERS *De la résistance des corps solides* (Paris 1864).

[71] Wir wissen (siehe zum Beispiel K. HUBER: *Leibniz*, München 1951, S. 78, 89), daß LEIBNIZ während seines Aufenthaltes in Paris (1672–1676) auch zu MARIOTTE Kontakte hatte und auf diese Weise von dessen – schon damals laufenden – Untersuchungen Kenntnis erhielt.

[72] Diese wird durch Einzeichnen von Federn angedeutet. Trotz dieser «Federn» kein Hinweis auf HOOKE!

entspricht das um die untere Kante drehende Moment $(\sigma/h)\, b\, y^2\, d\, y$. Dieser parabolischen Verteilung $N\,R\,S\,Q\,N$ (Bild 153, Figur 3) ordnet LEIBNIZ nun ein raumgleiches Parallelepiped der Basis $(\sigma/h)\, b\, h^2$ und der Höhe $h/3$ zu, wodurch er wieder MARIOTTES Formel (52) erhält [73].

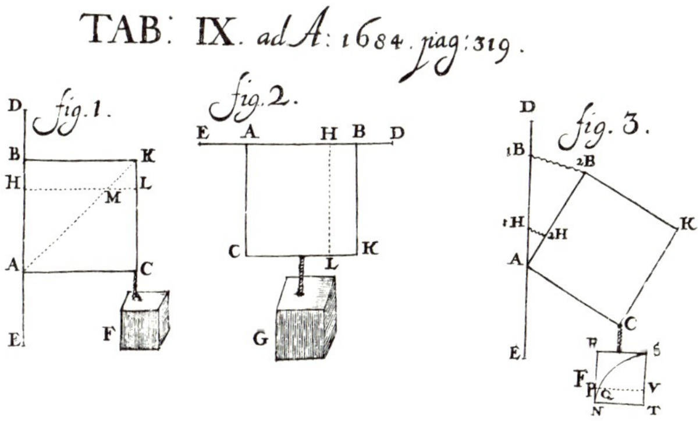

TAB: IX. ad A: 1684. pag: 319.

fig. 1.   Fig. 2.   fig. 3.

Bild 153
Fig. 1–3 zur Balkenfestigkeit aus
LEIBNIZ' *Demonstrationes novae
de resistentia solidorum* in den Acta
Eruditorum Lipsiae *1684*.

4   Das Balkentheorem von JAKOB BERNOULLI

Die vorangehenden Untersuchungen zeigen, daß die Gelehrten sich vorerst nur für die Festigkeitseigenschaften eines geraden Balkens interessiert hatten. Wenn man auch nach GALILEI den elastischen Einfluß des Materials in Betracht zog, verzichtete man doch auf die Bestimmung der elastischen Formänderung eines – nicht bis zum Bruch belasteten – Balkens. Erst JAKOB BERNOULLI (Bild 154), der erste große Mathematiker seiner berühmten Familie, hat sich an dieses Problem herangewagt. Im Jahrgang 1691 der Acta Eruditorum (Juni-Band S. 282) läßt er folgende Ankündigung und Aufforderung abdrucken [74]:

«Anläßlich der Aufgabe über die Kettenlinie sind wir auf ein anderes, genauso gewichtiges Problem gestoßen. Es betrifft die Biegung der Balken, belasteter Bögen oder elastischer Bänder jeglicher Art, die von ihrem Eigengewicht oder einem angehängten Gewicht oder durch andere Belastungen verursacht wird. Auf diese Aufgabe machte mich der sehr berühmte LEIBNIZ aufmerksam. Aber dieses Problem scheint – wegen der Unsicherheit der Hypothesen und der Vielfältigkeit der Fälle – schwieriger zu sein, obwohl es dabei nicht so sehr der langwierigen Rechnung, sondern vielmehr des Fleißes bedarf. Ich habe den Zugang zu diesem Problem geöffnet durch die glückliche Lösung des einfachsten Falles [das heißt unter der Annahme, daß die Auslenkungen den beanspruchenden Kräften proportional sind]. Um jenem ausgezeichneten Mann [75] nachzueifern, will ich anderen Zeit lassen, ihre Analysis zu erproben; ich werde meine Lösung zurückhalten und werde sie in einem Anagramm verbergen, dessen Schlüssel ich, gemeinsam mit der Beweisführung zur Herbstmesse mitteilen will.»

[73] Mit seinem eigenen Kalkül würden wir das heute schreiben als

$$L\,l = \int\limits_{0}^{h} \frac{\sigma}{h}\, b\, y^2\, d\, y = \frac{1}{3}\, \sigma\, b\, h^2$$

[74] In seinen zweibändigen *Opera Omnia* (Genf 1744) steht sie im 1. Band, S. 451. Die deutsche (nicht immer zuverlässige) Übersetzung von H. LINSENBARTH findet man in Ostwalds Klassiker Nr. 175.
[75] Nämlich LEIBNIZ.

Bild 154
JAKOB BERNOULLI (1655–1705).

Und nun formuliert er das Problem:

«Wenn ein elastisches Band AB [Bild 155], dessen Eigengewicht vernachlässigt wird und an jeder Stelle dieselbe Dicke und Breite hat, am unteren Ende A vertikal festgeklemmt und am oberen Ende B durch ein angehängtes Gewicht belastet wird, welches ausreicht, das Band so zu biegen, daß die Wirkungslinie BC des Gewichtes in B zu dem gebogenen Band senkrecht steht, so hat die Verbiegungskurve des Bandes folgende Eigenschaft:

Qrzumu bapt dxqopddbbp....»

Nicht Monate («bis zur Herbstmesse»), sondern drei volle Jahre vergingen – während dieser keiner der damaligen großen Mathematiker, nicht einmal sein ehrgeiziger und streitsüchtiger jüngerer Bruder JOHANN, ein Wort der Lösung verlauten ließ – bis JAKOB BERNOULLI das Geheimnis seines Logogriphs lüftete. Im Jahre 1694, im Juni-Band der Acta Eruditorum (S. 262), teilt er als «Zusatz 2» des Rätsels Lösung (für den linearen Fall) mit (auch in *Opera,* Bd. I, S. 452): *Portio axis applicatam inter tangentem est ad ipsam tangentem sicut quadratum applicatae ad constans quoddam spatium.* Zu deutsch:

«Der Teil der Achse zwischen der Ordinate und der Tangente verhält sich zur Tangentenlänge wie das Quadrat der Ordinate zu einem gewissen konstanten Flächeninhalt.»

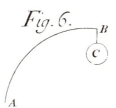

Bild 155.
Fig. 6 aus JAKOB BERNOULLIS Aufforderung
zur Lösung des Problems der elastischen Linie
in den Acta Eruditorum *1691,* Juniheft
(Additamentum 3).

Der moderne Leser, der eine analytische Form $y = y(x)$ oder zumindest eine Differentialgleichung als «Lösung» erwartet, ist enttäuscht, eine solche Antwort zu erhalten, und es würde ihm manches Kopfzerbrechen bereiten, die Lösungskurve nach dieser «Vorschrift» zu konstruieren. Kehren wir aber zunächst zu der Arbeit selbst zurück. Sie beginnt mit den Worten:

«Nach dreijährigem Schweigen halte ich mein Wort, aber dergestalt, daß ich den Leser für den Aufschub, den er sonst als Ärgernis empfunden haben könnte, sehr reichlich entschädige, denn ich zeige die Konstruktion der elastischen Kurve nicht nur für den versprochenen Fall der Auslenkung, sondern allgemein für jede Hypothese derselben; wenn ich mich nicht irre, bin ich der erste, dem das gelingt, nachdem sich viele um dieses Problem bemüht haben.»

Nachdem er auf den Fehler von GALILEI, die «reinen Trugschlüsse» von PARDIES und die «völlig absurden Ansichten» von DI LANA über dieses Problem hinweist (wobei er LEIBNIZ respektvoll nicht nennt!), stellt er fest, daß bei dieser Aufgabe (im Gegensatz zur Kettenlinie, bei der auch eine Beziehung zwischen den Koordinaten möglich ist) nur ein Zusammenhang zwischen der Evolvente und den Koordinaten hergeleitet werden kann. Hierbei ist die Kenntnis des Radius des Krümmungskreises «in einfachsten und rein differentiellen Ausdrücken» unumgänglich; BERNOULLI nennt sie «das goldene Theorem» und schreibt:

«Wegen der außerordentlichen Nützlichkeit dieser Entdeckung bei der Lösung der Segelkurve und der elastischen Linie, die wir jetzt vornehmen wollen, und anderen weniger bekannten Dingen, wird mir immer mehr klar, daß ich der Öffentlichkeit das goldene Theorem nicht länger versagen kann.»

Mit großer Virtuosität in der Handhabung von Differentialen entwickelt er mehrere Formeln für den mit z bezeichneten Krümmungsradius, so zum Beispiel

$$z = \frac{\mathrm{d}s^3}{\mathrm{d}x\,\mathrm{d}^2 y}. \tag{54}$$

Dann geht er zur Konstruktion der elastischen Linie über, und zwar «für beliebige

Hypothesen über die Auslenkung». Auf die hier wiedergegebene Originalfigur (Bild 156) nimmt die Konstruktionsvorschrift bezug:

«Es sei *ABC* ein beliebig begrenztes Flächenstück, dessen Abszissen *AE* die spannenden Kräfte und deren Ordinaten *EF* die Tensionen [76] angeben. Das Quadrat *AGDL* sei der Fläche *ABC* gleich, und in diesem Quadrat schlage man den Viertelkreis *GKL*. Das Rechteck *AGHI* sei der Fläche *AEF* gleich. Der Viertelkreis sei von *IH* in *K* geschnitten, und man ziehe dann *AK* und dazu parallel *GM*. Auf der Ordinate *EF* sei *EN = AM*, womit die Kurve *AN* festgelegt ist. Zu der Fläche *AEN* zeichne man das inhaltsgleiche Rechteck *AGOP*, der Schnittpunkt *Q* der Geraden *OP* und *EF* ist ein Punkt der gesuchten elastischen Kurve *AQR*. Wenn also jedwedes gewichtslose elastische Band *AQRSyVA* von gleichbleibender Dicke *RS = VA* und Breite und der Länge *RQA*, dessen Ende *RS* vertikal eingeklemmt ist und am anderen Ende *VA* eine Kraft wirkt, die ausreicht, um das Band so zu biegen, daß die Tangente in *A* (also *AB*) senkrecht zur Richtung

---

[76] Streckungen oder Dehnungen, aber nicht im Sinne von (48).

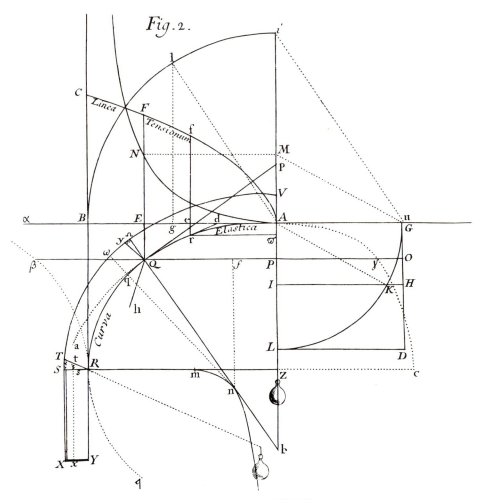

Bild 156
JAKOB BERNOULLIS Konstruktion der elastischen
Linie aus *Curvatura laminae elasticae*, Acta
Eruditorum *1694*, Juniheft, S. 262 ff.

AZ dieser Kraft steht, dann wird die konkave Seite des Bandes die Form *RQA* annehmen, deren Konstruktion eben angegeben wurde. Die konvexe Seite *SyV* ist dazu parallel, beide haben also dieselbe Evolute *mn* und können durch Abwicklung derselben beschrieben werden.»

Nach diesem «Rezept» könnte man aus der gegebenen *Linea Tensionum* (also der Kraft-Verschiebungs-Kurve) *AFC* die elastische Linie zeichnen, aber der Leser, der auf den Beweis dieser Konstruktion wartet, wird enttäuscht: Kein Wort darüber! Auch nichts davon, was man heute üblicherweise in der Balkentheorie hört, wie das «Ebenbleiben der Querschnitte» oder die «Proportionalität zwischen Krümmung und Biegemoment». Einiges kann man aber doch aus der Originalfigur (Bild 156) «ablesen»: Die bei *TS* und *ts* eingezeichneten Federn deuten an, daß BERNOULLI die Fasern des Balkens – bis auf diejenigen der konkaven Seite, also der *Curva Elastica AR* – als dehnbar annimmt, und infolge dieser Deformation geht die Spur *Qy* der Querschnittsebene in die Gerade *QΩ* über, was in der Tat einem Ebenbleiben der Querschnitte entspricht. In diesem Sinne wird auch in der mit Erläuterungen versehenen Ausgabe der *Opera omnia* (Genf 1744) von JAKOB BERNOULLI eine Begründung dieser Konstruktion gegeben. Hier wird in Band 2, S. 576ff. nachgewiesen, daß der Konstruktion die Beziehung

$$y = \int_0^x \frac{S\,dx}{\sqrt{(bc)^2 - S^2}} \quad \text{oder} \quad dy = \frac{S\,dx}{\sqrt{(bc)^2 - S^2}} \tag{55}$$

entspricht. Dabei bedeutet (Bild 156) $y = AP, x = AE, b = AR$ die Länge und $c = Qy$ die Dicke des Bandes, $EF = t = $ Tension (Längenänderung) und

$$S = \int_0^x t\,dx$$

die Fläche AEF. Benutzt wurde das elastische Gesetz in der Form

$$\Omega y = \frac{t}{b}\,ds \tag{56}$$

mit $ds = Qq$ und die Formel (54). Mit (56) ergibt sich dann aus der Ähnlichkeit der Dreiecke $y\Omega Q$ und qnQ, also aus $\Omega y : yQ = Qq : Qn, (Qn = z = $ Krümmungsradius) die Krümmung

$$k = \frac{1}{z} = \frac{t}{bc}. \tag{57}$$

Dieser Zusammenhang wird von JAKOB BERNOULLI als «Zusatz 6» zum ersten – für ein beliebiges elastisches Gesetz geltenden – Teil seiner Arbeit ebenfalls ohne Beweis ausgesprochen.

Im zweiten Teil (für das linear elastische Gesetz) gibt er (wieder ohne Beweis) eine Konstruktion, die der Differentialgleichung

$$\mathrm{d}y = \frac{x^2\,\mathrm{d}x}{\sqrt{a^4-x^4}},\ a^4 = \text{konst} \tag{58}$$

entspricht und integriert sie, wie aus seinem «Zusatz 16» hervorgeht, durch Reihenentwicklung.

JAKOB BERNOULLIS Arbeit wurde von LEIBNIZ mit Anerkennung aufgenommen, insbesondere hebt er lobend hervor, daß BERNOULLI nicht gleich das lineare, sondern zuerst ein allgemeines elastisches Gesetz zugelassen habe. Nicht so begeistert war der Holländer HUYGENS. Er anerkennt zwar die Wichtigkeit, «daß die Strahlen, die die Krümmung angaben [77], im umgekehrten Verhältnis zu den die Feder biegenden Kräften [78] stehen», ist aber der richtigen Ansicht, daß nicht nur die äußere (konvexe)

---

[77] Also die Krümmungsradien.
[78] Nach (57) richtiger: Zu den «Tensionen».

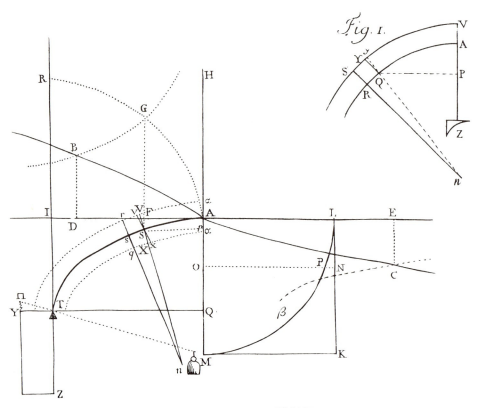

Bild 157
JAKOB BERNOULLIS Erläuterung seiner Konstruktion der Balkenbiegung (nach Bild 156) aus *De curva elastica*, Acta Eruditorum *1695*, Dezemberheft, S. 537 ff.

Seite gedehnt, sondern auch die innere (konkave) verkürzt wird [79]. An LEIBNIZ schreibt der damals schon betagte Mann, der sich mit der Analysis nie befreunden konnte, in nörgelndem Ton: «All das, was er gefunden hat, scheint mir ohne Nutzen und eher ein schöner und scharfsinniger Zeitvertreib zu sein, zu dem man kommt, wenn man nichts hat, worauf man die Mathematik nutzbringender anwenden kann.»

Auf diese und noch weitere Einwände – so unter anderem wegen der zu speziellen Lagerung und Belastung – bringt BERNOULLI schon ein Jahr später (im Dezemberband von 1695, S. 537, der Acta Eruditorum) einige Erwiderungen. Zur Erläuterung seiner Konstruktion im linearen Falle, also zur Verifizierung der Beziehung (58), führt er aus (Fig. 1 in Bild 157):

«Ich betrachte einen Hebel mit dem Drehpunkt Q. Die Dicke des Bandes QY sei der kürzere, der Teil der Kurve AQ der längere Hebelarm. Da $QY = c$ und das angehängte Gewicht Z dasselbe bleiben, ist es klar, daß die Kraft, die die Faser bei Y um Yy streckt, zu $QP = x$ proportional ist.»

Demnach ist aber die Wirkung des Elementes $QRSY$ auch $QYVA$ einer Federkraft F in Y gleich, so daß das Momentengleichgewicht

$$cF = xZ = M = \text{Biegemoment} \tag{59}$$

fordert. Da c und Z konstant sind, folgt aus (59) einerseits die Proportionalität zwischen F und x und andererseits aus dem Elastizitätsgesetz

$$\frac{t}{b} = f(F) \tag{60}$$

die Beziehung

$$\frac{t}{b} = \varphi(x); \tag{61}$$

das ist die *Curva Tensionum AFC* (Bild 156) von BERNOULLI.

Mit diesen Zusammenhängen kommt man zu einem überraschenden, erstmalig von C. A. TRUESDELL gezogenen Schluß [80]: Da die von BERNOULLI in der äußersten Faser angenommene (innere) «Federkraft» F gemäß (59) dem Biegemoment M (der äußeren Belastung) proportional ist, können wir (60) und (57) zu folgendem Gesetz zusammenfassen: die Krümmung

$$k = \frac{1}{z} = \Phi(M) = \text{Funktion des Biegemomentes.} \tag{62}$$

Natürlich ist davon bei JAKOB BERNOULLI nichts zu finden; auch fehlte bis jetzt eine solche Auslegung seiner Ergebnisse. (62) enthält auch substantiell mehr als die übliche

---

[79] Es sei hier noch erwähnt, daß HUYGENS sich schon im Jahre 1662 einige Gedanken über die bruchgefährdeten Stellen eines auf Biegung beanspruchten Balkens gemacht hatte (*Œuvres complètes*, Bd. 16, 1929, S. 381 ff.).

[80] *The rational mechanics of flexible or elastic bodies 1638–1788* in L. EULERI *Opera Omnia*, II, 11, Zürich 1960, S. 92.

Differentialgleichung der Biegelinie[81], nämlich ein nicht lineares Balkentheorem. Aber es ist «zu summarisch» und – wegen der Beschränkung auf eine einzige innere Einzelkraft – nur eindimensional. Was in JAKOB BERNOULLIS Theorem – zur Formulierung der Gleichgewichtsbedingungen – fehlt, ist die Integration der inneren Kräfte und ihrer Momentenelemente über den Querschnitt des Balkens; dazu hätte er aber den Spannungsbegriff benötigt, von dem man damals noch weit entfernt war.

In dieser Arbeit des Jahres 1695 untersucht er – auf den Einwand von HUYGENS hin – auch einen Balken, dessen obere Fasern gestreckt und dessen untere gestaucht werden, und nennt die trennende Linie «die Linie der Ruhepunkte», um die sich die Querschnittsebenen bei der Deformation drehen, also eben bleiben. Hierbei nimmt er an, daß die eine Hälfte des Biegemomentes zur Streckung der oberen Fasern, die andere zur Stauchung der unteren aufgewandt wird, was freilich im allgemeinen nicht zutrifft. HUYGENS bemängelt auch die zu spezielle Lagerung und Belastung, woraufBERNOULLI in virtuoser Manier die Differentialgleichung (58) zu

$$d y = \frac{(x^2 \pm a b)\, d x}{\sqrt{a^4 - (x^2 \pm a b)^2}} \tag{63}$$

verallgemeinert; sie wird fünfzig Jahre später von LEONHARD EULER voll ausgeschöpft (siehe Ziffer 6 dieses Abschnittes).

Einige Monate vor seinem Tode (1705) beendet JAKOB BERNOULLI seine letzte Arbeit über die Theorie des Balkens[82]. Einleitend schreibt er: «Vor ungefähr elf Jahren unternahm ich zum ersten Male, die Krümmung eines gebogenen Balkens zu bestimmen: aber auf eine recht unvollkommene Weise, da man alle Fasern berücksichtigen muß, die des Balkens Dicke ausmachen.» In dieser Abhandlung treten schon (in «Lemmas») Formulierungen auf, die den Begriff der Dehnung und Spannung im Sinn von (48) beinhalten. Aber auch in dieser Arbeit wird keine äquivalente Aussage zu den heute üblichen Beziehungen[83] gemacht: Die elementare Biegetheorie des Balkens wurde erst – wie wir sehen werden – im Jahre 1776 durch COULOMB abgeschlossen. Nach diesen Ausführungen scheint es, als ob die JAKOB BERNOULLI zugeschriebene Beziehung, daß die «Krümmung proportional zum Biegemoment» ist, das heißt

$$k = \frac{1}{R} = c M, \tag{64}$$

von ihm selbst explizit nicht ausgesprochen wurde. Vielleicht war ihm dies so selbstverständlich wie für NEWTON «Kraft gleich Masse mal Beschleunigung»; vielleicht meint er auch an manchen Stellen mit «Kraft» (vis) das Moment. JAKOB BERNOULLI

---

[81] I. SZABÓ: *Einführung in die Technische Mechanik*, 8. Auflage (1975), S. 100.

[82] *Véritable hypothèse de la résistance des solides avec la démonstration de la courbure des corps qui font ressort* in *Opera Omnia*, Bd. 2, S. 976 ff.

[83] Siehe Seite 108 des in Fußnote 80 angeführten Werkes.

war aber nicht nur im Besitz der Beziehung (64), sondern auch ihrer Erweiterung für den Fall, daß der Balken einen anfänglichen Krümmungsradius r hat, also der EULER zugeschriebenen Formel

$$\frac{1}{R} - \frac{1}{r} = cM. \tag{65}$$

Den Beweis dafür erbrachte ebenfalls TRUESDELL [83].

In Band 2 der *Opera* von JAKOB BERNOULLI befindet sich unter den «Varia Posthuma» folgende Notiz (S. 1084): «Die Kurve zu finden, die ein angehängtes Gewicht in eine gerade Linie biegt; daß heißt, die Kurve $a^2 = sx$ zu konstruieren». Diese Notiz stammt aus der Zeit vor seiner ersten Publikation (1694) über die Balkenbiegung. Jakobs Neffe und Herausgeber seiner *Opera*, NIKOLAUS I BERNOULLI (1687–1759) gesteht ein, daß er die Identität dieser mathematischen Formel (einer Differentialgleichung) mit dem mechanischen Problem nicht hat nachweisen können; das ist auch

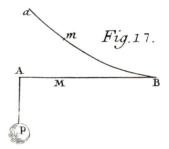

Bild 158
JAKOB BERNOULLIS Balkenproblem, «Die Kurve zu finden, die ein angehängtes Gewicht in eine gerade Linie biegt;...», *Opera Omnia* II, 1744, S. 1084.

glaubhaft, denn dazu muß man im Besitze von (65) sein. Setzt man dort (wegen der geradlinigen Endform) $R = \infty$, beachtet, daß das Biegemoment zur Bogenlänge der Ausgangskurve proportional ist (Bild 158), ersetzt (wegen der Konvexität der Kurve) r durch $-r$, so folgt aus (65) mit $a^2 = 1/cP$ die Differentialgleichung

$$a^2 = sr. \tag{66}$$

Die von JAKOB BERNOULLI angegebene Konstruktion und Zeichnung läßt nicht erkennen, daß die Kurve eine Spirale, die sogenannte «Klothoide» ist. Erst EULER hat das gezeigt und insbesondere nachgewiesen, daß die Parameterdarstellung dieser Spirale

$$x = x(s) = \int_0^s \sin\left(\frac{s^2}{2a^2}\right) ds,$$

$$y = y(s) = \int_0^s \cos\left(\frac{s^2}{2a^2}\right) ds$$

ist und daß die unendlich vielen Windungen sich um den «Mittelpunkt»

$$x_0 = \int_0^\infty \sin\left(\frac{s^2}{2\,a^2}\right) \mathrm{d}s = \frac{a}{2}\sqrt{\pi}$$

$$y_0 = \int_0^\infty \cos\left(\frac{s^2}{2\,a^2}\right) \mathrm{d}s = \frac{a}{2}\sqrt{\pi}$$

«gruppieren».

JAKOB BERNOULLI wußte, daß er den Grundstein gelegt hatte zu einem Problem (zum ersten des elastischen Kontinuums), das noch lange nicht ausgeschöpft war und noch ein Jahrhundert alle großen Mathematiker anzog. Auch das scheint er geahnt zu haben, wenn er schreibt:

«Viele Dinge habe ich mir noch nicht angeeignet; auch ist einem einzigen Menschen nicht gegeben, all diese Fragen zu beantworten. Außerdem sollte man einiges dem Fleiß der Leser überlassen, die nun reichlich Gelegenheit haben, unsere Entdeckungen zu vervollständigen.»

Eines großen Geistes würdiger Abschied vom Lieblingsthema seines Lebens.

5   Die Bruchtheorie der Balkenbiegung von PARENT und VARIGNON

ANTOINE PARENT war eine interessante Persönlichkeit. Er vollendete auf Wunsch seiner Eltern das Jurastudium, ohne jemals einen dieser Ausbildung entsprechenden Beruf auszuüben. Er widmete sich ganz seinen mathematischen und – mit Experimenten begleiteten – physikalischen Studien und verdiente seinen Lebensunterhalt durch Unterricht in diesen Fächern. In Anerkennung seiner diesbezüglichen Publikationen wurde er 1699 Mitglied der Französischen Akademie. Er veröffentlichte neben anderen Arbeiten[84] mehrere Beiträge zur Balkenbiegung[85], zunächst in Anlehnung an MARIOTTES Annahmen. Erst im Jahre 1713 gelingt ihm ein wesentlicher Fortschritt. Im 3. Band seiner *Essais et Recherches de Mathématique et de Physique* (Paris 1713, S. 187–201) ist die Arbeit *De la véritable méchanique des résistances des solides et réflexions sur le système de M. Bernoulli de Bâle* abgedruckt, die vor allem auch eine wesentliche Klärung in der Balkenstatik brachte.

PARENT betrachtet – wie alle seine Vorgänger – in erster Linie einen Balken rechteckigen Querschnittes (Bild 151) und kommt zu dem Schluß (*op. cit.*, S. 188–189), daß eine einzelne, an der unteren Kante D des Querschnittes entlang führende Gerade nicht genügend Widerstand aufbringen kann, um während der Drehung als Stütze dienen zu können, vielmehr muß die Summe der Zugwiderstände der der Druckwiderstände

---

[84] So über Wasserräder, über die verstellbare schiefe Ebene zur Messung des Haftreibungswinkels, über das Perpetuum mobile, über die Eigenschaften der Zykloide usw.

[85] Histoire de l'Académie des Sciences *1704, 1707, 1708, 1710.*

gleich sein. Diese so wichtige und neue Forderung des Gleichgewichtes der aufsummierten (inneren!), von der reinen Biegung herrührenden Zug- und Druckspannungen bedeutet für den rechteckigen Querschnitt, daß die spannungsfreie, sogenannte «neutrale Faser» in der halben Höhe des Querschnittes liegt (Bild 152). Von dieser Spannungsverteilung geht aber PARENT ab, weil ihn – ebenso wie GALILEI, MARIOTTE und LEIBNIZ im Gegensatz zu JAKOB BERNOULLI – nur der Bruchvorgang interessiert und MARIOTTES Versuche gezeigt haben, daß der Bruchvorgang zwischen den in den Bildern 151 und 152 veranschaulichten Spannungsverteilungen liegt. Er nimmt eine Spannungsverteilung gemäß Bild 159 an. Das Gleichgewicht im Querschnitt AB legt die neutrale Faser gemäß $\sigma_0 \overline{BC} = \sigma_u \overline{AC}$ fest. Unter Heranziehung der experimentellen Ergebnisse von MARIOTTE erhält PARENT, der selbst keine Experimente durchführte, das – die neutrale Faser bestimmende – Verhältnis (Bild 159)

$$\overline{BC} : \overline{AC} = 9 : 11.$$

Nachdem PARENT die Gleichgewichtsbedingung der Normalspannungen formuliert hatte, bemerkt er außerdem noch (*op. cit.*, S. 192), daß im Querschnitt auch Querkräfte (Schubspannungen) der Gesamtgröße L vorhanden sind. Damit ist aber das Grundprinzip der Balkenstatik in vollem Umfang erkannt. Diese fundamentale Erkenntnis wurde nicht beachtet[86]; erst sechzig Jahre später verhalf COULOMB ihr zum Durchbruch.

Bild 159
Spannungsverteilung, mit der PARENT die
Bruchfestigkeit von Balken ermittelte.

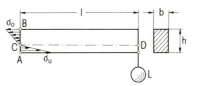

PARENTS Beitrag ist also – neben der statischen Erkenntnis – ebenso eine Bruchtheorie, wie die von GALILEI, MARIOTTE und LEIBNIZ. Im Gegensatz hierzu steht JAKOB BERNOULLIS Deformationstheorie der Balkenbiegung. Die Gedanken von LEIBNIZ hat noch einmal PIERRE VARIGNON aufgegriffen. In seiner Publikation *De la résistance des solides*[87] macht er zwar den Fehler von GALILEI und LEIBNIZ, trotzdem sind seine Ausführungen erwähnenswert.

VARIGNON nimmt wie GALILEI und LEIBNIZ an, daß die Spannung $HK = f(x)$ von der unteren Kante AC der Einspannstelle an mit der Höhe $DH = x$ nach einem linearen bzw. nach einem Potenzgesetz zunimmt oder (wie bei GALILEI) konstant bleibt (Bild 160). Führt man $EF = y$, $EE = dx$, $DT = l$ ein, so liefert die Momentengleich-

[86] Wie TIMOSHENKO (*History of strength of materials*, S. 47) vermutet, weil die Arbeit nicht in den Pariser Akademieberichten erschienen war.
[87] Histoire de l'Acad. Roy. des Sciences *1702*, S. 66–94.

gewichtsbedingung um die Kante AC

$$P\,l = \int y f(x)\, x\, \mathrm{d}x.$$

VARIGNON nennt diese Beziehung die «règle fondamentale» und wendet sie für verschiedene Spannungsverteilungen $f(x)$ und verschiedene Querschnittsformen $y = y(x)$ an.

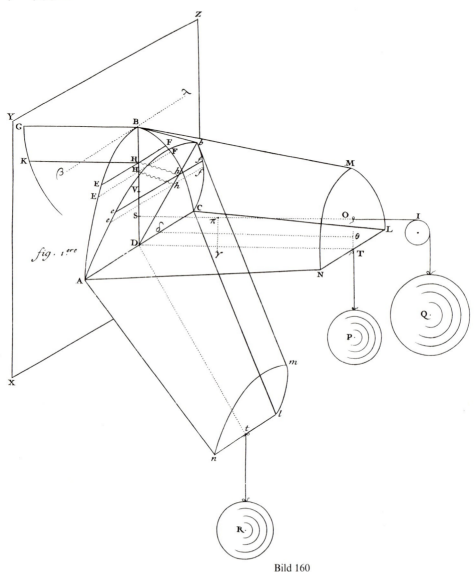

Bild 160
Figur aus P. VARIGNONS *De la résistance des solides,*
Histoire de l'Acad. Roy. des Sci. *1702*, S. 66–94.

6   Die Behandlung der elastischen Linie der Balkenbiegung durch LEONHARD EULER

Eine im wesentlichen abschließende Mathematisierung hat die Bestimmung der elastischen Linie eines gebogenen Balkens durch LEONHARD EULER erfahren. Im «Additamentum I» (*De curvis elasticis*) seiner Variationsrechnung mit dem barocken Titel *Methodus inveniendi lineas curvas maximi minimive proprietate gaudentes* (Genf 1744) behandelt er in ausschöpfender Ausführlichkeit die schon von JAKOB BERNOULLI angegebene Differentialgleichung (63) und im Anschluß daran die Transversalschwingungen elastischer Stäbe[88]. Einem «Zusatz» zur Variationsrechnung angemessen, formuliert EULER – auf Anregung von DANIEL BERNOULLI – das Problem folgendermaßen:

«Unter allen Kurven derselben Länge, die durch zwei Punkte gehen und in diesen Punkten von der Lage nach gegebenen Geraden tangiert werden, diejenige zu bestimmen, für welche der Wert des Ausdruckes $\int \mathrm{d}s/R^2$ ein Minimum wird.»

Das zu minimierende Integral[89], unter dem $\mathrm{d}s$ das Bogenelement und R den Krümmungsradius der elastischen Linie bedeutet, entspricht – bis auf einen unwesentlichen konstanten Faktor – der Formänderungsenergie, die in einem homogen-elastischen Stab gleichen Querschnittes infolge der Verbiegung aufgespeichert wird[90]. EULER zeigt, daß das Variationsproblem $\int \mathrm{d}s/R^2 =$ Minimum zu der von JAKOB BERNOULLI – wie er sagt – «auf dem direkten Wege» hergeleiteten Differentialgleichung (63) führt. Die Integration des im allgemeinen elliptischen Integrals wird – bis auf die Spezialfälle des Kreis- und Sinusbogens – durch Reihenentwicklung erledigt.

EULER unterscheidet neun Gattungen elastischer Linien, von denen einige (Fig. 8, 9, 10 und 11) auf Bild 161 zu sehen sind. Das maßgebliche Prinzip der Klassifizierung gibt er wie folgt an:

«Das elastische Band sei in G [Fig. 12 auf Bild 161] an einer Mauer befestigt; am Ende A hänge ein Gewicht P, wodurch das Band die Gestalt GA annehme. Man lege die Tangente AT, dann wird allein durch den Winkel TAP die Klassifizierung möglich sein.»

Fundamentale Bedeutung hat «der erste Fall». In diesem[91] wird eine Säule AB in ihrer Achsenrichtung durch das Gewicht P auf Druck belastet (Fig. 13 in Bild 161). EULER zeigt, daß ein Biegezustand, also ein «Ausknicken» aus der ursprünglich geraden Lage nur dann möglich ist, wenn die Beziehung

$$P > E\,k^2\,\frac{\pi^2}{l^2} \tag{67}$$

besteht, und löst damit zum ersten Male ein «Eigenwertproblem». Hierbei ist $l = AB$ die Höhe bzw. Länge der Säule und Ek^2 eine von der Elastizität des Säulenmaterials

[88] In L. EULERI *Opera Omnia*, I, 24. Deutsch von H. LINSENBARTH in Ostwalds Klassiker Nr. 175.

[89] Von DANIEL BERNOULLI *vis potentialis* genannt.

[90] I. SZABÓ: *Einführung in die Technische Mechanik*, 8. Auflage (1975), S. 461: dort entspricht in Formel (27 b) $w''(x)$ der Krümmung, also dem reziproken Krümmungsradius.

[91] Von EULER «Tragkraft der Säulen» (*vis columnarum*) oder «Säulenfestigkeit» genannter Fall.

und von den Querschnittsabmessungen abhängige Konstante; EULER nennt sie «absolute Elastizität» und schreibt:

«Ek^2 hängt zuerst von der Natur des Materials ab, aus dem das Band verfertigt ist. Zweitens hängt sie von der Breite des Bandes ab, so daß, wenn alles übrige ungeändert bleibt, der Ausdruck Ek^2 der Breite des Bandes proportional ist. Drittens aber spielt die Dicke des Bandes eine große Rolle. Ek^2 scheint dem Quadrate der Dicke proportional zu sein. Der Ausdruck Ek^2 wird ein auf das elastische Material bezügliches Glied, die Breite des Bandes in der ersten und die Dicke in der zweiten Potenz enthalten. Folglich können durch Versuche, bei denen Länge und Querschnittsabmessungen zu messen sind, die Elastizitäten aller Materialien unter sich verglichen und bestimmt werden.»

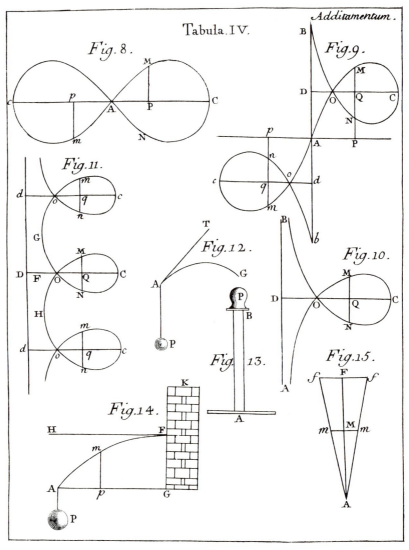

Bild 161
Biegeprobleme aus L. EULERS *Methodus inveniendi...* (Genf 1744).

Wir wissen heute, daß EULER sich hier, insbesondere hinsichtlich des Einflusses der Querschnittsabmessungen, daß also bei einem rechteckigen Querschnitt die «absolute Elastizität» zu bh^2 proportional ist, geirrt hatte. Identifizieren wir E mit dem Elastizitätsmodul, so müßte zum Beispiel für einen rechteckigen Balken der Breite b und Höhe h in (67) für $k^2 = bh^3/12$ und für einen Kreisquerschnitt (mit dem Durchmesser d) $k^2 = \pi d^4/64$ geschrieben werden; dies sind die der Knickrichtung entsprechenden Hauptflächenträgheitsmomente. Auf diesen Fehler von EULER hat zuerst der Italiener GIORDANO RICCATI (1709–1790) hingewiesen [92]. Äußerst interessant ist in diesem Zusammenhang eine Bemerkung aus unserer Zeit von C. A. TRUESDELL [93]. Danach hat EULER in einer erst 1862 publizierten, aber noch in Basel – also spätestens 1727 im einundzwanzigsten Lebensjahr – verfaßten «Jugendarbeit» (auf die wir in der folgenden Ziffer zurückkommen werden), in der er einerseits eine dem Hookeschen Gesetz entsprechende elastische Konstante einführt, andererseits hinsichtlich der geometrischen Abhängigkeit zu einem mit dem vorangehenden unvereinbaren Ergebnis kommt, sich selbst widerlegt. Die Einführung einer solchen ersten elastischen Konstanten, die später den Namen Elastizitäts- oder Youngscher Modul bekommt, ist etwas Neues gegenüber der Materialkonstanten von MARIOTTE, LEIBNIZ und PARENT: bei ihnen ist die Materialkonstante die Bruchspannung. Es sei noch erwähnt, daß EULER auch Stäbe ungleichen Querschnittes behandelt (Fig. 15 in Bild 161), wie auch die Biegung kontinuierlich belasteter Stäbe.

7   Das erste Auftreten des Elastizitätsmoduls bei EULER

Als junger Basler Student und Schüler von JOHANN BERNOULLI hat sich LEONHARD EULER mit der Schwingung eines elastischen Kreisringes beschäftigt. Bevor er Basel im Jahre 1727 für immer verließ, verfaßte er hierüber eine Schrift *De oscillationibus annulorum elasticorum*, die aber erst lange nach seinem Tode abgedruckt wurde [94]. Das Sensationelle an dieser kurzen Arbeit ist die Herleitung der Biegedifferentialgleichung eines Ringes [95], also eines ursprünglich gekrümmten Stabes, unter Heranziehung eines linear elastischen Materialgesetzes. Damit trat EULER in der Theorie der Balkenbiegung über das von JAKOB BERNOULLI Erreichte hinaus.
Im folgenden gehen wir – in der heutigen Terminologie und mit etwas abgeänderten Bezeichnungen und Figuren – EULERS Überlegungen nach. Diese gehen davon aus, daß die innerste (konkave) Faser des Ringes ungedehnt bleibt oder, wie wir heute sagen, die neutrale Faser ist; das ist zwar nicht korrekt, aber uns kommt es hier auf die

[92] In der Arbeit *Delle vibrazioni sonore dei cilindri*, abgedruckt in *Memorie di matematica e fisica della società Italiana* (Verona 1782), S. 444–525. Siehe auch I. SZABÓ: *Die Familie der Mathematiker Riccati*, II. Mitteilung, Humanismus und Technik *18*, S. 109–131 (1974).
[93] S. 143–145 und 402–403 des in Fußnote 80 angeführten Werkes.
[94] *Opera postuma*, Bd. 2 (1862), S. 129–131, und auch in EO II, 11,₁ (1957), S. 378–382.
[95] EULER spricht zwar von einem Kreisring, diese Voraussetzung kommt aber erst dann zum Tragen, wenn er später die deformierte Gestalt als Ellipse approximiert.

Materialkonstante an, und diese wird, wenn auch nicht explizit ausgesprochen, einwandfrei eingeführt.

Das undeformierte Element $ABCD$ geht in der Bewegung in $A'B'CD$ über (Bild 162). Bezeichnen wir mit $R = MD = MC$ bzw. mit $r = M'D = M'C$ die Krümmungsradien der innersten Fasern vor bzw. während der Deformation, mit ds das ungedehnte Bogenelement und mit $h = AD = A'D$ die Dicke des Ringes, so lesen wir von Bild 162 ab, daß die Verlängerung der äußersten Fasern

$$ds' = A'B' - AB = (r + h)\,d\vartheta - (R + h)\,d\varphi, \text{ also wegen}$$

$$d\vartheta = ds/r, d\varphi = ds/R$$

$$ds' = \left(\frac{1}{r} - \frac{1}{R}\right) h\,ds \qquad (68)$$

beträgt.

In der Linearisierung, in der schon das «Hookesche Gesetz» steckt, erfährt das schraffierte Element die Längenänderung $(1 - x/h)\,ds'$. Unter fortgesetzter Linearisie-

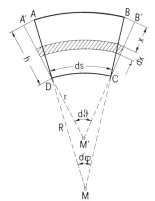

Bild 162
Deformation eines Kreisringes nach EULER.

rung geht EULER nun zur Erfassung der elastischen Eigenschaft des Ringmaterials über. Er führt ein «Gewicht» (pondus) P ein, das einem Bündel von elastischen Fasern – der Breite b und der Länge und Dicke Eins – des Ringmaterials die Verlängerung Δl erteilt (Bild 163): heute würden wir das ein «Gedankenexperiment» nennen. Demnach wird von dem schraffierten Element (Bild 162) – wie EULER schreibt – das «Gewicht»

$$P \frac{dx}{b} \frac{1}{\Delta l} \left(1 - \frac{x}{h}\right) ds' \qquad (69)$$

«gehalten». In dieser Formel steckt schon das, was uns hier allein interessiert: was

bedeutet in (69) die Materialkonstante $P/b\,\Delta l$? Da $b\cdot1 = F$, also $P/b = \sigma$ die Spannung (Bild 163) ist, so bedeutet, unter Heranziehung des Hookeschen Gesetzes (48),

$$\frac{P}{b\,\Delta l} = \frac{\sigma}{\Delta l} = \frac{\sigma}{\dfrac{\sigma}{E}1} = E \tag{70}$$

den heutigen Elastizitätsmodul! EULER arbeitet also mit dieser ersten(!) Materialkonstanten, ohne ihr einen Namen zu geben. Die Erklärung dafür könnte etwa so lauten:
Die damals und in der Folgezeit, bis zum Anfang des 19. Jahrhunderts in Angriff
genommenen eindimensionalen Elastizitätsprobleme ließen die volle Bedeutung einer
solchen Materialkonstanten noch nicht erkennen.

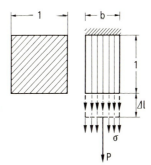

Bild 163
Zur Eulerschen Definition des Elastizitätsmoduls.

Abschließend bemerken wir noch zu dieser Arbeit von EULER, daß in ihr implizit die
Differentialgleichung der Balkenbiegung in der heute üblichen Form [96]

$$M = \text{Biegemoment} = EJ\left(\frac{1}{r} - \frac{1}{R}\right) \tag{71}$$

enthalten ist; hierbei ist, wie gesagt, R der ursprüngliche Krümmungsradius. Allerdings stünde in J wegen der falschen Plazierung der neutralen Faser, zum Beispiel für
einen Rechteckquerschnitt, bei EULER der Zahlenfaktor 1/3 statt 1/12.

Fast fünfzig Jahre später, am 16. Dezember 1776, legt EULER der Petersburger Akademie die Arbeit *Determinatio onerum, quae columnae gestare valent* vor [97], also «Bestimmung der Lasten, die Säulen zu tragen vermögen». Im § 15 (S. 129) kommt EULER zu
dem uns interessierenden Teil seiner Arbeit (Bild 164a). Um das elastische Verhalten
einer Säule zu untersuchen, betrachtet er ein zylindrisches oder prismatisches Stäbchen *EEFF* des Säulenmaterials [98] (Bild 164b). Unter der Belastung durch das Gewicht

[96] I. SZABÓ: *Einführung in die Technische Mechanik*, 8. Auflage (1975), S. 100 und S. 168.
[97] Acta Academiae Scientiarum Imperialis Petropolitanae *2*, I, 1778 (gedruckt 1780), S. 121–145 bzw.
      EO II, 17.
[98] Also ein «Versuchsstück» desselben.

parantur, erit refpiciendum ; et quoniam corpora incuruari
nequeunt, nifi quaedam elementa a fe inuicem longius re-
moueantur, eiusmodi experimenta confulere debebimus,
quibus talis diductio vel elongatio a viribus quibuscunque
produci poteft. Hanc igitur inueftigationem fequenti modo
adgrediamur.

a)

§. 15. Ex eadem materia, qua columnae conftant, Tab. II.
paretur bacillus cylindricus, vel prismaticus E E F F , qui Fig. 7.
altero termino E E pauimento M N ita firmiter infigatur,
vt aliter inde diuelli nequeat, nifi dirumpatur, in altero
vero termino pondus P appendi concipiatur, quod eo vs-
que augeri poteft, vt ifte bacillus dirumpatur. Ante autem
quam ipfa ruptura euenit, bacillus aliquantillum elongabi-
tur per fpatiolum F f, quod eo minus erit, quo firmior
et folidior fuerit maffa bacilli. Concipiamus ergo tale ex-
perimentum inftitui cum bacillo, cuius longitudo E F $= f$
et craffities $= g\,g$, tum vero iftum bacillum ab appenfo
pondere P elongari per fpatiolum F $f = \phi$; ac primo quidem patet, iftam elongationem ϕ ipfi longitudini bacilli f
effe proportionalem: fi enim bacillus duplo effet longior,
ab eodem pondere P duplo maior elongatio ϕ producere-
tur; vnde fi ftatuamus $\phi = \delta f$, dabitur certa relatio inter
pondus P et litteram δ, ita vt non amplius opus fit ip-
fam longitudinem f in computum ducere.

§. 16. Euidens autem eft, quo maius fuerit pondus P, eo maiorem quoque effe debere litteram δ, hanc
autem non vltra certum terminum augeri poffe, quin bacillus penitus dirumpatur. Quamdiu autem iftae elongatio-
nes funt fatis paruae, dubitari nequit, quin valor litterae δ
Acta Acad. Imp. Sc. Tom. II. P. I.   R   ipfi

b)

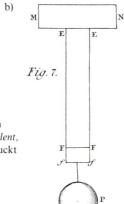

Fig. 7.

Bild 164 a, b
EULERS Gedanken zum «Elastizitätsmodul» in
Determinatio onerum, quae columnae gestare valent,
Acta Acad. Sci. Imp. Petropolitanae *1778* (gedruckt
1780): *a)* Text; *b)* zugehörige Figur.

P erleidet das Stäbchen der Länge[99] $EF = l$ die Verlängerung $Ff = \Phi$, die der Länge l proportional angesetzt wird:

$$\Phi = \delta l \tag{72}$$

«Hierbei wird zwischen P und δ eine bestimmte, die Länge des Stäbchens nicht enthaltende Beziehung bestehen», schreibt EULER.

Ferner in § 16: «Es ist ebenso evident, daß mit wachsendem P auch δ zunehmen wird, bis schließlich das Stäbchen bricht. Solange aber die Auslenkungen klein genug sind, kann nicht bezweifelt werden, daß der Wert von δ proportional zum Gewicht P sein wird, da in allen kleinen Formänderungen dieser Art die Wirkung stets zur Ursache proportional ist. Ferner ist ebenso evident, daß, falls das Stäbchen zweimal so dick wäre, ein zweifaches Gewicht dieselbe Längenänderung nach sich zöge, so daß P [in der Form δg^2] proportional zur Dicke[100] g^2 und δ ist.»

Nun will aber EULER (§ 17) aus der Beschreibung des elastischen Verhaltens eines Materials die Querschnittsfläche g^2 des Musterstabes eliminieren und führt zu diesem Zwecke an Stelle des Gewichtes P das Gewicht eines Zylinders aus demselben Material ein, dessen Querschnitt g^2 ist und dessen Länge p so bemessen ist, daß $P = p g^2$ wird. Damit nimmt die Proportionalität zwischen P und δ die Form

$$p = h\delta \tag{73}$$

an, wobei «h eine bestimmte Länge ist, welche für alle Stäbchen desselben Materials die gleiche sein wird, da sie weder von der Länge l noch vom Querschnitt g^2 abhängt. Aus diesem Grunde sind wir berechtigt, diese Länge h als wahren Maßstab für die Zähigkeit oder Festigkeit des Materials anzusehen.» So bestehen also die beiden Beziehungen (72) und (73), aus denen das Deformationsgesetz

$$\Phi = \frac{p}{h} l \quad \text{bzw.} \quad \frac{\Phi}{l} = \frac{p}{h} \tag{74}$$

hervorgeht. Vergleichen wir (74) mit dem «Hookeschen Dehnungsgesetz» (48), so sehen wir, daß p wegen $\Phi = \Delta l$ dort der Spannung σ und h dem Elastizitätsmodul E entspricht. Bedenken wir, daß EULER p (gemäß $P = p g^2$) und h in Längeneinheiten mißt[101], so wird $\sigma = p\gamma$ (γ = spezifisches Gewicht) und $E = h\gamma$. Wir sehen also, daß (74) in Form und Inhalt dem linearen Dehnungsgesetz entspricht und diesem äquivalent ist. EULER benutzt also als erster einen «Elastizitätsmodul». Zwar nimmt er keine Namensgebungen vor, aber es geschieht in voller Erkenntnis dessen, daß die Spannung p bzw. σ (nicht die Kraft P) und die vom Versuchsmodell unabhängige Materialkonstante h bzw. E gemäß (74) die Dehnung bestimmen.

---

[99] Anstatt f – wie bei Euler – schreiben wir dafür l, um eine «Kollision» mit der Bezeichnung in der Originalfigur 7 (Bild 164 b) zu vermeiden.

[100] Unter Dicke («Crassities») ist hier die Querschnittsfläche zu verstehen.

[101] Das war damals nichts Ungewöhnliches; so maß man eine Strecke s auch durch die ihr gemäß $v^2 = 2gs$ zugeordnete Fallgeschwindigkeit v; insbesondere setzte man $2g = 1$, so daß $s = \sqrt{v}$ wurde.

8   Die Behandlung transversal schwingender Stäbe durch Euler

Wir haben in Ziffer 6 dieses Abschnittes gesehen, daß Euler als erster Gelehrter den elastostatischen Eigenwert eines geknickten Stabes berechnet hatte. Im selben «Additamentum I» (siehe Fußnote 88) behandelt er den transversal schwingenden Stab im Bestreben, dessen Eigenfrequenzen (Tonhöhen), also seine kinetischen Eigenwerte, zu ermitteln.

Euler beginnt mit dem einseitig, bei B eingespannten Stab (Bild 165) und weist darauf hin, daß er die Anregung zur Lösung dieses Problems Daniel Bernoulli zu verdanken hat. Der Stab sei in natürlichem Zustande AB geradlinig und seine Masse M sei längs AB gleichmäßig verteilt. Die dem ausgelenkten Zustand Ba entsprechenden Auslenkungen $PM = y$ seien so klein, daß die Auslenkung des Punktes P auf dem geradlinigen Weg PM erfolge; dann kann das Bogenelement $Mm = \mathrm{d}s$ dem Abszissenelement $Pp = \mathrm{d}x$ gleichgesetzt werden.

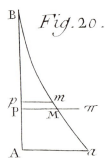

Bild 165
Einseitig eingespannter, transversal schwingender
Stab aus Eulers Methodus inveniendi... (1744).

Nun benutzt Euler die bekannte Eigenschaft von der Isochronie des Pendels der Länge l im Feld der Schwerebeschleunigung g für kleine Amplituden A, das heißt die Tatsache, daß der gemäß

$$y = A \sin \sqrt{\frac{g}{l}} t = A \sin \omega t \tag{75}$$

mit der Zeit t verlaufenden Schwingung die von A unabhängige Periodenzeit T bzw. Frequenz ν (Anzahl der Schwingungen pro Sekunde)

$$T = \frac{2\pi}{\omega} = 2\pi \sqrt{\frac{l}{g}} = \frac{1}{\nu} \tag{76}$$

entspricht. Nach dem Gesetz (75) schwingt ein jeder Punkt des Stabes[102]; und nun geht es darum – wie Euler schreibt – «die Länge f des einfachen, isochronen Pendels zu bestimmen».

---

[102] Natürlich mit einer entsprechenden ortsabhängigen «Amplitude» $A = A(x)$.

Das aus (75) und (76) folgende, von EULER nicht hingeschriebene Beschleunigungsgesetz

$$\ddot{y} = -\frac{g}{l}y = -\omega^2 y \tag{77}$$

überträgt er auf die Stabelemente in dem Sinne, daß für die den Punkt M nach P
treibende Beschleunigung mit $PM/f = y/f$ angesetzt wird. Das bedeutet aber nach
(77), daß die «Pendellänge» f dem reziproken Winkelgeschwindigkeitsquadrat gleich
ist. Ist $a = AB$ die Stablänge, so wird das dem Bogen $ds = dx$ entsprechende Massenelement $M\,dx/a$ mit der Kraft

$$dp = \frac{M}{u}dx\frac{y}{f}$$

angetrieben. Die Beträge werden summiert:

$$p = \frac{M}{af}\int_x^a y\,dx. \tag{78}$$

Im statischen Teil (Ziffer 56–57) leitet EULER den Zusammenhang zwischen der «ab-
soluten Elastizität» Ek^2, dem Krümmungsradius R und den Belastungskräften her.
Für den Fall der alleinigen Belastung durch die kontinuierliche Kraft p lautet diese
Beziehung

$$\frac{Ek^2}{R} = \int_x^a p\,dx,$$

so daß man mit der für kleine und flache Auslenkungen gültigen Näherung
$1:R \approx d^2 y/dx^2$ und mit (78)

$$Ek^2\frac{d^2 y}{dx^2} = \frac{M}{af}\int_x^a\left[\int_x^a y\,dx\right]dx$$

erhält. Nach zweimaliger Differentiation folgt hieraus

$$Ek^2\frac{d^4 y}{dx^4} = \frac{My}{af}. \tag{79}$$

Die Lösung dieser Differentialgleichung hat EULER selbst im VII. Band der *Miscellanea Beroliensia* mitgeteilt:

$$y = y(x) = Ae^{\frac{x}{c}} + Be^{-\frac{x}{c}} + C\sin\frac{x}{c} + D\cos\frac{x}{c}.$$

Hierbei bedeutet

$$c^4 = \frac{E k^2 a f}{M}.$$

Die Erfüllung der Randbedingungen $y(0) = 0$, $y'(0) = 0$ an der Einspannstelle B und $y''(a) = 0$, $y'''(a) = 0$, also das Verschwinden des Biegemomentes und der Querkraft am freien Ende A, führt auf die Eigenwertgleichung

$$(e^{\frac{a}{c}} + e^{-\frac{a}{c}}) \cos \frac{a}{c} + 2 = 0,$$

oder in heutiger Schreibweise

$$\cosh \frac{a}{c} \cos \frac{a}{c} = -1.$$

Mit bewunderungswürdigem numerischen Geschick und abschließender Anwendung der *regula falsi* berechnet EULER erstaunlich genau die beiden ersten Eigenwerte zu

$$\left(\frac{a}{c}\right)_1 = 1{,}8751040813 \, (!) \quad \text{und} \quad \left(\frac{a}{c}\right)_2 = 4{,}6940910795 \, (!)$$

und zeigt, daß die weiteren Eigenwerte durch

$$\left(\frac{a}{c}\right)_{n+1} - \left(\frac{a}{c}\right)_n = \pi, \quad n \geqq 2$$

hinreichend genau angenähert werden können.
Nun müssen noch aus den Eigenwerten

$$\lambda = \frac{a}{c} = a \sqrt[4]{\frac{M}{E k^2 a f}}$$

die Eigenfrequenzen ν ermittelt werden. Wir haben festgestellt, daß $\omega = \dfrac{1}{\sqrt{f}}$ bzw. $\nu = \dfrac{\omega}{2\pi}$ ist; danach ergibt sich für die (die Tonhöhe bestimmende) Frequenz

$$\nu = \frac{1}{2\pi} \left(\frac{\lambda}{a}\right)^2 \sqrt{\frac{E k^2 a}{M}}.$$

Diese Formel entspricht der heute verwendeten, wenn man darin an Stelle von EULERS $E k^2$ die sogenannte «Biegesteifigkeit», also das Produkt aus Elastizitätsmodul E und (Haupt-)Flächenträgheitsmoment J des Stabes einsetzt [103].

---

[103] I. SZABÓ: *Höhere Technische Mechanik*, 5. Auflage (1972), S. 78 ff. Die Lektüre dieser Ausführungen lehrt, mit welchem geschickten Kunstgriff («der isochronen Pendellänge») EULER die partielle Differentialgleichung für $y = y(x,t)$ umgeht!

Dann ermittelt EULER die Eigenwertgleichungen auch für die weiteren Lagerungsfälle (zum Beispiel wenn beide Stabenden frei gelagert bzw. eingespannt sind). EULERS Ergebnisse wurden durch die Experimente von ERNST FLORENS FRIEDRICH CHLADNI (1756–1827) aufs beste bestätigt[104].

9   Die Vollendung der Balkenstatik durch CH. A. COULOMB

CHARLES AUGUSTIN COULOMB (1736–1806) kann heute noch als Vorbild eines auf mathematisch-wissenschaftlicher Basis praktisch tätigen Ingenieurs und Physikers gelten. Auf jeden Fall war COULOMB (Bild 166) der erste und bewunderungswürdige Vertreter eines in Theorie, Experimentierkunst und Praxis schöpferisch harmonisierenden Ingenieurtums. Nach Vollendung seines Studiums in Paris, währenddessen er sich besonders zur Mathematik hingezogen fühlte, trat er als Offizier in das Königlich Französische Geniekorps ein und kam als solcher nach der westindischen Kolonie Martinique, wo er unter anderem Festungsbauten (so die von Fort Bourbon) leitete. In dieser Position befaßte er sich mit der Statik der Gewölbe und Mauern und der Elastostatik der Tragwerke, insbesondere des Balkens[105]. Über seine dabei angestellten theoretischen Überlegungen und Experimente machte er zunächst, quasi «zum persönlichen Gebrauch», Aufzeichnungen, die er später bei der Französischen Akademie einreichte. Sie wurden dann – unter dem Titel *Essai sur une application des règles de Maximis et Minimis à quelques Problèmes de Statique, relatifs à l'Architecture* – im Jahrgang 1773 (erschienen 1776) der Mémoires de Mathématiques et de Physiques présentés à l'Académie Royale des Sciences, par divers Savans, S. 343–382, gedruckt. Im Jahre 1776 kehrte der inzwischen zum Oberstleutnant avancierte COULOMB nach Paris zurück und wurde 1781 Mitglied der Französischen Akademie und Flußbaudirektor. Angewidert von gewissen Auswüchsen der Französischen Revolution zog sich COULOMB, der sich stolz «Ingénieur du Roi» nannte, 1792 auf sein kleines Gut bei Blois zurück und widmete sich der Erziehung seiner Kinder und den Wissenschaften. Er kehrte erst unter NAPOLEON nach Paris zurück und wurde Generalinspektor der Universität und des gesamten öffentlichen Unterrichts. Hochgeehrt und geachtet starb er am 23. August 1806 in Paris.

COULOMBS *Essai sur une application des règles des Maximis et Minimis* ist trotz des geringen Umfanges von knapp vierzig Seiten ein ungemein gewichtiges Werk und enthält viel Neues, Originelles und Richtungweisendes. Dazu bemerkt STRAUB:

«Das Erscheinungsjahr von COULOMBS *Mémoire* müßte als ein Markstein in der Entwicklungsgeschichte der Baustatik bezeichnet werden, wenn nicht der reiche Inhalt in so knapper Form abgefaßt und auf so engem Raum zusammengedrängt wäre, daß, wie SAINT-VENANT bemerkt hat, während vierzig Jahren das

---

[104] CHLADNI: *Die Akustik* (Leipzig 1802), S. 94–103.
[105] Über die Tätigkeit und Bedeutung COULOMBS als Bauingenieur findet man aus berufener Feder eine schöne und treffende Würdigung von HANS STRAUB in seiner sehr lesenswerten *Geschichte der Bauingenieurkunst*, 2. Auflage (Basel 1964), S. 187–196.

meiste der Aufmerksamkeit der Fachwelt entging. Das geschah um so leichter, als der Verfasser sich in späteren Jahren kaum mehr mit den hier behandelten Fragen beschäftigt, sondern sich anderen Gebieten der Physik zugewandt hat [106].»

Nach den Ausführungen über die Reibung fester Körper und nach der Formulierung des dazugehörigen und nach ihm benannten «Kraftgesetzes» [107] wendet sich COULOMB

---

[106] S. 188 des in Fußnote 105 zitierten Werkes. Die bekanntesten Ergebnisse von COULOMBS weiterer wissenschaftlicher Tätigkeit sind die nach ihm benannten elektro- und magnetostatischen Gesetze für die Anziehungs- oder Abstoßungskräfte zweier Punktladungen. Zur experimentellen Nachprüfung dieser Gesetze entwickelte er die auf der Torsionselastizität beruhende Drehwaage und ermittelte dabei die Frequenz von Torsionsschwingungen; abgedruckt in der Histoire de l'Académie Royale des Sciences *1784* (gedruckt 1787), S. 229–268.

[107] S. 282 des in Fußnote 59 genannten Werkes.

Bild 166
CHARLES AUGUSTIN
COULOMB (1736–1806).

der «Kohäsion» zu. Darunter versteht er den Widerstand gegen Zug- und Scherbean-spruchung. Er experimentiert mit rechteckigen Platten «aus feinkörnigem und homo-genem hellem Stein, den man in der Gegend von Bordeaux findet und zum Bau der Fassaden der großen Gebäude dieser Stadt verwendet». Er stellt fest, daß die Bruchfe-stigkeit gegen Zug (Fig. 1 in Bild 167) der gegen Scherung (Fig. 2 in Bild 167) nahezu gleich ist. Als Maß für diese Festigkeiten sieht er – wohl als erster *expressis verbis* – die auf die Flächeneinheit bezogenen Bruchbelastungen (Pfund pro Zollquadrat), also die (Bruch-)Spannungen an. Mit demselben Steinmaterial führt er auch einen Biegebruch-versuch aus (Fig. 3 in Bild 167) und stellt fest, daß ein eingespannter Balken von 1 Zoll Höhe, 2 Zoll Breite und 9 Zoll Länge bei einer Belastung von $P = 20$ Pfund im Querschnitt *eg* bricht.

Im Abschnitt VIII (S. 350–352) bringt COULOMB unter dem Titel *Remarques sur la rupture des Corps* in knappster, aber das Wesentliche enthaltender Form die Balken-biegung zum Abschluß (Bild 168). Als Musterbeispiel wird der sogenannte Kragbalken betrachtet (Fig. 6 in Bild 167). An einer beliebigen Schnittstelle AD[108] wird die Spannungsverteilung *BMCe* angenommen. In dem Punkt P tritt die Normalspannung PM und die Schubspannung MQ auf. COULOMB formuliert die Gleichgewichtsbedin-gungen an der Schnittstelle wie folgt:

1. In horizontaler Richtung muß die Summe der aus Zug- und Druckanteilen beste-henden Normalspannungen Null sein, das heißt die Flächeninhalte $ABCA$ und $CeDC$ müssen gleich sein. (Mit dieser Bedingung und mit einem Dehnungsgesetz, zum Beispiel dem Hookeschen, ist auch der Punkt C bzw. die neutrale Achse festgelegt.)

2. Die Summe der (vertikalen) Schubspannungen muß der Belastung φ gleich sein.

3. Schließlich fordert die Gleichgewichtsbedingung der Momente (für die Breite Eins und das Höhenelement Pp) in COULOMBS Schreibweise (Bild 167)

$$\int Pp \cdot MP \cdot CP = \varphi \cdot LD. \tag{80}$$

Als Spezialfall behandelt COULOMB denselben (Krag-)Balken rechteckigen Quer-schnittes mit der linearen, an der Schnittstelle fh aus den kongruenten Dreiecken $fc'g$ und $mc'h$ bestehenden Spannungsverteilung (Fig. 6 in Bild 167). Er erhält (in unserer Schreibweise) das wohlbekannte Resultat[109]

$$\sigma \frac{BH^2}{6} = \varphi L h,$$

wobei B und H Breite und Höhe des Querschnittes und $\sigma = fg = mh$ die (Zug-bzw. Druck-)Spannung in den äußersten Fasern bedeutet.

Nennen wir $nD = x$ die horizontale, $CP = z$ die vertikale Koordinate (also $Pp = \mathrm{d}z$), die zu z gehörige Breite y, die Balkenlänge $nL = l$, $PM = \sigma_x$ die Nor-

---

[108] In der Originalabbildung, nach der das Bild 167 photographiert wurde, fehlte der Buchstabe D (unterhalb P').

[109] Siehe Fußnote 59.

mal-, $MQ = \tau_{xz}$ die Schubspannung, so können wir COULOMBS Forderungen wie folgt schreiben:

$$1. \int_D^A \sigma_x\, y\, \mathrm{d}z = 0; \quad 2. \int_D^A \tau_{xz}\, y\, \mathrm{d}z = 0; \quad 3. \int_D^A \sigma_x\, y z\, \mathrm{d}z = (l - x)\varphi.$$

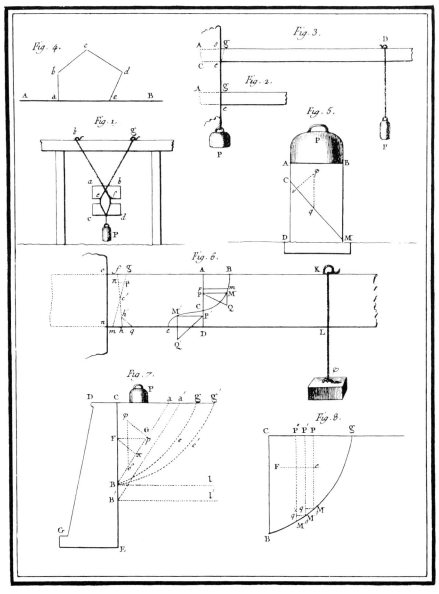

Bild 167
Festigkeitsprobleme in COULOMBS *Essai sur une application des règles de Maximis et Minimis...* (Paris 1773 [1776]).

Bild 168
Die Sätze der Balkenstatik von
COULOMB.

> 350 MÉMOIRES PRÉSENTÉS À L'ACADÉMIE
> V I I.
> *Remarques fur la rupture des Corps.*
>
> Fig. 6. Si l'on fuppofe un folide *o n K L* dont les angles foient
> droits, alongé comme une poutre ordinaire, & fixé en *o n*,
> de manière que les côtés de ce folide foient horizontaux &
> verticaux; fi l'on fuppofe enfuite que ce folide eft coupé
> par un plan vertical repréfenté par *A D*, perpendiculaire au
> côté *o n K L*, & follicité par un poids φ, attaché à fon extré-
> mité en *L*; il eft évident, en ne confidérant qu'une face
> verticale de ce folide, les autres étant égales & parallèles, que
> tous les points de la ligne *A D* réfiftent pour empêcher le
> poids φ de rompre le folide; que par conféquent une partie
> fupérieure *A C* de cette ligne fait effort par une traction
> dirigée fuivant *Q P*, tandis que la partie inférieure fait effort,
> par une preffion dirigée fuivant *Q' P'*. Si l'on décompofe
> toutes les forces, foit de traction, foit de preffion, fuivant
> deux directions, l'une verticale & l'autre horizontale, exprimée
> par *Q M* & *P M*; & fi par tous les points *M* l'on fait paffer
> une ligne *B M C e*, cette courbe fera le lieu géométrique de
> tous les efforts perpendiculaires qu'éprouve la ligne *A D*.
> Ainfi, la tranche *A D K L* doit être fuppofée follicitée par
> toutes les forces horizontales *P M*, par toutes les forces
> verticales *M Q*, & par la pefanteur du poids φ; par confé-
> quent, puifqu'il y a équilibre, il faut, *art. 3*, que la fomme
> des puiffances horizontales foit nulle; que, par conféquent,
> l'aire des tenfions *A B C* égale l'aire des preffions *C e d*. Il
> faut de plus, par le même article, que la fomme des forces
> verticales *Q M* foit égale au poids φ; mais par les principes
> de Statique l'on a encore la fomme des *momentum* autour
> du point *G* de toutes les forces, foit de traction, foit de
> preffion, égale au *momentum* du poids φ autour du même
> point; ce qui donne l'équation $\int Pp \cdot MP \cdot CP = \varphi L D$.
> Nous avons donc, quel que foit le rapport entre la dilatation
> des élémens d'un folide & leur cohéfion, les trois conditions
> précédentes à remplir.

Im weiteren untersucht COULOMB die Festigkeit eines auf Druck beanspruchten Mauerwerkpfeilers (Fig. 5 in Bild 167) und stellt, insbesondere für den längs der zu bestimmenden Fläche *CM* eintretenden Bruchvorgang, die erste brauchbare und richtungsweisende Theorie auf. Die in Bild 167 enthaltenen Figuren 7 und 8 sind die Illustrationen zur Erd- und Wasserdrucktheorie, worin COULOMB auch Pionierarbeit leistete, ebenso wie in der zum Schluß behandelten Gewölbestatik.
Zum Abschluß über COULOMB einige Worte von ihm selbst:

«Ich habe versucht, soweit es mir möglich war, die Prinzipien zu ordnen, deren ich mich ebenso klar bedient habe, damit ein einigermaßen instruierter Fachmann sie verstehen und sich ihrer bedienen kann.»

C Die Vollendung der Balkentheorie durch NAVIER und die Einführung des Spannungstensors durch CAUCHY

Die wahre Schule für wissenschaftliche
Methoden ist das Studium der Meister.
C. A. TRUESDELL

1 Der Elastizitätsmodul von THOMAS YOUNG

Nach den geschilderten Arbeiten von JAKOB BERNOULLI und LEONHARD EULER auf der einen und von COULOMB auf der anderen Seite, fehlte zur praktischen Deformations- und Festigkeitsberechnung des gebogenen Balkens die Enträtselung jener Größe, die von EULER «absolute Elastizität» genannt und mit Ek^2 bezeichnet wurde. Es war also noch die Frage zu klären, was in JAKOB BERNOULLIS Differentialgleichung (65) c oder in EULERS Knicklastformel (67) Ek^2 bedeuten. Mit anderen Worten, in welcher Form treten in ihnen einerseits die Querschnittsabmessungen, andererseits die rein elastischen Eigenschaften des Balkenmaterials auf? Mit voller Klarheit wurde diese Frage von LOUIS MARIE HENRI NAVIER beantwortet. Den Hinweis hinsichtlich der notwendigen Materialkonstanten fand er in dem zweibändigen, 1802 erschienenen Werk *A Course of Lectures on Natural Philosophy and the Mechanical Arts* des englischen Physikers THOMAS YOUNG (1773–1829). Über die im 2. Band (Lecture IX) gegebene Definition des sogenannten Elastizitätsmoduls von YOUNG schreibt sein Landsmann A. E. H. LOVE in seinem *Lehrbuch der Elastizität* (deutsche Ausgabe von A. TIMPE [Leipzig/Berlin 1907], S. 5) mit Enthusiasmus:

«Diese Einführung eines bestimmten physikalischen Begriffs, wie er an den Elastizitätskoeffizienten geknüpft ist, der gleichsam von lichtem Himmel auf den die mathematische Literatur Durchwandernden sich herabsenkt, bezeichnet einen Wendepunkt in der Geschichte der Wissenschaft.»

Die so gelobte Definition lautet:

«Der Elastizitätsmodul eines Materials ist eine Säule [der Länge l] desselben Materials, die auf ihre Grundfläche einen Druck [p] auszuüben vermag, der sich zu dem eine bestimmte Kompression [Δl] hervorrufenden Gewicht [σ] ebenso verhält, wie die Länge [l] zur Längenverminderung [Δl].»[110]

Mit den von uns (in eckigen Klammern) eingefügten, den Text sicherlich entwirrenden Buchstaben ist also der «Youngsche Modul» die Länge

$$l = \frac{p}{\sigma} \Delta l. \tag{81}$$

Zu dieser «sehr wohlwollenden Deutung» der Definition YOUNGS müssen folgende

---

[110] Zu dieser Definition und zu LOVES zitierten Worten schreibt TRUESDELL (S. 403 der in Fußnote 80 zitierten Literatur): «YOUNGS epochaler Himmel war, wie üblich, nicht klar, denn er hatte EULERS Aufhellung verdunkelt.»

einschränkende Bemerkungen gemacht werden: 1. Wir haben YOUNGS «pressure» als Druckspannung σ gedeutet und 2. sein «weight» ebenfalls als ein auf den Querschnitt bezogenes «Gewicht», also als eine Spannung. Das ist wirklich eine «sehr wohlwollende Deutung», insbesondere in Anbetracht des Wortes «weight», das üblicherweise eine «Gewichtskraft» bedeutet. Dieser Auslegung schließt sich C. A. TRUESDELL nicht an[111], sondern sieht – wohl mit mehr Recht – «pressure» und «weight» als Kräfte D und G an, so daß (81) dann die Form

$$l = \frac{D}{G} \Delta l \qquad\qquad (81a)$$

annähme. Das würde aber bedeuten, daß YOUNG die Dehnung $\Delta l/l$ mit Kräften mißt; mit anderen Worten, l – also die Länge des Versuchsstückes – ändert sich auch für ein und dasselbe Material. Und das ist ein Rückschritt gegenüber EULER!

YOUNG schreibt, daß die festen Körper durch Kräfteeinwirkung auf sieben Arten beansprucht werden können, nämlich auf Dehnung, Kompression, Schub[112], Biegung, Torsion, Dauerdeformation und Bruch, aber es entgeht ihm, daß – im elastischen Bereich – neben dem Elastizitätsmodul (zur Erfassung der Dehnung) zur Beschreibung der Schubdeformation und damit auch der Torsion noch eine weitere elastische Konstante, nämlich der Schubmodul, notwendig ist. Er erkennt zwar, daß eine Längsdeformation mit einer Querdeformation verbunden ist, aber auch hier fehlt ihm die Einsicht, daraus entsprechende Konsequenzen zu ziehen. Auf YOUNG trifft eben DANIEL BERNOULLIS Spruch nicht zu: «Es gibt keine Wissenschaft, die sich nicht aus der Kenntnis der Phänomene entwickelte, aber um Gewinn aus den Kenntnissen ziehen zu können, ist es unerläßlich, Mathematiker zu sein.» TRUESDELL schreibt[113]:

«YOUNG kannte EULERS Werke, aber er verstand sie nicht immer. Der Schauplatz, auf dem YOUNG wirkte, war Dingen großer Originalität und selbst dem Verständnis zuverlässiger mathematischer Ergebnisse, die aus einem früheren, rationelleren, phantasievolleren Milieu überkommen waren, nicht förderlich.»

2   NAVIERS Balkentheorie und die Einführung des Elastizitätsmoduls im heutigen Sinne

Angeregt durch ein im Jahre 1808 von Kaiser NAPOLEON (1769–1821) veranlaßtes Preisausschreiben für die Plattentheorie[114] wurde die Aufmerksamkeit der Gelehrten zunächst auf flächenhafte (zweidimensionale) und bald darauf auf räumliche elastische

---

[111] *Rückwirkungen der Geschichte der Mechanik auf die moderne Forschung,* Humanismus und Technik *13,* Heft 1, S. 12–13 (1969).

[112] YOUNG verwendet dafür das Wort «detrusion», das in einem üblichen englischen Lexikon nicht zu finden ist! Sicherlich hat er es aus dem lateinischen *detrudo* hergeleitet, das u.a. auch verschieben bedeutet. Zur Illustration führt er auch die Wirkung einer Schere an.

[113] Siehe Fußnote 111.

[114] Siehe den folgenden Abschnitt D.

Bild 169
Louis Marie Henri Navier (1785–1836).

Probleme gelenkt. In den diesbezüglichen Bemühungen spielte C.-L.-M.-H. Navier eine bedeutende Rolle. Navier (Bild 169) verdanken wir auch die heutige Form der Differentialgleichung der Balkenbiegung. Aus der in der Form (81) angenommenen Definitionsgleichung des «Youngschen Moduls» leitet er, indem er $p = E$ setzt, das nach Hooke genannte Dehnungsgesetz (48) her. Diesen Schritt hat Navier erst um 1825 vollzogen, denn in seinen Publikationen aus den Jahren 1819–1825, so zum Beispiel in *Sur la flexion des verges élastiques courbes*[115], arbeitet er noch mit der Differentialgleichung

$$\varepsilon \frac{\mathrm{d}^2 y}{\mathrm{d} x^2} = M(x, y)$$

für die elastische Linie $y = y(x)$, worin «ε une constante proportionale à la force d'élasticité de la pièce» ist. Erst in dem 1826 erschienenen *Résumé des Leçons données à l'Ecole des Ponts et Chaussées sur la Application de la Mécanique l'Etablissement des*

---

[115] Am 29. November 1819 der Acad. Sciences Paris eingereicht, im Jahrgang 1825 des Nouveau Bull. d. Sc. p. la Soc. Philomatique (S. 98) im Auszug gedruckt.

Constructions et de Machines leitet er die heute übliche Differentialgleichung der elastischen Linie

$$\frac{y''(x)}{[1 + y'^{2}(x)]^{3/2}} = \frac{M(x, y)}{EJ}$$

her. Damit ist endlich – für konstante Querschnitte und gerade Biegung – der Proportionalitätsfaktor des Biegemomentes $M(x, y)$ durch den Elastizitätsmodul E und das (Haupt-)Trägheitsmoment J des Querschnittes «enträtselt».
In anderen Publikationen versucht NAVIER zwei- und dreidimensionale elastische Probleme in Angriff zu nehmen. Seine diesbezüglichen Arbeiten kranken allerdings an der dabei praktizierten Art der Einführung der geometrischen und elastischen Konstanten. So kommt er in seiner Schrift *Sur les lois de l'équilibre et de mouvement des corps solides élastiques*[116] für die Verschiebungskomponenten u, v, w zu Differentialgleichungen der Form

$$\varepsilon \left[\frac{\partial^{2} u}{\partial x^{2}} + \frac{\partial^{2} u}{\partial y^{2}} + \frac{\partial^{2} u}{\partial z^{2}} + 2 \frac{\partial}{\partial x} \left(\frac{\partial u}{\partial x} + \frac{\partial v}{\partial y} + \frac{\partial w}{\partial z} \right) \right] + X = \varrho \frac{\partial^{2} u}{\partial t^{2}} \quad \text{usw.} \qquad (82)$$

Hierbei bedeuten X die Kraft pro Volumeneinheit, t die Zeit und ϱ die Dichte. Die Materialkonstante ε glaubt NAVIER aus molekulartheoretischen Betrachtungen[117], die er der Abhandlung zugrunde legt, erschließen zu können. Heute wissen wir, daß man für die allgemeinen Bewegungsgleichungen des elastischen Kontinuums mit einer einzigen Materialkonstanten nicht auskommen kann. Diese Erkenntnis verdanken wir AUGUSTIN LOUIS CAUCHY, der sich zunächst auch noch mit molekulartheoretischen Überlegungen herumgeplagt hatte, diese aber – im Gegensatz zu NAVIER und POISSON, die sich darüber jahrzehntelang stritten – zum Schluß aufgab.

3   Die Vollendung der klassischen Elastizitätstheorie durch A. L. CAUCHY

Im Jahre 1821 gelang es AUGUSTIN JEAN FRESNEL (1788–1827), die Doppelbrechung des Lichtes in Kristallen durch transversale Schwingungen der Moleküle zu erklären, woraus er auf eine richtungsveränderliche (anisotrope) Elastizität des betreffenden

---

[116] Am 14. Mai 1821 bei der Französischen Akademie eingereicht und im Jahre 1827 in deren Berichten erschienen. Ein Auszug ist in Nouveau Bull. d. Sc. p. la Soc. Philomatique *1823*, S. 177, abgedruckt.

[117] Solche molekulartheoretischen Untersuchungen zur Erklärung und quantitativen Erfassung der verschiedenartigen (wie elastischen und optischen) Eigenschaften der Stoffe begannen mit der *Theoria philosophiae naturalis redacta ad unicam legem virium in natura existentem* (Venedig 1758) des aus – dem damaligen dalmatinischen Stadtstaat – Ragusa (heute Dubrovnik) gebürtigen, genialen Jesuiten RUGGIERO GIUSEPPE BOŠCOVIĆ (1711–1787). Die wissenschaftlichen Verdienste dieses außerordentlich vielseitigen Kirchenmannes und Gelehrten wurden in zwei internationalen Symposien (1958 in Dubrovnik, Belgrad und Ljubljana und 1961 in Dubrovnik) gewürdigt. Die dabei gehaltenen Vorträge wurden in den Schriften der Jugoslawischen Akademie (1959 und 1962) gedruckt. Eine Würdigung von BOŠCOVIĆ als Bauingenieur findet man in Die Bautechnik *37*, Heft 4, (1960): *Zur Geschichte des Bauingenieurwesens* von HANS STRAUB und ROBERT VON HALÁSZ.

Materials schloß. Angeregt durch diese Idee wie auch durch eine Arbeit von NAVIER über die Plattenbiegung[118], begann sich CAUCHY (Bild 170) mit der Elastizität zu beschäftigen und hatte in kurzer Zeit die Fundamente der Kontinuumsmechanik erstellt. Die erste diesbezügliche Arbeit *Recherches sur l'équilibre et le mouvement intérieur des corps solides ou fluides, élastiques ou non élastiques* hatte er am 30. Septem-

---

[118] *Mémoire sur la flexion des plans élastiques* (am 14. August 1820 bei der Französischen Akademie eingereicht; CAUCHY gehörte der Gutachterkommission an).

Bild 170
AUGUSTIN LOUIS CAUCHY (1789–1857).

ber 1822 der Acad. Royal des Sciences vorgelegt. Ein Auszug erschien im Jahrgang 1822 (gedruckt 1823) im Bulletin des Sciences par la Société Philomatique (S. 9–13). Dieser Auszug enthält, obwohl in ihm keine einzige mathematische Formel vorkommt, das Fundament der Kontinuumsmechanik, nämlich den klar formulierten Begriff des Spannungstensors. CAUCHYS diesbezügliche Ausführungen verdienen, wiedergegeben zu werden. Er schreibt auf S. 10 (Bild 171):

Bild 171
CAUCHYS Definition der Spannung aus den *Recherches sur l'équilibre ...*, Bull. des Sci. Soc. Philomatique *1822* (gedruckt 1823), S. 9–13.

(10)

libre du plan élastique, avait considéré deux espèces de forces produites, les unes par la dilatation ou la contraction, les autres par la flexion de ce même plan. De plus, il avait supposé, dans ses calculs, les unes et les autres perpendiculaires aux lignes ou aux faces contre lesquelles elles s'exercent. Il me parut que ces deux espèces de forces pouvaient être réduites à une seule, qui devait constamment s'appeler tension ou pression, et qui était de la même nature que la pression hydrostatique exercée par un fluide en repos contre la surface d'un corps solide. Seulement la nouvelle pression ne demeurait pas toujours perpendiculaire aux faces qui lui étaient soumises, ni la même dans tous les sens en un point donné. En développant cette idée, j'arrivai bientôt aux conclusions suivantes.

Si dans un corps solide élastique ou non élastique on vient à rendre rigide et invariable un petit élément du volume terminé par des faces quelconques, ce petit élément éprouvera sur ses différentes faces, et en chaque point de chacune d'elles, une pression ou tension déterminée. Cette pression ou tension sera semblable à la pression qu'un fluide exerce contre un élément de l'enveloppe d'un corps solide, avec cette seule différence, que la pression exercée par un fluide en repos contre la surface d'un corps solide, est dirigée perpendiculairement à cette surface de dehors en dedans, et indépendante en chaque point de l'inclinaison de la surface par rapport aux plans coordonnés, tandis que la pression ou tension exercée en un point donné d'un corps solide contre un très-petit élément de surface passant par ce point, peut être dirigée perpendiculairement ou obliquement à cette surface, tantôt de dehors en dedans, s'il y a dilatation, et peut dépendre de l'inclinaison de la surface par rapport aux plans dont il s'agit. De plus, la pression ou tension exercée contre un plan quelconque se déduit très-facilement, tant en grandeur qu'en direction, des pressions ou tensions exercées contre trois plans rectangulaires donnés. J'en étais à ce point, lorsque M. Fresnel, venant à me parler des travaux auxquels il se livrait sur la lumière, et dont il n'avait encore présenté qu'une partie à l'Institut, m'apprit que, de son côté, il avait obtenu sur les lois, suivant lesquelles l'élasticité varie dans les diverses directions qui émanent d'un point unique, un théorème analogue au mien. Toutefois le théorème dont il s'agit était loin de me suffire pour l'objet que je me proposais, dès cette époque, de former les équations générales de l'équilibre et du mouvement intérieur d'un corps; et c'est uniquement dans ces derniers temps que je suis parvenu à établir de nouveaux principes propres à me conduire à ce résultat, et que je vais faire connaître.

Du théorème énoncé plus haut, il résulte que la pression en chaque point est équivalente à l'unité divisée par le rayon vecteur d'un ellipsoïde. Aux trois axes de cet ellipsoïde correspondent trois pressions ou tensions que nous nommerons *principales*, et l'on peut

«Wenn man in einem festen, elastischen oder nicht elastischen, durch beliebige Flächen begrenzten und irgendwie belasteten Körper ein festes Element ins Auge faßt, so erfährt dieses Element in jedem Punkte seiner Oberfläche eine [Zug- oder Druck-]Spannung. Diese Spannung ist ähnlich jener in Flüssigkeiten auftretenden, einzig mit dem Unterschied, daß der Flüssigkeitsdruck in einem Punkt stets senkrecht zu der dort beliebig orientierten Fläche steht, während die Spannung in einem gegebenen Punkte eines festen Körpers zu dem durch diesen Punkt gelegten Oberflächenelement im allgemeinen schief gerichtet und von der Stellung des Oberflächenelementes abhängig sein wird. Diese Spannung läßt sich sehr leicht aus den in den drei Koordinatenebenen auftretenden Spannungen herleiten.»

Wir wollen hier gleich die Worte von CAUCHY bildlich veranschaulichen[119] und in eine mathematische Form kleiden[120]. Hinsichtlich der Bezeichnungen benutzen wir die heute – insbesondere in der Technik – üblichen[121].

Das Element des Körpers sei das Tetraeder $OPQR$ (Bild 172). Die Orientierung des Dreiecks PQR sei durch den zugehörigen Normaleinheitsvektor $\boldsymbol{n} = \{n_x; n_y; n_z\}$[122] festgelegt. Aus den Gleichgewichtsbedingungen der Kräfte in den Achsenrichtungen

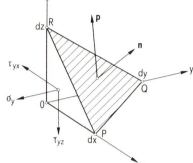

Bild 172
Oberflächenspannungen am elementaren Tetraeder nach CAUCHY.

erhält man für die Komponenten der im Flächenelement PQR auftretenden Spannung $\boldsymbol{p} = \{p_x; p_y; p_z\}$:

$$p_x = n_x\,\sigma_x + n_y\,\tau_{yx} + n_z\,\tau_{zx},$$

$$p_y = n_x\,\tau_{xy} + n_y\,\sigma_y + n_z\,\tau_{zy}, \tag{83}$$

$$p_z = n_x\,\tau_{xz} + n_y\,\tau_{yz} + n_z\,\sigma_z.$$

Unter Verwendung der sechs Komponenten des symmetrischen Spannungstensors ($\tau_{xy} = \tau_{yx}$ usw.)

$$\boldsymbol{S} = \begin{pmatrix} \sigma_x & \tau_{xy} & \tau_{xz} \\ \tau_{yx} & \sigma_y & \tau_{yz} \\ \tau_{zx} & \tau_{zy} & \sigma_z \end{pmatrix} \tag{84}$$

---

[119] Was er – ähnlich wie sein großer Landsmann J. L. LAGRANGE – «verschmähte».

[120] Was er in seinen späteren Arbeiten – in beinahe überladener Ausführlichkeit – auch tat. Diese sind in seinem mehrbändigen, in mehreren Auflagen erschienenen Werk *Exercices de Mathématiques* (1. Auflage 1827), insbesondere im 2. und 3. Band zu finden. Die *Exercices* sind auch in CAUCHYS *Œuvres complètes* abgedruckt. Die wichtigsten diesen Gegenstand betreffenden Arbeiten von CAUCHY sind: *De la pression ou tension dans un corps solide* und *Sur les équations qui experiment les conditions d'équilibre ou les lois du mouvement intérieur d'un corps solide, élastique ou non élastique* und *Sur l'équilibre et le mouvement intérieur des corps considérés comme de masses continues.*

[121] I. SZABÓ: *Höhere Technische Mechanik*, 5. Auflage (1972), S. 142 ff.

[122] Sind α, β und γ die Winkel, die $\boldsymbol{n}$ mit den positiven Koordinatenachsen bildet, so ist $n_x = \cos\alpha$ usw., und $n_x^2 + n_y^2 + n_z^2 = 1$.

ergeben sich für den Normal- und Schubspannungsanteil von p

$$\sigma_n = p \, n = n_x^2 \sigma_x + n_y^2 \sigma_y + n_z^2 \sigma_z + 2\left(n_x n_y \tau_{xy} + n_y n_z \tau_{yz} + n_z n_x \tau_{zx}\right),$$

(85)

$$\tau = \sqrt{p^2 - \sigma_n^2}.$$

Mit Recht weist C. A. Truesdell darauf hin [123], daß «Cauchys große Hilfe Eulers Hydrodynamik gewesen ist», nämlich «die Idee, in Gedanken einen willkürlichen Teil des Körpers abzutrennen und die auf ihn wirkenden Kräfte ins [statische oder kinetische] Gleichgewicht zu setzen». Und weiter (S. 325) schreibt Truesdell:

«Nach Eulers Aufstellung des ‚Schnitt-Prinzips‘ und des Begriffes ‚innerer Druck‘ brauchte Cauchy nur die Einschränkung fallen zu lassen, daß der Spannungsvektor senkrecht zur Schnittfläche steht, um seine Theorie der Spannung zu erhalten. Dieser Schritt möchte leicht erscheinen. Er war es nicht. Um sich eine Vorstellung davon zu machen, erinnere man sich, daß ein ganzes Jahrhundert glänzende Mathematiker eine Anzahl spezieller Probleme der Elastizitätstheorie – manchmal korrekt, manchmal auch nicht – aufgestellt und gelöst hatten, ohne jemals auf diesen einfachen Gedanken zu kommen. Zu diesen Mathematikern gehörte Euler selbst. Daß Cauchys Gedanke einfach ist, zeigt seine Originalität um so mehr. Ihn gefaßt zu haben, ist eine Leistung von wahrhaft Eulerischer Tiefe und Klarheit.»

Auf diesem Wege kommt Cauchy zunächst zu den die Spannungskomponenten enthaltenden Bewegungsgleichungen, die in der Bezeichungsweise von (82) die Form

$$\frac{\partial \sigma_x}{\partial x} + \frac{\partial \tau_{yx}}{\partial y} + \frac{\partial \tau_{zx}}{\partial z} + X = \varrho \, \frac{\partial^2 u}{\partial t^2} \quad \text{usw.}$$

(86)

haben [124].

Der nächste Schritt muß nun zu den Zusammenhängen zwischen den Spannungen und Deformationen, also zu den Materialgleichungen führen. Wie schon erwähnt, hat es auch bei Cauchy nicht an Bemühungen gefehlt, die Materialeigenschaften auf molekulartheoretischem Wege zu erfassen, also den Widerstand der festen Körper gegen Deformation auf Anziehungs- bzw. Abstoßungskräfte zwischen den Molekülen zurückzuführen. Die entsprechenden makroskopischen Kräfte, wie die Newtonsche Massenanziehungskraft und die elektrischen und magnetischen Kräfte von Coulomb, dienten hierbei als Modell. Im 3. Band (S. 188 ff.) seiner Exercices (siehe Fußnote 124) nimmt Cauchy das Problem [125] in Angriff.

[123] *Zur Geschichte des Begriffs innerer Druck*, Phys. Blätter *12*, S. 315 (1956).
Siehe auch seine *Essays in The History of Mechanics* (1968), S. 186–192 und S. 236–237. Das Studium dieses Werkes ist jedem Interessenten wärmstens zu empfehlen.

[124] Der symmetrische Spannungstensor erscheint bei Cauchy in der Form

$$S = \begin{pmatrix} A & F & E \\ F & B & D \\ E & D & C \end{pmatrix};$$

die Komponenten der Verschiebung bezeichnet er mit ξ, η und ζ und die Dichte mit $\varDelta$ oder mit ϱ. Die Gleichungen (86) stehen im 3. Band (S. 166) der *Exercices de mathématiques* (1828).

[125] Unter dem Titel *Sur l'équilibre et le mouvement d'un système de points matériels*.

Die Einwirkung eines Moleküls der Masse m auf ein in der Entfernung r befindliches Molekül der Masse $\mathfrak{m}$ wird in der Form $\mathfrak{m}m\,f(r)$ angenommen. Sind a, b, c die Koordinaten des Moleküls und α, β, γ die Winkel von r gegen die Koordinatenachsen, so kommt CAUCHY für den heterotropen Fall zu den Bewegungsgleichungen (eines Moleküls!); es sind dies die Gleichungen (40) in Bild 173. Darin ist zum Beispiel

$$\mathfrak{X} = \frac{\mathrm{d}^2\xi}{\mathrm{d}t^2} - X,$$

wenn ξ die Verschiebung in der x-Richtung und X die Massenkraft bzw. die ihr entsprechende (zum Beispiel Schwere-)Beschleunigung des Moleküls ist[126]. Die Gleichungen (37) bis (39) in Bild 173 enthalten neun Materialkonstanten des anisotropen Körpers, von denen im Falle der Isotropie nur zwei übrigbleiben[127]; dies sind

$$G = \pm\, \frac{2\pi}{3} \int\limits_0^\infty r^3 f(r)\,\mathrm{d}r; \quad R = \pm\, \frac{2\pi}{15} \int\limits_0^\infty \left[r^4 f'(r) - r^3 f(r) \right] \mathrm{d}r.$$

Hierbei nimmt $f(r)$ mit wachsendem Abstand r wie $1 : r^4$ ab. Mit dem Operator

$$\Delta = \frac{\partial^2}{\partial x^2} + \frac{\partial^2}{\partial y^2} + \frac{\partial^2}{\partial z^2} \tag{87a}$$

und der Gesamtdehnung

$$\Theta = \frac{\partial\xi}{\partial x} + \frac{\partial\eta}{\partial y} + \frac{\partial\zeta}{\partial z} \tag{87b}$$

nehmen die Bewegungsgleichungen (40) in Bild 173 die Form

$$(G + R)\,\Delta\xi + 2R\,\frac{\partial\Theta}{\partial x} + X = \frac{\partial^2\xi}{\partial t^2} \quad \text{usw.} \tag{88}$$

an. Die Herleitung dieser Beziehungen ist imponierend, aber die gewonnenen Gleichungen sind nutzlos: was kann man mit Bewegungsgleichungen eines einzelnen Moleküls beginnen, in denen obendrein noch eine so dubiose Funktion wie $f(r)$ enthalten ist. Aber CAUCHY unternimmt jetzt einen Schritt, den TRUESDELL in einem ähnlich gelagerten Fall «mit Unwahrheit zur Wahrheit» bezeichnet[128]. CAUCHY setzt (*op.cit.*, S.210), indem er betont, daß er zum Kontinuum übergeht,

$$\varrho(G + R) = k/2, \quad \varrho(R - G) = K \tag{89}$$

---

[126] Die Ableitungen sind partielle Differentialquotienten.

[127] Die Vorzeichen $\pm$ dienen zur Unterscheidung der Anziehung bzw. Abstoßung.

[128] *Rückwirkungen der Geschichte der Mechanik auf die moderne Forschung*, Humanismus und Technik *13*, Heft 1, S.10 (1969).

(199)

$$(36)\begin{cases}\mathfrak{X}=\dfrac{d^2\xi}{da^2}\mathrm{S}\Big[\pm\dfrac{mr}{2}\cos^2\alpha f(r)\Big]+\dfrac{d^2\xi}{db^2}\mathrm{S}\Big[\pm\dfrac{mr}{2}\cos^2\beta f(r)\Big]+\dfrac{d^2\xi}{dc^2}\mathrm{S}\Big[\pm\dfrac{mr}{2}\cos^2\gamma f(r)\Big]\\[2mm]
\quad+\dfrac{d^2\xi}{da^2}\mathrm{S}\Big[\dfrac{mr}{2}\cos^4\alpha f(r)\Big]+\dfrac{d^2\xi}{db^2}\mathrm{S}\Big[\dfrac{mr}{2}\cos^2\alpha\cos^2\beta f(r)\Big]+\dfrac{d^2\xi}{dc^2}\mathrm{S}\Big[\dfrac{mr}{2}\cos^2\alpha\cos^2\gamma f(r)\Big]\\[2mm]
\qquad\qquad+\dfrac{d^2\eta}{dadb}\mathrm{S}[mr\cos^2\alpha\cos^2\beta f(r)]+\dfrac{d^2\zeta}{dadc}\mathrm{S}[mr\cos^2\alpha\cos^2\gamma f(r)]\,,\\[2mm]
\mathfrak{y}=\text{etc}\ldots\,,\\[2mm]
\mathfrak{z}=\text{etc}\ldots
\end{cases}$$

Donc alors, si l'on fait pour abréger

$$(37)\quad G=\mathrm{S}\Big[\pm\dfrac{mr}{2}\cos^2\alpha f(r)\Big],\quad H=\mathrm{S}\Big[\pm\dfrac{mr}{2}\cos^2\beta f(r)\Big],\quad I=\mathrm{S}\Big[\pm\dfrac{mr}{2}\cos^2\gamma f(r)\Big],$$

$$(38)\quad L=\mathrm{S}\Big[\dfrac{mr}{2}\cos^4\alpha f(r)\Big],\quad M=\mathrm{S}\Big[\dfrac{mr}{2}\cos^4\beta f(r)\Big],\quad N=\mathrm{S}\Big[\dfrac{mr}{2}\cos^4\gamma f(r)\Big],$$

$$(39)\quad P=\mathrm{S}\Big[\dfrac{mr}{2}\cos^2\beta\cos^2\gamma f(r)\Big],\quad Q=\mathrm{S}\Big[\dfrac{mr}{2}\cos^2\gamma\cos^2\alpha f(r)\Big],\quad R=\mathrm{S}\Big[\dfrac{mr}{2}\cos^2\alpha\cos^2\beta f(r)\Big],$$

on trouvera simplement

$$(40)\begin{cases}\mathfrak{X}=(G+L)\dfrac{d^2\xi}{da^2}+(H+R)\dfrac{d^2\xi}{db^2}+(I+Q)\dfrac{d^2\xi}{dc^2}+2R\dfrac{d^2\eta}{dadb}+2Q\dfrac{d^2\zeta}{dcda}\,,\\[2mm]
\mathfrak{y}=(G+R)\dfrac{d^2\eta}{da^2}+(H+M)\dfrac{d^2\eta}{db^2}+(I+P)\dfrac{d^2\eta}{dc^2}+2P\dfrac{d^2\zeta}{dbdc}+2R\dfrac{d^2\xi}{dadb}\,,\\[2mm]
\mathfrak{z}=(G+Q)\dfrac{d^2\zeta}{da^2}+(H+P)\dfrac{d^2\zeta}{db^2}+(I+N)\dfrac{d^2\zeta}{dc^2}+2Q\dfrac{d^2\xi}{dcda}+2P\dfrac{d^2\eta}{dbdc}\,,
\end{cases}$$

Si l'on supposait les molécules m, m', m'', ... primitivement distribuées de la même manière par rapport aux trois plans menés par la molécule $\mathfrak{m}$ parallèlement aux plans coordonnés, les valeurs des quantités G, H, I, L, M, N, P, Q, R devraient rester les mêmes après un ou plusieurs échanges opérés entre les trois angles α, β, γ; et l'on aurait par suite

$$(41)\qquad\qquad G=H=I\,,\qquad L=M=N\,.\qquad P=Q=R\,.$$

Bild 173
Die molekulartheoretischen Bewegungsgleichungen (Gl. 40) aus CAUCHYS *Exercices de Mathématiques* (1827), Bd. 3, S. 199.

und verbindet die Spannungskomponenten mit den Verzerrungen über die isotropen Materialkonstanten k und K in folgender Weise:

$$A = \sigma_x = k\frac{\partial\xi}{\partial x} + K\Theta; \qquad\qquad B = \sigma_y = k\frac{\partial\eta}{\partial y} + K\Theta;$$

$$C = \sigma_z = k\frac{\partial\zeta}{\partial z} + K\Theta; \qquad\qquad D = \tau_{yz} = \frac{k}{2}\left(\frac{\partial\eta}{\partial z} + \frac{\partial\zeta}{\partial y}\right); \qquad (90)$$

$$E = \tau_{xz} = \frac{k}{2}\left(\frac{\partial\zeta}{\partial x} + \frac{\partial\xi}{\partial z}\right); \qquad\qquad F = \tau_{xy} = \frac{k}{2}\left(\frac{\partial\eta}{\partial x} + \frac{\partial\xi}{\partial y}\right).$$

Mit den Gleichungen (89) und (90) gehen aus (88), wenn wir nunmehr mit X, Y, Z die Kräfte pro Volumeneinheit bezeichnen, die Bewegungsgleichungen des elastischen und isotropen Kontinuums hervor:

$$\frac{k}{2}\,\Delta\xi + \frac{k+2K}{2}\frac{\partial\Theta}{\partial x} + X = \varrho\,\frac{\partial^2\xi}{\partial t^2}\ \text{usw.} \qquad (91)$$

Das sind aber die bekannten Wellengleichungen[129]; nur die zwei elastischen Konstanten weichen hier von den heute üblichen (E, G bzw. $\nu =$ Querkontraktionszahl) ab. Der Vergleich von (90) mit den heute gebräuchlichen Formen

$$\sigma_x = \frac{E}{1+\nu}\left(\frac{\partial\xi}{\partial x} + \frac{\nu}{1-2\nu}\Theta\right) = 2G\left(\frac{\partial\xi}{\partial x} + \frac{\nu}{1-2\nu}\Theta\right)\text{usw.};$$

$$\tau_{xy} = G\left(\frac{\partial\xi}{\partial y} + \frac{\partial\eta}{\partial x}\right)\text{usw.}$$

ergibt, daß zwischen den Cauchyschen Konstanten k, K und den heutigen $E = 2G(1+\nu)$, G, ν bzw. den Laméschen λ, μ folgende Beziehungen bestehen:

$$k = 2G = \frac{E}{1+\nu} = 2\mu;\ K = \frac{E\nu}{(1+\nu)(1-2\nu)} = \frac{2G\nu}{1-2\nu} = \lambda. \qquad (92)$$

So kam also CAUCHY «von einer Unwahrheit[130] zu einer Wahrheit». Und doch können wir die «Ehre» CAUCHYS retten, wie die nachfolgenden Ausführungen zeigen sollen.

Die eben behandelte molekulartheoretische Arbeit von CAUCHY wurde der Französischen Akademie am 1. Oktober 1827 vorgelegt und, wie schon in Fußnote 125 erwähnt, im 3. Band seiner *Exercices* (S. 188 ff.) zum ersten Male abgedruckt. Aber im selben Band und vor dieser Arbeit befindet sich (S. 166 ff.) unter dem (in Fußnote 120 zitierten) Titel *Sur les équations qui experiment les conditions d'équilibre, ou les lois du*

---

[129] I. SZABÓ: *Höhere Technische Mechanik*, 5. Auflage (1972), S. 146.
[130] Nämlich der Molekulartheorie.

mouvement intérieur d'un corps solide, élastique, ou non élastique ein ganz im Sinne der Kontinuumsmechanik verfaßter Beitrag. Es steht fest, daß diese Arbeit auch zeitlich vor der molekulartheoretischen liegt, da CAUCHY auf den Seiten 177 und 185 darauf hinweist, daß Teile seiner Ausführungen und Ergebnisse schon am 30. September 1822 der Französischen Akademie vorgelegt wurden. Auf S. 182 macht er eine Bemerkung zu einer molekulartheoretischen Arbeit von NAVIER[131], gegenüber der sein Beitrag wesentlich allgemeiner ist, so daß man annehmen kann, daß gerade dieses Streben nach Allgemeinheit der Grund der Publikation gewesen ist.

Wir wollen uns jetzt CAUCHYS Arbeit, nachdem wir auf ihren spannungstheoretischen Teil schon Bezug genommen haben[132], auch noch hinsichtlich der Deformationsgleichungen näher ansehen; wir bemerken gleich, daß CAUCHYS diesbezügliche Ansichten durchaus nicht einheitlich, manchmal sogar falsch sind. So stellt CAUCHY (S. 169–170) die unzutreffende Hypothese auf, daß die dem Spannungs- bzw. Deformationstensor

$$S = \begin{pmatrix} A & F & E \\ F & B & D \\ E & D & C \end{pmatrix} \text{ bzw. } D = \begin{pmatrix} \mathscr{A} & \mathscr{F} & \mathscr{E} \\ \mathscr{F} & \mathscr{B} & \mathscr{D} \\ \mathscr{E} & \mathscr{D} & \mathscr{C} \end{pmatrix} \tag{93}$$

entsprechenden quadratischen Formen

$$A x^2 + B y^2 + C z^2 + 2 D x y + 2 E x z + 2 F x y = \pm 1 \tag{94}$$

bzw.

$$\mathscr{A} x^2 + \mathscr{B} y^2 + \mathscr{C} z^2 + 2 \mathscr{D} x y + 2 \mathscr{E} x z + 2 \mathscr{F} x y = \pm 1$$

zwei ähnliche und gleichgelegene Ellipsoide darstellen[133], so daß mit einer die elastischen Eigenschaften beschreibenden Ortsfunktion k die Beziehungen

$$\frac{A}{\mathscr{A}} = \frac{B}{\mathscr{B}} = \frac{C}{\mathscr{C}} = \frac{D}{\mathscr{D}} = \frac{E}{\mathscr{E}} = \frac{F}{\mathscr{F}} = k \tag{95}$$

bestehen. Demnach bestünden die Materialgleichungen

$$A = k \mathscr{A} = k \frac{\partial \xi}{\partial x} \text{ usw., } D = k \mathscr{D} = \frac{k}{2} \left(\frac{\partial \eta}{\partial z} + \frac{\partial \zeta}{\partial y} \right) \text{ usw.} \tag{96}$$

CAUCHY setzt diese Spannungs-Verzerrungsrelationen in die Gleichungen (86), also in seiner Schreibweise in

$$\frac{\partial A}{\partial x} + \frac{\partial F}{\partial y} + \frac{\partial E}{\partial z} + X = \varrho \frac{\partial^2 \xi}{\partial t^2} \text{ usw.} \tag{97}$$

---

[131] *Mémoire sur le lois d'équilibre et du mouvement des corps solides élastiques;* der Französischen Akademie am 14. Mai 1821 vorgelegt.

[132] Siehe Fußnote 124.

[133] Das heißt ihre Hauptachsen und ihre Mittelpunkte fallen zusammen.

ein, und erhält (*op.cit.*, S.175) die Bewegungsgleichungen, in denen auch Ableitungen der dubiosen Funktion k vorkommen. Er «probiert» es auch mit $k = $ const und kommt dann zu NAVIERS falscher Gleichung (82). Endlich (von S.177 an) «modifiziert» CAUCHY seine Ansichten, führt den Ansätzen (90) äquivalente Deformationsgleichungen ein und kommt dann zur Wellengleichung (91).

Unsere Darlegungen können mit der Feststellung schließen, daß wir CAUCHY die endgültige Formulierung des fundamentalen Spannungsbegriffes und in der Deformationstheorie die Erkenntnis verdanken, daß man in der linearen Elastizitätstheorie homogener isotroper Stoffe mit zwei Materialkonstanten auskommt. Seine Konstanten k und K sind zwar anders definiert, und insbesondere K entzieht sich einer so einfachen (auch meßtechnischen) Deutung wie der Elastizitätsmodul E, aber das schmälert CAUCHYS Leistung nicht.

D Geschichte der Plattentheorie

Seh ich die Werke der Meister an,
So seh ich das, was sie getan;
Betracht ich meine Siebensachen,
Seh ich, was ich hätt sollen machen.
GOETHE

1 Einleitende Bemerkungen

Es ist dargelegt worden, wie in den Jahren von 1694 bis 1705 von JAKOB I BERNOULLI das Fundament zur statischen Theorie der Balkenbiegung gelegt wurde[134]. Die Erweiterung dieser eindimensionalen Theorie auf flächenhafte elastische Tragwerke (Platten, Scheiben, Schalen) lag nun nahe. Hier wurde aber über das Statische hinaus gleich ein Sprung ins Kinetische gewagt: LEONHARD EULER beschäftigte sich in der Arbeit *Tentamen de sono campanarum*[135] mit der Tonerzeugung durch Glocken, nachdem er das gleiche Problem für die Saite[136] und für transversal schwingende Stäbe[137] gelöst hatte. Somit übersprang EULER nicht nur die statische Problemstellung, sondern geometrisch auch die ursprünglich ebene Platte, und er befand sich somit in der kinetischen Schalentheorie.

Er versuchte, seine Betrachtungen von der Theorie des ursprünglich gekrümmten Balkens her aufzubauen. Durch Horizontalschnitte zerlegt er den rotationssymmetrischen Glockenkörper in dünne Kreisringe und behandelt diese als gekrümmte Balken, für die schon JAKOB BERNOULLI die grundlegende Formel angab[138]. EULER berücksichtigt nur die Deformation y in der Radialrichtung und läßt die Dehnung in Tangentialrichtung außer acht. Mit der in Tangentialrichtung gemessenen Bogenlänge x erhält er die Differentialgleichung für die freie Schwingung in der Form

$$\frac{\partial^4 y}{\partial x^4} + \frac{1}{a^2}\frac{\partial^2 y}{\partial x^2} + \frac{1}{c^2 f^2}\frac{\partial^2 y}{\partial t^2} = 0. \tag{98}$$

Hierbei bedeuten t die Zeit, c die Glockendicke, $f^2 = E/\varrho$ (Elastizitätsmodul zu Dichte) und a den ursprünglichen Radius des betreffenden Glockenringes. Mit dem Produktansatz $y = y(x,t) = \varphi(x)\sin(\omega t + \alpha)$ und mit der einleuchtenden Forderung,

---

[134] Siehe Abschnitt B, Ziffer 4 dieses Kapitels.
[135] Novi Commentarii Acad. Sci. Petropolitanae X, S. 261–281 (1764), bzw. EO II, 10, S. 360–376.
[136] Siehe Abschnitt A dieses Kapitels.
[137] Siehe Abschnitt B, Ziffer 8 dieses Kapitels.
[138] Daß nämlich die Krümmungsänderung dem Biegemoment proportional ist. Siehe Gleichung (69).

daß $\varphi(x)$ eine mit $2\,\pi\,a$ periodische Funktion sein muß, erhält EULER für die Eigenkreisfrequenz[139]

$$\omega_{j-1} = \frac{cf}{2\,\pi\,a^2}j\,\sqrt{j^2-1}\quad (j = 2, 3, 4\ldots).\tag{99}$$

Seine Theorie ist wegen der zugrunde gelegten Annahme über die Deformationsrich-
tung verfehlt. Mit aller Bescheidenheit sagt er auch, daß sein Versuch, auf dieser Basis
das Tönen der Glocken zu erklären oder gar danach Glocken zu konstruieren, bloße
Hypothese ist, die ebensogut durch eine ganz andere ersetzt werden könnte[140].
Es vergingen über zwanzig Jahre, bis die Plattentheorie einen entscheidenden Anstoß erfuhr, und dieser erfolgte wieder von der kinetischen Seite, und zwar von der
Akustik her.

2   Die Akustik von ERNST FLORENS FRIEDRICH CHLADNI

Im Jahre 1787 erschien in Leipzig ERNST FLORENS FRIEDRICH CHLADNIS Werk
Entdeckungen über die Theorie des Klanges. Dieser geniale Physiker (Bild 174), der
wohl als erster über ein so ausgedehntes Spezialgebiet der Naturwissenschaften
systematisch und mit bewunderungswürdigen Einfällen experimentierte, schuf mit
diesem und in den 1802 und 1817 erschienenen Werken *Die Akustik* (Bild 174) und
Neue Beiträge zur Akustik eine neue Disziplin, in der bis dahin – neben vielen falschen
Behauptungen – nur sporadische, experimentell oder theoretisch gewonnene Erkenntnisse existierten.
Dem Wunsch des Vaters entsprechend, der in Wittenberg «erster Professor der
Rechte» war, schlug CHLADNI zunächst die Laufbahn eines Juristen ein. Erst nach
dem Tode des Vaters konnte er sich ganz der Naturwissenschaft widmen, mit der er
sich schon früher zu seinem – wie er schreibt – «Vergnügen» beschäftigt hatte. Er
berichtet hierüber und über die Geschichte seiner akustischen Entdeckungen in der
Akustik (S. XI–XVIII). Er erwähnt, daß seine Vorfahren latinisiert CHLADENIUS hießen
und in Ungarn (dem Klange des Namens CHLADNI nach wohl im Norden) «Prediger
und Bergofficianten» waren. Es klingt wie eine Konfession des echten Gelehrten, wenn
er schreibt (*op. cit.*, S. XI):

«Da Viele bei mündlicher Erzählung der Geschichte meiner Entdeckungen Interesse bezeigt haben; so trage
ich kein Bedenken, hier auch einiges davon zu erwähnen, hauptsächlich um zu zeigen, daß Alles schlechter-
dings keine Folge des Zufalls, sondern eines anhaltenden Strebens gewesen ist, wobei ich zwar während des

---

[139] Heute wissen wir, daß die korrekte Form von (98) eine Differentialgleichung sechster Ordnung ist,
und insbesondere tritt an Stelle von (99)

$$\omega_{j-1} = f\left(\frac{i}{a}\right)^2\frac{j\,(j^2-1)}{\sqrt{j^2+1}},$$

wenn i der Trägheitsradius des Querschnittes ist.
[140] *l.c.*, S. 281.

Die Akustik,

bearbeitet

von

Ernst Florens Friedrich Chladni,

der Philos. und Rechte Doctor, Mitgliede der Churmaynzischen Akademie der Wissenschaften zu
Erfurt, und der naturforschenden Gesellschaften zu Berlin und Jena, Correspondenten der Kaiserl.
Akademie der Wissenschaften zu Petersburg, und der Königl. Societät zu Göttingen.

Dr. E. F. F. Chladni.

Mit 12 Kupfertafeln.

Leipzig,
bey Breitkopf und Härtel.
1 8 0 2.

Bild 174
ERNST FLORENS FRIEDRICH CHLADNI (1756–1827)
auf dem Titelblatt seiner *Akustik*.

größten Theils meines bisherigen Lebens alle Ursache hatte, mit meinem Schicksale, und besonders mit dem
gänzlichen Widerspruche zwischen den äußeren Verhältnissen und meinen Neigungen unzufrieden zu seyn,
aber hernach doch gefunden habe, daß Alles gut war...»

Da CHLADNI von Hause aus nicht begütert war und nie eine feste Professur erhielt,
verdiente er seinen Lebensunterhalt durch Vorträge und Erfindung von neuen Musik-

instrumenten (Euphon und Clavicylinder). Auf seinen Vortragsreisen, die ihn über weite Gebiete von Europa führten, hatte er so berühmte Zuhörer wie GOETHE (1749–1832), LICHTENBERG (1742–1799) und NAPOLEON. Am 14. März 1803 schreibt GOETHE an WILHELM VON HUMBOLDT (1767–1835):

«Doktor CHLADNI war vor einiger Zeit hier. Durch ein abermals neuerfundenes Instrument introduziert er sich bei der Welt und macht sich seine Reise bezahlt; denn bei seinen übrigen Verdiensten um die Akustik könnte er zu Hause sitzen, sich langweilen und darben. In einem Quartbande[141] hat er diesen Teil der Physik recht brav, vollständig und gut geordnet abgehandelt…»

[141] Das ist *Die Akustik*.

Bild 175
Tafel V aus der *Akustik*, 1787, mit «Chladnischen Klangfiguren».

«Die von ihm entdeckten Figuren, welche auf einer, mit dem Fiedelbogen gestrichenen Glastafel entstehen, habe ich die Zeit auch wieder versucht. Es läßt sich daran sehr hübsch anschaulich machen, was das einfachste Gegebene, unter wenig veränderten Bedingungen für mannigfaltige Erscheinungen hervorbringe.
Nach meiner Einsicht liegt kein ander Geheimnis hinter diesen wirklich sehr auffallenden Phänomenen.»

Durch das von GOETHE angedeutete Experiment mit dem «Fiedelbogen» und der Glasplatte werden die «Chladnischen Klangfiguren» zum Vorschein gebracht, das heißt die Schwingungen eines flächenhaften Klangkörpers sichtbar gemacht. Sie entstehen, wenn mit feinem Sand oder Pulver bestreute Glas- oder Metallplatten mit einem Geigenbogen senkrecht zur Berandungsfläche an verschiedenen Stellen[142] gestrichen und dadurch zu Schwingungen angeregt werden: Es ergeben sich auf der Platte Ansammlungen bzw. leere Stellen des ausgestreuten Sandes (Bild 175). Diese entsprechen den von CHLADNI ebenfalls sichtbar gemachten Knotenlinien bzw. Schwingungsbäuchen transversalschwingender Stäbe[143]. Während aber die letzteren Versuche CHLADNIS die Theorie von EULER bestätigten, gab es für die Schwingungen flächenhafter Klangkörper keine oder nur unbefriedigende Theorien[144].
Damit war die Anregung gegeben, hier eine Lücke zu füllen. Dieser Impuls mußte aus sprachlichen Gründen zuerst diejenigen Theoretiker erreichen, die der deutschen Sprache mächtig waren, und zu denen zählte JAKOB II BERNOULLI (1759–1789), ein Enkel des großen JOHANN I BERNOULLI. Er war Mitglied der Petersburger Akademie[145], und da CHLADNI seine *Entdeckungen über die Theorie des Klanges* der Petersburger Akademie «zu weiterer Untersuchung ehrerbietigst vorgelegt» hatte, wird wohl der junge BERNOULLI als einer der ersten die Anregung zur Aufstellung einer Plattentheorie empfangen haben.

3   Die Plattentheorie von JAKOB II BERNOULLI

Kaum ein Jahr nach CHLADNIS *Entdeckungen über die Theorie des Klanges* legte JAKOB II BERNOULLI (Bild 176) am 21. Oktober 1788 der Petersburger Akademie seine Plattentheorie vor. Sie hat den Titel *Essai théorétique sur les vibrations des plaques élastiques, rectangulaires et libres* und wurde in den Akademieberichten Nova Acta Petropolitanae, Tom. V (1789), S. 197ff., abgedruckt.
Einleitend schreibt BERNOULLI, daß es wohl keinen Mathematiker gibt, der nach der Lektüre von CHLADNIS Abhandlung über den Schall nicht den stärksten Wunsch hätte, *a priori*, also durch eine mathematische Theorie die schönen experimentellen

---

[142] Für die verschiedenen Arten der Klangfiguren.
[143] Es sei hier vermerkt, daß CHLADNI bei seinen Versuchen auch die longitudinalen Schwingungen von Stäben entdeckte.
[144] Zum Beispiel die schon erwähnte von EULER für die Glocke.
[145] Dieser hoffnungsvolle, begabte junge Mathematiker ertrank – kaum dreißigjährig – beim Baden in der Newa.

Entdeckungen zu bestätigen. Die so gewonnenen Ergebnisse könnten dann mit denen von CHLADNI verglichen werden[146].

BERNOULLI verifiziert noch einmal (§ 2) die Differentialgleichungen von EULER für die Transversalschwingungen von Stäben. Sie ist von der Form

$$E \frac{\partial^4 z}{\partial x^4} = - \frac{\partial^2 z}{\partial t^2}. \tag{100}$$

[146] Aus diesem Grunde erscheint es als rätselhaft, wie A. E. H. LOVE in der *Historischen Einleitung* zu seinem klassischen *Lehrbuch der Elastizität* (deutsche Ausgabe von A. TIMPE, 1907, S. 6) schreiben kann, daß BERNOULLI die Theorie des Glockenschalles verbessern wollte. Vielmehr erwähnt er die Membrantheorie der Trommel von EULER in *De motu vibratio tympanorum* (Novi Comm. Petropol. X, S. 243–260 (1764) bzw. EO II, 10, S. 344–359.

Bild 176
JAKOB II. BERNOULLI (1759–1789).

Hierbei ist E eine Konstante, die, wie BERNOULLI schreibt, «von der Elastizität des Stabes abhängt und deren Betrag durch das Experiment ermittelt werden kann». Mit z wird die Auslenkung, mit x die Achsenkoordinate des Stabes und mit t die Zeit bezeichnet[147]. Jetzt beruft sich JAKOB II BERNOULLI auf seinen Onkel DANIEL BERNOULLI und setzt die rechts stehende negative Beschleunigung der Auslenkung proportional[148] und erhält mit der Konstanten l die Differentialgleichung

$$E \frac{\partial^4 z}{\partial x^4} = \frac{z}{l}. \tag{101}$$

BERNOULLI zeigt noch, wie man l und damit (siehe Fußnote 148) die Kreisfrequenz $\omega = 1/\sqrt{l}$ aus den Randbedingungen ermitteln kann. Von dieser schon bekannten Theorie des Balkens vollzieht nun JAKOB II BERNOULLI den Übergang zur Plattentheorie in der Weise, daß er die rechteckige Platte als eine Doppelschicht aus senkrecht zueinander angeordneten und miteinander fest verbundenen Stäben ansieht. Auf diese Weise kommt er zu der – aus (101) analog erweiterten – Differentialgleichung

$$\frac{\partial^4 z}{\partial x^4} + \frac{\partial^4 z}{\partial y^4} = \frac{z}{c^4}, \tag{102}$$

wobei y die zweite Horizontalachse und c^4 eine Konstante ist. BERNOULLI nennt die Differentialgleichung (101) «équation fondamentale de toute la Théorie». Es wird sicherlich dem Leser nichts vorweggenommen, wenn wir schon hier bemerken, daß auf der linken Seite der Differentialgleichung (102) das Glied $2\partial^4 z/\partial x^2 \partial y^2$ fehlt: zu jener Zeit gab es noch keinen klaren Begriff von Normal- und Schubspannungen und von ihren Deformationswirkungen. BERNOULLI erkennt gewisse Schwächen seiner Theorie und schreibt: «Aber ich präsentiere diese Arbeit lediglich als einen ersten Versuch, und ich bin weit davon entfernt zu glauben, ich hätte ein Problem ausgeschöpft, dem die Bemühungen der größten Mathematiker nur kaum gerecht werden.»
Unter diesen Umständen konnte es keine zufriedenstellende Übereinstimmung zwischen CHLADNIS experimentellen Resultaten und den aus BERNOULLIS Theorie gewonnenen Formeln geben. Diese Diskrepanz wird auch von BERNOULLI zugegeben (§ 35 bis § 36), aber er stellt einige Überlegungen an, die diesen Kontrast weniger gravierend (das heißt nicht die ganze Theorie umwerfend) machen; solche wären ungleiche Plattendicke, richtungsabhängige Elastizität. Zum Schluß (§ 37) spricht er von einer hinreichend befriedigenden «Konformität» zwischen Theorie und Experiment, während CHLADNI in seiner Abhandlung *Neue Beiträge zur Akustik* (Leipzig 1817, S. 3) mit aller Klarheit feststellt: «Die ersten theoretischen Untersuchungen von JAKOB BERNOULLI beruhten auf unrichtigen Voraussetzungen und gaben Resultate, die mit der Erfahrung gar nicht übereinstimmten.»

---

[147] Heute wissen wir, daß sich diese Konstante für homogene Stäbe konstanten Querschnittes aus dem Elastizitätsmodul E, dem Flächenträgheitsmoment J, der Dichte ϱ und der Querschnittsfläche F in der Form $EJ/\varrho F$ zusammensetzt.

[148] In dieser Methode liegt der Produktansatz $z(x,t) = z(x)\sin\left(\frac{t}{\sqrt{l}} + \alpha\right)$ versteckt.

4   CHLADNIS Aufenthalt in Paris und das Preisausschreiben der Französischen Akademie der Wissenschaften für die Aufstellung einer Plattentheorie

In der Vorrede seiner eben zitierten Arbeit *Neue Beiträge zur Akustik* (S. V ff.) schreibt CHLADNI:

«Zu Anfange des Jahres 1807 trat ich eine Reise in westlichere und südlichere Gegenden an. In Holland hielt ich mich über Jahr und Tag auf und fand dort an mehreren Orten eine freundschaftliche Aufnahme, und auch Sinn für meine Erfindungen. Von Holland reiste ich über Antwerpen und Brüssel, wo ich ein paar Monate angenehm zubrachte, nach Paris. Dort wollte ich das, was ich für die Theorie und deren Anwendung gethan hatte, nicht gern von manchen über alles absprechenden Nichtkennern beurteilen lassen; wohl aber sehr gern dem Urtheile achtungswerther Personen unterwerfen, denen man eben sowohl Gerechtigkeitsliebe als auch Sachkenntnis zutrauen konnte. Ich wendete mich also zu Ende des Jahres 1808 an das Institut [149], welches gewiß die sehr lobenswerte Gewohnheit hatte, Entdeckungen und Erfindungen, die ihm vorgelegt wurden, und dessen für werth gehalten wurden, durch eine Commission untersuchen zu lassen und sein [150] Urtheil darüber zu sagen, welches hernach öffentlich bekannt gemacht werden konnte.»

Das Urteil dieser Kommission [151] über CHLADNIS Entdeckungen und Erfindungen war sehr günstig. Insbesondere wurde CHLADNI von dem Mathematiker LAPLACE und anderen gebeten, seine Akustik in französischer Sprache herauszubringen.

«Ich erkärte, [schreibt CHLADNI,] daß ich dazu bereit wäre, wenn man mich für den verlängerten etwas kostpieligen Aufenthalt einigermaßen entschädigte, worauf sie äußerten, das würde sich wohl thun lassen; ich konnte aber nicht wissen, ob und auf welche Art das geschehen würde. Sie machten den damals regierenden Kaiser NAPOLEON [152] darauf aufmerksam; dieser ließ mich zu sich rufen, und die Herren LAPLACE, BERTHELOT und LACÉPÈDE führten mich bei ihm ein.»

«Er bezeigte meinen Entdeckungen anderthalb bis beinahe zwei Stunden lang Aufmerksamkeit, und ich mußte ihm alles recht genau auseinandersetzen. Er äußerte auch, so wie die Andern, daß ich meine Akustik in französischer Sprache bearbeiten möchte, ließ mir am folgenden Tag 6000 Franken als Gratifikation auszahlen, und wies auch dem Institute 3000 Franken an, zur Aussetzung eines außerordentlichen Preises für die mathematische Theorie der Flächenschwingungen, von welchen ich die physikalische Theorie gegeben hatte. Ich war also meinem Versprechen eben sowohl, wie der Wissenschaft schuldig, mich der Arbeit zu unterziehen, welche aber nicht so gar leicht war, weil die französische Sprache weniger Willkühr der Wendungen zuläßt, wie die deutsche, wie denn z.B. die verschiedenen Begriffe von *Schall, Klang* und *Ton* nur durch das einzige Wort *son* ausgedrückt werden, und für die Töne in verschiedenen Oktaven weder Worte noch Zeichen vorhanden waren, so daß ich sie mir erst schaffen mußte.»

5   Die Plattentheorie von SOPHIE GERMAIN

Die Ankündigung des Preisausschreibens für die Theorie der Plattenschwingungen wurde in den Pariser Akademieberichten für das Jahr 1808 abgedruckt. Die Aufgabe lautete: Die mathematische Theorie von den Schwingungen elastischer Flächen ist aufzustellen und mit dem Experiment zu vergleichen («Donnez la théorie des surfaces

---

[149] Das ist die Französische Akademie.

[150] Des Instituts.

[151] Deren Mitglieder der mathematischen und physikalischen Klasse und der Klasse der schönen Künste angehörten.

[152] CHLADNIS *Neue Beiträge zur Akustik* erschienen 1817: damals weilte NAPOLEON schon auf St. Helena.

élastiques et la comparez à l'expérience»). Die Frist der Abgabe mußte zweimal verlängert werden, da kein Bewerber eine befriedigende Arbeit abgab. Der erste Abgabetermin war der 1. Oktober 1811, der zweite der 1. Oktober 1813 und schließlich als dritter der 1. Oktober 1815. Aus dem im Jahre 1821 erschienenen Werk *Recherches sur la théorie des surfaces élastiques* der Mathematikerin SOPHIE GERMAIN (1767–1831) und aus den später (1828) veröffentlichten Notizen [153] von J.L. LAGRANGE erfahren wir Näheres über den internen Verlauf dieses Wettbewerbes. Die Persönlichkeit SOPHIE GERMAINS (Bild 177) ist aber interessant genug, um über sie einige Bemerkungen zwischenzuschalten.

Bild 177
SOPHIE GERMAIN (1776–1831).

Es wird erzählt, daß SOPHIE GERMAIN, um der Angst vor den Ausschreitungen des Pöbels der Französischen Revolution zu entgehen, sich auf die Mathematik geworfen habe [154]. Im Jahre 1795 wurde die Ecole Polytechnique eröffnet, an der LAGRANGE über Analysis las, und sie beschaffte sich [155] das entsprechende Vorlesungsheft, schrieb darüber eine Semesterarbeit und schickte diese unter dem Namen LE BLANC an LAGRANGE, der sie öffentlich lobte und dabei erfuhr, wer sie in Wirklichkeit war. Ebenfalls unter dem falschen Namen fing sie eine Korrespondenz mit C.F. GAUSS an,

---

[153] In den Annales de Chimie et de Physique *30*, S. 149, 207.
[154] M. SIMON: *Sophie Germain*, in den *Math. Abh. zum 50jährigen Doktorjubiläum von H.A. Schwarz*, S. 410 ff. (Berlin 1914).
[155] Da sie – als Frau – die Vorlesungen nicht besuchen durfte!

nachdem sie dessen zahlentheoretisches Werk *Disquisitiones arithmeticae* (1801) mit Begeisterung gelesen hatte[156]. Als die Franzosen Braunschweig, wo GAUSS damals lebte, 1806 besetzt hatten, intervenierte SOPHIE GERMAIN bei dem französischen Kommandanten für GAUSS, dem daraufhin sogar die Beteiligung an der der Stadt auferlegten Kontribution erlassen werden sollte. GAUSS wies dieses Angebot in höflicher Form zurück, bedankte sich aber in einem Brief an SOPHIE GERMAIN, über deren Person er nunmehr aufgeklärt wurde.

In der Vorrede ihrer schon erwähnten *Recherches sur la théorie des surfaces élastiques* schreibt SOPHIE GERMAIN:

«Schon beim ersten Anblick der Chladnischen Experimente schien mir die mathematische Begründung dieser Erscheinungen möglich…»

«Weder das Bewußtsein meiner Unfähigkeit, noch der Mangel systematischer Schulung in der Analysis, noch auch die kurze Frist, die mir noch bis zum Termin der Bewerbung [Oktober 1811] übrig blieb, konnten mich davon abhalten, der Akademie eine Denkschrift zu überreichen. In derselben entwickelte ich die Hypothese, die ich mir gebildet hatte. Ich war davon überzeugt, daß sie einige Beachtung verdiente, und es lag mir sehr viel daran, sie dem Urteil der Akademie zu unterbreiten. Ich hatte schwere Fehler darin gemacht, die man übrigens auf den ersten Blick erkennen mußte. Man hätte daraufhin die ganze Arbeit verwerfen können, ohne sich der Mühe einer weiteren Durchsicht zu unterziehen. Glücklicherweise aber erkannte LAGRANGE, der zur Prüfungskommission gehörte, den Grundgedanken und leitete daraus die Gleichung ab, die ich hätte finden müssen, wenn ich die Regeln der mathematischen Rechnung genau beachtet hätte. Als ich sah, daß dieser große Mathematiker, den bis dahin selbst die Schwierigkeiten der Untersuchung abgeschreckt hatten[157], der von mir aufgestellten Hypothese eine wissenschaftliche Tragweite zuschrieb, gewann sie in meinen Augen einen höheren Wert…»

«Von Neuem stellte die Akademie dieselbe Preisaufgabe und gab dazu eine Frist von zwei Jahren.»

Zum 1. Oktober 1813 reichte SOPHIE GERMAIN ihre neue Denkschrift ein: Ihr wurde die «ehrenvolle Erwähnung» zuteil. Erst der dritten Bearbeitung ist dann 1816 der erste Preis zuerkannt worden. Diese Arbeiten wurden nie gedruckt; in erweiterter und verbesserter Fassung wurden sie in den *Recherches sur la théorie des surfaces élastiques* zusammengefaßt. Diesem Werk folgten dann 1826 die nur 21 Seiten umfassenden *Remarques sur la nature, les bornes et l'étendue de la question des surfaces élastiques et équation générale de ces surfaces*.

Aus den schon zitierten Notizen von LAGRANGE (Dezember 1811) entnehmen wir, daß SOPHIE GERMAIN in ihrer ersten Arbeit zur Differentialgleichung

$$\frac{\partial^2 z}{\partial t^2} + \lambda^2 \left(\frac{\partial^6 z}{\partial x^4 \partial y^2} + \frac{\partial^6 z}{\partial x^2 \partial y^4} \right) = 0$$

[156] GAUSS schreibt am 10. September 1805 an den Astronomen OLBERS (1758–1840):
«Ich bin durch verschiedene Umstände – teils durch einige Briefe von LE BLANC in Paris, welcher mein Buch über die höhere Arithmetik mit wahrer Leidenschaft studiert, sich ganz mit dem Inhalt vertraut gemacht und mir manche recht artige Mitteilung darüber geschrieben hat – verleitet worden, meine geliebten arithmetischen Untersuchungen wieder aufzunehmen!»
[157] Bei der Prüfung der Preisaufgabe äußerte LAGRANGE die Ansicht, daß zu ihrer Lösung erst eine neue mathematische Methode erfunden werden müßte. Er hatte recht: Zur mathematisch perfekten Theorie der Platten benötigt man die – damals noch nicht bekannten – Integralsätze von GAUSS und GREEN (1793–1841): s. S. 418.

($\lambda^2 = $ konst) gekommen ist. Lassen wir hier LAGRANGE selbst zu Worte kommen: «... aber wenn man, wie der Autor, $\dfrac{1}{r} + \dfrac{1}{r'}$ als Maß für die Oberflächenkrümmung nimmt, welche die Elastizität zu vermindern sucht und dieser gegenüber als proportional annimmt, finde ich eine Gleichung von der Form ($k^2 = $ konst)

$$\frac{\partial^2 z}{\partial t^2} + k^2 \left(\frac{\partial^4 z}{\partial x^4} + 2 \frac{\partial^4 z}{\partial x^2 \partial y^2} + \frac{\partial^4 z}{\partial y^4} \right) = 0, \tag{103}$$

die von der vorangehenden stark abweicht.»

LAGRANGE leitet also aus der Hypothese von SOPHIE GERMAIN die noch heute bestehende Form der Plattengleichung her! Freilich stand damals die absolute Größe der Konstanten k^2 noch lange nicht fest.

SOPHIE GERMAINS Hypothese bestand also darin, daß sie – in Analogie zum Stab – die elastische Kraft bzw. das entsprechende «Moment» (das ist die Arbeit im heutigen Sinne) der «mittleren Krümmung»[158], das heißt dem arithmetischen Mittel der Hauptkrümmungen proportional annahm. Ist die Fläche schon ursprünglich gekrümmt, also eine Schale, so hat man die Differenz der mittleren Krümmungen

$$\frac{1}{r} + \frac{1}{r'} - \left(\frac{1}{R} + \frac{1}{R'} \right)$$

in Betracht zu ziehen. Mit der Hypothese geht SOPHIE GERMAIN in das von LAGRANGE perfektionierte Variationsprinzip der virtuellen Verschiebungen hinein und erhält für den elastischen Anteil[159] mit der elastischen Konstanten N^2

$$-N^2 \iint \left[\frac{1}{r} + \frac{1}{r'} - \left(\frac{1}{R} + \frac{1}{R'} \right) \right] \delta \left(\frac{1}{r} + \frac{1}{r'} \right) \mathrm{d}m$$

$$+ \frac{N^2}{2} \iint \left[\left(\frac{1}{r} + \frac{1}{r'} \right)^2 - \left(\frac{1}{R} + \frac{1}{R'} \right)^2 \right] \mathrm{d}\,\delta m. \tag{104}$$

Dieser Beitrag ist dann mit dem entsprechenden der äußeren bzw. Massenbeschleunigungskraft in Beziehung zu setzen. In (104) wird mit δ die virtuelle Änderung (Variation) angezeigt, während $\mathrm{d}m$ das Oberflächenelement der elastischen Fläche $z = z(x, y)$, also

$$\mathrm{d}m = \sqrt{\left(\frac{\partial z}{\partial x} \right)^2 + \left(\frac{\partial z}{\partial y} \right)^2 + 1}\ \mathrm{d}x\,\mathrm{d}y$$

bedeutet. Das Zeichen $\iint \ldots$ symbolisiert die über die Mittelfläche zu erstreckende Integration.

---

[158] I. SZABÓ: *Hütte, Mathematik*, 2. Auflage (1974), S. 207.
[159] S. 18 der zitierten *Recherches*.

Zu den Gliedern, die die elastischen Kräfte berücksichtigen, sind dann noch die entsprechenden Beiträge der äußeren Belastungen (statischer oder kinetischer Art) und der Massenbeschleunigung hinzuzufügen. Das so erhaltene Doppelintegral wird, wie man damals noch sagte, «partiell integriert», oder, wie wir es heute tun, mittels des Greenschen Integralsatzes [160] umgeformt: man erhält ein Doppelintegral, aus dem man auf die Differentialgleichung der elastischen Fläche schließen kann, und ein Linienintegral längs der Konturlinie der Mittelfläche, aus dem man über die Randbedingungen Schlüsse ziehen kann. SOPHIE GERMAIN leitet auf diese Weise erst für den Kreiszylinder und dann daraus – für verschwindende Anfangskrümmung – die Differentialgleichung der schwingenden Platte in der Form

$$N^2\left(\frac{\partial^4 z}{\partial x^4} + 2\frac{\partial^4 z}{\partial x^2\,\partial y^2} + \frac{\partial^4 z}{\partial y^4}\right) + \frac{\partial^2 z}{\partial t^2} = 0 \tag{105}$$

her. Für die elastische Mittelfläche $z = z(x, y)$ ist die Differentialgleichung, soweit es sich um kleine Auslenkungen dünner Platten handelt, von der bekannten Gestalt; aber über die Konstante N^2 herrschte noch Unklarheit. Das ist auch einleuchtend, denn damals fehlte noch der erst von A. L. CAUCHY geschaffene Begriff des Spannungstensors und dessen Verbindung mit den elastischen Deformationen (siehe Abschnitt C, Ziffer 3). Aus diesem Grund war SOPHIE GERMAIN auch gezwungen, ihre Zuflucht zu einem Arbeitsprinzip zu nehmen, in dem freilich die «elastische Konstante» N^2 noch völlig in der Luft hing.

SOPHIE GERMAIN glaubte zeigen zu können, daß N^2 die vierte Potenz der Plattendicke enthält [161], während S. D. POISSON in seiner Arbeit *Sur l'équilibre et le mouvement des corps élastiques* [162] den Nachweis erbringt, daß in N^2 die Plattendicke in der zweiten Potenz auftritt.

POISSON hatte recht; auch gegenüber L. NAVIER, der in seiner Arbeit *Extrait des recherches sur la flexion des plans élastiques* [163] zur dritten Potenz der Plattendicke kommt. Bleiben wir aber zunächst noch bei SOPHIE GERMAIN. Ihre Arbeit ist außerordentlich schwer zu lesen und enthält manchen kalkülmäßigen Fehler sowie dubiose Begründungen mathematischer und physikalischer Art [164]. Trotzdem ist ihr Mut, das Problem überhaupt anzugreifen, bewundernswert, und die Priorität, die Differentialgleichung der Plattenbiegung aufgestellt zu haben, ist ihr nicht zu nehmen. Diese Differentialgleichung (105) ist der Gestalt nach richtig, aber in der nächsten Ziffer werden wir sehen, daß ihr Ursprung (104) trotzdem nicht korrekt ist und insbesondere hinsichtlich der Randbedingungen unter Umständen zu unhaltbaren Resultaten führt.

---

[160] SAUER/SZABO: *Mathematische Hilfsmittel des Ingenieurs,* Band 3 (1968), S. 121.

[161] S. 14 in den *Recherches;* sie verspricht auch hier, im weiteren Verlauf der Abhandlung über N^2 noch einige Beobachtungen anzustellen. Leider hat sie dieses Versprechen nicht eingelöst.

[162] Mémoires de l'Acad. Paris *1829,* S. 357ff.

[163] Bulletin Philomatique *1823,* S. 95ff.

[164] Eine ganze Serie davon findet man in TODHUNTER-PEARSON: *A History of the Theory of Elasticity,* Bd. I (1886), S. 147–160.

Heute, insbesondere in der technischen Literatur, kommt man zu der Differentialgleichung (105) von Sophie Germain vom Statischen her[165]. Man gewinnt

$$p - \overline{N}\left(\frac{\partial^4 z}{\partial x^4} + 2\frac{\partial^4 z}{\partial x^2 \partial y^2} + \frac{\partial^4 z}{\partial y^4}\right) = 0, \quad \overline{N} = \frac{Eh^3}{12(1 - \nu^2)},$$

wo p die äußere Belastung pro Flächeneinheit bedeutet, E den Elastizitätsmodul, h die Plattendicke und ν die Querkontraktionszahl bezeichnet. Im kinetischen Falle hat man rechts die auf die Flächeneinheit bezogene Massenbeschleunigung, also $\varrho h \cdot \partial^2 z / \partial t^2$ (ϱ = Dichte) zu setzen:

$$p - \overline{N}\left(\frac{\partial^4 z}{\partial x^4} + 2\frac{\partial^4 z}{\partial x^2 \partial y^2} + \frac{\partial^4 z}{\partial y^4}\right) = \varrho h \frac{\partial^2 z}{\partial t^2}. \tag{106}$$

Für $p \equiv 0$ liefert der Vergleich mit (105), daß

$$N^2 = \frac{Eh^2}{12(1 - \nu^2)\varrho} \tag{107}$$

ist, daß also im Gegensatz zu Sophie Germain und Navier eine Proportionalität zu h^2 besteht. Daß die Hypothese von Sophie Germain nicht ganz korrekt war und auch die Ergebnisse von Poisson und Navier Mängel aufwiesen, wurde in vollem Umfange von Gustav Robert Kirchhoff (1824–1887) nachgewiesen. In seiner klassischen Abhandlung *Über das Gleichgewicht und die Bewegung einer elastischen Scheibe*[166] beseitigte er in souveräner Weise alle Unklarheiten.

6   Die Plattentheorie von Kirchhoff

Kirchhoff (Bild 178) weist zunächst nach, daß die Hypothese von Sophie Germain, obwohl sie der Gestalt nach zu der richtigen Differentialgleichung führt, in voller Allgemeinheit unhaltbar ist. Hieran wird auch dadurch nichts geändert, daß der von Sophie Germain angestellte, in dem Preisausschreiben geforderte Vergleich zwischen Theorie und Experiment speziell für die Rechteckplatte akzeptable Übereinstimmung ergab.

Kirchhoffs Arbeit ist, selbst für einen theoretisch arbeitenden Ingenieur, schwer zu lesen. Insbesondere sind die entscheidenden Betrachtungen am Anfang[167] ohne Herleitung der aufgestellten Behauptungen; es lohnt sich aber, diese Lücken zu füllen, und das soll nachfolgend geschehen. Wegen der bestechenden Klarheit der Diktion sei zunächst das Original zitiert:

«Ungeachtet der Bestätigungen, welche die Theorie von Sophie Germain durch Versuche erfahren hat, ist sie nicht richtig; denn man kann Folgerungen aus ihr ziehen, welche in offenbarem Widerspruche mit der

---

[165] I. Szabó: *Höhere Technische Mechanik*, 5. Auflage (1972), S. 179 ff.
[166] Crelles Journal *50*, S. 51 ff. (1850).
[167] S. 52–54.

Wirklichkeit stehen. Ich beschränke mich, um dieses zu zeigen, auf die Betrachtung einer Platte, die im natürlichen Zustande eben ist. Die Schlüsse, durch deren Hülfe Sophie Germain zu ihren Gesetzen für die Formveränderung, die eine solche Platte durch die Wirkung äußerer Kräfte erleidet, und für die Schwingungen, die sie vollführt, gelangt, sind im Wesentlichen folgende.»

«In jedem Elemente der Platte, welches seine Gestalt verändert hat, ist eine Kraft erzeugt, welche dasselbe in seine ursprüngliche Form zurückzuführen trachtet. Die Bedingung des Gleichgewichts der Platte ist die, daß das Moment aller in derselben erzeugten Kräfte und das Moment der gegebenen äußeren Kräfte eine verschwindende Summe liefern. Es sei ε die Dicke der Platte, df ein Element ihrer Mittelfläche; die in dem Elemente εdf erzeugte Kraft wird um so größer sein, je größer der Unterschied der Gestalt von df nach der Formveränderung und der ursprünglichen Gestalt dieses Elements ist. Hätte man ein passendes Maß für

Bild 178
Gustav Robert Kirchhoff (1824–1887).

diesen Unterschied, so würde man jene Kraft diesem proportional annehmen können; es sei u ein solches Maß, dann wird man jene Kraft

$$= N^2\, u\, \mathrm{d}f$$

setzen können; wo N^2 eine von der Dicke und der Natur der Platte abhängige Constante bezeichnet. Das Streben dieser Kraft geht dahin, u zu verkleinern; das Moment derselben wird daher sein:

$$- N^2\, u\, \delta\, u\, \mathrm{d}f;$$

wo δu die virtuelle Veränderung von u bedeutet.»

«Stellt man die entsprechende Betrachtung für den Fall eines elastischen Stabes an, so gelangt man zu den richtigen Endgleichungen, wenn man $u =$ dem reciproken Krümmungsradius der Mittellinie des Stabes setzt; Sophie Germain glaubte dem entsprechend in dem Fall einer Scheibe $u =$ der Summe der reciproken Hauptkrümmungsradien der Mittelfläche annehmen zu können. Sind diese Hauptkrümmungsradien $= \varrho_1$ und ϱ_2, so erhielte sie demnach für das Moment der in dem einen Elemente erzeugten Kraft den Ausdruck

$$- N^2 \left(\frac{1}{\varrho_1} + \frac{1}{\varrho_2} \right) \delta \left(\frac{1}{\varrho_1} + \frac{1}{\varrho_2} \right) \mathrm{d}f,$$

und als Bedingung des Gleichgewichts der Platte die Gleichung:

$$\delta P - N^2 \int \left(\frac{1}{\varrho_1} + \frac{1}{\varrho_2} \right) \delta \left(\frac{1}{\varrho_1} + \frac{1}{\varrho_2} \right) \mathrm{d}f = 0, \tag{108}$$

falls δP das Moment der gegebenen äußeren Kräfte bezeichnet.»

Diese Beziehung Kirchhoffs geht aus der Gleichung (104) von Sophie Germain hervor, indem man dort auf die Variation nach dem Flächenelement $\mathrm{d}m = \mathrm{d}f$ verzichtet [168], die Krümmungen $1/R$ und $1/R'$ Null setzt [169], für r bzw. r' hier ϱ_1 bzw. ϱ_2 setzt und schließlich als Gleichgewichtsbedingung das Moment bzw. den Arbeitsbeitrag der äußeren Kräfte hinzufügt. Kirchhoff fährt fort:

«Um zu zeigen, daß diese Bedingung unmöglich die richtige sein kann, wende ich sie auf den Fall an, wo eine Scheibe unendlich wenig aus ihrer ursprünglichen Gestalt gebracht ist, durch Kräfte, die auf ihr Inneres senkrecht zu ihrer Mittelfläche wirken; den Rand der Scheibe nehme ich dabei der Einfachheit wegen als frei an. Die Mittelfläche in ihrer ursprünglichen Gestalt sei die x, y-Ebene eines rechtwinkligen Coordinatensystems, z die auf ihr senkrechte Verrückung, welche der Punct (x, y) der Mittelfläche erlitten hat, Z die Kraft, die in der Richtung von z auf die Linie der Platte wirkt, die in derselben Richtung durch den Punct (x, y) gezogen ist. Setzt man dann

$$\frac{\partial^2 z}{\partial x^2} + \frac{\partial^2 z}{\partial y^2} = u, \tag{109}$$

so liefert jene Gleichgewichtsbedingung für u die partielle Differentialgleichung

$$N^2 \left(\frac{\partial^2 u}{\partial x^2} + \frac{\partial^2 u}{\partial y^2} \right) = Z \tag{110}$$

und die Grenzbedingungen

$$u = 0, \quad \frac{\partial u}{\partial n} = 0, \tag{111}$$

wo n die Normale der Contour der Mittelfläche bezeichnet.»

---

[168] Was mit der ursprünglich ebenen Gestalt begründet werden kann.
[169] Die anfängliche Gestalt der elastischen Fläche (Platte) ist frei von Krümmung.

Wir wollen die von Kirchhoff ohne näheren Beweis angegebenen Relationen verifizieren. Ersetzt man in $u = \dfrac{1}{\varrho_1} + \dfrac{1}{\varrho_2}$ wegen der flachen Durchbiegung die Krümmungen (wie das auch in der Balkentheorie üblich ist) durch

$$\frac{1}{\varrho_1} = \frac{\partial^2 z}{\partial x^2} \quad \text{und} \quad \frac{1}{\varrho_2} = \frac{\partial^2 z}{\partial y^2}, \quad \text{so erhält man}$$

$$u = \frac{\partial^2 z}{\partial x^2} + \frac{\partial^2 z}{\partial y^2} = \Delta z = \frac{1}{\varrho_1} + \frac{1}{\varrho_2}. \tag{112}$$

Dann geht mit $\delta P = \iint Z\, \delta z\, \mathrm{d}f$ aus (108)

$$\iint [Z\, \delta z - N^2\, \Delta z\, \delta(\Delta z)]\, \mathrm{d}f = \iint [Z\, \delta z - N^2\, \Delta z\, \Delta(\delta z)]\, \mathrm{d}f = 0$$

hervor. Hieraus ergibt sich mit dem Greenschen Integralsatz[170]

$$\iint (Z - N^2\, \Delta\Delta z)\, \delta z\, \mathrm{d}f +$$

$$+ N^2 \oint \left[\left(\frac{\partial}{\partial n} \Delta z \right) \delta z - \Delta z \left(\frac{\partial}{\partial n} \delta z \right) \right] \mathrm{d}s = 0. \tag{113}$$

Dabei bedeutet n die äußere Normale der Plattenberandungskurve $(\mathfrak{C})$ und s deren Bogenlänge (Bild 179). Da δz im Plattenbereich eine beliebige virtuelle Verschiebung bedeutet, die aber am Plattenrande, der voraussetzungsgemäß frei sein soll, nicht

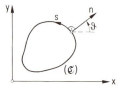

Bild 179
Berandung $(\mathfrak{C})$ einer Platte mit Bogenlänge s und äußerer Normale n.

überall verschwinden kann, genauso wenig wie die Ableitung von δz nach n, so folgt aus (113):

1. Im Innern der Platte gilt die Differentialgleichung

$$N^2\, \Delta\Delta z = Z,$$

[170] $\displaystyle \iint \Phi\, \Delta\, \Psi\, \mathrm{d}f = \iint \Psi\, \Delta\, \Phi\, \mathrm{d}f + \oint \left(\Phi\, \frac{\partial \Psi}{\partial n} - \Psi\, \frac{\partial \Phi}{\partial n} \right) \mathrm{d}s$; diese Formel ist hier auf $\displaystyle \iint \Delta z\, \Delta(\delta z)\, \mathrm{d}f$ anzuwenden.

2. Am Rande müssen die Bedingungen

$$\Delta z = 0 \quad \text{und} \quad \frac{\partial}{\partial n}\Delta z = 0$$

erfüllt sein; mit (112), also mit $u = \Delta z$, sind das aber genau die von KIRCHHOFF angegebenen Beziehungen (110) und (111).

Nun kennt man den folgenden Satz aus der Potentialtheorie: Die Lösung der partiellen Differentialgleichung

$$\Delta F(x,y) = \frac{\partial^2 F}{\partial x^2} + \frac{\partial^2 F}{\partial y^2} = \Phi(x,y)$$

ist eindeutig bestimmt durch die Vorgabe von $F(x,y)$ am Rande (erste Randwertaufgabe)[171], oder wenn man am Rande die Werte von $\partial F/\partial n$ vorschreibt (zweite Randwertaufgabe). Mit anderen Worten: Es ist im allgemeinen unmöglich, eine Funktion $u = u(x,y)$ zu finden, die neben der Differentialgleichung (110) auch den beiden Randbedingungen (111) genügt. Dies bedeutet wiederum, daß es für die Platte kein Gleichgewicht gibt.

Um die Sachlage noch eklatanter zu machen, führt KIRCHHOFF an:

«Wären die gegebenen Kräfte Z von der Art, daß eine Function u gefunden werden könnte, die den beiden Grenzbedingungen genügt, so hätte man, um die Gestalt der Mittelfläche zu ermitteln, diesen Werth von u in die Differentialgleichung für z zu substituiren und aus derselben z zu bestimmen. Dieser Gleichung genügen aber unendlich viele Functionen; es würde daher in diesem Falle unendlich viele Gleichgewichtslagen der Platte geben. Dieser Fall würde z.B. eintreten, wenn keine Kräfte Z vorhanden sind; wäre die Platte in irgend welche Gestalt gebracht, für die

$$\frac{\partial^2 z}{\partial x^2} + \frac{\partial^2 z}{\partial y^2} = 0$$

ist, und dann sich selbst überlassen, so müßte sie in dieser Gestalt verharren, ohne das Bestreben zu zeigen, in ihre ursprüngliche Gestalt zurückzukehren. Jener Gleichgewichtsbedingung zufolge müßte die Platte, auch wenn sie endliche Krümmungen erlitten hat, ohne Mitwirkung äußerer Kräfte im Gleichgewichte sich befinden, sobald für alle Puncte ihrer Mittelfläche die Summe der reciproken Hauptkrümmungsradien verschwindet.»

Damit wurde die Hypothese der SOPHIE GERMAIN von der Proportionalität der elastischen Kräfte zur mittleren Flächenkrümmung – so «pathologisch» das von KIRCHHOFF angeführte Problem auch ist – unhaltbar.
KIRCHHOFF hat dann nachgewiesen, welches Theorem an die Stelle der Sophie-Germainschen Hypothese zu treten hat, insbesondere also, durch welche Formel die

---

[171] Als Beispiel sei angeführt das Torsionsproblem in I. SZABÓ: *Höhere Technische Mechanik*, 5. Auflage (1972), S. 272 ff.

Gleichgewichtsbedingung (108) zu ersetzen ist. Mit der für die dünne Platte modifizierten Bernoullischen Hypothese[172] erhält KIRCHHOFF

$$\delta P - \frac{E h^3}{24(1-\nu^2)} \delta \iint \left[\left(\frac{1}{\varrho_1} + \frac{1}{\varrho_2} \right)^2 - \frac{2(1-\nu)}{\varrho_1 \varrho_2} \right] df = 0. \tag{114}$$

Durch Vergleich mit (108) ersehen wir, daß in der auf der Hypothese von SOPHIE GERMAIN fußenden Gleichung (108) das Glied mit $1/\varrho_1 \varrho_2$ (also mit der sogenannten Gaußschen Krümmung) fehlt. Daß trotz dieses Fehlers die der Form nach richtige Differentialgleichung hergeleitet werden konnte, sich aber falsche Randbedingungen ergaben, liegt darin begründet, daß nach dem Satz von GAUSS – BONNET[173]

$$\iint \frac{df}{\varrho_1 \varrho_2} = 2\pi - \oint \varkappa \, ds$$

ist, wenn $\varkappa$ die geodätische Krümmung der Berandungskurve bedeutet. Demnach hängt das linksstehende Flächenintegral, auch Gesamtkrümmung (nach GAUSS *curvatura integra*) genannt, nur vom Randzustand ab, hat also auf die Form der Differentialgleichung keinen Einfluß; fehlt die Gesamtkrümmung aber, so werden eben die Randbedingungen verfälscht! KIRCHHOFFS Arbeit galt – neben der Richtigstellung der Hypothese von SOPHIE GERMAIN – aber auch der Beseitigung eines Irrtums von POISSON. KIRCHHOFF schreibt:

«Eine zweite Theorie des Gleichgewichts und der Bewegung elastischer Scheiben ist von POISSON aufgestellt und in seiner berühmten Abhandlung *Sur l'équilibre et le mouvement des corps élastiques*[174] entwickelt. Aber auch diese Theorie bedarf einer Berichtigung, und dieselbe zu geben, ist eben meine Absicht. POISSON gelangt, indem er seine allgemeinen Gleichungen des Gleichgewichts elastischer Körper auf den Fall einer Scheibe anwendet, zu derselben partiellen Differentialgleichung, zu welcher die Hypothese von SOPHIE GERMAIN geführt hat, aber zu anderen Grenzbedingungen, und zwar zu drei Grenzbedingungen. Ich werde beweisen, daß im Allgemeinen diesen nicht gleichzeitig genügt werden kann; woraus dann folgt, daß auch nach der Poissonschen Theorie eine Platte im Allgemeinen keine Gleichgewichtslage haben müßte. Diesen Beweis werde ich aber erst führen, nachdem ich die zwei Grenzbedingungen abgeleitet haben werde, die an die Stelle der Poissonschen drei zu setzen sind, weil er sich naturgemäß an die Betrachtungen anschließt, durch welche ich jene ableiten will.»

«POISSON hat seine Theorie auf den Fall einer kreisförmigen Platte angewandt, die so schwingt, daß alle Puncte, die gleich weit von ihrem Mittelpuncte abstehen, sich immer in demselben Zustand befinden; er konnte sie auf diesen Fall anwenden, weil in demselben eine seiner drei Grenzbedingungen identisch erfüllt wurde. Aus der modifizierten Theorie werde ich allgemein die Gesetze der Schwingungen einer freien kreisfömigen Platte entwickeln; in dem bezeichneten speciellen Falle werde ich zu denselben Formeln gelangen, welche POISSON gefunden hat. Durch die Güte des Herrn Director STREHLKE, welcher Messungen in Bezug auf die Knotenlinien kreisförmiger Scheiben angestellt hat, bin ich in den Stand gesetzt, einige der numerischen Resultate der Theorie mit den entsprechenden Resultaten der Beobachtung zusammenzustellen.»

[172] I. SZABÓ: *Höhere Technische Mechanik*, 5. Auflage (1972), S. 181.
[173] D. LAUGWITZ: *Differentialgeometrie* (Stuttgart 1960), S. 166.
[174] Siehe Fußnote 162.

Ausgehend vom Variationsintegral[175] (114) leitet KIRCHHOFF für die allgemeinste Belastung[176] eine Relation her, aus der man auf die Differentialgleichung der Mittelfläche $z = z(x, y)$ der Platte und auf die Randbedingungen schließen kann. Für den Fall, in dem die Belastung durch eine zur Plattenebene senkrechte Oberflächenkraft $p = p(x, y)$ und durch die Trägheitskraft erfolgt, lautet diese Relation[177]:

$$\iint \left[\frac{E h^3}{12(1 - \nu^2)} \Delta\Delta z - p + \varrho h \frac{\partial^2 z}{\partial t^2} \right] \mathrm{d}f \, \delta z$$

$$- \frac{E h^3}{12(1 - \nu^2)} \oint \left\{ \frac{\partial}{\partial n} \Delta z + (1 - \nu) \frac{\partial}{\partial s} \left[\left(\frac{\partial^2 z}{\partial y^2} - \frac{\partial^2 z}{\partial x^2} \right) \sin\vartheta\cos\vartheta + \right. \right.$$

$$\left. \left. + \frac{\partial^2 z}{\partial x \, \partial y} (\cos^2\vartheta - \sin^2\vartheta) \right] \right\} \mathrm{d}s \, \delta z + \qquad (115)$$

$$+ \frac{E h^3}{12(1 - \nu^2)} \oint \left[\nu \Delta z + (1 - \nu) \left(\frac{\partial^2 z}{\partial x^2} \cos^2\vartheta + \frac{\partial^2 z}{\partial y^2} \sin^2\vartheta + \right. \right.$$

$$\left. \left. + 2 \frac{\partial^2 z}{\partial x \, \partial y} \sin\vartheta\cos\vartheta \right) \right] \frac{\partial \delta z}{\partial n} \mathrm{d}s = 0.$$

Da δz für jeden inneren Punkt der Platte beliebig ist, so muß der Integrand unter dem Doppelintegral verschwinden:

$$\frac{E h^3}{12(1 - \nu^2)} \Delta\Delta z - p + \varrho h \frac{\partial^2 z}{\partial t^2} = 0. \qquad (116)$$

Das ist die wohlbekannte «Plattengleichung». Aus den übrigbleibenden Umlaufintegralen kann man auf die Randbedingungen schließen.
Ist der Rand frei, so sind dort

$$\delta z \quad \text{und} \quad \frac{\partial \delta z}{\partial n}$$

beliebig, so daß in (115) die Faktoren dieser Größe verschwinden müssen:

$$\frac{\partial}{\partial n} \Delta z + (1 - \nu) \frac{\partial}{\partial s} \left(\frac{\partial^2 z}{\partial y^2} - \frac{\partial^2 z}{\partial x^2} \right) \sin\vartheta\cos\vartheta +$$

$$+ \frac{\partial^2 z}{\partial x \, \partial y} (\cos^2\vartheta - \sin^2\vartheta) = 0, \qquad (117\text{a})$$

$$\nu\Delta z + (1 - \nu) \left(\frac{\partial^2 z}{\partial x^2} \cos^2\vartheta + \frac{\partial^2 z}{\partial y^2} \sin^2\vartheta + 2 \frac{\partial^2 z}{\partial x \, \partial y} \sin\vartheta\cos\vartheta \right) = 0. \qquad (117\text{b})$$

[175] Das zu variierende Integral ist die in der Platte aufgespeicherte Formänderungsenergie.
[176] Durch Volumen-, Oberflächen- und Trägheitskräfte.
[177] Wegen der Bezeichnung sei auf Bild 179 verwiesen.

Das sind die beiden am freien Rand zu erfüllenden Randbedingungen.
Ist der Rand eingespannt, so müssen

$$\delta z = 0 \quad \text{und} \quad \frac{\partial \delta z}{\partial n} = 0$$

sein, wodurch nach (115) die Erfüllung der Randbedingungen gesichert ist.

Ist der Rand momentenfrei, das heißt frei gestützt, so ist $\delta z = 0$ zu fordern, während $\partial \delta z / \partial n$ beliebig ist, so daß noch (117b) erfüllt werden muß. Alle diese Randbedingungen lassen sich auch allein in den Ableitungen von z nach x und y formulieren[178].
Die stets auftretenden zwei Randbedingungen stehen im mathematischen Einklang mit dem Satz, daß Lösungen der sogenannten Bipotentialgleichung (116) sich gerade zwei Randbedingungen anpassen lassen. Diese Tatsache bedeutet eine gewisse Komplikation, wenn am Rande äußere Querkräfte, Biege- und Torsionsmomente eingeleitet werden, die den entsprechenden, durch $z = z(x, y)$ ausdrückbaren Schnittlasten[179] der Platte gleichzusetzen sind, womit drei Randbedingungen zu erfüllen wären. Nach dem Vorschlage von Thomson – Tait[180] werden die Torsionsmomente am Rand durch Querkräfte ersetzt. Diese Querkräfte werden dann mit den eigentlichen Querkräften des Randes vereinigt[181].
Die Richtigkeit der Kirchhoffschen Randbedingungen wurde von E. Mathieu (1835–1890) angezweifelt. In seiner Arbeit *Sur le mouvement vibratoire des plaques*[182] versucht er, an Stelle der Kirchhoffschen Randbedingungen andere zu formulieren, ohne angeben zu können, worin Kirchhoffs Irrtum läge.

Mathieu setzt für die Differentialgleichung der Plattenschwingung

$$a^2 \left(\frac{\partial^4 z}{\partial x^4} + 2 \frac{\partial^4 z}{\partial x^2 \partial y^2} + \frac{\partial^4 z}{\partial y^4} \right) + \frac{\partial^2 z}{\partial t^2} = 0 \tag{118}$$

($a^2 = $ konst) zwei Lösungen der Form

$$z(x, y, t) = u(x, y)(A \sin l^2 a t + B \cos l^2 a t),$$

$$z'(x, y, t) = u'(x, y)(A' \sin l'^2 a t + B' \cos l'^2 a t)$$

an, womit aus (118) die Differentialgleichungen

$$\Delta \Delta u = l^4 u \quad \text{und} \quad \Delta \Delta u' = l'^4 u'$$

folgen.

[178] I. Szabó: *Höhere Technische Mechanik*, 5. Auflage (1972), S. 183–185.
[179] I. Szabó: *Höhere Technische Mechanik*, 5. Auflage (1972), S. 182.
[180] *Handbuch der theoretischen Physik* (1871), Band 2, S. 178.
[181] Siehe das in Fußnote 179 genannte Werk, S. 184–185.
[182] Liouvilles Journal 14, S. 241 ff. (1869).

Dann weist MATHIEU das Bestehen der Integralrelation

$$(l^4 - l'^4) \iint u\, u'\, \mathrm{d}x\, \mathrm{d}y =$$

$$= \oint \left(u' \frac{\partial}{\partial n} \varDelta u - \varDelta u \frac{\partial u'}{\partial n} - \varDelta u' \frac{\partial u}{\partial n} + u \frac{\partial}{\partial n} \varDelta u' \right) \mathrm{d}s$$

(119)

nach, wobei für $l \neq l'$ das linksstehende Integral verschwindet und somit auch das rechte. Nun glaubt MATHIEU behaupten zu können, daß dies nur dann eintreten kann, wenn überall am Rande sowohl u wie u' einem der folgenden vier Gleichungspaare genügt:

1. $u = 0, \quad \dfrac{\partial u}{\partial n} = 0;$ 　　　　　 2. $\varDelta u = 0, \quad \dfrac{\partial}{\partial n} \varDelta u = 0;$

3. $u = 0, \quad \varDelta u = 0;$ 　　　　　 4. $\dfrac{\partial u}{\partial n} = 0, \quad \dfrac{\partial}{\partial n} \varDelta u = 0.$

Bei den Schwingungen von Platten mit freiem Rand scheiden die Bedingungen 1. und 3. aus, da in diesem Fall der Rand keine Knotenlinie ($u = 0$) sein kann. Die Bedingung 2. hat auf den ersten Blick viel für sich, da sie für den eindimensionalen Fall des Stabes auf $\mathrm{d}^2 u/\mathrm{d}x^2 = 0$ und $\mathrm{d}^3 u/\mathrm{d}x^3 = 0$ führt, also genau auf die Bedingungen am freien Rand eines transversal schwingenden Stabes. MATHIEU weist jedoch nach, daß die Bedingung 2. bei der Platte trotzdem zu Widersprüchen führt, so daß nunmehr nur noch die Bedingung 4. übrigbleibt. An dieser Bedingung muß er nun festhalten, wenn sie auch beim Stab in

$$\frac{\mathrm{d}u}{\mathrm{d}x} = 0 \quad \text{und} \quad \frac{\mathrm{d}^3 u}{\mathrm{d}x^3} = 0$$

übergeht, wobei $\mathrm{d}u/\mathrm{d}x = 0$ für das freie Ende eines Stabes unmöglich richtig sein kann!

MATHIEUS Trugschluß bestand darin, daß das Verschwinden der vier Gleichungspaare keinesfalls die einzige Möglichkeit ist, das Randintegral in (119) zu Null zu machen; dadurch wird aber MATHIEUS Theorie unhaltbar. Im übrigen hat KIRCHHOFF auf MATHIEUS Arbeit nicht weiter reagiert, aber eine theoretisch und experimentell glänzend fundierte Entgegnung erfolgte durch den «Oberlehrer» (sic!) CARL GRÜNEWALD in dem *Jahresbericht über das Königlich Joachimsthalsche Gymnasium zu Berlin für das Schuljahr 1900/1901* [183].

[183] Der Titel der Arbeit lautet: *Zur Mathieuschen Theorie der Transversalschwingungen elastischer Scheiben und ihre Prüfung durch Barthélemy.*

7   Schlußbemerkungen zur Plattentheorie

Mit der Arbeit von KIRCHHOFF war die Theorie der dünnen Platten grundsätzlich abgeschlossen. In unserer Zeit wurde von E.REISSNER der Versuch unternommen[184], die schon erwähnte Diskrepanz zwischen zwei möglichen Randbedingungen für die Biegefläche und drei Randschnittlasten zu beseitigen. Durch die Berücksichtigung der Deformation infolge der Schubspannungen erhält man dann drei Randbedingungen; doch die dadurch entstehende mathematische Erschwerung ist ganz außerordentlich: anstatt der Bipotentialgleichung für die Biegefläche erhält man für diese drei partielle gekoppelte Differentialgleichungen[185]. So ist es erklärlich, daß für den konstruierenden Ingenieur, der es mit komplizierten Belastungen zu tun hat, diese Theorie keine Bedeutung erlangen konnte; dies um so weniger, als die Kirchhoffsche Plattentheorie auch noch für verhältnismäßig «dicke Platten» brauchbare Ergebnisse liefert[186].

8   Bemerkungen zur Weiterentwicklung der klassischen Elastizitätstheorie

Die Plattentheorie war das erste zweidimensionale Problem, das mit CAUCHYS elastischen Gesetzen und durch KIRCHHOFFS mathematische Künste gemeistert wurde. Hier ist also die eindimensionale Balkentheorie auf flächenhafte Strukturen erweitert und ein theoretisch schwieriges und praktisch ungemein wichtiges Problem gelöst worden. Demgegenüber bedeutete A.J.C.BARRÉ DE SAINT-VENANTS Torsionstheorie einen nicht minder wichtigen Fortschritt hinsichtlich der Belastungsart[187]. SAINT-VENANT übersetzte und erweiterte das klassische und heute noch lesenswerte Werk von R.FR.ALFRED CLEBSCH (1833–1872) *Theorie der Elastizität fester Körper* (1862) ins Französische. Bei CLEBSCH finden sich schon alle diejenigen Gleichungen und Begriffe, die die Entwicklung der Schalentheorie eingeleitet haben[188]. Für weiterführende Studien zur Elastizitätstheorie sei hingewiesen auf das dreibändige Werk von I.TOD-HUNTER und K.PEARSON *A History of the Theory of Elasticity and of the Strength of Materials* (1886–1893)[189].

---

[184] Journal Math. Phys. *23*, S.184 (1944); Quarterly of Applied Mathematics *5*, S.55 (1947).

[185] Eine von erster, zwei von dritter Ordnung!

[186] I.SZABÓ: *Die achsensymmetrisch belastete dicke Kreisplatte auf elastischer Unterlage,* Ing.-Archiv *19*, S.129 (1951), Zeitschrift für angewandte Mathematik und Mechanik *32*, S.359 (1952).

[187] *Torsion des prismes flexion, et équilibre intérieur des solides élastiques,* Mémoires Acad. Sci. Etrangers *XIV*, S.233–560 (1855).

[188] Eine Würdigung der Beiträge von SAINT-VENANT und CLEBSCH findet man in SZABÓ, I., *Die Weiterentwicklung der Elastizitätstheorie im 19.Jahrhundert nach Cauchy,* Die Bautechnik 1976, Heft 4.

[189] Neudruck von Dover Publications (1960).

Kapitel V
Geschichte der Stoßtheorie

A Die Anfänge der Stoßtheorie

> Wenn mir wirklich etwas geschieht, so sollt
> Ihr nicht trauern, sondern sollt ein wenig stolz sein
> und denken, daß ich dann zu den besonders
> Auserwählten gehöre, die nur kurz leben und doch
> genug leben.
>
> HEINRICH HERTZ

1 Einleitende Bemerkungen

Der die Kraftwirkung vergrößernde Effekt des Stoßes ist den Menschen seit uralten Zeiten bekannt. Der zum Schlag erhobene Stein, der Hammer, mit dem man einen Keil zum Spalten antreibt, der «Bär», mit dem man Pfähle in die Erde rammt, sind Beispiele dafür. Freilich erst nach dem Beginn des naturwissenschaftlichen Denkens finden sich Überlegungen über die Wirkung des Stoßes.

ARISTOTELES streift in seinen, von F.T. POSELGER (Hannover 1881) herausgegebenen *Questiones mechanicae* das Stoßproblem. Er erkennt den Unterschied zwischen dem Druck eines ruhenden Körpers und der Stoßwirkung eines schnell bewegten Gegenstandes. In Kapitel 18 (S. 34) der *Questiones* heißt es: «Warum werden mit einem leichten und kleinen Keil sehr schwere und große Körper gespalten? Etwa deswegen, weil er aus zwei entgegengesetzten Hebeln besteht, von denen jeder eine Last trägt und eine Fläche hat, die zugleich spaltet und drückt? Die Bewegung des Stoßes verstärkt die Last, da mit Schnelligkeit Bewegtes die Wirkung steigert, so wirken hier große Kräfte auf kleinem Hebel...»

2 GALILEIS Versuch zur Messung der Stoßkraft; seine Bemerkungen zum Stoßvorgang

«Der sechste Tag» in GALILEO GALILEIS *Discorsi*[1] ist dem Stoßproblem gewidmet[2]. GALILEI erkennt auch sofort den Kernpunkt des Stoßprozesses:

«... ein Mittel ausfindig zu machen, die mächtige Kraft des Stoßes zu messen, und womöglich die Prinzipien zu ergründen, nach denen das Wesen der Stoßwirkung zu erfassen ist ...»

Zur Messung der Stoßkraft glaubte GALILEI durch folgendes Experiment zu gelangen. An dem einen Arm einer Waage wurden zwei Gefäße untereinander aufgehängt (Bild 180); das obere Gefäß wurde mit Wasser gefüllt und besaß am Boden eine verschließ-

---

[1] Ostwalds Klassiker der exakten Wissenschaften Nr. 25.
[2] Leider ist dieser Teil nicht ganz vollendet. Die erste Leydener Ausgabe der *Discorsi* (1638) enthält auch nur die ersten vier Tage; der fünfte und sechste Tag wurden erst in den späteren Auflagen aufgenommen: 5. Tag 1674, Florenz; 6. Tag 1718 in der Florentiner Ausgabe der *Opere*. Zur Genesis der *Discorsi* siehe P. COSTABEL-LERNER, *Les nouvelles pensées de Galilée, par Marin Mersenne*, Vol. I (Paris 1973), S. 15–21.

bare Öffnung. Bei geschlossener Öffnung wurde die Waage durch das Gewicht G ins Gleichgewicht gebracht. Nun erwartete GALILEI, daß die nach dem plötzlichen Öffnen des Hahnes in das untere Gefäß strömende Flüssigkeit durch den Aufprall eine das Gleichgewicht störende Stoßkraft erzeugen würde, was ein Senken des Gefäßarmes nach sich gezogen hätte. Durch Auflegen zusätzlicher Gewichte – bis zur Herstellung des Gleichgewichtszustandes – wollte er dann die Stoßkraft messen. Was trat aber in Wirklichkeit ein? In dem Augenblick, in dem das Ausströmen begann, senkte sich das Gegengewicht G, und sobald der Wasserstrahl den Boden des unteren Gefäßes erreichte, ging das System in den Gleichgewichtszustand zurück. Heute fällt uns die Erklärung nicht schwer[3]. Der nach oben gerichtete Reaktionsdruck des ausströmen-

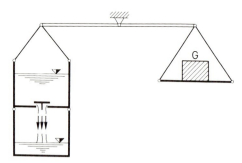

Bild 180
GALILEIS Versuch, die Stoßkraft einer Flüssigkeit zu messen.

den Wassers und das fehlende Gewicht des im Fallen begriffenen Wassers bewirken das Heben des Gefäßarmes der Waage; diese Ursachen hören aber sofort zu wirken auf, wenn der Wasserstrahl das untere Gefäß erreicht. Grundsätzlich kann man hier sagen, daß die Kraft und das Zeitintegral der Kraft (der Impuls) miteinander nicht direkt vergleichbar sind. Dasselbe gilt für die von GALILEI ebenfalls angestellte Erwägung, die Stoßkraft eines Rammbocks durch die statische Wirkung eines Gewichtes (peso morte) zu messen. Hier argumentiert GALILEI mit bewunderungswürdiger Geistesschärfe und kommt zu dem Schluß, daß die Stoßkraft im Verhältnis zum Gewichtsdruck quasi «unendlich» groß sei.
Zur Begründung führt er folgendes Gedankenexperiment an. Zwei Körper K und k hängen an den Fäden F und f so, daß ihre Schwerpunkte auf demselben Kreisbogen liegen (Bild 181). Das Gewicht der Körpers K sei im Verhältnis zu dem von k «enorm groß». Lehnt sich k an K an, so wird sicherlich der Schwerpunkt von K aus der zunächst vertikalen Lage von F angehoben. «Und wenn nun das einfache Anstützen des kleinen Gewichtes die große Last bewegen und heben kann», schreibt GALILEI, «was wird erst dann geschehen, wenn man den kleinen Körper entfernt und längs des Kreisbogens herabfallen läßt, bis er aufprallt?» Mit anderen Worten: Der «enorm große» Gewichtsdruck von K wird durch die Stoßkraft des kleinen Körpers überwunden. Dabei kann sie durch eine noch so kleine Fallhöhe h (und dementsprechend kleine Geschwindigkeit) erzeugt werden. «Hier bleibt allerdings kein Zweifel übrig», schreibt

---

[3] GALILEIS Begründung ist nicht einwandfrei.

GALILEI weiter, «daß die Stoßkraft unbegrenzt groß sein könne, wie der vorgetragene Versuch es lehrt.»

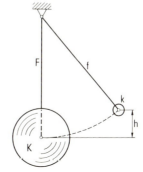

Bild 181
GALILEIS Gedankenexperiment zum Rammstoß.

In unserer heutigen Terminologie folgt die quasi unendlich große mittlere Stoßkraft S, die in der sehr kurzen Zeit Δt auf die Masse m einwirkt und ihr den Geschwindigkeitszuwachs Δv erteilt, aus dem Impulssatz

$$S \Delta t = m \Delta v.$$

GALILEI nennt das nicht explizit hingeschriebene Produkt $S \Delta t$ das «Moment» *(momento)* und schreibt in voller Erkenntnis des mechanischen Prozesses: «Das Moment eines Körpers beim Stoß ist zusammengesetzt aus unendlich vielen Momenten.» Er betont, daß die Bewegung des gestoßenen Körpers nicht momentan geschehen kann, «weil es sonst eine unstetige Bewegung durch eine endliche Strecke gäbe» und «so wird auch die Übertragung jener Momente vom stoßenden Körper Zeit kosten…»

GALILEI weist auch darauf hin, daß man durch wiederholte Stöße, also durch eine Anhäufung von «Momenten», schwere Körper (zum Beispiel Glocken) zum Mitschwingen[4] anregen oder in Bewegung setzen kann. Er schreibt: «Wer die Bronzetüre von San Giovanni[5] schließen will, würde umsonst versuchen, sie mit einem einfachen Druck zu bewegen, aber mit fortgesetzten Impulsen erteilt er dieser enormen Last eine solche Kraft, daß in dem Augenblick, in dem das Tor an die Schwelle stößt, die ganze Kirche erzittert. Solcher Art kann man dem schwersten Körper Kräfte mitteilen, sie ansammeln und vermehren.»

3   MARCUS MARCI (von Kronland)

Während GALILEI mehr zu qualitativen Erkenntnissen über das Wesen des Stoßvorganges gekommen ist, verkündete wohl als erster JOHANNES MARCUS MARCI DE KRONLAND (1595–1667) einige quantitativ richtige Sätze über elastische Stöße. MAR-

---

[4] Wobei er das Wesen der Resonanz erkennt.
[5] Gemeint ist wohl die berühmte Nordtür des Baptisteriums San Giovanni Battista in Florenz.

CUS MARCI (Bild 182), Doktor und Professor der Medizin an der Prager Universität und Leibarzt des Kaisers FERDINAND III. (1608–1657), war ein interessanter, vielseitiger und dennoch bis heute wenig beachteter Mann. Dabei schrieb bereits 1773 F. M. PELZEL in *Abbildungen böhmischer und mährischer Gelehrter und Künstler* (Prag 1773), Bd. I, S. XXIII, über ihn:

«Alle diese [Professoren an der Prager Universität] übertraf unser MARCUS MARCI, dessen philosophische Erfindungen und durchdringender Scharfsinn den Entdeckungen der neueren und älteren Philosophen vielleicht gleich kömmt. Mehrere behaupten sogar, CARTESIUS sey durch unsers MARCUS Schriften und Beobachtungen veranlasset worden, sein System zu erbauen, und habe zu dessen Aufführung nicht wenig daraus entlehnt, welches man bey einer sorgfältigen Vergleichung der Werke dieser beyden gelehrten Männer leicht wahrnehmen kann.»

Von seinem Ansehen zur damaligen Zeit zeugt, wie im zitierten Werke von PELZEL angeführt wird, daß er einen Ruf an die Universität Oxford erhielt, den er aber ausschlug. Kurz vor seinem Tode trat er dem Jesuitenorden bei. MARCUS MARCI schrieb wissenschaftliche Werke über Gebiete der Optik, Geographie, Mathematik und Mechanik. In seinem 1639 in Prag erschienenen Werk *De proportione motus* (Bild 183) entwickelt er interessante Gedanken über Bewegungen und insbesondere über ihre Zusammensetzung; er beschäftigt sich auch recht ausführlich mit den Problemen des elastischen Stoßes.

ERNST MACH schreibt in der ersten Auflage (1883) seines Werkes *Die Mechanik in ihrer Entwicklung* über MARCUS MARCIS Untersuchungen zur Mechanik: «Trug GALILEI auch als der klarste und kräftigste Geist die Palme davon, so sehen wir aus derartigen Schriften, daß er mit seinem Denken und seiner Denkweise nicht so isoliert dastand, als man oft zu glauben geneigt ist.» Im Jahre 1884 schreibt der große Galileiforscher EMIL WOHLWILL (1835–1912) in seiner *Entwicklung des Beharrungsgesetzes*[6], Bezug nehmend auf MACHS Meinung: «Ich habe aus eingehender Vergleichung der Schrift *de proportione motus* die Überzeugung geschöpft, daß MARCI GALILEIS 1632 erschienene, 1634 ins Lateinische übersetzte *Dialoge* sehr wohl gekannt und aus ihren zahlreichen die Bewegungslehre betreffenden Excursen sich die wichtigsten Resultate angeeignet hat.» Dieser schwere Vorwurf des geistigen Diebstahls scheint MACH schwer getroffen zu haben, denn in den nächsten Auflagen seines Buches wurde die zitierte Stelle gestrichen und dafür «MARCUS MARCI war ein merkwürdiger Mann» gesetzt. Es wäre interessant und der Mühe wert, der Frage nachzugehen, welche der «wichtigsten Resultate» aus GALILEIS *Dialoge* sich MARCUS MARCI «angeeignet» hat. Wir werden in Ziffer 8 dieses Abschnittes sehen, daß ein solches Plagiat schon aus zeitlichen Gründen unmöglich war. An dieser Stelle interessieren uns nur MARCIS Untersuchungen über Stoßvorgänge, und hier schneidet er – wenn wir WOHLWILLS Urteil über MARCIS Phoronomie akzeptieren – recht originär ab!

MARCI muß seine Sätze aus eigenen Beobachtungen, also aus selbstausgeführten Experimenten gewonnen haben, denn die zur mathematischen Herleitung notwendigen Prinzipien – wie Impulsatz und Reaktionsprinzip – lagen noch nicht vor; in mathematischer Form besaß sie auch GALILEI noch nicht. MARCI scheint – nach seinen schönen Illustrationen und den angeführten Beispielen – mit steinernen Kanonenku-

---

[6] Zeitschrift für Völkerpsychologie *XV*, S. 387ff. (1884).

IOANNES MARCVS MARCI PHIL: & MEDIC: DOCTOR.
et Profeſſor natus Landscronæ Hermundurorum in Boenna
anno 1595. 13 Iunij.

Bild 182
JOHANNES MARCUS MARCI DE KRONLAND (1595–
1667), Portrait aus dem *De proportione motus* (Prag
1639).

geln sowie mit elfenbeinernen Billardkugeln[7] und Spielbällen experimentiert zu haben.

Nach einigen Bezugnahmen auf Stoßvorgänge (darunter auch auf schiefzentrische) im ersten Teil des Buches bildet die «Propositio XXXVI» den Anfang der Stoßuntersuchungen. In dieser Proposition wird folgender Satz ausgesprochen: Stößt ein, gleichgültig durch welche Ursachen, bewegter Körper auf eine (unendlich ausgedehnte) Ebene, so wird er senkrecht[8] zur Ebene zurückgeworfen (reflektiert).

Dieser Satz ist auch für nicht vollelastische Körper richtig[9]. Daß im Falle der Vollelastizität der Körper (hier: die Kugel) gerade mit der Aufprallgeschwindigkeit zurückgeworfen wird, schreibt MARCI nicht, und dies um so weniger, da in den an die «Propositio XXXVII»[10] anschließenden Erklärungen Körper verschiedener Materialeigenschaften angeführt werden: weiche (*mollia*), die dem Stoß nachgeben, aber ihren inneren Zusammenhang wahren, wie Wachs und Blei; absolut harte (*absolute dura*), deren Teile dem Stoß nicht nachgeben, und die zerbrechlich (*fragilia*) sind, wie Glas und Tuffstein; halb absolut harte (*demum absoluta dura*), die tönenden (*sonora*) oder halbzerbrechlichen (*demum fragilia*), deren Atome (*atomi*) bis zu einer gewissen Weise in Schwingungen geraten, aber, wenn die Gewalt nicht allzu stark ist, sich wieder einigen; letztere Eigenschaft haben einige Metalle[11]. Es muß noch einmal erwähnt werden, daß wegen der noch fehlenden mechanischen Prinzipien, ohne die es keine klare Begriffsbildung geben kann, von MARCI keine quantitativ allgemeinen Sätze erwartet werden können. So sind die an die verschiedenen «Propositionen» und «Porismen»[12] anschließenden Ausführungen im heutigen Sinne keine Beweise, sondern nur Erläuterungen zur Plausibilität. Wegen der fehlenden Begriffe und der sie verbindenden Sätze sind auch die von MARCI verwendeten Worte *impulsus*[13], *impetus*, *violentia, resistentia* keine eindeutigen Begriffe, wenn wir sie auch in manchen Fällen mit gewissen heutigen mechanischen Größen identifizieren können. Unter diesen Umständen werden wir uns im weiteren nur auf die Wiedergabe der Marcischen Erkenntnisse der Stoßvorgänge beschränken.

Zu der schon erwähnten «Propositio XXXVII» lautet die «Porisma I»: «Wenn eine Kugel eine andere gleiche und ruhende anstößt, bleibt sie in Ruhe» und überträgt den *impulsus* der angestoßenen Kugel, die sich also – im Falle der von MARCI betonten Vollelastizität – mit der Geschwindigkeit der anstoßenden Kugel fortbewegt. Auch dieser Satz ist nach unseren heutigen Erkenntnissen richtig!

---

[7] Das Billardspiel – im 16. Jahrhundert in Italien entstanden – war um diese Zeit vor allem in Frankreich sehr beliebt.

[8] MARCI schreibt zwar, daß die Reflexion *per lineam rectam* (längs einer geraden Linie) erfolgt, aber aus der zugehörigen Figur ist ersichtlich, daß die senkrechte Gerade gemeint ist.

[9] I. SZABÓ, *Einführung in die Technische Mechanik*, 8. Auflage (1975), S. 366 ff.

[10] In dieser wird die senkrechte Reflexion näher definiert.

[11] Damit ist die Definition der vollelastischen Körper gegeben!

[12] Corollarien (Zusätze).

[13] In «Propositio I» heißt es: *Impulsus est virtus seu qualitas locomotiva, quae non nisi in tempore, et per spatium movet finitum.*
Deutsch etwa: «Der Impuls ist die Stärke oder Bewegungseigenschaft, die nur in der Zeit und längs eines endlichen Weges wirksam ist.»

Bild 183
Titelblatt von MARCUS MARCIS *De proportione motus* (Prag 1639).

Das «Porisma II» besagt: wenn eine (massenmäßig) größere Kugel auf eine kleinere ruhende trifft, wird die kleinere in Bewegung gesetzt, während die größere ihr mit kleinerer Geschwindigkeit folgt. Stößt dagegen eine kleinere auf eine größere ruhende Kugel, so laufen gemäß «Porisma III» die Kugeln mit verschiedenen Geschwindigkeiten auseinander [14].

Als Anwendung von «Porisma I» bzw. zu dessen Illustration wird das «Problem I» gestellt: «Eine Kugel, die auf einer Ebene ruht, mit einer anderen Kugel beliebiger Heftigkeit [15] so anzustoßen, daß sie an derselben Stelle liegen bleibt.» Um die Wirkung des Eindruckes auf den Leser zu steigern, führt MARCI das folgende Experiment vor (Bild 184): Die Kugel a wird auf einen Tisch gelegt, und dahinter wird die a berührende gleiche Kugel b aufgestellt. Nun wird aus der Kanone die mit a und b ebenfalls gleiche Kugel d auf die Kugel a abgefeuert. Gemäß «Porisma I» wird die Kugel a in Ruhe bleiben, und b setzt sich (nach c) mit der Geschwindigkeit der Kanonenkugel in Bewegung.

MARCI fährt fort:

«Wenn aber mehrere gleiche Kugeln sich in der Verbindungsgeraden ihrer Schwerpunkte berühren, wie f, g, h, i, und f zuerst von einer gleichen Kugel e angestoßen wird [Bild 184], so wird die letzte Kugel i in Bewegung gesetzt, und f, g, h bleiben nach Porisma I in Ruhe. Wenn aber eine der gleichen Kugeln k und l hinter sich beliebig viele kleinere und gleiche o, p, q hat und k die gleiche l anstößt, so setzen sich [nach dem

---

[14] Diese Sätze folgern wir heute aus den für zwei vollelastische Kugeln gültigen Geschwindigkeitsformeln

$$v_1 = \frac{2\,(m_1\,c_1 + m_2\,c_2)}{m_1 + m_2} - c_1; \quad v_2 = \frac{2\,(m_1\,c_1 + m_2\,c_2)}{m_1 + m_2} - c_2.$$

Hierbei bedeuten m_1 und m_2 die Massen der Kugeln, c_1 und c_2 ihre Geschwindigkeiten vor und v_1 und v_2 die nach dem Stoß. Setzt man $c_2 = 0$, so findet man alle drei Porismen bestätigt!

[15] *Violentia.*

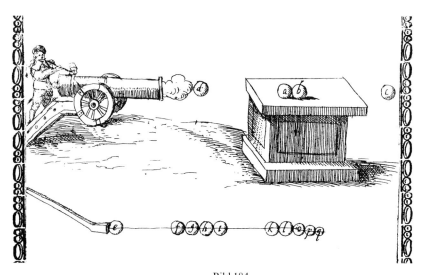

Bild 184
Experiment zu MARCUS MARCIS «Problema I: Eine Kugel, die auf einer Ebene ruht, mit einer anderen Kugel beliebiger Heftigkeit so anzustoßen, daß sie an derselben Stelle liegen bleibt.» Aus *De proportione motus* (Prag 1639), M (4) verso.

nicht in allen Thesen richtigen Porisma II] alle mit l in Bewegung. Wenn aber schließlich der Stoß von der kleineren Kugel q begonnen wird, setzt sich nach Porisma III die letzte k in Bewegung, während die anderen in Ruhe bleiben oder reflektiert werden.»

Es fällt MARCI nun nicht schwer, eine Reihe von Stoßaufgaben zu lösen. So heißt es zum Beispiel in «Problema II»: «Eine Kugel, die auf einer Ebene ruht und von einer anderen Kugel mit beliebiger Heftigkeit getroffen wird, in einen bestimmten Abstand zu bringen.» Man stelle in jenem auf der Stoßrichtung gemessenen Abstand eine gleiche Kugel auf, so wird diese sich nach dem Stoß (gemäß «Porisma I») fortbewegen, während die durch den Stoß «beliebiger Heftigkeit» herangeführte in dem gewünschten Abstand liegen bleibt. Im anschließenden «Porisma V» wird der – nach den in Fußnote 14 angeführten Formeln – richtige Satz ausgesprochen, daß zwei gleiche Kugeln, die mit entgegengesetzten Geschwindigkeiten aufeinanderstoßen, mit vertauschten Geschwindigkeiten auseinanderlaufen!

Kehren wir aber noch einmal zu Bild 184 zurück:

Man wird nicht bestreiten können, daß dort – im Jahre 1639! – prinzipiell dasselbe dargestellt ist, was man seit 1676 dem französischen Physiker EDME MARIOTTE zuschreibt: die in allen Physikbüchern abgebildete und in allen physikalischen Sammlungen stehende «Stoßmaschine»! Denn die Aufhängung der Kugeln an Fäden durch MARIOTTE ist prinzipiell kein neuer Gedanke [16]; sie ersetzt nur in vielleicht effektvollerer Weise MARCIS Tisch. MARIOTTE beschreibt seine Maschine in der in den Pariser Akademieberichten *Recueil de plusieurs traitez de mathématique* abgedruckten Abhandlung *Traité de la percussion ou choc des corps* (Paris 1676), um die noch näher zu beschreibenden Stoßtheorien von CHRISTOPHER WREN und CHRISTIAAN HUYGENS aus dem Jahre 1668 und 1669 experimentell nachzuprüfen. Demnach scheinen diese Herren, wenn wir ihnen – im Gegensatz zu WOHLWILL! – nichts Unehrenhaftes unterschieben wollen, MARCIS *De proportione motus* nicht gekannt zu haben.

Äußerst interessant sind MARCIS Ausführungen über schiefe Stöße: hier kann er erst recht niemandem etwas «entliehen», von niemandem etwas gelernt haben. Nach einigen vorangehenden Porismen und Propositionen stellt er in «Propositio XXXX» die Gültigkeit des optischen Reflexionsgesetzes für den schiefen elastischen Stoß fest. Dann stellt er sich folgendes Problem (Bild 185): Drei gleiche elastische Kugeln s, p und r befinden sich auf einem Billard-Tisch in solcher Anordnung, daß ihre Schwerpunkte nicht auf einer Geraden liegen. Man bestimme auf der Kugel p den Punkt, in dem die Kugel s anstoßen muß, um die Kugel r zu treffen [17]. Eine Lösung dieses

---

[16] In der anschließend angeführten Ausgabe findet man diesbezüglich auf S. 37 drei liegende Kugeln, während auf S. 3, 14 und 26 Experimente mit zwei aufgehängten Kugeln abgebildet sind.

[17] Das ist die Grundaufgabe der sogenannten «Karambolagepartie» beim Billardspiel. Im übrigen sieht man auf dem Bild 185 die noch gebogenen Stöcke (Queues), die erst 1750 durch gerade ersetzt wurden. So wie das MARCI aufgefaßt haben, nämlich den (geometrischen) Reflexionspunkt auf der Kugel (Kreis) zu finden, handelt es sich um das in der Mathematikgeschichte berühmte «Problem Alhazens». HUYGENS löste es als erster in einem Brief an OLDENBURG vom 26. Juni 1669 mittels Einschiebung einer Hyperbel. Siehe CHRISTIAAN HUYGENS, *Œuvres*, Correspondance No. 1745; C. W. DORNSEIFFEN, *Een Biljardvraagstuk;* HUYGENS, *Œuvres* 8, S. 222–228; E. M. BRUINS, *Problema Alhaseni ...* in Centaurus *1969* 13/3–4, S. 269–277; H. DÖRRIE, *Triumph der Mathematik* (Breslau 1933), S. 196–200.

interessanten Problems im heutigen Sinne, das heißt unter Berücksichtigung der Drehung der Kugeln, ist nicht ganz einfach, und diese Lösung würde auch nicht einen Punkt, sondern einen gewissen Bereich auf der Kugel p liefern. Zu MARCIS Zeiten konnte freilich von einer solchen Lösung keine Rede sein, denn es vergingen noch mehr als hundert Jahre, bis man die allgemeine (aus Translation und Rotation bestehende) Bewegung eines ausgedehnten festen Körpers beherrschte[18]. So ist es nicht verwunderlich, daß MARCIS Lösung in Form einer geometrischen Konstruktion nicht korrekt ist; auch im Sinne der «Punktmechanik» nicht, denn MARCI zieht seine schon erwähnte «Propositio XXXX» (Reflexionsgesetz) heran. Dieses gilt aber, wie auch aus seiner eigenen Figur zu dieser Proposition hervorgeht, nur für den elastischen Stoß einer kleinen Kugel gegen eine unendlich ausgedehnte Wand, und dies ist offenbar nicht der Fall, wenn die Kugel s (Bild 185) die ihr gleiche ruhende Kugel p anstößt[19]. Trotzdem müssen wir MARCIS Mut zum Anpacken dieses diffizilen Problems loben. Dasselbe gilt auch für seinen anschließenden Versuch («Problema II»), das «Hüpfen» eines kleinen Steinchens auf der Wasseroberfläche ebenfalls mit dem Reflexionsgesetz zu erklären (Bild 186). Mit diesen Ausführungen dürfte MARCUS MARCI wohl mindestens bis zu einem gewissen Grade der Unbekanntheit und der Unkenntnis entrissen worden sein: er war wirklich ein «merkwürdiger Mann»!

4   Die «Stoßgesetze» von DESCARTES

Fünfzehn Jahre nach MARCIS *De proportione motus* erschienen 1644 in Amsterdam die *Principia philosophiae*[20] von RENÉ DESCARTES. Man könnte dieses Werk eine «Natur-

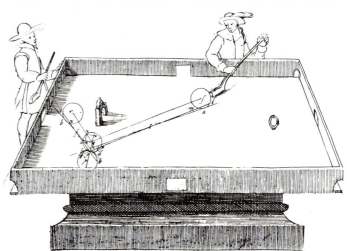

Bild 185
MARCUS MARCIS nicht korrekte geometrische Lösung der Frage, in welchem Punkt die Kugel s auf die Kugel p prallen muß, um dann die Kugel r zu treffen (Grundaufgabe der «Karambolagepartie» beim Billardspiel). Aus *De proportione motus* (Prag 1639), O (1) recto.

[18] Siehe Kapitel I, Abschnitt A und B.
[19] Die Kugel p wird in Richtung der Verbindungsgeraden der Kugelschwerpunkte in Bewegung gesetzt, während s (entgegen der Annahme von MARCI) dazu senkrecht abgelenkt wird.
[20] Ins Deutsche übertragen, mit einer Vorrede versehen und erläutert von ARTUR BUCHENAU, *Philosophische Bibliothek*, Band 28, 7. Auflage (Felix Meiner Verlag 1965).

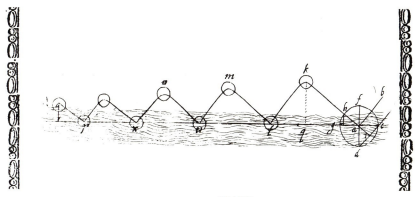

Bild 186
MARCUS MARCIS Versuch, das Hüpfen eines
Steinchens auf der Wasseroberfläche mit dem
Reflexionsgesetz zu erklären. Aus *De proportione
motus* (Prag 1639), O (2) recto.

philosophie» nennen, ist doch der größte Teil[21] diesbezüglichen Fragen gewidmet. Da es für DESCARTES keinen leeren Raum gibt, spielt für ihn der Zusammenstoß von Körpern eine wichtige Rolle. In den Ziffern 46–52 des Zweiten Teiles stellt er für den Stoß zweier vollkommen harter (*perfecte dura*) Körper[22] sieben Regeln auf. In etwas gekürzter Form lauten sie:

1. Wenn zwei gleiche Körper mit gleichen, aber entgegengesetzten Geschwindigkeiten zusammenstoßen, so laufen sie nach Ablauf des Stoßvorganges mit gleichen Geschwindigkeiten auseinander[23].
Diese Regel ist zumindest inkorrekt, da sie – im Gegensatz zu DESCARTES' Annahme – nur für vollkommen elastische Körper wirklich zutrifft.

2. Ist der eine Körper ein wenig größer als der andere und laufen beide mit entgegengesetzt gleichen Geschwindigkeiten aufeinander zu, so «weicht der kleinere zurück», und beide bewegen sich dann mit gleicher Geschwindigkeit (in Bewegungsrichtung des größeren Körpers) weiter.
Diese Regel ist für alle Körper (gleichgültig welcher Materialeigenschaften) falsch!

3. Wenn zwei gleiche Körper mit entgegengesetzten und ungleichen Geschwindigkeiten zusammenstoßen, so weicht der langsamere Körper zurück, und dann bewegen sie

[21] S. 21–248 (von insgesamt 248 Seiten) der obengenannten Übersetzung.
[22] Mit dieser Annahme ist schon der richtige Weg verbaut!
[23] In der angeführten Übersetzung von BUCHENAU ist diese Regel vollends «verkorkst». Nach dem zu der dort befindlichen Figur gegebenen Text kämen die beiden Körper (B und C) überhaupt nicht zum Stoß, sondern sie liefen voneinander weg! Daß man diesen Fehler seit 1922 nicht «entdeckt» hat, spricht nicht gerade für «sachgemäßes Lesen» seitens der Philosophen. Übrigens setzt sich diese Konfusion in der Übersetzung auch noch weiter fort.

sich beide mit der halben Summe ihrer (absolut genommenen) Geschwindigkeiten fort. Auch diese Regel ist für alle Körper falsch!

4. Wenn ein kleinerer Körper – gleich welcher Geschwindigkeit – auf einen größeren und ruhenden stößt, so prallt der kleinere zurück, während der größere weiter im Ruhezustand verharrt.
Diese Regel ist so falsch und widerspricht der primitivsten Erfahrung in solchem Maße, daß man sie als geradezu grotesk bezeichnen könnte!

5. Wenn ein größerer Körper der Masse M gegen einen kleineren ruhenden der Masse m stößt, so gehen beide Körper zusammen mit einer gemeinsamen Geschwindigkeit weiter, und diese ist zur ursprünglichen (des größeren Körpers) im Verhältnis $M:(M+m)$ vermindert.
Diese Regel ist – im Gegensatz zu DESCARTES' Annahme! – nur für vollkommen unelastische Körper richtig.

6. Wenn der eine von zwei gleichen Körpern gegen den anderen ruhenden sich bewegt, so prallt der erstere mit verminderter Geschwindigkeit zurück, während der letztere eine entgegengesetzte Bewegung beginnt. Stieße zum Beispiel der in Bewegung befindliche Körper mit «vier Grad Geschwindigkeit» gegen den ruhenden, so erteilt er dem ruhenden einen Grad Geschwindigkeit und geht selbst mit drei Graden zurück.
Auch diese Regel ist ganz falsch.

7. Bewegen sich zwei Körper der Massen M und m so in einer Richtung, daß m von M eingeholt wird, und ist $m > M$, ist jedoch die Bewegungsgröße von M größer als die von m, so bewegen sich beide Körper nach dem Stoß mit der gleichen Geschwindigkeit (in derselben Richtung) fort. Ist dagegen die Bewegungsgröße von m größer als die von M, so prallt der Körper M – unter Beibehaltung seiner Bewegungsgröße – zurück.

Auch diese Regel ist total falsch, und mit Staunen liest man DESCARTES' anschließende Bemerkung: «Auch bedarf es für diese Bestimmungen keiner Beweise, weil sie sich von selbst verstehen, und selbst wenn die Erfahrung uns das Gegenteil zu zeigen schiene, würden wir trotzdem genötigt sein, unserer Vernunft mehr als unseren Sinnen zu trauen.»
Die recht anstößigen «Stoßregeln» von DESCARTES kranken an der falschen Annahme $\sum m_j \,|\, v_j| = \text{konst}$. Dazu kommt, daß die Impulserhaltung $\sum m_j \,|\, v_j| = \text{konst}$ alleine auch nicht ausreicht, um die Geschwindigkeiten nach dem Stoß zu ermitteln.
Nach diesen Feststellungen zu den «Stoßregeln» von DESCARTES wird der Naturwissenschaftler geradezu verblüfft, wenn er in der 52. Anmerkung des Übersetzers und Erläuterers ARTUR BUCHENAU (1879–1946) liest: «Die modernen Kritiker, zum Beispiel DÜHRING in seiner *Kritischen Geschichte der allgemeinen Prinzipien der Mechanik*, werden hier DESCARTES nicht ganz gerecht.» Dabei besteht DÜHRINGS Kritik aus einem einzigen Satz: «Außer GALILEI hat dann DESCARTES fehlschlagende Versuche gemacht und eine Reihe von Stoßgesetzen aufgestellt, in denen nichts Erhebliches mit der Wahrheit zusammentrifft.» In Anbetracht der Schwere der Descartesschen Irrtü-

mer[24] wahrlich ein sehr mildes Urteil! Ebenso erregt es Widerspruch, wenn BUCHENAU in der Vorrede schreibt: «Die Natur als einen gewaltigen Mechanismus auffassen, dessen Gesetze der Mathematik, und zwar ihr allein, zu entnehmen sind, das ist der Gedanke, den in gleich konsequenter Durchführung unter den Zeitgenossen DESCARTES' allein GALILEI vertritt, der daher mit Recht von LEIBNIZ stets DESCARTES an die Seite gestellt wird.» Diese Behauptung quasi von der «Mathematisierung der Natur» durch DESCARTES und insbesondere der Vergleich GALILEI – DESCARTES ist völlig verfehlt[25].

In der Literatur trifft man auch die Behauptung, daß DESCARTES' Erhaltungsprinzip sich auf die absoluten Beträge der Bewegungsgrößen $m_j v_j$ $(j = 1, 2, ...)$ bezieht, daß also $\sum m_j |v_j| = $ konst ist. Zur Bekräftigung dieser Ansicht werden die Stoßregeln von DESCARTES herangezogen. Daß die Deutung mit den $m_j |v_j|$ generell nicht zutrifft, wurde in Kap. II, A 4 gezeigt; hier sei nur noch soviel bemerkt, daß DESCARTES' Stoßregeln nicht allein an der – nicht durchgehend verwendeten – $\sum m_j |v_j| = $ konst kranken, sondern (wie schon erwähnt) auch daran, daß selbst $\sum m_j v_j = $ konst allein im allgemeinen nicht ausreicht, um die Geschwindigkeiten nach dem Ablauf des Stoßvorganges zu ermitteln.

Man kann abschließend feststellen, daß von DESCARTES' «Stoßregeln» nicht eine korrekt ist; die meisten sind falsch und eine (die vierte) geradezu grotesk! Diese Feststellung ist keinesfalls neu; so schreibt zum Beispiel der in der Fußnote 24 angeführte französische Mathematiker MONTUCLA (*Hist. d. math. 2*, S. 287, 291):

«Wir würden gern zu Ehren von DESCARTES, an dem uns als Landsmann besonders viel liegt, genauso viel Gutes über die Regeln sagen, die er zur Übertragung der Bewegung aufzustellen versuchte. Hier haben ihn aber sein zu großes Vertrauen in einige metaphysische Ideen und ein schlecht gelenkter systematischer Geist in eine Menge von Fehlern hineingezogen, die kaum zu verzeihen sind. Wir finden in der Tat in diesen Regeln allerlei Fehler, gewagte Prinzipien, Widersprüche, Mangel an Vergleichen und Verbindungen. Es ist, um es mit einem Satz zu sagen, eine Kette von Fehlern, die es nicht verdient, diskutiert zu werden, wäre nicht die Berühmtheit des Verfassers zu respektieren...Aber wir wagen es, trotz allen Respektes, auszusprechen: es handelt sich hier um eine bemitleidenswerte Blamage...»

5   Die Stoßtheorien von WALLIS und WREN

In einer Sitzung der Londoner Royal Society im Jahre 1668 wurde der von allen Anwesenden beifällig aufgenommene Wunsch geäußert, über die Stoßvorgänge Untersuchungen anzustellen und die Resultate der Gesellschaft mitzuteilen. Wie der aus Bremen gebürtige Sekretär der Gesellschaft HEINRICH OLDENBURG (1618 – 1677) mitteilt, waren nach einigen Wochen und in schneller Folge (am 26. November und

---

[24] Auf die – wie auch auf sonstige physikalische Fehlleistungen DESCARTES' – schon DE CHALLES (1621–1678) in seinem *Cursus seu Mundus mathematicus* (1690), Bd. I, S. 675 ff., hinwies, indem er die Stoßgesetze in «Propositio VII» widerlegte. MONTUCLA (1725–1799) bewunderte in seinem *Histoire des mathematiques* (1758), Bd. 2, S. 287 ff., die «Folgsamkeit» der Schüler DESCARTES', die solche Sätze haben glauben können.

[25] Vergleiche auch Kapitel II, Abschnitt A.

17. Dezember 1668 sowie am 5. Januar 1669) von dem Mathematiker JOHN WALLIS (1616–1703), von dem berühmten Baumeister CHRISTOPHER WREN (1632–1723) und von dem als Physiker und Mathematiker gleich berühmten CHRISTIAAN HUYGENS Lösungen eingegangen. Die Lösungen von WALLIS und WREN wurden in der ebenfalls von OLDENBURG herausgegebenen Zeitschrift Philosophical Transactions *III*, S. 864–868 (1668), publiziert; die von HUYGENS erschien erst im nächsten, also im IV. Band (1669, S. 928 ff.) derselben Zeitschrift. Die Arbeit von WALLIS (Bild 187) ist in lateinischer Sprache abgefaßt und enthält dreizehn Regeln, von denen die ersten acht sich auf

Bild 187
JOHN WALLIS (1616–1703).

die geradlinige translatorische Bewegung eines Körpers beziehen («General Laws of Motion»), die folgenden vier die Stoßvorgänge zweier unelastischer Körper erfassen und schließlich die letzte einen Hinweis auf den Stoß elastischer Körper enthält. Es ist vom wissenschaftsgeschichtlichen Standpunkt aus höchst interessant, die Regeln von WALLIS (insbesondere die ersten acht) näher zu untersuchen.

Die erste Regel besagt: Wenn ein Agens A den Effekt E erzeugt, so ruft – unter gleichen Umständen – das Agens mA den Effekt mE hervor.

Die anschließende zweite Regel lautet:

«Ergo, si vis ut V moveat Pondus P; vis m V ut movebit mP, caet. paribus: puta, per eandem Longitudinem eodem Tempore, h. e. eadem Celeritate.»

Also deutsch:

«Wenn also die Kraft V das Gewicht P bewegt, so wird die Kraft mV das Gewicht mP bewegen, natürlich unter gleichen Umständen, nämlich bei konstanter Geschwindigkeit.»

Für den heutigen Leser bedeutet aber diese Formulierung einen Widerspruch zum Trägheitsprinzip[26], und man weiß nicht, ob hier vielleicht die alte und heutige Terminologie in Widerspruch stehen, das heißt, ob die Übersetzung «falsch» ist oder ob wirklich eine falsche Aussage vorliegt. Für die letztere Möglichkeit scheint die vierte Regel zu sprechen:

«Adeoque, si vis V, tempore T, moveat Pondus P, per Longitudinem L; vis m V, Tempore n T, movebit mP, per Longitudinem nL. Et propterea, ut V T (factum ex viribus et tempore) ad PL (factum ex pondere Longitudine) sic mnV T, ad mnPL.»

Deutsch:

«Wenn also die Kraft V, in der Zeit T, das Gewicht P durch die Strecke L bewegt, so wird die Kraft mV, in der Zeit n T, das Gewicht mP durch die Strecke nL bewegen. Und deshalb verhält sich V T (das Produkt aus Kraft und Zeit) zu PL (dem Produkt von Kraft und Weg) genauso wie mn V T zu mnPL.»

Diese Regel ist offensichtlich verfehlt und enthält genau denselben falschen Kern wie die Streitfrage, ob das Produkt aus Masse und Geschwindigkeit oder aus Masse und Geschwindigkeitsquadrat «das wahre Kraftmaß» ist[27]. Hier werden also auch von WALLIS Kinetik (oder Dynamik[28], wie man gewöhnlich, aber inkorrekterweise sagt) und Statik durcheinander gebracht. Denn wenn eine (hier immer angenommene) konstante Kraft V auf einen frei beweglichen Körper der Masse P einwirkt, so erlangt er nach der Zeit T gemäß dem Impulssatz ($VT = PC$) die Geschwindigkeit

$$C = \frac{V}{P} T$$

---

[26] Nachdem jegliche Krafteinwirkung auf einen freien Körper mit Geschwindigkeitsänderung verbunden ist.

[27] Siehe Fußnote 25.

[28] Spielt doch Kraft ($\delta\acute{u}\nu\alpha\mu\iota\varsigma$) nicht nur für die Bewegungsvorgänge (Kinetik), sondern auch für die Ruhe (Statik) eine zentrale Rolle.

und legt dabei in gleichmäßig beschleunigter Bewegung den Weg

$$L = \frac{1}{2}\frac{V}{P}T^2$$

zurück. Diese Beziehungen stehen aber im krassen Gegensatz zu den von WALLIS angegebenen Propositionen. Die von ihm aufgestellte vierte Regel ist nur zu «retten», wenn man sie im Sinne des (statischen) Prinzips der virtuellen Geschwindigkeiten zu deuten versucht[29]. Dann sind wir aber beim Hebelgesetz angelangt[30]. Wir stellen also fest, daß die Regeln von WALLIS aus dem statischen Prinzip der virtuellen Geschwindigkeiten gefolgert werden; dabei ist aber zu beachten, daß man bei diesem Prinzip nur die im Anfangszeitelement mit den konstanten virtuellen Geschwindigkeiten durchlaufenen Strecken betrachten darf. Manche der allgemeinen Regeln sind auch inhaltlich leer. So lautet zum Beispiel die fünfte

$$\frac{L}{T}:C = \frac{mL}{nT}:\frac{m}{n}C;$$

wegen der konstanten Geschwindigkeit besagt sie, daß $1 = 1$ ist!

Trotz dieser Inkorrektheiten sind die nachfolgenden Stoßregeln von WALLIS richtig, da er in Wirklichkeit seine vorangehenden Bewegungsgesetze nicht verwendet, sondern im Grunde genommen nur unter ihrem Mantel die Erhaltung der Bewegungsgröße der stoßenden Körper postuliert. Die von WALLIS aufgestellten Stoßgesetze sind dementsprechend Spezialfälle des Erhaltungssatzes der Bewegungsgröße, also der Beziehung

$$PC + mPnC = (P + mP)rC.$$

Hierbei sind P und mP die Massen der zentrisch-geradlinig stoßenden Körper, C und nC ihre Geschwindigkeiten vor dem Stoß und schließlich rC die gemeinsame Geschwindigkeit nach dem Stoß. WALLIS gibt auch (in der 12. Regel) einen richtigen Hinweis für die Anwendung seiner Stoßregeln auf den schiefen Stoß. Auf die Stoßtheorie (insbesondere auf den elastischen Stoß) ist WALLIS noch einmal und ausführlicher zurückgekommen in seinen *Opera mathematica*, Bd. I (Oxford 1695), S. 1002 ff. Bei dieser Gelegenheit beschäftigt er sich auch mit dem «Stoßmittelpunkt», den er *centrum*

---

[29] Dafür spricht auch die achte Regel, in der sich WALLIS auf die Bestätigung der «Kraftersparnis» in den Maschinen vermöge seiner Regeln beruft.

[30] Siehe Kapitel II, Abschnitt A, insbesondere S. 64 ff. Diese Verallgemeinerung des statischen Kräftespiels am Hebel oder, wie man damals verallgemeinernd sagte, an den «fünf einfachen Maschinen», nämlich Hebel, Keil, Rad, Flaschenzug und Schnecke, verdunkelt aber die kinetische Wirklichkeit, denn die im Prinzip der virtuellen Geschwindigkeiten eingeführten Geschwindigkeiten sind «virtuelle» (gedachte) und keinesfalls «aktuelle» (tatsächliche), wie sie in der Kinetik auftreten! Die Vernebelung wird von WALLIS noch dadurch gesteigert, daß er die Geschwindigkeiten mit endlichen Wegen und Zeiten in Verbindung bringt. Dieser Hang, die Gesetze des Gleichgewichts mit denen der Bewegung quasi zu identifizieren, wurde erst 1687 durch ISAAC NEWTON überwunden.

percussionis maximae nennt. Dieser Punkt wird folgendermaßen definiert. Man lege durch die starre Drehachse und den Schwerpunkt eines starren Körpers eine Ebene; dann ist in ihr derjenige Punkt der Stoßmittelpunkt, in dem ein zu dieser Ebene senkrecht ausgeübter Stoß in der Drehachse keine Reaktionswirkung hervorruft. Bei einer ebenen Bewegung, aber auch nur bei dieser, wie JOHANN I BERNOULLI zum ersten Male (WALLIS korrigierend) zeigte, fällt der Stoßmittelpunkt mit dem durch die reduzierte Pendellänge definierten Schwingungsmittelpunkt zusammen [31].

Bild 188
CHRISTOPHER WREN (1632–1723).

Die Arbeit von CHRISTOPHER WREN (Bild 188) ist ebenfalls in lateinischer Sprache geschrieben. In der redaktionellen Vorbemerkung weist er darauf hin, daß er seine Theorie des elastischen Stoßes durch Experimente bestätigt fand (Bild 189). Zu Beginn seiner Ausführungen führt WREN «die eigentümlichen Geschwindigkeiten der Körper» ein, die sich umgekehrt wie die Massen verhalten.

---

[31] I. SZABÓ, *Einführung in die Technische Mechanik*, 8. Auflage (1975), S. 372–374 und S. 249.

Sind v_e und V_e die den Massen m und M zukommenden «eigentümlichen Geschwindigkeiten», so gilt

$$v_e : V_e = M : m. \tag{1}$$

An diese Definition schließt sich folgende Behauptung an (Bild 189): «Haben die Körper R und S ihre eigentümlichen Geschwindigkeiten, so behalten sie dieselben auch nach dem Zusammenstoß.»

Diese Aussage beinhaltet aber, daß die Körper aufeinander zulaufen, also (1) in der Form

$$m v_e = - M V_e \tag{2}$$

anzusetzen ist, und daß der Stoß vollkommen elastisch ist. Dann lassen sich nämlich

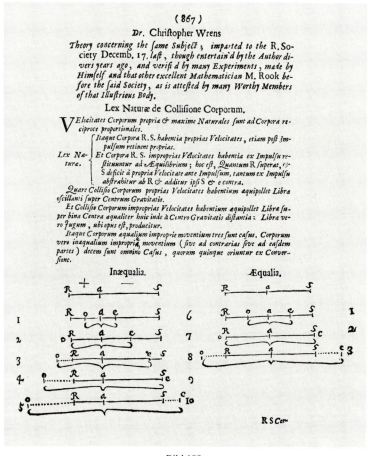

Bild 189
Der Anfang der lateinisch abgefaßten Stoßtheorie
von CHRISTOPHER WREN in den Philosophical
Transactions *III*, S. 867 (1668).

bei fehlenden äußeren Kräften aus dem Schwerpunktsatz und aus dem Energieerhaltungssatz, also aus

$$m v + M V = m c + M C \tag{3}$$

und nach Streichen des Faktors 1/2 aus

$$m v^2 + M V^2 = m c^2 + M C^2, \tag{4}$$

die Geschwindigkeiten c und C nach dem Stoß allgemein berechnen:

$$c = \frac{2(m v + M V)}{m + M} - v = 2 u - v; \quad C = \frac{2(m v + M V)}{m + M} - V = 2 u - V. \tag{5}$$

Mit (2) folgt hieraus $c = - v_e$ und $C = - V_e$, womit WRENS Behauptung bestätigt ist. WREN schreibt weiter (Bild 189):

«Der Stoß zweier Körper mit ihren eigentümlichen Geschwindigkeiten läßt sich mit einem Hebel vergleichen, der um seinen Schwerpunkt oszilliert. Der Stoß der Körper mit anderen Geschwindigkeiten läßt sich mit einem Hebel vergleichen, der um zwei Punkte oszilliert, die vom gemeinsamen Schwerpunkt gleich weit entfernt sind. Der Arm des Hebels wird, wenn es erforderlich ist, verlängert.»

Für den heutigen Leser sind einige Überlegungen notwendig, um WRENS Worten die richtige Deutung zu geben und insbesondere seine ohne Beweis angegebene Lösung nachzuprüfen.

WREN behauptet (Bild 189): Sind $\overrightarrow{Re}$ und $\overrightarrow{Se}$ die Geschwindigkeiten der Körper R und S vor dem Stoß und ist a der «Schwerpunkt», so sind, falls $a o = a e$ ist, $o\overrightarrow{R}$ und $o\overrightarrow{S}$ die Geschwindigkeiten von R und S nach dem Stoß. Um die Richtigkeit dieser quasi geometrischen Lösung nachzuweisen, stellt man zunächst fest, daß der Strecke $\overrightarrow{Ra}$ auf der durch R und S gelegten Geschwindigkeitsachse gemäß den Geschwindigkeiten $\overrightarrow{Re}$ und $\overrightarrow{Se}$ die Schwerpunktsgeschwindigkeit

$$u = \frac{m v + M V}{m + M} = \overrightarrow{Ra} \tag{6}$$

entspricht[32]. Hierbei ist m die Masse des Körpers S, und M die von R. Dann liest man aber von Bild 189 ab und findet weiter mit (5)

$$o\overrightarrow{R} = \overrightarrow{Ra} - \overrightarrow{av} = \overrightarrow{Ra} - (\overrightarrow{Re} - \overrightarrow{Ra}) = 2\overrightarrow{Ra} - \overrightarrow{Re} = 2 u - V = C.$$

Ebenso erhält man $o S = 2 u - v = c$; damit sind beide Formeln in (5) bestätigt. Man kann dieser Darstellung der Lösung nicht die Bewunderung versagen, und man stellt fest, daß ein großer Geist sich auch dann zu helfen weiß, wenn die mathematische Fassung des Problems[33] in Ermangelung einer lückenlosen Begriffsbildung noch nicht vorliegt.

---

[32] Denn für die Schwerpunktskoordinate hat man mit der Zeit t:
$$x_S = \frac{m x + M X}{m + M} = \frac{m v t + M V t}{m + M} = \frac{m v + M V}{m + M} t = u t.$$
[33] In Form von (3) und (4).

6   Die Stoßtheorie von CHRISTIAAN HUYGENS

Wie schon erwähnt, erschien die erste, die Stoßtheorie betreffende Arbeit von HUY-
GENS (Bild 190) in den Philosophical Transactions *IV*, S. 925–928 (1669), aber wir wissen aus einer brieflichen Mitteilung[34], daß er sich seit 1656 mit dem Stoßproblem
beschäftigt hatte. Ähnlich wie WREN behandelt HUYGENS auch den vollkommen
elastischen Stoß[35] und gibt, ebenfalls ohne Beweise, sieben Stoßregeln (*Regulae de
Motu Corporum ex mutuo impulsu*) an (Bild 191).

[34] Vom 6. Juli 1656 an CLAUDE MYLON.
[35] Er spricht von harten Körpern (*corpora dura*).

Bild 190
CHRISTIAAN HUYGENS (1629–1695) nach einem
Stich von CORNELIS DE VISZSCHER.

Die erste Regel lautet: «Wenn ein harter Körper an einen gleichen ruhenden harten Körper stößt, so bleibt der erstere nach Berührung in Ruhe, der vorher ruhende Körper aber erhält die Geschwindigkeit des anstoßenden Körpers.»

Diese Aussage, die schon MARCUS MARCI verkündet hatte, wird in der zweiten Regel von HUYGENS verallgemeinert: «Wenn zwei gleiche Körper mit gleichen und entgegengesetzten Geschwindigkeiten aufeinanderprallen, so laufen sie nach dem Stoß mit entgegengesetzt gleichen Geschwindigkeiten auseinander.» Sie beinhaltet sowohl die vollkommene Elastizität des Stoßvorganges wie auch die Erhaltung der gesamten Bewegungsgröße ($mv + MV =$ konst).

Die dritte Regel lautet: «Ein Körper, mag er noch so groß sein, wird von einem noch so kleinen und mit noch so geringer Geschwindigkeit anstoßenden Körper in Bewegung gesetzt.» Sie hat keine prinzipielle Bedeutung, und es ist sehr wohl denkbar, daß sie ein Seitenhieb auf die schon angeführte vierte Stoßregel von DESCARTES sein sollte.

Die vierte Regel ist «Die allgemeine Regel, die Bewegung, welche harte Körper nach ihrem Zusammenstoß erhalten, zu bestimmen». Die geometrische Konstruktionsvorschrift zur Bestimmung der Geschwindigkeiten nach dem Stoß ist die gleiche wie die von WREN: Bei HUYGENS sind (Bild 191) $\overrightarrow{AD}$ und $\overrightarrow{BD}$ die Geschwindigkeiten, mit denen die Körper A und B aufeinander zulaufen, C der «Schwerpunkt» (also $\overrightarrow{AC}$ die Schwerpunktsgeschwindigkeit) und $CE = CD$; dann sind $\overrightarrow{EA}$ und $\overrightarrow{EB}$ die Geschwindigkeiten von A und B nach dem Stoß.

Die fünfte Regel lautet: «Die Bewegungsgröße zweier Körper kann durch ihr Zusammenstoßen vermehrt oder vermindert werden; sie bleibt aber zu jeder Zeit nach einer und derselben Seite gerechnet unverändert, wenn man die nach der entgegengesetzten Seite gerichtete davon abzieht.» Diese Regel, insbesondere ihr erster Teil, verblüfft im ersten Augenblick; wie man aus der Fortsetzung klar entnehmen kann, ist die erste Teilaussage jedoch richtig, wenn man – wie DESCARTES – unter Bewegungsgröße eines Körpers das Produkt aus Masse und absoluter Geschwindigkeit (also deren Betrag ohne Rücksicht auf ihre Richtung) versteht: dann wird in der Tat die Summe der so gewonnenen Produkte im allgemeinen veränderlich sein.

Faßt man aber diese Produkte nach Maßgabe der Geschwindigkeitsrichtungen als Vektoren auf, was für uns heute selbstverständlich ist, so bleibt die gesamte Bewegungsgröße erhalten.

Wichtig ist noch die sechste Regel: «Die Summe der Produkte aus den Massen der Körper und den Quadraten ihrer Geschwindigkeiten ist vor und nach dem Stoß gleich groß.» Das ist der Satz von der Erhaltung der kinetischen Energie.

Zum Schluß schreibt HUYGENS, er habe ein wunderbares Naturgesetz bemerkt, das er bei kugelförmigen Körpern auch nachweisen könne, welches ihm aber auch allgemein für gerade oder schief zusammenstoßende Körper zu gelten scheine, nämlich daß sich der gemeinsame Schwerpunkt zweier oder mehrerer Körper vor und nach dem Stoß auf einer Geraden mit gleichmäßiger Geschwindigkeit fortbewege. Diese Feststellung überrascht uns nicht, denn HUYGENS ist es sicherlich nicht entgangen, daß in Bild 191 die Strecke AC eben diese konstante Geschwindigkeit des gemeinsamen Schwerpunktes ist.

Regulæ de Motu Corporum ex mutuo impulfu.

1. *Si Corpori quiefcenti duro aliud æquale Corpus durum occur-rat ; poft contactum hoc quidem quiefcet, quiefcenti vero acqui-retur eadem quæ fuit in Impellente celeritas.*

2. *At fi alterum illud Corpus æquale etiam moveatur, fera-turque in eadem linea recta, poft contactum permutatis invicem celeritatibus ferentur.*

3. *Corpus quamlibet magnum à corpore quamlibet exiguo et qualicunque celeritate impacto movetur.*

4. *Regula generalis determinandi motum, quem corpora dura per occurfum fuum directum acquirunt, hæc eft:*
Sint Corpora A et B, quorum A moveatnr celeritate A D, B vero ipfi occurrat, vel in eandem partem moveatur celeritate B D.

(928)

B D, vel denique quiefcat, hoc eft, cadat in hoc cafu punĉtum in B. Divifâ lineâ A B in C, (centro gravitatis Corporum A B.) fumatur C E æqualis C D. Dico, E A habebit celeritatem corporis A poft occurfum; E B vero, corporis B, et utrumque in eam partem, quam demonftrat Ordo punctorum E A, E B. Quod fi E incidat in punĉtum A vel B, ad quietem redigentur corpora A vel B.

Bild 191
Vier der sieben Stoßregeln
von Christiaan Huygens
aus seiner Arbeit in den
Philosophical Transac-
tions *IV*, S. 927/928 (1669).

5. *Quantitas motus duorum Corporum augeri minuive poteft per eorum occurfum; at femper ibi remanet eadem quantitas verfus eandem partem, ablatâ inde quantitate motus contrarii.*

6. *Summa Producterum factorum à mole cujuflibet corporis duri, ducta in Quadratum fuæ Celeritatis, eadem femper eft anté et poft occurfum eorum.*

7. *Corpus durum quiefcens, accipiet plus motus ab alio cor-pore duro, fe majori minorive, per alicujus tertii, quod media fuerit quantitatis, interpofitionem, quam fi percuffum ab eo fuiffet immediatè. Et fi corpus illud interpofitum, fuerit medium pro-portionale inter duo reliqua, fortius aget in quiefcens.*

Im Gegensatz zu WREN gab HUYGENS eine ausführliche Stoßtheorie mit Beweisen seiner Stoßregeln; allerdings erschien diese erweiterte Behandlung des elastischen Stoßproblems erst nach seinem Tode, und zwar im Jahre 1703 unter dem Titel *Tractatus de motu corporum ex percussione*[36]. Hier beginnt HUYGENS mit einigen Voraussetzungen («Hypotheses»), von denen die erste das Trägheitsprinzip beinhaltet, die zweite den elastischen Charakter des Stoßvorgangs postuliert[37] und die dritte grundsätzliche Bemerkungen zur Relativbewegung enthält.
In Voraussetzung III führt HUYGENS aus:

«Die Bewegung der Körper, Gleichheit oder Verschiedenheit der Geschwindigkeiten muß man relativ erkennen, bezogen auf andere Körper, die man als ruhend betrachtet, wenn sie vielleicht auch wie jene sich in einer anderen, gemeinsamen Bewegung befinden…
So sagen wir beispielsweise, wenn ein Insasse eines mit gleichförmiger Geschwindigkeit fahrenden Schiffes zwei gleiche Kugeln mit – auf das Schiff bezogen – gleicher Geschwindigkeit zusammenstoßen läßt, daß beide Kugeln mit gleicher Relativ-Geschwindigkeit zum Schiff zurückprallen müssen, genauso, als wenn er auf dem ruhenden Schiff oder auf dem Lande stehend dieselben Kugeln mit gleicher Geschwindigkeit zusammenstoßen ließe.»

Diese Methode der relativen Geschwindigkeiten bildet den Leitgedanken der Huygensschen Stoßtheorie, denn für eine direkte kinetische (dynamische) Lösung fehlten damals noch die Grundprinzipien. So kam HUYGENS auf den genialen Gedanken, für ein und dieselbe Bewegung zwei verschiedene durch die Relativität der Bewegung mögliche kinematische Beschreibungsarten ins Auge zu fassen. Diese Methode führt zum Erfolg, wenn die kinematischen Vorgänge mit unverkennbaren Bewegungskräften verbunden sind. Dies ist bei dem von HUYGENS angeführten Schiff bzw. Boot der Fall (Bild 192): Der hintere Mann im Boot hält mit seinen Händen *A* und *B* zwei gleiche, an Fäden hängende Körper *E* und *F* und bringt sie durch die gleiche Gegenbewegung seiner Hände zum Stoß. Gleichzeitig mit dieser Bewegung denke man das Boot mit derselben Geschwindigkeit, mit der die Hand *A* nach rechts gezogen wird, nach links bewegt. Es ist offenbar, daß sich die Hand *A*, und somit auch der Körper *E*, für den am Ufer stehenden Beobachter in Ruhe befinden. Man sieht, wie zwei die Hand und das Boot bewegende Kräfte relative Ortsveränderungen hervorbringen, aber in ihrem Zusammenwirken für einen bestimmten Beobachter den Ruhezustand wahrnehmen lassen. Unter diesen Umständen können sich der Insasse des Bootes und der Mann am Ufer die Hände reichen, um den Ruhezustand der Hand *A* bzw. des Körpers *E* zwingend erscheinen zu lassen.
Nach diesen prinzipiellen Bemerkungen sei die Methode von HUYGENS an dem Zusammenstoß zweier gleicher Körper dargelegt, wenn diese mit gleichen entgegengesetzten Geschwindigkeiten aufeinander zulaufen (Bild 192). Den Ausgangspunkt bildet die schon angeführte Voraussetzung II (eigentlich ein Axiom), daß nämlich zwei gleiche Körper, wenn sie mit gleichen Geschwindigkeiten aufeinanderstoßen, nach dem Stoß mit denselben (entgegengesetzten) Geschwindigkeiten auseinanderprallen.

---

[36] Deutsch in Ostwalds Klassiker Nr. 138.

[37] HUYGENS spricht das so aus: «Wenn zwei gleiche Körper mit gleichen Geschwindigkeiten aus entgegengesetzten Richtungen zusammenstoßen, so prallt jeder von beiden mit derselben Geschwindigkeit zurück, mit der er ankam.»

Wird nun durch die nach links gerichtete Bewegung des Bootes die nach rechts
geführte Bewegung der Hand *A* bzw. des Körpers *E* aufgehoben, so daß dieser vom
Ufer her als ruhend erscheint, so hat die nach links geführte Hand *B* bzw. der Körper *F*
für denselben Beobachter am Ufer eine entsprechend vermehrte (doppelte) Geschwindigkeit. Nach dem angeführten Axiom laufen die Körper im Boot nach dem Stoß mit
gleichen Geschwindigkeiten auseinander. Jetzt muß man diese axiomatische Annahme für den am Ufer stehenden Beobachter umwandeln. Es ist offenbar, daß für
diesen durch die Bewegung des Bootes jetzt der Körper *F* in Ruhe ist, während *E*
dieselbe Geschwindigkeit erhält, mit der er von *F* angestoßen wird. Dementsprechend
heißt der (erste) Lehrsatz bei HUYGENS: «Wenn auf einen ruhenden Körper ein anderer
gleicher stößt, so wird nach dem Stoß der letztere ruhen, während der vor dem Stoß
ruhende die Geschwindigkeit des anstoßenden Körpers annimmt.»

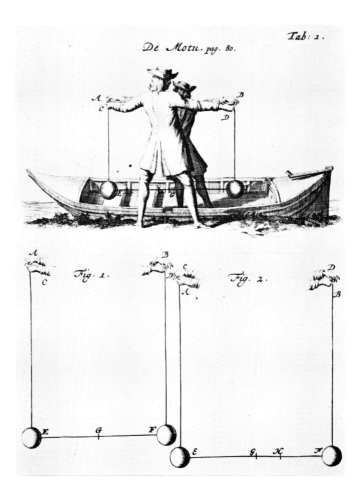

Bild 192
Zur *Methode der relativen*
Geschwindigkeiten aus
HUYGENS *Tractatus de*
Motu corporum ex
percussione, (1703), Tafel I
zu S. 80.

Durch Hinzunahme weiterer Axiome gelingt es HUYGENS, mit entsprechenden Spezialisierungen seiner Methode weitere für Körper verschiedener Bewegungsgröße gültige Lehrsätze herzuleiten, aus denen dann die zur quantitativen Geschwindigkeitsberechnung notwendigen Beziehungen folgen. In diesem Sinne stellt der Lehrsatz IV («Propositio IV») von der Gleichheit der Relativgeschwindigkeiten vor und nach dem Stoß, also die (mit den schon verwendeten Bezeichnungen) formulierte Beziehung

$$v - V = C - c, \tag{7}$$

die erste allgemeine Stoßregel dar. In der heutigen Betrachtungsweise folgt sie aus den Gleichungen (5). Die zweite zur Berechnung von c und C notwendige Beziehung ist entweder der Satz von der Erhaltung der kinetischen Energie oder der Erhaltung der Bewegungsgröße.

Es ist merkwürdig, daß HUYGENS den Erhaltungssatz der kinetischen Energie [38] erst im Lehrsatz XI ausspricht, obwohl er ihn schon in dem Beweis von Lehrsatz VIII greifbar nahe hat. Der Lehrsatz VIII spricht die auch von WREN aufgestellte und von uns behandelte Stoßregel für Körper aus, die gemäß (2) mit ihren eigentümlichen Geschwindigkeiten zusammenstoßen. In seinem Beweis ordnet HUYGENS den Geschwindigkeiten v und V vor dem Stoß die Fallhöhen $h = v^2/2g$ und $H = V^2/2g$ zu. Demnach ist die entsprechende Schwerpunktshöhe

$$H_S = \frac{mh + MH}{m + M} = \frac{mv^2 + MV^2}{2g(m + M)}.$$

Die Geschwindigkeiten c und C würden die Körper in die Höhen $c^2/2g$ und $C^2/2g$ hinauftreiben, denen wegen der Umkehrbarkeit des elastischen Prozesses dieselbe Schwerpunktshöhe, also

$$mv^2 + MV^2 = mc^2 + MC^2,$$

entspricht, während HUYGENS hier noch bei

$$mv^2 + MV^2 \geqq mc^2 + MC^2$$

bleibt und aus dieser Ungleichheit mit Hilfe des Lehrsatzes IV und mit $mv = -MV$ auf $v = -c$ und $V = -C$ schließt.

Die Erhaltung der Bewegungsgröße kommt bei HUYGENS im Beweis des Lehrsatzes IX zum Vorschein.

Die Stoßtheorien von WREN und HUYGENS haben – wie schon erwähnt – nicht nur MARIOTTE, sondern auch ISAAC NEWTON zu Stoßversuchen angeregt. NEWTON experimentiert mit zwei an Fäden aufgehängten Kugeln [39], deren für den Stoßvorgang maßgebliche Geschwindigkeiten er aus den Fall- und Steighöhen ermittelt (Bild 193). Er schreibt: «Damit dieser Versuch auf das Genaueste mit der Theorie übereinstimme, muß man sowohl den Luftwiderstand wie auch die Elastizität der zusammenstoßen-

---

[38] Er spricht noch vom Produkt aus Masse und Geschwindigkeitsquadrat, das später von GOTTFRIED WILHELM LEIBNIZ «lebendige Kraft» genannt wurde.

[39] *Principia* (1687), Corol. VI, S. 20 ff.

den Körper berücksichtigen.» Wegen der nicht vollkommenen Elastizität findet er anstelle von (7)

$$\varepsilon(v - V) = C - c, \tag{8}$$

und ermittelt für verschiedene Materialien, aus denen die Versuchskugeln bestehen, die Stoßzahl ε. Sie liegt zwischen Null für den vollkommen unelastischen Stoß und Eins für den vollkommen elastischen Stoß und kann nur in bestimmten Geschwindigkeits- und Kugelabmessungsbereichen näherungsweise als eine Konstante angesehen werden. NEWTON ging es bei diesen Versuchen vornehmlich darum, die *lex tertia* (das Gegenwirkungsprinzip) experimentell zu bestätigen; denn er schreibt am Ende seiner den Stoß betreffenden Ausführungen [40]: «Auf diese Weise ist das dritte Gesetz, soweit es den Stoß und die Reflexion betrifft, durch diese mit dem Experiment in vollkommener Übereinstimmung stehende Theorie bestätigt.»

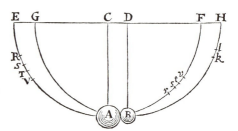

Bild 193
NEWTONS Versuchsanordnung zur Messung der Stoßzahl aus den *Principia* (1687), Corol. VI, S. 22.

Nach HUYGENS und NEWTON verging ein halbes Jahrhundert ohne wesentliche Fortschritte auf dem Gebiete der Stoßtheorie. Diesbezügliche Arbeiten von JOHANN BERNOULLI [41] und JAKOB HERMANN [42] gingen substantiell nicht über die Ergebnisse und Einsichten von HUYGENS hinaus. Nur der Versuch, den kräfte- und deformationsmäßigen Verlauf des Stoßvorganges theoretisch zu erfassen, konnte neue Erkenntnisse bringen. Dies geschah zum ersten Male – wie manches andere – durch LEONHARD EULER.

7　Die Stoßtheorie von EULER

Als Dreiundzwanzigjähriger publizierte EULER in den Petersburger Akademieberichten seine erste den Stoß betreffende Arbeit *De communicatione motus in collisione corporum* [43]. Er weist darauf hin, daß er einen anderen Weg einschlagen wird als seine Vorgänger WREN, WALLIS und HUYGENS, indem er das dynamische Grundgesetz zur

---

[40] *Principia* (1687), Corol. VI, S. 23.
[41] *Opera Omnia,* Tom. III (1742), S. 32–34.
[42] *Phoronomia* (Amsterdam 1716), S. 123–124.
[43] Commentarii Academiae Scientiarum Imperialis Petropolitanae *V,* S. 159–168, (1730, erschienen 1738).

Beschreibung des Stoßvorganges heranzieht. Er untersucht den geraden und zentrischen Stoß zweier «elastischer» oder «weicher» Körper, die die Enden einer masselosen Feder bilden. Ohne die Eigenschaften dieser Feder näher kennen zu müssen, ergeben sich dann aus dem dynamischen Grundgesetz und dem Reaktionsprinzip leicht die schon bekannten Zusammenhänge zwischen den Massen und den Geschwindigkeiten vor und nach dem Stoß. Neues an Resultat schaffte also diese Methode der mechanischen Grundprinzipien zunächst noch nicht, aber ihre konsequente Verfolgung in der Publikation *De communicatione motus in collisione corporum sese non directe percutientium*[44] brachte nicht nur hinsichtlich des Stoßes, sondern auch für die allgemeine Bewegung eines starren Körpers völlig neue Erkenntnisse.

Im Gegensatz zu WREN, WALLIS, HUYGENS, HERMANN und JOHANN BERNOULLI behandelt EULER nun den schiefen und exzentrischen Stoß zweier Körper unter der Voraussetzung eines ebenen sich aus Translation und Rotation zusammensetzenden Bewegungsvorganges. Die Schwerpunkte der zusammenstoßenden Körper sollen in derselben horizontalen Ebene liegen; ihre Stoßberührung wird als punktförmig angenommen. Zur einheitlichen Erfassung des elastischen oder unelastischen Stoßes werden die beiden nunmehr starren Körper durch eine masselose Feder miteinander verbunden. Die Bewegung der einzelnen Körper wird zerlegt in eine Translation des Schwerpunktes und in eine Drehung der einzelnen Punkte um eine durch den Schwerpunkt gehende und zur Horizontalebene senkrechte Achse. Die prinzipielle Bedeutung dieser Zerlegung der Bewegung eines starren Körpers wurde von EULER hier – und wohl zum ersten Male – klar ausgesprochen. In diesem Zusammenhang deutet EULER an (§ 8), daß er auch im Besitz einer prinzipiellen Methode sei, auf die er bei einer anderen Gelegenheit zurückkommen will, mit der man auch die allgemeine Bewegung beliebiger Körper beherrschen kann. Gemeint ist hier die Kenntnis des Schwerpunkt- und insbesondere Drehmomentensatzes, die er auch hier beim Stoß benötigt; den letzteren in der vereinfachten Form, in der die Winkelbeschleunigung proportional dem Drehmoment und umgekehrt proportional zum Massenträgheitsmoment ist. EULER benutzt den Ausdruck Massenträgheitsmoment nicht. Er spricht von der Summe der Produkte aus Abstandsquadraten und Massenelementen und bezeichnet sie mit S. Durch die Voraussetzung, daß die Schwerpunkte der beiden Körper, der Stoßpunkt und die Stoßkräfte in einer zur Bewegungsebene parallelen (Horizontal-)Ebene liegen, wird die schon erwähnte Drehachse durch den Schwerpunkt eine Hauptachse oder freie Achse und S somit ein Hauptträgheitsmoment. Die Zuwächse dv und $d\omega$ der Schwerpunkt- und Winkelgeschwindigkeiten der beiden stoßenden Körper erscheinen dann bei EULER nach dem Schwerpunkt- und Drehmomentensatz in der Form

$$dv = \frac{p\,dt}{m} \text{ und } d\omega = \frac{h\,p\,dt}{S},$$

wobei p die am Stoßpunkt einwirkende Kraft, dt das Zeitelement, m die Masse des betreffenden Körpers und h der auf den Schwerpunkt bezogene Hebelarm von p ist.

[44] Comm. Acad. Scient. Imp. Petropol. *IX*, S. 50–76, (für das Jahr 1737, erschienen 1744).

Mit diesen Beziehungen und den zwischen den beiden Körpern bestehenden kinematischen Beziehungen stellt EULER dann zunächst für einige Spezialfälle – wie zum Beispiel für den geraden und den für einen Körper exzentrischen Stoß – die Differentialgleichungen der Stoßbewegung auf, schließt aus ihnen auf die Schwerpunkts- und Winkelgeschwindigkeiten und weist für den elastischen Fall die Erhaltung der kinetischen Energie nach (§§ 23–24). Als Beispiel untersucht er (§ 25) den Stoß einer Kugel gegen ein Parallelepiped. Den Abschluß (§§ 29–34) bildet die Behandlung des allgemeinsten Falles, also des schiefen und für beide Körper exzentrischen Stoßes.

Damit war die Stoßtheorie, so weit es um die Bestimmung der Zusammenhänge von Geschwindigkeiten vor und nach dem Stoß ging, grundsätzlich geliefert. Es blieb aber noch die nicht minder interessante Frage nach der «Stoßkraft» offen. Dieses Problem behandelte EULER in der acht Jahre später geschriebenen Arbeit *De la force de percussion et de sa véritable mesure*[45]. Diese Publikation ist von so erfrischender Klarheit, daß ihre Lektüre heute noch ein Vergnügen ist. Sie beginnt mit grundsätzlichen Ausführungen über die «Kraft als Ursache der Änderung des Bewegungszustandes» und ihre Unterscheidung von der «Trägheitskraft» und «Zwangskraft». EULER schreibt: «Aber es gibt auch noch eine andere Gattung von Kräften, die Stoßkräfte, deren wirkliches Maß noch nicht widerspruchsfrei bestimmt worden ist.... LEIBNIZ und seine Schüler sehen so große Unterschiede zwischen den beiden Kraftarten [nämlich zwischen Zwangskräften und Stoßkräften], daß sie Zwangskräfte tote Kräfte und Stoßkräfte lebendige Kräfte nennen.» Im weiteren weist EULER auf den Streit zwischen den Anhängern DESCARTES' und LEIBNIZ' über «das wahre Kraftmaß» hin[46] und schreibt: «Man weiß genügend, mit welcher Hitzigkeit dieser Streit [ob nämlich das Produkt aus Masse und Geschwindigkeit oder Masse und Geschwindigkeitsquadrat das wahre Kraftmaß ist] zwischen den beiden Parteien ausgetragen worden ist; diese Kontroversen sind meistens in Haarspaltereien ausgeartet, die in sich zusammenfallen, sobald man den wirklichen Weg gefunden hat, die Kräfte zusammenprallender Körper zu messen und zu berechnen.»

EULER erklärt mit aller Entschiedenheit, daß weder das eine noch das andere Produkt ein Maß für die Stoßkraft sein kann, da diese sich als ein in endlicher – wenn auch sehr kurzer – Zeit wirkender Druck («pression») äußert. Sie kann bei Kenntnis der auf die Deformation bezogenen Materialeigenschaften der am Stoß beteiligten Körper aus mechanischen Prinzipien berechnet werden. Die Deformation der festen Körper erfaßt EULER durch die «Härte» («dureté») D, deren Maß durch die Beziehung

$$D = \frac{P}{V} \tag{9}$$

definiert wird, wobei V das Volumen der durch die Stoßkraft P entstehenden «Grube» oder «Eindrückung» («impression») ist. V soll gegenüber dem Körpervolumen sehr klein sein; diese Annahme entspricht einer «Linearisierung» der Deformation. Neben dieser Unterscheidung in der «Härte» spielt natürlich noch der Grad

---

[45] Mémoires de l'Academie Royale des Sciences de Berlin *I*, S. 21–53, (1745, erschienen 1746).
[46] Siehe Fußnote 25.

der «Elastizität» eine Rolle, das heißt in welchem Maße die Deformationen nach dem Aufhören der Krafteinwirkung zurückgehen.

EULER beginnt mit dem am leichtesten erfaßbaren Fall. Beide Körper haben die Form eines Parallelepipeds und stoßen mit zwei kongruenten Seitenflächen aneinander, wobei die Stoßrichtung zu der Berührungsfläche senkrecht steht (Bild 194). Die

Bild 194
Gerader zentraler Stoß zweier parallelepipedischer Körper A und B aus L. EULERs Arbeit *De la force de percussion et de sa véritable mesure* in den Mémoires de l'Academie Royale des sciences de Berlin I, Tafel IV zu S. 53 (1745).

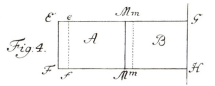

beiden Körper A und B haben die Härten Λ und δ, die Berührungsfläche $\mathscr{M}\mathscr{M}$ habe den Flächeninhalt c^2, die (parallelen) Eindrücke zur Zeit t seien r und s. Dann haben die Körper die «Grubenvolumina» $c^2 r$ und $c^2 s$. Hat nun ein Versuchskörper der Härte D unter der Einwirkung der Kraft P^* ein Grubenvolumen k^3 und bedeutet P die zwischen A und B auftretende Stoßkraft, so gilt gemäß (9)

$$\frac{P^*}{k^3} : \frac{P}{c^2 r} = D : \Lambda \quad \text{und} \quad \frac{P^*}{k^3} : \frac{P}{c^2 s} = D : \delta . \tag{10}$$

Wird nun der Körper B am Ende GH festgehalten, so rückt der Schwerpunkt von A um $x = r + s$ weiter, so daß aus (10)

$$P = \frac{\Lambda \delta P^* c^2}{(\Lambda + \delta) D k^3} x \tag{11}$$

hervorgeht. Bedeutet M die Masse des Körpers A und v seine Geschwindigkeit, so liefert das dynamische Grundgesetz

$$M v\, dv = -P\, dx;$$

damit folgt aus (11) nach Integration, wenn v_0 die Anfangsgeschwindigkeit von A ist,

$$v^2 = v_0^2 - \frac{\Lambda \delta P^* c^2}{M (\Lambda + \delta) D k^3} x^2 . \tag{12}$$

Für $v = 0$ tritt die größte Stoßkraft auf, die sich dann aus (12) und (11) zu

$$P_{\max} = v_0 c \sqrt{\frac{\Lambda \delta M P^*}{(\Lambda + \delta) D k^3}}$$

ergibt. Als Zahlenbeispiel wählt EULER $D = \Lambda = \delta$, $c^2 : k^3 = 100$, $P^* = 100$ Pfund, $v_0 = 100$ Fuß/sek, $M g = 1$ Pfund und erhält $P_{\max} = 4000$ Pfund. Vermöge der Beziehung $dx/dt = v$ errechnet EULER aus (12) auch den Ablauf der Zusammendrükkung im Verlaufe der Zeit t. Bezeichnet man in (12) den Faktor von x^2 mit ω^2, so folgt aus (12) nach Integration

$$x = \frac{v_0}{\omega}\sin \omega\, t, \qquad (13)$$

also wegen des linear angenommenen Kraft-Verschiebungsgesetzes selbstverständlich eine harmonische Schwingung.

Für das vorangehende Zahlenbeispiel erhält man im vollelastischen Fall als Schwingungsdauer $T = 1/200$ Sekunde, so daß die maximale Stoßkraft vom Stoßanfang an gerechnet nach $1/800$ Sekunde eintritt.

Nachdem EULER einige Bemerkungen über Sprödigkeit und Zerbrechlichkeit der Stoffe angestellt hat, verallgemeinert er das Problem in dem Sinne, daß einerseits der eine Körper (zum Beispiel ein Nagel) rotationssymmetrisch ist und daß andererseits beide Körper aus der Bewegung heraus zusammenstoßen (Bild 195).

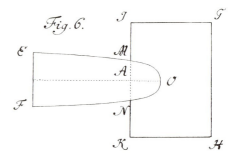

Bild 195
EULERS Verallgemeinerung des geraden zentralen Stoßes nach Bild 194 [Mém. acad. sc. Berlin I, Tafel IV zu S. 53 (1745)].

Diese Arbeiten beweisen – und darauf kam es EULER in erster Linie an –, daß die mechanischen Prinzipien zusammen mit einem Materialgesetz ausreichen, um alle bei einem Stoßvorgang maßgeblichen Größen zu berechnen. Auch hier war EULER bahnbrechend; darum ist es unverständlich, wenn FRANZ BERGER in seinem Werk *Kraftverlauf beim Stoß* (Braunschweig, 1924) die Behauptung aufstellt (S. 11/12): «Im ganzen 18. Jahrhundert sind nur zwei Arbeiten, und zwar von J. RICCATI und DANIEL BERNOULLI erwähnenswert», und weiter behauptet, daß D. BERNOULLI als erster den Stoß elastizitätstheoretisch behandelte. Unabhängig vom Inhalt der Arbeiten von RICCATI[47] und D. BERNOULLI[48] ist festzuhalten, daß die Arbeit von RICCATI 1754 und die von D. BERNOULLI 1770 erschien; nur die des letzteren enthält quantitative Aussagen. Es sei noch erwähnt, daß EULER zwei weitere Arbeiten über Stoßprobleme geschrieben hat: *De collisione corporum gyrantium*[49] und *De collisione corporum pendulorum*[50]. In der ersten Arbeit behandelt er den Zusammenstoß zweier Kugeln im allgemeinen (translatorischen und rotatorischen) Bewegungszustand. Die Differen-

[47] In seinen Abhandlungen unter dem Titel *Sistema dell'universo*.
[48] Novi Comm. Acad. Petropol. *XV*, S. 381, (1770); EO II 111, S. 37–61.
[49] Novi Comm. Acad. Petropol. *XVII*, S. 272, (1772); EO II 8, S. 369–402.
[50] Novi Comm. Acad. Petropol. *XVII*, S. 315, (1772); EO II 8, S. 403–417.

tialgleichungen der Bewegung werden aufgestellt, für kleine Deformationen integriert und auf Spezialfälle angewendet. In der zweiten Arbeit wird der schiefe Stoß zweier kugelförmiger Pendel abgehandelt.

Mit EULERS Arbeiten über Stoßprobleme wurde ein vorläufiger Abschluß erreicht. Der kinetische und kinematische Weg wurde gewiesen. Den weiteren Fortschritt mußte ein diffizileres Eingehen auf die Stoßgesetze, insbesondere auf die Gesetze zwischen den Spannungen und Verzerrungen, bringen. Hierüber soll im folgenden Abschnitt berichtet werden.

8   Ein Nachtrag

Nach der ersten Fassung dieses Beitrages wurde ich darauf aufmerksam gemacht[51], daß MARCUS MARCI durch andere Arbeiten, insbesondere aus den letzten Jahren, nicht mehr ein fast vergessener Gelehrter des 17. Jahrhunderts ist. In verschiedenen Publikationen wurden seine näheren Lebensumstände erforscht und seine wissenschaftlichen Leistungen eingehend gewürdigt[52]. Von den aus dem Studium dieser Arbeiten gewonnenen und für den Verfasser neuen Ergebnissen werden die bemerkenswertesten im folgenden nachgetragen.

MARCUS MARCI entstammt einer adeligen Offiziersfamilie. Seine Gymnasialstudien absolvierte er in dem damals in Hochblüte stehenden Jesuitenkollegium in Neuhaus (Jindrichuv Hradec). Im Jahre 1618 beginnt er in Prag mit dem Studium der Medizin und promovierte dort 1625. Schon ein Jahr später wird er «Physicus» und «Professor extraordinarius». Im Jahre 1630 wird er schon als «Ordinarius» genannt. Als 1648[53] die Schweden Prag belagert und einen Teil (die sogenannte «Kleinseite» mit dem Hradschin) der Stadt besetzt und aufs gründlichste geplündert hatten[54], nahm MARCI an der Spitze einer von ihm aufgestellten Studententruppe aktiv an der Verteidigung teil. Für diese Tat erhielt er von Kaiser FERDINAND III. das Adelsprädikat «von Kronland». MARCI wurde öfter zum Dekan seiner (medizinischen) Fakultät und 1662 zum Rektor der Universität gewählt. Am Ende seines Lebens war er wie GALILEI erblindet. Begraben wurde er in der Krypta der Prager St.-Salvator-Kirche.

Man weiß, trotz der Isoliertheit Prags während des Dreißigjährigen Krieges, von einigen wissenschaftlichen Kontakten MARCIS mit seinen Zeitgenossen. Der englische Arzt, Anatom und Entdecker des großen Blutkreislaufes WILLIAM HARVEY (1578–1657) hielt sich 1636 in Prag auf und kam mit MARCI zusammen. In den Jahren 1638–

---

[51] Durch die freundliche Mitteilung des Herrn Dr. E. A. FELLMANN in Basel.

[52] Von diesen Arbeiten seien hier zwei – mit reichen Literaturangaben – angeführt: J. MAREK, *Un physicien tchèque du XVIIe siècle: Ioannes Marcus Marci de Kronland*, Revue d'histoire des sciences *21*, S. 109, (1968); E. J. AITON, *Ioannes Marcus Marci*, Annals of Science *26*, S. 153, (1970).

[53] Und nicht 1647, wie MAREK schreibt.

[54] Der größte Teil des von dem renegaten Grafen KÖNIGSMARCK (1600–1663) organisierten riesigen künstlerischen Raubgutes, darunter Münzen, Gemälde, Skulpturen, seltenste Handschriften (zum Beispiel der *Codex argenteus,* das ist die Gotische Bibel des Bischofs ULFILAS [311–388]) und Bücher, «der singende Brunnen» vom Lustschloß Belvedere, gelangten größtenteils nach Schweden und – durch die Königin CHRISTINE – nach Rom.

1639 machte MARCI eine Reise nach Rom und hatte Gelegenheit, in Graz mit PAUL GULDIN (1577–1643) und in Rom mit ATHANASIUS KIRCHER (1602–1680) ins Gespräch zu kommen; beide waren Jesuiten und geschätzte Mathematiker ihrer Zeit. Im Jahre 1638 erschienen in Leyden GALILEIS *Discorsi*, und MARCI lernte dieses Werk durch GULDIN kennen. Für seine 1639 erschienene *De proportione motus* konnte er (im Gegensatz zu WOHLWILL!) allerdings keinen Nutzen mehr ziehen: die Abfassung der Arbeit und insbesondere die Drucklegung wird wahrscheinlich Jahre in Anspruch genommen haben. Genauso wie in der Stoßtheorie gehen MARCIS Erkenntnisse in der Verwendung des Pendels zur Pulsmessung über die GALILEIS hinaus, wenn die Behauptung wahr ist, daß GALILEI zur Messung der Schwingungszeit des Pendels seinen Pulsschlag benutzt haben soll. MARCI kennt auch die Proportionalität der Schwingungszeit zur Quadratwurzel der Pendellänge und ebenso den Kreissehnensatz für den freien Fall[55]. Schon in Anbetracht solcher Erkenntnisse muß man WOHLWILLS abfälliges Urteil[56] über MARCI entschieden zurückweisen.

Man verläßt sich besser etwa auf FRANZ JOSEPH STUDNIČKA (1836–1903), der im Gegensatz zu WOHLWILL, der Wissenschaftsgeschichte nur mit der Grundausbildung eines Chemikers betrieb, ein vorzüglicher Mathematiker war. Am 31. Januar 1891 hielt er in der Jahresversammlung der Königlich Böhmischen Gesellschaft der Wissenschaften einen in den Berichten dieser Gesellschaft abgedruckten Vortrag unter dem Titel *Ioannes Marcus Marci a Cronland, sein Leben und gelehrtes Wirken*. Hier wird zum ersten Male eigens erforschtes Material zusammengetragen und mit wissenschaftlicher Objektivität beurteilt. Zur Illustration dieser wohlfundierten Objektivität zitieren wir (S.XXX): «Von der Aristotelischen Naturlehre auf die Galileische Weltanschauung umzusatteln, das läßt sich nicht mit dem einfachen Pferdewechsel eines Reiters vergleichen. Darum finden wir bei MARCUS MARCI so häufig die oszillierenden Gedankenformen der betreffenden Übergangsperiode ... Überdies muß noch im vorliegenden Falle bemerkt werden, daß MARCUS MARCI in den verschiedensten Lebensrichtungen zu sehr in Anspruch genommen war, um ruhig und ohne Unterbrechung sich dem alleinigen Studium der Mechanik und Optik hingeben zu können.»

Während WOHLWILL, wie gesagt, MARCUS MARCI des Plagiats bezichtigt, schreibt AITON[57]: «MARCIS Ansichten über die Bewegung gehen nicht über die der Scholastiker des vierzehnten Jahrhunderts hinaus; eigentlich reichen sie selbst an die Erkenntnisse des aufgeklärten BURIDAN nicht heran.» Hier wird man WOHLWILL und AITON unmöglich auf einen Nenner bringen können: Auf der einen Seite «Aneignung» bei dem Antischolastiker GALILEI, auf der anderen höchstens das Niveau der Scholastiker des XIV. Jahrhunderts! Die Wahrheit dürfte wohl bei STUDNIČKA liegen. Die größte Aufmerksamkeit in dieser Schrift von STUDNIČKA verdienen die Ausführungen über die «Priorität» der Stoßgesetze.

---

[55] Wenn vom höchsten Punkt eines vertikal stehenden Kreises zur Kreisperipherie Sehnen gezogen werden, so sind die Fallzeiten längs dieser Sehnen gleich.

[56] Siehe Fußnote 6.

[57] Siehe Seite 155 der in Fußnote 52 zitierten Arbeit. Im übrigen spricht AITONS Publikation für ein sehr genaues Studium von MARCIS *De proportione motus*: Nichts wird an Positivem wie an Negativem (bis auf die Anwendung des Reflexionsgesetzes beim Billardspiel) übersehen.

Es wurde schon[58] die Vermutung geäußert, daß WALLIS, WREN und HUYGENS MARCIS Stoßgesetze scheinbar nicht kannten, da sie MARCI mit keiner Silbe erwähnen. Nun weist STUDNIČKA nach, daß diese Unkenntnis für HUYGENS auf keinen Fall zutrifft! Es existiert nämlich eine Korrespondenz zwischen dem Prager Probst KINNER VON LÖWENTHURN[59] und HUYGENS. KINNER VON LÖWENTHURN war sowohl mit MARCI wie auch mit HUYGENS befreundet und informierte den letzteren über das wissenschaftliche Leben in Prag. Durch die Korrespondenz wurden HUYGENS die Werke von MARCI, insbesondere auch *De proportione motus* bekannt[60]. In dem Brief vom 29. November 1653 wird HUYGENS von KINNER auf MARCIS *tractatus binos Geometricos de motu* aufmerksam gemacht. HUYGENS schreibt (DESCARTES korrigierend): wenn eine Kugel A auf die gleiche und ruhende B stößt, wird die Geschwindigkeit von A auf B übertragen, während A in Ruhe bleibt. KINNER antwortet am 3. Januar 1654, daß auch MARCI dieser Ansicht sei, und bittet HUYGENS am 16. September um seine Meinung über MARCIS diesbezügliche Schrift. Am 26. November 1654 antwortet der damals fünfundzwanzigjährige HUYGENS. Er schreibt zu Beginn, daß er die *Scripta Domini Marci* mit ein wenig Aufmerksamkeit überflogen habe[61]. Nach abfälligen Äußerungen[62] über MARCIS Ansichten schreibt er an einer Stelle, daß er über den Stoß alle Erkenntnisse hat[63], und etwas später, daß seine Betrachtungen noch nicht beendet sind[64]. Das letztere wollen wir dem jugendlichen HUYGENS glauben, denn wie wir gesehen haben, hat er sein Tractat bei der Royal Society erst etwa fünfzehn Jahre später eingereicht. Daß er bei dieser Gelegenheit MARCUS MARCI mit keinem Wort erwähnt, ist des großen Holländers unwürdig gewesen. Ebenso unverständlich ist es, daß ERNST MACH vor der, wie nun feststehen dürfte, ungerechtfertigt abfälligen Bemerkung WOHLWILLS kapitulierte.

---

[58] In Ziffer 3 dieses Abschnittes.
[59] Er war zuerst Hofmeister am Wiener Kaiserhof und kam 1653 nach Prag.
[60] Brief Nr. 194 vom 4. Juli 1654 in *Œuvres de Chr. Huygens,* Bd. I (1888).
[61] *paulo attentius percurri.*
[62] Wie *nisi plena omnia confusione et phantasticis opinionibus.*
[63] *Omnes edocti.*
[64] *Sed nondum ea tractatio ad finem perducta est.*

B   Geschichte der Theorie des elastischen Stoßes

> Zum Beginnen, zum Vollenden
> Zirckel, Bley und Winckelwage,
> alles stockt und starrt in Händen,
> leuchtet nicht der Stern dem Tage.
> GOETHE

1   Einleitende Bemerkungen

Nach EULERS Publikationen[65] vergingen etwa 75 Jahre, bis man wieder begann, über den Stoßvorgang neue, theoretische Erkenntnisse zu gewinnen. Alle diese Theorien können als Fortsetzungen (im vertiefenden Sinne) entweder der mechanischen Theorie von WALLIS, WREN, HUYGENS und NEWTON, oder der elastischen Theorie von EULER angesehen werden. Die letztere wird, da sie elastische Wellen erschließt, auch die Wellentheorie des Stoßes genannt. Das Kriterium der Trennung dieser Stoßtheorien ist durch das Verhältnis der Laufzeit der elastischen Wellen in den stoßenden Körpern zu der Zeit des Stoßablaufes gegeben. Ist es klein, was bei kleinen Stoßgeschwindigkeiten zutrifft, so kann man mit der mechanischen Theorie arbeiten. Einen entscheidenden Impuls erhielt diese Theorie durch HEINRICH HERTZ; wir kommen auf seine diesbezügliche Arbeit noch zurück. Ist das erwähnte Zeitverhältnis dagegen groß, so werden die elastischen Wellen (Schwingungen) einen beträchtlichen Teil der von den stoßenden Körpern mitgebrachten kinetischen Energie verzehren, so daß die elastischen Wellen quasi als Störungen des eigentlichen Stoßvorganges anzusehen sind. Zur Wellentheorie des Stoßes lieferten FRANZ NEUMANN und BARRÉ DE SAINT-VENANT die ersten richtungsweisenden Beiträge. Im Anschluß an diese Theorien begannen auch deren experimentelle Nachprüfungen, von denen erst diejenige von CARL RAMSAUER (1879–1955) als klärend und wirklich erfolgreich bezeichnet werden kann.

2   Die Stoßtheorie von POISSON

DENIS POISSON (Bild 196) widmete der Stoßtheorie in seinem *Traité de mécanique* (Paris 1835) umfangreiche Ausführungen. Sie befinden sich im zweiten Band der von M. A. STERN besorgten deutschen Übersetzung (1835/36), und zwar auf den Seiten 20–27 (1. Kapitel), 197–226 (7. Kapitel) und 257–271 (8. Kapitel). Der an der ersten Stelle angegebene Teil enthält die auf dem Impuls- und Energiesatz basierende Theorie von WALLIS, WREN und HUYGENS. Insbesondere weist POISSON darauf hin, daß der Impulssatz wegen der allein in Betracht kommenden inneren Stoßkräfte die Erhaltung des Systemschwerpunktes beinhaltet.

Die Ausführungen im 7. Kapitel (S. 197–226) befassen sich mit dem *Stoß der Körper beliebiger Gestalt.* Aus dem mit dem d'Alembertschen Prinzip hergeleiteten Impuls-

---

[65] Fußnoten 44 und 45.

Bild 196
DENIS POISSON (1781–1840).

und Drehmomentensatz gewinnt POISSON die nötige Anzahl von linearen Gleichungen, um aus je drei Translations- und Winkelgeschwindigkeitskomponenten der einzelnen Körper vor dem Stoß die gleichen Geschwindigkeitskomponenten nach dem Stoß zu bestimmen. Diese Gleichungen werden für zwei stoßende Körper explizit hingeschrieben. In diesem Falle sind es also zwölf lineare Gleichungen, die aber neben den zwölf unbekannten Geschwindigkeitskomponenten als dreizehnte Unbekannte noch die an der Stoßstelle auftretende Normalkraft enthalten. Diese wird erst durch die Fallunterscheidung «vollkommen unelastischer Stoß» oder «vollkommen elastischer Stoß» bestimmbar[66].

POISSON macht auch einen Vorschlag, wie man, mit Hilfe eines experimentell zu ermittelnden Faktors für die Normalkraft das zwischen den beiden Idealfällen liegende elastische Gebiet auch noch erfassen könnte (S.204–205). Er rechnet auch einige interessante Spezialfälle für beliebige und – mit Rücksicht auf das Billardspiel – kugelförmige Körper durch[67]. Auch der Fall wird untersucht, in dem der eine Körper in einem Punkt festgehalten wird (S.221–222).

Im 8.Kapitel behandelt POISSON die longitudinalen Schwingungen eines homogenen, elastischen Stabes konstanten Querschnittes (S.245–257). Er kommt (mit der Dichte ϱ und dem Elastizitätsmodul E) zu der bekannten Differentialgleichung der eindimensionalen Wellenfortpflanzung

$$\frac{\partial^2 u}{\partial t^2} = \frac{E}{\varrho} \frac{\partial^2 u}{\partial x^2}. \tag{14}$$

Hierbei bedeutet u die longitudinale Verschiebung der Stabquerschnitte, t die Zeit und x die in der Richtung der Stabachse gemessene Koordinate. Diese Differentialgleichung bzw. ihre in Form von trigonometrischen Reihen angegebenen Lösungen verwendet POISSON für den longitudinalen Stoß zweier bis auf ihre Längen gleicher Stäbe. Hierbei nimmt er an, daß vom Augenblick des Zusammenstoßes die beiden Stäbe Teile eines einzigen elastischen Körpers sind. Daß diese Hypothese nicht zutreffend sein kann, zeigt sich zum Beispiel dadurch, daß die beiden Stäbe, außer wenn sie gleich lang sind, sich niemals trennen würden, und das widerspricht der Erfahrung. Damit ist dieser erste Versuch einer Wellentheorie des Stoßes mißlungen.

3   Mechanische Näherungstheorien

Um die Mitte des 19.Jahrhunderts begann die Blütezeit des Eisenbahnwesens, und es erwies sich als unumgänglich, über die Bemessung der verwendeten Konstruktions-

---

[66] So muß zum Beispiel für den vollkommen unelastischen Stoß die Gleichheit der Normalgeschwindigkeiten an der Stoßstelle am Ende des Stoßvorganges verlangt werden.

[67] Die das Billardspiel betreffenden Ausführungen befinden sich in den Ziffern 474–478 des 7.Kapitels (S.211–221). Hierbei wird notwendigerweise die Reibung zwischen den Kugeln untereinander, zwischen den Kugeln und der Unterlage sowie zwischen den Kugeln und der Bande berücksichtigt. Für eine kurze Einsichtnahme in diese Problematik sei verwiesen auf I.SZABÓ, *Einführung in die Technische Mechanik*, 8.Auflage (1975), S.391.

teile experimentelle und theoretische Anhaltspunkte zu gewinnen; hierbei mußten auch die stoßartigen Beanspruchungen in Betracht gezogen werden. Angeregt durch die Experimente von EATON HODGKINSON (1789–1861), der schwere Eisenkugeln gegen einen an beiden Enden gestützten Eisenträger fallen ließ [68], versuchte HOMERS-HAM COX (1821–1897), eine aus mechanischen Grundgesetzen folgende Näherungs-theorie des Stoßes einer Eisenkugel gegen die Mitte eines Eisenträgers aufzustellen. Seine diesbezügliche Arbeit erschien unter dem Titel *On impacts on elastic beams* in den *Cambridge Philosophical Transactions IX*, Part. I, S.73–78 (1849).

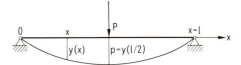

Bild 197
Zum Stoß einer Kugel auf einen Träger nach der Näherungstheorie von H. COX.

Cox geht von der bekannten Gleichung der Biegelinie eines in der Mitte durch die Einzelkraft P belasteten Balkens mit konstantem (Haupt-)Flächenträgheitsmoment J, der Länge l und dem Elastizitätsmodul E aus [69] (Bild 197). Diese lautet für $0 \leqq x \leqq l/2$

$$y(x) = \frac{P}{48\,EJ}\,(3\,l^2\,x - 4\,x^3) = p\left[3\left(\frac{x}{l}\right) - 4\left(\frac{x}{l}\right)^3\right]. \tag{15}$$

Nun beruft sich Cox auf die Anwendung des mit dem Prinzip der virtuellen Geschwin-digkeiten gekoppelten d'Alembertschen Prinzips auf Stoßvorgänge in dem schon zitierten *Lehrbuch der Mechanik* von POISSON. Dieser letztere gibt dem Prinzip im Sinne von LAGRANGE die Form [70]

$$\sum m\left[(v_x - w_x)\,\delta x + (v_y - w_y)\,\delta y + (v_z - w_z)\,\delta z\right] = 0. \tag{16}$$

Hierbei bedeutet $v = \{v_x;\ v_y;\ v_z\}$ die im bindungsfreien Falle auftretenden und $w = \{w_x;\ w_y;\ w_z\}$ die wirklichen Geschwindigkeiten, $\delta r = \{\delta x;\ \delta y;\ \delta z\}$ die vir-tuellen Verschiebungen der Massenteile m. Cox argumentiert nun so: Bedeutet M die Masse des Trägers, so erreicht sein Element $M\,dx/l$ in der «unendlich kleinen» Zeit t die Geschwindigkeit $y(x)/t$; da $y(x)$ als die virtuelle Verschiebung des Mas-senelementes gedeutet werden kann, so hat man im Sinne von (16)

$$\int_{x=0}^{l} \frac{M}{l}\,dx\,\frac{y(x)}{t}\,y(x) - Bp = \frac{M}{lt}\int_0^l y^2(x)\,dx - Bp = 0,$$

---

[68] Aus seinen im *Report of the meeting of the British Association* (Cambridge 1834 und 1836) und im *Report of the Commissioners appointed to inquire the application of iron to railway structures* (1849) veröffentlichten Ergebnissen lassen sich keine allgemein gültigen Regeln ziehen; die von ihm gemachten Voraussetzungen verführen ihn zu manchen Fehlschlüssen.

[69] I. SZABÓ, *Einführung in die Technische Mechanik*, 8. Auflage (1975), S. 115.

[70] Band 2, Kap. 9, § 535, S. 314–315.

wobei B eine auf die Trägermitte bezogene Bewegungsgröße ist. Mit (15) erhält man

$$B = \frac{17}{35} M \frac{p}{t} = \frac{17}{35} M u,$$

wenn $u = p/t$ die Anfangsgeschwindigkeit der Trägermitte bedeutet.

Ist m die Masse der auf die Balkenmitte mit der Geschwindigkeit v aufprallenden Kugel, so verlangt der Impulssatz

$$B = \frac{17}{35} M u = m(v - u), \tag{17}$$

woraus für die gemeinsame Geschwindigkeit unmittelbar nach dem Zusammenstoß

$$u = \frac{m}{m + \frac{17}{35} M} v \tag{18}$$

folgt. Somit kann man (17/35) M als die auf Trägermitte «reduzierte Masse» ansehen. Der Faktor 17/35 entspricht näherungsweise dem von HODGKINSON ohne nähere Begründung vorgeschlagenen Wert von 1/2[71].

Nachdem auf diese Weise die gemeinsame Geschwindigkeit unmittelbar nach dem Zusammenstoß ermittelt ist, kann man für den unelastischen Stoß[72] aus dem Energiesatz den maximalen Ausschlag p_{max} in der Trägermitte errechnen: aus

$$\frac{1}{2} \left(m + \frac{17}{35} M \right) u^2 = \frac{1}{2} \frac{m}{m + \frac{17}{35} M} m v^2 \frac{1}{2} c\, p_{max}^2 {}^{[73]}$$

folgt

$$p_{max} = \frac{m v}{\sqrt{c \left(m + \frac{17}{35} M \right)}}. \tag{19}$$

Hierbei ist c die auf die Trägermitte bezogene «Federkonstante», also diejenige Kraft, die dem Träger an der Stoßstelle die Durchbiegung von einer Längeneinheit erteilt[74]. Für andere Anstoßstellen des Trägers ergibt sich anstelle von 17/35 ein anderer Faktor

[71] Siehe die in der Fußnote 8 an letzter Stelle angeführte Arbeit (Appendix A, S.4).

[72] Der etwa vorliegt, wenn der stoßende Körper in den gestoßenen tief eindringt, oder gar dort steckenbleibt.

[73] In der Form $\frac{1}{2} m v^2 = \frac{1}{2} c\, p_{max}^2$ – also ohne Berücksichtigung der Trägermasse – kommt diese Beziehung in YOUNGS *A curse of Lectures on Natural Philosophy and mechanical Arts* (1845, Vol.I, S.57ff.) vor.

[74] I. SZABÓ, *Einführung in die Technische Mechanik*, 8.Auflage (1975), S.341.

k, der sich in der heutigen Terminologie mit der angenommenen Affinität von statischer und dynamischer Durchbiegung aus

$$k = \frac{1}{l} \int_0^l \frac{y^2(x)}{y^2(x_0)} \, dx \qquad (20)$$

berechnen läßt[75]. Hierbei ist $y(x)$ die aus der statischen Biegetheorie folgende Durchbiegung und x_0 die Stoßstelle. Diesen aus der Energiegleichung folgenden Faktor verwendet aber Cox auch für den Impulssatz (17), und das ist nicht korrekt, vielmehr müßte darin mit einem Faktor

$$\lambda = \frac{1}{l} \int_0^l \frac{y(x)}{y(x_0)} \, dx \qquad (21)$$

gerechnet werden[76].

Im Falle eines elastischen Stoßes verbleiben keine Verformungen, der stoßende Körper prallt mit der Geschwindigkeit v_1 zurück, und unter Beibehaltung der bisherigen Bezeichnungen liefern der Impulssatz und der Energiesatz die Beziehungen

$$m(v + v_1) = \lambda M u; \quad \frac{1}{2} m(v^2 - v_1^2) = \frac{1}{2} k M u^2; \quad \frac{1}{2} k M u^2 = \frac{1}{2} c \, p_{max}^2. \qquad (22)$$

Aus ihnen kann man u, v_1 und p_{max} berechnen. So folgt zum Beispiel aus

$$v_1 = \frac{2v}{1 + \dfrac{k}{\lambda^2} \dfrac{m}{M}} - v > 0,$$

so daß ein Zurückspringen des stoßenden Körpers nur für $m/M < \lambda^2/k$ erfolgen kann. Die angeführten und auf der erwähnten Affinität basierenden Näherungstheorien können auch auf Plattenstöße angewandt werden[77].

4   Die erste Wellentheorie des Stoßes von Daniel Bernoulli

In den vorangehend geschilderten mechanischen Näherungstheorien werden die beim Stoß auftretenden Schwingungen nicht in Betracht gezogen. Diese können aber unter bestimmten, auf Seite 460 näher genannten Bedingungen die Bewegungen der

[75] Siehe das vorangehend zitierte Werk, S. 342–343 und S. 375–378.
[76] Siehe die vorangehend zuletzt zitierte Stelle.
[77] An diesbezüglichen Arbeiten seien die von K. Karas im Ingenieurarchiv X, S. 237 ff., (1939), und H. Eschler im Ingenieurarchiv XII, S. 31 ff. (1941), angeführt. Es sei auch noch verwiesen auf I. Szabó, Höhere Technische Mechanik, 5. Auflage (1972), S. 242–247.

am Stoß beteiligten Körper erheblich beeinflussen und einen nicht unwesentlichen
Teil der ins Spiel gebrachten kinetischen Energie verzehren. Aus diesem Grunde
wandten sich die Forscher den beim Stoß auftretenden elastischen Schwingungen
(Wellen) zu. Der erste diesbezügliche Versuch erfolgte schon sehr früh: Etwa achtzig
Jahre vor den mechanischen Näherungstheorien publizierte DANIEL BERNOULLI (Bild
198) seine Arbeit *Examen physico-mechanicum de motu mixto qui laminis elasticis a
percussione simul imprimitur*[78]. Diese Arbeit ist von jener Art erfrischender und
richtungsweisender Klarheit, die man bei DANIEL BERNOULLI so oft bewundern

[78] Novi Commentarii Academiae Scientiarum Imperialis Petropolitanae, *XV*, S. 361 ff. (1770).

Bild 198
DANIEL BERNOULLI (1700–1782).

kann[79]. Die Publikation enthält aber auch für den heutigen Leser etwas Überraschendes an mechanisch-mathematischer Methode, die – anscheinend völlig vergessen! – ein Jahrhundert später, mit den Namen RAYLEIGH und RITZ verbunden, zur vollen Entfaltung kam.

DANIEL BERNOULLI faßt zwei Probleme von «gemischten», durch Stoß eingeleiteten Bewegungen eines Körpers ins Auge. An erster Stelle wird die Bewegung eines geraden, starren und freien Stabes betrachtet, der an irgendeiner Stelle angestoßen, eine Translationsbewegung und eine Drehung um den Schwerpunkt ausführt. Das zweite uns interessierende Problem ist das eines geraden, elastischen, homogenen und freien Stabes konstanten Querschnittes, der in der Mitte angestoßen wird. Gefragt wird nach der – aus elastischer Schwingung und Translation bestehenden – Bewegung. Vor dem Stoß hat der Stab die gerade Lage $AB = 2l$ und wird dann im Mittel- bzw. Schwerpunkt S angestoßen (Bild 199). Durch den Stoß kommt der Stab «sukzessive»

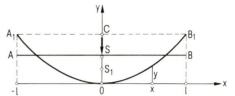

Bild 199
Zur Wellentheorie des Stoßes nach D. BERNOULLI.

in die gekrümmte Lage $A_1 O B_1$ (maximaler Auslenkung), und sein Schwerpunkt gelangt nach S_1. Nun sieht BERNOULLI in der Kurve $A_1 O B_1$ auch einen «Repräsentanten» für die Geschwindigkeiten[80]. Dementsprechend ist die Strecke $S S_1$ ein Maß für die (Translations-)Geschwindigkeit und $S_1 O$ dasjenige für die Geschwindigkeit der elastischen Schwingung des Schwerpunktes, während OS die absolute Geschwindigkeit desselben Punktes repräsentiert. Nun benutzte DANIEL BERNOULLI ein Minimalprinzip der folgenden Form: Unter allen möglichen Kurven ist die wirkliche Kurve $A_1 O B_1$ diejenige, zu deren Erzeugung ein Minimum an «lebendiger Kraft»[81] erforderlich ist. Diese Kurve soll der Grundschwingung, also der ersten (niedrigsten) Eigenfrequenz entsprechen und nur allein in Betracht gezogen werden. Bezeichnet (Bild 199) $OC = a$ die Amplitude der elastischen Linie und setzt man weiter $OS = h$ sowie $y = y(x) = a\varphi(x)$, so ist

$$\mathrm{d}L = [h - a\,\varphi(x)]^2 \,\mathrm{d}x$$

---

[79] In diesem Zusammenhang sei hingewiesen auf *Die Geschichte der Theorie der schwingenden Saite* in Kapitel IV (insbesondere Ziffer 7) und *Der philosophische Streit um das wahre Kraftmaß* in Kapitel II (insbesondere Ziffer 6).

[80] Dies trifft zu bei einer zeitlich harmonischen Bewegung, die D. BERNOULLI – etwa in der Form $f(x) \cdot \sin(\omega t + \alpha)$ – als selbstverständlich voraussetzt. Dementsprechend geht $f^2(x)$ in die kinetische Energie eines Stabelementes ein. Siehe hierzu I. SZABÓ, *Einführung in die Technische Mechanik*, 8. Auflage (1975), S. 467–469.

[81] Das ist das Produkt aus Masse und Geschwindigkeitsquadrat, also die zweifache kinetische Energie.

ein Maß für die lebendige Kraft eines Stabelementes[82]. Damit erscheint die schon angeführte Minimierung in der Form

$$L(a) = 2 \int_{x=0}^{l} [h - a\,\varphi(x)]^2 \, dx = \text{Minimum.}$$

Aus $dL(a)/da = 0$ und nach Wiedereinführung von $\varphi(x) = y(x)/a$ erhält man

$$h = \int_{0}^{l} y^2(x)\,dx : \int_{0}^{l} y(x)\,dx, \tag{23}$$

also einen dem sogenannten «Rayleighschen Quotienten» analogen Ausdruck. Daß hier nicht der übliche aus dem Energieprinzip folgende und das Quadrat der ersten Eigenkreisfrequenz angebende Quotient aus der maximalen Formänderungsarbeit und von der «bezogenen kinetischen Energie» erscheint[83], liegt daran, daß DANIEL BERNOULLI als Energiegröße allein die kinetische Energie in Betracht zieht. Da aber der Maximalwert der kinetischen Energie dem der Formänderungsarbeit gleich sein muß, erscheint bei ihm das heute übliche «Prinzip vom Minimum der Formänderungsarbeit» als ein Minimalprinzip der kinetischen Energie.

DANIEL BERNOULLI fährt – wie wir heute sagen würden – «im Sinne von RAYLEIGH-RITZ» weiter fort und approximiert den der ersten Eigenfrequenz entsprechenden und von ihm auch angeführten Ausdruck

$$y(x) = \alpha\,e^{\frac{x}{f}} + \beta\,e^{-\frac{x}{f}} + \gamma \sin\left(\frac{x}{f} + \varepsilon\right)$$

durch die Parabel

$$y(x) = a(x/l)^2.$$

Daraus ergibt sich zunächst für die Lage des Schwerpunktes (Bild 199) $OS_1 = a/3$ und nach (23) $h = 3a/5$. Als weitere Größen folgen $SS_1 = 4a/15$ und $CS = 2a/5$. Nun bestimmt D. BERNOULLI die aus Translation und elastischer Schwingung hervorgehenden lebendigen Kräfte. Für die Translationsenergie ist die Schwerpunktsbewegung maßgeblich, und da seine für die Geschwindigkeit repräsentative Verschiebung $SS_1 = 4a/15$ beträgt, wird – weil für die Masse wiederum die gesamte Stablänge $2l$ in Anschlag zu bringen ist – die lebendige Kraft $L_{\text{Tr}} = (32/225)\,a^2 l$. Die der Schwingung entsprechende lebendige Kraft ist offenbar (Bild 199)

$$L_{\text{S}} = \int_{-l}^{l} \left[\frac{1}{3}a - y(x)\right]^2 dx = \int_{-l}^{l} \left[\frac{1}{3}a - a\left(\frac{x}{l}\right)^2\right]^2 dx = \frac{8}{45}a^2 l.$$

---

[82] Hierbei wurde wegen der flachen Durchbiegung das für das Massenelement maßgebliche Bogenelement ds dem Abszissenelement dx gleichgesetzt.

[83] Siehe des Verfassers *Höhere Technische Mechanik*, 5. Auflage (1972), S. 83–85, und die in der Fußnote 80 angeführte Stelle der *Einführung in die Technische Mechanik*.

Bild 200
FRANZ NEUMANN (1798–1895).

Der Stab empfängt also infolge des Stoßes als gesamte lebendige Kraft

$$L = L_{Tr} + L_S = \frac{8}{25} a^2 l,$$

so daß die infolge der Schwingungen verzehrte lebendige Kraft 5/9, also mehr als die Hälfte der gesamten Bewegungsenergie beträgt. Man kann bei DANIEL BERNOULLI auch hier das genial Einfache der Überlegungen, die Fähigkeit zum Erkennen der wesentlichen Frage und das bestechende mathematische Erfassen eines Problems nicht genug bewundern.

5   Die Wellentheorie des Stoßes von FRANZ NEUMANN

Nach der mathematischen Erfassung des allgemeinen Spannungszustandes in einem Kontinuum mittels des Spannungstensors durch A. L. CAUCHY und seiner Kopplung mit den linearen (Hookeschen) Materialgesetzen in der ersten Hälfte des 19. Jahrhunderts bestand die auch mathematisch reizvolle Möglichkeit, den Stoßvorgang als ein elastokinetisches Problem zu behandeln. Den ersten bedeutenden Beitrag lieferte FRANZ NEUMANN (Bild 200). In seinen 1857/58 gehaltenen und 1885 gedruckten *Vorlesungen über die Theorie der Elastizität der festen Körper und des Lichtäthers* behandelt er (20. Kapitel, S. 332–350) die «Theorie des geraden Stoßes cylindrischer Körper».

Bild 201
Zum longitudinalen Stoß zweier dünner
Kreiszylinder nach F. NEUMANN.

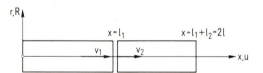

Im Gegensatz zu POISSON[84] untersucht NEUMANN den longitudinalen Zusammenstoß zweier dünner kreiszylindrischer Stäbe gleichen Querschnittes der Länge l_1 und l_2 als räumliches elastokinetisches Problem. Die Stäbe sollen aus demselben homogenen Material bestehen und zur Zeit $t = 0$ mit den Geschwindigkeiten v_1 und v_2 ($v_1 > v_2$) zusammenstoßen (Bild 201). Aus den Bewegungs- und Materialgleichungen gehen für die axiale Verschiebung $u = u(x,r,t)$ und für die radiale Verschiebung $R = R(x,r,t)$ zwei gekoppelte lineare partielle Differentialgleichungen hervor (S. 337). Mit den (in quadratischen Gliedern abgebrochenen Reihenansätzen)

$$u = w(x,t) + W(x,t)r^2; \quad R = f(x,t) + F(x,t)r^2 \tag{24}$$

und der Bedingung, daß die Zylinderoberflächen spannungsfrei sind, erhält NEUMANN

---

[84] Siehe die Ausführungen zu Formel (14).

– mit dem Genauigkeitsgrad der Ansätze (24) – für die unbekannte Funktion w die Wellengleichung (14):

$$\frac{\partial^2 w}{\partial t^2} = \frac{E}{\varrho} \frac{\partial^2 w}{\partial x^2} = c^2 \frac{\partial^2 w}{\partial x^2}. \tag{25}$$

Ist die Lösung dieser Differentialgleichung gefunden, so hat man für die axiale Geschwindigkeit v und die Normalspannung σ_x in derselben Richtung

$$v = \frac{\partial w}{\partial t}, \quad \sigma_x = E \frac{\partial w}{\partial x}. \tag{26}$$

Als Lösung der Differentialgleichung (25) verwendet NEUMANN die sogenannte d'Alembertsche Lösung[85]

$$w = f(x + ct) + \varphi(x - ct), \tag{27}$$

wobei f und φ zunächst willkürliche Funktionen der angedeuteten Argumente sind. Zur Bestimmung dieser Funktionen stehen die gemäß (26) und (27) leicht einzusehenden Anfangsbedingungen ($t = 0$)

$$\frac{\partial w}{\partial t} = c \left[f'(x) - \varphi'(x) \right] = v_1 \quad \text{für} \quad 0 < x < l_1,$$

$$\frac{\partial w}{\partial t} = c \left[f'(x) - \varphi'(x) \right] = v_2 \quad \text{für} \quad l_1 < x < l_1 + l_2 = 2l$$

zur Verfügung[86] (Bild 201), und da die Stäbe anfangs spannungsfrei (ungedehnt) waren, ist

$$\frac{\partial w}{\partial x} = f'(x) + \varphi'(x) = 0 \quad \text{für} \quad 0 < x < l_1 + l_2 = 2l.$$

Aus diesen Gleichungen ergeben sich

$$f'(x) = \frac{v_1}{2c}, \quad \varphi'(x) = -\frac{v_1}{2c} \quad \text{für} \quad 0 < x < l_1,$$

$$f'(x) = \frac{v_2}{2c}, \quad \varphi'(x) = -\frac{v_2}{2c} \quad \text{für} \quad l_1 < x < l_1 + l_2.$$

[85] Siehe Kapitel IV, Abschnitt A, Ziffer 5.
[86] Striche bedeuten Ableitungen nach dem Gesamtargument.

Die Spannungsfreiheit an den freien Endflächen ($x = 0$ und $x = 2\,l$) liefert nach (26) mit (27) die für alle t gültigen Beziehungen

$$f'(ct) + \varphi'(-ct) = 0, \quad f'(2\,l + ct) + \varphi'(2\,l - ct) = 0.$$

Durch Einsetzen von $ct = l_1, l_2, l_1 + l_2, \ldots$ gestatten diese Gleichungen, den Wert von f' für jedes positive und denjenigen von φ' für jedes negative Argument zu berechnen. Die Geschwindigkeiten und Spannungen sind dann durch

$$\frac{\partial w}{\partial t} = c\left[f'(x + ct) - \varphi'(x - ct)\right]$$

und

$$\sigma_x = E\,\frac{\partial w}{\partial x}\,\varrho\,c^2\left[f'(x + ct) + \varphi'(x - ct)\right]$$

gegeben. Für nähere Einzelheiten und interessante Spezialfälle sei auf NEUMANNS Originalarbeit verwiesen [87].

In einer außerordentlich umfangreichen Arbeit behandelt B. DE SAINT-VENANT[88] dasselbe Problem mit anderen mathematischen Mitteln. Er zieht die Charakteristikentheorie partieller Differentialgleichungen heran und verwendet – abgesehen von einem kurzen Teil am Anfang – als Lösungen Fourierreihen. Im Gegensatz zu NEUMANNS Arbeit erschwert die verwirrende Fülle die Überschaubarkeit der Ergebnisse.

6   **Die Theorie der Härte von HEINRICH HERTZ und ihre Anwendung auf den Stoß**

Unter dem Titel *Über die Berührung fester elastischer Körper* veröffentlichte [89] HEINRICH HERTZ, dessen Ruhm üblicherweise nur in der Entdeckung der elektrischen Wellen manifestiert ist, im Jahre 1882 eine Arbeit, deren Ausschöpfung sowohl für die Elastostatik wie auch für die Theorie des elastischen Stoßes ungemein befruchtend wirkte. Diese Publikation ist, verglichen mit dem in ihr liegenden Reichtum an mechanischer und mathematischer Substanz, ungewöhnlich kurz [90] und erfordert in mathematischer Hinsicht vollkommene Vertrautheit mit schwierigen potentialtheoretischen Sätzen [91].

---

[87] Siehe auch GEIGER/SCHEEL, *Handbuch der Physik*, Bd. VI (1928), S. 526 ff.

[88] Journal des Mathématiques (Ser. 2) *12*, S. 237–376 (1862).

[89] Journal für die reine und angewandte Mathematik *32*, S. 156 ff. (1882).

[90] 15 Seiten! Vergleiche die in Fußnote 88 zitierte Arbeit von DE SAINT-VENANT, die auf 140 Seiten gegenüber NEUMANN nichts wesentlich Neues brachte.

[91] Eine vereinfachte Darstellung findet man in I. SZABÓ, *Höhere Technische Mechanik*, 5. Auflage (1972), S. 171–179.

HEINRICH HERTZ (Bild 202) formuliert das anstehende Problem so:

«Im Folgenden wollen wir einen Fall behandeln, der praktisches Interesse hat, den Fall nämlich, daß zwei elastische isotrope Körper sich in einem sehr kleinen Teil ihrer Oberfläche berühren, und durch diesen Teil einen endlichen Druck der eine auf den anderen ausüben. Die sich berührenden Oberflächen stellen wir uns als vollkommen glatt vor, d.h. wir nehmen nur einen senkrechten Druck zwischen den sich berührenden Teilen an. Das beiden Körpern nach der Deformation gemeinsame Stück der Oberfläche wollen wir die Druckfläche, die Begrenzung dieses Stückes Druckfigur nennen: Die Fragen, deren Beantwortung uns naturgemäß zunächst obliegt, sind die nach der Fläche, von welcher die Druckfläche ein unendlich kleiner

Bild 202
HEINRICH HERTZ (1857–1894).

Teil ist, die Frage nach der Form und absoluten Größe der Druckfigur, die Frage nach der Verteilung des senkrechten Druckes in der Druckfläche. Von Wichtigkeit ist die Bestimmung der Maximaldrucke, welche in den aneinander gepreßten Körpern vorkommen, insofern von diesen es abhängt, ob der Druck ohne bleibende Deformation ertragen wird; von Interesse ist endlich die Annäherung der beiden Körper, welche durch einen bestimmten Gesamtdruck hervorgerufen wird.»

Mit einer bewunderungswürdigen mechanischen und mathematischen Perfektion löst HERTZ die aufgeworfenen Fragen. Die Formeln, die er erhält, vereinfachen sich sehr für zwei Kugeln (Radien R_1 und R_2, Schubmoduli G_1 und G_2, Querkontraktionszahlen ν_1 und ν_2), die mit der Gesamtdruckkraft P gegeneinander gepreßt werden: für die Annäherung (Abplattung) der beiden Kugeln ergibt sich

$$u = \sqrt[3]{\frac{9}{64}\left(\frac{1}{R_1}+\frac{1}{R_2}\right)\left(\frac{1-\nu_1}{G_1}+\frac{1-\nu_2}{G_2}\right)^2 P^2} = \alpha\, P^{\frac{2}{3}}. \tag{28}$$

Diese Formel läßt sich auch auf den Stoß anwenden. HERTZ schreibt:

«Zum Schluß wollen wir von den erlangten Formeln eine Anwendung machen auf den Stoß elastischer Körper. Sowohl aus schon vorhandenen Beobachtungen, als auch aus den Resultaten der gleich anzustellenden Betrachtungen folgt, daß die Stoßzeit, d.h. die Zeit, während welcher die stoßenden Körper in Berührung sind, wenn auch absolut sehr klein, doch sehr groß ist im Verhältnis zu derjenigen Zeit, welche elastische Wellen nötig haben, um in den in Rede stehenden Körpern Längen von der Ordnung desjenigen Teils der Oberflächen zu durchlaufen, welcher beiden Körpern in ihrer größten Annäherung gemeinsam ist, und welchen wir die Druckfläche nennen. Daraus folgt, daß der elastische Zustand beider Körper in der Nähe des Stoßpunktes während des ganzen Verlaufs des Stoßes sehr nahezu gleich ist dem Gleichgewichtszustand, den der zwischen beiden Körpern in jedem Augenblick vorhandene Gesamtdruck bei längerer Dauer hervorbringen würde. Bestimmen wir daher den zwischen beiden Körpern bestehenden Druck aus der Beziehung, welche wir zwischen diesem Druck und der Annäherung in Richtung der gemeinsamen Normale früher für ruhende Körper aufgestellt haben, und wenden im übrigen auf das Innere jedes der beiden Körper die Differentialgleichungen für bewegte elastische Körper an, so werden wir den Verlauf des Vorganges mit großer Annäherung erhalten.»

Demnach haben wir für die zeitlich veränderliche Stoßkraft gemäß (28)

$$P = P(t) = \left[\frac{u(t)}{\alpha}\right]^{\frac{3}{2}} \tag{29}$$

zu setzen. Bezeichnen wir mit m_1 und m_2 die Massen zweier zentral stoßender Kugeln, mit $x_1(t) = x_1$, $x_2(t) = x_2$ ihre Schwerpunktskoordinaten auf der gemeinsamen Stoßnormalen, so folgen aus dem Schwerpunktsatz und dem Reaktionsprinzip die Beziehungen

$$m_1 \frac{d^2 x_1}{dt^2} = m_1 \ddot{x}_1 = -P(t), \quad m_2 \ddot{x}_2 = P(t),$$

aus denen sich mit (29)

$$\ddot{x}_1 - \ddot{x}_2 = \ddot{u} = -\frac{m_1 + m_2}{m_1 m_2} P(t) = -\frac{m_1 + m_2}{m_1 m_2} \left(\frac{u}{\alpha}\right)^{\frac{3}{2}}$$

ergibt. Diese Differentialgleichung für $u = u(t)$ läßt sich elementar integrieren[92]. Man erhält

$$v_r^2 - \dot{u}^2 = \frac{4}{5} \frac{m_1 + m_2}{m_1 m_2} \frac{u^{5/2}}{\alpha^{3/2}}, \tag{30}$$

wobei $v_r = v_1 - v_2$ die Relativgeschwindigkeit der beiden Kugeln vor dem Stoß ist. Aus (30) ergibt sich für $\dot{u}^2 = 0$ die maximale Annäherung und nach (29) die dazugehörige maximale Stoßkraft zu

$$u_{\max} = \left(\frac{5}{4} \alpha^{\frac{3}{2}} \frac{m_1 m_2}{m_1 + m_2}\right)^{\frac{2}{5}} v_r^{\frac{4}{5}}, \quad P_{\max} = \left[\frac{5}{4} \frac{m_1 m_2}{(m_1 + m_2)\alpha} v_r^2\right]^{\frac{3}{5}}. \tag{31}$$

Berechnet man aus (30) $\dot{u} = \mathrm{d}u/\mathrm{d}t$, so liefert die Integration zwischen $u = 0$ und $u = u_{\max}$ die halbe Stoßzeit; als gesamte Stoßdauer ergibt sich[93]

$$T = 2{,}9432 \sqrt[5]{\frac{25}{16} \frac{\alpha^3}{v_r} \left(\frac{m_1 m_2}{m_1 + m_2}\right)^2}. \tag{32}$$

Für zwei gleiche Kugeln folgt mit dem aus (28) ersichtlichen Wert von α

$$T = 4{,}4286\, R \sqrt[5]{\frac{\varrho^2 (1-\nu)^2}{G^2 v_r}}. \tag{33}$$

Stoßen zwei Stahlkugeln vom Durchmesser $2\,R = 3$ cm mit der Relativgeschwindigkeit $v_r = v_1 - v_2 = 1$ m sek^{-1} zusammen, so beträgt die Stoßdauer nach (33) $T = 0{,}895 \cdot 10^{-4}$ sek, also weniger als eine Zehntausendstel Sekunde. Würden dagegen zwei gleich große Stahlkugeln von $R = 6370$ km (Erdradius) mit $v_r = 1$ cm sek^{-1} aufeinanderstoßen, so betrüge die schon von HERTZ angegebene Stoßdauer 26,5 Stunden, also mehr als einen Tag!
Führt man in (33) das Geschwindigkeitsquadrat der Kompressionswellen ein, nämlich $c^2 = E/\varrho = 2\,G(1+\nu)/\varrho$, so ergibt sich für die Stoßdauer

$$T = 5{,}85\, R \sqrt[5]{\frac{(1-\nu^2)^2}{v_r\, c^4}}. \tag{34}$$

---

[92] Siehe Fußnote 91.
[93] Siehe Fußnote 91.

Damit kann man die Stoßzeit mit der Laufzeit T_w der Kompressionswellen vergleichen. Für die «Laufstrecke» der Kompressionswellen nehmen wir, wie HERTZ an der vorangehend zitierten Stelle vorschlägt, den größten Radius a der Druckflächen, den wir aus der Arbeit von HERTZ als

$$a = R \left[\frac{5\pi}{16} \frac{(1-\nu)^2}{1-2\,\nu} \right]^{\frac{1}{5}} \left(\frac{v_r}{c} \right)^{\frac{2}{5}}$$

entnehmen können.

Mit $T_w = a/c$ erhalten wir

$$\frac{T}{T_w} = 6 \left[(1+\nu)^2 \, (1-2\,\nu) \right]^{\frac{1}{5}} \left(\frac{c}{v_r} \right)^{\frac{3}{5}}. \tag{35}$$

Die Hertzsche Annahme ($T/T_w \gg 1$) wird also solange zutreffen, bis die relative Geschwindigkeit vor dem Zusammenstoß klein gegenüber der Geschwindigkeit der Kompressionswellen ist.
Für zwei gleiche Stahlkugeln ($\nu = 1/3$, $E = 2 \cdot 10^6$ k p cm^{-2}, $\varrho = 8 \cdot 10^{-6}$ k p sek^2 cm^{-4}) ergibt sich (wenn man v_r in cm sek^{-1} einsetzt) $T/T_w = 1300/v_r{}^{3/5}$, so daß auch noch für die Größenordnung von $v_r \approx 100$ cm sek^{-1} für $T/T_w \approx 100 \gg 1$ folgen würde.
Die Hertzsche Theorie wurde von STEFAN TIMOSHENKO (*1878) verwendet, um den Stoß einer Kugel ($R_1 = R$) gegen die Mitte eines prismatischen Balkens ($R_2 = \infty$) zu untersuchen[94]. Unter Verwendung der Formel (28) und einer von TIMOSHENKO schon früher angegebenen Beziehung für erzwungene Schwingungen ergibt die Gleichheit der Verschiebungen der mit der Geschwindigkeit v_0 anstoßenden Kugel (Masse m) und der Balkenmitte ($x = l/2$) die Beziehung

$$v_0\, t - \frac{1}{m} \int_0^t P(\tau)\,(t-\tau)\,\mathrm{d}\tau = \alpha\, P^{\frac{2}{3}}(t) + \sum_{j=1,3,5\ldots}^{\infty} \frac{2}{\omega_j\, l\, \mu} \int_0^t P(\tau)\, \sin \omega_j\,(t-\tau)\,\mathrm{d}\tau. \tag{36}$$

Hier bedeutet μ die Masse des Balkens pro Längeneinheit (μl ist also die gesamte Balkenmasse) und

$$\omega_j = \left(\frac{j\pi}{l} \right)^2 \sqrt{\frac{EJ}{\mu}}$$

die Eigenkreisfrequenz des Balkens.
Nun ist (36) eine sogenannte Integralgleichung für die Stoßkraft $P = P(t) \geq 0$; insbesondere bestimmt die Nullstelle von $P(t)$ die Stoßdauer. TIMOSHENKO erhält eine Näherungslösung, indem er die Zeitspanne $0 \leq \tau \leq t$ in n gleiche Zeitintervalle teilt und

[94] S. TIMOSHENKO, *Zur Frage nach der Wirkung eines Stoßes auf einen Balken*, Zeitschrift für Mathematik und Physik *62*, S. 198ff. (1913).

voraussetzt, daß innerhalb eines solchen Abschnittes P die konstanten Werte P_1, P_2, ... annimmt, die dann in konkreten (zahlenmäßig gegebenen) Fällen mit einigen Kunstgriffen ermittelt werden.

Das Verfahren von TIMOSHENKO wurde von J. LENNERTZ verallgemeinert und methodisch verbessert [95].

7   Experimentelle Untersuchungen des Stoßes

Mit der Verfeinerung der optischen und elektrischen Möglichkeiten zur Strecken- und Zeitmessung begannen auch die experimentellen Versuche, den Ablauf des Stoßvorganges messend zu verfolgen, um einerseits eigene Einsichten zu gewinnen, andererseits die Ergebnisse der vorhandenen Stoßtheorien mit denen des Experiments zu vergleichen. Der auch theoretisch hervorragende Physiker WALDEMAR VOIGT (1850 1919) stellte Versuche an, um durch die Messung der Geschwindigkeiten vor und nach dem Stoß die Neumann-de-Saint-Venantsche Theorie des (longitudinalen) Stoßes zylindrischer Stäbe nachzuprüfen [96]. VOIGT benutzte zwei zylindrische Stäbe, die an je vier Fäden horizontal aufgehängt, durch Auspendeln zum Stoß gebracht wurden. Die auftretenden Amplituden wurden so klein gehalten, daß sie als Maß für die Geschwindigkeiten angesehen werden konnten. VOIGTS Messungen führten zu Ergebnissen, die mit denen von NEUMANN und DE SAINT-VENANT unvereinbar waren. VOIGT stellte – quasi zur Rettung seiner experimentellen Ergebnisse – eine neue Theorie auf, indem er in der Stoßfläche eine elastische «Zwischenschicht» annimmt. Er kann zwar zeigen, daß für extreme, aber schwer realisierbare Fälle seine Theorie zu der von NEUMANN und DE SAINT-VENANT «tendiert», aber die zu seiner «Zwischenschicht» benötigten Materialkonstanten bleiben unbestimmbar.

Im Gegensatz zu VOIGT hat MAX HAMBURGER in seiner Dissertation *Untersuchungen über die Zeitdauer des Stoßes elastischer zylindrischer Stäbe* (Breslau 1885) Experimente zur elektrischen Messung der Stoßdauer angestellt. Auch seine Ergebnisse konnten mit denen von DE SAINT-VENANT nicht in Einklang gebracht werden; dagegen bestätigten sie, wie auch Messungen anderer, die Hertzsche Theorie.

Einen bedeutenden Fortschritt in der experimentellen Prüfung und in der theoretischen Klärung des Stoßes brachte die Heidelberger Habilitationsschrift *Experimentelle und theoretische Grundlagen des elastischen und mechanischen Stoßes* [97] von CARL RAMSAUER. Er stellt eine mathematisch außerordentlich einfache und auf seine große Experimentierkunst zugeschnittene Theorie auf. Gemessen wurden die Deformation während des Stoßes, die Stoßdauer und die Geschwindigkeiten vor und nach dem Stoß. RAMSAUERS leitender Gedanke war, daß die Diskrepanz zwischen den Resultaten der Neumann-de-Saint-Venantschen Theorie und den experimentellen Beobachtun-

---

[95] J. LENNERTZ, *Beitrag zur Frage nach der Wirkung eines Querstoßes auf einen Stab*, Ing.-Archiv 8, S. 37ff. (1937).

[96] *Die Theorie des longitudinalen Stoßes zylindrischer Stäbe*, Annalen der Physik 19, S. 44ff. (1883).

[97] Abgedruckt in Annalen der Physik 4. Folge, 30, S. 417ff. (1909).

gen in der mangelhaften Erfüllung der vollkommenen Elastizität – insbesondere in der
Stoßfläche – liegt. Darum sorgte er durch Anwendung von Spiralfedern und Kau-
tschukzylindern mit Elfenbeinköpfen dafür, daß der Stoßdruck gleichmäßig über den
Querschnitt verteilt wird. Auf diese Weise findet er die elastische (Wellen-)Theorie
bestätigt. Den reinen mechanischen Stoß verwirklicht er durch Anmontieren von
Federköpfen auf Stahlzylindern.

Einen wesentlichen Beitrag zur experimentellen und theoretischen Beherrschung des
Stoßablaufes lieferte Franz Berger in seiner Monographie *Kraftverlauf beim Stoß*
(Braunschweig 1924). Durch eine sinnreiche Meßvorrichtung verfolgt er den zeitlichen
Verlauf der Stoßkraft und gibt auch über die bis dahin vorliegenden theoretischen und
experimentellen Arbeiten einen kritischen Überblick.

Die heutige Experimentiertechnik erlaubt die Messung und insbesondere die zeitliche
Verfolgung der verschiedenartigsten Stoßvorgänge mit großer Genauigkeit. In diesem
Zusammenhang sei verwiesen auf die Arbeiten (mit reichen Literaturangaben) von
H.-H. Emschermann und K. Rühl[98], H. Schwieger und V. Reimann[99] und von
J. Träger[100].

8   Neuere Arbeiten zur Wellentheorie stoßartiger Belastungen

Die übliche Biegetheorie, die die Einflüsse der Schubspannungen und der rotatorischen Trägheit außer acht läßt, ist nur im beschränkten Maße fähig, die Wirkungen
stoßartiger Belastungen von Balken oder Platten zu beschreiben. Die ersten diesbezüglichen Hinweise verdanken wir H. Lamb[101] und S. Timoshenko[102]. Letzterer gibt
als korrigierte Differentialgleichung für die transversale Auslenkung $w = w(x,t)$ eines
Biegestabes

$$\frac{\partial^4 w}{\partial x^4} - \left(\frac{1}{c^2} + \frac{1}{c_s^2}\right) \frac{\partial^4 w}{\partial x^2 \partial t^2} + \frac{1}{c^2 c_s^2} \frac{\partial^4 w}{\partial t^4} + \frac{1}{c^2 i^2} \frac{\partial^2 w}{\partial t^2} = 0 \tag{37}$$

an; hier bedeutet i den Trägheitsradius des konstanten Balkenquerschnittes, $c^2 = E/\varrho$,
$c_s^2 = \lambda G/\varrho$, wobei λ eine die Querkraft und Schubspannung verbindende Konstante
ist.

Auf Grund der Differentialgleichung (37) hat W. Flügge nachgewiesen[103], daß die
erwähnten Korrekturen unerläßlich sind, wenn man zu endlichen Fortpflanzungsge-
schwindigkeiten kommen will. Die charakteristischen Geschwindigkeiten sind $\pm c$

[98] *Beanspruchung eines Biegeträgers bei schlagartiger Querbelastung,* VDI-Forschungsheft *44* (1954).
[99] *Spannungsoptische Untersuchung des Querstoßes auf eine Kreisplatte,* ZAMM *39,* S. 198 ff. (1959), und
       Der Biegestoß auf eine elastische Rechteckplatte, Forsch. Ing.-Wes. *30,* N. 3, S. 140 ff. (1964).
[100] *Verfahren zur Untersuchung dynamischer Beanspruchungsprobleme,* ZAMM *52,* Heft 10, S. 348 ff. (1972).
[101] *On waves in an elastic plate,* Proc. Roy. Soc. London Ser. A 93, *1971.*
[102] *On the transverse vibrations of bars of uniform cross section,* Phil. Mag., Ser. 6, *43* (1922).
[103] *Die Ausbreitung von Biegungswellen in Stäben,* ZAMM *22,* S. 312 ff. (1942).

und $\pm c_s$. Die erste ist die Fortpflanzungsgeschwindigkeit eines Biegemomentensprunges, die zweite die einer Unstetigkeit der Querkraft. Beide Unstetigkeiten breiten sich mit senkrechter Stirn und konstanter Sprunghöhe aus.

Weitere und neue Einsichten bringende Beiträge stammen von H. SCHIRMER[104] und M. A. DENGLER[105].

9　Schlußbemerkungen

Es gibt noch einige in das Gebiet der Spiele gehörige Erscheinungen, deren quantitative Beschreibung von einem Stoßvorgang ausgeht. Die bekanntesten Beispiele sind das Billard-, das Tennis- und das Golfspiel. Es wurde schon darauf hingewiesen[106], daß der Zusammenstoß elastischer Kugeln untereinander und mit der Bande das Grundproblem des Billardspiels bildet, dessen Theorie G. CORIOLIS (1792–1843) ein ganzes Buch widmete[107]. Mit der Beschreibung bzw. quantitativen Erklärung der Flugbahn eines vom Schläger getroffenen Tennisballes beschäftigte sich schon NEWTON im Jahre 1671[108]. Zahlreiche Abhandlungen über die Bewegung des Golfballes wurden in England verfaßt. Einen ausgezeichneten Überblick über die Theorie der angeführten Spiele gab G. T. WALKER unter dem Titel *Spiel und Sport* in der *Encyklopädie der mathematischen Wissenschaften*[109].

---

[104] *Über Biegewellen in Stäben*, Ing.-Archiv *20*, S. 247ff. (1952).

[105] *Transversale Wellen in Stäben und Platten unter stoßförmiger Belastung*, Österr. Ing.-Archiv *10*, Heft 1, S. 39ff.

[106] Fußnote 17.

[107] *Théorie mathématique des effets du jeu de billard* (Paris 1835).

[108] ISAACI NEWTONI, *Opera quae exstant omnia*, Vol. 4, (London 1779–1785), S. 297.

[109] Bd. IV, 2 Teilbd., Ziffer 9, S. 127ff.

Namenregister

Übersicht über die in diesem Buch abgebildeten Wissenschafter*

* Aufgrund seiner Leistungen hätte es auch ROBERT HOOKE (1635–1703) verdient, hier eingereiht zu werden. Trotz intensiver Bemühungen ist es mir aber nicht gelungen, ein Portrait von ihm ausfindig zu machen; vermutlich existieren trotz seiner administrativen Tätigkeit in der Royal Society überhaupt keine Bildnisse von diesem vorzüglichen Gelehrten.
Dafür hat man an Erklärungen zwei Versionen:
1. HOOKE war so häßlich, daß er sich nicht portraitieren ließ.
2. NEWTON, mit dem er in Streit lag, ließ später alle Bildnisse von HOOKE entfernen.

Sachregister